산업안전지도사 1차
10개년 기출문제집

시대에듀

2026 기출이답이다
산업안전지도사 1차 10개년 기출문제집

Always with you

사람이 길에서 우연하게 만나거나 함께 살아가는 것만이 인연은 아니라고 생각합니다.
책을 펴내는 출판사와 그 책을 읽는 독자의 만남도 소중한 인연입니다.
시대에듀는 항상 독자의 마음을 헤아리기 위해 노력하고 있습니다.
늘 독자와 함께하겠습니다.

자격증・공무원・금융/보험・면허증・언어/외국어・검정고시/독학사・기업체/취업
이 시대의 모든 합격! 시대에듀에서 합격하세요!
www.youtube.com → 시대에듀 → 구독

머리말

현재 건설 분야는 물론 산업 분야는 정부의 '4대 사망사고 줄이기'의 일환으로 안전에 대한 관심이 폭증하고 있다. 특히 2022년 1월 27일부터 시행된 「중대재해 처벌 등에 관한 법률」로 인해 산업의 전반적인 분야에서 지도사를 찾고 있기 때문에 향후 유망한 자격증 중 하나가 바로 산업안전지도사이다. 산업안전지도사는 명칭에서 알 수 있듯이 안전에 대한 평가·지도, 계획서·보고서 작성, 작업환경 개선 등 산업안전에 대한 전반적인 업무를 관리하며 자세한 내용은 산업안전보건법령에 명시되어 있다.

산업안전지도사가 되기 위해서는 자격시험을 통과해야 하는데, 시험은 제1차 공통필수 3과목(산업안전보건법령, 산업안전일반, 기업진단·지도), 제2차 각 분야(기계안전, 전기안전, 화공안전, 건설안전)의 전공 1과목, 제3차 면접으로 구성되어 있다. 시험에 합격한 뒤에는 일정 기간의 교육을 받아야 하며, 지도사 업무를 수행하기 위해서는 고용노동부장관에게 등록하여야 한다. 등록된 지도사에 한해 법인을 설립하고 기술지도, 작업환경 평가 등에 관한 업무를 담당할 수 있다.

본 교재는 2016~2025년까지 각 과목별 기출문제를 분석하여 가장 많이 출제되는 내용을 정리해 핵심이론으로 만들었다. 기출문제를 풀다 보면 회차별로 반복되는 문제들이 과목당 5~6문제 정도 된다. 반복되는 문제, 출제확률이 높은 문제를 위주로 핵심이론을 집필하였기 때문에 요약본을 여러 번 읽고 전체적인 흐름을 파악한 후 기출문제를 풀어본다면 100% 합격할 것이다.

이 책이 나오기까지 많은 도움을 주신 시대에듀 임직원분들과, 책을 집필하느라 소홀했던 우리 가족들에게 이 자리를 빌어 감사의 인사를 대신하고 싶다.

끝으로 이 책으로 공부를 하고 계신 예비 지도사분들 모두 정식 지도사가 되길 기원한다.

이문호 올림

시험안내 INFORMATION

※ 다음 내용은 2025년 자격시험 공고문을 기준으로 작성된 것으로 세부내용이 변경될 수 있습니다.
반드시 큐넷 산업안전지도사 홈페이지(https://www.q-net.or.kr/site/indusafe)에서 최신 공고문을 확인하시기 바랍니다.

자격종목

자격명	관련 부처	시행기관
산업안전지도사	고용노동부	한국산업인력공단

시험과목 및 방법

구 분	시험과목	문항수	시험시간	시험방법
제1차 시험	• 공통필수Ⅰ(산업안전보건법령) • 공통필수Ⅱ(산업안전일반) • 공통필수Ⅲ(기업진단·지도)	과목당 25문항(총 75문항)	90분	객관식 5지 택일형
제2차 시험 (전공필수 - 택1)	• 기계안전공학 • 전기안전공학 • 화공안전공학 • 건설안전공학	• 논술형 4문항 (3문항 작성, 필수2/택1) • 단답형 5문항(전항 작성)	100분	주관식 논술형 및 단답형
제3차 시험	• 전문지식과 응용능력 • 산업안전·보건제도에 대한 이해 및 인식 정도 • 상담·지도 능력		1인당 20분 내외	면접

※ 시험과 관련하여 법률 등을 적용해 정답을 구하여야 하는 문제는 <u>시험시행일 현재 시행 중인 법률 등을 적용하여야 함</u>

합격기준

구 분	합격결정기준
제1, 2차 시험	매 과목 100점을 만점으로 하여 과목당 40점 이상, 전 과목 평균 60점 이상 득점한 자
제3차 시험	평점요소별 평가하되, 10점 만점에 6점 이상 득점한 자

응시자격

제한 없음(단, 지도사 시험에서 부정행위를 한 응시자에 대해서는 그 시험을 무효로 하고, 그 처분을 한 날부터 5년간 시험응시자격을 정지한다)

지도사 등록 결격사유(산업안전보건법 제145조 제3항)

다음 각 호의 어느 하나에 해당하는 사람

1. 피성년후견인 또는 피한정후견인
2. 파산선고를 받고 복권되지 아니한 사람
3. 금고 이상의 실형을 선고받고 그 집행이 끝나거나(집행이 끝난 것으로 보는 경우를 포함한다) 집행이 면제된 날부터 2년이 지나지 아니한 사람
4. 금고 이상의 형의 집행유예를 선고받고 그 유예기간 중에 있는 사람
5. 산업안전보건법을 위반하여 벌금형을 선고받고 1년이 지나지 아니한 사람
6. 산업안전보건법 제154조에 따라 등록이 취소(제1호 또는 제2호에 해당하여 등록이 취소된 경우는 제외한다)된 후 2년이 지나지 아니한 사람

검정현황(1차)

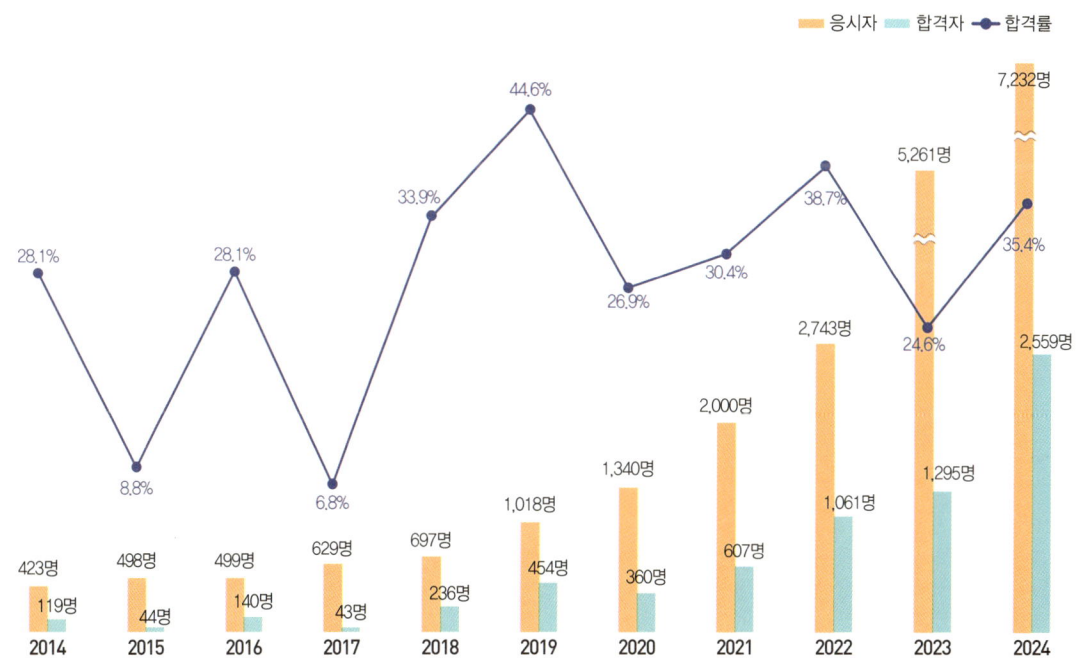

시험안내 INFORMATION

출제기준(1차)

과목명	주요항목	세부항목
산업안전보건법령	산업안전보건법령	· 산업안전보건법 · 산업안전보건법 시행령 · 산업안전보건법 시행규칙 · 산업안전보건기준에 관한 규칙
산업안전일반	산업안전교육론	· 교육의 필요성과 목적 · 안전·보건교육의 개념 · 학습이론 · 근로자 정기안전교육 등의 교육내용 · 안전교육방법(TWI, OJT, OFF.J.T 등) 및 교육평가 · 교육실시방법(강의법, 토의법, 실연법, 시청각교육법 등)
산업안전일반	안전관리 및 손실방지론	· 안전과 위험의 개념 · 안전관리 제이론 · 안전관리의 조직 · 안전관리 수립 및 운용 · 위험성평가 활동 등 안전활동 기법
산업안전일반	신뢰성공학	· 신뢰성의 개념 · 신뢰성 척도와 계산 · 보전성과 유용성 · 신뢰성 시험과 추정 · 시스템의 신뢰도
산업안전일반	시스템안전공학	· 시스템 위험분석 및 관리 · 시스템 위험분석기법(PHA, FHA, FMEA, ETA, CA 등) · 결함수분석 및 정성적, 정량적 분석 · 안전성평가의 개요 · 신뢰도 계산 · 위해위험방지계획

과목명	주요항목	세부항목
산업안전일반	인간공학	• 인간공학의 정의 • 인간-기계체계 • 체계설계와 인간요소 • 정보입력표시(시각적, 청각적, 촉각, 후각 등의 표시장치) • 인간요소와 휴먼에러 • 인간계측 및 작업공간 • 작업환경의 조건 및 작업환경과 인간공학 • 근골격계 부담 작업의 평가
	산업재해조사 및 원인분석	• 재해조사의 목적 • 재해의 원인분석 및 조사기법 • 재해사례 분석절차 • 산재분류 및 통계분석 • 안전점검 및 진단
기업진단·지도	경영학 (인적자원관리, 조직관리, 생산관리)	• 인적자원관리의 개념 및 관리방안에 관한 사항 • 노사관계관리에 관한 사항 • 조직관리의 개념에 관한 사항 • 조직행동론에 관한 사항 • 생산관리의 개념에 관한 사항 • 생산시스템의 설계, 운영에 관한 사항 • 생산관리 최신이론에 관한 사항
	산업심리학	• 산업심리 개념 및 요소 • 직무수행과 평가 • 직무태도 및 동기 • 작업집단의 특성 • 산업재해와 행동 특성 • 인간의 특성과 직무환경 • 직무환경과 건강 • 인간의 특성과 인간관계
	산업위생개론	• 산업위생의 개념 • 작업환경노출기준 개념 • 작업환경 측정 및 평가 • 산업환기 • 건강검진과 근로자건강관리 • 유해인자의 인체영향

목 차 CONTENTS

PART 01 | 핵심이론

CHAPTER 01 산업안전보건법령 · 003

CHAPTER 02 산업안전일반 · 025

CHAPTER 03 기업진단 · 지도 · 054

PART 02 | 과년도 + 최근 기출문제

2016년	과년도 기출문제 · 87
2017년	과년도 기출문제 · 137
2018년	과년도 기출문제 · 196
2019년	과년도 기출문제 · 248
2020년	과년도 기출문제 · 302
2021년	과년도 기출문제 · 355
2022년	과년도 기출문제 · 410
2023년	과년도 기출문제 · 460
2024년	과년도 기출문제 · 515
2025년	최근 기출문제 · 568

산업안전지도사 [1차]

PART 01

핵심이론

CHAPTER 01 산업안전보건법령

CHAPTER 02 산업안전일반

CHAPTER 03 기업진단·지도

산업안전지도사 [1차]

www.sdedu.co.kr

알림

- 산업안전보건법령의 잦은 개정으로 도서의 내용이 달라질 수 있습니다. 가장 최신 법령은 법제처 국가법령정보센터 (www.law.go.kr) 사이트를 통해서 확인하시기 바랍니다.
- 도서 내 화합물 명명법은 대한화학회에 의거하여 한글 새이름을 반영하였습니다.
  - 디(di), 트리(tri), 이소(iso) → 다이, 트라이, 아이소
  - 메탄, 에탄, 프로판, 부탄 → 메테인, 에테인, 프로페인, 뷰테인
  - 시클로(cyclo), 에테르(ether), 에스테르(ester) → 사이클로, 에터, 에스터
  - 스티렌(styrene), 시안(cyan), 니트로(nitro) → 스타이렌, 사이안, 나이트로
  - 포름(form), 알데히드(aldehyde), 부타디엔(diene) → 폼, 알데하이드, 부타다이엔

CHAPTER 01 산업안전보건법령

산업안전보건법 용어 정의(산업안전보건법 제2조)

① **산업재해** : 노무를 제공하는 사람이 업무에 관계되는 건설물·설비·원재료·가스·증기·분진 등에 의하거나 작업 또는 그 밖의 업무로 인하여 사망 또는 부상하거나 질병에 걸리는 것
② **중대재해** : 산업재해 중 사망 등 재해 정도가 심하거나 다수의 재해자가 발생한 경우의 재해
   ㉠ 사망자가 1명 이상 발생한 재해
   ㉡ 3개월 이상의 요양이 필요한 부상자가 동시에 2명 이상 발생한 재해
   ㉢ 부상자 또는 직업성 질병자가 동시에 10명 이상 발생한 재해
③ **근로자대표** : 근로자의 과반수로 조직된 노동조합이 있는 경우에는 노동조합, 근로자의 과반수로 조직된 노동조합이 없는 경우에는 근로자의 과반수를 대표하는 자
④ **도급** : 명칭에 관계없이 물건의 제조·건설·수리 또는 서비스의 제공, 그 밖의 업무를 타인에게 맡기는 계약
⑤ **도급인** : 물건의 제조·건설·수리 또는 서비스의 제공, 그 밖의 업무를 도급하는 사업주(건설공사발주자 제외)
⑥ **수급인** : 도급인으로부터 물건의 제조·건설·수리 또는 서비스의 제공, 그 밖의 업무를 도급받은 사업주
⑦ **관계수급인** : 도급이 여러 단계에 걸쳐 체결된 경우에 각 단계별로 도급받은 사업주 전부
⑧ **건설공사발주자** : 건설공사를 도급하는 자로서 건설공사의 시공을 주도하여 총괄·관리하지 아니하는 자(도급받은 건설공사를 다시 도급하는 자는 제외)
⑨ **건설공사** : 건설공사, 전기공사, 정보통신공사, 소방시설공사, 국가유산수리공사
⑩ **안전보건진단** : 산업재해를 예방하기 위하여 잠재적 위험성을 발견하고 그 개선대책을 수립할 목적으로 조사·평가하는 것
⑪ **작업환경측정** : 작업환경 실태를 파악하기 위하여 해당 근로자 또는 작업장에 대하여 사업주가 유해인자에 대한 측정계획을 수립한 후 시료를 채취하고 분석·평가하는 것

안전보건관리책임자의 업무(산업안전보건법 제15조)

① 사업장의 산업재해 예방계획의 수립에 관한 사항
② 안전보건관리규정의 작성 및 변경에 관한 사항

③ 안전보건교육에 관한 사항
④ 작업환경측정 등 작업환경의 점검 및 개선에 관한 사항
⑤ 근로자의 건강진단 등 건강관리에 관한 사항
⑥ 산업재해의 원인 조사 및 재발 방지대책 수립에 관한 사항
⑦ 산업재해에 관한 통계의 기록 및 유지에 관한 사항
⑧ 안전장치 및 보호구 구입 시 적격품 여부 확인에 관한 사항

※ 안전보건관리책임자를 두어야 하는 사업의 종류 및 사업장의 상시근로자 수(산업안전보건법 시행령 별표 2)

사업의 종류	사업장의 상시근로자 수
1. 토사석 광업 2. 식료품 제조업, 음료 제조업 3. 목재 및 나무제품 제조업 : 가구 제외 4. 펄프, 종이 및 종이제품 제조업 5. 코크스, 연탄 및 석유정제품 제조업 6. 화학물질 및 화학제품 제조업 : 의약품 제외 7. 의료용 물질 및 의약품 제조업 8. 고무 및 플라스틱제품 제조업 9. 비금속 광물제품 제조업 10. 1차 금속 제조업 11. 금속가공제품 제조업 : 기계 및 가구 제외 12. 전자부품, 컴퓨터, 영상, 음향 및 통신장비 제조업 13. 의료, 정밀, 광학기기 및 시계 제조업 14. 전기장비 제조업 15. 기타 기계 및 장비 제조업 16. 자동차 및 트레일러 제조업 17. 기타 운송장비 제조업 18. 가구 제조업 19. 기타 제품 제조업 20. 서적, 잡지 및 기타 인쇄물 출판업 21. 해체, 선별 및 원료 재생업 22. 자동차 종합 수리업, 자동차 전문 수리업	상시근로자 50명 이상
23. 농 업 24. 어 업 25. 소프트웨어 개발 및 공급업 26. 컴퓨터 프로그래밍, 시스템 통합 및 관리업 26의2. 영상·오디오물 제공 서비스업 27. 정보서비스업 28. 금융 및 보험업 29. 임대업 : 부동산 제외 30. 전문, 과학 및 기술 서비스업(연구개발업 제외) 31. 사업지원 서비스업 32. 사회복지 서비스업	상시근로자 300명 이상
33. 건설업	공사금액 20억원 이상
34. 제1호부터 제26호까지, 제26호의2 및 제27호부터 제33호까지의 사업을 제외한 사업	상시근로자 100명 이상

안전보건총괄책임자

① 안전보건총괄책임자(산업안전보건법 제62조)
  ㉠ 도급인은 관계수급인 근로자가 도급인의 사업장에서 작업을 하는 경우에는 그 사업장의 안전보건관리책임자를 도급인의 근로자와 관계수급인 근로자의 산업재해를 예방하기 위한 업무를 총괄하여 관리하는 안전보건총괄책임자로 지정하여야 한다. 이 경우 안전보건관리책임자를 두지 아니하여도 되는 사업장에서는 그 사업장에서 사업을 총괄하여 관리하는 사람을 안전보건총괄책임자로 지정하여야 한다.
  ㉡ 안전보건총괄책임자를 지정한 경우에는 건설기술 진흥법 제64조제1항제1호에 따른 안전총괄책임자를 둔 것으로 본다.
  ㉢ 안전보건총괄책임자를 지정하여야 하는 사업의 종류와 사업장의 상시근로자 수, 안전보건총괄책임자의 직무·권한, 그 밖에 필요한 사항은 대통령령으로 정한다.
② 안전보건총괄책임자 지정 대상사업(산업안전보건법 시행령 제52조)
  ㉠ 사업의 종류 : 관계수급인에게 고용된 근로자를 포함한 상시근로자가 100명 이상인 사업(선박 및 보트 건조업, 1차 금속 제조업 및 토사석 광업의 경우에는 50명)
  ㉡ 공사금액 : 관계수급인의 공사금액을 포함한 해당 공사의 총공사금액이 20억원 이상인 건설업
③ 안전보건총괄책임자의 직무(산업안전보건법 시행령 제53조)
  ㉠ 위험성평가의 실시에 관한 사항
  ㉡ 작업의 중지
  ㉢ 도급 시 산업재해 예방조치
  ㉣ 산업안전보건관리비의 관계수급인 간의 사용에 관한 협의·조정 및 그 집행의 감독
  ㉤ 안전인증대상기계 등과 자율안전확인대상기계 등의 사용 여부 확인

안전보건조정자의 업무(산업안전보건법 시행령 제57조)

① 같은 장소에서 이루어지는 각각의 공사 간에 혼재된 작업의 파악
② 혼재된 작업으로 인한 산업재해 발생의 위험성 파악
③ 혼재된 작업으로 인한 산업재해를 예방하기 위한 작업의 시기·내용 및 안전보건 조치 등의 조정
④ 각각의 공사 도급인의 안전보건관리책임자 간 작업 내용에 관한 정보 공유 여부의 확인
⑤ 필요한 경우 해당 공사의 도급인과 관계수급인에게 자료의 제출 요구

관리감독자의 업무(산업안전보건법 시행령 제15조)

① 관리감독자가 지휘·감독하는 작업과 관련된 기계·기구 또는 설비의 안전·보건 점검 및 이상 유무의 확인
② 관리감독자에게 소속된 근로자의 작업복·보호구 및 방호장치의 점검과 그 착용·사용에 관한 교육·지도
③ 해당 작업에서 발생한 산업재해에 관한 보고 및 이에 대한 응급조치
④ 해당 작업의 작업장 정리·정돈 및 통로 확보에 대한 확인·감독
⑤ 사업장의 다음 하나에 해당하는 사람의 지도·조언에 대한 협조
　㉠ 안전관리자 또는 안전관리자의 업무를 안전관리전문기관에 위탁한 사업장의 경우에는 그 안전관리전문기관의 해당 사업장 담당자
　㉡ 보건관리자 또는 보건관리자의 업무를 보건관리전문기관에 위탁한 사업장의 경우에는 그 보건관리전문기관의 해당 사업장 담당자
　㉢ 안전보건관리담당자 또는 안전보건관리담당자의 업무를 안전관리전문기관 또는 보건관리전문기관에 위탁한 사업장의 경우에는 그 안전관리전문기관 또는 보건관리전문기관의 해당 사업장 담당자
　㉣ 산업보건의
⑥ 위험성평가에 관한 다음 업무
　㉠ 유해·위험요인의 파악에 대한 참여
　㉡ 개선조치의 시행에 대한 참여

안전관리자의 업무(산업안전보건법 시행령 제18조)

① 산업안전보건위원회 또는 안전 및 보건에 관한 노사협의체에서 심의·의결한 업무와 해당 사업장의 안전보건관리규정 및 취업규칙에서 정한 업무
② 위험성평가에 관한 보좌 및 지도·조언
③ 안전인증대상기계 등과 자율안전확인대상기계 등 구입 시 적격품의 선정에 관한 보좌 및 지도·조언
④ 해당 사업장 안전교육계획의 수립 및 안전교육 실시에 관한 보좌 및 지도·조언
⑤ 사업장 순회점검, 지도 및 조치 건의
⑥ 산업재해 발생의 원인 조사·분석 및 재발 방지를 위한 기술적 보좌 및 지도·조언
⑦ 산업재해에 관한 통계의 유지·관리·분석을 위한 보좌 및 지도·조언
⑧ 법 또는 법에 따른 명령으로 정한 안전에 관한 사항의 이행에 관한 보좌 및 지도·조언
⑨ 업무 수행 내용의 기록·유지

※ 안전관리자의 자격(산업안전보건법 시행령 별표 4)
- 산업안전지도사 자격을 가진 사람
- 산업안전산업기사 이상의 자격을 취득한 사람
- 건설안전산업기사 이상의 자격을 취득한 사람
- 4년제 대학 이상의 학교에서 산업안전 관련 학위를 취득한 사람 또는 이와 같은 수준 이상의 학력을 가진 사람
- 전문대학 또는 이와 같은 수준 이상의 학교에서 산업안전 관련 학위를 취득한 사람
- 이공계 전문대학 또는 이와 같은 수준 이상의 학교에서 학위를 취득하고, 해당 사업의 관리감독자로서의 업무를 3년 이상 담당한 후 고용노동부장관이 지정하는 기관이 실시하는 교육을 받고 정해진 시험에 합격한 사람
- 공업계 고등학교 또는 이와 같은 수준 이상의 학교를 졸업하고, 해당 사업의 관리감독자로서의 업무를 5년 이상 담당한 후 고용노동부장관이 지정하는 기관이 실시하는 교육을 받고 정해진 시험에 합격한 사람
- 공업계 고등학교를 졸업하거나 고등교육법에 따른 학교에서 공학 또는 자연과학 분야 학위를 취득하고, 건설업을 제외한 사업에서 실무경력이 5년 이상인 사람으로서 고용노동부장관이 지정하는 기관이 실시하는 교육(2028년 12월 31일까지의 교육만 해당한다)을 받고 정해진 시험에 합격한 사람
- 전담 안전관리자를 두어야 하는 사업장(건설업은 제외한다)에서 안전 관련 업무를 10년 이상 담당한 사람
- 종합공사를 시공하는 업종의 건설현장에서 안전보건관리책임자로 10년 이상 재직한 사람
- 토목·건축 분야 건설기술인 중 등급이 중급 이상인 사람으로서 고용노동부장관이 지정하는 기관이 실시하는 산업안전교육(2025년 12월 31일까지의 교육만 해당한다)을 이수하고 정해진 시험에 합격한 사람
- 토목산업기사 또는 건축산업기사 이상의 자격을 취득한 후 해당 분야에서의 실무경력이 다음 각 목의 구분에 따른 기간 이상인 사람으로서 고용노동부장관이 지정하는 기관이 실시하는 산업안전교육(2025년 12월 31일까지의 교육만 해당한다)을 이수하고 정해진 시험에 합격한 사람
  - 토목기사 또는 건축기사 : 3년
  - 토목산업기사 또는 건축산업기사 : 5년

산업안전보건위원회(산업안전보건법 제24조)

① 사업주는 사업장의 안전 및 보건에 관한 중요 사항을 심의·의결하기 위하여 사업장에 근로자위원과 사용자위원이 같은 수로 구성되는 산업안전보건위원회를 구성·운영하여야 한다.
② 사업주는 다음 각 호의 사항에 대해서는 산업안전보건위원회의 심의·의결을 거쳐야 한다.
  ㉠ 산업안전보건법 제15조제1항제1호부터 제5호까지 및 제7호에 관한 사항
  ㉡ 중대재해에 관한 사항
  ㉢ 유해하거나 위험한 기계·기구·설비를 도입한 경우 안전 및 보건 관련 조치에 관한 사항

ㄹ 그 밖에 해당 사업장 근로자의 안전 및 보건을 유지·증진시키기 위하여 필요한 사항

③ 산업안전보건위원회는 대통령령으로 정하는 바에 따라 회의를 개최하고 그 결과를 회의록으로 작성하여 보존하여야 한다.

④ 사업주와 근로자는 산업안전보건위원회가 심의·의결한 사항을 성실하게 이행하여야 한다.

⑤ 산업안전보건위원회는 이 법, 이 법에 따른 명령, 단체협약, 취업규칙 및 제25조에 따른 안전보건관리규정에 반하는 내용으로 심의·의결해서는 아니 된다.

⑥ 사업주는 산업안전보건위원회의 위원에게 직무 수행과 관련한 사유로 불리한 처우를 해서는 아니 된다.

⑦ 산업안전보건위원회를 구성하여야 할 사업의 종류 및 사업장의 상시근로자 수, 산업안전보건위원회의 구성·운영 및 의결되지 아니한 경우의 처리방법, 그 밖에 필요한 사항은 대통령령으로 정한다.

※ 산업안전보건위원회를 구성해야 할 사업의 종류 및 사업장의 상시근로자 수(산업안전보건법 시행령 별표 9)

사업의 종류	사업장의 상시근로자 수
1. 토사석 광업 2. 목재 및 나무제품 제조업 : 가구 제외 3. 화학물질 및 화학제품 제조업 : 의약품 제외(세제, 화장품 및 광택제 제조업과 화학섬유 제조업은 제외한다) 4. 비금속 광물제품 제조업 5. 1차 금속 제조업 6. 금속가공제품 제조업 : 기계 및 가구 제외 7. 자동차 및 트레일러 제조업 8. 기타 기계 및 장비 제조업(사무용 기계 및 장비 제조업은 제외한다) 9. 기타 운송장비 제조업(전투용 차량 제조업은 제외한다)	상시근로자 50명 이상
10. 농 업 11. 어 업 12. 소프트웨어 개발 및 공급업 13. 컴퓨터 프로그래밍, 시스템 통합 및 관리업 13의2. 영상·오디오물 제공 서비스업 14. 정보서비스업 15. 금융 및 보험업 16. 임대업 : 부동산 제외 17. 전문, 과학 및 기술 서비스업(연구개발업은 제외한다) 18. 사업지원 서비스업 19. 사회복지 서비스업	상시근로자 300명 이상
20. 건설업	공사금액 120억원 이상 (토목공사업의 경우에는 150억원 이상)
21. 제1호부터 제13호까지, 제13호의2 및 제14호부터 제20호까지의 사업을 제외한 사업	상시근로자 100명 이상

┃ 노사협의체

① 노사협의체의 설치 대상(산업안전보건법 시행령 제63조)
  ㉠ 공사금액이 120억원(토목공사업은 150억원) 이상인 건설공사
② 노사협의체의 구성(산업안전보건법 시행령 제64조)
  ㉠ 근로자 위원
    • 도급 또는 하도급 사업을 포함한 전체 사업의 근로자대표
    • 근로자대표가 지명하는 명예산업안전감독관 1명(명예산업안전감독관이 위촉되어 있지 않은 경우 근로자대표가 지명하는 해당 사업장 근로자 1명)
    • 공사금액이 20억원 이상인 공사의 관계수급인의 각 근로자대표
  ㉡ 사용자위원
    • 도급 또는 하도급 사업을 포함한 전체 사업의 대표자
    • 안전관리자 1명
    • 보건관리자 1명(보건관리자 선임대상 건설업)
    • 공사금액이 20억원 이상인 공사의 관계수급인의 각 대표자
③ 노사협의체의 운영(산업안전보건법 시행령 제65조)
  ㉠ 회 의

구 분	정기회의	임시회의
개최시기	2개월마다	필요시
개최자	위원장	

④ 노사협의체의 협의사항(산업안전보건법 시행규칙 제93조)
  ㉠ 산업재해 예방방법 및 산업재해가 발생한 경우의 대피방법
  ㉡ 작업의 시작시간, 작업 및 작업장 간의 연락방법
  ㉢ 그 밖의 산업재해 예방과 관련된 사항

┃ 안전 및 보건에 관한 협의체(산업안전보건법 시행규칙 제79조)

① 협의체 구성
  ㉠ 안전 및 보건에 관한 협의체는 도급인 및 그의 수급인 전원으로 구성해야 한다.
② 협의체의 협의사항
  ㉠ 작업의 시작 시간
  ㉡ 작업 또는 작업장 간의 연락방법

ⓒ 재해발생 위험이 있는 경우 대피방법
　　ⓓ 작업장에서의 위험성평가 실시에 관한 사항
　　ⓔ 사업주와 수급인 또는 수급인 상호 간의 연락 방법 및 작업공정의 조정
③ 협의체의 운영
　　㉠ 매월 1회 이상 정기적으로 회의를 개최하고, 결과를 기록·보존해야 한다.

안전 및 보건에 관한 협의체 등의 구성·운영에 관한 특례(산업안전보건법 제75조)

건설공사도급인이 노사협의체를 구성·운영하는 경우 산업안전보건위원회 및 안전 및 보건에 관한 협의체를 각각 구성·운영하는 것으로 본다.

안전보건관리규정

① 안전보건관리규정에 포함되어야 하는 내용(산업안전보건법 제25조)
　　㉠ 안전 및 보건에 관한 관리조직과 그 직무에 관한 사항
　　㉡ 안전보건교육에 관한 사항
　　㉢ 작업장의 안전 및 보건 관리에 관한 사항
　　㉣ 사고 조사 및 대책 수립에 관한 사항
　　㉤ 그 밖에 안전 및 보건에 관한 사항
　　※ 안전보건관리규정을 작성해야 할 사업의 종류 및 상시근로자 수(산업안전보건법 시행규칙 별표 2)

사업의 종류	상시근로자 수
1. 농 업 2. 어 업 3. 소프트웨어 개발 및 공급업 4. 컴퓨터 프로그래밍, 시스템 통합 및 관리업 4의2. 영상·오디오물 제공 서비스업 5. 정보서비스업 6. 금융 및 보험업 7. 임대업 : 부동산 제외 8. 전문, 과학 및 기술 서비스업(연구개발업은 제외한다) 9. 사업지원 서비스업 10. 사회복지 서비스업	300명 이상
11. 제1호부터 제4호까지, 4호의2 및 제5호부터 제10호까지의 사업을 제외한 사업	100명 이상

※ 안전보건관리규정의 세부내용(산업안전보건법 시행규칙 별표 3)

	세부내용
1. 총 칙	가. 안전보건관리규정 작성의 목적 및 적용 범위에 관한 사항 나. 사업주 및 근로자의 재해 예방 책임 및 의무 등에 관한 사항 다. 하도급 사업장에 대한 안전·보건관리에 관한 사항
2. 안전·보건 관리 조직과 그 직무	가. 안전·보건 관리조직의 구성방법, 소속, 업무 분장 등에 관한 사항 나. 안전보건관리책임자(안전보건총괄책임자), 안전관리자, 보건관리자, 관리감독자의 직무 및 선임에 관한 사항 다. 산업안전보건위원회의 설치·운영에 관한 사항 라. 명예산업안전감독관의 직무 및 활동에 관한 사항 마. 작업지휘자 배치 등에 관한 사항
3. 안전·보건교육	가. 근로자 및 관리감독자의 안전·보건교육에 관한 사항 나. 교육계획의 수립 및 기록 등에 관한 사항
4. 작업장 안전관리	가. 안전·보건관리에 관한 계획의 수립 및 시행에 관한 사항 나. 기계·기구 및 설비의 방호조치에 관한 사항 다. 유해·위험기계 등에 대한 자율검사프로그램에 의한 검사 또는 안전검사에 관한 사항 라. 근로자의 안전수칙 준수에 관한 사항 마. 위험물질의 보관 및 출입 제한에 관한 사항 바. 중대재해 및 중대산업사고 발생, 급박한 산업재해 발생의 위험이 있는 경우 작업중지에 관한 사항 사. 안전표지·안전수칙의 종류 및 게시에 관한 사항과 그 밖에 안전관리에 관한 사항
5. 작업장 보건관리	가. 근로자 건강진단, 작업환경측정의 실시 및 조치절차 등에 관한 사항 나. 유해물질의 취급에 관한 사항 다. 보호구의 지급 등에 관한 사항 라. 질병자의 근로 금지 및 취업 제한 등에 관한 사항 마. 보건표지·보건수칙의 종류 및 게시에 관한 사항과 그 밖에 보건관리에 관한 사항
6. 사고 조사 및 대책 수립	가. 산업재해 및 중대산업사고의 발생 시 처리 절차 및 긴급조치에 관한 사항 나. 산업재해 및 중대산업사고의 발생원인에 대한 조사 및 분석, 대책 수립에 관한 사항 다. 산업재해 및 중대산업사고 발생의 기록·관리 등에 관한 사항
7. 위험성평가에 관한 사항	가. 위험성평가의 실시 시기 및 방법, 절차에 관한 사항 나. 위험성 감소대책 수립 및 시행에 관한 사항
8. 보 칙	가. 무재해운동 참여, 안전·보건 관련 제안 및 포상·징계 등 산업재해 예방을 위하여 필요하다고 판단하는 사항 나. 안전·보건 관련 문서의 보존에 관한 사항 다. 그 밖의 사항 : 사업장의 규모·업종 등에 적합하게 작성하며, 필요한 사항을 추가하거나 그 사업장에 관련되지 않는 사항은 제외할 수 있다.

안전보건교육 과정별 교육시간(산업안전보건법 시행규칙 별표 4)

① 근로자 안전보건교육

교육과정	교육대상		교육시간
가. 정기교육	사무직 종사 근로자		매 반기 6시간 이상
	그 밖의 근로자	판매업무에 직접 종사하는 근로자	매 반기 6시간 이상
		판매업무에 직접 종사하는 근로자 외의 근로자	매 반기 12시간 이상
나. 채용 시 교육	일용근로자 및 근로계약기간이 1주일 이하인 기간제근로자		1시간 이상
	근로계약기간이 1주일 초과 1개월 이하인 기간제근로자		4시간 이상
	그 밖의 근로자		8시간 이상
다. 작업내용 변경 시 교육	일용근로자 및 근로계약기간이 1주일 이하인 기간제근로자		1시간 이상
	그 밖의 근로자		2시간 이상
라. 특별교육	일용근로자 및 근로계약기간이 1주일 이하인 기간제근로자 : 특별교육 대상(타워크레인 신호수 제외)에 해당하는 작업에 종사하는 근로자에 한정		2시간 이상
	일용근로자 및 근로계약기간이 1주일 이하인 기간제근로자 : 특별교육 대상 중 타워크레인 신호 작업에 종사하는 근로자에 한정		8시간 이상
	일용근로자 및 근로계약기간이 1주일 이하인 기간제근로자를 제외한 근로자 : 특별교육 대상에 해당하는 작업에 종사하는 근로자에 한정		• 16시간 이상(최초 작업에 종사하기 전 4시간 이상 실시하고 12시간은 3개월 이내에서 분할하여 실시 가능) • 단기간 작업 또는 간헐적 작업인 경우에는 2시간 이상
마. 건설업 기초안전·보건교육	건설 일용근로자		4시간 이상

② 안전보건관리책임자 등에 대한 교육

교육대상	교육시간	
	신규교육	보수교육
가. 안전보건관리책임자	6시간 이상	6시간 이상
나. 안전관리자, 안전관리전문기관의 종사자	34시간 이상	24시간 이상
다. 보건관리자, 보건관리전문기관의 종사자		
라. 건설재해예방전문지도기관의 종사자		
마. 석면조사기관의 종사자		
바. 안전보건관리담당자	–	8시간 이상
사. 안전검사기관, 자율안전검사기관의 종사자	34시간 이상	24시간 이상

③ 특수형태근로종사자에 대한 안전보건교육

  ㉠ 최초 노무제공 시 교육 : 2시간 이상(단기간 작업 또는 간헐적 작업에 노무를 제공하는 경우에는 1시간 이상 실시하고, 특별교육을 실시한 경우는 면제)

  ㉡ 특별교육
   • 16시간 이상(최초 작업에 종사하기 전 4시간 이상 실시하고 12시간은 3개월 이내에서 분할하여 실시 가능)

- 단기간 작업 또는 간헐적 작업인 경우에는 2시간 이상

※ 영 제67조제13호라목에 해당하는 사람이 화학물질관리법 제33조제1항에 따른 유해화학물질 안전교육을 받은 경우에는 그 시간만큼 가목에 따른 최초 노무제공 시 교육을 실시하지 않을 수 있다.

④ 검사원 성능검사 교육

교육과정	교육대상	교육시간
성능검사 교육	-	28시간 이상

안전보건교육 교육대상별 교육내용(산업안전보건법 시행규칙 별표 5)

① 근로자 정기교육
  ㉠ 산업안전 및 사고 예방에 관한 사항
  ㉡ 산업보건 및 직업병 예방에 관한 사항
  ㉢ 위험성평가에 관한 사항
  ㉣ 건강증진 및 질병 예방에 관한 사항
  ㉤ 유해·위험 작업환경 관리에 관한 사항
  ㉥ 산업안전보건법령 및 산업재해보상보험 제도에 관한 사항
  ㉦ 직무스트레스 예방 및 관리에 관한 사항
  ㉧ 직장 내 괴롭힘, 고객의 폭언 등으로 인한 건강장해 예방 및 관리에 관한 사항

② 관리감독자 정기교육
  ㉠ 산업안전 및 사고 예방에 관한 사항
  ㉡ 산업보건 및 직업병 예방에 관한 사항
  ㉢ 위험성평가에 관한 사항
  ㉣ 유해·위험 작업환경 관리에 관한 사항
  ㉤ 산업안전보건법령 및 산업재해보상보험 제도에 관한 사항
  ㉥ 직무스트레스 예방 및 관리에 관한 사항
  ㉦ 직장 내 괴롭힘, 고객의 폭언 등으로 인한 건강장해 예방 및 관리에 관한 사항
  ㉧ 작업공정의 유해·위험과 재해 예방대책에 관한 사항
  ㉨ 사업장 내 안전보건관리체제 및 안전·보건조치 현황에 관한 사항
  ㉩ 표준안전 작업방법 결정 및 지도·감독 요령에 관한 사항
  ㉪ 현장근로자와의 의사소통능력 및 강의능력 등 안전보건교육 능력 배양에 관한 사항
  ㉫ 비상시 또는 재해 발생 시 긴급조치에 관한 사항
  ㉬ 그 밖의 관리감독자의 직무에 관한 사항

③ 채용 시 교육 및 작업내용 변경 시 교육
  ㉠ 근로자
    • 산업안전 및 사고 예방에 관한 사항
    • 산업보건 및 직업병 예방에 관한 사항
    • 위험성평가에 관한 사항
    • 산업안전보건법령 및 산업재해보상보험 제도에 관한 사항
    • 직무스트레스 예방 및 관리에 관한 사항
    • 직장 내 괴롭힘, 고객의 폭언 등으로 인한 건강장해 예방 및 관리에 관한 사항
    • 기계·기구의 위험성과 작업의 순서 및 동선에 관한 사항
    • 작업 개시 전 점검에 관한 사항
    • 정리정돈 및 청소에 관한 사항
    • 사고 발생 시 긴급조치에 관한 사항
    • 물질안전보건자료에 관한 사항
  ㉡ 관리감독자
    • 산업안전 및 사고 예방에 관한 사항
    • 산업보건 및 직업병 예방에 관한 사항
    • 위험성평가에 관한 사항
    • 산업안전보건법령 및 산업재해보상보험 제도에 관한 사항
    • 직무스트레스 예방 및 관리에 관한 사항
    • 직장 내 괴롭힘, 고객의 폭언 등으로 인한 건강장해 예방 및 관리에 관한 사항
    • 기계·기구의 위험성과 작업의 순서 및 동선에 관한 사항
    • 작업 개시 전 점검에 관한 사항
    • 물질안전보건자료에 관한 사항
    • 사업장 내 안전보건관리체제 및 안전·보건조치 현황에 관한 사항
    • 표준안전 작업방법 결정 및 지도·감독 요령에 관한 사항
    • 비상시 또는 재해 발생 시 긴급조치에 관한 사항
    • 그 밖의 관리감독자의 직무에 관한 사항
④ 건설업 기초안전보건교육에 대한 내용 및 시간

교육내용	시간
가. 건설공사의 종류(건축·토목 등) 및 시공 절차	1시간
나. 산업재해 유형별 위험요인 및 안전보건조치	2시간
다. 안전보건관리체제 현황 및 산업안전보건 관련 근로자 권리·의무	1시간

Ⅰ 유해·위험방지계획서

① 제출 대상(산업안전보건법 시행령 제42조)

구 분	내 용
사업의 종류 (전기 계약용량이 300kW 이상)	1. 금속가공제품 제조업 : 기계 및 가구 제외 2. 비금속 광물제품 제조업 3. 기타 기계 및 장비 제조업 4. 자동차 및 트레일러 제조업 5. 식료품 제조업 6. 고무제품 및 플라스틱제품 제조업 7. 목재 및 나무제품 제조업 8. 기타 제품 제조업 9. 1차 금속 제조업 10. 가구 제조업 11. 화학물질 및 화학제품 제조업 12. 반도체 제조업 13. 전자부품 제조업
기계·기구 및 설비의 구체적인 범위	1. 금속이나 그 밖의 광물의 용해로 2. 화학설비 3. 건조설비 4. 가스집합 용접장치 5. 근로자의 건강에 상당한 장해를 일으킬 우려가 있는 물질로서 고용노동부령으로 정하는 물질의 밀폐·환기·배기를 위한 설비

건설공사	1. 다음 각 목의 어느 하나에 해당하는 건축물 또는 시설 등의 건설·개조 또는 해체공사
	  가. 지상높이가 31m 이상인 건축물 또는 인공구조물
	  나. 연면적 30,000m² 이상인 건축물
	  다. 연면적 5,000m² 이상인 시설로서 다음의 어느 하나에 해당하는 시설
	    1) 문화 및 집회시설(전시장 및 동물원·식물원은 제외한다)
	    2) 판매시설, 운수시설(고속철도의 역사 및 집배송시설은 제외한다)
	    3) 종교시설
	    4) 의료시설 중 종합병원
	    5) 숙박시설 중 관광숙박시설
	    6) 지하도상가
	    7) 냉동·냉장 창고시설
	2. 연면적 5,000m² 이상인 냉동·냉장 창고시설의 설비공사 및 단열공사
	3. 최대 지간(支間)길이(다리의 기둥과 기둥의 중심 사이의 거리)가 50m 이상인 다리의 건설 등 공사
	4. 터널의 건설 등 공사
	5. 다목적댐, 발전용댐, 저수용량 20,000,000ton 이상의 용수 전용 댐 및 지방 상수도 전용 댐의 건설 등 공사
	6. 깊이 10m 이상인 굴착공사

② 유해·위험방지계획서의 건설안전분야 자격(산업안전보건법 시행규칙 제43조)

  ㉠ 건설안전 분야 산업안전지도사

  ㉡ 건설안전기술사 또는 토목·건축 분야 기술사

  ㉢ 건설안전산업기사 이상의 자격을 취득한 후 건설안전 관련 실무경력이 건설안전기사 이상의 자격은 5년, 건설안전산업기사 자격은 7년 이상인 사람

| 안전보건진단

① 안전보건진단의 종류 및 내용(산업안전보건법 시행령 별표 14)

종 류	진단내용
종합진단	1. 경영·관리적 사항에 대한 평가 　가. 산업재해 예방계획의 적정성 　나. 안전·보건 관리조직과 그 직무의 적정성 　다. 산업안전보건위원회 설치·운영, 명예산업안전감독관의 역할 등 근로자의 참여 정도 　라. 안전보건관리규정 내용의 적정성 2. 산업재해 또는 사고의 발생 원인(산업재해 또는 사고가 발생한 경우만 해당한다) 3. 작업조건 및 작업방법에 대한 평가 4. 유해·위험요인에 대한 측정 및 분석 　가. 기계·기구 또는 그 밖의 설비에 의한 위험성 　나. 폭발성·물반응성·자기반응성·자기발열성 물질, 자연발화성 액체·고체 및 인화성 액체 등에 의한 위험성 　다. 전기·열 또는 그 밖의 에너지에 의한 위험성 　라. 추락, 붕괴, 낙하, 비래(飛來) 등으로 인한 위험성 　마. 그 밖에 기계·기구·설비·장치·구축물·시설물·원재료 및 공정 등에 의한 위험성 　바. 법 제118조제1항에 따른 허가대상물질, 고용노동부령으로 정하는 관리대상 유해물질 및 온도·습도·환기·소음·진동·분진, 유해광선 등의 유해성 또는 위험성 5. 보호구, 안전·보건장비 및 작업환경 개선시설의 적정성 6. 유해물질의 사용·보관·저장, 물질안전보건자료의 작성, 근로자 교육 및 경고표시 부착의 적정성 7. 그 밖에 작업환경 및 근로자 건강 유지·증진 등 보건관리의 개선을 위하여 필요한 사항
안전진단	종합진단 내용 중 제2호·제3호, 제4호가목부터 마목까지 및 제5호 중 안전 관련 사항
보건진단	종합진단 내용 중 제2호·제3호, 제4호바목, 제5호 중 보건 관련 사항, 제6호 및 제7호

② 안전보건진단기관의 지정 취소 등의 사유(산업안전보건법 시행령 제48조)
　㉠ 안전보건진단 업무 관련 서류를 거짓으로 작성한 경우
　㉡ 정당한 사유 없이 안전보건진단 업무의 수탁을 거부한 경우
　㉢ 인력기준에 해당하지 않은 사람에게 안전보건진단 업무를 수행하게 한 경우
　㉣ 안전보건진단 업무를 수행하지 않고 위탁 수수료를 받은 경우
　㉤ 안전보건진단 업무와 관련된 비치서류를 보존하지 않은 경우
　㉥ 안전보건진단 업무 수행과 관련한 대가 외의 금품을 받은 경우
　㉦ 법에 따른 관계 공무원의 지도·감독을 거부·방해 또는 기피한 경우

③ 안전보건진단을 받아 안전보건개선계획을 수립할 대상(산업안전보건법 시행령 제49조)
　㉠ 산업재해율이 같은 업종 평균 산업재해율의 2배 이상인 사업장
　㉡ 산업재해 예방을 위하여 종합적인 개선조치를 할 필요가 있다고 인정되는 사업장
　㉢ 직업성 질병자가 연간 2명 이상(상시근로자 1천명 이상 사업장의 경우 3명 이상) 발생한 사업장
　㉣ 그 밖에 작업환경 불량, 화재·폭발 또는 누출 사고 등으로 사업장 주변까지 피해가 확산된 사업장

물질안전보건자료(MSDS ; Material Safety Data Sheets)

① MSDS의 작성 및 제출(산업안전보건법 제110조)
  ㉠ 화학물질 또는 이를 포함한 혼합물(물질안전보건자료대상물질)을 제조하거나 수입하려는 자는 물질안전보건자료를 작성하여 고용노동부장관에게 제출해야 한다.
    • 제품명
    • 물질안전보건자료대상물질을 구성하는 화학물질의 명칭 및 함유량
    • 안전 및 보건상의 취급 주의 사항
    • 건강 및 환경에 대한 유해성, 물리적 위험성
    • 물리·화학적 특성
② 물질안전보건자료의 제공(산업안전보건법 제111조)
  ㉠ 물질안전보건자료대상물질을 양도, 제공하는 경우 양도, 제공받는 자에게 물질안전보건자료를 제공
  ㉡ 물질안전보건자료대상물질을 제조, 수입한 경우 양도, 제공받은 자에게 변경된 물질안전보건자료를 제공
③ 물질안전보건자료의 작성·제출 제외 대상 화학물질(산업안전보건법 시행령 제86조)

구 분	내 용
제외 대상 물질	건강기능식품, 농약, 마약 및 향정신성의약품, 비료, 사료, 방사선 원료물질, 안전확인대상생활화학제품 및 살생물제품 중 일반소비자의 생활용으로 제공되는 제품, 식품 및 식품첨가물, 의약품 및 의약외품, 방사성물질, 위생용품, 의료기기, 첨단바이오의약품, 화약류, 폐기물, 화장품, 그 밖에 독성·폭발성 등으로 인한 위해의 정도가 적다고 인정하여 고시하는 화학물질

산업안전지도사(산업안전보건법 제142조, 동법 시행령 제101조)

① 산업안전지도사의 직무
  ㉠ 공정상의 안전에 관한 평가·지도·계획서 및 보고서의 작성
  ㉡ 유해·위험의 방지대책에 관한 평가·지도·계획서 및 보고서의 작성
  ㉢ 위험성평가의 지도 및 안전보건개선계획서의 작성
  ㉣ 그 밖에 산업안전에 관한 사항의 자문에 대한 응답 및 조언
② 산업보건지도사의 직무
  ㉠ 작업환경의 평가 및 개선 지도
  ㉡ 작업환경 개선과 관련된 계획서 및 보고서의 작성
  ㉢ 근로자 건강진단에 따른 사후관리 지도
  ㉣ 직업성 질병 진단(의사인 산업보건지도사만 해당) 및 예방 지도
  ㉤ 산업보건에 관한 조사·연구
  ㉥ ①(산업안전지도사의 직무)의 ㉢, ㉣

설계변경(산업안전보건법 시행령 제58조)

① 요청 대상(대통령령으로 정하는 가설구조물)
  ㉠ 높이 31m 이상인 비계
  ㉡ 작업발판 일체형 거푸집 또는 높이 5m 이상인 거푸집 동바리
  ㉢ 터널의 지보공 또는 높이 2m 이상인 흙막이 지보공
  ㉣ 동력을 이용하여 움직이는 가설구조물
② 전문가의 범위
  ㉠ 건축구조기술사
  ㉡ 토목구조기술사
  ㉢ 토질 및 기초기술사
  ㉣ 건설기계기술사

특수형태근로종사자(산업안전보건법 시행령 제67조)

① 특수형태근로종사자의 범위
  ㉠ 보험을 모집하는 사람
    • 보험설계사
    • 우체국보험의 모집을 전업으로 하는 사람
  ㉡ 건설기계를 직접 운전하는 사람
  ㉢ 학습·교구 관련 방문강사 등 회원의 가정 등을 직접 방문하여 아동이나 학생 등을 가르치는 사람
  ㉣ 직장체육시설로 설치된 골프장 또는 체육시설업의 등록을 한 골프장에서 골프경기를 보조하는 골프장 캐디
  ㉤ 택배원 또는 그 외 배달원으로서 택배사업에서 집화 또는 배송 업무를 하는 사람
  ㉥ 늘찬배달원으로서 하나의 퀵서비스업자로부터 업무를 의뢰받아 배송 업무를 하는 사람
  ㉦ 대출모집인
  ㉧ 신용카드회원 모집인
  ㉨ 하나의 대리운전업자로부터 업무를 의뢰받아 대리운전 업무를 하는 사람
  ㉩ 방문판매원이나 후원방문판매원으로서 상시적으로 방문판매업무를 하는 사람
  ㉪ 대여 제품 방문점검원
  ㉫ 가전제품 설치 및 수리원으로서 가전제품을 배송, 설치 및 시운전하여 작동상태를 확인하는 사람
  ㉬ 화물차주
    • 특수자동차로 수출입 컨테이너를 운송하는 사람

- 특수자동차로 시멘트를 운송하는 사람
- 피견인자동차나 일반형 화물자동차로 철강재를 운송하는 사람
- 일반형 화물자동차나 특수용도형 화물자동차로 위험물질을 운송하는 사람

ⓗ 소프트웨어사업에서 노무를 제공하는 소프트웨어기술자

안전인증대상기계

① 안전인증대상기계의 종류(산업안전보건법 시행령 제74조, 동법 시행규칙 제107조)

구 분	내 용	
기계/설비	설치·이전하는 경우 안전인증을 받아야 하는 기계	크레인, 리프트, 곤돌라
	주요 구조 부분을 변경하는 경우 안전인증을 받아야 하는 기계/설비	프레스, 전단기 및 절곡기, 크레인, 리프트, 압력용기, 롤러기, 사출성형기, 고소작업대, 곤돌라
방호장치	프레스 및 전단기 방호장치, 양중기용 과부하 방지장치, 보일러 압력방출용 안전밸브, 압력용기 압력방출용 안전밸브 및 파열판, 절연용 방호구 및 활선작업용 기구, 방폭구조 전기기계·기구 및 부품, 추락·낙하 및 붕괴 등의 위험 방지 및 보호에 필요한 가설기자재, 충돌·협착 등의 위험 방지에 필요한 산업용 로봇 방호장치	
보호구	추락 및 감전 위험방지용 안전모, 안전화, 안전장갑, 방진마스크, 방독마스크, 송기마스크, 전동식 호흡보호구, 보호복, 안전대, 차광 및 비산물 위험방지용 보안경, 용접용 보안면, 방음용 귀마개 또는 귀덮개	

② 안전인증기관의 지정 취소 등의 사유(산업안전보건법 시행령 제76조)
  ㉠ 안전인증 관련 서류를 거짓으로 작성한 경우
  ㉡ 정당한 사유 없이 안전인증 업무를 거부한 경우
  ㉢ 안전인증 업무를 게을리하거나 업무에 차질을 일으킨 경우
  ㉣ 안전인증·확인의 방법 및 절차를 위반한 경우
  ㉤ 법에 따른 관계 공무원의 지도·감독을 거부·방해 또는 기피한 경우

자율안전확인대상기계

① 자율안전확인대상기계의 종류(산업안전보건법 시행령 제77조)

구 분	내 용
기계/설비	연삭기 또는 연마기(이 경우 휴대형은 제외), 산업용 로봇, 혼합기, 파쇄기 또는 분쇄기, 식품가공용 기계(파쇄·절단·혼합·제면기만 해당), 컨베이어, 자동차정비용 리프트, 공작기계(선반, 드릴기, 평삭·형삭기, 밀링만 해당), 고정형 목재가공용 기계(둥근톱, 대패, 루타기, 띠톱, 모떼기 기계만 해당), 인쇄기
방호장치	아세틸렌 용접장치용 또는 가스집합 용접장치용 안전기, 교류 아크용접기용 자동전격방지기, 롤러기 급정지장치, 연삭기 덮개, 목재 가공용 둥근톱 반발 예방장치와 날 접촉 예방장치, 동력식 수동대패용 칼날 접촉 방지장치, 추락·낙하 및 붕괴 등의 위험 방지 및 보호에 필요한 가설기자재
보호구	안전모(추락 및 감전 위험방지용 안전모 제외), 보안경(차광 및 비산물 위험방지용 보안경 제외), 보안면(용접용 보안면 제외)

② 자율안전검사기관의 지정 취소 사유(산업안전보건법 시행령 제82조)
    ㉠ 검사 관련 서류를 거짓으로 작성한 경우
    ㉡ 정당한 사유 없이 검사업무의 수탁을 거부한 경우
    ㉢ 검사업무를 하지 않고 위탁 수수료를 받은 경우
    ㉣ 검사 항목을 생략하거나 검사방법을 준수하지 않은 경우
    ㉤ 검사 결과의 판정기준을 준수하지 않거나 검사 결과에 따른 안전조치 의견을 제시하지 않은 경우

안전검사대상기계

① 안전검사대상기계의 종류(산업안전보건법 시행령 제78조)
    ㉠ 프레스, 전단기, 크레인(정격 하중 2ton 미만 제외), 리프트, 압력용기, 곤돌라, 국소배기장치(이동식 제외), 원심기(산업용만 해당), 롤러기(밀폐형 구조 제외), 사출성형기, 고소작업대(화물자동차 또는 특수자동차에 탑재한 고소작업대 한정), 컨베이어, 산업용 로봇, [혼합기, 파쇄기 또는 분쇄기(시행일 26.6.26)]
② 안전검사기관의 지정 취소 사유(산업안전보건법 시행령 제80조)
    ㉠ 안전검사 관련 서류를 거짓으로 작성한 경우
    ㉡ 정당한 사유 없이 안전검사 업무를 거부한 경우
    ㉢ 안전검사 업무를 게을리하거나 업무에 차질을 일으킨 경우
    ㉣ 안전검사·확인의 방법 및 절차를 위반한 경우
    ㉤ 법에 따른 관계 공무원의 지도·감독을 거부·방해 또는 기피한 경우

건설재해예방전문지도기관(산업안전보건법 시행령 별표 18)

① 지도대상 분야
    ㉠ 건설공사 지도 분야
    ㉡ 전기공사, 정보통신공사 및 소방시설공사 지도 분야
② 기술지도계약
    ㉠ 건설공사발주자로부터 기술지도계약서 사본을 받은 날부터 14일 이내에 이를 건설현장에 갖춰 두도록 건설공사도급인(건설공사발주자로부터 해당 건설공사를 최초로 도급받은 수급인만 해당한다)을 지도하고, 건설공사의 시공을 주도하여 총괄·관리하는 자에 대해서는 기술지도계약을 체결한 날부터 14일 이내에 기술지도계약서 사본을 건설현장에 갖춰 두도록 지도해야 한다.
    ㉡ 기술지도계약을 체결할 때에는 고용노동부장관이 정하는 전산시스템을 통해 발급한 계약서를 사용해야 하며, 기술지도계약을 체결한 날부터 7일 이내에 전산시스템에 건설업체명, 공사명 등 기술지도계약의 내용을 입력해야 한다.

③ 기술지도의 수행방법
  ㉠ 기술지도 횟수
    • 공사시작 후 15일 이내마다 1회 실시한다.
    • 공사금액이 40억원 이상인 공사는 8회마다 한 번 이상 방문하여 기술지도를 해야 한다.
    • 기술지도 횟수(회) = $\dfrac{\text{공사기간(일)}}{15\text{일}}$

      ※ 단, 소수점은 버린다.
  ㉡ 기술지도 한계 및 기술지도 지역
    • 사업장 지도 담당 요원 1명당 기술지도 횟수는 1일당 최대 4회, 월 최대 80회로 한다.
    • 기술지도 지역은 건설재해예방전문지도기관으로 지정받은 지방고용노동관서 관할 지역으로 한다.

④ 기술지도 업무의 내용
  ㉠ 기술지도 범위 및 준수의무
    • 공사의 종류, 공사 규모, 담당 사업장 수 등을 고려하여 건설재해예방전문지도기관의 직원 중에서 기술지도 담당자를 지정해야 한다.
    • 기술지도 담당자에게 건설업에서 발생하는 최근 사망사고 사례, 사망사고의 유형과 그 유형별 예방 대책 등에 대하여 연 1회 이상 교육을 실시해야 한다.
    • 건설공사도급인이 산업재해 예방을 위해 준수해야 하는 사항을 기술지도해야 하며, 기술지도를 받은 건설공사도급인은 그에 따른 적절한 조치를 해야 한다.
    • 건설공사도급인이 기술지도에 따라 적절한 조치를 했는지 확인해야 하며, 건설공사도급인 중 건설공사발주자로부터 해당 건설공사를 최초로 도급받은 수급인이 해당 조치를 하지 않은 경우에는 건설공사발주자에게 그 사실을 알려야 한다.
  ㉡ 기술지도 결과의 관리
    • 기술지도를 한 때마다 기술지도 결과보고서를 작성하여 지체 없이 다음의 구분에 따른 사람에게 알려야 한다.
      – 총공사금액이 20억원 이상인 경우 : 해당 사업장의 안전보건총괄책임자
      – 총공사금액이 20억원 미만인 경우 : 해당 사업장을 실질적으로 총괄하여 관리하는 사람
    • 기술지도를 한 날부터 7일 이내에 기술지도 결과를 전산시스템에 입력해야 한다.
    • 총공사금액이 50억원 이상인 경우에는 건설공사도급인이 속하는 회사의 사업주와 경영책임자 등에게 매 분기 1회 이상 기술지도 결과보고서를 송부해야 한다.
    • 공사 종료 시 건설공사발주자 또는 건설공사도급인(건설공사도급인은 건설공사발주자로부터 건설공사를 최초로 도급받은 수급인은 제외한다)에게 기술지도 완료증명서를 발급해 주어야 한다.

⑤ 기술지도 관련 서류의 보존
  ㉠ 기술지도계약서, 기술지도 결과보고서, 그 밖에 기술지도업무 수행에 관한 서류를 기술지도 계약이 종료된 날부터 3년 동안 보존해야 한다.

유해·위험 방지를 위한 방호조치가 필요한 기계·기구(산업안전보건법 시행령 별표 20)

예초기, 원심기, 공기압축기, 금속절단기, 지게차, 포장기계(진공포장기, 래핑기로 한정)

중대재해 발생 시 보고(산업안전보건법 시행규칙 제67조)

① 사업주는 중대재해가 발생 시 지체 없이 사업장 소재지를 관할하는 지방고용노동관서의 장에게 전화·팩스 또는 그 밖의 적절한 방법으로 보고해야 한다.
　㉠ 발생 개요 및 피해 상황
　㉡ 조치 및 전망
　㉢ 그 밖의 중요한 사항

산업재해 발생 보고(산업안전보건법 시행규칙 제72조, 제73조)

① 사업주는 산업재해로 사망자가 발생하거나 3일 이상의 휴업이 필요한 부상을 입거나 질병에 걸린 사람이 발생한 경우에는 산업재해가 발생한 날부터 1개월 이내에 산업재해조사표를 작성하여 관할 지방고용노동관서의 장에게 제출(전자문서로 제출하는 것을 포함)해야 한다.
② 산업재해조사표에 근로자대표의 확인을 받아야 하며, 그 기재 내용에 대하여 근로자대표의 이견이 있는 경우에는 그 내용을 첨부해야 하고, 근로자대표가 없는 경우 재해자 본인의 확인을 받아 제출할 수 있다.
③ 사업주는 산업재해가 발생한 때에는 다음 사항을 기록·보존해야 한다.
　㉠ 사업장의 개요 및 근로자의 인적사항
　㉡ 재해 발생의 일시 및 장소
　㉢ 재해 발생의 원인 및 과정
　㉣ 재해 재발방지 계획

안전보건대장(산업안전보건법 시행규칙 제86조)

① 기본안전보건대장에 포함되어야 하는 사항
　㉠ 건설공사 계획단계에서 예상되는 공사내용, 공사규모 등 공사 개요
　㉡ 공사현장 제반 정보

ⓒ 건설공사에 설치·사용 예정인 구조물, 기계·기구 등 고용노동부장관이 정하여 고시하는 유해·위험요인과 그에 대한 안전조치 및 위험성 감소방안

ⓔ 산업재해 예방을 위한 건설공사발주자의 법령상 주요 의무사항 및 이에 대한 확인

② 설계안전보건대장에는 포함되어야 하는 사항

ⓐ 안전한 작업을 위한 적정 공사기간 및 공사금액 산출서

ⓑ 건설공사 중 발생할 수 있는 유해·위험요인 및 시공단계에서 고려해야 할 유해·위험요인 감소방안

ⓒ 산업안전보건관리비의 산출내역서

③ 공사안전보건대장에 포함하여 이행여부를 확인해야 할 사항

ⓐ 설계안전보건대장의 유해·위험요인 감소방안을 반영한 건설공사 중 안전보건 조치 이행계획

ⓑ 유해위험방지계획서의 심사 및 확인결과에 대한 조치내용

ⓒ 고용노동부장관이 정하여 고시하는 건설공사용 기계·기구의 안전성 확보를 위한 배치 및 이동계획

ⓓ 건설공사의 산업재해 예방 지도를 위한 계약 여부, 지도결과 및 조치내용

④ 기본안전보건대장, 설계안전보건대장 및 공사안전보건대장의 작성과 공사안전보건대장의 이행여부 확인 방법 및 절차 등에 관하여 필요한 사항은 고용노동부장관이 정하여 고시한다.

공사종류 및 규모별 산업안전보건관리비 계상기준표(건설업 산업안전보건관리비 계상 및 사용기준 별표 1)

구 분 공사종류	대상액 5억원 미만인 경우 적용비율(%)	대상액 5억원 이상 50억원 미만인 경우		대상액 50억원 이상인 경우 적용비율(%)	영 별표 5에 따른 보건관리자 선임 대상 건설공사의 적용비율(%)
		적용비율(%)	기초액		
건축공사	3.11%	2.28%	4,325,000원	2.37%	2.64%
토목공사	3.15%	2.53%	3,300,000원	2.60%	2.73%
중건설공사	3.64%	3.05%	2,975,000원	3.11%	3.39%
특수건설공사	2.07%	1.59%	2,450,000원	1.64%	1.78%

중대재해처벌법 용어 정의(중대재해 처벌 등에 관한 법률 제2조)

① 중대재해 : 중대산업재해와 중대시민재해

② 중대산업재해

ⓐ 사망자가 1명 이상 발생

ⓑ 동일한 사고로 6개월 이상 치료가 필요한 부상자가 2명 이상 발생

ⓒ 동일한 유해요인으로 급성 중독 등 대통령령으로 정하는 직업성 질병자가 1년 이내에 3명 이상 발생

③ **중대시민재해** : 특정 원료 또는 제조물, 공중이용시설 또는 공중교통수단의 설계, 제조, 설치, 관리상의 결함을 원인으로 하여 발생한 재해(중대산업재해에 해당하는 재해는 제외)
  ㉠ 사망자가 1명 이상 발생
  ㉡ 동일한 사고로 2개월 이상 치료가 필요한 부상자가 10명 이상 발생
  ㉢ 동일한 원인으로 3개월 이상 치료가 필요한 질병자가 10명 이상 발생
④ **제조물** : 제조되거나 가공된 동산(다른 동산이나 부동산의 일부를 구성하는 경우 포함)
⑤ **사업주** : 자신의 사업을 영위하는 자, 타인의 노무를 제공받아 사업을 하는 자
⑥ **경영책임자 등**
  ㉠ 사업을 대표하고 사업을 총괄하는 권한과 책임이 있는 사람 또는 이에 준하여 안전보건에 관한 업무를 담당하는 사람
  ㉡ 중앙행정기관의 장, 지방자치단체의 장, 지방공기업의 장, 공공기관의 장

CHAPTER 02 산업안전일반

안전관리조직

① Line형 : 직계식(수직적) 조직구조로 상하관계가 명확하고 명령이나 지시가 신속 정확하게 전달되는 장점이 있으며 소규모 사업장에 적합하다.
② Staff형 : 참모식(안전관리 전문가) 조직으로 전문가 집단을 별도로 두어 안전업무를 수행하는 조직이다. 중규모 조직에 많이 사용되며 안전업무가 전문적으로 이루어지는 장점이 있으나 안전의 지도 및 조언에 대한 관리자들의 이해가 없으면 효과가 적고 생산부분과 별도로 취급되어 혼선을 빚는 단점이 있다.
③ Line-Staff형 : 직계참모식 조직으로 Line형과 Staff형 각각의 장점을 절충한 이상적인 조직이다. 계획이나 점검은 Staff에서, 대책은 Line에서 실시하여 정확한 안전관리가 이루어지며 대규모 조직에 적합하다. 반면 명령계통이 일원화되지 않아 혼동되기 쉽고 전문가의 월권행위가 발생할 수 있다.

하인리히의 법칙

① 하인리히의 법칙은 중대재해가 발생하기까지는 크고 작은 경미한 사고 건수가 1 : 29 : 300건으로 발생한다는 법칙으로 대형사고가 발생하기 전에 그와 관련된 수많은 경미한 사고와 징후들이 반드시 존재한다는 것을 밝힌 법칙이다. 산업재해가 발생하여 중상자가 1명 나오면 그 전에 같은 원인으로 발생한 경상자가 29명, 같은 원인으로 부상을 당할 뻔한 잠재적 부상자가 300명 있었다는 통계를 발견하여 1 : 29 : 300법칙이라고도 한다.
② 이러한 사고는 연결고리를 끊음으로써 예방이 가능하다는 논리를 도미노를 이용하여 발표하였기에 하인리히 법칙을 도미노 이론이라고도 한다. 도미노 이론이란 사고의 원인이 어떻게 연쇄적 반응을 일으키는가를 도미노를 통해서 설명, 즉 5개의 도미노를 일렬로 세워 놓고 어느 한쪽 끝을 쓰러뜨리면 연쇄적으로, 그리고 순서적으로 쓰러진다는 이론이다.
③ 하인리히 법칙의 사고 발생 5단계

구 분	발생단계	비 고
1단계	사회적 환경과 유전적 요소(선천적 결함)	간접적 원인
2단계	개인적인 결함	간접적 원인
3단계	불안전한 행동 및 불안전한 상태	직접적인 원인(제거 대상)
4단계	사고발생	
5단계	재 해	

④ 하인리히의 재해손실비
  ㉠ 총재해비용 = 직접비 + 간접비(직접비 : 간접비 = 1 : 4)
  ㉡ 직접비는 법령에 의한 피해자 지급지용을 말한다. 직접비는 요양보상비, 치료비, 휴업급여, 유족보상비, 장례비, 장해보상비 등이 포함된다.
  ㉢ 간접비는 재산손실, 생산중단 등으로 입은 손실을 말한다. 간접비는 시간손실비, 물적손실비, 임금손실비, 생산손실비, 특수손실비, 기타 손실비(병상위문금, 재산손실비, 생산중단손실비 등) 등이 포함된다.

⑤ 하인리히의 재해예방 5단계
  ㉠ 제1단계 안전관리조직 : 안전관리조직을 구성하고 방침, 계획 등을 수립하는 단계
  ㉡ 제2단계 사실의 발견 : 사고 및 활동을 기록 검토, 분석하여 불안전 요소 발견
  ㉢ 제3단계 분석평가 : 불안전 요소를 토대로 사고를 발생시킨 직·간접원인을 찾아내는 단계
  ㉣ 제4단계 예방방법 선정 : 원인을 토대로 개선방법을 선정
  ㉤ 제5단계 예방대책 실행 : 선정된 예방대책을 실행하고 결과를 재평가하여 불합리한 점은 재조정하여 재실시

⑥ 하인리히의 사고예방 4원칙
  ㉠ 손실우연 : 사고의 발생과 손실은 우연적인 관계
  ㉡ 원인계기 : 재해에는 반드시 원인이 존재, 사고와 원인관계는 필연적
  ㉢ 예방가능 : 재해는 원인만 제거하면 예방이 가능
  ㉣ 대책선정 : 재해예방을 위한 가능한 안전대책은 존재

⑦ 재해구성 비율 비교
  ㉠ 하인리히의 도미노 이론 : 1(중상) : 29(경상) : 300(무상해)
  ㉡ 버드의 신도미노 이론 : 1(중상) : 10(경상) : 30(무상해, 유손실) : 600(무상해, 무손실)

안전모의 시험성능기준(보호구 안전인증 고시 별표 1)

① 안전모의 종류

종류(기호)	사용 구분	비 고
AB	물체의 낙하 또는 비래 및 추락에 의한 위험을 방지 또는 경감시키기 위한 것	
AE	물체의 낙하 또는 비래에 의한 위험을 방지 또는 경감하고, 머리부위 감전에 의한 위험을 방지하기 위한 것	내전압성 (7,000V 이하의 전압에 견디는 것)
ABE	물체의 낙하 또는 비래 및 추락에 의한 위험을 방지 또는 경감하고, 머리부위 감전에 의한 위험을 방지하기 위한 것	내전압성

② 안전모 시험성능기준

항 목	시험성능 기준
내관통성	AE, ABE종 안전모는 관통거리가 9.5mm 이하이고, AB종 안전모는 관통거리가 11.1mm 이하이어야 한다.
충격흡수성	최고전달충격력이 4,450N을 초과해서는 안 되며, 모체와 착장체의 기능이 상실되지 않아야 한다.
내전압성	AE, ABE종 안전모는 교류 20kV에서 1분간 절연파괴 없이 견뎌야 하고, 이때 누설되는 충전전류는 10mA 이하이어야 한다.
내수성	AE, ABE종 안전모는 질량증가율이 1% 미만이어야 한다.
난연성	모체가 불꽃을 내며 5초 이상 연소되지 않아야 한다.
턱끈풀림	150N 이상 250N 이하에서 턱끈이 풀려야 한다.

소 음

① 소음 관련 용어 정의(산업안전보건기준에 관한 규칙 제512조)
  ㉠ 소음작업 : 1일 8시간 작업을 기준으로 85dB 이상의 소음이 발생하는 작업을 말한다.
  ㉡ 강렬한 소음작업 : 표에 명시된 소음수준으로 1일 작업시간 이상을 하는 작업이다.

소음 수준	1일 작업시간
90dB 이상	8시간 이상
95dB 이상	4시간 이상
100dB 이상	2시간 이상
105dB 이상	1시간 이상
110dB 이상	30분 이상
115dB 이상	15분 이상

  ㉢ 충격소음작업 : 소음이 1초 이상의 간격으로 발생하는 작업으로서 표에 해당하는 작업을 말한다.

소음 수준	1일 발생 기준
120dB을 초과	1일 1만회 이상
130dB을 초과	1일 1천회 이상
140dB을 초과	1일 1백회 이상

  ㉣ 진동작업 : 착암기, 동력을 이용한 해머, 체인톱, 엔진커터, 동력을 이용한 연삭기, 임팩트렌치 등 진동으로 인하여 건강장해를 유발할 수 있는 기계·기구를 사용하는 작업을 말한다.
  ㉤ 청력보존 프로그램 : 소음노출 평가, 소음노출에 대한 공학적 대책, 청력보호구의 지급과 착용, 소음의 유해성 및 예방 관련 교육, 정기적 청력검사, 청력보존 프로그램 수립 및 시행 관련 기록·관리체계, 그 밖에 소음성 난청 예방·관리에 필요한 사항이 포함된 소음성 난청을 예방·관리하기 위한 종합적인 계획을 말한다.

② phon(음량 수준)은 1,000Hz의 순음을 기준으로 동일한 음량으로 들리는 크기로 dB로 나타낸다. 같은 phon값을 이은 그래프를 등음량곡선이라고 한다. phon은 주관적 등감도는 나타내지만 상대적인 크기의 비교는 안 되며 이를 나타낸 것이 sone이다. sone(음량)이란 음의 상대적인 주관적 척도 40phon이 1sone이며 10phon이 증가하면 sone값은 두 배가 된다.

③ 소음의 영향
  ㉠ 청력 손실의 정도는 노출되는 소음의 수준에 따라 증가하는데 4,000Hz에서 가장 크게 나타난다.
  ㉡ 갑자기 높은 수준의 소음에 노출되면 일시적 청력 손실이 올 수 있다. 일시적 청력 손실은 조용한 곳에서 휴식하면 서서히 없어진다.
  ㉢ 마스킹 효과란 10dB 이상의 차에 의해 높은 음이 낮은 음을 상쇄시켜 높은 음만 들리는 현상이다.

조 도

① 작업면 조도 기준(산업안전보건기준에 관한 규칙 제8조)
  ㉠ 초정밀작업 : 750lx 이상
  ㉡ 정밀작업 : 300lx 이상
  ㉢ 보통작업 : 150lx 이상
  ㉣ 그 밖의 작업 : 75lx 이상
  ※ 갱내 작업장과 감광재료를 취급하는 작업장 제외

② 작업장의 조명
  ㉠ 전반 조명 : 작업장에 기본적인 최저도의 조명을 전체적으로 설치하는 것을 말한다. 작업의 종류, 성질에 따라 조명 수준이 달라진다. 조도가 일정하게 유지되어 집단작업을 할 때 유리하다.
  ㉡ 보조 조명 : 전반 조명과 함께 사용하여 높은 조도가 필요한 부분에 사용될 수 있다.

③ 적절한 조명
  ㉠ 직접 조명보다는 간접 조명이 눈의 피로가 덜하여 작업의 생산성을 올릴 수 있다.
  ㉡ 조명의 색상은 작업자의 건강이나 생산성과 연계하여 결정한다.
  ㉢ 표면반사율이 높은 경우 조도를 낮추어 근로자의 시력을 보호해야 한다.
  ㉣ 나이에 따라 조도의 수준이 다르므로 작업자의 나이를 고려하여 조도를 선택한다.

④ 조도를 구하는 공식
  ㉠ 조도는 거리의 제곱에 반비례하고 광속에 비례한다.

  • 조도 = $\dfrac{광속}{거리^2}$, 광속 = 조도 × 거리^2

│ 안전보건표지

① 유해하거나 위험한 장소·시설·물질에 대한 경고, 비상시에 대처하기 위한 지시·안내 또는 그 밖에 근로자의 안전 및 보건 의식을 고취하기 위한 사항 등을 그림, 기호 및 글자 등으로 나타낸 안전보건표지를 근로자가 쉽게 알아볼 수 있도록 설치하거나 붙여야 한다. 이 경우 외국인근로자를 위해 해당 외국인근로자의 모국어로 작성하여 부착한다(산업안전보건법 제37조).

② 안전보건표지의 종류, 형태 등

　㉠ 종류, 형태, 색채, 용도 및 설치·부착 장소, 그 밖에 필요한 사항은 고용노동부령으로 정한다(산업안전보건법 제37조).

　㉡ 안전보건표지의 표시를 명확히 하기 위하여 필요한 경우에는 그 안전보건표지의 주위에 표시사항을 글자로 덧붙여 적을 수 있다. 이 경우 글자는 흰색 바탕에 검은색 한글고딕체로 표기해야 한다(산업안전보건법 시행규칙 제38조).

　• 안전보건표지 예시(산업안전보건법 시행규칙 별표 6)

2. 경고표지	201 인화성물질 경고	202 산화성물질 경고	203 폭발성물질 경고	204 급성독성물질 경고	205 부식성물질 경고	206 방사성물질 경고
	207 고압전기 경고	208 매달린물체 경고	209 낙하물 경고	210 고온 경고	211 저온 경고	212 몸균형상실 경고	213 레이저광선 경고

　㉢ 안전보건표지에 사용되는 색채의 색도기준 및 용도(산업안전보건법 시행규칙 별표 8)

색 채	색도기준	용 도	사용례
빨간색	7.5R 4/14	금 지	정지신호, 소화설비 및 그 장소, 유해행위의 금지
		경 고	화학물질 취급장소에서의 유해·위험 경고
노란색	5Y 8.5/12	경 고	화학물질 취급장소에서의 유해·위험경고 이외의 위험경고, 주의표지 또는 기계방호물
파란색	2.5PB 4/10	지 시	특정 행위의 지시 및 사실의 고지
녹 색	2.5G 4/10	안 내	비상구 및 피난소, 사람 또는 차량의 통행표지
흰 색	N9.5		파란색 또는 녹색에 대한 보조색
검은색	N0.5		문자 및 빨간색 또는 노란색에 대한 보조색

　※ 참고
　　1. 허용 오차 범위 H=±2, V=±0.3, C=±1(H는 색상, V는 명도, C는 채도를 말한다)
　　2. 위의 색도기준은 한국산업규격(KS)에 따른 색의 3속성에 의한 표시방법(KSA 0062 기술표준원 고시 제2008-0759)에 따른다.

재해통계지수

① 종합재해지수 : 빈도강도지수라고도 하며 안전성적을 나타내는 지수로 빈도율과 강도율을 곱해서 나타낸 지수이다.
   - 종합재해지수 = (빈도율 × 강도율)$^{1/2}$
② 도수율(빈도율) : 재해건수를 근로총시간수로 나누어 10^6을 곱한 값이다.
   - 도수율 = $\dfrac{\text{재해건수}}{\text{연근로시간수}} \times 10^6$
③ 환산도수율 : 평생 근로하는 동안 발생할 수 있는 재해건수
   - 환산도수율 = 도수율 × 0.1
④ 강도율 : 총 요양근로손실일수는 재해자의 총 요양기간을 합산하여 산출하되, 사망, 부상 또는 질병이나 장해자의 등급별 요양근로손실일수는 산업재해통계업무처리규정 별표 1과 같다.
   - 강도율 = $\dfrac{\text{총요양근로손실일수}}{\text{연근로시간수}} \times 10^3$
⑤ 환산강도율 : 평생 근로하는 동안 발생할 수 있는 근로손실일수
   - 환산강도율 = 강도율 × 100
⑥ 재해건수 : 도수율과 환산도수율 이용하여 구한다.

재해통계도

① 파레토도 : 관리대상이 많은 경우 적용이 유리하며 큰값에서 작은값으로 순서대로 배열하여 어떤 항목이 가장 문제가 되는지 확인하는 분석기법이다.
② 관리도 : 관리상한선과 하한선을 두고 관리구역 외의 구역에 발생되는 경우는 대책을 수립하여 관리구역 내로 들어오도록 하는 기법이다.
③ 특성요인도 : 생선뼈를 닮았다고 하여 Fish Bone Diagram이라고도 하며 결론에 도달하기 위해 문제점을 개발해서 대책을 수립하는 기법이다.

학습지도

① 학습지도의 원리
   ㉠ 자발성의 원리 : 학습자 스스로 참여하도록 한다. 자발적인 참여가 이루어져야 학습의 이해도가 높아진다.

ⓛ 개별화의 원리 : 개인의 요구 능력을 파악한다. 개인의 능력을 파악한 후 개별능력에 맞는 맞춤 수업을 진행하는 것이 가장 효과적이다.
  ⓒ 사회화의 원리 : 공동학습을 통해 협력과 우호를 배운다. 조별과제, 집단과제 등을 통해 사회성을 배우고 사회의 일원으로서의 역할을 배울 수 있다.
  ㉢ 통합의 원리 : 학습을 통합적으로 지도한다.
  ㉣ 목적성의 원리 : 목표를 세우고 도전한다. 나태해지기 쉬운 학습자에게 목표를 제시하고 목표를 이루었을 때 칭찬을 해줌으로써 학습의욕을 고취시킬 수 있다.
  ㉥ 직관의 원리 : 사물을 직접 제시한다. 교재 준비 시 시각적인 효과를 위해 사물을 직접 준비하는 것도 좋은 학습방법이다.
② 학습평가 기준
  ㉠ 타당성 : 평가의 결과와 원래 평가하려는 목표와의 관련성이 얼마나 높으냐의 문제, 어떤 근거 내지 준거를 명확히 하여 평가해야 한다. 평가 기준에서 가장 중요한 부분이다.
  ㉡ 신뢰도 : 측정하려는 것을 얼마나 안정적으로 일관성 있게 측정하느냐의 문제로 하나의 평가도구를 가지고 몇 번을 반복해도 같은 결과가 나오는 정도를 말한다.
  ㉢ 객관성 : 채점자의 신뢰도, 평가의 채점자가 객관적인 입장에서 믿을 수 있도록 채점하느냐의 문제이다.
  ㉣ 실용성 : 경비, 시간 노력을 적게 들이고도 목적을 달성할 수 있느냐에 대한 정도이다.

| 교 육

① 교육의 3요소
  ㉠ 주체 : 강사, 교수자 등 교육을 리드하는 사람
  ㉡ 객체 : 교육생, 학습자 등 교육을 수강하는 사람
  ㉢ 매개체 : 교재(시각, 청각 등 오감 교재)
② 교육 진행 4단계
  ㉠ 도입단계 : 학습을 준비하는 단계
  ㉡ 제시단계 : 작업에 대한 설명, 시범 및 반복교육, 중요한 부분 강조 등
  ㉢ 적용단계 : 학습 내용을 작업에 적용하는 단계
  ㉣ 확인단계 : 그동안 학습한 내용에 대해 작업을 진행하고 평가를 하는 단계
③ 교육훈련평가 4단계
  ㉠ 반응평가 : 학습에 대한 반응에 평가
  ㉡ 학습평가 : 기술이나 지식 등 평가
  ㉢ 행동평가 : 학습에 의한 행동변화에 대한 평가
  ㉣ 결과평가 : 학습의 응용 여부 평가

④ 교육지도의 원칙
   ㉠ 동기부여가 되는 학습을 실시한다. 학습자에게 동기를 유발할 수 있는 교육지도가 이루어져야 한다.
   ㉡ 상대방의 상황을 파악하고 상대방의 상태를 고려하여 교육지도를 실시해야 한다.
   ㉢ 학습은 쉬운 것에서 어려운 것으로 실시하고 단계가 올라갈 때마다 확인을 해야 한다.
   ㉣ 반복학습을 통해 학습자의 기억에 남을 수 있도록 교육을 실시한다.
   ㉤ 학습자를 고려하여 한번에 한 가지 내용에 대해 교육한다.
   ㉥ 교재는 반드시 오감(시각, 청각, 촉각, 후각, 미각)을 활용할 수 있도록 준비해야 하며 복합적으로 교육한다.
   ㉦ 교육이 지루하지 않도록 인상적인 내용을 통해 학습을 강화한다.
   ㉧ 기능적 이해를 돕는다.
   ㉨ 학습이 완료되면 이해의 정도를 확인하고 다음 단계로 진행한다.
   ㉩ 학습자 개인의 역량을 고려하여 일대일 맞춤수업으로 진행하는 것이 효과적이다.
⑤ 안전보건교육의 3단계
   ㉠ 지식교육 : 안전에 관한 기초지식 교육, 과업을 위한 지식의 전달을 목표로 한다.
   ㉡ 기능교육 : 전문적 기술을 습득하고 안전에 대해 경험하며 적응하는 단계로 지식교육과 달리 기술습득을 목적으로 실시하는 교육으로 광범위한 지식을 전달하기는 어렵다.
   ㉢ 태도교육 : 안전습관 형성에 중점을 두고 안전의식의 향상 및 책임감을 주입하는 단계이다.

재해조사

① 재해조사 4단계
   ㉠ 사실 확인 : 경과 파악, 물적·인적·관리적 측면의 사실 수집
   ㉡ 재해요인 파악 : 물적·인적·관리적 측면의 요인 파악
   ㉢ 재해요인 결정 : 재해요인의 직접·간접 원인 결정
   ㉣ 대책 수립 : 근본적인 문제점 및 사고원인 파악 후 방지대책 수립
② 재해조사방법
   ㉠ 재해조사는 신속하고 정확하게 실시한다.
   ㉡ 재해와 관련된 사항은 빠짐없이 수집하고 보관한다.
   ㉢ 책임추궁보다는 재발방지대책 수립을 우선으로 한다.
   ㉣ 목격자를 확인하고 목격자 진술을 확보한다.
   ㉤ 불필요하다고 생각되는 항목은 조사에서 배제한다.

안전성 평가 6단계

① 1단계 : 관계자료 수집 및 정보 검토
② 2단계 : 정성적 평가(입지조건, 공장 내 배치, 소방설비, 공정 등)
③ 3단계 : 정량적 평가(취급물질, 화학설비 등)
④ 4단계 : 안전대책 수립
⑤ 5단계 : 재해사례 조사 분석 자료를 통한 평가
⑥ 6단계 : FTA를 이용한 재평가(Fault Tree Analysis, 결함수 분석)

위험성 분석기법

① 위험성 분석기법의 종류
  ㉠ PHA(예비위험분석) : Preliminary Hazard Analysis로 안전프로그램 최초 단계
  ㉡ FHA(결함위험분석) : 작업 간의 간섭으로 인한 고장에 대해 분석
  ㉢ FMEA(고장형태와 영향분석법) : Failure Modes and Effects Analysis로 부품, 장치, 설비 및 시스템의 고장 또는 기능상실의 형태에 따른 원인과 영향을 체계적으로 분류하고 필요한 조치를 수립하는 귀납적 기법
  ㉣ THERP(인간과오율 추정법) : 인간의 기본 과오율을 평가하는 기법
  ㉤ FTA(결함수 분석법) : Fault Tree Analysis로 기계, 설비 등의 고장이나 재해 발생 요인을 논리적 도표에 의하여 분석하는 정량적, 연역적 기법
  ㉥ CA(치명도분석) : Criticality Analysis로 고장 형태에 따른 영향을 분석한 후 중요한 고장에 대해 그 피해의 크기와 고장발생률을 이용하여 치명도를 분석하는 정량적 분석기법
  ㉦ HAZOP(위험 및 운용성 분석) : 시스템의 위험요소와 운전상의 문제점을 도출하여 분석하는 기법
② 결함수 분석법(Fault Tree Analysis)
  ㉠ FTA란 논리기호를 사용하여 나뭇가지 모양의 그림으로 결함수를 만들어 시스템의 고장확률을 구하는 분석기법이다. 논리기호를 사용하여 해석하므로 비전문가도 사용 가능하다. 결함수 분석은 정량적인 방법으로 입력된 모든 기본 사상들의 이용불능도 계산에 필요한 고장률, 작동시간 등의 관련 정보를 입력하는 것과 정상사상, 이용불능도의 계산 및 결과해석을 수행한다.
  ㉡ 시스템의 고장 확률을 구함으로써 문제가 되는 부분을 찾아내고 그 부분을 개선하는 계량적 고장 해석 및 신뢰성 평가방법이다. 연역적 사고방식으로 시스템의 고장을 결함수 차트로 탐색해 나감으로써 어떤 부품이 고장의 원인이었는지를 찾아내는 기법으로 하향식 전개 방식을 취한다.

③ 관련 용어

　㉠ 고장률(Failure Rate) : 설비가 시간당 또는 작동 횟수당 고장이 발생하는 확률로 단위시간당 불량률로 간주

$$\text{고장률} = \frac{\text{일정기간 중의 총고장수}}{\text{총동작시간수}}$$

　㉡ 고장밀도함수 : 수명밀도함수라고도 하며 단위시간당 고장 나는 제품의 비율을 나타내는 함수이다. 고장밀도함수로부터 특정 기간(t시점과 $t+\Delta t$ 사이)에 고장 날 확률 Δt로 나누어 구할 수 있다.

　㉢ 평균고장간격(MTBF ; Mean Time Between Failure) : 시스템, 부품 등의 고장 간의 동작시간 평균치이다. 고장건수/총가동시간으로 나타낸다.

　㉣ 평균수리시간(MTTR ; Mean Time To Repair) : 총수리기간을 그 기간의 수리횟수로 나눈 시간이다.

　㉤ 평균고장시간(MTTF ; Mean Time To Failure) : 시스템, 부품 등이 고장 나기까지 동작시간의 평균치이다.

　㉥ 가용도(Availability) : 일정기간에 시스템이 고장 없이 가동될 확률이며 평균고장시간과 평균고장간격의 비로 나타낸다.

$$\text{가용도(A)} = \frac{\text{MTBF}}{\text{MTBF} + \text{MTTR}} = \frac{\text{평균고장시간}}{\text{평균고장간격}} = \frac{\text{평균수리율}}{\text{평균고장률} + \text{평균수리율}}$$

휴먼에러

① 정 의

　㉠ 휴먼에러란 인간의 과오, 즉 인간이 범하는 오류를 말한다. 재해사고의 가장 핵심 원인으로 작용하고 있으며, 휴먼에러의 종류에 관해서는 많은 연구가 이루어지고 있다.

② 휴먼에러의 분류

　㉠ Rook의 분류
- 인간공학적인 설계에러
- 제작에러
- 검사에러
- 설치에러
- 보전에러
- 운전에러
- 조작에러
- 취급에러

　㉡ 칸이치의 분류
- 필요한 태스크(작업) 내지 절차를 수행하지 않은 데 의한 에러
- 그들의 수행이 지연되는 데 의한 에러
- 불확실한 수행에 의한 에러로 해이, 착각, 생략, 예측판단, 미숙련으로 인해 발생되는 에러

③ 휴먼에러의 관점
  ㉠ 행위적 관점
    - 인간의 행동 결과를 이용하여 에러를 분류하는 방법으로 스웨인의 심리적 관점분류가 대표적이다.
    - 스웨인의 심리적 분류
      - 생략오류(Omission Error) : 업무 수행에 필요한 절차를 누락하거나 생략하여 발생되는 오류
      - 시간오류(Timing Error) : 업무를 정해진 시간보다 너무 빠르게 혹은 늦게 수행했을 때 발생하는 오류
      - 순서오류(Sequence Error) : 업무의 순서를 잘못 이해했을 때 발생하는 오류
      - 실행오류(Commission Error) : 작위오류, 수행해야 할 업무를 부정확하게 수행하기 때문에 생겨나는 오류
      - 부가오류(Extraneous Error) : 과잉행동오류, 불필요한 절차를 수행하는 경우에 생기는 오류
  ㉡ 원인적 관점
    - 리즌의 에러분류 : 의도적 행동, 비의도적 행동
    - 라스무센의 분류

행동모델 구분	내 용
숙련기반 행동모델	업무가 숙련되어 무의식적 행동을 하는 과정에서 에러가 발생한다.
규칙기반 행동모델	정해진 규칙에 따르지 않고 상황을 잘못 인식하여 에러가 발생한다.
지식기반 행동모델	익숙치 않은 문제를 단계에 따라 행동하는 과정에서 에러가 발생한다.

  ㉢ 기타 관점
    - 인간공학적 에러(작업에러) : 설계에러, 제작에러, 검사에러, 설치에러, 운전에러, 취급에러 등
    - 실수원인의 수준적 분류 : 1차에러, 2차에러, 지시에러
    - 인간행동과정을 통한 분류 : 입력에러, 정보처리에러, 의사결정에러, 출력에러, 피드백에러 등

근골격계질환 예방을 위한 작업환경개선 지침(한국산업안전보건공단 KOSHA GUIDE H-66-2012)

① 근골격계 질환발생 원인
  ㉠ 부적절한 작업자세를 취하는 행위 : 쪼그리는 자세, 어깨 위로 올리는 자세, 과도하게 구부리거나 비트는 자세 등으로 인해 척추에 과도한 하중이 실리는 행위
  ㉡ 과도한 힘 필요작업 : 강한 힘으로 공구를 작동하거나 물건을 집는 행동을 장시간 하는 경우
  ㉢ 접촉 스트레스 발생작업 : 손이나 무릎을 이용하여 망치처럼 때리거나 치는 작업
  ㉣ 진동공구 취급작업 : 진동이 심한 공구(착암기, 연삭기 등)를 사용하여 행하는 작업
  ㉤ 반복적인 작업 : 목, 어깨, 팔, 팔꿈치, 손가락 등 신체의 일부를 반복적으로 사용하여 행하는 작업

② 근골격계 예방을 위한 작업환경 개선방법
　㉠ 작업시간, 작업량 등을 정할 때에는 작업내용, 취급중량, 자동화 등의 상황, 보조기구의 유무, 작업에 종사하는 근로자의 수, 성별, 체격, 연령, 경험 등을 고려한다.
　㉡ 컨베이어 작업 등과 같이 작업속도가 기계적으로 정해지는 경우에는 근로자의 신체적인 특성의 차이를 고려하여 적정한 작업속도가 되도록 한다.
　㉢ 야간작업을 하는 경우에는 낮시간에 하는 동일한 작업의 양보다 적은 수준이 되도록 조절한다.
　㉣ 올바른 작업방법은 근육피로도 및 근력부담을 줄이며 동시에 작업효율 및 품질을 향상시키며 작업방법 설계 시 다음을 고려한다.
　　• 동작을 천천히 하여 최대 근력을 얻도록 한다.
　　• 동작의 중간 범위에서 최대한의 근력을 얻도록 한다.
　　• 가능하다면 중력방향으로 작업을 수행하도록 한다.
　　• 최대한 발휘할 수 있는 힘의 15% 이하로 유지한다.
　　• 힘을 요구하는 작업에는 큰 근육을 사용한다.
　　• 짧게, 자주, 간헐적인 작업/휴식 주기를 갖도록 한다.
　　• 대부분의 근로자들이 그 작업을 할 수 있도록 작업을 설계한다.
　　• 정확하고 세밀한 작업을 위해서는 적은 힘을 사용하도록 한다.
　　• 힘든 작업을 한 직후 정확하고 세밀한 작업을 하지 않도록 한다.
　　• 눈동자의 움직임을 최소화한다.
③ 수공구 사용 시 주의사항
　㉠ 수공구는 가능한 한 가벼운 것으로 사용한다.
　㉡ 수공구를 사용할 때 손목이 비틀지 않고 팔꿈치를 들지 않아도 되는 형태의 것을 사용한다.
　㉢ 수공구의 손잡이는 손바닥 전체에 압력이 분포되도록 너무 크거나 작지 않도록 하고 미끄러지지 않으며 충격을 흡수할 수 있는 재질을 사용한다.
　㉣ 무리한 힘을 요구하는 공구는 동력을 사용하는 공구로 교체하거나 지그를 활용하되 소음 진동을 최소화하고 주기적으로 보수·유지한다.
　㉤ 진동공구는 진동의 크기가 작고, 진동의 인체전달이 작은 것을 선택하고 연속적인 사용시간을 제한한다.

제조물 책임법

① 용어 정의
　㉠ 제조물이란 제조되거나 가공된 동산(다른 동산이나 부동산의 일부를 구성하는 경우를 포함한다)을 말한다.
　㉡ 결함이란 해당 제조물에 다음 각 목의 어느 하나에 해당하는 제조상·설계상 또는 표시상의 결함이 있거나 그 밖에 통상적으로 기대할 수 있는 안전성이 결여되어 있는 것을 말한다.

- 제조상의 결함이란 제조업자가 제조물에 대하여 제조상·가공상의 주의의무를 이행하였는지에 관계없이 제조물이 원래 의도한 설계와 다르게 제조·가공됨으로써 안전하지 못하게 된 경우를 말한다.
- 설계상의 결함이란 제조업자가 합리적인 대체설계를 채용하였더라면 피해나 위험을 줄이거나 피할 수 있었음에도 대체설계를 채용하지 아니하여 해당 제조물이 안전하지 못하게 된 경우를 말한다.
- 표시상의 결함이란 제조업자가 합리적인 설명·지시·경고 또는 그 밖의 표시를 하였더라면 해당 제조물에 의하여 발생할 수 있는 피해나 위험을 줄이거나 피할 수 있었음에도 이를 하지 아니한 경우를 말한다.

TWI

① 정 의
  ㉠ Training Within Industry로서 제2차 세계대전 중 미국에서 생산성 향상을 목적으로 개발한 훈련법으로 체계적인 감독자훈련법이다. 제목에서와 같이 산업 내 훈련으로 민간기업뿐 아니라 육·해군 및 정부 각 부처의 훈련에도 실시되었으며 여러 방면에서 적용하고 있다.

② TWI방법의 종류
  ㉠ 작업을 가르치는 방법(JI ; Job Instruction)
  ㉡ 개선방법(JM ; Job Methods)
  ㉢ 사람을 다루는 방법(JR ; Job Relations)
  ㉣ 안전작업의 실시방법(JS ; Job Safety)

③ 훈련방법 4단계
  ㉠ 준비단계 : 작업을 기억하려는 의욕, 즉 학습자가 효과적인 학습을 하기 위해 필요한 경험이나 기초 지식·신체적인 발달을 갖춘 상태를 환기시킨다.
  ㉡ 설명단계 : 작업 단계별로 설명하고 직접 행동으로 선보이며 기록한다.
  ㉢ 실행단계 : 훈련생이 직접 실행하고 이해 여부를 확인한다. 이해가 될 때까지 반복적으로 실시한다.
  ㉣ 확인단계 : 훈련생 독자적으로 작업을 실시한 후 평가하고 훈련을 줄여간다.

시각적 표시장치

① 정의 : 눈을 통하여 정보를 받아들이는 장치
  ㉠ 정량적 표시장치 : 속도계, 체중계, 온도계 등
  ㉡ 정성적 표시장치 : 자동차 연료량 표시장치, 휴대폰 배터리 표시장치 등
  ㉢ 묘사적 표시장치 : 그래프, 냉장고 내용물 표시, 항공기 이동표시 장치 등
  ㉣ 상태 표시장치 : 경고등, 3색등, 신호등, 브레이크등 등

사고예방 기본원리 5단계

① 안전관리조직 : 관리업무 전담 조직을 구성한다.
② 사실의 발견 : 사고 기록을 검토하고 분석하여 불안전 요소를 찾아낸다. 불안전 요소는 점검 및 검사, 과거사고 조사, 작업 분석, 근로자 의견 수렴 등을 통해 발견한다.
③ 평가 및 분석 : 발견된 사실을 분석하고 평가한다.
④ 대책 선정 : 분석을 통해 발견된 원인에 대해 대책을 수립하고 선정한다.
⑤ 대책 적용 : 선정된 대책을 적용한다.

위험성평가

① 용어 정의(사업장 위험성평가에 관한 지침 제3조)
   이 고시에서 사용하는 용어의 뜻은 다음과 같다.
   ㉠ 유해・위험요인 : 유해・위험을 일으킬 잠재적 가능성이 있는 것의 고유한 특징이나 속성을 말한다.
   ㉡ 위험성 : 유해・위험요인이 사망, 부상 또는 질병으로 이어질 수 있는 가능성과 중대성 등을 고려한 위험의 정도를 말한다.
   ㉢ 위험성평가 : 사업주가 스스로 유해・위험요인을 파악하고 해당 유해・위험요인의 위험성 수준을 결정하여, 위험성을 낮추기 위한 적절한 조치를 마련하고 실행하는 과정을 말한다.
※ 그 밖에 이 고시에서 사용하는 용어의 뜻은 이 고시에 특별히 정한 것이 없으면 산업안전보건법(이하 "법"이라 한다), 같은 법 시행령(이하 "영"이라 한다), 같은 법 시행규칙(이하 "규칙"이라 한다) 및 산업안전보건기준에 관한 규칙(이하 "안전보건규칙"이라 한다)에서 정하는 바에 따른다.
② 위험성평가 실시 주체(사업장 위험성평가에 관한 지침 제5조)
   ㉠ 사업주는 스스로 사업장의 유해・위험요인을 파악하고 이를 평가하여 관리 개선하는 등 위험성평가를 실시하여야 한다.
   ㉡ 작업의 일부 또는 전부를 도급에 의하여 행하는 사업의 경우는 도급을 준 도급인(도급사업주)과 도급을 받은 수급인(수급사업주)은 위험성평가를 실시하여야 한다.
   ㉢ 도급사업주는 수급사업주가 실시한 위험성평가 결과를 검토하여 도급사업주가 개선할 사항이 있는 경우 이를 개선하여야 한다.
③ 위험성평가의 대상(사업장 위험성평가에 관한 지침 제5조의2)
   ㉠ 업무 중 근로자에게 노출된 것이 확인되었거나 노출될 것이 합리적으로 예견 가능한 모든 유해・위험요인이다(매우 경미한 부상, 질병을 초래할 것으로 예상되는 경우는 제외 가능).

ⓛ 사업장 내 부상 또는 질병으로 이어질 가능성이 있었던 상황(아차사고)을 확인한 경우에는 해당 사고를 일으킨 유해・위험요인을 위험성평가의 대상에 포함시켜야 한다.
ⓒ 사업장 내에서 중대재해가 발생한 때에는 지체 없이 중대재해의 원인이 되는 유해・위험요인에 대해 위험성평가를 실시하고, 그 밖의 사업장 내 유해・위험요인에 대해서는 위험성평가 재검토를 실시하여야 한다.

④ 위험성평가 절차(사업장 위험성평가에 관한 지침 제8조~제13조)

㉠ 사전준비 : 위험성평가 실시규정을 작성하고, 지속적으로 관리
- 위험성평가 실시규정에 포함되어야 할 내용 : 평가의 목적 및 방법, 평가담당자 및 책임자의 역할, 평가시기 및 절차, 근로자에 대한 참여・공유방법 및 유의사항, 결과의 기록・보존
- 위험성평가 실시 전 확정해야 할 사항 : 위험성의 수준과 그 수준을 판단하는 기준, 허용 가능한 위험성의 수준
- 사전조사 후 위험성평가에 활용해야 할 사항 : 작업표준, 작업절차 등에 관한 정보, 기계・기구, 설비 등의 사양서, 물질안전보건자료(MSDS) 등의 유해・위험요인에 관한 정보, 기계・기구, 설비 등의 공정 흐름과 작업 주변의 환경에 관한 정보, 같은 장소에서 사업의 일부 또는 전부를 도급을 주어 행하는 작업이 있는 경우 혼재 작업의 위험성 및 작업 상황 등에 관한 정보, 재해사례, 재해통계 등에 관한 정보, 작업환경측정결과, 근로자 건강진단결과에 관한 정보, 그 밖에 위험성평가에 참고가 되는 자료 등

㉡ 유해・위험요인 파악
- 위험요인 파악 방법 : 사업장 순회점검, 근로자들의 상시적 제안, 설문조사・인터뷰 등 청취조사, 물질안전보건자료, 작업환경측정결과, 특수건강진단결과 등 안전보건 자료, 안전보건 체크리스트, 사업장의 특성

㉢ 위험성 결정
- 파악된 유해・위험요인이 근로자에게 노출되었을 때의 위험성을 기준에 의해 판단
- 판단한 위험성의 수준이 허용 가능한 위험성의 수준인지 결정

㉣ 위험성 감소대책 수립 및 실행 : 허용 가능한 위험성의 범위를 넘는 경우 위험성의 수준, 영향을 받는 근로자 수 등을 고려하여 위험성 감소를 위한 대책을 수립하여 실행
- 위험한 작업의 폐지・변경, 유해・위험물질 대체 등의 조치 또는 설계나 계획 단계에서 위험성을 제거 또는 저감하는 조치
- 연동장치, 환기장치 설치 등의 공학적 대책
- 사업장 작업절차서 정비 등의 관리적 대책
- 개인용 보호구의 사용

㉤ 위험성평가 실시내용 및 결과에 관한 기록 및 보존(산업안전보건법 시행규칙 제37조)
- 사업주가 법 제36조제3항에 따라 위험성평가의 결과와 조치사항을 기록・보존할 때에는 다음 각 호의 사항이 포함되어야 한다.
  1. 위험성평가 대상의 유해・위험요인
  2. 위험성 결정의 내용

3. 위험성 결정에 따른 조치의 내용

4. 그 밖에 위험성평가의 실시내용을 확인하기 위하여 필요한 사항으로서 고용노동부장관이 정하여 고시하는 사항

- 사업주는 제1항에 따른 자료를 3년간 보존해야 한다.

⑤ 위험성평가 실시 시기(사업장 위험성평가에 관한 지침 제15조)

구 분	실시 시기	내 용
최초평가	사업개시일(실착공일)로부터 1개월 이내 착수	• 위험성평가의 대상이 되는 유해・위험요인에 대한 최초 위험성평가의 실시
수시평가	유해・위험요인이 생기는 경우	• 사업장 건설물의 설치・이전・변경 또는 해체 • 기계・기구, 설비, 원재료 등의 신규 도입 또는 변경 • 건설물, 기계・기구, 설비 등의 정비 또는 보수(주기적・반복적 작업으로서 이미 위험성평가를 실시한 경우에는 제외) • 작업방법 또는 작업절차의 신규 도입 또는 변경 • 중대산업사고 또는 산업재해(휴업 이상의 요양을 요하는 경우에 한정) 발생(재해발생 작업을 대상으로 작업을 재개하기 전에 실시) • 그 밖에 사업주가 필요하다고 판단한 경우
정기평가	실시한 위험성평가의 결과에 대한 적정성을 1년마다 정기적으로 재검토	• 기계・기구, 설비 등의 기간 경과에 의한 성능 저하 • 근로자의 교체 등에 수반하는 안전・보건과 관련되는 지식 또는 경험의 변화 • 안전・보건과 관련되는 새로운 지식의 습득 • 현재 수립되어 있는 위험성 감소대책의 유효성
상시평가	상시적인 위험성평가(수시평가와 정기평가를 실시한 것으로 갈음)	• 매월 1회 이상 근로자 제안제도 활용, 아차사고 확인, 작업과 관련된 근로자를 포함한 사업장 순회점검 등을 통해 사업장 내 유해・위험요인을 발굴하여 위험성 결정, 위험성 감소대책을 수립・실행할 것 • 매주 안전보건관리책임자, 안전관리자, 보건관리자, 관리감독자 등(도급사업주의 경우 수급사업장의 안전・보건 관련 관리자 등을 포함)을 중심으로 위험성 결정, 감소대책 등을 논의・공유하고 이행상황을 점검할 것 • 매 작업일마다 위험성 결정, 감소대책 실시결과에 따라 근로자가 준수하여야 할 사항 및 주의하여야 할 사항을 작업 전 안전점검회의 등을 통해 공유・주지할 것

안전난간대(산업안전보건기준에 관한 규칙 제13조)

① 안전난간대 설치 시 주의사항

㉠ 상부 난간대, 중간 난간대, 발끝막이판 및 난간기둥으로 구성할 것(중간 난간대, 발끝막이판 및 난간기둥은 이와 비슷한 구조와 성능을 가진 것으로 대체 가능)

㉡ 상부 난간대는 바닥면 등으로부터 90cm 이상 지점에 설치하고, 상부 난간대를 120cm 이하에 설치하는 경우에는 중간 난간대는 상부 난간대와 바닥면 등의 중간에 설치하여야 하며, 120cm 이상 지점에 설치하는 경우에는 중간 난간대를 2단 이상으로 균등하게 설치하고 난간의 상하 간격은 60cm 이하가 되도록 설치할 것(난간기둥 간의 간격이 25cm 이하인 경우에는 중간 난간대 생략 가능)

㉢ 발끝막이판은 바닥면 등으로부터 10cm 이상의 높이를 유지할 것(물체가 떨어지거나 날아올 위험이 없거나 그 위험을 방지할 수 있는 망을 설치하는 등 필요한 예방 조치를 한 장소 제외)

② 난간기둥은 상부 난간대와 중간 난간대를 견고하게 떠받칠 수 있도록 적정한 간격을 유지할 것
⑩ 상부 난간대와 중간 난간대는 난간 길이 전체에 걸쳐 바닥면 등과 평행을 유지할 것
⑪ 난간대는 지름 2.7cm 이상의 금속제 파이프나 그 이상의 강도가 있는 재료일 것
⑦ 안전난간은 구조적으로 가장 취약한 지점에서 가장 취약한 방향으로 작용하는 100kg 이상의 하중에 견딜 수 있는 튼튼한 구조일 것

가설통로

① 경사로(가설공사 표준안전 작업지침 제14조)
  ⊙ 경사로의 폭은 최소 90cm 이상
  ⓒ 높이 7m 이내마다 계단참 설치
  ⓒ 추락방지용 안전난간 설치
  ② 목재는 미송, 육송 또는 그 이상의 재질을 가진 것
  ⑩ 경사로 지지기둥은 3m 이내마다 설치
  ⑪ 발판은 폭 40cm 이상, 틈은 3cm 이내로 설치
  ⑦ 발판이 이탈하거나 한쪽 끝을 밟으면 다른 쪽이 들리지 않게 장선에 결속
  ⑥ 결속용 못이나 철선이 발에 걸리지 않게 할 것

② 이동식 사다리(가설공사 표준안전 작업지침 제20조)
  ⊙ 길이 6m 초과 금지
  ⓒ 다리의 벌림은 벽 높이의 4분의 1 정도가 적당
  ⓒ 벽면 상부로부터 최소한 60cm 이상의 길이 연장

③ 가설통로의 구조(산업안전보건기준에 관한 규칙 제23조)
  ⊙ 견고한 구조
  ⓒ 경사는 30° 이하로 설치(계단을 설치하거나 높이 2m 미만의 가설통로로서 튼튼한 손잡이를 설치한 경우 제외)
  ⓒ 경사가 15°를 초과하는 경우에는 미끄러지지 아니하는 구조로 설치
  ② 추락할 위험이 있는 장소에는 안전난간을 설치
  ⑩ 수직갱에 가설된 통로의 길이가 15m 이상인 경우에는 10m 이내마다 계단참 설치
  ⑪ 건설공사에 사용하는 높이 8m 이상인 비계다리에는 7m 이내마다 계단참 설치

차량계 건설기계(산업안전보건기준에 관한 규칙 별표 6)

① 도저형 건설기계 : 불도저, 스트레이트도저, 틸트도저, 앵글도저, 버킷도저 등
② 모터그레이더 : Motor Grader, 땅 고르는 기계
③ 로더 : 포크 등 부착물 종류에 따른 용도 변경 형식을 포함
④ 스크레이퍼 : Scraper, 흙을 절삭·운반하거나 퍼 고르는 등의 작업을 하는 토공기계
⑤ 크레인형 굴착기계 : 클램셸, 드래그라인 등
⑥ 굴착기 : 브레이커, 크러셔, 드릴 등 부착물 종류에 따른 용도 변경 형식을 포함
⑦ 항타기 및 항발기
⑧ 천공용 건설기계 : 어스드릴, 어스오거, 크롤러드릴, 점보드릴 등
⑨ 지반 압밀침하용 건설기계 : 샌드드레인머신, 페이퍼드레인머신, 팩드레인머신 등
⑩ 지반 다짐용 건설기계 : 타이어롤러, 매커덤롤러, 탠덤롤러 등
⑪ 준설용 건설기계 : 버킷준설선, 그래브준설선, 펌프준설선 등
⑫ 콘크리트 펌프카
⑬ 덤프트럭
⑭ 콘크리트 믹서 트럭
⑮ 도로포장용 건설기계 : 아스팔트 살포기, 콘크리트 살포기, 아스팔트 피니셔, 콘크리트 피니셔 등
⑯ 골재 채취 및 살포용 건설기계 : 쇄석기, 자갈채취기, 골재살포기 등
⑰ ①부터 ⑯까지와 유사한 구조 또는 기능을 갖는 건설기계로서 건설작업에 사용하는 것

사고사망만인율(산업안전보건법 시행규칙 별표 1)

① 정 의
  ㉠ 사망자 수의 1만 배를 전체 근로자 수로 나눈 값으로 전 산업에 종사하는 근로자 중 산업재해로 사망한 근로자가 어느 정도 되는지 파악할 때 사용하는 지표
② 계산식

$$\text{사고사망만인율}(‱) = \frac{\text{사고사망자 수}}{\text{상시근로자 수}} \times 10,000$$

  ㉠ 사고사망자 수는 사고사망만인율 산정 대상 연도의 1월 1일부터 12월 31일까지의 기간 동안 해당 업체가 시공하는 국내의 건설 현장에서 사고사망재해를 입은 근로자 수를 합산하여 산출하며 이상기온에 기인한 질병사망자 포함

ⓛ 상시근로자 수는 연간 국내공사 실적액과 건설업 월평균임금으로 계산

$$\text{상시근로자 수} = \frac{\text{연간 국내공사 실적액} \times \text{노무비율}}{\text{건설업 월평균임금} \times 12}$$

- 연간 국내공사 실적액 : 업체별 실적액을 합산하여 산정
- 노무비율 : 일반 건설공사의 노무비율 적용
- 건설업 월평균임금 : 건설업 월평균임금 적용

| 무재해운동

① 정 의
  ㉠ 무재해운동은 근로자 단 한 명도 재해를 당하는 일이 없도록 사업주, 관리감독자, 근로자 모두 안전에 대해 책임의식을 갖고 참여하여 재해를 근절하는 운동이다.

② 무재해운동 3원칙
  ㉠ 무의 원칙 : 사업장 내의 모든 잠재위험요인을 사전에 발견하고 근본적인 문제점을 파악하여 위험요인을 없애는 것
  ㉡ 안전제일의 원칙 : 안전한 사업장을 조성하기 위해 현장 내에서 행동하기 전에 잠재위험요인을 발견하고 해결하여 재해를 예방하는 원칙
  ㉢ 참여의 원칙 : 사업주, 관리감독자, 근로자 등 작업과 관련된 모든 사람이 협력하여 각자의 위치에서 적극적으로 문제해결을 하자는 원칙

| VDT증후군(영상표시단말기(VDT) 취급근로자 작업관리지침 제5조)

① 정 의
  ㉠ 영상표시단말기 작업으로 인한 관련 증상(VDT 증후군)이란 영상표시단말기를 취급하는 작업으로 인하여 발생되는 경견완증후군 및 기타 근골격계 증상·눈의 피로·피부증상·정신신경계증상 등을 말한다.

② 작업기기
  ㉠ 영상표시단말기 화면
    - 회전 및 경사조절 가능, 화질 선명, 휘도비(Contrast)는 작업자가 조절 가능한 화면
    - 화면상의 문자나 도형 등은 읽기 쉽도록 크기·간격 및 형상 등 고려

ⓒ 키보드와 마우스
- 조작위치 이동 가능, 키의 작동 고려, 키의 윗부분에 새겨진 문자나 기호는 명확하고, 작업자가 쉽게 판별할 수 있을 것
- 키보드의 경사는 5~15°, 두께는 3cm 이하로 할 것
- 키보드와 키 윗부분의 표면은 무광택으로 할 것, 작업대 끝면과 키보드의 사이는 15cm 이상 확보

ⓒ 작업대
- 작업대는 가운데 서랍이 없는 것, 작업 중에 다리를 편안하게 놓을 수 있도록 다리 주변에 충분한 공간 확보
- 작업대의 높이는 바닥면에서 작업대 높이가 60~70cm 범위의 것을 선택, 높이 조정이 가능한 작업대를 사용하는 경우 바닥면에서 작업대 표면까지의 높이 65cm 전후

ⓒ 의 자
- 바닥면에서 앉는 면까지의 높이는 35~45cm, 등받이는 높이 및 각도의 조절이 가능할 것
- 등이 등받이에 닿을 수 있도록 의자 끝부분에서 등받이까지의 깊이가 38~42cm일 것
- 의자의 앉는 면 폭은 40~45cm일 것

③ 작업자세(제6조)
ⓒ 취급근로자의 시선은 화면상단과 눈높이가 일치할 정도로 하고 작업 화면상의 시야는 수평선상으로부터 아래로 10~15°에 오도록 하며 화면과 근로자의 눈과의 거리(시거리, Eye-Screen Distance)는 40cm 이상을 확보할 것
ⓒ 작업자의 시선은 수평선상으로부터 아래로 10~15° 이내일 것
ⓒ 눈으로부터 화면까지의 시거리는 40cm 이상을 유지할 것
ⓒ 팔꿈치의 내각은 90° 이상, 무릎의 내각(Knee Angle)은 90° 전후

국제노동기구(ILO)의 재해 정도에 따른 분류

등 급	내 용	신체장애등급
사 망	안전사고 혹은 부상의 결과로서 사망한 경우	
영구 전노동 불능	부상결과 근로기능 완전히 영구적으로 잃는 상해	제1~3급
영구 일부 노동 불능	부상결과 신체의 일부, 근로기능 일부 상실	제4~14급
일시 전노동 불능	의사의 진단으로 일정 기간 정규 노동에 종사할 수 없는 상해	
일시 일부 노동 불능	의사의 진단으로 일정 기간 정규 노동에는 종사할 수 없으나 휴무 상태가 아닌 일시 가벼운 노동에 종사할 수 있는 상해	
구급(응급)조치	응급처치 또는 1일 미만의 자가 치료를 받고, 그 후부터 정상 작업에 임할 수 있는 상해	

교육훈련기법

구 분	내 용
강의법	교수자가 학습자에게 정보를 제공하는 교수자 중심적 교육방법, 안전지식의 전달방법으로 초보적인 단계에서 효과가 큰 방법이며, 단시간에 많은 내용을 교육하는 경우에 적합
반복법	이미 학습한 내용이나 기능을 반복해서 이야기하거나 실연하도록 하는 방법
토의법	학습자들 간의 상호작용을 통하여 정보와 의견을 교환하는 기법으로 적극성·협동성을 기르는 데 유효
사례연구법	먼저 사례를 제시하고 문제가 되는 사실들과 그의 상호관계에 대해서 검토하며 대책을 토의하는 방식
역할연기법	어떤 사례를 연기로 꾸며 실제처럼 재현해 봄으로써 문제를 완전히 이해시키고 그 해결능력을 촉진시키는 훈련방법, 일부 참가자는 직접 역할을 담당하고 다른 사람들은 이를 보고 비판하거나 토론하는 방식
시 범	어떤 기능이나 작업과정을 학습시키기 위해 필요로 하는 분명한 동작을 제시하는 방법

안전, 위험 용어

① 위험 : 잠재적인 손실이나 손상을 가져올 수 있는 상태나 조건
② 리스크 : 사고발생의 가능성, 피해의 정도, 위험노출의 정도
③ 안전 : 재해나 위험이 현재 상황에서 없다는 것은 물론 인간이 위험이나 재해를 입거나 또는 입지나 않을까 염려하는 일이 없어야 하고 사물에 손상을 입히거나 그럴 우려가 없는 것
④ 재해 : 재해는 사고에 따라 사람이 사망 또는 부상하거나 질병에 이환되는 것, 재해는 넓게는 사고를 포함하여 말하기도 하며, 최근에는 사람뿐만 아니라 기계설비의 파손 및 망실, 사고에 따른 생산중단 등 재산손해
⑤ 사건, 사고 : 필연적으로 일어난 사건, 사고로 기술적 위험을 뜻하며 기술의 실패로 인한 것
⑥ 위험요소(Hazard) : 어떠한 기회에 사람에게 상해를 입히거나 또는 건축물, 설비 등에 손상을 주는 원인이 되는 잠재적이거나 현재적인 위험한 요소 또는 요인

와이어로프 등 달기구의 안전계수(산업안전보건기준에 관한 규칙 제163조)

① 안전계수의 정의
   ㉠ 안전계수란 달기구 절단하중의 값을 그 달기구에 걸리는 하중의 최댓값으로 나눈 값
② 안전계수의 기준

구 분	안전계수 값
근로자가 탑승하는 운반구를 지지하는 달기 와이어로프 또는 달기 체인의 경우	10 이상
화물의 하중을 직접 지지하는 달기 와이어로프 또는 달기 체인의 경우	5 이상
훅, 섀클, 클램프, 리프팅 빔의 경우	3 이상
그 밖의 경우	4 이상

| 관리감독자의 유해·위험 방지 업무

① 악천후 및 강풍 시 작업 중지(산업안전보건기준에 관한 규칙 제37조)

순간풍속	작업 중지 내용
순간풍속이 초당 10m를 초과	타워크레인의 설치·수리·점검·해체 작업을 중지
순간풍속이 초당 15m를 초과	타워크레인의 운전작업 중지

② 사전조사 및 작업계획서의 작성(산업안전보건기준에 관한 규칙 제38조)
- ㉠ 타워크레인을 설치·조립·해체하는 작업
- ㉡ 차량계 하역운반기계 등을 사용하는 작업(화물자동차를 사용하는 도로상의 주행작업 제외)
- ㉢ 차량계 건설기계를 사용하는 작업
- ㉣ 화학설비와 그 부속설비를 사용하는 작업
- ㉤ 전기작업(해당 전압이 50V를 넘거나 전기에너지가 250VA를 넘는 경우)
- ㉥ 굴착면의 높이가 2m 이상이 되는 지반의 굴착작업
- ㉦ 터널굴착작업
- ㉧ 교량(상부구조가 금속 또는 콘크리트로 구성되는 교량으로서 그 높이가 5m 이상이거나 교량의 최대 지간 길이가 30m 이상인 교량)의 설치·해체 또는 변경작업
- ㉨ 채석작업
- ㉩ 구축물, 건축물, 그 밖의 시설물 등의 해체작업
- ㉪ 중량물의 취급작업
- ㉫ 궤도나 그 밖의 관련 설비의 보수·점검작업
- ㉬ 열차의 교환·연결 또는 분리작업

③ 작업지휘자의 지정(산업안전보건기준에 관한 규칙 제39조)
- ㉠ 항타기, 항발기 조립·해체·변경·이동 작업을 하는 경우

④ 신호(산업안전보건기준에 관한 규칙 제40조)
- ㉠ 양중기를 사용하는 작업
- ㉡ 항타기 또는 항발기의 운전작업
- ㉢ 중량물을 2명 이상의 근로자가 취급하거나 운반하는 작업
- ㉣ 양화장치를 사용하는 작업
- ㉤ 입환작업

⑤ 운전위치의 이탈금지(산업안전보건기준에 관한 규칙 제41조)
- ㉠ 양중기, 항타기 또는 항발기(권상장치에 하중을 건 상태), 양화장치(화물을 적재한 상태)

| 비계

① 비계의 구조(산업안전보건기준에 관한 규칙 제56조)
  ㉠ 작업발판의 구조
    • 작업발판의 폭은 40cm 이상, 발판재료 간의 틈은 3cm 이하
    • 작업발판재료는 뒤집히거나 떨어지지 않도록 둘 이상의 지지물에 연결하거나 고정
② 강관비계 조립 시의 준수사항(산업안전보건기준에 관한 규칙 제59조)
  ㉠ 비계기둥에는 미끄러지거나 침하하는 것을 방지하기 위하여 밑받침철물을 사용하거나 깔판·받침목 등을 사용하여 밑둥잡이를 설치하는 등의 조치를 할 것
  ㉡ 교차 가새로 보강할 것
  ㉢ 강관비계의 조립 간격(산업안전보건기준에 관한 규칙 별표 5)

강관비계의 종류	조립간격(단위 : m)	
	수직방향	수평방향
단관비계	5	5
틀비계(높이 5m 미만 제외)	6	8

  ㉣ 강관비계의 구조(산업안전보건기준에 관한 규칙 제60조)
    • 비계기둥의 간격은 띠장 방향에서는 1.85m 이하, 장선(長線) 방향에서는 1.5m 이하로 할 것
    • 띠장 간격은 2.0m 이하로 할 것
    • 비계기둥의 제일 윗부분으로부터 31m 되는 지점 밑부분의 비계기둥은 2개의 강관으로 묶어 세울 것
    • 비계기둥 간의 적재하중은 400kg을 초과하지 않도록 할 것
  ㉤ 강관틀비계(산업안전보건기준에 관한 규칙 제62조)
    • 비계기둥의 밑둥에는 밑받침 철물을 사용하여야 하며 밑받침에 고저차가 있는 경우 조절형 밑받침 철물을 사용하여 각각의 강관틀비계가 항상 수평 및 수직을 유지하도록 할 것
    • 높이가 20m를 초과하거나 중량물의 적재를 수반하는 작업을 할 경우에는 주틀 간의 간격을 1.8m 이하로 할 것
    • 주틀 간에 교차 가새를 설치하고 최상층 및 5층 이내마다 수평재를 설치할 것
    • 수직방향으로 6m, 수평방향으로 8m 이내마다 벽이음을 할 것
    • 길이가 띠장 방향으로 4m 이하이고 높이가 10m를 초과하는 경우에는 10m 이내마다 띠장 방향으로 버팀기둥을 설치할 것

③ 곤돌라형 달비계를 설치하는 경우 사용불가 기준(산업안전보건기준에 관한 규칙 제63조)

구 분	사용불가 기준
와이어로프	• 이음매가 있는 것 • 스트랜드에서 끊어진 소선의 수가 10% 이상 • 지름의 감소가 공칭지름의 7%를 초과 • 꼬인 것 • 심하게 변형되거나 부식 • 열과 전기충격에 의해 손상
달기 체인	• 달기 체인의 길이가 달기 체인이 제조된 때의 길이의 5%를 초과 • 링의 단면지름이 달기 체인이 제조된 때의 해당 링의 지름의 10%를 초과하여 감소 • 균열이 있거나 심하게 변형된 것
작업용 섬유로프 또는 안전대의 섬유벨트	• 꼬임이 끊어진 것 • 심하게 손상되거나 부식 • 2개 이상의 작업용 섬유로프 또는 섬유벨트를 연결한 것 • 작업높이보다 길이가 짧은 것

④ 말비계 설치 기준(산업안전보건기준에 관한 규칙 제67조)
  ㉠ 말비계의 높이가 2m를 초과하는 경우에는 작업발판의 폭을 40cm 이상으로 할 것
⑤ 시스템 비계(산업안전보건기준에 관한 규칙 제69조)
  ㉠ 수직재・수평재・가새재를 견고하게 연결하는 구조
  ㉡ 비계 밑단의 수직재와 받침철물은 밀착되도록 설치하고, 수직재와 받침철물의 연결부의 겹침길이는 받침철물 전체 길이의 3분의 1 이상이 되도록 할 것

석면조사

① 석면 관련 용어 정의(석면조사 및 안전성 평가 등에 관한 고시 제2조)
  ㉠ 기관석면조사 : 건축물이나 설비의 석면함유 여부, 함유된 석면의 종류 및 함유량, 석면이 함유된 물질이나 자재의 종류, 위치 및 면적 또는 양 등을 판단하는 행위
  ㉡ 지역시료 채취 : 시료채취기를 작업이 이루어진 장소에 고정하여 공기 중 입자상 물질을 채취하는 것
  ㉢ 고형시료 채취 : 석면조사를 목적으로 건축물 등에 사용된 물질이나 자재의 일부분을 채취하는 것
  ㉣ 정도 관리 : 기관석면조사에 대한 정확도와 정밀도를 확보하기 위해 석면조사기관의 석면조사・분석능력을 평가하고 그 결과에 따라 지도・교육 및 그 밖에 분석능력 향상을 위하여 행하는 모든 관리적 수단
  ㉤ 안전성 평가 : 석면해체・제거업자의 신뢰성 유지를 위하여 안전성을 평가하는 것
② 석면조사방법(석면조사 및 안전성 평가 등에 관한 고시 제4조)
  ㉠ 고형시료 채취 전에 육안검사와 공간의 기능, 설계도서, 사용자재의 외관과 사용 위치 등을 조사
  ㉡ 기관석면조사 이후 건축물이나 설비의 유지・보수 등으로 물질이나 자재의 변경이 있는 경우에는 해당 부분에 대하여 기관석면조사를 실시

③ 고형 시료채취 수 및 분석(석면조사 및 안전성 평가 등에 관한 고시 제5조)
  ㉠ 채취한 고형시료는 편광현미경법을 이용하여 시료 중 석면의 함유 여부, 검출된 석면의 종류 및 함유율을 분석
  ㉡ 균질부분의 종류 및 크기별 최소 시료채취 수

종류	크기	최소 시료채취 수
분무재 또는 내화피복재	100m² 미만	3
	100~500m² 미만	5
	500m² 이상	7
보온재	2m 미만 또는 1m² 미만	1
	2m 이상 또는 1m² 이상	3
그 밖의 물질	-	1

④ 석면조사대상 건축물(석면안전관리법 시행령 별표 1의2)
  ㉠ 연면적이 500m² 이상인 다음 건축물
    • 국회, 법원, 헌법재판소, 중앙선거관리위원회, 중앙행정기관(대통령 소속 기관과 국무총리 소속 기관을 포함한다) 및 그 소속 기관과 지방자치단체가 소유 및 사용하는 건축물
    • 공공기관이 소유 및 사용하는 건축물
    • 지방공사 및 지방공단이 소유 및 사용하는 건축물
  ㉡ 어린이집, 유치원, 학교, 지역아동센터
  ㉢ 불특정 다수인이 이용하는 시설
    • 지하역사(출입통로·대합실·승강장 및 환승통로 시설)
    • 지하도상가(지상건물에 딸린 지하층의 시설)로서 연면적이 2,000m² 이상
    • 철도역사의 대합실로서 연면적이 2,000m² 이상
    • 여객자동차터미널의 대합실로서 연면적이 2,000m² 이상
    • 항만시설의 대합실로서 연면적이 5,000m² 이상
    • 공항시설의 여객터미널로서 연면적이 1,500m² 이상
    • 도서관으로서 연면적이 3,000m² 이상
    • 박물관 또는 미술관으로서 연면적이 3,000m² 이상
    • 의료기관으로서 연면적이 2,000m² 이상이거나 병상 수가 100개 이상
    • 산후조리원으로서 연면적이 500m² 이상
    • 노인요양시설로서 연면적이 1,000m² 이상
    • 대규모 점포
    • 장례식장(지하에 위치한 시설)으로서 연면적이 1,000m² 이상
    • 영화상영관(실내 영화상영관)
    • 학원으로서 연면적이 430m² 이상

- 전시시설(옥내시설로 한정)로서 연면적이 2,000m² 이상
- 인터넷컴퓨터게임시설제공업의 영업시설로서 연면적이 300m² 이상
- 실내 주차장(기계식 주차장은 제외)으로서 연면적이 2,000m² 이상
- 목욕장업의 영업시설로서 연면적이 1,000m² 이상

② ⑦~ⓒ까지의 시설에 속하지 않는 건축물로서 건축법 제2조제2항에 따른 다음의 건축물
- 문화 및 집회시설로서 연면적이 500m² 이상
- 의료시설로서 연면적이 500m² 이상
- 노인 및 어린이 시설로서 연면적이 500m² 이상

종류에 따른 단위 및 기호

종 류	단 위	기 호	종 류	단 위	기 호
길 이	미터 센티미터 밀리미터 마이크로미터 나노미터	m cm mm μm nm	농 도	몰농도 노르말농도 밀리그램/리터 마이크로그램/밀리리터 퍼센트	M N mg/L μg/mL %
압 력	기압 수은주밀리미터 수주밀리미터	atm mmHg mmH$_2$O	부 피	세제곱미터 세제곱센티미터 세제곱밀리미터	m³ cm³ mm³
넓 이	제곱미터 제곱센티미터 제곱밀리미터	m² cm² mm²	무 게	킬로그램 그램 밀리그램 마이크로그램	kg g mg μg
용 량	리터 밀리리터 마이크로리터	L mL μL			

※ 여기에 표시되어 있지 않은 단위는 한국산업규격 KS A ISO 80000-1(양 및 단위 – 제1부 : 일반사항) 참조

① 온 도
  ⊙ 온도의 표시는 셀시우스(Celsius)법에 따라 아라비아숫자 오른쪽에 ℃를 붙임
  ⊙ 절대온도는 K로 표시하고 절대온도 0K는 -273℃
  ⊙ 상온은 15~25℃, 실온은 1~35℃, 미온은 30~40℃로, 냉소는 따로 규정이 없는 한 15℃ 이하의 곳을 뜻함

② 농 도
  ⊙ 액체 단위부피 중의 성분질량 또는 기체 단위부피 중의 성분질량을 표시할 때에는 중량/부피(w/v)%의 기호를 사용, 액체 단위부피 중의 성분용량, 기체 단위부피 중의 성분용량을 표시할 때에는 부피/부피(v/v)%의 기호 사용
  ⊙ 백만분의 용량비를 표시할 때는 ppm(part per million)의 기호 사용

ⓒ 공기 중의 농도를 mg/m²으로 표시했을 때의 m²은 정상상태(NTP ; Normal Temperature and Pressure, 25℃/1기압)의 기체용적을 뜻하며, 노출기준과 비교 시는 작업환경 측정 시의 온도와 압력을 실측하여 정상상태의 농도로 환산

비상구와 출입구

① 비상구(산업안전보건기준에 관한 규칙 제17조)
  ㉠ 위험물질을 제조·취급하는 작업장과 그 작업장이 있는 건축물 출입구 외에 비상구 1개 이상 설치
    - 출입구와 같은 방향에 있지 아니하고, 출입구로부터 3m 이상 떨어져 있을 것
    - 작업장의 각 부분으로부터 하나의 비상구 또는 출입구까지의 수평거리가 50m 이하가 되도록 할 것
    - 비상구의 너비는 0.75m 이상으로 하고, 높이는 1.5m 이상으로 할 것
    - 비상구의 문은 피난 방향으로 열리도록 하고, 실내에서 항상 열 수 있는 구조로 할 것
  ㉡ 비상구에 문을 설치하는 경우 항상 사용할 수 있는 상태로 유지

② 출입구(산업안전보건기준에 관한 규칙 제11조)
  ㉠ 작업장 출입구 준수 사항
    - 출입구의 위치, 수 및 크기가 작업장의 용도와 특성에 맞도록 할 것
    - 출입구에 문을 설치하는 경우에는 근로자가 쉽게 열고 닫을 수 있도록 할 것
    - 주된 목적이 하역운반기계용인 출입구에는 인접하여 보행자용 출입구를 따로 설치할 것
    - 하역운반기계의 통로와 인접하여 있는 출입구에서 접촉에 의하여 근로자에게 위험을 미칠 우려가 있는 경우에는 비상등·비상벨 등 경보장치를 할 것
    - 계단이 출입구와 바로 연결된 경우에는 작업자의 안전한 통행을 위하여 그 사이에 1.2m 이상 거리를 두거나 안내표지 또는 비상벨 등을 설치할 것

ISO

- ISO 9001(품질경영시스템) : 모든 산업분야 및 활동에 적용할 수 있는 품질경영시스템의 요구사항을 규정한 국제표준
- ISO 14001(환경경영시스템) : 전 직원의 참여를 통해 사전에 환경문제를 관리하는 시스템
- ISO 22000(식품안전경영시스템) : 식품공급사슬 내의 모든 이해관계자가 적용할 수 있는 식품위해요소를 사전에 예방, 관리하는 자율적인 식품안전관리시스템
- ISO 22301(비즈니스연속성경영시스템) : 조직의 명성, 브랜드, 가치창조 활동을 보호하는 효과적인 대응능력을 갖고 조직회복력을 구축하는 프레임워크를 제공하는 총체적 관리프로세스

- ISO 27001(정보보안경영시스템) : 조직이 비즈니스 위험 접근법을 기본으로 정보보안의 확립부터 구현, 운영, 모니터링, 검토, 유지하여 개선하기 위한 경영시스템
- ISO 37001(반부패경영시스템) : 조직에서 반부패경영시스템을 수립, 실행, 유지, 개선하기 위한 요구사항을 규정하는 국제규격
- ISO 45001(안전보건경영시스템) : 사업장에서 발생할 수 있는 각종 위험을 사전 예측 및 예방하여 기업의 이윤창출에 기여하고 조직의 안전보건을 체계적으로 관리하기 위한 요구사항을 규정한 국제표준
- ISO 50001(에너지경영시스템) : 과학적인 에너지 절감 및 효율개선을 추진할 수 있는 에너지 관리 시스템 표준
- ISO 55001(자산경영시스템) : 자산을 중심으로 한 자산의 라이프사이클 전반에 대해 계획적으로 관리하고 그 가치를 최대화하는 것을 목적으로 하는 국제표준

공식 요약표

구 분	계산식
TWA (시간가중평균노출기준)	$TWA = \dfrac{C_1 T_1 + C_2 T_2 + \cdots + C_n T_n}{8}$ 여기서, C : 유해인자의 측정농도(ppm 또는 mg/m³) T : 유해인자의 발생시간(hr)
NIOSH 권고기준 (RWL)	• 들기지수 LI = $\dfrac{실제작업\ 무게\ LC}{권장무게\ 한계\ RWL}$ • RWL(kg) = LC × HM × VM × DM × AM × FM × CM 여기서, LC : 중량상수 HM : 수평계수 VM : 수직계수 DM : 물체이동거리계수 AM : 비대칭계수 FM : 작업빈도계수 CM : 커플링계수
채취유량 (비누거품 펌프 채취유량)	• 유량(L/min) = $\dfrac{용량}{시간}$ • 부피 × 평균시간
밀도, 비중량	• 밀도 = g/cm² = kg/m² • 비중량 = g₁/cm² = kg₁/m²
보일-샤를의 법칙	$V_2 = V_1 \times \dfrac{T_2}{T_1} \times \dfrac{P_1}{P_2}$
이상기체 방정식	• $PV = nRT$, $n = \dfrac{W}{M}$ 여기서, P : 압력 V : 부피 W : 무게 M : 분자량 R : 기체상수 T : 절대온도
연속방정식	• $Q = A_1 V_1 = A_2 V_2$ 여기서, Q : 단위시간에 흐르는 유체의 체적(유량)(m³/min) A : 단면적(m²) V : 각 유체의 통과유속(m/s)

구 분	계산식

레이놀즈 수(Re)	$Re = \dfrac{\rho VD}{\mu} = \dfrac{VD}{\nu}$
	여기서, ρ : 유체 밀도
	       V : 유체 평균 속도
	       D : 유체가 흐르는 관내 직경
	       μ : 유체 점성 계수
	       ν : 동점성계수(단, $\nu = \dfrac{\mu}{\rho}$)

습구흑구온도지수(WBGT)	• 태양광선이 내리쬐는 옥외 장소
	  WBGT(℃) = (0.7 × 자연습구온도) + (0.2 × 흑구온도) + (0.1 × 건구온도)
	• 태양광선이 내리쬐지 않는 옥내 또는 옥외 장소
	  WBGT(℃) = (0.7 × 자연습구온도) + (0.3 × 흑구온도)

음압(dB)	$SPL_1 - SPL_2 = 20\log \dfrac{L_2}{L_1}$
옥스포드지수	(0.85 × 습구온도) + (0.15 × 건구온도)
최소가분시력	• 시각 = $\dfrac{180}{\pi} \times 60 \times \dfrac{D}{L}$ 여기서, D : 물체의 크기 L : 눈과 물체와의 거리 • 시력 = $\dfrac{1}{\text{시각}}$
통계지수	• 도수율 = $\dfrac{\text{재해건수}}{\text{연근로시간수}} \times 10^6$ • 강도율 = $\dfrac{\text{총요양근로손실일수}}{\text{연근로시간수}} \times 10^3$ • 환산도수율 = 도수율 × 0.1 • 환산강도율 = 강도율 × 100 • 종합재해지수 = (빈도율 × 강도율)$^{1/2}$ • 사고사망만인율(‱) = $\dfrac{\text{사고사망자 수}}{\text{상시근로자 수}} \times 10{,}000$ • 상시근로자 수 = $\dfrac{\text{연간 국내공사실적액} \times \text{노무비율}}{\text{건설업 월평균임금} \times 12}$
위험우선순위점수(RPN) 계산식	심각도 × 발생도 × 검출도
조 도	조도 = $\dfrac{\text{광도}}{\text{거리}^2}$
안전계수	안전계수 = $\dfrac{\text{극한강도}}{\text{허용응력}}$
공기량	• 공기량(Q) = 단면적(A) × 속도(V) = $\left(\dfrac{\pi}{4}\right)D^2 \times V$ • 덕트직경(D) = $\sqrt{\dfrac{4Q}{\pi V}}$

CHAPTER 03 기업진단 · 지도

조직구조

① 조직구조의 설계
　㉠ 조직구조 : 개인과 집단의 행위에 영향을 미치는 여러 조직구성 요소들의 활동과 관계에 질서를 부여하는 틀
　㉡ 조직의 연령 : 조직의 생성부터 지금까지의 기간
　㉢ 조직 환경 : 조직 경영에 영향을 미치는 요소

② 조직의 종류
　㉠ 기계적 조직 : 표준화된 절차로 기계적으로 조직을 운용하는 조직, 규칙이 엄격함
　㉡ 유기적 조직 : 조직의 유연한 대처를 위해 상황에 대한 적응을 강조하는 조직
　㉢ 사업부제 조직
　　• 사업부 단위를 편성하고 각 단위에 대하여 독자적인 관리권한을 부여, 이익중심점을 설정하여 독립채산제를 실시할 수 있는 분권적 조직
　　• 책임경영체제를 실현할 수 있는 장점이 있는 반면에 사업부 간 자원의 중복에 따른 능률 저하, 사업부 간 과당경쟁으로 조직 전체의 목표달성 저해를 가져올 수 있는 단점이 있다.
　㉣ 매트릭스 조직 : 기계적 조직구조와 유기적 조직구조의 결합, 명령체계의 이원화, 널리 퍼져 있는 조직을 통합하기 쉬운 반면, 권력의 이중화 및 책임의 불명확, 비용 과다 발생 등의 단점이 있다.

③ 조직문화
　㉠ 조직문화란 조직 구성원들로 하여금 다양한 상황에 대한 행위를 불러일으키는 조직 내의 공유된 정신적인 가치, 공유가치 추구
　㉡ 형성에도 시간이 많이 걸리고 사라지는 데도 시간이 많이 걸림
　㉢ 신입사원의 경우 조직사회화를 통해 회사에 대해 학습하고 조직문화에 대해 이해할 수 있도록 다양한 활동
　㉣ 조직문화가 강할 경우 역기능을 발휘, 구성원들은 창업자를 역할모델로 삼아 그의 행동을 받아들이고 신념, 가치를 내부화함

④ 민츠버그(Mintzberg)의 조직 유형 분류

단계	핵심분야	내용
단순조직	전략부문	조직의 전략을 책임지는 최고경영층
기계적 관료조직	기술구조부문	과업의 흐름을 통제, 기획
전문적 관료조직	운영부문	제품이 생산되는 부문
사업부 조직	중간관리자	경영층과 근로자 사이 모든 관리자
애드호크러시 조직	지원부문	연구, 인사, 총무 등 지원부서의 관리

⑤ 기술 구조조직설계의 3대 학자
  ㉠ 우드워드의 분류
    - 소량생산기술 : 기술적 복잡성이 낮은 경우 소규모 조직에 적합, 통제의 폭이 좁음
    - 대량생산기술 : 표준화된 공정에 의한 대량생산, 통제의 폭이 넓음, 공식화된 절차
    - 연속공정 생산기술 : 기술적 복잡성이 높은 제품의 기술 유형, 통제의 폭이 좁고 세로로 긴 형태
  ㉡ 톰슨의 분류 : 조직은 부서 간의 조정비용을 최소화하는 방향으로 부서화한다. 중개형, 장치(연속)형, 집약형 기술로 분류
    - 중개형 기술 : 기계적 구조에 적합하며 조직 복잡성이 낮은 경우 적용
    - 연속형 기술 : 순차적인 절차에 의한 제품생산 시 적합
    - 집약형 기술 : 조직이 복잡한 경우 적용, 유기적 조직에서 많이 사용
  ㉢ 페로우의 분류
    - 일상적 기술 : 비교적 단순한 기계적 구조에 적합
    - 장인기술 : 과업 다양성이 낮은 경우 적용
    - 비일상적 기술 : 유기적 구조에 적합, 신상품 개발 시 적용
    - 공학적 기술 : 과업의 다양성이 높은 경우 적용되며 기획단계에서 과업분석이 복잡한 경우 적용

조직이론

① 관료제 이론
  ㉠ 베버(Weber)에 의해 확립된 이론으로 계층적, 수직적 조직구조를 갖춘 조직형태
  ㉡ 규칙과 규정을 통해 조직 운영
  ㉢ 업무에 대한 전문성이 강화되고 지시에 대한 이행이 엄격하게 이루어지는 반면 수직적인 조직 구조로 인해 의사소통이 안 되고 권위적인 관계로 직원의 사기 저하 발생

② 과학적 관리론
  ㉠ 테일러(Taylor)에 의해 확립된 이론으로 시간 및 동작연구를 이용하여 과학적인 과업관리를 통해 생산성을 향상시키고자 하는 원칙
  ㉡ 차별성과급제도, 기능식 직장제도, 분업, 인간 없는 조직

③ 인간관계론
　㉠ 메이요(Mayo)에 의해 개발된 이론으로 조직의 목표달성에는 직원 간의 인간관계가 중요한 역할을 한다는 것으로 호손실험을 통해 원칙이 확립되었다.
　㉡ 호손실험 : 미국의 호손공장에서 실시된 실험으로 조명실험, 계전기 조립작업실험, 면접실험으로 실시. 조명실험은 실험집단과 통제집단을 나누어 진행했으며 면접조사를 통해 근로자의 감정이 어떻게 작용했는지 파악한 그 결과 생산성을 좌우하는 것은 감정, 태도 등의 심리조건과 인간관계라는 것을 발견하여 이론으로 확립되었다.

직무분석

① 직무분석의 개념
　㉠ 직무를 수행하는 데 요구되는 지식, 능력, 기술, 경험 등이 무엇인지를 과학적이고 합리적으로 알아내는 것으로 직무분석을 하는 이유는 직무기술서, 직무명세서 등을 만들어 활용하기 위함이다.
② 직무분석을 위한 정보 수집방법
　㉠ 관찰법 : 직무분석자가 직접 수행자를 관찰함으로써 정보를 수집하는 방식으로 쉬운 작업에 대해서 효과가 있고 고도의 능력을 필요로 하는 작업일 경우 관찰이 어렵다.
　㉡ 면접법 : 담당자를 개별적, 집단적으로 면접하여 정보를 획득하는 방법으로 다양한 관점을 얻을 수 있다.
　㉢ 질문지법 : 표준화되어 있는 질문지를 담당자가 직접 체크하도록 하는 방법으로 단시일 내에 정보를 수집할 수 있으나 세부적인 내용을 얻을 수 없으며 직무가 수행되는 상황을 무시하는 경우가 발생한다.
　㉣ 직접수행법 : 직부분석자가 직무를 직접 수행해서 정보를 얻는 방법이다.
③ 직무평가
　㉠ 분류법 : 등급기준표를 이용하여 직무수행자 등급 배치
　㉡ 점수법 : 직무를 요소별로 나누어 요소에 대한 등급 결정
　㉢ 서열법 : 평가자가 직무의 난이도 등을 평가하여 직위별 서열을 매겨 나열하는 방법
　㉣ 요소비교법 : 기준직무를 선정하여 보수액을 평가 요소별로 나누고 이것을 기준으로 평가자의 보수액을 결정하는 방법
④ 직무특성이론
　올드햄과 해크만에 의해 개발된 이론으로 5가지의 핵심요소가 성과를 결정짓는 요인으로 작용한다.
　㉠ 기술다양성 : 요구되는 기술이 다양할수록 개인의 직무에 대한 의미와 가치가 상승함
　㉡ 과업정체성 : 직무의 범위를 일부분이 아닌 전체를 담당할 때 더 보람을 느낌
　㉢ 과업중요도 : 자신의 직무가 타인에게 큰 영향을 미친다고 느낄수록 과업이 중요한 것으로 생각됨
　㉣ 자율성 : 개인 스스로 직무 계획, 관리, 조절할 수 있을 때 더 많은 의미를 부여함
　㉤ 피드백 : 업무 결과에 대한 정보가 많을수록 개인의 생산성이 향상됨

⑤ 직무명세서
　㉠ 인적특성을 파악하기 위하여 직무수행자의 직무분석 결과를 세분화한 문서 자료

7S 조직문화 구성요소(파스칼(R. Pascale)과 애토스(A. Athos))

① System(조직시스템) : 조직을 유지하기 위해 필요한 시스템으로 제도, 규정 등 포함
② Structure(조직 구조) : 조직의 직무, 역할
③ Strategy(경영 전략) : 장기적인 목표와 계획 및 달성방안 등에 대한 전략 구상
④ Style(경영 스타일) : 조직을 이끌어 가는 관리에 대한 방향성으로 CEO의 역할이 중요함
⑤ Skill(조직 기능) : 기술, 목표관리, 예산 등 조직에 필요한 기능적인 부분
⑥ Staff(조직 구성원) : 조직을 구성하는 인력, 개인의 능력이나 지식 포함
⑦ Share Value(공유 가치) : 가장 중요한 개념, 조직 내에서 바람직한 행동을 제시하는 기본 규범이며 구성원들이 공유하고 있는 신념

균형성과표(BSC)

① 균형성과표의 정의
　㉠ 균형성과표(BSC ; Balanced Score Card)는 조직의 비전과 목표를 달성하기 위해 수행해야 할 핵심적인 사항을 측정 가능한 형태로 바꾼 성과지표를 이용하여 목표 달성에만 집중하도록 하는 경영시스템이다.
② 성과지표 구성
　㉠ 재무 관점
　　• 기업의 수익 증가, 장기적 재무목표 등 재무적인 측면
　㉡ 고객 관점
　　• 시장점유율, 고객만족도 등 고객과 관련된 측면
　㉢ 내부 비즈니스 프로세스 관점
　　• 기업의 내부 프로세스인 운영, 관리, A/S 등에 관한 측면
　㉣ 학습 및 성장 관점
　　• 직원들의 능력, 보상, 동기부여 등 학습을 통해 성장 가능한 측면
③ 균형성과표 활용방안
　㉠ 경영자는 이러한 지표를 통해 전략 수행을 위한 핵심적인 영역을 조직원에게 명확히 전달할 수 있게 되고 이를 관리함으로써 조직의 전략 수행 여부를 모니터링할 수 있다.

직무스트레스

① 직무와 관련하여 조직 내에서 상호작용하는 과정에서 조직의 목표와 개인의 욕구 사이에 불균형이 발생할 때 작용한다.
② 역할갈등, 역할모호 등이 원인이 되어 발생한다.
③ 작업부하는 작업시스템에 있어서 사람의 생리적, 심리적 상태를 혼란시키도록 작용하는 외적조건이나 요구의 총량을 말한다.
④ 물리적으로 측정 가능한 외부의 자극조건이다.

임금책정 방식

① 직무급
  ㉠ 동일노동, 동일임금의 원칙에 입각하여 직무의 중요성·난이도 등에 따라서 각 직무의 상대적 가치를 평가하고 그 결과에 의거하여 그 가치에 알맞게 지급하는 임금을 말한다.
  ㉡ 직무급을 기초로 하고 직무평가, 인사고과, 종업원훈련 등을 서로 관련시켜 유효하게 운용한다.
  ㉢ 직무급을 도입하려면 먼저 각 직무의 직능내용이나 책임도를 명확히 하고(직무분석) 이것을 기초로 각 직무의 상대적 가치의 서열을 매겨(직무평가) 그 결과를 임금에 결부시켜야 한다.
② 직능급
  ㉠ 개인의 능력에 따라 임금 체계를 반영하는 원칙이다.
  ㉡ 전통적인 방식으로 개인의 능력에 따르기 때문에 만족도가 높으나 개인의 능력에 따라 차이가 크게 발생한다.

노동조합

① 노동조합의 유형
  ㉠ 산업별 노동조합 : 동일 산업별 근로자 조직
  ㉡ 기업별 노동조합 : 우리나라 90% 이상이 속한 조합, 동일한 기업에 종사하는 근로자로 조직된 조합
  ㉢ 직종별 노동조합 : 노동조합의 대표적인 유형으로 동일한 직종 또는 직업에 종사하는 근로자들로 조직된 조합

② 단체교섭의 방식
  ㉠ 기업별 교섭 : 특정 기업 내의 근로자로 구성된 노동조합과 그 상대방인 사용자 사이에 행하여지는 단체교섭으로서 우리나라나 일본에서 가장 일반적으로 행하여지는 방식
  ㉡ 통일교섭 : 전국적 또는 지역적인 산업별 또는 직종별 노동조합과 이에 대응하는 전국적 또는 지역적인 사용자단체 사이에 행하여지는 초기업적인 교섭
  ㉢ 대각선교섭 : 산업별 노동조합이 개별 사용자와 교섭하는 방식
  ㉣ 공동교섭 : 기업별 조합이 산업별 연합체에 구성원으로 속해 있는 경우 단체교섭을 당해 기업별 조합과 상부단체인 산업별 연합체가 공동으로 사용자와 교섭하는 방식
  ㉤ 집단교섭 : 몇 개의 기업별 조합이 공동으로 이에 대응하는 사용자집단과 교섭하는 방식을 말하며 이를 연합교섭 또는 집합교섭이라고도 함
③ 협 상
  ㉠ 협상이란 둘 이상의 조직이 직접 접촉을 통하여 계획이나 이익 등을 양보하고 획득하는 일
  ㉡ 협상의 종류
    • 분배적 교섭 : 규모가 제한된 자원의 배분, 협상자 중 이익 보는 사람이 있으면 반드시 손해 보는 사람이 존재, 기업과 노조의 임금협상
    • 통합적 협상 : 노사 모두에게 이익이 되는 협상, 협상자들은 서로 윈-윈하기 위해 해결책을 창출

Tuckman의 팀 발달 5단계(팀생애주기)

① 팀생애주기의 개념
  ㉠ 터크만은 팀의 형성부터 해체까지 일련의 과정을 연구하여 팀 생애주기 이론을 발표
② 팀생애주기 5단계
  ㉠ 형성기(Forming) : 집단목표, 구조 불확실, 불안정, 탐색상태, 규칙제정
  ㉡ 격동기(Storming) : 혼란단계, 역할분담 시 갈등
  ㉢ 정착기(규범형성기, Norming) : 규범화단계, 구조, 규범의 명확화, 협력관계
  ㉣ 수행기(Performing) : 성과달성 집중, 성과달성을 위해 노력
  ㉤ 휴회기(해체기, Adjourning) : 해체단계, 재결합 혹은 변화

인적 자원의 모집과 선발

① 모 집
  ㉠ 정 의
   - 인적 자원의 부족을 보완하기 위해 인력을 모으는 과정 및 활동으로 다양한 방법에 의해 모집하는 것이 효과적이다.
  ㉡ 모집방법
   - 내부 모집(사내공모제도 등) : 사내에서 공모를 통해 지원자를 모집하는 방법으로 사내 게시판 등을 통해 내부 직원 중 적합한 지원자를 모집하는 방식
   - 외부 모집 : 일반적인 모집방법으로 모집 광고 등을 통해 모집하는 방식
   - 장단점

구 분	내부 모집	외부 모집
장 점	• 승진 대상자의 사기 유발 • 내부 직원의 동기 부여 • 내부 직원의 능력 개발 촉진 • 채용 관련 비용 절감	• 새로운 직원의 능력 활용 • 시각과 관점의 변화 가능 • 기존 직원들의 능력 개발 가능
단 점	• 모집 범위 한정적 • 승진 대기자들의 과대 경쟁 발생 • 교육훈련 비용 증가	• 신입직원의 적응기간 필요 • 내부 인력과의 차별로 인한 사기 저하 • 부적격자 선발

② 선 발
  ㉠ 정 의
   - 모집을 통해 조직에서 원하는 적격자를 선정하는 것
  ㉡ 선발도구
   - 선발시험 : 시험을 통해 지원자의 성격, 실무능력, 기술 등을 평가하고 선발하는 도구
   - 면접 : 직접 Face to Face로 진행하며 대화를 통해 지원자의 능력을 평가하는 방법이며 집단면접, 위원회 면접, 압박면접, 블라인드면접 등이 있음
   - 평가센터법 : 관리직 인원을 선발할 때 주로 사용하며 센터라는 한곳에 지원자를 모아놓고 역할연기, 발표, Case Study 등을 통해 종합적으로 평가하여 선발하는 도구
   - 인턴십 : 일정 기간 현장에서 근무하고 근무평가에 따라 채용하는 제도, 선발자는 충분한 기간을 통해 지원자의 능력을 평가할 수 있고 지원자는 자신의 능력과을 객관적으로 바라볼 수 있어서 최근 많이 사용되는 선발도구

③ 선발도구의 기준
  ㉠ 선발도구의 타당성
   - 선발도구가 선발에 필요한 내용을 얼마나 정확하게 측정했는지의 문제

- ⓒ 선발도구의 신뢰성
  - 선발도구가 결과에 대해 얼마나 일관성과 안정성이 있는지의 문제로 시간, 장소, 상황을 다르게 실시해도 동일한 결과가 나타나는지에 대한 문제
- ⓒ 타당성과 신뢰성의 관계
  - 타당성이 있으면 신뢰성은 반드시 존재하나 신뢰성이 있다고 반드시 타당성이 존재하는 것은 아님
  - 신뢰성은 타당성을 확보하기 위한 조건 중 하나임

④ 선발률
- ⓐ 정 의
  - 총지원자 중 합격된 지원자의 비율을 말하며 $\frac{채용인원\ 수}{총지원자\ 수} \times 100$으로 계산
- ⓑ 선발률과 직무성공률
  - 선발률이 낮으면 직무성공률이 높아짐(동일타당도)
  - 타당도가 높으면 직무성공률이 높아짐(동일선발률)
- ⓒ 선발오류
  - 채용은 되었으나 직무성공률이 낮거나 채용이 안 되었는데 직무성공률이 높은 경우처럼 지원자 선발 시 범하게 되는 오류
  - 올바른 합격자, 올바른 불합격자, 잘못된 합격자, 잘못된 불합격자 등이 있음

| 자재소요계획(MRP ; Material Requirements Planning)

① 정 의
- ⓐ 제품 생산 일정, 부품 등 재료의 소요량 및 조달기간, 자재 재고 현황 등을 파악하여 재료, 부품 등의 필요시기에 대한 계획을 세우는 활동

② 자재소요 계획 시 필수 요소
- ⓐ 대일정계획(Master Planning Schedule)
  - 대일정계획은 주 생산일정계획이라고도 하며 생산의 기본이 되는 제품의 수량, 생산일정 등에 대한 계획을 말한다.
  - 전체 일정에 대한 총괄 생산 계획으로 MRP 계획의 기본이 되는 자료
- ⓑ 자재명세서(BOM ; Bill of Materials)
  - 어떤 제품을 만드는 데 소요되는 모든 부품, 재료 등을 기록한 자료로 제품의 구성, 가공순서 등이 포함됨
- ⓒ 재고 기록 파일(IRF ; Inventory Record File)
  - 부품이나 재료에 대한 각각의 재고 보유량을 나타내는 기록으로 현재 수량, 조달기간 등이 명시되어 있음

③ MRP의 장단점
　㉠ 장 점
　　• 체계적인 관리시스템 적용으로 안정적인 제품 생산 일정 계획 가능
　　• 시장의 변화에 대해 신속한 대응 가능
　　• 재고로 인해 발생되는 비용인 재고 보관비용, 재고 유지비용 등이 줄어들어 원가 절감이 가능
　㉡ 단 점
　　• MRP시스템을 적용하기 위해서는 별도의 전문인력이 필요함
　　• 새로운 재고 프로그램에 대한 꾸준한 연구 개발이 필요하고 그에 맞는 시스템 체계를 갖추어야 함

재고관리

① 정 의
　㉠ 재고수준을 적정하게 유지하고 재고를 관리하는 데 필요한 비용을 최소화하여 효율성을 최대화하는 방식
② 재고비용
　㉠ 주문비용 : 주문하는 데 필요한 서류, 가격 결정 등에 필요한 비용
　㉡ 준비비용 : Setup Cost로 생산라인을 1회 가동하는 데 필요한 비용
　㉢ 재고유지비용 : 창고 보관료, 보험료 등 재고를 유지하는 데 필요한 비용
　㉣ 재고부족비용 : 재고부족으로 인해 발생되는 비용
③ 재고유형
　㉠ 안전재고 : 수요와 공급의 변동에 따라 발생되는 불균형을 방지하기 위한 계획된 재고
　㉡ 주기재고 : 생산주기나 주문주기 등 주기에 따라 발생되는 재고
　㉢ 파이프라인 재고 : 주문 후 대금이 입금되었으나 이동 중에 있어서 아직 입고되지 않은 재고
　㉣ 예상재고 : 계절적 요인, 추세에 대응하여 이를 예상하고 미리 비축하는 재고

공급자 주도형 재고관리(VMI ; Vendor Managed Inventory)

① 정 의
　㉠ VMI란 Vendor가 직접 판매자의 재고를 관리하는 방식으로 제조업체가 공급자에게 판매현황, 재고 정보를 제공하면 공급자는 이를 토대로 데이터를 분석하여 재고를 관리하는 시스템

② VMI의 장단점

장 점	단 점
고객의 요구에 효과적으로 대응	제조업체의 실적자료 유출 가능
변화에 대한 신속한 대처 가능	재고관리를 위한 별도 인력 필요
과도한 재고 비용절감 가능	제조업체와 공급자 간의 책임소재 불명확

경제적 주문량(EOQ ; Economic Ordering Quantity)

① 정 의
 ㉠ 경제적 주문량은 재고 유지비용과 주문비용의 합을 최소로 하는 주문량

② EOQ 구하는 공식
 ㉠ 총비용 = 유지비용 + 주문비용
 ㉡ 유지비용 = $Q/2 \times H$(Q : 주문량, H : 단위당 유지비용)
 ㉢ 주문비용 = $(D/Q) \times S$(Q : 주문량 D : 연간수요량 S : Lot당 주문비용)
 ㉣ 주문당 고정비 × 주문횟수 = 주문당 고정비 × (연간 사용량 ÷ 1회 주문량)
   • 연간총비용 = 연간유지비용 + 연간주문비용이므로
   $$\frac{Q}{2} \times H + \left(\frac{D}{Q}\right) \times S$$
   • $EOQ = \sqrt{\dfrac{2 \times D \times S}{H}}$

③ EOQ 응용 공식
 ㉠ 연간주문횟수 = D/EOQ(D : 연간수요량, EOQ : 경제적 주문량)
 ㉡ 주문간격 = $EOQ/D \times$(12월/년)

PERT와 CPM

① 주 경로법(CPM ; Critical Path Method)
 ㉠ 정 의
   • 프로젝트의 각 작업의 시작과 종료시점을 나타낸 후 각 작업의 종료까지 소요되는 시간을 계산한 후 가장 오랜 시간이 걸리는 공정을 찾아내서 관리하는 기법
 ㉡ 계산방법
   • 공정표상의 모든 작업에 대해 ES(Earliest Start Time)과 LF(Latest Finish Time)을 산출하여 가장 긴 작업을 선택하여 CP로 결정한 후 공정관리

ⓒ CPM기법의 장단점
- 장점 : 프로젝트의 필요시간을 비교적 정확하게 예측 가능하며 전후 작업의 연관성을 통해 어떤 작업을 특별 관리해야 하는지 한눈에 볼 수 있음
- 단점 : 작업이 복잡할 경우 계산상의 착오로 인해 CP 선정에 오류가 발생할 수 있고 원가절감 등 다른 요소 반영 시 관리대상작업이 변경될 수 있음

② 프로그램 평가 및 검토기법(PERT ; Program Evaluation and Review Technique)
  ㉠ 정 의
  - PERT는 프로젝트의 일정 계획을 평가하고 검토하는 기법으로 미국 해군에서 처음 사용함
  ㉡ PERT의 특징
  - 프로젝트 시작 전 프로그램에 대한 전체 일정을 수립하고 프로세스를 관리
  - 시간에 대한 요소에 비용 측면을 추가하여 관리하는 기법으로 비용이 가장 적게 드는 최단기간을 찾아내는 것이 이 기법의 핵심임
  ㉢ PERT 관련 용어
  - 이벤트(Event) : 작업을 진행하는 데 있어서 개시되는 시점과 완료되는 시점
  - 활동(Activity) : 작업 수행 시 필요한 자원과 시간
  - 네트워크(Network) : 작업 간의 상호관계를 나타내는 것
  - 노드(Node) : 네트워크의 결합점으로 작업이나 활동을 나타내는 마디
  - 여유(Slack) : 최종 완료일을 변경하지 않는 범위에서 각 이벤트에 허용되는 여유
  ㉣ PERT의 장단점
  - 장 점
    - 프로그램의 전체 Schedule을 한눈에 파악 가능
    - 주 공정이 아닌 Event가 여유가 있는 경우 그 여유시간을 주 공정에 활용 가능
  - 단 점
    - 여유시간을 잘못 계산하면 전체 공정에 영향을 미쳐서 프로젝트 완료 시점이 크게 달라질 수 있음
    - PERT를 전문으로 하는 전문가가 별도로 필요하며 그에 따른 추가 비용 발생
  ㉤ PERT, CPM 사용 기호

기 호	구 분	내용 설명
t	Time	예상 소요 시간
ES	Earliest Start Time	가장 빨리 시작할 수 있는 시간
EF	Earliest Finish Time	가장 빨리 마칠 수 있는 시간
LS	Latest Start Time	전체 공정에 지장이 없는 내에서 가장 늦게 시작할 수 있는 시간
LF	Latest Finish Time	전체 공정에 지장이 없는 내에서 가장 늦게 마칠 수 있는 시간
TS	Total Activity Slack	전체 공정에 지장이 없는 내에서의 여유시간

| 결함수 분석

① 용어 정의
  ㉠ 정상사상(Top Event) : 재해의 위험도를 고려하여 결함수 분석을 하기로 결정한 사고나 결과
  ㉡ 기본사상(Basic Event) : 더 이상 원인을 독립적으로 전개할 수 없는 기본적인 사고의 원인으로서 기기의 기계적 고장, 보수와 시험 이용불능 및 작업자 실수사상
  ㉢ 중간사상(Intermediate Event) : 정상사상과 기본사상 중간에 전개되는 사상
  ㉣ 결함수(Fault Tree) 기호 : 결함에 대한 각각의 원인을 기호로서 연결하는 표현수단
  ㉤ 컷세트(Cutset) : 정상사상을 발생시키는 기본사상의 집합
  ㉥ 최소컷세트(Minimal Cutset) : 정상사상을 발생시키는 기본사상의 최소 집합

② FTA 기호

기 호	명 명	기호 설명
○	기본사상 (Basic Event)	더 이상 전개할 수 없는 사건의 원인
⬭	조건부 사상 (Conditional Event)	논리게이트에 연결되어 사용되며, 논리에 적용되는 조건이나 제약 등을 명시(우선적 억제게이트에 우선적으로 적용)
◇	생략사상 (Undeveloped Event)	사고 결과나 관련 정보가 미비하여 계속 개발될 수 없는 특정 초기사상
⌂	통상사상 (External Event)	유동계통의 층변화와 같이 일반적으로 발생이 예상되는 사상
▭	중간사상 (Intermediate Event)	한 개 이상의 입력사상에 의해 발생된 고장사상으로서 주로 고장에 대한 설명 서술
OR	OR게이트 (OR Gate)	한 개 이상의 입력사상이 발생하면 출력사상이 발생하는 논리게이트
AND	AND게이트 (AND Gate)	입력사상이 전부 발생하는 경우에만 출력사상이 발생하는 논리게이트
⬡○	억제게이트 (Inhibit Gate)	AND게이트의 특별한 경우로서 이 게이트의 출력사상은 한 개의 입력사상에 의해 발생하며, 입력사상이 출력사상을 생성하기 전에 특정 조건을 만족하여야 하는 논리게이트
△	배타적 OR게이트 (Exclusive OR Gate)	OR게이트의 특별한 경우로서 입력사상 중 오직 한 개의 발생으로만 출력사상이 생성되는 논리게이트
△	우선적 AND게이트 (Priority AND Gate)	AND게이트의 특별한 경우로서 입력사상이 특정 순서별로 발생한 경우에만 출력사상이 발생하는 논리게이트
△	전이기호 (Transfer Symbol)	다른 부분에 있는(예 다른 페이지) 게이트와의 연결관계를 나타내기 위한 기호이며 전입(Transfer In)과 전출(Transfer Out) 기호가 있음

고장형태와 영향분석(FMEA ; Failure Mode and Effect Analysis) 기법

① 정 의
  ㉠ FMEA란 고장형태와 영향분석에 관한 기법으로 고장이 어떤 형태로 일어났는지, 고장이 장치의 운전, 기능 또는 상태에 미치는 즉각적인 결과가 무엇인지 분석하여 대책을 세우는 기법

② FMEA 표준항목

표준항목	내 용
고장형태(Failure Mode)	FMEA 팀은 각 장치에 대한 모든 고장형태를 분석, 각 장치의 정상 조업조건에 주의를 기울임으로써 정상 조업조건을 바꿀 수 있는 모든 상상할 수 있는 고장 취급
고장영향(Failure Effect)	각 고장형태에 대해 그 고장이 고장 위치에 미칠 즉각적인 영향뿐만 아니라 다른 장치, 전체 공정에 미칠 것으로 예상되는 영향 취급
현재 안전조치(Safeguards)	각 고장형태에 대해 그 고장의 발생 가능성을 낮추거나 고장으로 인한 영향의 중대성을 완화할 수 있는 안전조치 작성
개선권고사항(Actions)	각 고장형태에 대한 고장영향의 가능성을 줄일 수 있는 개선권고사항 작성

휴먼에러에 대한 위험과 운전분석(Human Error HAZOP) 기법

① 정 의
  ㉠ 위험과 운전분석(HAZOP ; Hazard and Operability) : 공정에 존재하는 위험요인과 공정의 효율을 저하시킬 수 있는 운전상의 문제점을 찾아내어 그 원인을 제거하는 방법
    • 위험요인(Hazard) : 인적·물적 손실 및 환경피해를 일으키는 요인 또는 이들이 혼재된 요인으로서, 기계적 고장, 시스템의 상태, 작업자의 실수 등 물리·화학적, 생물학적, 심리적, 행동적 원인이 자극으로 작용하여 실제 사고로 전환될 수 있는 잠재적 가능성을 가진 요인
    • 운전성(Operability) : 운전원이 공장을 안전하게 운전할 수 있는 상태

② HAZOP의 장단점
  ㉠ 장 점
    • 시스템에서 발생 가능한 에러를 찾아내기 쉬움
    • 전문가에 의해 수행되므로 정확하고 에러가 누락되거나 비현실적인 에러가 포함되지 않음
    • 다른 기법에 비해 방법이 쉽고 활용이 용이하여 다양한 분야에 적용 가능
  ㉡ 단 점
    • 전문가에 의해 수행되므로 별도의 비용 발생
    • 수행하기까지 시간이 오래 걸리고 적용하는 데 많은 노력이 필요
    • HAZOP 분석을 통해 산출되는 정보의 양이 많아 이를 기록하고 분석하는 데 부담

③ HAZOP 수행 절차

　㉠ 팀 구성 : HAZOP 수행할 팀 구성

　㉡ 계층적 작업 분석 : 위험요인을 찾기 전 작업에 대한 분석 실시

　㉢ 가이드워드 검토

가이드워드(Guide Word)	정 의
없음(No)	작업을 수행하지 않음
반복(Repeated)	수행한 작업을 재차 수행함
과소(Less Than)	정상보다 적음/작음/느림
과대(More Than)	정상보다 많음/큼/빠름
반대(Reverse)	잘못된 방향으로 수행함
부가(As Well As)	정상적인 작업과 함께 다른 작업을 부가적으로 수행함
기타(Other Than)	정상적인 작업이 아닌 다른 작업을 수행함
이름(Sooner Than)	정상적인 시점보다 이른 시점에 수행함
늦음(Later Than)	정상적인 시점보다 늦은 시점에 수행함
순서가 잘못됨(Mis-ordered)	작업의 순서가 정상과 다름
부분(Part of)	작업이 불완전하거나 부분적으로만 수행됨

　㉣ 에러 설명

　㉤ 결과 분석 : 4단계의 잠재적 에러와 관련된 결과 기술

　㉥ 원인 분석 : 잠재적 에러의 원인 분석

　㉦ 현재 안전조치 분석 : 현재 에러를 방지하기 위해 취해진 안전조치에 대해 기술

　㉧ 에러 개선방안 제안 : 분석한 내용에 전문지식을 포함하여 개선방안 제안

| 평가오류의 종류

① 후광오류

　㉠ 팀원의 특징적인 장단점을 그의 전부를 인식하는 오류

　㉡ 하나가 좋으면 나머지도 좋게 평가

② 관대화오류

　㉠ 평가자가 피평가자의 실제 수준보다 지나치게 높게 평가하는 오류

　㉡ 피평가자를 실제보다 관대하게 평가

③ 중앙집중화 오류

　㉠ 팀원 평가의 결과가 중간수준의 점수로 집중되는 오류

　㉡ 점수의 분포가 중간에 집중

④ 대비오류

　㉠ 특정인이나 바로 직전의 피평가자와 대비해서 판단

⑤ 엄격화오류
   ㉠ 평가 결과가 낮은 쪽으로 집중

매슬로(Maslow)의 욕구이론 5단계

단계	구분	내용
1단계(최하위)	생리적욕구	최하위 욕구, 기본의식주, 원초적인 욕구
2단계	안전욕구	신체적 안전, 심리적 안정성, 신분보장, 생계유지
3단계	애정과 소속의 욕구	사회적이고 사교적인 동료의식 충족 욕구
4단계	존경의 욕구	자기 자신에 대한 존중과 타인으로부터 인정받는 존경
5단계(최상위)	자아실현의 욕구	최상위 욕구, 자신의 잠재능력을 최대한 발휘하여 최상의 인간으로서 자기완성을 이루려는 욕구

허즈버그(F. Herzberg)의 2요인 이론

① 2요인 이론은 위생-동기 이론이라고도 하며 동기를 유발하는 동기요인과 동기를 유발하지는 않지만 충족이 되어야 하는 위생요인이 있으며 이 2가지 모두가 충족되어야 직무에 대한 만족이 발생한다는 이론이다.
   ㉠ 위생요인(Hygiene Factor)
      • 개인적 불만족 요인을 제거하는 것으로 동기부여보다는 개인의 만족을 위한 것
      • 급여, 근무환경, 보상, 지위, 승진, 근무정책 등 → 환경적인 요인
   ㉡ 동기요인(Motivator)
      • 개인에게 동기를 부여하여 열심히 일하게 하고 성과를 높이는 요인
      • 성취감, 책임감, 일의 내용 그 자체, 동료와의 관계, 업무 능력 성장 등 → 감정적인 요인

동기부여이론

① 에드워드 데시의 인지평가이론
   ㉠ 내재적인 동기에 의해 일하는 사람에게 외재적인 보상을 주면 내재적 동기가 감소된다는 이론
   ㉡ 동기부여의 양과 질은 자신이 하고 있는 일의 의미와 가치에 대한 인지적인 평가과정을 통해 결정된다는 이론
② 로크의 목표설정이론
   ㉠ 인간이 합리적으로 행동한다는 기본가정에 기초하여 개인이 의식적으로 얻으려고 설정한 목표가 동기와 행동에 영향을 미친다는 이론

③ 엘더퍼의 ERG이론
  ㉠ 인간의 욕구를 생존욕구, 관계욕구, 성장욕구의 3단계로 구분하고 현실적인 관점에서 이론을 정립, 매슬로(Maslow)의 욕구 5단계 이론을 3단계로 줄임
  ㉡ 좌절-퇴행의 개념도 함께 포함해서 인간욕구를 설명

단계	구분	내용
1단계	존재욕구(Existence Needs)	공기, 물 등 생리적·물질적 욕구
2단계	관계욕구(Relatedness Needs)	가족, 친구, 동료 등 사회적 관계에 대한 욕구
3단계	성장욕구(Growth Needs)	창의성, 사회기여 등을 통해 만족되는 욕구

④ 브룸의 기대이론
  ㉠ 개인의 동기는 자신의 노력에 대한 성과의 기대와 보상에 대한 복합적인 양상에서 결정된다는 이론
    • 기대감(Expectancy) : 자신의 행동을 통해 기대하는 결과를 얻을 수 있다는 자신감
    • 수단성(Instrumentality) : 일정 수준 도달 시 보상을 기대하는 심리
    • 유의성(Valence) : 보상에 대한 매력이나 선호도

⑤ 아담스의 공정성이론
  ㉠ 조직 내의 개인의 노력과 직무만족은 지각된 공정성에 의해서 결정된다는 이론
  ㉡ 개인의 직무수행에 대한 공정하고 형평성 있는 보상에 대해 기대하며 그 기대의 부합 여부가 동기부여를 결정
  ㉢ 불공정성을 지각하는 경우 개인의 대안은 근무태만, 산출변경, 조직일탈행동, 이직 등의 행동적으로 나타나는 측면과 비교대상을 변경하거나 동료에게 압력을 가하는 등 인지적으로 나타나는 측면이 존재

⑥ 목표설정이론
  ㉠ 목표설정이론은 로크에 의해 시작된 동기이론으로 개인이 의식적으로 설정한 목표가 동기와 행동에 영향을 미친다는 이론
  ㉡ 목표는 분명하고 세밀하게 세워야 하고 조건을 정확하게 기술
  ㉢ 조직의 전략과 일치해야 하고 경쟁성을 갖춰야 함
  ㉣ 기대, 동기부여, 도전감을 유발
  ㉤ 목표설정의 원칙
    • 도전적이고 구제적인 목표수립
    • 측정 가능한 목표
    • 개인의 목표 수용해야 하며 목표 달성에 대한 피드백

리더십이론

① 리더십의 정의
　㉠ 목표달성을 위해 개인이나 조직의 행동에 영향력을 행사하는 과정
② 리더십이론의 종류
　㉠ 특성이론
　　• 유능한 리더는 신체적 특성, 성격, 능력 등이 갖춰져 있다는 이론으로 위인이론이라고도 함
　㉡ 행동이론
　　• 행동이론은 특성이론과 다르게 리더가 자신의 역할을 수행하기 위해 구성원들에게 어떠한 행동을 보이느냐에 따라 효과성이 결정된다는 이론
　　• 리더의 스타일에 따라 목표달성, 생산성 등이 변함
　㉢ 상황이론
　　• 팀원들의 성숙도에 따라 리더의 스타일이 달라져야 한다는 이론
　　• 피들러에 의해 제시되었으며 직원의 능력에 따라 리더의 행동스타일이 달라져야 한다는 이론으로 상황이 좋을 때는 과업지향적 리더가 인간중심적 리더보다 더 많은 효과를 발휘함

6시그마

① 배경 : 6시그마는 1981년 모토로라의 임원이었던 빌 스미스에 의해 시작됨
② 정 의
　㉠ 정규분포에서 평균을 중심으로 질적으로 우수한 물품의 수를 6배의 표준편차 이내에서 생산할 수 있는 공정의 능력을 정량화한 것으로 이는 제품 100만 개당(ppm) 2개 이하의 결함을 목표로 하는 것으로 거의 무결점 수준의 품질을 추구
③ 운영방안
　㉠ 6시그마 활동을 효과적으로 실행하기 위해 블랙벨트(BB) 등의 조직원을 육성하여 프로젝트 활동을 수행
　㉡ 품질이 좋은 제품이 비용이 적게 발생한다는 원칙을 준수하는 품질관리기법

종합적 품질경영(TQM ; Total Quality Management)

① 종합적 품질경영의 정의
　㉠ 전사적 품질경영으로 제품이나 서비스의 품질을 개선할 목적으로 모든 구성원들이 지속적으로 개선점을 발견하는 데 주력하는 방식

② TQM의 원리(PDCA)
  ㉠ Plan : 사용자의 입장에서 품질향상 계획 수립
  ㉡ Do : 일관성에 의한 불량 예방시스템
  ㉢ Check : 시스템을 만들어 적용하고 지속적으로 개선활동 진행
  ㉣ Action : 개선의 결과를 반영하여 업그레이드된 생산활동 전개

신뢰성과 타당성

① 신뢰성
  ㉠ 정 의
    • 시험결과의 일관성, 어떤 시험을 동일한 환경에서 동일한 사람이 몇 번 보았을 때 결과가 일치하는 정도를 말한다.
  ㉡ 측정방법
    • 검증-재검증법 : 시간간격을 두어 측정을 실시하고 두 값이 차이를 측정하는 방법
    • 내적일관성 추정법 : 가장 많이 사용하는 방법으로 하나의 측정도구 내에 밀접한 연관성을 통해 신뢰도를 추정하는 방법
② 타당성
  ㉠ 정 의
    • 시험이 측정하고자 하는 내용이나 대상을 정확히 검사할 수 있는 정도를 말한다.
  ㉡ 타당성의 종류
    • 동시타당성 : 측정도구에 의한 측정결과가 측정대상의 상태를 측정할 수 있는지에 대한 타당도
    • 예측타당성 : 측정결과가 미래의 행동을 정확하게 예측할 수 있는 정도를 나타내는 타당성으로 준거타당도 라고도 함
    • 내용타당성 : 측정도구가 측정하고자 하는 개념을 측정하고 있는지 추정
    • 구성타당성 : 이미 검증된 측정도구에 측정하고자 하는 측정도구를 비교하여 관계를 규명함으로써 타당성 파악

설비 배치방식

① 설비 배치
  ㉠ 기계 설비 배치 시 공간 활용 및 제품생산의 효율성을 고려하여 기계, 장비 배치계획을 수립하여 기계, 장비 등을 배치하는 방식

② 배치방식 비교

구 분	제품별 배치방식	기능별 배치방식	공정별 배치방식	셀형 배치방식
제 품	소품종 다량생산	다품종 소량생산	새로운 제품개발	다품종 소량생산
특 징	공정순서에 따라 설비를 배열해 흐름을 단순화	같은 기능의 설비들을 모아서 한곳에 배치	유연성이 필요한 배치에 적합	기능별 배치 방식의 단점을 해소하기 위한 방식
장단점	• 반복작업 • 공간활용에 효과적 • 유연한 대처가 어려움	• 공간활용이 비효율적임 • 생산라인에 유연하게 대처 가능	작업속도가 느리고 전환과정에서 시간손실이 큼	제품군들이 공통적으로 거치는 설비들을 하나의 설비군으로 묶어 소그룹화된 셀에 배치

제품생애주기

① 산업일반제품이 개발되어 시장에 출시되고 그 제품이 다른 신제품 때문에 시장에서 대체되어 쇠퇴하기까지의 전 과정으로 도입기, 성장기, 성숙기, 쇠퇴기의 총 4단계로 구성된다.
  ㉠ 도입기 : 경쟁자가 적고 잦은 설계변경이 가능한 시기, 시장확보 최적기
  ㉡ 성장기 : 판매량이 급격하게 증가되고 마케팅 기능의 역할이 증대되는 시기로 경쟁자가 늘어나 이익증가 속도가 감소
  ㉢ 성숙기 : 대체품의 출현, 경쟁 과다로 원가가 핵심경쟁요소로 작용하는 시기로 이익이 폭발적으로 증가
  ㉣ 쇠퇴기 : 시장에서 매력의 저하로 매출의 급격한 감소가 이루어지는 시기이다. 대체품이 출현하며 기술 및 경제 상황의 변화에 영향

국소배기장치

① 국소배기장치의 제어풍속(산업안전보건기준에 관한 규칙 별표 17)

1. 국소배기장치(연삭기, 드럼 샌더 등의 회전체를 가지는 기계에 관련되어 분진작업을 하는 장소에 설치하는 것은 제외)의 제어풍속			
분진작업 장소	제어풍속(m/s)		
^^	포위식 후드의 경우	외부식 후드의 경우	
^^	^^	측방 흡인형	하방 흡인형	상방 흡인형

분진작업 장소	포위식 후드의 경우	측방 흡인형	하방 흡인형	상방 흡인형
암석 등 탄소원료 또는 알루미늄박을 체로 거르는 장소	0.7	-	-	-
주물모래를 재생하는 장소	0.7	-	-	-
주형을 부수고 모래를 터는 장소	0.7	1.3	1.3	-
그 밖의 분진작업장소	0.7	1.0	1.0	1.2

비 고
1. 제어풍속이란 국소배기장치의 모든 후드를 개방한 경우의 제어풍속으로서 다음 각 목의 위치에서 측정한다.
  가. 포위식 후드에서는 후드 개구면
  나. 외부식 후드에서는 해당 후드에 의하여 분진을 빨아들이려는 범위에서 그 후드 개구면으로부터 가장 먼 거리의 작업위치

2. 국소배기장치 중 연삭기, 드럼 샌더 등의 회전체를 가지는 기계에 관련되어 분진작업을 하는 장소에 설치된 국소배기장치의 후드 설치방법에 따른 제어풍속

후드 설치방법	제어풍속(m/s)
회전체를 가지는 기계 전체를 포위하는 방법	0.5
회전체의 회전으로 발생하는 분진의 흩날림 방향을 후드의 개구면으로 덮는 방법	5.0
회전체만을 포위하는 방법	5.0

비 고
제어풍속이란 국소배기장치의 모든 후드를 개방한 경우의 제어풍속으로서, 회전체를 정지한 상태에서 후드의 개구면에서의 최소풍속을 말한다.

② 덕트 크기
  ㉠ 국소배기장치의 덕트크기를 계산하는 방법
    $Q = A \times V$ (Q : 공기량, A : 단면적, V : 풍속)

③ 후드 설치기준(산업안전보건기준에 관한 규칙 제72조)
  ㉠ 유해물질이 발생하는 곳마다 설치할 것
  ㉡ 유해인자의 발생형태와 비중, 작업방법 등을 고려하여 해당 분진 등의 발산원을 제어할 수 있는 구조로 설치할 것
  ㉢ 후드(Hood) 형식은 가능하면 포위식 또는 부스식 후드를 설치할 것
  ㉣ 외부식 또는 리시버식 후드는 해당 분진 등의 발산원에 가장 가까운 위치에 설치할 것

④ 덕트 설치기준(산업안전보건기준에 관한 규칙 제73조)
  ㉠ 가능하면 길이는 짧게 하고 굴곡부의 수는 적게 할 것
  ㉡ 접속부의 안쪽은 돌출된 부분이 없도록 할 것
  ㉢ 청소구를 설치하는 등 청소하기 쉬운 구조로 할 것
  ㉣ 덕트 내부에 오염물질이 쌓이지 않도록 이송속도를 유지할 것
  ㉤ 연결 부위 등은 외부 공기가 들어오지 않도록 할 것

국가별 노출기준 명칭

① 미국 : PEL, AL(OSHA) REL(NIOSH), TLV, BEL(ACGIH) WEEL(AIHA)
② 영국 : WEL(BOHS/HSE)
③ 일본 : CL(노동성)
④ 독일 : MAK(GCIHHCC)
⑤ 한국 : 허용기준(고용노동부)

유해인자별 노출 농도의 허용기준(산업안전보건법 시행규칙 별표 19)

유해인자		허용기준			
		시간가중평균값(TWA)		단시간 노출값(STEL)	
		ppm	mg/m³	ppm	mg/m³
1. 6가크롬 화합물 (Chromium VI compounds; 18540-29-9)	불용성		0.01		
	수용성		0.05		
2. 납 및 그 무기화합물 (Lead and its inorganic compounds; 7439-92-1)			0.05		
3. 니켈 화합물(불용성 무기 화합물 한정) (Nickel and its insoluble inorganic compounds; 7440-02-0)			0.2		
4. 다이메틸폼아마이드(Dimethyl formamide; 68-12-2)		10			
5. 1,2-다이클로로프로페인(1,2-Dichloro propane; 78-87-5)		10		110	
6. 망간 및 그 무기화합물 (Manganese and its inorganic compounds; 7439-96-5)			1		
7. 메탄올(Methanol; 67-56-1)		200		250	
8. 베릴륨 및 그 화합물(Beryllium and its compounds; 7440-41-7)			0.002		0.01
9. 벤젠(Benzene; 71-43-2)		0.5		2.5	
10. 2-브로모프로페인(2-Bromopropane; 75-26-3)		1			
11. 산화에틸렌(Ethylene oxide; 75-21-8)		1			
12. 석면(제조·사용하는 경우만 해당)(Asbestos; 1332-21-4 등)			0.1개/cm³		
13. 수은 및 그 무기화합물 (Mercury and its inorganic compounds; 7439-97-6)			0.025		
14. 암모니아(Ammonia; 7664-41-7 등)		25		35	
15. 염소(Chlorine; 7782-50-5)		0.5		1	
16. 염화비닐(Vinyl chloride; 75-01-4)		1			
17. 이황화탄소(Carbon disulfide; 75-15-0)		1			
18. 일산화탄소(Carbon monoxide; 630-08-0)		30		200	
19. 카드뮴 및 그 화합물 (Cadmium and its compounds; 7440-43-9)			0.01 (호흡성 분진인 경우 0.002)		
20. 톨루엔(Toluene; 108-88-3)		50		150	
21. 폼알데하이드(Formaldehyde; 50-00-0)		0.3			
22. n-헥세인(n-Hexane; 110-54-3)		50			
23. 황산(Sulfuric acid; 7664-93-9)			0.2		0.6

| 유해인자의 노출기준

① 정의(화학물질 및 물리적 인자의 노출기준 제2조)
  ㉠ 노출기준이란 근로자가 유해인자에 노출되는 경우 노출기준 이하 수준에서는 거의 모든 근로자에게 건강상 나쁜 영향을 미치지 아니하는 기준을 말한다.
  ㉡ 시간가중평균노출기준(TWA ; Time Weighted Average)이란 1일 8시간 작업을 기준으로 하여 유해인자의 측정치에 발생시간을 곱하여 8시간으로 나눈 값으로 다음 식에 따라 산출한다.

  $$\text{TWA환산값} = \frac{C_1 T_1 + C_2 T_2 + \cdots\cdots + C_n T_n}{8}$$

  여기서, C : 유해인자의 측정치(단위 : ppm, mg/m^3 또는 개/cm^3)
  T : 유해인자의 발생시간(단위 : 시간)

  ㉢ 단시간노출기준(STEL ; Short Term Exposure Limit)이란 15분간의 시간가중평균노출값으로서 노출농도가 시간가중평균노출기준(TWA)을 초과하고 단시간노출기준(STEL) 이하인 경우에는 1회 노출 지속시간이 15분 미만이어야 하고, 이러한 상태가 1일 4회 이하로 발생하여야 하며, 각 노출의 간격은 60분 이상이어야 한다.
  ㉣ 최고노출기준(Ceiling, C)이란 근로자가 1일 작업시간 동안 잠시라도 노출되어서는 아니 되는 기준을 말하며, 노출기준 앞에 "C"를 붙여 표시한다.

② 노출기준 사용상의 유의사항(화학물질 및 물리적 인자의 노출기준 제3조, 제6조)
  ㉠ 각 유해인자의 노출기준은 해당 유해인자가 단독으로 존재하는 경우의 노출기준을 말하며, 2종 또는 그 이상의 유해인자가 혼재하는 경우에는 각 유해인자의 상가작용으로 유해성이 증가할 수 있으므로 다음의 산출식에 따라 산출되는 노출기준을 사용해야 한다.

  $$\frac{C_1}{T_1} + \frac{C_2}{T_2} + \cdots\cdots + \frac{C_n}{T_n}$$

  여기서, C : 화학물질 각각의 측정치
  T : 화학물질 각각의 노출기준

  ㉡ 노출기준은 1일 8시간 작업을 기준으로 하여 제정된 것이므로 이를 이용할 경우에는 근로시간, 작업의 강도, 온열조건, 이상기압 등이 노출기준 적용에 영향을 미칠 수 있으므로 이와 같은 제반요인을 고려해야 한다.
  ㉢ 노출기준은 직업병 진단에 사용하거나 노출기준 이하의 작업환경이라는 이유만으로 직업성 질병의 이환을 부정하는 근거 또는 반증자료 사용불가
  ㉣ 노출기준은 대기오염의 평가 또는 관리상의 지표로 사용불가

③ **노출기준 표시단위**
  ㉠ 가스 및 증기 : 피피엠(ppm)
  ㉡ 분진 및 미스트 등 에어로졸(Aerosol) : 세제곱미터당 밀리그램(mg/m^3)

ⓒ 석면 및 내화성 세라믹섬유 : 세제곱센티미터당 개수(개/cm^3)
ⓓ 고온 : 습구흑구온도지수(WBGT)

④ 습구흑구온도지수(WBGT) 산출식
ⓐ 태양광선이 내리쬐는 옥외 장소 :
WBGT(℃) = 0.7 × 자연습구온도 + 0.2 × 흑구온도 + 0.1 × 건구온도
ⓑ 태양광선이 내리쬐지 않는 옥내 또는 옥외 장소 :
WBGT(℃) = 0.7 × 자연습구온도 + 0.3 × 흑구온도

특수건강진단의 시기 및 주기(산업안전보건법 시행규칙 별표 23)

구 분	대상 유해인자	시기 (배치 후 첫 번째 특수건강진단)	주 기
1	N,N-다이메틸아세트아마이드, 다이메틸폼아마이드	1개월 이내	6개월
2	벤 젠	2개월 이내	6개월
3	1,1,2,2-테트라클로로에테인, 사염화탄소, 아크릴로나이트릴, 염화비닐	3개월 이내	6개월
4	석면, 면 분진	12개월 이내	12개월
5	광물성 분진, 목재 분진, 소음 및 충격소음	12개월 이내	24개월
6	제1호부터 제5호까지의 대상 유해인자를 제외한 별표 22의 모든 대상 유해인자	6개월 이내	12개월

작업환경측정

① 작업환경 측정방법(산업안전보건법 제125조)
ⓐ 인체에 해로운 작업을 하는 작업장에 대하여 작업환경측정 실시
ⓑ 도급인의 사업장에서 관계수급인 또는 관계수급인의 근로자가 작업을 하는 경우 작업환경측정 실시
ⓒ 근로자대표 요구 시 작업환경측정에 근로자대표를 참석시켜야 함
ⓓ 작업환경측정 결과를 기록하여 보존
ⓔ 작업환경측정 결과를 해당 작업장의 근로자에게 알려야 하며, 그 결과에 따라 근로자의 건강을 보호하기 위하여 해당 시설·설비의 설치·개선 또는 건강진단의 실시 등의 조치를 해야 함
ⓕ 산업안전보건위원회 또는 근로자대표가 요구하면 작업환경측정 결과에 대한 설명회 등을 개최

② 작업환경측정 대상 작업장 등(산업안전보건법 시행규칙 제186조)
ⓐ 작업환경측정 대상 유해인자에 노출되는 근로자가 있는 작업장
ⓑ 다음에 해당하는 경우 작업환경측정 생략 가능
• 관리대상 유해물질의 허용소비량을 초과하지 않는 작업장

- 단시간 작업을 하는 작업장
- 분진작업의 적용 제외 작업장
- 유해인자의 노출 수준이 노출기준에 비하여 현저히 낮은 작업장

ⓒ 안전보건진단기관이 안전보건진단을 실시하는 경우 작업장의 유해인자 전체에 대하여 작업환경을 측정하였을 때에는 사업주는 측정주기에 실시해야 할 해당 작업장의 작업환경측정 생략 가능

근로자 건강진단 건강관리 구분판정(근로자 건강진단 실시기준 별표 4)

구 분	내 용
A	건강한 근로자(건강관리상 사후관리가 필요 없는 근로자)
R	제2차 건강진단 대상자(건강진단 1차 검사결과 건강수준의 평가가 곤란하거나 질병이 의심되는 근로자)
C	질병 요관찰자
C_1	직업병 요관찰자(직업성 질병으로 진전될 우려가 있어 추적검사 등 관찰이 필요한 근로자)
C_2	일반질병 요관찰자(일반질병으로 진전될 우려가 있어 추적관찰이 필요한 근로자)
C_N	질병 요관찰자(질병으로 진전될 우려가 있어 야간작업 시 추적관찰이 필요한 근로자)
D	질병 유소견자
D_1	직업병 유소견자(직업성 질병의 소견을 보여 사후관리가 필요한 근로자)
D_2	일반질병 유소견자(일반 질병의 소견을 보여 사후관리가 필요한 근로자)
D_N	질병 유소견자(질병의 소견을 보여 야간작업 시 사후관리가 필요한 근로자)
U	2차 건강진단 대상임을 통보하고 30일을 경과하여 해당 검사가 이루어지지 않아 건강관리 구분을 판정할 수 없는 근로자

산업위생전문가의 책임

① 산업위생전문가로서의 책임
  ㉠ 학문적으로 최고 수준 유지
  ㉡ 과학적 방법을 적용하고 자료해석에서 객관성 유지
  ㉢ 전문분야로서의 산업위생 발전에 기여
  ㉣ 근로자, 사회 및 전문분야의 이익을 위해 과학적 지식 공개
  ㉤ 기업의 기밀 유지
  ㉥ 이해관계가 상반되는 상황 미개입
② 근로자에 대한 책임
  ㉠ 근로자의 건강보호
  ㉡ 위험요인의 측정, 평가 및 관리에 있어서 외부의 압력에 굴하지 않고 중립적 태도 유지
  ㉢ 위험요인과 예방조치에 관하여 근로자와 상담

③ 기업주와 고객에 대한 책임
  ㉠ 쾌적한 작업환경을 만들기 위하여 산업위생의 이론을 적용하고 책임 있게 행동
  ㉡ 신뢰를 바탕으로 정직하게 권하고 결과와 개선점은 정확히 보고
  ㉢ 결론을 뒷받침할 수 있도록 기록을 유지하고 산업위생사업을 전문가답게 운영
  ㉣ 기업주와 고객보다는 근로자의 건강보호에 궁극적 책임
④ 일반 대중에 대한 책임
  ㉠ 일반 대중에 관한 사항은 정직하게 발표
  ㉡ 확실한 사실을 근거로 전문적 견해 피력

한국 산업보건 역사

① 1953년 근로기준법 제정
② 1981년 산업안전보건법 제정 공포
③ 1988년 문송면 씨 수은중독 사망으로 사회적 이슈가 됨
④ 1991년 원진레이온 이황화탄소 중독 발생
⑤ 1992년 작업환경 측정기관에 대한 관리규정 제정

밀폐공간

① 정 의
  ㉠ 환기가 불충분한 상태에서 산소결핍이나 질식, 유해가스로 인한 건강장해, 인화성 물질에 의한 화재·폭발 등의 위험이 있는 장소로서 산업안전보건기준에 관한 규칙 별표 18에서 정한 장소이며, 이 경우 밀폐공간작업 도중에 해당 유해·위험이 발생할 우려가 있는 장소 포함한다.

밀폐공간(산업안전보건기준에 관한 규칙 별표 18)

1. 다음의 지층에 접하거나 통하는 우물·수직갱·터널·잠함·피트 또는 그 밖에 이와 유사한 것의 내부
   가. 상층에 물이 통과하지 않는 지층이 있는 역암층 중 함수 또는 용수가 없거나 적은 부분
   나. 제1철 염류 또는 제1망간 염류를 함유하는 지층
   다. 메테인·에테인 또는 뷰테인을 함유하는 지층
   라. 탄산수를 용출하고 있거나 용출할 우려가 있는 지층
2. 장기간 사용하지 않은 우물 등의 내부
3. 케이블·가스관 또는 지하에 부설되어 있는 매설물을 수용하기 위하여 지하에 부설한 암거·맨홀 또는 피트의 내부
4. 빗물·하천의 유수 또는 용수가 있거나 있었던 통·암거·맨홀 또는 피트의 내부
5. 바닷물이 있거나 있었던 열교환기·관·암거·맨홀·둑 또는 피트의 내부
6. 장기간 밀폐된 강재(鋼材)의 보일러·탱크·반응탑이나 그 밖에 그 내벽이 산화하기 쉬운 시설(그 내벽이 스테인리스강으로 된 것 또는 그 내벽의 산화를 방지하기 위하여 필요한 조치가 되어 있는 것은 제외한다)의 내부
7. 석탄·아탄·황화광·강재·원목·건성유(乾性油)·어유(魚油) 또는 그 밖의 공기 중의 산소를 흡수하는 물질이 들어 있는 탱크 또는 호퍼(Hopper) 등의 저장시설이나 선창의 내부
8. 천장·바닥 또는 벽이 건성유를 함유하는 페인트로 도장되어 그 페인트가 건조되기 전에 밀폐된 지하실·창고 또는 탱크 등 통풍이 불충분한 시설의 내부
9. 곡물 또는 사료의 저장용 창고 또는 피트의 내부, 과일의 숙성용 창고 또는 피트의 내부, 종자의 발아용 창고 또는 피트의 내부, 버섯류의 재배를 위하여 사용하고 있는 사일로(Silo), 그 밖에 곡물 또는 사료종자를 적재한 선창의 내부
10. 간장·주류·효모 그 밖에 발효하는 물품이 들어 있거나 들어 있었던 탱크·창고 또는 양조주의 내부
11. 분뇨, 오염된 흙, 썩은 물, 폐수, 오수, 그 밖에 부패하거나 분해되기 쉬운 물질이 들어 있는 정화조·침전조·집수조·탱크·암거·맨홀·관 또는 피트의 내부
12. 드라이아이스를 사용하는 냉장고·냉동고·냉동화물자동차 또는 냉동컨테이너의 내부
13. 헬륨·아르곤·질소·프레온·이산화탄소 또는 그 밖의 불활성기체가 들어 있거나 있었던 보일러·탱크 또는 반응탑 등 시설의 내부
14. 산소농도가 18% 미만 또는 23.5% 이상, 이산화탄소농도가 1.5% 이상, 일산화탄소농도가 30ppm 이상 또는 황화수소농도가 10ppm 이상인 장소의 내부
15. 갈탄·목탄·연탄난로를 사용하는 콘크리트 양생장소(養生場所) 및 가설숙소 내부
16. 화학물질이 들어 있던 반응기 및 탱크의 내부
17. 유해가스가 들어 있던 배관이나 집진기의 내부
18. 근로자가 상주(常住)하지 않는 공간으로서 출입이 제한되어 있는 장소의 내부

    ⓒ 적정공기란 산소농도의 범위가 18% 이상 23.5% 미만, 이산화탄소의 농도가 1.5% 미만, 황화수소의 농도가 10ppm 미만, 일산화탄소의 농도가 30ppm 미만인 수준의 공기를 말한다.

② 밀폐공간에서의 환기

    ㉠ 밀폐공간작업 시작 전에는 밀폐공간 체적의 10배 이상 외부의 신선한 공기로 환기하고, 적정공기 상태를 확인한 후 출입하며, 작업을 하는 동안에는 적정한 공기가 유지되도록 계속하여 환기(시간당 공기교환횟수 20회 이상)해야 한다.

    ㉡ 필요환기량

작업시간 1시간당 필요환기량 = 24.1 × 비중 × 유해물질의 시간당 사용량 × K / (분자량 × 유해물질의 노출기준) × 10^2

1. 시간당 필요환기량 단위 : m^2/hr
2. 유해물질의 시간당 사용량 단위 : L/hr
3. K : 안전계수
   K = 1인 경우 작업장 내의 공기 혼합이 원활한 경우
   K = 2인 경우 작업장 내의 공기 혼합이 보통인 경우
   K = 3인 경우 작업장 내의 공기 혼합이 불완전한 경우

호흡용 보호구

① 호흡용 보호구 지급대상 작업(산업안전보건기준에 관한 규칙 제450조)

구 분	작업내용
송기마스크	• 유기화합물을 넣었던 탱크(유기화합물의 증기가 발산할 우려가 없는 탱크 제외) 내부에서의 세척 및 페인트칠 업무 • 유기화합물 취급 특별장소에서 유기화합물을 취급하는 업무
송기마스크나 방독마스크	• 밀폐설비나 국소배기장치가 설치되지 아니한 장소에서의 유기화합물 취급업무 • 유기화합물 취급 장소에 설치된 환기장치 내의 기류가 확산될 우려가 있는 물체를 다루는 유기화합물 취급업무 • 유기화합물 취급 장소에서 유기화합물의 증기 발산원을 밀폐하는 설비(청소 등으로 유기화합물이 제거된 설비 제외)를 개방하는 업무

② 방진마스크(보호구 안전인증 고시 별표 4)

㉠ 방진마스크 등급

등 급	사용장소	비 고
특 급	베릴륨 등과 같이 독성이 강한 물질들을 함유한 분진 등 발생장소, 석면 취급장소	배기밸브가 없는 안면부 여과식 마스크는 특급 및 1급 장소에 사용 불가
1급	• 특급 마스크 착용장소를 제외한 분진 등 발생장소 • 금속품 등과 같이 열적으로 생기는 분진 등 발생장소 • 기계적으로 생기는 분진 등 발생장소(규소 등과 같이 2급 방진마스크를 착용하여도 무방한 경우 제외)	
2급	특급 및 1급 마스크 착용장소를 제외한 분진 등 발생장소	

㉡ 방진마스크의 형태

종 류	분리식		안면부여과식
	격리식	직결식	
형 태	전면형	전면형	반면형
	반면형	반면형	
사용 조건	산소농도 18% 이상인 장소에서 사용하여야 한다.		

③ 방독마스크(보호구 안전인증 고시 별표 5)

㉠ 방독마스크 종류

종 류	시험가스	정화통 외부측면 표시색
유기화합물용	사이클로헥세인(C_6H_{12})	갈 색
	다이메틸에터(CH_3OCH_3)	
	아이소뷰테인(C_4H_{10})	
할로겐용	염소가스 또는 증기(Cl_2)	회 색
황화수소용	황화수소가스(H_2S)	
사이안화수소용	사이안화수소가스(HCN)	
아황산용	아황산가스(SO_2)	노랑색
암모니아용	암모니아가스(NH_3)	녹 색

ⓛ 방독마스크의 등급

등 급	사용장소
고농도	가스 또는 증기의 농도가 100분의 2(암모니아에 있어서는 100분의 3) 이하의 대기 중에서 사용하는 것
중농도	가스 또는 증기의 농도가 100분의 1(암모니아에 있어서는 100분의 1.5) 이하의 대기 중에서 사용하는 것
저농도 및 최저농도	가스 또는 증기의 농도가 100분의 0.1 이하의 대기 중에서 사용하는 것으로서 긴급용이 아닌 것

비고 : 방독마스크는 산소농도가 18% 이상인 장소에서 사용하여야 하고, 고농도와 중농도에서 사용하는 방독마스크는 전면형(격리식, 직결식) 사용

④ 송기마스크(보호구 안전인증 고시 별표 6)
   ㉠ 송기마스크의 종류

종 류	등 급		구 분
호스마스크	폐력흡인형		안면부
	송풍기형	전 동	안면부, 페이스실드, 후드
		수 동	안면부
에어라인마스크	일정유량형		안면부, 페이스실드, 후드
	디맨드형		안면부
	압력디맨드형		안면부
복합식 에어라인마스크	디맨드형		안면부
	압력디맨드형		안면부

직업성 질병(중대재해 처벌 등에 관한 법률 시행령 별표 1)

- 염화비닐·유기주석·메틸브로마이드(Bromomethane)·일산화탄소에 노출되어 발생한 중추신경계장해 등의 급성 중독
- 납이나 그 화합물(유기납 제외)에 노출되어 발생한 납 창백, 복부 산통, 관절통 등의 급성 중독
- 수은이나 그 화합물에 노출되어 발생한 급성 중독
- 크롬이나 그 화합물에 노출되어 발생한 세뇨관 기능 손상, 급성 세뇨관 괴사, 급성 신부전 등의 급성 중독
- 벤젠에 노출되어 발생한 경련, 급성 기질성 뇌증후군, 혼수상태 등의 급성 중독
- 톨루엔(Toluene)·크실렌(Xylene)·스타이렌(Styrene)·사이클로헥세인(Cyclohexane)·노말헥세인(N-Hexane)·트라이클로로에틸렌(Trichloroethylene) 등 유기화합물에 노출되어 발생한 의식장해, 경련, 급성 기질성 뇌증후군, 부정맥 등의 급성 중독
- 이산화질소에 노출되어 발생한 메트헤모글로빈혈증(Methemoglobinemia), 청색증 등의 급성 중독
- 황화수소에 노출되어 발생한 의식 소실, 무호흡, 폐부종, 후각신경마비 등의 급성 중독
- 사이안화수소나 그 화합물에 노출되어 발생한 급성 중독
- 플루오린화수소·불산에 노출되어 발생한 화학적 화상, 청색증, 폐수종, 부정맥 등의 급성 중독

- 인(백린, 황린 등 금지물질에 해당하는 동소체로 한정)이나 그 화합물에 노출되어 발생한 급성 중독
- 카드뮴이나 그 화합물에 노출되어 발생한 급성 중독
- 다이아이소시아네이트(Diisocyanate), 염소, 염화수소 또는 염산에 노출되어 발생한 반응성 기도과민증후군
- 트라이클로로에틸렌에 노출되어 발생한 스티븐스존슨 증후군(Stevens-johnson Syndrome)
- 트라이클로로에틸렌 또는 다이메틸폼아마이드(Dimethylformamide)에 노출되어 발생한 독성 간염
- 보건의료 종사자에게 발생한 B형 간염, C형 간염, 매독 또는 후천성면역결핍증의 혈액전파성 질병
- 근로자에게 건강장해를 일으킬 수 있는 습한 상태에서 하는 작업으로 발생한 렙토스피라증(Leptospirosis)
- 동물이나 그 사체, 짐승의 털·가죽, 그 밖의 동물성 물체를 취급하여 발생한 탄저, 단독(Erysipelas) 또는 브루셀라증(Brucellosis)
- 오염된 냉각수로 발생한 레지오넬라증(Legionellosis)
- 고기압 또는 저기압에 노출되거나 중추신경계 산소 독성으로 발생한 건강장해, 감압병(잠수병) 또는 공기색전증(기포가 동맥이나 정맥을 따라 순환하다가 혈관을 막는 것)
- 공기 중 산소농도가 부족한 장소에서 발생한 산소결핍증
- 전리방사선(물질을 통과할 때 이온화를 일으키는 방사선)에 노출되어 발생한 급성 방사선증 또는 무형성 빈혈
- 고열작업 또는 폭염에 노출되는 장소에서 하는 작업으로 발생한 심부체온상승을 동반하는 열사병

교육은 우리 자신의 무지를
점차 발견해 가는 과정이다.

– 윌 듀란트

교육이란 사람이 학교에서 배운 것을
잊어버린 후에 남은 것을 말한다.

– 알버트 아인슈타인

산업안전지도사 [1차]

PART 02

과년도 + 최근 기출문제

2016년~2024년 　과년도 기출문제

2025년 　최근 기출문제

산업안전지도사 [1차]
www.sdedu.co.kr

알림

- 산업안전보건법령의 잦은 개정으로 도서의 내용이 달라질 수 있습니다. 가장 최신 법령은 법제처 국가법령정보센터(www.law.go.kr) 사이트를 통해서 확인하시기 바랍니다.
- 도서 내 화합물 명명법은 대한화학회에 의거하여 한글 새이름을 반영하였습니다.
  - 디(di), 트리(tri), 이소(iso) → 다이, 트라이, 아이소
  - 메탄, 에탄, 프로판, 부탄 → 메테인, 에테인, 프로페인, 뷰테인
  - 시클로(cyclo), 에테르(ether), 에스테르(ester) → 사이클로, 에터, 에스터
  - 스티렌(styrene), 시안(cyan), 니트로(nitro) → 스타이렌, 사이안, 나이트로
  - 포름(form), 알데히드(aldehyde), 부타디엔(diene) → 폼, 알데하이드, 부타다이엔

2016년 과년도 기출문제

산업안전보건법령

01
산업안전보건법령상 사업주가 이행하여야 할 의무에 해당하는 것은?

① 사업장에 대한 재해 예방 지원 및 지도
② 근로자의 신체적 피로와 정신적 스트레스 등을 줄일 수 있는 쾌적한 작업환경 조성 및 근로조건 개선
③ 유해하거나 위험한 기계·기구·설비 및 물질 등에 대한 안전·보건상의 조치기준 작성 및 지도·감독
④ 산업재해에 관한 조사 및 통계의 유지·관리
⑤ 안전·보건을 위한 기술의 연구·개발 및 시설의 설치·운영

해설

사업주 등의 의무(산업안전보건법 제5조)
㉠ 사업주(제77조에 따른 특수형태근로종사자로부터 노무를 제공받는 자와 제78조에 따른 물건의 수거·배달 등을 중개하는 자를 포함한다)는 다음의 사항을 이행함으로써 근로자(제77조에 따른 특수형태근로종사자와 제78조에 따른 물건의 수거·배달 등을 하는 사람을 포함한다)의 안전 및 건강을 유지·증진시키고 국가의 산업재해 예방정책을 따라야 한다.
  1. 이 법과 이 법에 따른 명령으로 정하는 산업재해 예방을 위한 기준
  2. 근로자의 신체적 피로와 정신적 스트레스 등을 줄일 수 있는 쾌적한 작업환경의 조성 및 근로조건 개선
  3. 해당 사업장의 안전 및 보건에 관한 정보를 근로자에게 제공
㉡ 다음의 어느 하나에 해당하는 자는 발주·설계·제조·수입 또는 건설을 할 때 이 법과 이 법에 따른 명령으로 정하는 기준을 지켜야 하고, 발주·설계·제조·수입 또는 건설에 사용되는 물건으로 인하여 발생하는 산업재해를 방지하기 위하여 필요한 조치를 하여야 한다.
  1. 기계·기구와 그 밖의 설비를 설계·제조 또는 수입하는 자
  2. 원재료 등을 제조·수입하는 자
  3. 건설물을 발주·설계·건설하는 자

정답 1 ②

02

산업안전보건법령상 안전·보건표지의 분류별 종류와 색채가 올바르게 연결된 것은?

① 지시표지(방독마스크 착용) – 바탕은 파란색, 관련 그림은 흰색
② 금지표지(물체이동금지) – 바탕은 흰색, 기본모형은 녹색, 관련 부호 및 그림은 흰색
③ 경고표지(폭발성물질 경고) – 바탕은 노란색, 기본모형, 관련 부호 및 그림은 흰색
④ 안내표지(비상용기구) – 바탕은 흰색, 기본모형은 빨간색, 관련 부호 및 그림은 검은색
⑤ 안내표지(응급구호표지) – 바탕은 무색, 기본모형은 검은색

해설

안전보건표지의 종류별 용도, 설치, 부착장소, 형태 및 색채(산업안전보건법 시행규칙 별표 7)

분류	종류	용도 및 설치·부착 장소	설치·부착 장소 예시	형태		색채
				기본모형번호	안전·보건표지 일람표번호	
금지표지	1. 출입금지	출입을 통제해야 할 장소	조립·해체 작업장 입구	1	101	바탕은 흰색, 기본모형은 빨간색, 관련 부호 및 그림은 검은색
	2. 보행금지	사람이 걸어 다녀서는 안 될 장소	중장비 운전작업장	1	102	
	3. 차량통행금지	제반 운반기기 및 차량의 통행을 금지시켜야 할 장소	집단보행 장소	1	103	
	4. 사용금지	수리 또는 고장 등으로 만지거나 작동시키는 것을 금지해야 할 기계·기구 및 설비	고장난 기계	1	104	
	5. 탑승금지	엘리베이터 등에 타는 것이나 어떤 장소에 올라가는 것을 금지	고장난 엘리베이터	1	105	
	6. 금연	담배를 피워서는 안 될 장소		1	106	
	7. 화기금지	화재가 발생할 염려가 있는 장소로서 화기 취급을 금지하는 장소	화학물질취급 장소	1	107	
	8. 물체이동금지	정리 정돈 상태의 물체나 움직여서는 안 될 물체를 보존하기 위하여 필요한 장소	절전스위치 옆	1	108	
경고표지	1. 인화성물질 경고	휘발유 등 화기의 취급을 극히 주의해야 하는 물질이 있는 장소	휘발유 저장탱크	2	201	바탕은 노란색, 기본모형, 관련 부호 및 그림은 검은색 다만, 인화성물질 경고, 산화성물질 경고, 폭발성물질 경고, 급성독성물질 경고, 부식성물질 경고 및 발암성·변이원성·생식독성·전신독성·호흡기과민성 물질 경고의 경우 바탕은 무색, 기본모형은 빨간색(검은색도 가능)
	2. 산화성물질 경고	가열·압축하거나 강산·알칼리 등을 첨가하면 강한 산화성을 띠는 물질이 있는 장소	질산 저장탱크	2	202	
	3. 폭발성물질 경고	폭발성 물질이 있는 장소	폭발물 저장실	2	203	
	4. 급성독성물질 경고	급성독성 물질이 있는 장소	농약 제조·보관소	2	204	
	5. 부식성물질 경고	신체나 물체를 부식시키는 물질이 있는 장소	황산 저장소	2	205	
	6. 방사성물질 경고	방사능물질이 있는 장소	방사성 동위원소 사용실	2	206	

정답 2 ①

분 류	종 류	용도 및 설치·부착 장소	설치·부착 장소 예시	형 태 기본 모형 번호	형 태 안전·보건 표지 일람표번호	색 채
경고 표지	7. 고압전기 경고	발전소나 고전압이 흐르는 장소	감전우려지역 입구	2	207	
	8. 매달린 물체 경고	머리 위에 크레인 등과 같이 매달린 물체가 있는 장소	크레인이 있는 작업장 입구	2	208	
	9. 낙하물체 경고	돌 및 블록 등 떨어질 우려가 있는 물체가 있는 장소	비계 설치 장소 입구	2	209	
	10. 고온 경고	고도의 열을 발하는 물체 또는 온도가 아주 높은 장소	주물작업장 입구	2	210	
	11. 저온 경고	아주 차가운 물체 또는 온도가 아주 낮은 장소	냉동작업장 입구	2	211	
	12. 몸균형 상실 경고	미끄러운 장소 등 넘어지기 쉬운 장소	경사진 통로 입구	2	212	
	13. 레이저광선 경고	레이저광선에 노출될 우려가 있는 장소	레이저실험실 입구	2	213	
	14. 발암성·변이원성·생식독성·전신독성·호흡기과민성 물질 경고	발암성·변이원성·생식독성·전신독성·호흡기과민성 물질이 있는 장소	납 분진 발생장소	2	214	
	15. 위험장소 경고	그 밖에 위험한 물체 또는 그 물체가 있는 장소	맨홀 앞 고열금속 찌꺼기 폐기장소	2	215	
지시 표지	1. 보안경 착용	보안경을 착용해야만 작업 또는 출입을 할 수 있는 장소	그라인더작업장 입구	3	301	바탕은 파란색, 관련 그림은 흰색
	2. 방독마스크 착용	방독마스크를 착용해야만 작업 또는 출입을 할 수 있는 장소	유해물질작업장 입구	3	302	
	3. 방진마스크 착용	방진마스크를 착용해야만 작업 또는 출입을 할 수 있는 장소	분진이 많은 곳	3	303	
	4. 보안면 착용	보안면을 착용해야만 작업 또는 출입을 할 수 있는 장소	용접실 입구	3	304	
	5. 안전모 착용	헬멧 등 안전모를 착용해야만 작업 또는 출입을 할 수 있는 장소	갱도의 입구	3	305	
	6. 귀마개 착용	소음장소 등 귀마개를 착용해야만 작업 또는 출입을 할 수 있는 장소	판금작업장 입구	3	306	
	7. 안전화 착용	안전화를 착용해야만 작업 또는 출입을 할 수 있는 장소	채탄작업장 입구	3	307	
	8. 안전장갑 착용	안전장갑을 착용해야 작업 또는 출입을 할 수 있는 장소	고온 및 저온물 취급작업장 입구	3	308	
	9. 안전복착용	방열복 및 방한복 등의 안전복을 착용해야만 작업 또는 출입을 할 수 있는 장소	단조작업장 입구	3	309	

분류	종류	용도 및 설치·부착 장소	설치·부착 장소 예시	형태 기본모형번호	형태 안전·보건표지 일람표번호	색 채
안내표지	1. 녹십자표지	안전의식을 북돋우기 위하여 필요한 장소	공사장 및 사람들이 많이 볼 수 있는 장소	1 (사선 제외)	401	바탕은 흰색, 기본모형 및 관련 부호는 녹색, 바탕은 녹색, 관련 부호 및 그림은 흰색
	2. 응급구호표지	응급구호설비가 있는 장소	위생구호실 앞	4	402	
	3. 들 것	구호를 위한 들것이 있는 장소	위생구호실 앞	4	403	
	4. 세안장치	세안장치가 있는 장소	위생구호실 앞	4	404	
	5. 비상용기구	비상용기구가 있는 장소	비상용기구 설치장소 앞	4	405	
	6. 비상구	비상출입구	위생구호실 앞	4	406	
	7. 좌측비상구	비상구가 좌측에 있음을 알려야 하는 장소	위생구호실 앞	4	407	
	8. 우측비상구	비상구가 우측에 있음을 알려야 하는 장소	위생구호실 앞	4	408	
출입금지표지	1. 허가대상유해물질 취급	허가대상유해물질 제조, 사용 작업장	출입구 (단, 실외 또는 출입구가 없을 시 근로자가 보기 쉬운 장소)	5	501	글자는 흰색바탕에 흑색 다음 글자는 적색 - ○○○제조/사용/보관 중 - 석면취급/해체 중 - 발암물질 취급 중
	2. 석면취급 및 해체·제거	석면 제조, 사용, 해체·제거 작업장		5	502	
	3. 금지유해물질 취급	금지유해물질 제조·사용설비가 설치된 장소		5	503	

03

산업안전보건법령상 산업재해 발생 보고에 관한 설명이다. ( ) 안에 들어갈 내용을 순서대로 올바르게 나열한 것은?

> 사업주는 산업재해로 사망자가 발생하거나 (ㄱ) 이상의 휴업이 필요한 부상을 입거나 질병에 걸린 사람이 발생한 경우에는 산업안전보건법 제10조제2항에 따라 해당 산업재해가 발생한 날부터 (ㄴ) 이내에 별지 제1호서식의 산업재해조사표를 작성하여 관할 지방고용노동청장 또는 지청장에게 제출(전자 문서에 의한 제출을 포함한다)하여야 한다.

① ㄱ : 1일, ㄴ : 1개월
② ㄱ : 2일, ㄴ : 14일
③ ㄱ : 3일, ㄴ : 1개월
④ ㄱ : 5일, ㄴ : 2개월
⑤ ㄱ : 5일, ㄴ : 3개월

해설

산업재해 발생 보고 등(산업안전보건법 시행규칙 제73조)
㉠ 사업주는 산업재해로 사망자가 발생하거나 3일 이상의 휴업이 필요한 부상을 입거나 질병에 걸린 사람이 발생한 경우에는 법 제57조제3항에 따라 해당 산업재해가 발생한 날부터 1개월 이내에 별지 제30호서식의 산업재해조사표를 작성하여 관할 지방고용노동관서의 장에게 제출(전자문서로 제출하는 것을 포함한다)해야 한다.
㉡ ㉠에도 불구하고 다음 각 항목 모두에 해당하지 않는 사업주가 법률 제11882호 산업안전보건법 일부개정법률 제10조제2항의 개정규정의 시행일인 2014년 7월 1일 이후 해당 사업장에서 처음 발생한 산업재해에 대하여 지방고용노동관서의 장으로부터 별지 제30호서식의 산업재해조사표를 작성하여 제출하도록 명령을 받은 경우 그 명령을 받은 날부터 15일 이내에 이를 이행한 때에는 ㉠에 따른 보고를 한 것으로 본다. ㉠에 따른 보고기한이 지난 후에 자진하여 별지 제30호서식의 산업재해조사표를 작성·제출한 경우에도 또한 같다.
  1. 안전관리자 또는 보건관리자를 두어야 하는 사업주
  2. 법 제62조제1항에 따라 안전보건총괄책임자를 지정해야 하는 도급인
  3. 법 제73조제2항에 따라 건설재해예방전문지도기관의 지도를 받아야 하는 건설공사도급인(법 제69조제1항의 건설공사도급인을 말한다)
  4. 산업재해 발생사실을 은폐하려고 한 사업주
㉢ 사업주는 ㉠에 따른 산업재해조사표에 근로자대표의 확인을 받아야 하며, 그 기재 내용에 대하여 근로자대표의 이견이 있는 경우에는 그 내용을 첨부해야 한다. 다만, 근로자대표가 없는 경우에는 재해자 본인의 확인을 받아 산업재해조사표를 제출할 수 있다.
㉣ ㉠부터 ㉢까지의 규정에서 정한 사항 외에 산업재해발생 보고에 필요한 사항은 고용노동부장관이 정한다.
㉤ 산업재해보상보험법 제41조에 따라 요양급여의 신청을 받은 근로복지공단은 지방고용노동관서의 장 또는 공단으로부터 요양신청서 사본, 요양업무 관련 전산입력자료, 그 밖에 산업재해예방업무 수행을 위하여 필요한 자료의 송부를 요청받은 경우에는 이에 협조해야 한다.

04

산업안전보건법령상 안전관리전문기관에 대한 지정의 취소 등에 관한 설명으로 옳지 않은 것은?

① 고용노동부장관은 안전관리전문기관이 지정요건을 충족하지 못한 경우 반드시 지정을 취소하여야 한다.
② 고용노동부장관은 안전관리전문기관이 거짓이나 그 밖의 부정한 방법으로 지정을 받은 경우 지정을 취소하여야 한다.
③ 고용노동부장관은 안전관리전문기관이 지정받은 사항을 위반하여 업무를 수행한 경우 6개월 이내의 기간을 정하여 그 업무의 정지를 명할 수 있다.
④ 안전관리전문기관은 고용노동부장관으로부터 지정이 취소된 경우에 그 지정이 취소된 날부터 2년 이내에는 안전관리전문기관으로 지정받을 수 없다.
⑤ 고용노동부장관이 안전관리전문기관에 대하여 업무의 정지를 명하여야 하는 경우에 그 업무정지가 이용자에게 심한 불편을 주거나 공익을 해할 우려가 있다고 인정하면 업무정지처분에 갈음하여 1억원 이하의 과징금을 부과할 수 있다.

해설

행정처분기준(산업안전보건법 시행규칙 별표 26)
개별기준

위반사항	행정처분 기준		
	1차 위반	2차 위반	3차 이상 위반
가. 안전관리전문기관 또는 보건관리전문기관(법 제21조제4항 관련)			
1) 거짓이나 그 밖의 부정한 방법으로 지정을 받은 경우	지정취소		
3) 법 제21조제1항에 따른 지정 요건을 충족하지 못한 경우	업무정지 3개월	업무정지 6개월	지정취소
4) 지정받은 사항을 위반하여 업무를 수행한 경우	업무정지 1개월	업무정지 3개월	업무정지 6개월

05

산업안전보건법령상 산업안전보건위원회에 관한 설명으로 옳지 않은 것은?

① 사업주는 산업안전·보건에 관한 중요 사항을 심의·의결하기 위하여 근로자와 사용자가 같은 수로 구성되는 산업안전보건위원회를 설치·운영하여야 한다.
② 사업주는 유해하거나 위험한 기계·기구와 그 밖의 설비를 도입한 경우 안전·보건조치에 관한 사항에 대하여는 산업안전보건위원회의 심의·의결을 거쳐야 한다.
③ 산업안전보건위원회의 위원장은 위원 중에서 호선(互選)한다. 이 경우 근로자위원과 사용자위원 중 각 1명을 공동위원장으로 선출할 수 있다.
④ 사업주는 안전보건관리규정을 작성하거나 변경할 때에는 산업안전보건위원회의 심의·의결을 거쳐야 한다. 다만, 산업안전보건위원회가 설치되어 있지 아니한 사업장의 경우에는 근로자대표의 동의를 받아야 한다.
⑤ 산업안전보건위원회는 산업안전·보건에 관한 중요 사항에 대하여 심의·의결을 하지만 해당 사업장 근로자의 안전과 보건을 유지·증진시키기 위하여 필요한 사항을 정할 수 없다.

해설

산업안전보건위원회(산업안전보건법 제24조)

㉠ 사업주는 사업장의 안전 및 보건에 관한 중요 사항을 심의·의결하기 위하여 사업장에 근로자위원과 사용자위원이 같은 수로 구성되는 산업안전보건위원회를 구성·운영하여야 한다.
㉡ 사업주는 다음의 사항에 대해서는 ㉠에 따른 산업안전보건위원회의 심의·의결을 거쳐야 한다.
  1. 제15조제1항제1호부터 제5호까지 및 제7호에 관한 사항
  2. 제15조제1항제6호에 따른 사항 중 중대재해에 관한 사항
  3. 유해하거나 위험한 기계·기구·설비를 도입한 경우 안전 및 보건 관련 조치에 관한 사항
  4. 그 밖에 해당 사업장 근로자의 안전 및 보건을 유지·증진시키기 위하여 필요한 사항
㉢ 산업안전보건위원회는 대통령령으로 정하는 바에 따라 회의를 개최하고 그 결과를 회의록으로 작성하여 보존하여야 한다.
㉣ 사업주와 근로자는 ㉢에 따라 산업안전보건위원회가 심의·의결한 사항을 성실하게 이행하여야 한다.
㉤ 산업안전보건위원회는 이 법, 이 법에 따른 명령, 단체협약, 취업규칙 및 제25조에 따른 안전보건관리규정에 반하는 내용으로 심의·의결해서는 아니 된다.
㉥ 사업주는 산업안전보건위원회의 위원에게 직무 수행과 관련한 사유로 불리한 처우를 해서는 아니 된다.
㉦ 산업안전보건위원회를 구성하여야 할 사업의 종류 및 사업장의 상시근로자 수, 산업안전보건위원회의 구성·운영 및 의결되지 아니한 경우의 처리방법, 그 밖에 필요한 사항은 대통령령으로 정한다.

06

산업안전보건법령상 안전보건관리규정 작성 시 포함되어야 할 사항이 아닌 것은?

① 사고 조사 및 대책 수립에 관한 사항
② 안전·보건 관리조직과 그 직무에 관한 사항
③ 작업장 안전관리에 관한 사항
④ 작업장 건설과 민원대책에 관한 사항
⑤ 작업장 보건관리에 관한 사항

해설

안전보건관리규정의 작성(산업안전보건법 제25조)
㉠ 사업주는 사업장의 안전 및 보건을 유지하기 위하여 다음의 사항이 포함된 안전보건관리규정을 작성하여야 한다.
  1. 안전 및 보건에 관한 관리조직과 그 직무에 관한 사항
  2. 안전보건교육에 관한 사항
  3. 작업장의 안전 및 보건 관리에 관한 사항
  4. 사고 조사 및 대책 수립에 관한 사항
  5. 그 밖에 안전 및 보건에 관한 사항
㉡ ㉠에 따른 안전보건관리규정은 단체협약 또는 취업규칙에 반할 수 없다. 이 경우 안전보건관리규정 중 단체협약 또는 취업규칙에 반하는 부분에 관하여는 그 단체협약 또는 취업규칙으로 정한 기준에 따른다.
㉢ 안전보건관리규정을 작성하여야 할 사업의 종류, 사업장의 상시근로자 수 및 안전보건관리규정에 포함되어야 할 세부적인 내용, 그 밖에 필요한 사항은 고용노동부령으로 정한다.

07

산업안전보건법령상 작업중지 등에 관한 설명으로 옳지 않은 것은?

① 사업주는 산업재해가 발생할 급박한 위험이 있을 때 또는 중대재해가 발생하였을 때에는 즉시 작업을 중지시키고 근로자를 작업장소로부터 대피시키는 등 필요한 안전·보건상의 조치를 한 후 작업을 다시 시작하여야 한다.
② 근로자는 산업재해가 발생할 급박한 위험으로 인하여 작업을 중지하고 대피하였을 때에는 사태가 안정된 후에 그 사실을 위 상급자에게 보고하는 등 적절한 조치를 취하여야 한다.
③ 사업주는 산업재해가 발생할 급박한 위험이 있다고 믿을 만한 합리적인 근거가 있을 때에는 산업안전보건법의 규정에 따라 작업을 중지하고 대피한 근로자에 대하여 이를 이유로 해고나 그 밖의 불리한 처우를 하여서는 아니 된다.
④ 고용노동부장관은 중대재해가 발생하였을 때에는 그 원인 규명 또는 예방대책 수립을 위하여 중대재해 발생원인을 조사하고, 근로감독관과 관계 전문가로 하여금 고용노동부령으로 정하는 바에 따라 안전·보건진단이나 그 밖에 필요한 조치를 하도록 할 수 있다.
⑤ 누구든지 중대재해 발생현장을 훼손하여 중대재해 발생의 원인조사를 방해하여서는 아니 된다.

> [해설]

사업주의 작업중지(산업안전보건법 제51조)
사업주는 산업재해가 발생할 급박한 위험이 있을 때에는 즉시 작업을 중지시키고 근로자를 작업장소에서 대피시키는 등 안전 및 보건에 관하여 필요한 조치를 하여야 한다.

근로자의 작업중지(산업안전보건법 제52조)
㉠ 근로자는 산업재해가 발생할 급박한 위험이 있는 경우에는 작업을 중지하고 대피할 수 있다.
㉡ ㉠에 따라 작업을 중지하고 대피한 근로자는 지체 없이 그 사실을 관리감독자 또는 그 밖에 부서의 장(이하 "관리감독자 등"이라 한다)에게 보고하여야 한다.
㉢ 관리감독자 등은 ㉡에 따른 보고를 받으면 안전 및 보건에 관하여 필요한 조치를 하여야 한다.
㉣ 사업주는 산업재해가 발생할 급박한 위험이 있다고 근로자가 믿을 만한 합리적인 이유가 있을 때에는 ㉠에 따라 작업을 중지하고 대피한 근로자에 대하여 해고나 그 밖의 불리한 처우를 해서는 아니 된다.

08
산업안전보건법령상 사업주가 작업 중 위험을 방지하기 위하여 필요한 안전조치를 취해야 할 장소가 아닌 것은?

① 근로자가 추락할 위험이 있는 장소
② 토사·구축물 등이 붕괴할 우려가 있는 장소
③ 방사선·유해광선·고온·저온·초음파·소음·진동·이상기압 등에 의한 건강장해의 우려가 있는 장소
④ 물체가 떨어지거나 날아올 위험이 있는 장소
⑤ 작업 시 천재지변으로 인한 위험이 발생할 우려가 있는 장소

> [해설]

안전조치(산업안전보건법 제38조)
㉠ 사업주는 다음 어느 하나에 해당하는 위험으로 인한 산업재해를 예방하기 위하여 필요한 조치를 하여야 한다.
 1. 기계·기구, 그 밖의 설비에 의한 위험
 2. 폭발성, 발화성 및 인화성 물질 등에 의한 위험
 3. 전기, 열, 그 밖의 에너지에 의한 위험
㉡ 사업주는 굴착, 채석, 하역, 벌목, 운송, 조작, 운반, 해체, 중량물 취급, 그 밖의 작업을 할 때 불량한 작업방법 등에 의한 위험으로 인한 산업재해를 예방하기 위하여 필요한 조치를 하여야 한다.
㉢ 사업주는 근로자가 다음 어느 하나에 해당하는 장소에서 작업을 할 때 발생할 수 있는 산업재해를 예방하기 위하여 필요한 조치를 하여야 한다.
 1. 근로자가 추락할 위험이 있는 장소
 2. 토사·구축물 등이 붕괴할 우려가 있는 장소
 3. 물체가 떨어지거나 날아올 위험이 있는 장소
 4. 천재지변으로 인한 위험이 발생할 우려가 있는 장소
㉣ 사업주가 ㉠부터 ㉢까지의 규정에 따라 하여야 하는 조치(이하 "안전조치"라 한다)에 관한 구체적인 사항은 고용노동부령으로 정한다.

[정답] 8 ③

09

산업안전보건법령상 도급사업 시의 안전·보건조치 등을 위하여 2일에 1회 이상 순회점검하여야 하는 사업의 작업장에 해당하지 않는 것은?

① 건설업의 작업장
② 정보서비스업의 작업장
③ 제조업의 작업장
④ 토사석 광업의 작업장
⑤ 음악 및 기타 오디오물 출판업의 작업장

해설

도급사업 시의 안전·보건조치 등(산업안전보건법 시행규칙 제80조)
㉠ 도급인은 법 제64조제1항제2호에 따른 작업장 순회점검을 다음의 구분에 따라 실시해야 한다.
  1. 다음의 사업 : 2일에 1회 이상
     • 건설업
     • 제조업
     • 토사석 광업
     • 서적, 잡지 및 기타 인쇄물 출판업
     • 음악 및 기타 오디오물 출판업
     • 금속 및 비금속 원료 재생업
  2. 1.의 사업을 제외한 사업 : 1주일에 1회 이상
㉡ 관계수급인은 ㉠에 따라 도급인이 실시하는 순회점검을 거부·방해 또는 기피해서는 안 되며 점검 결과 도급인의 시정요구가 있으면 이에 따라야 한다.
㉢ 도급인은 법 제64조제1항제3호에 따라 관계수급인이 실시하는 근로자의 안전·보건교육에 필요한 장소 및 자료의 제공 등을 요청받은 경우 협조해야 한다.

10

산업안전보건법령상 고용노동부장관이 실시하는 안전·보건에 관한 직무교육을 받아야 할 대상자를 모두 고른 것은?

> ㄱ. 안전보건관리책임자(관리책임자) ㄴ. 관리감독자
> ㄷ. 안전관리자 ㄹ. 보건관리자
> ㅁ. 재해예방 전문지도기관의 종사자

① ㄱ, ㄴ
② ㄴ, ㄷ
③ ㄱ, ㄴ, ㄷ
④ ㄴ, ㄹ, ㅁ
⑤ ㄱ, ㄷ, ㄹ, ㅁ

해설

안전보건교육 교육과정별 교육시간(산업안전보건법 시행규칙 별표 4)
2. 안전보건관리책임자 등에 대한 교육(제29조제2항 관련)

교육대상	교육시간	
	신규교육	보수교육
안전보건관리책임자	6시간 이상	6시간 이상
안전관리자, 안전관리전문기관의 종사자	34시간 이상	24시간 이상
보건관리자, 보건관리전문기관의 종사자		
건설재해예방전문지도기관의 종사자		
석면조사기관의 종사자		
안전보건관리담당자	–	8시간 이상
안전검사기관, 자율안전검사기관의 종사자	34시간 이상	24시간 이상

정답 10 ⑤

11
산업안전보건기준에 관한 규칙상 가설통로를 설치하는 경우 준수하여야 하는 사항에 관한 설명으로 옳지 않은 것은?

① 경사는 30° 이하로 할 것. 다만, 계단을 설치하거나 높이 2m 미만의 가설통로로서 튼튼한 손잡이를 설치한 경우에는 그러하지 아니하다.
② 경사가 15°를 초과하는 경우에는 미끄러운 구조로 할 것
③ 추락할 위험이 있는 장소에는 안전난간을 설치할 것. 다만, 작업상 부득이한 경우에는 필요한 부분만 임시로 해체할 수 있다.
④ 수직갱에 가설된 통로의 길이가 15m 이상인 경우에는 10m 이내마다 계단참을 설치할 것
⑤ 건설공사에 사용하는 높이 8m 이상인 비계다리에는 7m 이내마다 계단참을 설치할 것

해설

가설통로의 구조(산업안전보건기준에 관한 규칙 제23조)
사업주는 가설통로를 설치하는 경우 다음 각 호의 사항을 준수하여야 한다.
1. 견고한 구조로 할 것
2. 경사는 30° 이하로 할 것. 다만, 계단을 설치하거나 높이 2m 미만의 가설통로로서 튼튼한 손잡이를 설치한 경우에는 그러하지 아니하다.
3. 경사가 15°를 초과하는 경우에는 미끄러지지 아니하는 구조로 할 것
4. 추락할 위험이 있는 장소에는 안전난간을 설치할 것. 다만, 작업상 부득이한 경우에는 필요한 부분만 임시로 해체할 수 있다.
5. 수직갱에 가설된 통로의 길이가 15m 이상인 경우에는 10m 이내마다 계단참을 설치할 것
6. 건설공사에 사용하는 높이 8m 이상인 비계다리에는 7m 이내마다 계단참을 설치할 것

12
산업안전보건법령상 안전관리자가 수행하여야 할 업무가 아닌 것은?

① 사업장 순회점검·지도 및 조치의 건의
② 산업재해 발생의 원인 조사·분석 및 재발 방지를 위한 기술적 보좌 및 조언·지도
③ 작업장 내에서 사용되는 전체 환기장치 및 국소배기장치 등에 관한 설비의 점검과 작업방법의 공학적 개선에 관한 보좌 및 조언·지도
④ 산업재해에 관한 통계의 유지·관리·분석을 위한 보좌 및 조언·지도
⑤ 업무수행 내용의 기록·유지

해설

안전관리자의 업무 등(산업안전보건법 시행령 제18조)
㉠ 안전관리자의 업무는 다음과 같다.
  1. 법 제24조제1항에 따른 산업안전보건위원회 또는 법 제75조제1항에 따른 안전 및 보건에 관한 노사협의체에서 심의·의결한 업무와 해당 사업장의 법 제25조제1항에 따른 안전보건관리규정 및 취업규칙에서 정한 업무
  2. 법 제36조에 따른 위험성평가에 관한 보좌 및 지도·조언
  3. 법 제84조제1항에 따른 안전인증대상기계 등과 법 제89조제1항 각 호 외의 부분 본문에 따른 자율안전확인대상기계 등 구입 시 적격품의 선정에 관한 보좌 및 지도·조언
  4. 해당 사업장 안전교육계획의 수립 및 안전교육 실시에 관한 보좌 및 지도·조언
  5. 사업장 순회점검, 지도 및 조치 건의
  6. 산업재해 발생의 원인 조사·분석 및 재발 방지를 위한 기술적 보좌 및 지도·조언
  7. 산업재해에 관한 통계의 유지·관리·분석을 위한 보좌 및 지도·조언
  8. 법 또는 법에 따른 명령으로 정한 안전에 관한 사항의 이행에 관한 보좌 및 지도·조언
  9. 업무 수행 내용의 기록·유지
  10. 그 밖에 안전에 관한 사항으로서 고용노동부장관이 정하는 사항
㉡ 사업주가 안전관리자를 배치할 때에는 연장근로·야간근로 또는 휴일근로 등 해당 사업장의 작업 형태를 고려해야 한다.
㉢ 사업주는 안전관리 업무의 원활한 수행을 위하여 외부전문가의 평가·지도를 받을 수 있다.
㉣ 안전관리자는 ㉠ 각 호에 따른 업무를 수행할 때에는 보건관리자와 협력해야 한다.
㉤ 안전관리자에 대한 지원에 관하여는 제14조제2항을 준용한다. 이 경우 "안전보건관리책임자"는 "안전관리자"로, "법 제15조제1항"은 "제1항"으로 본다.

13

산업안전보건법령상 도급사업 시의 안전·보건조치 등에 관한 설명으로 옳은 것은?

① 도급사업과 관련하여 산업재해를 예방하기 위하여 안전·보건에 관한 협의체를 구성하는 경우 도급인인 사업주 및 그의 수급인인 사업주의 일부만으로 구성할 수 있다.
② 수급인인 사업주는 도급인인 사업주가 실시하는 근로자의 해당 안전·보건·위생교육에 필요한 장소 및 자료의 제공 등 필요한 조치를 하여야 한다.
③ 안전·보건상 유해하거나 위험한 작업을 도급하는 경우 도급인은 수급인에게 자료제출을 요구하여야 한다.
④ 도급인인 사업주가 합동안전·보건점검을 할 때에는 도급인인 사업주, 수급인인 사업주, 도급인 및 수급인의 근로자 각 1명으로 점검반을 구성하여야 한다.
⑤ 안전·보건상 유해하거나 위험한 작업 중 사업장 내에서 공정의 일부분을 도급하는 도금작업은 시·도지사의 승인을 받지 아니하면 그 작업만을 분리하여 도급을 줄 수 없다.

해설

도급사업의 합동 안전·보건점검(산업안전보건법 시행규칙 제82조)
㉠ 법 제64조제2항에 따라 도급인이 작업장의 안전 및 보건에 관한 점검을 할 때에는 다음의 사람으로 점검반을 구성해야 한다.
  1. 도급인(같은 사업 내에 지역을 달리하는 사업장이 있는 경우에는 그 사업장의 안전보건관리책임자)
  2. 관계수급인(같은 사업 내에 지역을 달리하는 사업장이 있는 경우에는 그 사업장의 안전보건관리책임자)
  3. 도급인 및 관계수급인의 근로자 각 1명(관계수급인의 근로자의 경우에는 해당 공정만 해당한다)
㉡ 법 제64조제2항에 따른 정기 안전·보건점검의 실시 횟수는 다음의 구분에 따른다.
  1. 다음의 사업 : 2개월에 1회 이상
    • 건설업
    • 선박 및 보트 건조업
  2. 1.의 사업을 제외한 사업 : 분기에 1회 이상

14

산업안전보건법령상 유해·위험 방지를 위하여 방호조치가 필요한 기계·기구 등에 해당하지 않는 것은?

① 예초기
② 원심기
③ 전단기(剪斷機) 및 절곡기(折曲機)
④ 지게차
⑤ 금속절단기

해설

유해·위험 방지를 위한 방호조치가 필요한 기계·기구(산업안전보건법 시행령 별표 20)
• 예초기
• 공기압축기
• 지게차
• 원심기
• 금속절단기
• 포장기계(진공포장기, 래핑기로 한정한다)

15
산업안전보건법령상 기계·기구 등을 설치·이전하는 경우에 안전인증을 받아야 하는 기계·기구 등을 모두 고른 것은?

ㄱ. 크레인	ㄴ. 고소(高所)작업대
ㄷ. 리프트	ㄹ. 곤돌라
ㅁ. 기계톱	

① ㄱ, ㄴ, ㄷ ② ㄱ, ㄷ, ㄹ
③ ㄴ, ㄷ, ㅁ ④ ㄴ, ㄹ, ㅁ
⑤ ㄷ, ㄹ, ㅁ

해설

안전인증대상기계 등(산업안전보건법 시행규칙 제107조)
법 제84조제1항에서 "고용노동부령으로 정하는 안전인증대상기계 등"이란 다음의 기계 및 설비를 말한다.
1. 설치·이전하는 경우 안전인증을 받아야 하는 기계
   - 크레인
   - 리프트
   - 곤돌라
2. 주요 구조 부분을 변경하는 경우 안전인증을 받아야 하는 기계 및 설비
   - 프레스
   - 전단기 및 절곡기(折曲機)
   - 크레인
   - 리프트
   - 압력용기
   - 롤러기
   - 사출성형기(射出成形機)
   - 고소(高所)작업대
   - 곤돌라

정답 15 ②

16
산업안전보건법령상 자율안전확인의 신고를 면제하는 경우에 해당하지 않는 것은?

① 품질경영 및 공산품안전관리법 제14조에 따른 안전인증을 받은 경우
② 산업표준화법 제15조에 따른 인증을 받은 경우
③ 전기용품 및 생활용품 안전관리법 제5조 및 제8조에 따른 안전인증 및 안전검사를 받은 경우
④ 농업기계화 촉진법 제9조에 따른 검정을 받은 경우
⑤ 방위사업법 제28조제1항에 따른 품질보증을 받은 경우

해설

※ 출제 시 정답은 ⑤였으나, 산업안전보건법 시행규칙 개정(19.12.26)으로 정답 없음으로 처리하였음
신고의 면제(산업안전보건법 시행규칙 제119조)
법 제89조제1항제3호에서 "고용노동부령으로 정하는 경우"란 다음 중 어느 하나에 해당하는 경우를 말한다.
1. 농업기계화 촉진법 제9조에 따른 검정을 받은 경우
2. 산업표준화법 제15조에 따른 인증을 받은 경우
3. 전기용품 및 생활용품 안전관리법 제5조 및 제8조에 따른 안전인증 및 안전검사를 받은 경우
4. 국제전기기술위원회의 국제방폭전기기계·기구 상호인정제도에 따라 인증을 받은 경우

17
산업안전보건법령상 안전검사 대상이 아닌 것은?

① 전단기
② 건조설비 및 그 부속설비
③ 롤러기(밀폐형 구조)
④ 프레스
⑤ 화학설비 및 그 부속설비

해설

※ 출제 시 정답은 ③이었으나, 법령 개정(19.12.24)으로 정답 없음으로 처리하였음
안전검사대상기계 등(산업안전보건법 시행령 제78조)(14, 15의 시행일 26.6.26)
법 제93조제1항 전단에서 "대통령령으로 정하는 것"이란 다음의 어느 하나에 해당하는 것을 말한다.
1. 프레스
2. 전단기
3. 크레인(정격 하중이 2ton 미만인 것은 제외한다)
4. 리프트
5. 압력용기
6. 곤돌라
7. 국소배기장치(이동식은 제외한다)
8. 원심기(산업용만 해당한다)
9. 롤러기(밀폐형 구조는 제외한다)
10. 사출성형기[형 체결력(型 締結力) 294kN 미만은 제외한다]
11. 고소작업대(화물자동차 또는 특수자동차에 탑재한 고소작업대로 한정한다)
12. 컨베이어
13. 산업용 로봇
14. 혼합기
15. 파쇄기 또는 분쇄기

18
산업안전보건법령상 제조 또는 사용 허가를 받아야 하는 유해물질에 해당하는 것은?

① 황린(黃燐) 성냥
② 벤조트라이클로라이드
③ 백석면
④ 폴리클로리네이티드터페닐(PCT)
⑤ 4-나이트로다이페닐과 그 염

해설

허가 대상 유해물질(산업안전보건법 시행령 제88조)
법 제118조제1항 전단에서 "대체물질이 개발되지 아니한 물질 등 대통령령으로 정하는 물질"이란 다음의 물질을 말한다.
1. α-나프틸아민[134-32-7] 및 그 염(α-Naphthylamine and its Salts)
2. 다이아니시딘[119-90-4] 및 그 염(Dianisidine and its Salts)
3. 다이클로로벤지딘[91-94-1] 및 그 염(Dichlorobenzidine and its Salts)
4. 베릴륨(Beryllium : 7440-41-7)
5. 벤조트라이클로라이드(Benzotrichloride : 98-07-7)
6. 비소[7440-38-2] 및 그 무기화합물(Arsenic and its Inorganic Compounds)
7. 염화비닐(Vinyl Chloride : 75-01-4)
8. 콜타르피치[65996-93-2] 휘발물(Coal Tar Pitch Volatiles)
9. 크롬광 가공(Chromite Ore Processing) : 열을 가하여 소성 처리하는 경우만 해당한다.
10. 크롬산 아연(Zinc Chromates : 13530-65-9 등)
11. o-톨리딘[119-93-7] 및 그 염(o-Tolidine and its Salts)
12. 황화니켈류(Nickel Sulfides : 12035-72-2, 16812-54-7)
13. 1.부터 4.까지 또는 6.부터 12.까지의 어느 하나에 해당하는 물질을 포함한 혼합물(포함된 중량의 비율이 1% 이하인 것은 제외한다)
14. 5.의 물질을 포함한 혼합물(포함된 중량의 비율이 0.5% 이하인 것은 제외한다)
15. 그 밖에 보건상 해로운 물질로서 산업재해보상보험 및 예방심의위원회의 심의를 거쳐 고용노동부장관이 정하는 유해물질

19

산업안전보건법령상 신규화학물질의 유해성·위험성 조사 대상에서 제외되는 것은?

① 방사성 물질
② 노말헥세인
③ 폼알데하이드
④ 카드뮴 및 그 화합물
⑤ 트라이클로로에틸렌

해설

유해성·위험성 조사 제외 화학물질(산업안전보건법 시행령 제85조)
법 제108조제1항 각 호 외의 부분 본문에서 "대통령령으로 정하는 화학물질"이란 다음 중 어느 하나에 해당하는 화학물질을 말한다.
1. 원 소
2. 천연으로 산출된 화학물질
3. 건강기능식품에 관한 법률 제3조제1호에 따른 건강기능식품
4. 군수품관리법 제2조 및 방위사업법 제3조제2호에 따른 군수품[군수품관리법 제3조에 따른 통상품(痛常品)은 제외한다]
5. 농약관리법 제2조제1호 및 제3호에 따른 농약 및 원제
6. 마약류 관리에 관한 법률 제2조제1호에 따른 마약류
7. 비료관리법 제2조제1호에 따른 비료
8. 사료관리법 제2조제1호에 따른 사료
9. 생활화학제품 및 살생물제의 안전관리에 관한 법률 제3조제7호 및 제8호에 따른 살생물물질 및 살생물제품
10. 식품위생법 제2조제1호 및 제2호에 따른 식품 및 식품첨가물
11. 약사법 제2조제4호 및 제7호에 따른 의약품 및 의약외품(醫藥外品)
12. 원자력안전법 제2조제5호에 따른 방사성 물질
13. 위생용품 관리법 제2조제1호에 따른 위생용품
14. 의료기기법 제2조제1항에 따른 의료기기
15. 총포·도검·화약류 등의 안전관리에 관한 법률 제2조제3항에 따른 화약류
16. 화장품법 제2조제1호에 따른 화장품과 화장품에 사용하는 원료
17. 법 제108조제3항에 따라 고용노동부장관이 명칭, 유해성·위험성, 근로자의 건강장해 예방을 위한 조치 사항 및 연간 제조량·수입량을 공표한 물질로서 공표된 연간 제조량·수입량 이하로 제조하거나 수입한 물질
18. 고용노동부장관이 환경부장관과 협의하여 고시하는 화학물질 목록에 기록되어 있는 물질

20

산업안전보건법령상 근로자의 보건관리에 관한 설명으로 옳지 않은 것은?

① 사업주는 작업환경측정의 결과를 해당 작업장 근로자에게 알려야 하며, 그 결과에 따라 근로자의 건강을 보호하기 위하여 해당 시설·설비의 설치·개선 또는 건강진단의 실시 등 적절한 조치를 하여야 한다.
② 고용노동부장관은 근로자의 건강을 보호하기 위하여 필요하다고 인정할 때에는 사업주에게 특정 근로자에 대한 임시건강진단의 실시나 그 밖에 필요한 조치를 명할 수 있다.
③ 고용노동부장관이 역학조사(疫學調査)를 실시하는 경우 사업주 및 근로자는 적극 협조하여야 하며, 정당한 사유 없이 이를 거부·방해하거나 기피하여서는 아니 된다.
④ 사업주는 잠함(潛艦) 또는 잠수작업 등 높은 기압에서 하는 위험한 작업에 종사하는 근로자에게는 1일 6시간, 1주 34시간을 초과하여 근로하게 하여서는 아니 된다.
⑤ 사업주는 산업안전보건위원회 또는 근로자대표가 요구하면 작업환경측정 결과에 대한 설명회를 직접 개최하여야 하며, 작업환경측정을 한 기관으로 하여금 개최하도록 하여서는 아니 된다.

해설

작업환경측정(산업안전보건법 제125조)
㉠ 사업주는 유해인자로부터 근로자의 건강을 보호하고 쾌적한 작업환경을 조성하기 위하여 인체에 해로운 작업을 하는 작업장으로서 고용노동부령으로 정하는 작업장에 대하여 고용노동부령으로 정하는 자격을 가진 자로 하여금 작업환경측정을 하도록 하여야 한다.
㉡ ㉠에도 불구하고 도급인의 사업장에서 관계수급인 또는 관계수급인의 근로자가 작업을 하는 경우에는 도급인이 ㉠에 따른 자격을 가진 자로 하여금 작업환경측정을 하도록 하여야 한다.
㉢ 사업주(㉡에 따른 도급인을 포함한다)는 ㉠에 따른 작업환경측정을 제126조에 따라 지정받은 기관(이하 "작업환경측정기관"이라 한다)에 위탁할 수 있다. 이 경우 필요한 때에는 작업환경측정 중 시료의 분석만을 위탁할 수 있다.
㉣ 사업주는 근로자대표(관계수급인의 근로자대표를 포함한다)가 요구하면 작업환경측정 시 근로자대표를 참석시켜야 한다.
㉤ 사업주는 작업환경측정 결과를 기록하여 보존하고 고용노동부령으로 정하는 바에 따라 고용노동부장관에게 보고하여야 한다. 다만, ㉢에 따라 사업주로부터 작업환경측정을 위탁받은 작업환경측정기관이 작업환경측정을 한 후 그 결과를 고용노동부령으로 정하는 바에 따라 고용노동부장관에게 제출한 경우에는 작업환경측정 결과를 보고한 것으로 본다.
㉥ 사업주는 작업환경측정 결과를 해당 작업장의 근로자(관계수급인 및 관계수급인 근로자를 포함한다)에게 알려야 하며, 그 결과에 따라 근로자의 건강을 보호하기 위하여 해당 시설·설비의 설치·개선 또는 건강진단의 실시 등의 조치를 하여야 한다.
㉦ 사업주는 산업안전보건위원회 또는 근로자대표가 요구하면 작업환경측정 결과에 대한 설명회 등을 개최하여야 한다. 이 경우 ㉢에 따라 작업환경측정을 위탁하여 실시한 경우에는 작업환경측정기관에 작업환경측정 결과에 대하여 설명하도록 할 수 있다.
㉧ ㉠ 및 ㉡에 따른 작업환경측정의 방법·횟수, 그 밖에 필요한 사항은 고용노동부령으로 정한다.

21

산업안전보건법령상 사업주가 근로를 금지시켜야 하는 질병자에 해당하지 않는 것은?

① 정신분열증에 걸린 사람
② 마비성 치매에 걸린 사람
③ 심장·신장·폐 등의 질환이 있는 사람으로서 근로에 의하여 병세가 악화될 우려가 있는 사람
④ 결핵, 급성상기도감염, 진폐, 폐기종의 질병에 걸린 사람
⑤ 전염을 예방하기 위한 조치를 하지 않은 상태에서 전염될 우려가 있는 질병에 걸린 사람

해설

※ 출제 시 정답은 ④였으나, 산업안전보건법 시행규칙 개정(19.12.26)으로 정신분열증이 조현병으로 변경되어 정답 없음 처리하였음

질병자의 근로금지(산업안전보건법 시행규칙 제220조)
㉠ 법 제138조제1항에 따라 사업주는 다음의 어느 하나에 해당하는 사람에 대해서는 근로를 금지해야 한다.
　1. 전염될 우려가 있는 질병에 걸린 사람. 다만, 전염을 예방하기 위한 조치를 한 경우는 제외한다.
　2. 조현병, 마비성 치매에 걸린 사람
　3. 심장·신장·폐 등의 질환이 있는 사람으로서 근로에 의하여 병세가 악화될 우려가 있는 사람
　4. 1.부터 3.까지의 규정에 준하는 질병으로서 고용노동부장관이 정하는 질병에 걸린 사람
㉡ 사업주는 ㉠에 따라 근로를 금지하거나 근로를 다시 시작하도록 하는 경우에는 미리 보건관리자(의사인 보건관리자만 해당한다), 산업보건의 또는 건강진단을 실시한 의사의 의견을 들어야 한다.

질병자 등의 근로 제한(산업안전보건법 시행규칙 제221조)
사업주는 다음의 어느 하나에 해당하는 질병이 있는 근로자를 고기압 업무에 종사하도록 해서는 안 된다.
1. 감압증이나 그 밖에 고기압에 의한 장해 또는 그 후유증
2. 결핵, 급성상기도감염, 진폐, 폐기종, 그 밖의 호흡기계의 질병
3. 빈혈증, 심장판막증, 관상동맥경화증, 고혈압증, 그 밖의 혈액 또는 순환기계의 질병
4. 정신신경증, 알코올중독, 신경통, 그 밖의 정신신경계의 질병
5. 메니에르씨병, 중이염, 그 밖의 이관(耳管)협착을 수반하는 귀 질환
6. 관절염, 류마티스, 그 밖의 운동기계의 질병
7. 천식, 비만증, 바세도우씨병, 그 밖에 알레르기성·내분비계·물질대사 또는 영양장해 등과 관련된 질병

22

산업안전보건법령상 고용노동부장관이 사업주에게 수립·시행을 명할 수 있는 계획에 관한 설명이다. (   ) 안에 들어갈 내용으로 옳은 것은?

> 고용노동부장관은 사업주가 안전보건조치의무를 이행하지 아니하여 중대재해가 발생한 사업장으로서 산업재해 예방을 위하여 종합적인 개선조치를 할 필요가 있다고 인정할 때에는 고용노동부령으로 정하는 바에 따라 사업주에게 그 사업장, 시설, 그 밖의 사항에 관한 (   )의 수립·시행을 명할 수 있다.

① 유해·위험방지계획
② 안전교육계획
③ 보건교육계획
④ 비상조치계획
⑤ 안전보건개선계획

해설

안전보건개선계획의 수립·시행 명령(산업안전보건법 제49조)

㉠ 고용노동부장관은 다음의 어느 하나에 해당하는 사업장으로서 산업재해 예방을 위하여 종합적인 개선조치를 할 필요가 있다고 인정되는 사업장의 사업주에게 고용노동부령으로 정하는 바에 따라 그 사업장, 시설, 그 밖의 사항에 관한 안전 및 보건에 관한 개선계획(이하 "안전보건개선계획"이라 한다)을 수립하여 시행할 것을 명할 수 있다. 이 경우 대통령령으로 정하는 사업장의 사업주에게는 제47조에 따라 안전보건진단을 받아 안전보건개선계획을 수립하여 시행할 것을 명할 수 있다.
  1. 산업재해율이 같은 업종의 규모별 평균 산업재해율보다 높은 사업장
  2. 사업주가 필요한 안전조치 또는 보건조치를 이행하지 아니하여 중대재해가 발생한 사업장
  3. 대통령령으로 정하는 수 이상의 직업성 질병자가 발생한 사업장
  4. 제106조에 따른 유해인자의 노출기준을 초과한 사업장

㉡ 사업주는 안전보건개선계획을 수립할 때에는 산업안전보건위원회의 심의를 거쳐야 한다. 다만, 산업안전보건위원회가 설치되어 있지 아니한 사업장의 경우에는 근로자대표의 의견을 들어야 한다.

안전보건개선계획서의 제출 등(산업안전보건법 제50조)

㉠ 제49조 제1항에 따라 안전보건개선계획의 수립·시행 명령을 받은 사업주는 고용노동부령으로 정하는 바에 따라 안전보건개선계획서를 작성하여 고용노동부장관에게 제출하여야 한다.

㉡ 고용노동부장관은 ㉠에 따라 제출받은 안전보건개선계획서를 고용노동부령으로 정하는 바에 따라 심사하여 그 결과를 사업주에게 서면으로 알려 주어야 한다. 이 경우 고용노동부장관은 근로자의 안전 및 보건의 유지·증진을 위하여 필요하다고 인정하는 경우 해당 안전보건개선계획서의 보완을 명할 수 있다.

㉢ 사업주와 근로자는 ㉡ 전단에 따라 심사를 받은 안전보건개선계획서(같은 항 후단에 따라 보완한 안전보건개선계획서를 포함한다)를 준수하여야 한다.

23

산업안전보건법령상 산업안전지도사 및 산업보건지도사(이하 "지도사"라 함)에 관한 설명으로 옳지 않은 것은?

① 지도사가 그 직무를 시작할 때에는 고용노동부장관에게 신고하여야 한다.
② 지도사는 그 직무상 알게 된 비밀을 누설하거나 도용하여서는 아니 된다.
③ 지도사는 항상 품위를 유지하고 신의와 성실로써 공정하게 직무를 수행하여야 한다.
④ 지도사는 법령에 위반되는 행위에 관한 지도·상담을 하여서는 아니 된다.
⑤ 지도사는 다른 사람에게 자기의 성명이나 사무소의 명칭을 사용하여 지도사의 직무를 수행하게 하거나 그 자격증을 대여하여서는 아니 된다.

해설

지도사의 등록(산업안전보건법 제145조)
㉠ 지도사가 그 직무를 수행하려는 경우에는 고용노동부령으로 정하는 바에 따라 고용노동부장관에게 등록하여야 한다.
㉡ ㉠에 따라 등록한 지도사는 그 직무를 조직적·전문적으로 수행하기 위하여 법인을 설립할 수 있다.
㉢ 다음의 어느 하나에 해당하는 사람은 ㉠에 따른 등록을 할 수 없다.
  1. 피성년후견인 또는 피한정후견인
  2. 파산선고를 받고 복권되지 아니한 사람
  3. 금고 이상의 실형을 선고받고 그 집행이 끝나거나(집행이 끝난 것으로 보는 경우를 포함한다) 집행이 면제된 날부터 2년이 지나지 아니한 사람
  4. 금고 이상의 형의 집행유예를 선고받고 그 유예기간 중에 있는 사람
  5. 이 법을 위반하여 벌금형을 선고받고 1년이 지나지 아니한 사람
  6. 제154조에 따라 등록이 취소(이 항 제1호 또는 제2호에 해당하여 등록이 취소된 경우는 제외한다)된 후 2년이 지나지 아니한 사람
㉣ ㉠에 따라 등록을 한 지도사는 고용노동부령으로 정하는 바에 따라 5년마다 등록을 갱신하여야 한다.
㉤ 고용노동부령으로 정하는 지도실적이 있는 지도사만이 ㉣에 따른 갱신등록을 할 수 있다. 다만, 지도실적이 기준에 못 미치는 지도사는 고용노동부령으로 정하는 보수교육을 받은 경우 갱신등록을 할 수 있다.
㉥ ㉡에 따른 법인에 관하여는 상법 중 합명회사에 관한 규정을 적용한다.

24

산업안전보건법령상 위험성평가 실시내용 및 결과의 기록·보존에 관한 설명으로 옳지 않은 것은?

① 위험성평가 대상의 유해·위험요인이 포함되어야 한다.
② 위험성 결정의 내용이 포함되어야 한다.
③ 위험성 결정에 따른 조치의 내용이 포함되어야 한다.
④ 위험성평가의 실시내용을 확인하기 위하여 필요한 사항으로서 고용노동부장관이 정하여 고시하는 사항이 포함되어야 한다.
⑤ 사업주는 위험성평가 실시내용 및 결과의 기록·보존에 따른 자료를 5년간 보존하여야 한다.

해설

위험성평가 실시내용 및 결과의 기록·보존(산업안전보건법 시행규칙 제37조)
㉠ 사업주가 법 제36조제3항에 따라 위험성평가의 결과와 조치사항을 기록·보존할 때에는 다음의 사항이 포함되어야 한다.
  1. 위험성평가 대상의 유해·위험요인
  2. 위험성 결정의 내용
  3. 위험성 결정에 따른 조치의 내용
  4. 그 밖에 위험성평가의 실시내용을 확인하기 위하여 필요한 사항으로서 고용노동부장관이 정하여 고시하는 사항
㉡ 사업주는 ㉠에 따른 자료를 3년간 보존해야 한다.

25

산업안전보건법령상 산업보건지도사의 직무에 해당하지 않는 것은?

① 작업환경의 평가 및 개선 지도
② 산업보건에 관한 조사·연구
③ 근로자 건강진단에 따른 사후관리 지도
④ 유해·위험의 방지대책에 관한 평가·지도
⑤ 작업환경 개선과 관련된 계획서 및 보고서의 작성

해설

산업안전지도사 등의 직무(산업안전보건법 제142조)
㉠ 산업안전지도사는 다음의 직무를 수행한다.
  1. 공정상의 안전에 관한 평가·지도
  2. 유해·위험의 방지대책에 관한 평가·지도
  3. 1. 및 2.의 사항과 관련된 계획서 및 보고서의 작성
  4. 그 밖에 산업안전에 관한 사항으로서 대통령령으로 정하는 사항
㉡ 산업보건지도사는 다음의 직무를 수행한다.
  1. 작업환경의 평가 및 개선 지도
  2. 작업환경 개선과 관련된 계획서 및 보고서의 작성
  3. 근로자 건강진단에 따른 사후관리 지도
  4. 직업성 질병 진단(의료법 제2조에 따른 의사인 산업보건지도사만 해당한다) 및 예방 지도
  5. 산업보건에 관한 조사·연구
  6. 그 밖에 산업보건에 관한 사항으로서 대통령령으로 정하는 사항
㉢ 산업안전지도사 또는 산업보건지도사(이하 "지도사"라 한다)의 업무 영역별 종류 및 업무 범위, 그 밖에 필요한 사항은 대통령령으로 정한다.

정답 25 ④

산업안전일반

26

신뢰성 척도에 관한 설명으로 옳지 않은 것은?

① 특정 시점에서의 신뢰도는 시스템 혹은 부품이 작동을 시작하여 어느 시점에서 작동하고 있지 않을 확률로 정의된다.
② 고장률(Failure Rate)은 특정 시점까지 고장 나지 않고 작동하던 시스템 혹은 부품이 이 시점으로부터 단위기간 내에 고장을 일으키는 비율을 나타낸 것이다.
③ 평균수명(MTTF)은 수리가 불가능한 시스템 혹은 부품인 경우의 평균수명을 뜻한다.
④ 평균잔여수명(MRL)은 현장에서 사용되고 있는 기존 설비의 교체 여부를 결정하는 데에 의미 있는 정보를 제공하는 척도가 된다.
⑤ 백분위수명은 전체 부품 가운데 100%가 고장 나는 시점을 나타낸다.

해설

신뢰성 척도

신뢰성의 정도를 구체적으로 판별하기 위한 척도로 신뢰성, 고장률, 평균수명 등이 이용된다. 신뢰성은 가동시간에 가동할 수 있는 확률을 말하며 고장률이란 시스템 제품이 기능을 상실하는 확률, 평균수명은 수리가 불가능한 시스템의 수명, 백분위수명은 전체 부품 중 100%가 고장 나는 시점을 말한다.

27

정보입력표시방법으로서 시각적 표시장치로 옳지 않은 것은?

① 연속적으로 변하는 변수의 대략적인 값을 표시하는 것과 같은 자동차 계기판의 연료계
② 화재 등 비상 상황이 발생하였을 때 울리는 경보기
③ 지나가는 차량의 대수 같은 정보를 제공하는 데 사용되는 계수기
④ 진행과 정지 그리고 방향전환 및 주의 등을 색상이 있는 등화로 표시하는 교통신호기
⑤ 항해 중인 선박에게 항운 정보를 제공하는 야간의 등대 불빛

해설

- 시각적 표시장치 : 눈을 통하여 정보를 받아들이는 장치
- 정량적 표시장치 : 속도계, 체중계, 온도계 등
- 정성적 표시장치 : 자동차 연료량 표시장치, 휴대폰 배터리 표시장치 등
- 묘사적 표시장치 : 그래프, 냉장고 내용물 표시, 항공기 이동 표시장치 등
- 상태 표시장치 : 경고등, 3색등, 신호등, 브레이크등 등

28
위험성평가(Risk Assessment)의 순서가 올바르게 나열한 것은?

```
ㄱ. 위험요인의 결정           ㄴ. 유해·위험 요인별 위험성 조사·분석
ㄷ. 기록 및 검토             ㄹ. 위험성 감소조치의 실시
ㅁ. 유해·위험요인 파악
```

① ㄱ → ㄴ → ㄷ → ㄹ → ㅁ
② ㄱ → ㄴ → ㄹ → ㄷ → ㅁ
③ ㄴ → ㅁ → ㄱ → ㄹ → ㄷ
④ ㅁ → ㄴ → ㄱ → ㄹ → ㄷ
⑤ ㅁ → ㄹ → ㄷ → ㄱ → ㄴ

해설

※ 출제 시 정답은 ④였으나, 법령 개정(23.5.22)으로 정답 없음으로 처리하였음

위험성평가의 절차(사업장 위험성평가에 관한 지침 제8조)
사업주는 위험성평가를 다음의 절차에 따라 실시하여야 한다. 다만, 상시근로자 5인 미만 사업장(건설공사의 경우 1억원 미만)의 경우 다음 1.의 절차를 생략할 수 있다.
1. 사전준비
2. 유해·위험요인 파악
3. 위험성 결정
4. 위험성 감소대책 수립 및 실행
5. 위험성평가 실시내용 및 결과에 관한 기록 및 보존

29
고장분포함수가 $F(t)$ (t = Time)일 때, 함수 간의 관계가 잘못 표시된 것은?(단, $f(t)$는 고장밀도함수이고, $R(t)$는 신뢰도함수이며, $h(t)$는 고장률함수이다)

① $f(t) = \dfrac{d}{dt}F(t)$

② $R(t) = 1 - F(t)$

③ $h(t) = \dfrac{f(t)}{1 - F(t)}$

④ $f(t) = \dfrac{h(t)}{1 - R(t)}$

⑤ $h(t) = \dfrac{f(t)}{R(t)}$

해설

고장밀도함수(Failure Density Function)
단위시간당 고장 나는 제품의 비율을 나타내는 함수로 수명밀도함수, 확률밀도함수라고도 한다. 고장밀도함수로부터 특정 기간(t 시점과 $t + \Delta t$ 사이)에 고장 날 확률 Δt로 나누어 구할 수 있다.

30

A시스템은 그림과 같이 3가지의 부품을 직렬로 연결한 체계를 체계중복으로 하여 구성되어 있으며, 그림의 수치들은 각각 부품들의 신뢰도를 표기한 것이다. A시스템의 신뢰도는?(단, 소수점 넷째 자리에서 반올림하여 소수점 셋째 자리까지 구하시오)

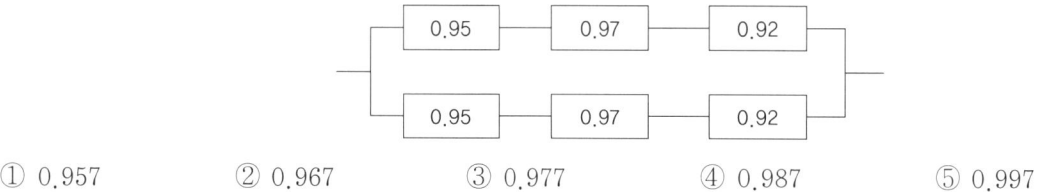

① 0.957 ② 0.967 ③ 0.977 ④ 0.987 ⑤ 0.997

해설

AND함수는 곱셈으로, OR함수는 역수의 곱셈으로 계산한다.
1열, 2열 각각은 직렬이므로,
$0.95 \times 0.97 \times 0.92 = 0.848$
1열과 2열은 병렬이므로,
$1 - (1 - 0.848) \times (1 - 0.848) = 0.977$

31

인간공학에 관한 설명으로 옳지 않은 것은?

① 인간공학은 인간이 사용할 수 있도록 설계하는 과정을 말하는 것으로 인간의 복지를 향상시키는 데 목적이 있다.
② 인간공학의 핵심 포인트는 인간이 사용하는 물건 또는 환경을 설계할 시 건강, 안정, 만족 등과 같은 특정한 인간본위의 가치기준보다는 실용적 기능을 높이는 데 있다.
③ 인간공학은 인간이 사용하는 물건 또는 환경을 설계할 시 인간의 행동에 관한 적절한 정보를 체계적으로 적용하는 것이다.
④ 인간공학은 기계와 그 기계조작 및 환경조건을 인간의 특성, 능력과 한계에 잘 조화되도록 설계하기 위한 공학이다.
⑤ 인간공학은 안전성의 향상과 사고예방, 생산성의 향상, 쾌적성 등을 추구한다.

해설

인간공학
- 정의 : 인간공학은 도구, 기계 등을 인간의 특성에 맞게 적용할 수 있도록 하는 방안을 연구하는 학문으로 생산성과 안전성의 문제를 넘어서 인간 본위의 만족감, 행복감, 존엄성 등을 추구한다.
- 공학분야 : 인간공학적 작업개선, 작업분석, 공정분석, 동작분석, 작업측정 등을 통해 인간공학의 분야를 넓혀 가고 있다.
- 인간공학의 응용 : 설비, 기기 등에 인간공학적 요소를 합쳐서 훈련비용을 절감하거나 인간의 자세연구에 대한 자료를 활용하여 근골격계 질환을 예방할 수 있다.

32

시스템의 특성에 관한 설명으로 옳지 않은 것은?

① 시스템은 환경에 적응하거나 극복하면서 유지시켜야 한다.
② 각각의 하위시스템들은 상호 간의 연관관계에 의해 시스템의 목표가 달성될 수 있도록 하여야 한다.
③ 시스템은 하나 이상의 하위시스템으로 구성된다.
④ 시스템은 단순히 구성요소들의 합이 아니며, 시스템 그 자체는 별개의 존재로서 하나의 단일체이다.
⑤ 시스템은 복잡한 환경 속에서 목표를 달성하기 위하여, 각각의 하위시스템이 독립적인 목표를 가지고 작동되도록 하여야 한다.

해설

시스템
- 정의 : 시스템이란 인간, 기계, 설비 등이 정해진 조건하에서 주어진 작업을 수행하기 위해 작용하는 집합이며 각 부분이 상호 관련해서 하나의 단위처럼 작동하여 특정한 목표를 달성하는 것이다.
- 시스템의 특성
  - 목적을 명확히 수립하고 수립된 목적을 달성하도록 해야 한다.
  - 여러 가지 변수에 의해 적절한 처리가 이루어지도록 설정하여야 한다.
  - 정해진 형식이나 규칙에 위반되지 않도록 하는 요소를 갖추어야 한다.
  - 부분이 아닌 전체의 시스템을 고려하여 추진해야 한다.

33

휴먼에러(Human Error)의 심리적 분류에 포함되지 않는 것은?

① 정보처리오류(Information Processing Error)
② 시간오류(Time Error)
③ 작위오류(Commission Error)
④ 순서오류(Sequential Error)
⑤ 누락오류(Omission Error)

해설

휴먼에러
- 정의 : 인간이 일상생활이나 산업현장 등에서 정신적·신체적 한계로 인해 범하는 에러를 말한다. 휴먼에러는 작은 불편을 초래하기도 하지만, 인명피해와 재산 손실을 가져오는 대형사고를 유발할 수도 있다.
- 에러의 분류
  - 심리적(행위적) 분류 : 누락오류, 작위오류, 시간오류, 순서오류, 수행오류
  - 원인적 분류 : 작업자에러, 작업조건에러, 정보처리오류

34

산업안전보건기준에 관한 규칙상 근골격계부담작업과 근골격계질환에 관한 설명으로 옳지 않은 것은?

① "근골격계부담작업"이란 단순반복작업 또는 인체에 과도한 부담을 주는 작업에 의한 건강장해에 따른 작업으로서 작업량·작업속도·작업강도 및 작업장 구조 등에 따라 고용노동부장관이 정하여 고시하는 작업을 말한다.
② "근골격계질환"이란 반복적인 동작, 부적절한 작업자세, 무리한 힘의 사용, 날카로운 면과의 신체접촉, 진동 및 온도 등의 요인에 의하여 발생하는 건강장해로서 목, 어깨, 허리, 팔·다리의 신경·근육 및 그 주변 신체조직 등에 나타나는 질환을 말한다.
③ "근골격계질환 예방관리 프로그램"이란 유해요인 조사, 작업환경 개선, 의학적 관리, 교육·훈련, 평가에 관한 사항 등이 포함된 근골격계질환을 예방관리하기 위한 종합적인 계획을 말한다.
④ 사업주는 유해요인 조사 결과 근골격계질환이 발생할 우려가 있는 경우에 인간공학적으로 설계된 인력작업 보조설비 및 편의설비를 설치하는 등 작업환경개선에 필요한 조치를 하여야 한다.
⑤ 근로자는 근골격계부담작업으로 인하여 운동범위의 축소, 쥐는 힘의 저하, 기능의 손실 등의 징후가 나타나는 경우 즉시 관할 지방노동청에 신고하여야 한다.

해설

통지 및 사후조치(산업안전보건기준에 관한 규칙 제660조)
㉠ 근로자는 근골격계부담작업으로 인하여 운동범위의 축소, 쥐는 힘의 저하, 기능의 손실 등의 징후가 나타나는 경우 그 사실을 사업주에게 통지할 수 있다.
㉡ 사업주는 근골격계부담작업으로 인하여 ㉠에 따른 징후가 나타난 근로자에 대하여 의학적 조치를 하고 필요한 경우에는 제659조에 따른 작업환경 개선 등 적절한 조치를 하여야 한다.

35

토의식 교육 시 유의사항이 아닌 것은?

① 교육생이 토의될 주제를 충분히 파악해야 한다.
② 진행자는 토의될 구체적인 문제나 이유에 대하여 말로 설명하지 않고 서면으로 하여야 한다.
③ 진행자는 교육생들이 토의결과에 대하여 명료화 내지 요약을 하도록 요구해야 한다.
④ 진행자는 진행에 충실하고 강의나 설명을 가급적 하지 않는다.
⑤ 진행자는 주제를 이해하지 못하는 교육생을 배려하여야 한다.

해설

교육방법의 유형
- 강의식 교수법 : 교수자가 학습자에게 정보를 제공하는 교수자 중심의 교육방법으로 오래전부터 내려오는 교육방법이다.
- 토의식 수업 : 토의식 수업은 학습자들과 서로 정보와 의견을 교환하고 결론을 도출해내는 학습방법이다. 토의는 서로의 의견을 존중해야 하며 비판적인 판단은 하지 않아야 한다. 진행자는 미리 토의 주제와 방식을 정하고 토의될 구체적인 문제나 이유에 대하여 서면으로 설명하고 말로 확인하여야 한다. 또한 토의가 끝난 후 결과에 대한 활용방안에 대해서도 방안을 마련해야 한다.
- 조별학습 : 조별학습은 학습자들이 서로 소집단을 이루어 정해진 주제에 대해 자료를 공유하며 결론을 도출해내는 학습방법이다.

36

다음은 안전보건관리 이론 중 재해발생 메커니즘(모델, 구조)을 도식화한 것이다. ( )의 내용이 올바르게 연결된 것은?

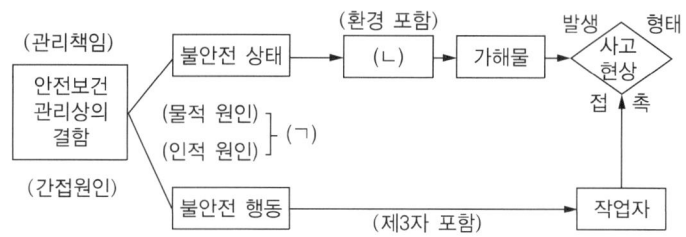

① ㄱ : 간접요인, ㄴ : 추락물
② ㄱ : 직접원인, ㄴ : 낙하물
③ ㄱ : 간접요인, ㄴ : 기인물
④ ㄱ : 직접원인, ㄴ : 기인물
⑤ ㄱ : 간접요인, ㄴ : 낙하물

해설

재해발생 메커니즘
- 안전보건관리상의 결함(간접적 원인)
- 불안전한 상태, 불안전한 행동(직접적 원인)
- 사고발생(기인물 – 가해물)
- 재 해

37

OJT(On the Job Training)에 비하여 Off JT(Off the Job Training)의 장점으로 옳은 것은?

① 많은 근로자들을 집중적으로 단시간에 훈련하기에 적합하다.
② 직장 및 직무의 실정에 맞는 실제적 훈련에 적합하다.
③ 훈련에 필요한 업무의 계속성이 끊어지지 않는다.
④ 개개인에게 적절한 지도 훈련이 가능하다.
⑤ 실무지식의 함양에 대한 직원들의 만족도가 상대적으로 높다.

해설

OJT(On the Job Training)
직무에 종사하면서 지도교육을 받는 것을 말한다. 지도자와 피교육자 사이에 친밀감을 조성하며 기업의 필요에 맞는 지도교육을 할 수 있다는 장점이 있다. 그러나 지도자의 자질이 높아야 하며 교육 내용의 체계화가 어렵다는 단점이 있다. 반면 Off JT는 직무수행을 중단하고 다른 장소에서 실시되는 직장 외 교육으로 작업장과 장소가 다르기 때문에 바로 사용하기 어렵다는 단점이 있다. 또한 업무의 계속성이 떨어지고 집단훈련이기 때문에 개인에 대한 세세한 교육이 어렵다.

38
산업안전보건법령상 안전보건관리책임자 등에 대한 교육내용 중 안전보건관리책임자의 '보수과정'에 해당하는 것은?

① 안전관리계획 및 안전보건개선계획의 수립·평가·실무에 관한 사항
② 사업장 안전개선기법에 관한 사항
③ 자율안전·보건관리에 관한 사항
④ 분야별 재해 및 개선사례연구실무에 관한 사항
⑤ 산업안전보건관리비 사용기준 및 사용방법에 관한 사항

해설

안전보건관리책임자에 대한 교육(산업안전보건법 시행규칙 별표 5)

교육대상		안전보건관리책임자
교육내용	신규과정	• 관리책임자의 책임과 직무에 관한 사항 • 산업안전보건법령 및 안전·보건조치에 관한 사항
	보수과정	• 산업안전·보건정책에 관한 사항 • 자율안전·보건관리에 관한 사항

39
안전·보건교육 중 기능교육의 특징이 아닌 것은?

① 작업능력 및 기술능력 부여
② 광범위한 지식의 전달
③ 교육기간의 장기화
④ 작업동작의 표준화
⑤ 대규모 인원에 대한 교육 곤란

해설

안전보건교육의 3단계
- 지식교육 : 안전에 관한 기초지식 교육, 과업을 위한 지식의 전달을 목표로 한다.
- 기능교육 : 전문적 기술을 습득하고 안전에 대해 경험하며 적응하는 단계이다. 기능교육은 지식교육과 달리 기술습득을 목적으로 실시하는 교육으로 광범위한 지식을 전달하기는 어렵다.
- 태도교육 : 안전 습관 형성에 중점을 두고 안전의식의 향상 및 책임감을 주입하는 단계이다.

40
결함수분석(FTA)에 관한 설명으로 옳지 않은 것은?

① 기계, 설비 또는 인간-기계 시스템의 고장이나 재해의 발생요인을 FT도표에 의하여 분석하는 방법이다.
② 해석하고자 하는 재해의 발생확률을 계산한다.
③ 재해발생 이전에 예측기법으로 활용함으로써 예방적 가치가 높은 기법이다.
④ 재해현상과 재해원인의 상호 관련을 정량적으로 해석하여 안전대책을 검토할 수 있다.
⑤ 각 요소의 고장유형과 그 고장이 미치는 영향을 분석하는 연역적이면서 정성적인 방법을 사용한다.

해설

결함수분석(FTA ; Fault Tree Analysis)
- 정의 : 결함수분석법은 정량적인 방법으로 입력된 모든 기본사상들의 이용불능도 계산에 필요한 고장률, 작동시간 등의 관련 정보를 입력하는 것과 정상사상, 이용불능도의 계산 및 결과해석을 수행한다.
- 적용시기 : 공정개발단계, 설계 및 건설단계, 시운전단계, 공정 및 운전절차의 변경 시, 예상되는 사고나 사고원인 조사 시
- 분석절차
  - 결함수분석은 분석대상 공정이 이용불능상태가 되는 모든 경우를 논리적 도형으로 표현한다.
  - 공정의 기능상실을 정상사상으로 정의하고 그러한 정상사상이 발생할 수 있는 원인과 경로를 연역적으로 분석한다.
  - 공정 또는 기기의 기능실패 상태를 확인하고 계통의 환경 및 운전조건 등을 고려하여 기능상실을 초래하는 모든 사상과 그 발생원인을 도식적 논리로 분석한다.

41
하인리히(Heinrich)의 재해발생 5단계에 관한 설명으로 옳지 않은 것은?

① 제1단계 : 사회적 환경과 유전적 요소(Social Environment and Inherit)
② 제2단계 : 개인적 결함(Personal Faults)
③ 제3단계 : 조직의 결함(Organization Faults)
④ 제4단계 : 사고(Accident)
⑤ 제5단계 : 재해(Disaster)

해설

하인리히의 재해발생 5단계
- 1단계 : 사회적 환경과 유전적 요소 → 간접적인 원인
- 2단계 : 개인적 결함 → 간접적인 원인
- 3단계 : 불안전한 상태 및 불안전한 행동 → 직접적인 원인
- 4단계 : 사고 발생
- 5단계 : 재해

정답 40 ⑤ 41 ③

42

다음이 설명하는 기법은?

> 기계설비 또는 장치의 일부가 고장 났을 때 기능의 저하가 되더라도 전체로서는 기능을 정지시키지 않는 기법

① Fail Safe
② Back Up
③ Fail Soft
④ Fool Proof
⑤ Fail Passive

해설

③ Fail Safe : 고장이 발생된 시스템이나 기기가 더 큰 사고로 이어지지 않도록 하는 통제 방식이다.
① Fail Soft : 기계나 장치의 일부가 기능이 저하되어도 주기능을 유지시켜 전체적으로는 작동이 멈추지 않도록 하여 재해를 예방하는 안전설계기법이다.
② Back Up : 주된 기능이 고장을 일으켰을 때 하고 있던 작업을 완결시키기 위해 주변에서 대기하다가 그 기능을 대행하는 기법이다.
④ Fool Proof : 취급을 잘못하더라도 안전하도록 하는 설계방식이다.

43

재해조사 시의 유의사항으로 옳지 않은 것은?

① 피해자에 대한 구급 조치를 최우선으로 한다.
② 사람과 기계설비 양면의 재해요인을 모두 도출한다.
③ 2차 재해의 예방을 위하여 보호구를 착용한다.
④ 주관적인 입장에서 공정하게 조사하며, 조사는 3인 이상이 한다.
⑤ 조사는 신속하게 행하고 긴급 조치 후, 2차 재해방지에 주력한다.

해설

재해조사 시 유의사항
- 피해자에 대한 구급 조치를 최우선으로 한다.
- 사람과 기계 양면의 재해요인을 모두 도출한다.
- 조사는 신속하게 행하고 긴급 조치하여, 2차 재해방지에 주력한다.
- 2차 재해의 예방을 위해 보호구를 착용한다.
- 조사는 객관적 입장에서 조사하고 2명 이상이 한 조가 되어 실시한다.
- 목격자 등의 증언하는 사실 이외는 참고만 한다.
- 책임 추궁보다 재발방지를 우선으로 한다.
- 직접 처리하기 어려운 재해는 전문가에게 조사를 의뢰한다.

44

600명이 근무하는 A기업에서 2015년에 9건의 재해발생으로 휴업일수는 150일을 기록하였다. A기업의 재해통계로 옳은 것은?(단, A기업의 작업시간 8hr/일, 잔업시간 2hr/일, 월 25일 근무이며, 소수점 셋째 자리에서 반올림하여 소수점 둘째 자리까지 구하시오)

① 도수율 : 5,   강도율 : 0.07
② 도수율 : 5,   강도율 : 0.78
③ 도수율 : 10, 강도율 : 0.78
④ 도수율 : 15, 강도율 : 0.08
⑤ 도수율 : 15, 강도율 : 9

해설

- 도수율 = $\dfrac{\text{재해건수}}{\text{연근로시간수}} \times 1{,}000{,}000$

- 강도율 = $\dfrac{\text{총요양근로손실일수}}{\text{연근로시간수}} \times 1{,}000$

연근로시간수 = 600명 × (8 + 2)시간 × 25일 × 12 = 1,800,000

총요양근로손실일수 = $\dfrac{150 \times (25 \times 12)}{365}$ = 123.29

도수율 = $\dfrac{9}{1{,}800{,}000} \times 1{,}000{,}000 = 5$

강도율 = $\dfrac{123.29}{1{,}800{,}000} \times 1{,}000 = 0.07$

※ 산업재해통계업무처리규정의 개정에 따라 강도율의 근로손실일수가 '총요양근로손실일수'로 변경되었음을 알려드립니다.

45

하인리히(Heinrich)의 재해손실비(Accident Cost)에 관한 설명으로 옳지 않은 것은?

① 직접비와 간접비의 비율은 1 : 4이다.
② 직접비는 법령으로 정한 피해자에게 지급되는 산재보상비이다.
③ 간접비는 재산손실 및 생산중단으로 기업이 입은 손실이다.
④ 간접비의 정확한 산출이 어려울 때는 직접비의 2배를 간접비로 산정한다.
⑤ 총재해손실비는 직접비와 간접비를 더한 값으로 계산한다.

해설

하인리히의 재해손실비

- 총재해비용 = 직접비 + 간접비(직접비 : 간접비 = 1 : 4)
- 직접비는 법령에 의한 피해자 지급용을 말한다. 직접비는 치료비, 휴업급여, 유족보상비, 장례비, 장애보상비 등이 포함된다.
- 간접비는 재산손실, 생산중단 등으로 입은 손실을 말한다. 간접비는 기계·기구손실비, 시간손실비 등이 포함된다.

정답 44 ① 45 ④

46

안전점검표(Checklist) 작성 시 유의사항이 아닌 것은?

① 사업장에 적합한 독자적인 내용일 것
② 중점도가 낮은 것부터 순서대로 작성할 것
③ 재해방지에 실효성 있게 개조된 내용일 것
④ 일정 양식을 정하여 점검대상을 정할 것
⑤ 점검표의 내용은 이해하기 쉽도록 표현하고 구체적일 것

해설

안전점검표 작성 시 유의사항
- 사업장에 맞는 독자적인 내용으로 작성한다.
- 중점도가 높은 것부터 낮은 것으로 순서대로 작성한다.
- 재해예방이 실용적으로 작용될 수 있는 내용을 작성한다.
- 점검표의 내용은 누구나 할 수 있는 정도의 쉬운 내용으로 한다.
- 항목은 구체적으로 표현한다.
- 일정 양식을 정하여 점검대상을 정한다.

47

산업안전보건법령상 안전보건개선계획서의 포함내용이 아닌 것은?

① 시설
② 안전·보건관리체제
③ 문제해결 방향에서의 계획
④ 산업재해 예방 및 작업환경 개선을 위하여 필요한 사항
⑤ 안전·보건교육

해설

안전보건개선계획의 제출 등(산업안전보건법 시행규칙 제61조)
㉠ 법 제50조제1항에 따라 안전보건개선계획서를 제출해야 하는 사업주는 법 제49조제1항에 따른 안전보건개선계획서 수립·시행 명령을 받은 날부터 60일 이내에 관할 지방고용노동관서의 장에게 해당 계획서를 제출(전자문서로 제출하는 것을 포함한다)해야 한다.
㉡ ㉠에 따른 안전보건개선계획서에는 시설, 안전보건관리체제, 안전보건교육, 산업재해 예방 및 작업환경의 개선을 위하여 필요한 사항이 포함되어야 한다.

48
재해사례 연구의 진행단계별 설명으로 옳지 않은 것은?

① 전제조건 : 재해상황을 파악한다.
② 사실의 확인 : 재해와 관계가 있는 사실 및 재해요인으로 알려진 사실을 주관적으로 확인한다.
③ 문제점의 발견 : 각종 기준과의 차이에서 문제점을 발견한다.
④ 근본적 문제점의 결정 : 재해의 중심이 된 근본적인 문제점을 결정한 후 재해원인을 결정한다.
⑤ 대책의 수립 : 동종 재해와 유사 재해의 방지 및 실시계획을 수립한다.

해설

재해사례 연구 진행단계
- 전제조건 : 재해상황을 파악한다.
- 1단계 사실의 확인 : 재해사실 및 재해요인 사실을 객관적으로 확인한다.
- 2단계 문제점 발견 : 기준과의 차이에서 문제점을 발견한다.
- 3단계 근본 문제점 결정 : 재해의 근본적인 문제점을 결정하고 원인을 결정한다.
- 4단계 대책수립 : 동종 재해의 방지 및 실시계획을 수립한다.

49
산업재해 발생 시 처리순서를 올바르게 나열한 것은?

ㄱ. 긴급처리	ㄴ. 원인분석
ㄷ. 대책실시계획	ㄹ. 재해조사
ㅁ. 대책수립	ㅂ. 평가

① ㄱ → ㄹ → ㄴ → ㅁ → ㄷ → ㅂ
② ㄱ → ㄹ → ㅁ → ㄷ → ㄴ → ㅂ
③ ㄹ → ㄱ → ㄴ → ㄷ → ㅁ → ㅂ
④ ㄹ → ㄱ → ㄷ → ㄴ → ㅁ → ㅂ
⑤ ㄹ → ㄴ → ㄱ → ㅁ → ㄷ → ㅂ

해설

재해 처리순서
1. 긴급처리 : 재해 발생 시 재해자를 위해 응급조치를 먼저 취해야 한다.
2. 재해조사 : 목격자 진술 확보, 재해장소 조사 등 재해 발생 관련 자료를 수집하고 조사보고서를 작성한다.
3. 원인분석 : 재해조사 자료를 통해 원인을 분석한다.
4. 대책수립 : 원인분석 후 대책을 수립한다.
5. 대책실시계획 : 수립된 대책방안을 적용하기 위한 계획을 작성한다.
6. 평가 : 실시된 대책에 대한 적정성을 평가하고 피드백(Feed Back)한다.

50

사고예방대책 기본원리 5단계 중 2단계인 '사실의 발견'에 해당하지 않는 것은?

① 근로자의 의견수렴 및 여론조사
② 작업분석
③ 점검 및 검사
④ 과거의 사고에 관한 조사
⑤ 기술적 개선

해설

사고예방 기본원리 5단계
- 1단계(안전관리조직) : 관리 업무 전담 조직을 구성한다.
- 2단계(사실의 발견) : 사고 기록을 검토하고 분석하여 불안전 요소를 찾아낸다. 불안전 요소는 점검 및 검사, 과거사고 조사, 작업분석, 근로자 의견수렴 등을 통해 발견한다.
- 3단계(평가 및 분석) : 발견된 사실을 분석하고 평가한다.
- 4단계(대책 선정) : 분석을 통해 발견된 원인에 대해 대책을 수립하고 선정한다.
- 5단계(대책 적용) : 선정된 대책을 적용한다.

| 기업진단 · 지도

51
인간관계론의 호손실험에 관한 설명으로 옳지 않은 것은?

① 종업원의 작업능률에 영향을 미치는 요인을 연구하였다.
② 조명실험은 실험집단과 통제집단을 나누어 진행하였다.
③ 작업능률향상은 작업장에서 물리적 작업조건 변화가 가장 중요하다는 것을 확인하였다.
④ 면접조사를 통해 종업원의 감정이 작업에 어떻게 작용하는가를 파악하였다.
⑤ 작업능률은 비공식 조직과 밀접한 관련이 있다는 것을 발견하였다.

해설
호손실험은 미국의 호손공장에서 실시된 실험으로 조명실험, 계전기 조립작업실험, 면접실험으로 실시되었다. 조명실험은 실험집단과 통제집단을 나누어 진행했으며 면접조사를 통해 근로자의 감정이 어떻게 작용했는지를 파악하였다. 그 결과 생산성을 좌우하는 것은 감정, 태도 등의 심리조건과 인간관계라는 것을 발견하였다.

52
노사관계에 관한 설명으로 옳은 것은?

① 숍(Shop) 제도는 노동조합의 규모와 통제력을 좌우할 수 있다.
② 체크오프(Check Off) 제도는 노동조합비의 개별 납부제도를 의미한다.
③ 경영참가 방법 중 종업원 지주제도는 의사결정 참가의 한 방법이다.
④ 준법투쟁은 사용자 측 쟁위 행위의 한 방법이다.
⑤ 우리나라 노동조합의 주요 형태는 직종별 노동조합이다.

해설
- 숍 제도 : 노동조합이 사용주와 체결하는 노동협약에 종업원 자격과 조합원 자격의 관계를 규정한 조항을 삽입하여 조합의 유지 발전을 도모하려는 제도이다.
- 체크오프 제도 : 조합이 각 조합원으로부터 징수할 조합비를 사용자가 대신 징수하고 조합에 일괄하여 인도하는 제도를 말한다.
- 종업원 지주제도 : 기업이 자사 종업원에게 특별한 조건과 방법으로 자사 주식을 소유하게 하는 제도이다.
- 준법투쟁은 노동자 측의 쟁위 행위의 한 방법이다.
- 우리나라의 노동조합의 주요 형태는 산업별 노동조합이다.

정답 51 ③ 52 ①

53

조직문화에 관한 설명으로 옳지 않은 것은?

① 조직사회화란 신입사원이 회사에 대하여 학습하고 조직문화를 이해하기 위한 다양한 활동이다.
② 조직의 핵심가치가 더 강조되고 공유되고 있는 강한 문화(Strong Culture)가 조직에 끼치는 잠재적 역기능을 무시해서는 안 된다.
③ 조직문화는 하루아침에 갑자기 형성된 것이 아니고 한번 생기면 쉽게 없어지지 않는다.
④ 창업자의 행동이 역할모델로 작용하여 구성원들이 그런 행동을 받아들이고 창업자의 신념, 가치를 외부화(Externalization)한다.
⑤ 구성원 모두가 공동으로 소유하고 있는 가치관과 이념, 조직의 기본목적 등 조직체 전반에 관한 믿음과 신념을 공유가치라 한다.

해설
조직문화
조직 구성원들로 하여금 다양한 상황에 대한 행위를 불러일으키는 조직 내의 공유된 정신적인 가치이다. 이러한 가치를 공유가치라 한다. 조직문화는 형성에도 시간이 많이 걸리고 사라지는 데도 시간이 많이 걸린다. 신입사원의 경우 조직사회화를 통해 회사에 대해 학습하고 조직문화에 대해 이해할 수 있도록 다양한 활동을 한다. 하지만 이러한 조직문화가 강할 경우 역기능을 발휘할 수도 있다. 구성원들은 창업자를 역할모델로 삼아 그의 행동을 받아들이고 신념, 가치를 내부화한다.

54

기술과 조직구조에 관한 설명으로 옳은 것을 모두 고른 것은?

> ㄱ. 모든 조직은 한 가지 이상의 기술을 가지고 있다.
> ㄴ. 비일상적 활동에 관여하는 조직은 기계적 구조를, 일상적 활동에 관여하는 조직은 유기적 구조를 선호한다.
> ㄷ. 조직구조의 영향요인으로 기술에 대하여 최초로 관심을 가진 학자는 우드워드(J. Woodward)이다.
> ㄹ. 톰슨(J. Thompson)은 기술유형을 체계적으로 분류한 학자로 중개형 기술, 연속형 기술, 집중형 기술로 유형화했다.
> ㅁ. 여러 가지 기술을 구별하는 공통적인 주제는 일상성의 정도(Degree of Routineness)이다.

① ㄱ, ㄴ
② ㄷ, ㄹ
③ ㄴ, ㄷ, ㄹ
④ ㄷ, ㄹ, ㅁ
⑤ ㄱ, ㄷ, ㄹ, ㅁ

해설
비일상적 활동은 정형화되어 있지 않기 때문에 유기적인 대응이 필요하고 일상적 활동은 패턴이 존재하므로 기계적으로 움직이는 조직구조가 유리하다.

기술 구조조직설계의 3대 학자
- 우드워드 : 소량생산기술, 대량생산기술, 연속공정 생산기술로 분류하였다.
- 톰슨 : 조직은 부서 간의 조정비용을 최소화하는 방향으로 부서화한다. 중개형, 연속형, 집약형 기술로 분류하였다.
- 페로우 : 기술을 다양화 차원과 분석 가능한 차원으로 분류하였다.

55
생산시스템은 투입, 변환, 산출, 통제, 피드백의 5가지 구성요소로 설명할 수 있다. 생산시스템에 관한 설명으로 옳지 않은 것은?

① 변환은 제조공정의 경우 고정비와 관련성이 크다.
② 투입은 생산시스템에서 재화나 서비스를 창출하기 위해 여러 가지 요소를 입력하는 것이다.
③ 변환은 여러 생산자원들을 효용성 있는 제품 또는 서비스로 바꾸는 것이다.
④ 산출에서는 유형의 재화 또는 무형의 서비스가 창출된다.
⑤ 피드백은 산출의 결과가 초기에 설정한 목표와 차이가 있는지를 비교하고 또한 목표를 달성할 수 있도록 배려하는 것이다.

해설
- 생산시스템은 재료, 노동력, 자본, 정보 등을 투입하여 변환과정을 거쳐 서비스나 제품을 산출하는 일련의 활동을 말한다.
- 산출에서는 유형의 재화나 무형의 서비스가 창출된다.
- 피드백은 생산시스템의 과정을 모니터링하고 수집된 정보를 이용하여 다시 생산에 적용하는 활동이다.

56
ERP 시스템의 특징에 관한 설명으로 옳지 않은 것은?

① 수주에서 출하까지의 공급망과 생산, 마케팅, 인사, 재무 등 기업의 모든 기간 업무를 지원하는 통합시스템이다.
② 하나의 시스템으로 하나의 생산·재고거점을 관리하므로 정보의 분석과 피드백 기능의 최적화를 실현한다.
③ EDI(Electronic Data Interchange), CALS(Commerce At Light Speed), 인터넷 등으로 연결시스템을 확립하여 기업 간 자원 활용의 최적화를 추구한다.
④ 대부분의 ERP 시스템은 특정 하드웨어 업체에 의존하지 않는 오픈 클라이언트 서버시스템 형태를 채택하고 있다.
⑤ 단위별 응용프로그램이 서로 통합, 연결되어 중복업무를 배제하고 실시간 정보관리체계를 구축할 수 있다.

해설
② 하나의 시스템으로 여러 가지 생산 재고거점을 관리한다.
ERP(Enterprise Resource Planning)
전사적 자원관리로 기업 내부에서 이루어지는 전반적인 사항, 생산, 재무, 회계, 영업, 구매 등을 통합적으로 관리해주는 시스템으로 각자의 정보를 서로 공유하여 빠른 의사결정이 이루어지도록 하는 시스템이다. 기업의 투명성을 높일 수 있고 타 부서와의 정보공유로 인해 기업의 생산성을 향상시킬 수 있다. 하지만 관리비용이 많이 들고 별도 관리인원이 필요하다는 단점이 있다.

정답 55 ⑤ 56 ②

57

6시그마 품질혁신 활동에 관한 설명으로 옳지 않은 것은?

① 모토로라사의 빌 스미스(Bill Smith)라는 경영간부의 착상으로 시작되었다.
② 6시그마 활동을 도입하는 조직은 규격 공차가 표준편차(시그마)의 6배라는 우수한 품질수준을 추구한다.
③ DPMO란 100만 기회당 부적합이 발생되는 건수를 뜻하는 용어로 시그마 수준과 1 대 1로 대응되는 값으로 변환될 수 있다.
④ 6시그마 수준의 공정이란 치우침이 없을 경우 부적합품률이 10억개에 2개 정도로 추정되는 품질수준이란 뜻이다.
⑤ 6시그마 활동을 효과적으로 실행하기 위해 블랙벨트(BB) 등의 조직원을 육성하여 프로젝트 활동을 수행하게 한다.

해설

6시그마
6시그마는 1981년 모토로라의 엔지니어 빌 스미스에 의해 착안되었다. 6시그마는 정규 분포에서 평균을 중심으로 양품(良品, 질이 좋은 물품)의 수를 6배의 표준편차 이내에서 생산할 수 있는 공정의 능력을 정량화한 것으로 이는 제품 100만 개당(ppm) 2개 이하의 결함을 목표로 하는 것으로 거의 무결점 수준의 품질을 추구한다. 6시그마 활동을 효과적으로 실행하기 위해 블랙벨트(BB) 등의 조직원을 육성하여 프로젝트 활동을 수행하게 한다.

58

JIT(Just In Time) 시스템의 특징에 관한 설명으로 옳은 것은?

① 수요예측을 통해 생산의 평준화를 실현한다.
② 팔리는 만큼만 만드는 Push 생산방식이다.
③ 숙련공을 육성하기 위해 작업자의 전문화를 추구한다.
④ Fool Proof 시스템을 활용하여 오류를 방지한다.
⑤ 설비배치를 U라인으로 구성하여 준비교체 횟수를 최소화한다.

해설

JIT(Just In Time)
- 적기생산방식으로 재고를 쌓아두지 않고 필요할 때 제품을 공급하는 생산방식이다.
- 다품종 소량생산에 적합하고 팔리는 만큼만 만드는 Pull 생산방식이다.
- 건설업의 경우 현장부지가 협소하여 자재보관장소를 구비할 수 없는 경우 현장 도착자재를 당일 설치물량으로 한정하여 반입시키면 현장 내에 자재를 보관할 필요가 없어 정리된 현장운영이 가능하다.

59
카플란(R. Kaplan)과 노턴(D. Norton)이 주창한 BSC(Balance Score Card)에 관한 설명으로 옳은 것은?

① 균형성과표로 생산, 영업, 설계, 관리부문의 균형적 성장을 추구하기 위한 목적으로 활용된다.
② 객관적인 성과 측정이 중요하므로 정성적 지표는 사용하지 않는다.
③ 핵심성과지표(KPI)는 비재무적요소를 배제하여 책임소재의 인과관계가 명확한 평가가 이루어지도록 한다.
④ 기업문화와 비전에 입각하여 BSC를 설정하므로 최고경영자가 교체되어도 지속적으로 유지된다.
⑤ BSC의 실행을 위해서는 관리자들이 조직에서 어느 개인, 어느 부서가 어떤 지표의 달성에 책임을 지는지 확인하여야 한다.

해설
① 균형적인 성장 추구보다는 목표를 달성하기 위해 측정 가능한 형태로 바꾼 지표로서의 의미가 크다.
② 균형성과표는 정성적, 정량적 지표 모두 사용한다.
③ KPI(Key Performance Indicator)는 많은 기업에서 사용하는 조직의 채점표로 승진, 성과급 차등지급 등의 기준이 된다. 재무적 및 비재무적 영역을 모두 포함하여 평가한다.
④ BSC는 균형성과표로 기업의 문화와 비전과는 관계가 없으며 최고경영자의 의지에 따라 BSC의 지속성도 바뀔 수 있다.

균형성과표(Balance Score Card)
조직의 목표를 달성하기 위해 수행해야 할 핵심사항을 측정 가능한 형태로 바꾼 성과지표이다. 성과를 도출하기 위해 재무, 고객, 비즈니스 프로세스, 학습 및 성장 측면인 비재무요소도 고려한다. 정성적, 정량적 지표를 동시에 사용하며 조직원에게 명확히 전달하고 관리함으로써 조직의 목표 수행 여부를 모니터링할 수 있다.

정답 59 ⑤

60

심리평가에서 검사의 신뢰도와 타당도의 상호관계에 관한 설명으로 옳은 것은?

① 타당도가 높으면 신뢰도는 반드시 높다.
② 타당도가 낮으면 신뢰도는 반드시 낮다.
③ 신뢰도가 낮아도 타당도는 높을 수 있다.
④ 신뢰도가 높아야 타당도가 높게 나온다.
⑤ 신뢰도와 타당도는 직접적인 상호관계가 없다.

해설

타당도와 신뢰도의 관계

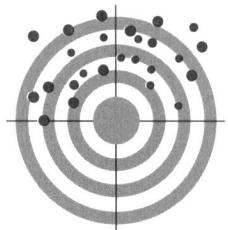 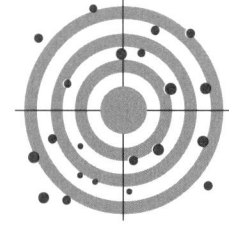 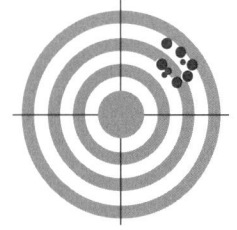 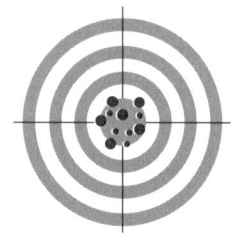

[낮은 신뢰도 & 낮은 타당도] [낮은 신뢰도 & 보통 타당도] [높은 신뢰도 & 낮은 타당도] [높은 신뢰도 & 높은 타당도]

위 그림에서 과녁에 꽂힌 화살은 관찰값을 나타내며, 양궁 과녁의 가장 가운데 원은 선수가 맞추기를 원하는 지점으로 연구자가 가장 측정하고자 하는 구성의 속성이다. 따라서 화살이 과녁 가운데를 맞힐수록 측정도구의 타당도는 높아질 것이다. 반면 그 반대의 경우에는, 타당도가 낮아질 것이다. 네 번째 과녁은 화살들이 과녁 중앙에 집중해 있으므로 타당도가 높은 경우를 나타낸다. 반면에, 세 번째 과녁은 화살들이 과녁 중앙에서 멀리 떨어져 있으므로, 타당도가 낮음을 나타낸다. 한편 신뢰도는 구성이나 개념을 반복적으로 측정하더라도 동일한 결과를 생산하는 정도이기 때문에 화살의 집중도로 이해할 수 있다. 따라서 첫 번째, 두 번째 과녁은 화살들이 모두 과녁에서 흩어져 있으므로 신뢰도가 낮은 반면, 세 번째, 네 번째 과녁들은 화살이 모두 과녁에서 특정 지점에 집중돼 있으므로 신뢰도가 높다고 볼 수 있다(류성진, 2013).

61

종업원은 흔히 투입과 이로부터 얻게되는 성과를 다른 종업원과 비교하게 된다. 그 결과, 과소보상으로 인한 불형평 상태가 지각되었을 때, 아담스의 형평이론에서 예측하는 종업원의 후속 반응에 관한 설명으로 옳지 않은 것은?

① 현재의 상황을 형평 상태로 되돌리기 위하여 자신의 투입을 낮출 것이다.
② 자신의 성과를 높이기 위하여 조직의 원칙에 반하는 비윤리적 행동도 불사할 수 있다.
③ 자신과 타인의 투입-성과 간 불형평 상태에 어떤 요인이 영향을 주었을 거라는 등 해당 상황을 왜곡하여 해석하기도 한다.
④ 애초에 비교 대상이 되었던 타인을 다른 비교 대상으로 교체할 수 있다.
⑤ 개인의 '형평민감성'이 높고 낮음에 관계없이 형평 상태로 되돌리려는 행동에서 차이가 없다.

해설

아담스의 형평이론
- 정의 : 개인의 직무수행에 공정하고 형평성 있는 보상에 대해 기대하며 그 기대의 부합 여부에 따라 동기부여된다는 이론이다.
- 불공정성을 지각하는 경우 개인의 대안은 근무태만, 산출변경, 조직일탈행동, 이직 등의 행동적으로 나타나는 측면과 비교대상을 변경하거나 동료에게 압력을 가하는 등 인지적으로 나타나는 측면이 있다.

62

조직 내 종업원들에게 요구되는 바람직한 특성이나 성공적인 수행을 예측해주는 '인적 특성이나 자질'을 찾아내는 과정은?

① 작업자 지향 절차
② 기능적 직무분석
③ 역량모델링
④ 과업 지향적 절차
⑤ 연관분석

해설

역량모델링
- 역량모델링이란 조직에서 각 집단의 구성원이 가져야 할 인재상을 찾아내는 과정으로 고성과자의 업무 방식을 분석하여 역량을 도출해내는 활동이다.
- 인간의 역량을 분석하여 생산성을 향상시킨다.
- 생산성을 향상시키기 위해서는 직원들의 개인 능력, 지식 등을 발굴하여야 한다.
- 분석된 역량모델링을 활용하여 성과급 지급이나 연봉협상 등 보상 체계 확립, 1:1 맞춤교육 실시, 후배 양성, 개인평가 등을 할 수 있다.

63

영업 1팀의 A팀장은 팀원들의 직무수행을 긍정적으로 평가하는 것으로 유명하다. 영업 1팀의 팀원들은 실제 직무수행 수준보다 언제나 높은 평가를 받는다. 한편 영업 2팀의 B팀장은 대부분 팀원을 보통 수준으로 평가한다. 특히 B팀장 자신이 잘 모르는 영역 평가에서 이러한 현상이 두드러진다. 직무수행 평가 패턴에서 A와 B 팀장이 각각 범하고 있는 오류(또는 편향)를 순서대로(A, B) 옳게 나열한 것은?

ㄱ. 후광오류	ㄴ. 관대화오류
ㄷ. 엄격화오류	ㄹ. 중앙집중오류
ㅁ. 자기본위적 편향	

① ㄱ, ㄷ   ② ㄱ, ㄹ   ③ ㄴ, ㄷ   ④ ㄴ, ㄹ   ⑤ ㄴ, ㅁ

해설

평가의 오류
- 후광오류 : 피평가자의 잘하는 부분을 부각시켜 전체를 평가
- 관대화오류 : 피평가자들 모두를 상위등급으로 평가
- 엄격화오류 : 피평가들 모두를 하위등급으로 평가
- 중앙집중오류 : 평가자들을 중간등급으로 평가
- 자기본위적 편향 : 자산의 부정은 외부적 요인으로 자신의 긍정적 행동은 내부적 요인으로 돌리는 경향

64
다음을 설명하는 용어는?

> 대부분의 중요한 의사결정은 집단적 토의를 거치기 마련이다. 이 과정에서 구성원들은 타인의 영향을 받거나 상황 압력 등에 따라 본인의 원래 태도에 비하여 더욱 모험적이거나 보수적인 방향으로 변화될 가능성이 있다.

① 집단사고
② 집단극화
③ 동 조
④ 사회적 촉진
⑤ 복 종

해설

집단극화
- 정의 : 의사결정 시 개별적으로 의사결정을 할 때보다 집단에서 의사결정 할 때 더 극단적인 의사결정을 하게 되는 경향을 말한다. 즉, 개인일 때보다 집단일 때 더 극단적인 방향으로 의사결정을 한다.
- 극복방안
  - 기존의 의사결정을 반대하는 역할을 정하여 집단이 갖는 편향을 점검한다.
  - 여러 의견에 대해 지지를 인정하고 의견의 다양화를 가능하도록 지정한다.
  - 찬성과 반대로 나누어 의견을 교환하고 두 입장의 장점을 고려하여 최종의사결정을 한다.

65
산업현장에서 운영되고 있는 팀(Team)의 유형에 관한 설명으로 옳지 않은 것은?

① 전술적 팀(Tactical Team) : 수행절차가 명확히 정의된 계획을 수행할 목적으로 하며, 경찰특공대 팀이 대표적이다.
② 문제해결 팀(Problem-solving Team) : 특별한 문제나 이슈를 해결할 목적으로 구성되며, 질병통제센터의 진단 팀이 대표적이다.
③ 창의적 팀(Creative Team) : 포괄적 목표를 가지고 가능성과 대안을 탐색할 목적으로 구성되며, IBM의 PC 설계 팀이 대표적이다.
④ 특수 팀(Ad Hoc Team) : 조직에서 일상적이지 않고 비전형적인 문제를 해결할 목적으로 구성되며, 팀의 임무를 완수한 후 해체된다.
⑤ 다중 팀(Multi-team) : 개인과 조직시스템 사이를 조정(Moderating)하는 메타(Meta)적 성격을 갖고 있다.

해설

다중 팀은 하나의 목표를 이루기 위해 일정한 순서에 의해 운영되는 다양한 팀 간의 상호작용으로 이루어지는 팀이다.

66

인사선발에서 활발하게 사용되는 성격측정 분야의 하나로 5요인(Big 5) 성격모델이 있다. 성격의 5요인에 해당되지 않는 것은?

① 성실성(Conscientiousness)
② 외향성(Extraversion)
③ 신경성(Neuroticism)
④ 직관성(Immediacy)
⑤ 경험에 대한 개방성(Openness to Experience)

해설

Big 5
- 신경성 : 불안, 적대감, 우울, 스트레스 민감성
- 외향성 : 사교성, 자신감, 활기, 긍정적 정서
- 개방성 : 상상, 감성, 행위, 가치
- 우호성 : 신뢰, 정식, 겸손, 부드러움
- 성실성 : 능력, 책임감, 성취 추구

67

소음에 관한 설명으로 옳은 것을 모두 고른 것은?

> ㄱ. 소음의 크기 지각은 소음의 주파수와 관련이 없다.
> ㄴ. 8시간 근무를 기준으로 작업장 평균 소음 크기가 60dB이면 청력손실의 위험이 있다.
> ㄷ. 큰 소음에 반복적으로 노출되면 일시적으로 청지각의 임계값이 변할 수 있다.
> ㄹ. 소음원과 작업자 사이에 차단벽을 설치하는 것은 효과적인 소음 통제방법이다.
> ㅁ. 한 여름에는 전동 공구 작업자에게 귀마개를 착용하지 않도록 한다.

① ㄱ, ㄴ
② ㄴ, ㄷ
③ ㄷ, ㄹ
④ ㄱ, ㄹ, ㅁ
⑤ ㄴ, ㄷ, ㄹ

해설

ㄱ. 소음의 크기는 주파수에 따라 달라진다.
ㄴ. 8시간 근무를 기준으로 작업장 평균 소음 크기가 90dB이면 청력손실의 위험이 있다.
ㅁ. 전동공구 작업자는 한여름에도 귀마개를 착용해야 한다.

68
주의(Attention)에 관한 설명으로 옳은 것은?

① 용량의 제한이 없기 때문에 한 번에 여러 과제를 동시에 수행할 수 있다.
② 많은 사람들 가운데 오직 한 사람의 목소리에만 주의를 기울일 수 있는 것은 선택주의(Selective Attention) 덕분이다.
③ 선택된 자극의 여러 속성을 통합하고 처리하기 위해 분할주의(Divided Attention)가 필요하다.
④ 운전하면서 친구와 대화하기처럼 두 과제 모두를 성공적으로 수행하기 위해서는 초점주의(Focused Attention)가 필요하다.
⑤ 무덤덤한 여러 얼굴 가운데 유일하게 화난 얼굴은 의식하지 않아도 쉽게 눈에 띄는데, 이는 무주의 맹시(Inattentional Blindness) 때문이다.

해설
주의의 특성
- 선택성 : 소수의 특정한 것에 한정하여 선택하는 능력
- 방향성 : 시선으로부터 벗어난 부분은 무시하는 경향
- 변동성 : 실제로 의식하지 못하는 순간 존재

69
공기 중 화학물질 농도(섬유 포함)를 표현하는 단위가 아닌 것은?

① ppm
② $\mu g/m^3$
③ CFU/m^3
④ 개수/cc
⑤ mg/m^3

해설
③ CFU/m^3 : 집락형성단위(Colony Forming Uint)로 공기 중 부유하는 세균수의 단위
① ppm : 공기 $1m^3$ 속에 들어 있는 기체의 수를 나타내는 100만분의 용량비(Part Per Million)

표시단위(화학물질 및 물리적 인자의 노출기준 제11조)
㉠ 가스 및 증기의 노출기준 표시단위는 피피엠(ppm)을 사용한다.
㉡ 분진 및 미스트 등 에어로졸(Aerosol)의 노출기준 표시단위는 세제곱미터당 밀리그램(mg/m^3)을 사용한다. 다만, 석면 및 내화성 세라믹섬유의 노출기준 표시단위는 세제곱센티미터당 개수(개/cm^3)를 사용한다.
㉢ 고온의 노출기준 표시단위는 습구흑구온도지수(이하 "WBGT"라 한다)를 사용하며 다음 각 호의 식에 따라 산출한다.
  1. 태양광선이 내리쬐는 옥외 장소 : WBGT(℃) = 0.7 × 자연습구온도 + 0.2 × 흑구온도 + 0.1 × 건구온도
  2. 태양광선이 내리쬐지 않는 옥내 또는 옥외 장소 : WBGT(℃) = 0.7 × 자연습구온도 + 0.3 × 흑구온도

70

원형 덕트에서 반송속도가 10m/s이고, 이곳을 흐르는 공기량은 20m³/min이다. 이 덕트 직경의 크기(mm)는?

① 약 100
② 약 200
③ 약 300
④ 약 400
⑤ 약 500

해설

- 공기량(Q) = 단면적(A) × 속도(V)

$$= \left(\frac{\pi}{4}\right)D^2 \times V$$

- 덕트직경(D) = $\sqrt{\dfrac{4Q}{\pi V}}$

$$= \sqrt{\dfrac{4 \times 20\text{m}^3/\text{min} \times 1\text{min}/60\text{s}}{\pi \times 10\text{m/s}}}$$

$= 0.206\text{m}$
$= 206\text{m}$

71

다음 중 유해인자별 건강영향을 연결한 것으로 옳은 것은?

① 디젤배출물 – 폐암
② 수은 – 피부암
③ 벤젠 – 비강암
④ 에탄올 – 시각 손상
⑤ 황산 – 뇌암

해설

유해인자별 인체영향

- 납 : 조혈기관 및 소화기, 중추신경계 장애, 빈혈, 신경계 질환, 골수
- 수은 : 치아의 이완, 치은염, 설사, 피부염, 정신장애, 미나마타병
- 망간 : 피부점막염, 중추신경장애
- 에탄올 : 폐렴, 신부전, 간질환, 결막충혈, 식욕상실
- 벤젠 : 빈혈, 백혈구감소증, 혈소판감소증
- 비소 : 발열, 소화기 질환, 피부염, 위궤양, 비중격천공, 두통, 권태감
- 황산 : 폐렴, 기관지염, 천식, 폐질성 질환, 시야 감축, 생리적 장애

72

다음 중 특수건강진단 대상 유해인자가 아닌 것은?

① 염화비닐
② 트라이클로로에틸렌
③ 니켈
④ 수산화나트륨
⑤ 자외선

해설

특수건강진단 대상 유해인자(산업안전보건법 시행규칙 별표 22)
1. 화학적 인자
   - 유기화합물(109종)
   - 금속류(20종)
   - 산 및 알카리류(8종)
   - 가스 상태 물질류(14종)
   - 영 제88조에 따른 허가 대상 유해물질(12종)
   - 금속가공유(Metal Working Fluids) : 미네랄 오일 미스트(광물성 오일, Oil Mist, Mineral)
2. 분진(7종)
   - 곡물 분진(Grain Dusts)
   - 광물성 분진(Mineral Dusts)
   - 면 분진(Cotton Dusts)
   - 목재 분진(Wood Dusts)
   - 용접 퓸(Welding Fume)
   - 유리 섬유(Glass Fiber Dusts)
   - 석면 분진(Asbestos Dusts : 1332-21-4 등)
3. 물리적 인자(8종)
   - 안전보건규칙 제512조제1호부터 제3호까지의 규정의 소음작업, 강렬한 소음작업 및 충격소음작업에서 발생하는 소음
   - 안전보건규칙 제512조제4호의 진동 작업에서 발생하는 진동
   - 안전보건규칙 제573조제1호의 방사선
   - 고기압
   - 저기압
   - 유해광선
     - 자외선
     - 적외선
     - 마이크로파 및 라디오파
4. 야간작업(2종)
   - 6개월간 밤 12시부터 오전 5시까지의 시간을 포함하여 계속되는 8시간 작업을 월 평균 4회 이상 수행하는 경우
   - 6개월간 오후 10시부터 다음날 오전 6시 사이의 시간 중 작업을 월 평균 60시간 이상 수행하는 경우

※ 비고 : "등"이란 해당 화학물질에 이성질체 등 동일 속성을 가지는 2개 이상의 화합물이 존재할 수 있는 경우를 말한다.

73
유해인자 노출평가에서 고려할 사항이 아닌 것은?

① 흡수경로(침입경로)
② 노출시간
③ 노출빈도
④ 작업강도
⑤ 작업숙련도

해설

노출평가
- 유해물질 노출에 의한 체내 흡수 정도나 건강영향 가능성 등을 평가하는 것을 말한다.
- 유해인자 노출평가 시 흡수경로(침입경로), 노출시간, 노출빈도, 작업강도 등을 고려하여 평가한다.

74
유해인자 노출기준에 관한 설명으로 옳은 것은?

① ACGIH TLV는 미국에서 법적 구속력이 있다.
② 대부분의 노출기준은 인체 실험에 의한 결과에서 설정된 것이다.
③ 우리나라 노출기준은 미국 OSHA PEL을 준용하고 있다.
④ 노출기준이 초과하면 질병이 대부분 발생한다.
⑤ 일반적으로 노출기준 설정은 인체면역에 의한 보상 수준을 고려한 것이다.

해설

노출기준 사용상의 유의사항(화학물질 및 물리적인자의 노출기준 제3조)
㉠ 각 유해인자의 노출기준은 해당 유해인자가 단독으로 존재하는 경우의 노출기준을 말하며, 2종 또는 그 이상의 유해인자가 혼재하는 경우에는 각 유해인자의 상가작용으로 유해성이 증가할 수 있으므로 제6조에 따라 산출하는 노출기준을 사용하여야 한다.
㉡ 노출기준은 1일 8시간 작업을 기준으로 하여 제정된 것이므로 이를 이용할 경우에는 근로시간, 작업의 강도, 온열조건, 이상기압 등이 노출기준 적용에 영향을 미칠 수 있으므로 이와 같은 제반요인을 특별히 고려하여야 한다.
㉢ 유해인자에 대한 감수성은 개인에 따라 차이가 있고, 노출기준 이하의 작업환경에서도 직업성 질병에 이환되는 경우가 있으므로 노출기준은 직업병진단에 사용하거나 노출기준 이하의 작업환경이라는 이유만으로 직업성 질병의 이환을 부정하는 근거 또는 반증자료로 사용하여서는 아니 된다.
㉣ 노출기준은 대기오염의 평가 또는 관리상의 지표로 사용하여서는 아니 된다.

적용범위(화학물질 및 물리적인자의 노출기준 제4조)
㉠ 노출기준은 법 제39조에 따른 작업장의 유해인자에 대한 작업환경개선기준과 법 제125조에 따른 작업환경측정결과의 평가기준으로 사용할 수 있다.
㉡ 이 고시에 유해인자의 노출기준이 규정되지 아니하였다는 이유로 법, 영, 규칙 및 안전보건규칙의 적용이 배제되지 아니하며, 이와 같은 유해인자의 노출기준은 미국산업위생전문가협회(ACGIH ; American Conference of Governmental Industrial Hygienists)에서 매년 채택하는 노출기준(TLVs)을 준용한다.

75

우리나라 산업보건 역사에 관한 설명으로 옳은 것은?

① 원진레이온 이황화탄소 중독을 계기로 산업안전보건법이 제정되었다.
② 1988년 문송면 씨 사망으로 수은 중독이 사회적 이슈가 되었다.
③ 2004년 외국인 근로자 다발성 신경 손상에 의한 하지마비(앉은뱅이병) 원인 인자는 벤젠이었다.
④ 2016년 메탄올 중독 사건은 특수건강진단에서 밝혀졌다.
⑤ 1995년 전자부품제조 근로자 생식독성의 원인 인자는 납이었다.

해설

한국 산업보건 역사
- 1953년 근로기준법 제정
- 1981년 산업안전보건법 제정 공포
- 1988년 문송면 씨 수은 중독 사망으로 사회적 이슈
- 1991년 원진레이온 이황화탄소 중독 발생
- 1992년 작업환경 측정기관에 대한 관리규정 제정

2017년 과년도 기출문제

| 산업안전보건법령

01
산업안전보건법령상 용어에 관한 설명으로 옳지 않은 것은?
① "산업재해"란 근로자가 업무에 관계되는 건설물·설비·원재료·가스·증기·분진 등에 의하거나 작업 또는 그 밖의 업무로 인하여 사망 또는 부상하거나 질병에 걸리는 것을 말한다.
② "근로자"란 직업의 종류와 관계없이 임금을 목적으로 사업이나 사업장에 근로를 제공하는 자를 말한다.
③ "사업주"란 근로자를 사용하여 사업을 하는 자를 말한다.
④ "작업환경측정"이란 작업환경 실태를 파악하기 위하여 해당 근로자 또는 작업장에 대하여 사업주가 측정계획을 수립한 후 시료(試料)를 채취하고 분석·평가하는 것을 말한다.
⑤ "중대재해"란 산업재해 중 재해 정도가 심한 것으로서 직업성 질병자가 동시에 5명 이상 발생한 재해를 말한다.

해설

정의(산업안전보건법 제2조)
중대재해란 산업재해 중 사망 등 재해 정도가 심하거나 다수의 재해자가 발생한 경우로서 고용노동부령으로 정하는 재해를 말한다.

중대재해의 범위(산업안전보건법 시행규칙 제3조)
법 제2조제2호에서 "고용노동부령으로 정하는 재해"란 다음 중 어느 하나에 해당하는 재해를 말한다.
1. 사망자가 1명 이상 발생한 재해
2. 3개월 이상의 요양이 필요한 부상자가 동시에 2명 이상 발생한 재해
3. 부상자 또는 직업성 질병자가 동시에 10명 이상 발생한 재해

정답 1 ⑤

02

산업안전보건법령상 산업재해 발생 기록 및 보고 등에 관한 설명으로 옳은 것은?

① 사업주는 중대재해가 발생한 사실을 알게 된 경우에는 지체 없이 발생 개요 및 피해상황 등을 관할 지방고용노동관서의 장에게 전화·팩스 또는 그 밖에 적절한 방법으로 보고하여야 한다.
② 사업주는 4일 이상의 요양을 요하는 부상자가 발생한 산업재해에 대하여는 그 발생 개요·원인 및 신고 시기, 재발방지 계획 등을 고용노동부장관에게 신고하여야 한다.
③ 건설업의 경우 사업주는 산업재해조사표에 근로자대표의 동의를 받아야 하며, 그 기재 내용에 대하여 근로자대표의 이견이 있는 경우에는 그 내용을 첨부하여야 한다.
④ 사업주는 산업재해로 3일 이상의 휴업이 필요한 부상자가 발생한 경우에는 해당 산업재해가 발생한 날부터 3개월 이내에 산업재해조사표를 작성하여 관할 지방고용노동관서의 장에게 제출하여야 한다.
⑤ 사업주는 산업재해 발생기록에 관한 서류를 2년간 보존하여야 한다.

해설

산업재해 발생 보고 등(산업안전보건법 시행규칙 제73조)

㉠ 사업주는 산업재해로 사망자가 발생하거나 3일 이상의 휴업이 필요한 부상을 입거나 질병에 걸린 사람이 발생한 경우에는 법 제57조제3항에 따라 해당 산업재해가 발생한 날부터 1개월 이내에 별지 제30호서식의 산업재해조사표를 작성하여 관할 지방고용노동관서의 장에게 제출(전자문서로 제출하는 것을 포함한다)해야 한다.
㉡ ㉠에도 불구하고 다음 모두에 해당하지 않는 사업주가 법률 제11882호 산업안전보건법 일부개정법률 제10조제2항의 개정규정의 시행일인 2014년 7월 1일 이후 해당 사업장에서 처음 발생한 산업재해에 대하여 지방고용노동관서의 장으로부터 별지 제30호서식의 산업재해조사표를 작성하여 제출하도록 명령을 받은 경우 그 명령을 받은 날부터 15일 이내에 이를 이행한 때에는 ㉠에 따른 보고를 한 것으로 본다. ㉠에 따른 보고기한이 지난 후에 자진하여 별지 제30호서식의 산업재해조사표를 작성·제출한 경우에도 또한 같다.
  1. 안전관리자 또는 보건관리자를 두어야 하는 사업주
  2. 법 제62조제1항에 따라 안전보건총괄책임자를 지정해야 하는 도급인
  3. 법 제73조제2항에 따라 건설재해예방전문지도기관의 지도를 받아야 하는 건설공사도급인(법 제69조제1항의 건설공사도급인을 말한다)
  4. 산업재해 발생사실을 은폐하려고 한 사업주
㉢ 사업주는 ㉠에 따른 산업재해조사표에 근로자대표의 확인을 받아야 하며, 그 기재 내용에 대하여 근로자대표의 이견이 있는 경우에는 그 내용을 첨부해야 한다. 다만, 근로자대표가 없는 경우에는 재해자 본인의 확인을 받아 산업재해조사표를 제출할 수 있다.
㉣ ㉠부터 ㉢까지의 규정에서 정한 사항 외에 산업재해발생 보고에 필요한 사항은 고용노동부장관이 정한다.
㉤ 산업재해보상보험법 제41조에 따라 요양급여의 신청을 받은 근로복지공단은 지방고용노동관서의 장 또는 공단으로부터 요양신청서 사본, 요양업무 관련 전산입력자료, 그 밖에 산업재해예방업무 수행을 위하여 필요한 자료의 송부를 요청받은 경우에는 이에 협조해야 한다.

03

산업안전보건법령상 법령 요지의 게시 및 안전·보건표지의 부착 등에 관한 설명으로 옳지 않은 것은?

① 사업주는 이 법에 따른 명령의 요지를 상시 각 작업장 내에 근로자가 쉽게 볼 수 있는 장소에 게시하거나 갖추어 두어 근로자로 하여금 알게 하여야 한다.
② 근로자대표는 안전·보건진단 결과를 통지할 것을 사업주에게 요청할 수 있고 사업주는 이에 성실히 응하여야 한다.
③ 사업주는 사업장의 유해하거나 위험한 시설 및 장소에 대한 경고를 위하여 안전·보건표지를 설치하거나 부착하여야 한다.
④ 안전·보건표지 속의 그림 또는 부호의 크기는 안전·보건표지의 크기와 비례하여야 하며, 안전·보건표지 전체 규격의 20% 이상이 되어야 한다.
⑤ 안전·보건표지의 성질상 설치하거나 부착하는 것이 곤란한 경우에는 해당 물체에 직접 도장(塗裝)할 수 있다.

해설

안전보건표지의 설치 등(산업안전보건법 시행규칙 제39조)
㉠ 사업주는 법 제37조에 따라 안전보건표지를 설치하거나 부착할 때에는 별표 7의 구분에 따라 근로자가 쉽게 알아볼 수 있는 장소·시설 또는 물체에 설치하거나 부착해야 한다.
㉡ 사업주는 안전보건표지를 설치하거나 부착할 때에는 흔들리거나 쉽게 파손되지 않도록 견고하게 설치하거나 부착해야 한다.
㉢ 안전보건표지의 성질상 설치하거나 부착하는 것이 곤란한 경우에는 해당 물체에 직접 도색할 수 있다.

안전보건표지의 제작(산업안전보건법 시행규칙 제40조)
㉠ 안전보건표지는 그 종류별로 별표 9에 따른 기본모형에 의하여 별표 7의 구분에 따라 제작해야 한다.
㉡ 안전보건표지는 그 표시내용을 근로자가 빠르고 쉽게 알아볼 수 있는 크기로 제작해야 한다.
㉢ 안전보건표지 속의 그림 또는 부호의 크기는 안전보건표지의 크기와 비례해야 하며, 안전보건표지 전체 규격의 30% 이상이 되어야 한다.
㉣ 안전보건표지는 쉽게 파손되거나 변형되지 않는 재료로 제작해야 한다.
㉤ 야간에 필요한 안전보건표지는 야광물질을 사용하는 등 쉽게 알아볼 수 있도록 제작해야 한다.

04

산업안전보건법령상 안전보건관리책임자의 업무 내용에 해당하는 것을 모두 고른 것은?

> ㄱ. 산업재해 예방계획의 수립에 관한 사항
> ㄴ. 근로자의 안전·보건교육에 관한 사항
> ㄷ. 산업재해의 원인 조사 및 재발 방지대책 수립에 관한 사항
> ㄹ. 안전·보건과 관련된 안전장치 및 보호구 구입 시의 적격품 여부 확인에 관한 사항

① ㄱ, ㄴ
② ㄷ, ㄹ
③ ㄱ, ㄴ, ㄷ
④ ㄴ, ㄷ, ㄹ
⑤ ㄱ, ㄴ, ㄷ, ㄹ

해설

안전보건관리책임자(산업안전보건법 제15조)

㉠ 사업주는 사업장을 실질적으로 총괄하여 관리하는 사람에게 해당 사업장의 다음의 업무를 총괄하여 관리하도록 하여야 한다.
 1. 사업장의 산업재해 예방계획의 수립에 관한 사항
 2. 제25조 및 제26조에 따른 안전보건관리규정의 작성 및 변경에 관한 사항
 3. 제29조에 따른 안전보건교육에 관한 사항
 4. 작업환경측정 등 작업환경의 점검 및 개선에 관한 사항
 5. 제129조부터 제132조까지에 따른 근로자의 건강진단 등 건강관리에 관한 사항
 6. 산업재해의 원인 조사 및 재발 방지대책 수립에 관한 사항
 7. 산업재해에 관한 통계의 기록 및 유지에 관한 사항
 8. 안전장치 및 보호구 구입 시 적격품 여부 확인에 관한 사항
 9. 그 밖에 근로자의 유해·위험 방지조치에 관한 사항으로서 고용노동부령으로 정하는 사항
㉡ ㉠의 각 업무를 총괄하여 관리하는 사람(이하 "안전보건관리책임자"라 한다)은 제17조에 따른 안전관리자와 제18조에 따른 보건관리자를 지휘·감독한다.
㉢ 안전보건관리책임자를 두어야 하는 사업의 종류와 사업장의 상시근로자 수, 그 밖에 필요한 사항은 대통령령으로 정한다.

정답 ⑤

05

산업안전보건법령상 안전보건관리규정에 관한 설명으로 옳지 않은 것은?

① 안전보건관리규정은 해당 사업장에 적용되는 단체협약 및 취업규칙에 반할 수 없다.
② 상시근로자 100명을 사용하는 정보서비스업 사업주는 안전보건관리규정을 작성하여야 한다.
③ 안전보건관리규정에 관하여는 이 법에서 규정한 것을 제외하고는 그 성질에 반하지 아니하는 범위에서 근로기준법의 취업규칙에 관한 규정을 준용한다.
④ 안전보건관리규정을 작성할 경우에는 안전·보건교육에 관한 사항이 포함되어야 한다.
⑤ 산업안전보건위원회가 설치되어 있지 아니한 사업장의 경우 사업주는 안전보건관리규정을 작성하거나 변경할 때에는 근로자대표의 동의를 받아야 한다.

해설

안전보건관리규정을 작성해야 할 사업의 종류 및 상시근로자 수(산업안전보건법 시행규칙 별표 2)

사업의 종류	상시근로자 수
1. 농 업 2. 어 업 3. 소프트웨어 개발 및 공급업 4. 컴퓨터 프로그래밍, 시스템 통합 및 관리업 4의2. 영상·오디오물 제공 서비스업 5. 정보서비스업 6. 금융 및 보험업 7. 임대업 : 부동산 제외 8. 전문, 과학 및 기술 서비스업(연구개발업은 제외한다) 9. 사업지원 서비스업 10. 사회복지 서비스업	300명 이상
11. 1.부터 4.까지, 4의2. 및 5.부터 10.까지의 사업을 제외한 사업	100명 이상

정답 5 ②

06

산업안전보건법령상 유해하거나 위험한 작업의 도급에 관한 설명으로 옳지 않은 것은?

① 도금작업의 도급을 받으려는 자는 고용노동부장관의 인가를 받아야 한다.
② 지방고용노동관서의 장은 도급인가 신청서가 접수된 때에는 접수된 날부터 10일 이내에 신청서를 반려하거나 인가증을 신청자에게 발급하여야 한다.
③ 수은, 납, 카드뮴 등 중금속을 제련, 주입, 가공 및 가열하는 작업은 도급인가의 대상이다.
④ 지방고용노동관서의 장은 도급인가 신청의 내용 및 한국산업안전보건공단의 확인 결과가 이 법령의 기준에 적합하지 아니하면 이를 인가하여서는 아니 된다.
⑤ 유해한 작업의 도급에 대한 인가를 받으려는 자는 도급인가 신청서를 제출할 때 도급대상 작업의 공정도와 도급계획서를 첨부하여야 한다.

해설

※ 출제 시 정답은 ①이었으나, 산업안전보건법 시행규칙 개정(19.12.26)으로 정답 없음으로 처리하였음

도급승인 등의 신청(산업안전보건법 시행규칙 제78조)

㉠ 법 제59조에 따른 안전 및 보건에 유해하거나 위험한 작업의 도급에 대한 승인, 연장승인 또는 변경승인을 받으려는 자는 별지 제31호서식의 도급승인 신청서, 별지 제32호서식의 연장신청서 및 별지 제33호서식의 변경신청서에 다음 각 호의 서류를 첨부하여 관할 지방고용노동관서의 장에게 제출해야 한다.
  1. 도급대상 작업의 공정 관련 서류 일체(기계·설비의 종류 및 운전조건, 유해·위험물질의 종류·사용량, 유해·위험요인의 발생 실태 및 종사 근로자 수 등에 관한 사항이 포함되어야 한다)
  2. 도급작업 안전보건관리계획서(안전작업절차, 도급 시 안전·보건관리 및 도급작업에 대한 안전·보건시설 등에 관한 사항이 포함되어야 한다)
  3. 안전 및 보건에 관한 평가 결과(변경승인은 해당되지 않는다)
㉡ ㉠에도 불구하고 산업재해가 발생할 급박한 위험이 있어 긴급하게 도급을 해야 할 경우에는 ㉠의 1. 및 3.의 서류를 제출하지 않을 수 있다.
㉢ 법 제59조에 따른 승인, 연장승인 또는 변경승인의 작업별 도급승인 기준은 다음과 같다.
  1. 공통 : 작업공정의 안전성, 안전보건관리계획 및 안전 및 보건에 관한 평가 결과의 적정성
  2. 영 제51조제1호에 따른 작업 : 안전보건규칙 제5조, 제7조, 제8조, 제10조, 제11조, 제17조, 제19조, 제21조, 제22조, 제33조, 제42조부터 제44조까지, 제72조부터 제79조까지, 제81조, 제83조부터 제85조까지, 제225조, 제232조, 제297조부터 제299조까지, 제301조부터 제305조까지, 제422조, 제429조부터 제435조까지, 제442조부터 제444조까지, 제448조, 제450조, 제451조, 제513조, 제619조, 제620조, 제624조, 제625조, 제630조 및 제631조에서 정한 기준
  3. 영 제51조제2호에 따른 작업 : 고용노동부장관이 정한 기준
㉣ ㉠의 3.에 따른 안전 및 보건에 관한 평가에 관하여는 제74조를 준용하고, 도급승인의 절차, 변경 및 취소 등에 관하여는 제75조제3항, 같은 조 제4항, 제76조 및 제77조의 규정을 준용한다. 이 경우 "법 제58조제2항제2호에 따른 승인, 같은 조 제5항 또는 제6항에 따른 연장승인 또는 변경승인"은 "법 제59조에 따른 승인, 연장승인 또는 변경승인"으로, "제75조제2항의 도급승인 기준"은 "제78조제3항의 도급승인 기준"으로 본다.

유해한 작업의 도급금지(산업안전보건법 제58조)

㉠ 사업주는 근로자의 안전 및 보건에 유해하거나 위험한 작업으로서 다음의 어느 하나에 해당하는 작업을 도급하여 자신의 사업장에서 수급인의 근로자가 그 작업을 하도록 해서는 아니 된다.
  1. 도금작업
  2. 수은, 납 또는 카드뮴을 제련, 주입, 가공 및 가열하는 작업
  3. 제118조제1항에 따른 허가대상물질을 제조하거나 사용하는 작업

ⓒ 사업주는 ⓐ에도 불구하고 다음의 어느 하나에 해당하는 경우에는 ⓐ의 각 호에 따른 작업을 도급하여 자신의 사업장에서 수급인의 근로자가 그 작업을 하도록 할 수 있다.
  1. 일시·간헐적으로 하는 작업을 도급하는 경우
  2. 수급인이 보유한 기술이 전문적이고 사업주(수급인에게 도급을 한 도급인으로서의 사업주를 말한다)의 사업 운영에 필수 불가결한 경우로서 고용노동부장관의 승인을 받은 경우
ⓒ 사업주는 ⓒ의 2.에 따라 고용노동부장관의 승인을 받으려는 경우에는 고용노동부령으로 정하는 바에 따라 고용노동부장관이 실시하는 안전 및 보건에 관한 평가를 받아야 한다.
ⓔ ⓒ의 2.에 따른 승인의 유효기간은 3년의 범위에서 정한다.
ⓜ 고용노동부장관은 ⓔ에 따른 유효기간이 만료되는 경우에 사업주가 유효기간의 연장을 신청하면 승인의 유효기간이 만료되는 날의 다음 날부터 3년의 범위에서 고용노동부령으로 정하는 바에 따라 그 기간의 연장을 승인할 수 있다. 이 경우 사업주는 ⓒ에 따른 안전 및 보건에 관한 평가를 받아야 한다.
ⓗ 사업주는 ⓒ의2. 또는 ⓜ에 따라 승인을 받은 사항 중 고용노동부령으로 정하는 사항을 변경하려는 경우에는 고용노동부령으로 정하는 바에 따라 변경에 대한 승인을 받아야 한다.
ⓢ 고용노동부장관은 ⓒ의2, ⓜ 또는 ⓗ에 따라 승인, 연장승인 또는 변경승인을 받은 자가 ⓞ에 따른 기준에 미달하게 된 경우에는 승인, 연장승인 또는 변경승인을 취소하여야 한다.
ⓞ ⓒ의 2, ⓜ 또는 ⓗ에 따른 승인, 연장승인 또는 변경승인의 기준·절차 및 방법, 그 밖에 필요한 사항은 고용노동부령으로 정한다.

07

산업안전보건법령상 안전관리전문기관의 지정의 취소 등에 관한 규정의 일부이다. ( ) 안에 들어갈 숫자의 연결이 옳은 것은?

> - 고용노동부장관은 안전관리전문기관이 지정 요건을 충족하지 못한 경우에 해당할 때에는 그 지정을 취소하거나 (ㄱ)개월 이내의 기간을 정하여 그 업무의 정지를 명할 수 있다.
> - 지정이 취소된 자는 지정이 취소된 날부터 (ㄴ)년 이내에는 안전관리전문기관으로 지정받을 수 없다.

① ㄱ : 1, ㄴ : 1
② ㄱ : 3, ㄴ : 1
③ ㄱ : 3, ㄴ : 2
④ ㄱ : 6, ㄴ : 1
⑤ ㄱ : 6, ㄴ : 2

해설

안전관리전문기관 등(산업안전보건법 제21조)

㉠ 안전관리전문기관 또는 보건관리전문기관이 되려는 자는 대통령령으로 정하는 인력·시설 및 장비 등의 요건을 갖추어 고용노동부장관의 지정을 받아야 한다.
㉡ 고용노동부장관은 안전관리전문기관 또는 보건관리전문기관에 대하여 평가하고 그 결과를 공개할 수 있다. 이 경우 평가의 기준·방법 및 결과의 공개에 필요한 사항은 고용노동부령으로 정한다.
㉢ 안전관리전문기관 또는 보건관리전문기관의 지정 절차, 업무 수행에 관한 사항, 위탁받은 업무를 수행할 수 있는 지역, 그 밖에 필요한 사항은 고용노동부령으로 정한다.
㉣ 고용노동부장관은 안전관리전문기관 또는 보건관리전문기관이 다음의 어느 하나에 해당할 때에는 그 지정을 취소하거나 6개월 이내의 기간을 정하여 그 업무의 정지를 명할 수 있다. 다만, 1. 또는 2.에 해당할 때에는 그 지정을 취소하여야 한다.
  1. 거짓이나 그 밖의 부정한 방법으로 지정을 받은 경우
  2. 업무정지 기간 중에 업무를 수행한 경우
  3. ㉠에 따른 지정 요건을 충족하지 못한 경우
  4. 지정받은 사항을 위반하여 업무를 수행한 경우
  5. 그 밖에 대통령령으로 정하는 사유에 해당하는 경우
㉤ ㉣에 따라 지정이 취소된 자는 지정이 취소된 날부터 2년 이내에는 각각 해당 안전관리전문기관 또는 보건관리전문기관으로 지정받을 수 없다.

08

산업안전보건법령상 안전·보건 관리체제에 관한 설명으로 옳지 않은 것은?

① 안전보건관리책임자는 안전관리자와 보건관리자를 지휘·감독한다.
② 안전보건관리책임자는 해당 사업에서 그 사업을 실질적으로 총괄 관리하는 사람이어야 한다.
③ 안전관리자는 산업재해에 관한 통계의 유지·관리·분석을 위한 보좌 및 조언·지도 등의 업무를 수행하여야 한다.
④ 고용노동부장관은 안전관리전문기관의 업무정지를 명하여야 하는 경우에 그 업무정지가 공익을 해칠 우려가 있다고 인정하면 업무정지처분을 갈음하여 2억원 이하의 과징금을 부과할 수 있다.
⑤ 상시근로자 수가 500명 이상인 식료품 제조업의 경우 안전관리자를 2명 이상 선임하여야 한다.

해설

업무정지 처분을 대신하여 부과하는 과징금 처분(산업안전보건법 제160조)

㉠ 고용노동부장관은 제21조제4항(제74조제4항, 제88조제5항, 제96조제5항, 제126조제5항 및 제135조제6항에 따라 준용되는 경우를 포함한다)에 따라 업무정지를 명하여야 하는 경우에 그 업무정지가 이용자에게 심한 불편을 주거나 공익을 해칠 우려가 있다고 인정되면 업무정지 처분을 대신하여 10억원 이하의 과징금을 부과할 수 있다.
㉡ 고용노동부장관은 ㉠에 따른 과징금을 징수하기 위하여 필요한 경우에는 다음의 사항을 적은 문서로 관할 세무관서의 장에게 과세 정보 제공을 요청할 수 있다.
 1. 납세자의 인적사항
 2. 사용 목적
 3. 과징금 부과기준이 되는 매출 금액
 4. 과징금 부과사유 및 부과기준
㉢ 고용노동부장관은 ㉠에 따른 과징금 부과처분을 받은 자가 납부기한까지 과징금을 내지 아니하면 국세 체납처분의 예에 따라 이를 징수한다.
㉣ ㉠에 따라 과징금을 부과하는 위반행위의 종류 및 위반 정도 등에 따른 과징금의 금액, 그 밖에 필요한 사항은 대통령령으로 정한다.

09
산업안전보건법령상 도급사업 시 구성하는 안전·보건에 관한 협의체의 협의사항에 포함되지 않는 것은?

① 작업장 간의 연락방법
② 재해발생 위험 시의 대피방법
③ 작업장의 순회점검에 관한 사항
④ 작업장에서의 위험성평가의 실시에 관한 사항
⑤ 수급인 상호 간의 작업공정의 조정

해설

협의체의 구성 및 운영(산업안전보건법 시행규칙 제79조)
㉠ 법 제64조제1항제1호에 따른 안전 및 보건에 관한 협의체는 도급인 및 그의 수급인 전원으로 구성해야 한다.
㉡ 협의체는 다음의 사항을 협의해야 한다.
  1. 작업의 시작 시간
  2. 작업 또는 작업장 간의 연락방법
  3. 재해발생 위험이 있는 경우 대피방법
  4. 작업장에서의 법 제36조에 따른 위험성평가의 실시에 관한 사항
  5. 사업주와 수급인 또는 수급인 상호 간의 연락 방법 및 작업공정의 조정
㉢ 협의체는 매월 1회 이상 정기적으로 회의를 개최하고 그 결과를 기록·보존해야 한다.

10

산업안전보건법령상 안전인증에 관한 설명으로 옳은 것은?

① 연구·개발을 목적으로 안전인증대상 기계·기구 등을 제조하는 경우에도 안전인증을 받아야 한다.
② 고용노동부장관은 안전인증을 받은 자가 안전인증기준을 지키고 있는지를 5년을 주기로 확인하여야 한다.
③ 곤돌라를 설치·이전하는 경우뿐만 아니라 그 주요 구조 부분을 변경하는 경우에도 안전인증을 받아야 한다.
④ 서면심사와 기술능력 및 생산체계 심사 결과가 안전인증기준에 적합할 경우에 유해·위험한 기계·기구·설비 등의 표본을 추출하여 하는 심사를 개별 제품심사라고 한다.
⑤ 예비심사의 경우 안전인증 신청서를 제출받은 안전인증기관은 7일 이내에 심사하여야 하며 부득이한 사유가 있을 때에는 15일의 범위에서 심사기간을 연장할 수 있다.

해설

안전인증대상기계 등(산업안전보건법 시행규칙 제107조)
법 제84조제1항에서 "고용노동부령으로 정하는 안전인증대상기계 등"이란 다음의 기계 및 설비를 말한다.
1. 설치·이전하는 경우 안전인증을 받아야 하는 기계
   가. 크레인
   나. 리프트
   다. 곤돌라
2. 주요 구조 부분을 변경하는 경우 안전인증을 받아야 하는 기계 및 설비
   가. 프레스
   나. 전단기 및 절곡기(折曲機)
   다. 크레인
   라. 리프트
   마. 압력용기
   바. 롤러기
   사. 사출성형기(射出成形機)
   아. 고소(高所)작업대
   자. 곤돌라

정답 10 ③

11
산업안전보건법령상 도급인인 사업주가 작업장의 안전·보건조치 등을 위하여 2일에 1회 이상 순회점검하여야 하는 사업을 모두 고른 것은?

ㄱ. 건설업	ㄴ. 자동차 전문 수리업
ㄷ. 토사석 광업	ㄹ. 금속 및 비금속 원료 재생업
ㅁ. 음악 및 기타 오디오물 출판업	

① ㄱ, ㄴ, ㅁ
② ㄱ, ㄷ, ㄹ
③ ㄴ, ㄷ, ㅁ
④ ㄱ, ㄴ, ㄷ, ㄹ
⑤ ㄱ, ㄷ, ㄹ, ㅁ

해설
도급사업 시의 안전·보건조치 등(산업안전보건법 시행규칙 제80조)
㉠ 도급인은 법 제64조제1항제2호에 따른 작업장 순회점검을 다음의 구분에 따라 실시해야 한다.
1. 다음의 사업 : 2일에 1회 이상
   가. 건설업
   나. 제조업
   다. 토사석 광업
   라. 서적, 잡지 및 기타 인쇄물 출판업
   마. 음악 및 기타 오디오물 출판업
   바. 금속 및 비금속 원료 재생업
2. 1.의 사업을 제외한 사업 : 1주일에 1회 이상
㉡ 관계수급인은 ㉠에 따라 도급인이 실시하는 순회점검을 거부·방해 또는 기피해서는 안 되며 점검 결과 도급인의 시정요구가 있으면 이에 따라야 한다.
㉢ 도급인은 법 제64조제1항제3호에 따라 관계수급인이 실시하는 근로자의 안전·보건교육에 필요한 장소 및 자료의 제공 등을 요청받은 경우 협조해야 한다.

12
산업안전보건기준에 관한 규칙상 나이트로화합물을 제조하는 작업장의 비상구 설치에 관한 설명으로 옳지 않은 것은?

① 출입구 외에 안전한 장소로 대피할 수 있는 비상구 1개 이상을 설치할 것
② 비상구의 문은 피난 방향으로 열리도록 하고, 실내에서 항상 열 수 있는 구조로 할 것
③ 비상구의 너비는 0.75m 이상으로 하고, 높이는 1.5m 이상으로 할 것
④ 비상구는 출입구와 같은 방향에 있으며 출입구로부터 3m 이상 떨어져 있을 것
⑤ 작업장의 각 부분으로부터 하나의 비상구 또는 출입구까지의 수평거리가 50m 이하가 되도록 할 것

해설

비상구의 설치(산업안전보건기준에 관한 규칙 제17조)
㉠ 사업주는 별표 1에 규정된 위험물질을 제조·취급하는 작업장과 그 작업장이 있는 건축물에 제11조에 따른 출입구 외에 안전한 장소로 대피할 수 있는 비상구 1개 이상을 다음의 기준을 모두 충족하는 구조로 설치해야 한다. 다만, 작업장 바닥면의 가로 및 세로가 각 3m 미만인 경우에는 그렇지 않다.
  1. 출입구와 같은 방향에 있지 아니하고, 출입구로부터 3m 이상 떨어져 있을 것
  2. 작업장의 각 부분으로부터 하나의 비상구 또는 출입구까지의 수평거리가 50m 이하가 되도록 할 것
  3. 비상구의 너비는 0.75m 이상으로 하고, 높이는 1.5m 이상으로 할 것
  4. 비상구의 문은 피난 방향으로 열리도록 하고, 실내에서 항상 열 수 있는 구조로 할 것
㉡ 사업주는 ㉠에 따른 비상구에 문을 설치하는 경우 항상 사용할 수 있는 상태로 유지하여야 한다.

13

산업안전보건법령상 자율안전확인대상 기계·기구 등에 해당하지 않는 것은?

① 휴대형 연삭기
② 혼합기
③ 파쇄기
④ 자동차정비용 리프트
⑤ 기압조절실(Chamber)

해설

※ 출제 시 정답은 ①이었으나, 법령 개정(20.1.16)으로 정답 없음으로 처리하였음

자율안전확인대상기계 등(산업안전보건법 시행령 제77조)

㉠ 법 제89조제1항 각 호 외의 부분 본문에서 "대통령령으로 정하는 것"이란 다음의 어느 하나에 해당하는 것을 말한다.
  1. 다음의 어느 하나에 해당하는 기계 또는 설비
     가. 연삭기(研削機) 또는 연마기. 이 경우 휴대형은 제외한다.
     나. 산업용 로봇
     다. 혼합기
     라. 파쇄기 또는 분쇄기
     마. 식품가공용 기계(파쇄·절단·혼합·제면기만 해당한다)
     바. 컨베이어
     사. 자동차정비용 리프트
     아. 공작기계(선반, 드릴기, 평삭·형삭기, 밀링만 해당한다)
     자. 고정형 목재가공용 기계(둥근톱, 대패, 루타기, 띠톱, 모떼기 기계만 해당한다)
     차. 인쇄기
  2. 다음 어느 하나에 해당하는 방호장치
     가. 아세틸렌 용접장치용 또는 가스집합 용접장치용 안전기
     나. 교류 아크용접기용 자동전격방지기
     다. 롤러기 급정지장치
     라. 연삭기 덮개
     마. 목재 가공용 둥근톱 반발 예방장치와 날 접촉 예방장치
     바. 동력식 수동대패용 칼날 접촉 방지장치
     사. 추락·낙하 및 붕괴 등의 위험 방지 및 보호에 필요한 가설기자재(제74조제1항제2호아목의 가설기자재는 제외한다)로서 고용노동부장관이 정하여 고시하는 것
  3. 다음의 어느 하나에 해당하는 보호구
     가. 안전모(제74조제1항제3호가목의 안전모는 제외한다)
     나. 보안경(제74조제1항제3호차목의 보안경은 제외한다)
     다. 보안면(제74조제1항제3호카목의 보안면은 제외한다)
㉡ 자율안전확인대상기계 등의 세부적인 종류, 규격 및 형식은 고용노동부장관이 정하여 고시한다.

14
산업안전보건법령상 안전검사 대상에 해당하는 것을 모두 고른 것은?

> ㄱ. 프레스
> ㄴ. 압력용기
> ㄷ. 산업용 원심기
> ㄹ. 이동식 국소배기장치
> ㅁ. 정격 하중이 1ton인 크레인
> ㅂ. 특수자동차에 탑재한 고소작업대

① ㄱ, ㄹ, ㅂ
② ㄴ, ㅁ, ㅂ
③ ㄱ, ㄴ, ㄷ, ㅂ
④ ㄴ, ㄷ, ㄹ, ㅁ
⑤ ㄱ, ㄴ, ㄷ, ㄹ, ㅁ

해설
안전검사대상기계 등(산업안전보건법 시행령 제78조)(14, 15의 시행일 26.6.26)
법 제93조제1항 전단에서 "대통령령으로 정하는 것"이란 다음의 어느 하나에 해당하는 것을 말한다.
1. 프레스
2. 전단기
3. 크레인(정격 하중이 2ton 미만인 것은 제외한다)
4. 리프트
5. 압력용기
6. 곤돌라
7. 국소배기장치(이동식은 제외한다)
8. 원심기(산업용만 해당한다)
9. 롤러기(밀폐형 구조는 제외한다)
10. 사출성형기[형 체결력(型 締結力) 294kN 미만은 제외한다]
11. 고소작업대(화물자동차 또는 특수자동차에 탑재한 고소작업대로 한정한다)
12. 컨베이어
13. 산업용 로봇
14. 혼합기
15. 파쇄기 또는 분쇄기

15

산업안전보건법령상 유해·위험 방지를 위하여 방호조치가 필요한 기계·기구 등과 이에 설치하여야 할 방호장치를 옳게 연결한 것은?

① 예초기 – 회전체 접촉 예방장치
② 진공포장기 – 압력방출장치
③ 금속절단기 – 구동부 방호 연동장치
④ 원심기 – 날 접촉 예방장치
⑤ 공기압축기 – 압력방출장치

해설

유해·위험 방지를 위한 방호조치가 필요한 기계·기구(산업안전보건법 시행령 별표 20)
1. 예초기
2. 원심기
3. 공기압축기
4. 금속절단기
5. 지게차
6. 포장기계(진공포장기, 래핑기로 한정한다)

방호조치(산업안전보건법 시행규칙 제98조)
㉠ 법 제80조제1항에 따라 영 제70조 및 영 별표 20의 기계·기구에 설치해야 할 방호장치는 다음과 같다.
  1. 영 별표 20 제1호에 따른 예초기 : 날 접촉 예방장치
  2. 영 별표 20 제2호에 따른 원심기 : 회전체 접촉 예방장치
  3. 영 별표 20 제3호에 따른 공기압축기 : 압력방출장치
  4. 영 별표 20 제4호에 따른 금속절단기 : 날 접촉 예방장치
  5. 영 별표 20 제5호에 따른 지게차 : 헤드 가드, 백레스트(Backrest), 전조등, 후미등, 안전벨트
  6. 영 별표 20 제6호에 따른 포장기계 : 구동부 방호 연동장치
㉡ 법 제80조제2항에서 "고용노동부령으로 정하는 방호조치"란 다음의 방호조치를 말한다.
  1. 작동 부분의 돌기부분은 묻힘형으로 하거나 덮개를 부착할 것
  2. 동력전달부분 및 속도조절부분에는 덮개를 부착하거나 방호망을 설치할 것
  3. 회전기계의 물림점(롤러나 톱니바퀴 등 반대방향의 두 회전체에 물려 들어가는 위험점)에는 덮개 또는 울을 설치할 것
㉢ ㉠ 및 ㉡에 따른 방호조치에 필요한 사항은 고용노동부장관이 정하여 고시한다.

16
산업안전보건법령상 3년 이하의 징역 또는 2,000만원 이하의 벌금에 처하게 될 수 있는 자는?

① 중대재해 발생현장을 훼손한 자
② 공정안전보고서의 내용이 중대산업사고를 예방하기 위하여 적합하다고 통보받기 전에 관련 설비를 가동한 자
③ 동력으로 작동하는 기계·기구로서 작동부분의 돌기부분을 묻힘형으로 하지 않거나 덮개를 부착하지 않고 양도한 자
④ 안전인증을 받지 않은 유해·위험한 기계·기구·설비 등에 안전인증표시를 한 자
⑤ 작업환경측정 결과에 따라 근로자의 건강을 보호하기 위하여 해당 시설·설비의 설치·개선 또는 건강진단의 실시 등의 조치를 하지 아니한 자

해설
벌칙(산업안전보건법 제169조)
다음 어느 하나에 해당하는 자는 3년 이하의 징역 또는 3,000만원 이하의 벌금에 처한다.
1. 제44조제1항 후단, 제63조(제166조의2에서 준용하는 경우를 포함한다), 제76조, 제81조, 제82조제2항, 제84조제1항, 제87조제1항, 제118조제3항, 제123조제1항, 제139조제1항 또는 제140조제1항(제166조의2에서 준용하는 경우를 포함한다)을 위반한 자
2. 제45조제1항 후단, 제46조제5항, 제53조제1항(제166조의2에서 준용하는 경우를 포함한다), 제87조제2항, 제118조제4항, 제119조제4항 또는 제131조제1항(제166조의2에서 준용하는 경우를 포함한다)에 따른 명령을 위반한 자
3. 안전 및 보건에 관한 평가 업무를 위탁받은 자로서 그 업무를 거짓이나 그 밖의 부정한 방법으로 수행한 자
4. 안전인증 업무를 위탁받은 자로서 그 업무를 거짓이나 그 밖의 부정한 방법으로 수행한 자
5. 안전검사 업무를 위탁받은 자로서 그 업무를 거짓이나 그 밖의 부정한 방법으로 수행한 자
6. 자율검사프로그램에 따른 안전검사 업무를 거짓이나 그 밖의 부정한 방법으로 수행한 자

정답 16 ②

17

산업안전보건기준에 관한 규칙상 통로를 설치하는 사업주가 준수하여야 하는 사항으로 옳지 않은 것은?

① 통로의 주요 부분에 통로표시를 하고, 근로자가 안전하게 통행할 수 있도록 하여야 한다.
② 통로면으로부터 높이 2m 이내의 장애물을 제거하는 것이 곤란하다고 고용노동부장관이 인정하는 경우에는 근로자에게 발생할 수 있는 부상 등의 위험을 방지하기 위한 안전 조치를 하여야 한다.
③ 가설통로를 설치하는 경우, 건설공사에 사용하는 높이 8m 이상인 비계다리에는 7m 이내마다 계단참을 설치하여야 한다.
④ 잠함(潛函) 내 사다리식 통로를 설치하는 경우 그 폭은 30cm 이상으로 설치하여야 한다.
⑤ 계단 및 계단참을 설치하는 경우 매 m^2당 500kg 이상의 하중에 견딜 수 있는 강도를 가진 구조로 설치하여야 한다.

해설

사다리식 통로 등의 구조(산업안전보건기준에 관한 규칙 제24조)

㉠ 사업주는 사다리식 통로 등을 설치하는 경우 다음의 사항을 준수하여야 한다.
  1. 견고한 구조로 할 것
  2. 심한 손상·부식 등이 없는 재료를 사용할 것
  3. 발판의 간격은 일정하게 할 것
  4. 발판과 벽과의 사이는 15cm 이상의 간격을 유지할 것
  5. 폭은 30cm 이상으로 할 것
  6. 사다리가 넘어지거나 미끄러지는 것을 방지하기 위한 조치를 할 것
  7. 사다리의 상단은 걸쳐놓은 지점으로부터 60cm 이상 올라가도록 할 것
  8. 사다리식 통로의 길이가 10m 이상인 경우에는 5m 이내마다 계단참을 설치할 것
  9. 사다리식 통로의 기울기는 75° 이하로 할 것. 다만, 고정식 사다리식 통로의 기울기는 90° 이하로 하고, 그 높이가 7m 이상인 경우에는 다음의 구분에 따른 조치를 할 것
    가. 등받이울이 있어도 근로자 이동에 지장이 없는 경우 : 바닥으로부터 높이가 2.5m 되는 지점부터 등받이울을 설치할 것
    나. 등받이울이 있으면 근로자가 이동이 곤란한 경우 : 한국산업표준에서 정하는 기준에 적합한 개인용 추락 방지 시스템을 설치하고 근로자로 하여금 한국산업표준에서 정하는 기준에 적합한 전신안전대를 사용하도록 할 것
  10. 접이식 사다리 기둥은 사용 시 접혀지거나 펼쳐지지 않도록 철물 등을 사용하여 견고하게 조치할 것
㉡ 잠함(潛函) 내 사다리식 통로와 건조·수리 중인 선박의 구명줄이 설치된 사다리식 통로(건조·수리작업을 위하여 임시로 설치한 사다리식 통로는 제외한다)에 대해서는 ㉠의 5.부터 10.까지의 규정을 적용하지 아니한다.

18
산업안전보건법령상 화학물질의 유해성·위험성을 조사하고 그 조사보고서를 고용노동부장관에게 제출하여야 하는 것은?

① 방사성 물질
② 천연으로 산출된 화학물질
③ 연간 수입량이 1,000kg 미만인 경우로서 고용노동부장관의 확인을 받은 신규화학물질
④ 전량 수출하기 위하여 연간 10톤 이하로 제조하거나 수입하는 경우로서 고용노동부장관의 확인을 받은 신규화학물질
⑤ 일반 소비자의 생활용으로 직접 소비자에게 제공되고 국내의 사업장에서 사용되지 않는 경우로서 고용노동부장관의 확인을 받은 신규화학물질

해설

소량 신규화학물질의 유해성·위험성 조사 제외(산업안전보건법 시행규칙 제149조)
㉠ 법 제108조제1항제2호에 따른 신규화학물질의 수입량이 소량이어서 유해성·위험성 조사보고서를 제출하지 않는 경우란 신규화학물질의 연간 수입량이 100kg 미만인 경우로서 고용노동부장관의 확인을 받은 경우를 말한다.
㉡ ㉠에 따른 확인을 받은 자가 같은 항에서 정한 수량 이상의 신규화학물질을 수입하였거나 수입하려는 경우에는 그 사유가 발생한 날부터 30일 이내에 유해성·위험성 조사보고서를 고용노동부장관에게 제출해야 한다.
㉢ ㉠에 따른 확인의 신청에 관하여는 제148조제2항을 준용한다.
㉣ ㉠에 따른 확인의 유효기간은 1년으로 한다. 다만, 신규화학물질의 연간 수입량이 100kg 미만인 경우로서 제151조제2항에 따라 확인을 받은 것으로 보는 경우에는 그 확인은 계속 유효한 것으로 본다.

정답 18 ③

19

산업안전보건법령상 건강진단에 관한 설명으로 옳은 것은?

① 건강진단의 종류에는 일반건강진단, 특수건강진단, 채용시건강진단, 수시건강진단, 임시건강진단이 있다.
② 6개월간 밤 12시부터 오전 5시까지의 시간을 포함하여 계속되는 8시간 작업을 월 평균 4회 이상 수행하는 야간작업 근로자도 특수건강진단을 받아야 한다.
③ 벤젠에 노출되는 업무에 종사하는 근로자는 배치 후 3개월 이내에 첫 번째 특수건강진단을 받고, 이후 6개월마다 주기적으로 특수건강진단을 받아야 한다.
④ 다른 사업장에서 해당 유해인자에 대하여 배치전건강진단을 받고 9개월이 지난 근로자로서 건강진단결과를 적은 서류를 제출한 근로자는 배치전건강진단을 실시하지 아니할 수 있다.
⑤ 특수건강진단 대상 업무로 인하여 해당 유해인자에 의한 건강장해를 의심하게 하는 증상을 보이는 근로자에 대하여 사업주가 실시하는 건강진단을 임시건강진단이라 한다.

해설

※ 출제 시 정답은 ②였으나, 산업안전보건법 시행규칙 개정(24.6.28)으로 ④의 조항이 일부 변경되어 정답 없음으로 처리하였음
① 건강진단의 종류에는 일반건강진단, 특수건강진단, 배치전건강진단, 수시건강진단, 임시건강진단이 있다(산업안전보건법 시행규칙 제196조~제207조).
③ 벤젠에 노출되는 업무에 종사하는 근로자는 배치 후 2개월 이내에 첫 번째 특수건강진단을 받고, 이후 6개월마다 주기적으로 특수건강진단을 받아야 한다(산업안전보건법 시행규칙 별표 23).
④ 다른 사업장에서 해당 유해인자에 대하여 배치전건강진단을 받고 6개월(별표 23 제4호부터 제6호까지의 유해인자에 대하여 건강진단을 받은 경우에는 12개월로 한다)이 지나지 않은 근로자로서 건강진단결과를 적은 서류를 제출한 근로자는 배치전건강진단을 실시하지 아니할 수 있다(산업안전보건법 시행규칙 제203조).
⑤ 특수건강진단 대상 업무로 인하여 해당 유해인자에 의한 건강장해를 의심하게 하는 증상을 보이는 근로자에 대하여 사업주가 실시하는 건강진단은 수시건강진단이다(산업안전보건법 시행규칙 제205조).

20

산업안전보건법령상 질병자의 근로 금지·제한에 관한 설명으로 옳지 않은 것은?

① 사업주는 심장 등의 질환이 있는 사람으로서 근로에 의하여 병세가 악화될 우려가 있는 사람에 대해서는 의사의 진단에 따라 근로를 금지하여야 한다.
② 사업주는 발암성 물질을 취급하는 작업에 종사하는 근로자에게는 1일 6시간, 1주 34시간을 초과하여 근로하게 하여서는 아니 된다.
③ 사업주는 착암기 등에 의하여 신체에 강렬한 진동을 주는 작업에서 유해·위험 예방조치 외에 작업과 휴식의 적정한 배분 등 근로자의 건강 보호를 위한 조치를 하여야 한다.
④ 사업주는 심장판막증이 있는 근로자를 고기압 업무에 종사하도록 하여서는 아니 된다.
⑤ 사업주는 근로가 금지되거나 제한된 근로자가 건강을 회복하였을 때에는 지체 없이 취업하게 하여야 한다.

해설

유해·위험작업에 대한 근로시간 제한 등(산업안전보건법 제139조)
㉠ 사업주는 유해하거나 위험한 작업으로서 높은 기압에서 하는 작업 등 대통령령으로 정하는 작업에 종사하는 근로자에게는 1일 6시간, 1주 34시간을 초과하여 근로하게 해서는 아니 된다.
㉡ 사업주는 대통령령으로 정하는 유해하거나 위험한 작업에 종사하는 근로자에게 필요한 안전조치 및 보건조치 외에 작업과 휴식의 적정한 배분 및 근로시간과 관련된 근로조건의 개선을 통하여 근로자의 건강 보호를 위한 조치를 하여야 한다.

정답 20 ②

21

산업안전보건법령상 유해·위험방지계획서의 제출 대상 업종에 해당하지 않는 것은?(단, 전기 계약용량이 300kW 이상인 사업에 한함)

① 전기장비 제조업
② 식료품 제조업
③ 가구 제조업
④ 목재 및 나무제품 제조업
⑤ 전자부품 제조업

해설

유해위험방지계획서 제출 대상(산업안전보건법 시행령 제42조)

㉠ 법 제42조제1항제1호에서 "대통령령으로 정하는 사업의 종류 및 규모에 해당하는 사업"이란 다음 어느 하나에 해당하는 사업으로서 전기 계약용량이 300kW 이상인 경우를 말한다.
  1. 금속가공제품 제조업 : 기계 및 가구 제외
  2. 비금속 광물제품 제조업
  3. 기타 기계 및 장비 제조업
  4. 자동차 및 트레일러 제조업
  5. 식료품 제조업
  6. 고무제품 및 플라스틱제품 제조업
  7. 목재 및 나무제품 제조업
  8. 기타 제품 제조업
  9. 1차 금속 제조업
  10. 가구 제조업
  11. 화학물질 및 화학제품 제조업
  12. 반도체 제조업
  13. 전자부품 제조업

㉡ 법 제42조제1항제2호에서 "대통령령으로 정하는 기계·기구 및 설비"란 다음 어느 하나에 해당하는 기계·기구 및 설비를 말한다. 이 경우 다음에 해당하는 기계·기구 및 설비의 구체적인 범위는 고용노동부장관이 정하여 고시한다.
  1. 금속이나 그 밖의 광물의 용해로
  2. 화학설비
  3. 건조설비
  4. 가스집합 용접장치
  5. 근로자의 건강에 상당한 장해를 일으킬 우려가 있는 물질로서 고용노동부령으로 정하는 물질의 밀폐·환기·배기를 위한 설비

㉢ 법 제42조제1항제3호에서 "대통령령으로 정하는 크기 높이 등에 해당하는 건설공사"란 다음 어느 하나에 해당하는 공사를 말한다.
  1. 다음 어느 하나에 해당하는 건축물 또는 시설 등의 건설·개조 또는 해체(이하 "건설 등"이라 한다) 공사
      가. 지상높이가 31m 이상인 건축물 또는 인공구조물
      나. 연면적 30,000m^2 이상인 건축물
      다. 연면적 5,000m^2 이상인 시설로서 다음 어느 하나에 해당하는 시설
          • 문화 및 집회시설(전시장 및 동물원·식물원은 제외한다)
          • 판매시설, 운수시설(고속철도의 역사 및 집배송시설은 제외한다)
          • 종교시설
          • 의료시설 중 종합병원
          • 숙박시설 중 관광숙박시설
          • 지하도상가
          • 냉동·냉장 창고시설

2. 연면적 5,000m² 이상인 냉동·냉장 창고시설의 설비공사 및 단열공사
3. 최대 지간(支間)길이(다리의 기둥과 기둥의 중심 사이의 거리)가 50m 이상인 다리의 건설 등 공사
4. 터널의 건설 등 공사
5. 다목적댐, 발전용댐, 저수용량 2,000만톤 이상의 용수 전용 댐 및 지방상수도 전용 댐의 건설 등 공사
6. 깊이 10m 이상인 굴착공사

22
산업안전보건법령상 지도사에 관한 설명으로 옳은 것은?

① 지도사 시험에 합격하여 고용노동부장관에게 등록하여야만 지도사의 자격을 가진다.
② 이 법을 위반하여 벌금형을 선고받고 6개월이 된 자는 지도사의 등록을 할 수 있다.
③ 지도사는 3년마다 갱신등록을 하여야 하며, 갱신등록은 지도실적이 없어도 가능하다.
④ 지도사 등록의 갱신기간 동안 지도실적이 2년 이상인 지도사의 보수교육시간은 10시간 이상으로 한다.
⑤ 산업안전 및 산업보건분야에서 3년간 실무에 종사한 지도사가 직무를 개시하려는 경우에는 등록을 하기 전 연수교육이 면제된다.

해설

지도사의 자격 및 시험(산업안전보건법 제143조)
㉠ 고용노동부장관이 시행하는 지도사 자격시험에 합격한 사람은 지도사의 자격을 가진다.
㉡ 대통령령으로 정하는 산업안전 및 보건과 관련된 자격의 보유자에 대해서는 ㉠에 따른 지도사 자격시험의 일부를 면제할 수 있다.
㉢ 고용노동부장관은 ㉠에 따른 지도사 자격시험 실시를 대통령령으로 정하는 전문기관에 대행하게 할 수 있다. 이 경우 시험 실시에 드는 비용을 예산의 범위에서 보조할 수 있다.
㉣ ㉢에 따라 지도사 자격시험 실시를 대행하는 전문기관의 임직원은 형법 제129조부터 제132조까지의 규정을 적용할 때에는 공무원으로 본다.
㉤ 지도사 자격시험의 시험과목, 시험방법, 다른 자격 보유자에 대한 시험 면제의 범위, 그 밖에 필요한 사항은 대통령령으로 정한다.

지도사 보수교육(산업안전보건법 시행규칙 제231조)
㉠ 법 제145조제5항 단서에서 "고용노동부령으로 정하는 보수교육"이란 업무교육과 직업윤리교육을 말한다.
㉡ ㉠에 따른 보수교육의 시간은 업무교육 및 직업윤리교육의 교육시간을 합산하여 총 20시간 이상으로 한다. 다만, 법 제145조제4항에 따른 지도사 등록의 갱신기간 동안 제230조제1항에 따른 지도실적이 2년 이상인 지도사의 교육시간은 10시간 이상으로 한다.
㉢ 공단이 보수교육을 실시하였을 때에는 그 결과를 보수교육이 끝난 날부터 10일 이내에 고용노동부장관에게 보고해야 하며, 다음의 서류를 5년간 보존해야 한다.
  1. 보수교육 이수자 명단
  2. 이수자의 교육 이수를 확인할 수 있는 서류
㉣ 공단은 보수교육을 받은 지도사에게 별지 제96호서식의 지도사 보수교육 이수증을 발급해야 한다.
㉤ 보수교육의 절차·방법 및 비용 등 보수교육에 필요한 사항은 고용노동부장관의 승인을 거쳐 공단이 정한다.

정답 22 ④

23

산업안전보건법령상 서류의 보존기간에 관한 설명으로 옳지 않은 것은?

① 기관석면조사를 한 건축물이나 설비의 소유주 등과 석면조사기관은 그 결과에 관한 서류를 5년간 보존하여야 한다.
② 지정측정기관은 작업환경측정에 관한 사항으로서 측정대상 사업장의 명칭 및 소재지 등을 기재한 서류를 3년간 보존하여야 한다.
③ 사업주는 노사협의체 회의록을 2년간 보존하여야 한다.
④ 자율안전확인대상 기계·기구 등을 제조하거나 수입하려는 자는 자율안전기준에 맞는 것임을 증명하는 서류를 2년간 보존하여야 한다.
⑤ 사업주는 화학물질의 유해성·위험성 조사에 관한 서류를 3년간 보존하여야 한다.

해설

서류의 보존(산업안전보건법 제164조)

㉠ 사업주는 다음의 서류를 3년(2.의 경우 2년을 말한다) 동안 보존하여야 한다. 다만, 고용노동부령으로 정하는 바에 따라 보존기간을 연장할 수 있다.
  1. 안전보건관리책임자·안전관리자·보건관리자·안전보건관리담당자 및 산업보건의 선임에 관한 서류
  2. 제24조제3항 및 제75조제4항에 따른 회의록
  3. 안전조치 및 보건조치에 관한 사항으로서 고용노동부령으로 정하는 사항을 적은 서류
  4. 제57조제2항에 따른 산업재해의 발생원인 등 기록
  5. 제108조제1항 본문 및 제109조제1항에 따른 화학물질의 유해성·위험성 조사에 관한 서류
  6. 제125조에 따른 작업환경측정에 관한 서류
  7. 제129조부터 제131조까지의 규정에 따른 건강진단에 관한 서류

㉡ 안전인증 또는 안전검사의 업무를 위탁받은 안전인증기관 또는 안전검사기관은 안전인증·안전검사에 관한 사항으로서 고용노동부령으로 정하는 서류를 3년 동안 보존하여야 하고, 안전인증을 받은 자는 제84조제5항에 따라 안전인증대상기계 등에 대하여 기록한 서류를 3년 동안 보존하여야 하며, 자율안전확인대상기계 등을 제조하거나 수입하는 자는 자율안전기준에 맞는 것임을 증명하는 서류를 2년 동안 보존하여야 하고, 제98조제1항에 따라 자율안전검사를 받은 자는 자율검사프로그램에 따라 실시한 검사 결과에 대한 서류를 2년 동안 보존하여야 한다.

㉢ 일반석면조사를 한 건축물·설비소유주 등은 그 결과에 관한 서류를 그 건축물이나 설비에 대한 해체·제거작업이 종료될 때까지 보존하여야 하고, 기관석면조사를 한 건축물·설비소유주 등과 석면조사기관은 그 결과에 관한 서류를 3년 동안 보존하여야 한다.

㉣ 작업환경측정기관은 작업환경측정에 관한 사항으로서 고용노동부령으로 정하는 사항을 적은 서류를 3년 동안 보존하여야 한다.

㉤ 지도사는 그 업무에 관한 사항으로서 고용노동부령으로 정하는 사항을 적은 서류를 5년 동안 보존하여야 한다.

㉥ 석면해체·제거업자는 제122조제3항에 따른 석면해체·제거작업에 관한 서류 중 고용노동부령으로 정하는 서류를 30년 동안 보존하여야 한다.

㉦ ㉠부터 ㉥까지의 경우 전산입력자료가 있을 때에는 그 서류를 대신하여 전산입력자료를 보존할 수 있다.

24

산업안전보건기준에 관한 규칙상 근골격계 부담작업으로 인한 건강장해 예방에 관한 설명으로 옳지 않은 것은?

① 신설되는 사업장의 사업주는 근로자가 근골격계부담작업을 하는 경우에 신설일부터 1년 이내에 최초의 유해요인조사를 하여야 한다.
② 유해요인조사에는 작업장 상황, 작업조건, 작업과 관련된 근골격계질환 징후와 증상 유무 등이 포함된다.
③ 유해요인조사는 근로자와의 면담, 증상 설문조사, 인간공학적 측면을 고려한 조사 등 적절한 방법으로 하여야 한다.
④ 근로자는 근골격계부담작업으로 인하여 운동범위의 축소 등의 징후가 나타나는 경우 그 사실을 사업주에게 통지할 수 있다.
⑤ 연간 7명이 근골격계질환으로 인한 업무상 질병으로 인정받은 상시근로자 수 85명을 고용하고 있는 사업주는 근골격계질환 예방관리 프로그램을 시행하여야 한다.

해설

근골격계질환 예방관리 프로그램 시행(산업안전보건기준에 관한 규칙 제662조)
㉠ 사업주는 다음 어느 하나에 해당하는 경우에 근골격계질환 예방관리 프로그램을 수립하여 시행하여야 한다.
  1. 근골격계질환으로 산업재해보상보험법 시행령 별표 3 제2호가목·마목 및 제12호라목에 따라 업무상 질병으로 인정받은 근로자가 연간 10명 이상 발생한 사업장 또는 5명 이상 발생한 사업장으로서 발생 비율이 그 사업장 근로자 수의 10% 이상인 경우
  2. 근골격계질환 예방과 관련하여 노사 간 이견(異見)이 지속되는 사업장으로서 고용노동부장관이 필요하다고 인정하여 근골격계질환 예방관리 프로그램을 수립하여 시행할 것을 명령한 경우
㉡ 사업주는 근골격계질환 예방관리 프로그램을 작성·시행할 경우에 노사협의를 거쳐야 한다.
㉢ 사업주는 근골격계질환 예방관리 프로그램을 작성·시행할 경우에 인간공학·산업의학·산업위생·산업간호 등 분야별 전문가로부터 필요한 지도·조언을 받을 수 있다.

정답 24 ⑤

25

산업안전보건법령상 건강관리수첩 발급대상 업무 및 대상요건에 해당하지 않는 것은?

① 니켈 또는 그 화합물을 광석으로부터 추출하여 제조하거나 취급하는 업무에 5년 이상 종사한 사람
② 염화비닐을 제조하거나 사용하는 석유화학설비를 유지·보수하는 업무에 4년 이상 종사한 사람
③ 비파괴검사 업무에 3년 이상 종사한 사람
④ 석면 또는 석면방직제품을 제조하는 업무에 3개월 이상 종사한 사람
⑤ 비스-(클로로메틸)에터를 제조하거나 취급하는 업무에 3년 이상 종사한 사람

해설

건강관리카드의 발급대상(산업안전보건법 시행규칙 별표 25)

구 분	건강장해가 발생할 우려가 있는 업무	대상 요건
4	비스-(클로로메틸)에터(같은 물질이 함유된 화합물의 중량 비율이 1%를 초과하는 제제를 포함한다)를 제조하거나 취급하는 업무	3년 이상 종사한 사람
5	1. 석면 또는 석면방직제품을 제조하는 업무	3개월 이상 종사한 사람
	2. 다음의 어느 하나에 해당하는 업무 • 석면함유제품(석면방직제품은 제외한다)을 제조하는 업무 • 석면함유제품(석면이 1%를 초과하여 함유된 제품만 해당한다. 이하 3.에서 같다)을 절단하는 등 석면을 가공하는 업무 • 설비 또는 건축물에 분무된 석면을 해체·제거 또는 보수하는 업무 • 석면이 1% 초과하여 함유된 보온재 또는 내화피복제(耐火被覆劑)를 해체·제거 또는 보수하는 업무	1년 이상 종사한 사람
	3. 설비 또는 건축물에 포함된 석면시멘트, 석면마찰제품 또는 석면개스킷제품 등 석면함유제품을 해체·제거 또는 보수하는 업무	10년 이상 종사한 사람
	4. 2. 또는 3. 중 하나 이상의 업무에 중복하여 종사한 경우	다음의 계산식으로 산출한 숫자가 120을 초과하는 사람 : (2.의 업무에 종사한 개월 수) × 10 + (3.의 업무에 종사한 개월 수)
	5. 1.부터 3.까지의 업무로서 1.부터 3.까지의 규정에서 정한 종사기간에 해당하지 않는 경우	흉부방사선상 석면으로 인한 질병 징후(흉막반 등)가 있는 사람
8	1. 염화비닐을 중합(결합 화합물화)하는 업무 또는 밀폐되어 있지 않은 원심분리기를 사용하여 폴리염화비닐(염화비닐의 중합체를 말한다)의 현탁액(懸濁液)에서 물을 분리시키는 업무 2. 염화비닐을 제조하거나 사용하는 석유화학설비를 유지·보수하는 업무	4년 이상 종사한 사람
11	니켈(니켈카보닐을 포함한다) 또는 그 화합물을 광석으로부터 추출하여 제조하거나 취급하는 업무	5년 이상 종사한 사람
15	비파괴검사(X-선) 업무	1년 이상 종사한 사람 또는 연간 누적선량이 20mSv 이상이었던 사람

산업안전일반

26

제조물 책임법상 용어의 정의로 옳지 않은 것은?

① 제조물이란 제조되거나 가공된 동산(다른 동산이나 부동산의 일부를 구성하는 경우를 포함한다)을 말한다.
② 제조업자란 제조물의 제조·가공 또는 수입을 업으로 하는 자를 말한다.
③ 제조물의 결함에는 제조상의 결함, 설계상의 결함, 유통상의 결함이 있다.
④ 설계상의 결함이란 제조업자가 합리적인 대체설계를 채용하였더라면 피해나 위험을 줄이거나 피할 수 있었음에도 대체설계를 채용하지 아니하여 해당 제조물이 안전하지 못하게 된 경우를 말한다.
⑤ 통상적으로 기대할 수 있는 안전성이 결여되어 있는 것도 결함이라 할 수 있다.

해설

정의(제조물 책임법 제2조)

이 법에서 사용하는 용어의 뜻은 다음과 같다.
1. "제조물"이란 제조되거나 가공된 동산(다른 동산이나 부동산의 일부를 구성하는 경우를 포함한다)을 말한다.
2. "결함"이란 해당 제조물에 다음의 어느 하나에 해당하는 제조상·설계상 또는 표시상의 결함이 있거나 그 밖에 통상적으로 기대할 수 있는 안전성이 결여되어 있는 것을 말한다.
   가. "제조상의 결함"이란 제조업자가 제조물에 대하여 제조상·가공상의 주의의무를 이행하였는지에 관계없이 제조물이 원래 의도한 설계와 다르게 제조·가공됨으로써 안전하지 못하게 된 경우를 말한다.
   나. "설계상의 결함"이란 제조업자가 합리적인 대체설계(代替設計)를 채용하였더라면 피해나 위험을 줄이거나 피할 수 있었음에도 대체설계를 채용하지 아니하여 해당 제조물이 안전하지 못하게 된 경우를 말한다.
   다. "표시상의 결함"이란 제조업자가 합리적인 설명·지시·경고 또는 그 밖의 표시를 하였더라면 해당 제조물에 의하여 발생할 수 있는 피해나 위험을 줄이거나 피할 수 있었음에도 이를 하지 아니한 경우를 말한다.
3. "제조업자"란 다음 각 목의 자를 말한다.
   가. 제조물의 제조·가공 또는 수입을 업(業)으로 하는 자
   나. 제조물에 성명·상호·상표 또는 그 밖에 식별(識別) 가능한 기호 등을 사용하여 자신을 가.의 자로 표시한 자 또는 가.의 자로 오인(誤認)하게 할 수 있는 표시를 한 자

정답 26 ③

27
파블로프(Pavlov) 조건반사설의 학습원리에 해당하지 않는 것은?

① 강도의 원리 : 자극이 강할수록 학습이 보다 더 잘된다.
② 시간의 원리 : 조건자극을 무조건자극보다 조금 앞서거나 동시에 주어야 강화가 잘된다.
③ 계속성의 원리 : 자극과 반응의 관계는 횟수가 거듭될수록 강화가 잘된다.
④ 일관성의 원리 : 일관된 자극을 사용하여야 한다.
⑤ 불확실성의 원리 : 학습의 목표가 반드시 달성된다고 확신할 수 없다.

해설
⑤ 불확실성의 원리는 불규칙적인 변화로 인해 앞으로 전개될 상황을 예측할 수 없는 것을 말하는 것으로 학습원리와는 상관 없다.

조건반사설
- 정의 : 특정한 자극에 대해 무의식적으로 반응하는 현상으로 파블로프가 개를 이용한 실험으로 증명하였다.
- 학습원리
  - 시간의 원리 : 시간적인 동시적으로 2개 이상의 자극이 동시에 발생하는 것으로 동시조건반응이라고도 한다.
  - 강도의 원리 : 자극의 강도가 클 때 조건화 반응이 일어난다.
  - 일관성의 원리 : 자극이 일정하게 발생되어야 학습효과가 상승한다.
  - 계속성의 원리 : 자극이 끊기지 않고 꾸준하게 계속 발생될 때 반응이 일어난다.

28
관리감독자를 대상으로 하는 TWI(Training Within Industry)의 교육훈련내용이 아닌 것은?

① 작업준비훈련(JPT)   ② 작업지도훈련(JIT)
③ 작업방법훈련(JMT)   ④ 인간관계훈련(JRT)
⑤ 작업안전훈련(JST)

해설
TWI(Training Within Industry)
감독자훈련체계로서 미국에서 완성되어 보급되었다. 전후 유럽 각국에 도입·실시되기도 했다. TWI는 1학급 약 10명으로 구성되며 회의방식(토론방식)에 의해 실시된다.
- 작업을 가르치는 방법(JI ; Job Instruction)
- 개선방법(JM ; Job Methods)
- 사람을 다루는 방법(JR ; Job Relations)
- 안전작업의 실시방법(JS ; Job Safety)

29
산업안전보건법령상 고용노동부장관이 필요하다고 인정할 때에 해당 사업주에게 안전·보건진단을 받아 안전보건개선계획을 수립·제출할 것을 명할 수 있는 사업장이 아닌 것은?

① 사업주가 안전·보건조치의무를 이행하였으나, 2개월의 요양이 필요한 부상자가 동시에 8명이 발생한 재해발생 사업장
② 산업재해율이 같은 업종 평균 산업재해율의 2.5배인 사업장
③ 상시근로자가 1,000명이고 직업병에 걸린 사람이 연간 3명이 발생한 사업장
④ 상시근로자가 1,500명이고 직업병에 걸린 사람이 연간 4명이 발생한 사업장
⑤ 작업환경 불량, 화재·폭발 또는 누출사고 등으로 사회적 물의를 일으킨 사업장

해설

안전보건진단을 받아 안전보건개선계획을 수립할 대상(산업안전보건법 시행령 제49조)
법 제49조제1항 각 호 외의 부분 후단에서 "대통령령으로 정하는 사업장"이란 다음의 사업장을 말한다.
1. 산업재해율이 같은 업종 평균 산업재해율의 2배 이상인 사업장
2. 법 제49조제1항제2호에 해당하는 사업장
3. 직업성 질병자가 연간 2명 이상(상시근로자 1,000명 이상 사업장의 경우 3명 이상) 발생한 사업장
4. 그 밖에 작업환경 불량, 화재·폭발 또는 누출 사고 등으로 사업장 주변까지 피해가 확산된 사업장으로서 고용노동부령으로 정하는 사업장

30
산업안전보건법령상 사업주가 해당 사업장의 근로자에 대하여 정기적으로 하여야 하는 안전·보건에 관한 교육내용이 아닌 것은?

① 산업재해보상보험 제도에 관한 사항
② 유해·위험 작업환경 관리에 관한 사항
③ 사고 발생 시 긴급조치에 관한 사항
④ 건강증진 및 질병 예방에 관한 사항
⑤ 산업보건 및 직업병 예방에 관한 사항

해설

안전보건교육 교육대상별 교육내용(산업안전보건법 시행규칙 별표 5)
근로자 정기교육
- 산업안전 및 사고 예방에 관한 사항
- 산업보건 및 직업병 예방에 관한 사항
- 위험성 평가에 관한 사항
- 건강증진 및 질병 예방에 관한 사항
- 유해·위험 작업환경 관리에 관한 사항
- 산업안전보건법령 및 산업재해보상보험 제도에 관한 사항
- 직무스트레스 예방 및 관리에 관한 사항
- 직장 내 괴롭힘, 고객의 폭언 등으로 인한 건강장해 예방 및 관리에 관한 사항

정답 29 ① 30 ③

31

산업안전보건법령상 산업안전보건위원회를 설치·운영해야 할 사업의 종류 및 규모가 아닌 것은?

① 어업 : 상시근로자 400명
② 토사석 광업 : 상시근로자 200명
③ 1차 금속 제조업 : 상시근로자 400명
④ 금융 및 보험업 : 상시근로자 200명
⑤ 비금속 광물제품 제조업 : 상시근로자 400명

해설

산업안전보건위원회를 구성해야 할 사업의 종류 및 사업장의 상시근로자 수(산업안전보건법 시행령 별표 9)

사업의 종류	사업장의 상시근로자 수
1. 토사석 광업 2. 목재 및 나무제품 제조업 : 가구 제외 3. 화학물질 및 화학제품 제조업 : 의약품 제외(세제, 화장품 및 광택제 제조업과 화학섬유 제조업은 제외한다) 4. 비금속 광물제품 제조업 5. 1차 금속 제조업 6. 금속가공제품 제조업 : 기계 및 가구 제외 7. 자동차 및 트레일러 제조업 8. 기타 기계 및 장비 제조업(사무용 기계 및 장비 제조업은 제외한다) 9. 기타 운송장비 제조업(전투용 차량 제조업은 제외한다)	상시근로자 50명 이상
10. 농 업 11. 어 업 12. 소프트웨어 개발 및 공급업 13. 컴퓨터 프로그래밍, 시스템 통합 및 관리업 13의2. 영상·오디오물 제공 서비스업 14. 정보서비스업 15. 금융 및 보험업 16. 임대업 : 부동산 제외 17. 전문, 과학 및 기술 서비스업(연구개발업은 제외한다) 18. 사업지원 서비스업 19. 사회복지 서비스업	상시근로자 300명 이상
20. 건설업	공사금액 120억원 이상(건설산업기본법 시행령 별표 1의 종합공사를 시공하는 업종의 건설업종란 제1호에 따른 토목공사업의 경우에는 150억원 이상)
21. 1.부터 13.까지, 13의2. 및 14.부터 20.까지의 사업을 제외한 사업	상시근로자 100명 이상

32
교육지도의 원칙에 관한 내용으로 옳지 않은 것은?

① 교육내용을 충분히 이해할 수 있도록 상대방의 입장을 고려하여 교육한다.
② 학습의욕을 고취하기 위하여 어려운 내용에서부터 쉬운 내용의 순서로 교육한다.
③ 교육의 성과는 양보다 질을 중시한다는 점에서 순서에 따라 한 번에 한 가지씩 교육한다.
④ 지식, 기술, 기능 및 태도가 몸에 익혀지도록 반복교육을 실시한다.
⑤ 인간의 5가지 감각기관을 복합적으로 활용하여 교육한다.

해설

교육지도의 원칙
- 동기부여가 되는 학습을 실시한다.
- 상대방의 입장을 고려하여 교육한다.
- 쉬운 것에서 어려운 것으로 학습을 실시한다.
- 반복교육을 실시한다.
- 한 번에 한 가지씩 교육한다.
- 5감을 활용하여 복합적으로 교육한다.
- 인상적인 내용을 통해 학습을 강화한다.
- 기능적 이해를 돕는다.

33
학습지도원리의 내용에 해당하지 않는 것은?

① 자발성의 원리 : 학습자 스스로 학습에 참여해야 한다는 원리
② 집단화의 원리 : 학습자의 공통된 요구 및 능력 위주로 지도해야 한다는 원리
③ 사회화의 원리 : 공동학습을 통해서 협력적이고 우호적인 학습을 진행한다는 원리
④ 통합의 원리 : 학습을 통합적인 전체로서 지도해야 한다는 원리
⑤ 직관의 원리 : 구체적인 사물을 직접 제시하거나 경험시킴으로써 큰 효과를 거둘 수 있다는 원리

해설

학습지도원리
- 자발성의 원리 : 학습자 스스로 참여하도록 한다.
- 개별화의 원리 : 개인의 요구 능력을 파악한다.
- 사회화의 원리 : 공동학습을 통해 협력과 우호를 배운다.
- 통합의 원리 : 학습을 통합적으로 지도한다.
- 목적성의 원리 : 목표를 세우고 도전한다.
- 직관의 원리 : 사물을 직접 제시한다.

정답 32 ② 33 ②

34

입식 작업대에 관한 설명으로 옳지 않은 것은?

① 작업대의 높이가 팔꿈치의 높이보다 낮은 것이 중(重)작업에 적합하다.
② 작업대의 높이가 팔꿈치의 높이보다 약간 높은 것이 정밀작업에 적합하다.
③ 일반적으로 고정높이 작업면은 가장 키가 작은 사용자에게 맞추어 설계한다.
④ 중량물을 다루는 경우에는 입식 작업대가 적합하다.
⑤ 포장작업에서와 같이 아랫방향으로 힘을 발휘해야 하는 경우에는 입식 작업대가 적합하다.

해설

입식 작업대 설치기준

- 경·중작업 : 작업대의 높이가 팔꿈치의 높이보다 낮게 설치되는 것이 좋다.
- 정밀작업 : 작업대의 높이가 팔꿈치의 높이보다 약간 높은 것이 정밀작업에 적합하다.
- 고정 작업대는 키가 큰 사용자에게 맞추어 설계하고 작은 사용자가 사용 시는 발판 제공하는 것이 효과적이다.
- 중량물을 다루는 경우에는 입식 작업대가 적합하다.
- 포장작업에서와 같이 아래 방향으로 힘을 발휘해야 하는 경우에는 입식 작업대가 적합하다.

35

공기 중 연소범위가 가장 넓은 것은?

① 암모니아
② 메테인
③ 프로페인
④ 에테인
⑤ 아세틸렌

해설

물질명	메테인	프로페인	뷰테인	에틸렌	아세틸렌	수소	암모니아	에테인
하한계(%Vol)	5.0	2.0	1.8	3.0	2.5	4.0	13.5	3.0
상한계(%Vol)	15.0	9.5	8.5	34	81	75	79	12.5

36
시각적 표시장치에 관한 설명으로 옳은 것을 모두 고른 것은?

ㄱ. 디지털 표시장치는 정량적 표시장치이다.
ㄴ. 이동지침을 가진 고정눈금 방식은 수치정보를 잘 표시하지 못하는 단점이 있다.
ㄷ. 디지털 표시장치는 수치를 정확히 읽어야 할 때 적합하다.
ㄹ. 정성적 표시장치는 대략적인 상태나 변화의 추세를 판정하는 용도로 쓰인다.

① ㄱ, ㄹ
② ㄴ, ㄷ
③ ㄴ, ㄹ
④ ㄱ, ㄴ, ㄷ
⑤ ㄱ, ㄷ, ㄹ

해설

시각적 표시장치
- 정량적 표시장치 : 정보의 양을 수치적으로 표시하는 장치로서 자동차 속도계, 체중계, 온도계 등이 있다.
- 정성적 표시장치 : 정보의 수치는 표시하지 않고 연속적으로 변하는 변화, 추세 등을 표시하는 장치로 자동차 연료량 표시장치, 휴대폰 배터리 잔량 표시 장치 등이 있다.
- 상태 표시장치 : 멈춤, 진행 등과 같이 상태 표시를 위한 장치로 신호등이 대표적이다.
- 묘사적 표시장치 : 위치나 구조가 변하는 기기 등의 표시장치로 항공기 표시장치 등이 해당된다.

정답 36 ⑤

37

23kg의 부재를 제자리에서 들어 올리는 들기작업을 수행할 때 시작점에서 NIOSH의 들기작업공식에 의한 들기지수(LI)는?

- 중량물과 몸통과의 수평거리(H)는 50cm이다.
- 중량물을 들기 시작하는 손의 수직높이(V)는 75cm이다.
- 중량물을 들어 올리는 수직이동거리(D)는 25cm이다.
- 회전(A)은 발생하지 않는다.
- 물체의 모양은 손으로 쉽게 잡을 수 있는 경우이다(CM = 1.0).
- 1시간 이내의 작업 이후 회복시간이 작업시간의 1.2배 정도 되는 짧은 수준의 작업으로서 빈도변수(FM)는 0.80이다.

① 1.25　　　　　　　　　② 1.50
③ 2.00　　　　　　　　　④ 2.50
⑤ 3.00

해설

들기지수(LI) 공식

$$LI = \frac{\text{실제작업 무게 LC}}{\text{권장무게 한계 RWL}}$$

$RWL(kg) = 23 \times HM \times VM \times DM \times AM \times FM \times CM$

여기서, HM : 수평계수, VM : 수직계수, DM : 거리계수, AM : 비대칭계수, FM : 빈도계수, CM : 커플링계수

수평계수 $= \frac{25}{H}$

수직계수 $= 1 - [0.003 \times (V - 75)]$

거리계수 $= 0.82 + (4.5/D)$

비대칭계수 $= 1 - (0.0032 \times A)$

따라서, H = 50, V = 75, D = 25, A = 0, CM = 1.0, FM = 0.8
　　　　HM = 0.5, VM = 1, DM = 1, AM = 1
　　　　RWL = 23 × 0.5 × 1 × 1 × 1 × 1 × 0.8 = 9.2

$$LI = \frac{23}{9.2} = 2.5$$

정답 37 ④

38
산업안전보건법령상 안전인증 대상 기계·기구 등에 해당하지 않는 것은?

① 산업용 로봇
② 프레스
③ 크레인
④ 압력용기
⑤ 곤돌라

해설

안전인증대상기계 등(산업안전보건법 시행령 제74조)
㉠ 법 제84조제1항에서 "대통령령으로 정하는 것"이란 다음의 어느 하나에 해당하는 것을 말한다.
  1. 다음 중 어느 하나에 해당하는 기계 또는 설비
     가. 프레스
     나. 전단기 및 절곡기(折曲機)
     다. 크레인
     라. 리프트
     마. 압력용기
     바. 롤러기
     사. 사출성형기(射出成形機)
     아. 고소(高所) 작업대
     자. 곤돌라
  2. 다음 중 어느 하나에 해당하는 방호장치
     가. 프레스 및 전단기 방호장치
     나. 양중기용(揚重機用) 과부하 방지장치
     다. 보일러 압력방출용 안전밸브
     라. 압력용기 압력방출용 안전밸브
     마. 압력용기 압력방출용 파열판
     바. 절연용 방호구 및 활선작업용(活線作業用) 기구
     사. 방폭구조(防爆構造) 전기기계·기구 및 부품
     아. 추락·낙하 및 붕괴 등의 위험 방지 및 보호에 필요한 가설기자재로서 고용노동부장관이 정하여 고시하는 것
     자. 충돌·협착 등의 위험 방지에 필요한 산업용 로봇 방호장치로서 고용노동부장관이 정하여 고시하는 것
  3. 다음 중 어느 하나에 해당하는 보호구
     가. 추락 및 감전 위험방지용 안전모
     나. 안전화
     다. 안전장갑
     라. 방진마스크
     마. 방독마스크
     바. 송기(送氣)마스크
     사. 전동식 호흡보호구
     아. 보호복
     자. 안전대
     차. 차광(遮光) 및 비산물(飛散物) 위험방지용 보안경
     카. 용접용 보안면
     타. 방음용 귀마개 또는 귀덮개
㉡ 안전인증대상기계 등의 세부적인 종류, 규격 및 형식은 고용노동부장관이 정하여 고시한다.

정답 38 ①

39

하인리히(Heinrich)가 주장한 재해발생과 재해예방에 관한 이론으로 옳은 것을 모두 고른 것은?

> ㄱ. 재해는 원인만 제거하면 예방이 가능하다.
> ㄴ. 사고의 발생과 그 원인은 우연적인 관계가 있다.
> ㄷ. 재해예방을 위한 가능한 안전대책은 존재한다.
> ㄹ. 재해는 연쇄작용으로 발생되며 사회적 환경과 개인적 결함, 불안전한 상태 및 개인의 불안전한 행동에 의해 순차적으로 사고가 유발된다.

① ㄱ, ㄴ
② ㄴ, ㄷ
③ ㄷ, ㄹ
④ ㄱ, ㄴ, ㄹ
⑤ ㄱ, ㄷ, ㄹ

해설

하인리히법칙 사고예방 4원칙
- 손실우연의 원칙 : 사고의 발생과 손실은 우연적인 관계
- 원인계기의 원칙 : 재해에는 반드시 원인이 존재, 사고와 원인관계는 필연적
- 예방가능의 원칙 : 재해는 원인만 제거하면 예방이 가능
- 대책선정의 원칙 : 재해예방을 위한 가능한 안전대책은 존재

40

극한강도가 60MPa, 허용응력이 40MPa일 경우 안전계수(S)는?

① 0.7
② 1.0
③ 1.5
④ 2.4
⑤ 2,400

해설

안전계수
- 어떤 상태에 예측하기 어려운 부분으로 인해 사고 발생이 되지 않도록 하기 위해 안전성을 확보하기 위한 계수로서 가장 위험한 상태에서 이 대상이 견딜 수 있는 상태의 능력을 나눈 상대적인 비율이다.
- 안전계수(S) = $\dfrac{\text{극한강도}}{\text{허용응력}} = \dfrac{60}{40} = 1.5$

41

2,000명이 근무하는 기업의 작년 1년간 산업재해자가 48명 발생하여 근로손실일수가 2,400일이었다면 이 회사에 근무하는 근로자가 입사하여 정년까지 평균적으로 경험하는 재해의 건수와 근로손실일수는?(단, 근로자 1인당 연간총근로시간은 2,400시간, 근로자 1인이 입사하여 정년까지 근무하는 총근로시간은 100,000시간으로 가정한다)

① 재해건수 : 1건,   근로손실일수 : 50일
② 재해건수 : 0.5건, 근로손실일수 : 100일
③ 재해건수 : 2건,   근로손실일수 : 200일
④ 재해건수 : 1.5건, 근로손실일수 : 150일
⑤ 재해건수 : 2.5건, 근로손실일수 : 200일

해설

재해건수(도수율과 환산도수율 이용)

- 도수율 = $\dfrac{재해건수}{연근로시간수} \times 1,000,000$

- 환산도수율 = 도수율 $\times 0.1$

근로손실일수(강도율과 환산강도율 이용)

- 강도율 = $\dfrac{총요양근로손실일수}{연근로시간수} \times 1,000$

- 환산강도율 = 강도율 $\times 100$

따라서,

도수율 = $\dfrac{48}{2,000 \times 2,400} \times 1,000,000 = 10$

환산도수율 = $10 \times 0.1 = 1$

강도율 = $\dfrac{2,400}{2,000 \times 2,400} \times 1,000 = 0.5$

환산강도율 = $0.5 \times 100 = 50$

정답 41 ①

42
시스템의 구성요소들이 동시에 가동되고 있고, 어느 하나만이라도 작동하면 그 시스템이 가동되는 구조는?

① 직렬구조 ② 병렬구조
③ 대기결함구조 ④ n 중 k구조
⑤ R구조

해설

② 병렬구조 : 원인에서 결과로 이르는 여러 개의 경로가 있어 그 중 몇 개가 차단되어도 다른 경로를 통해 결과에 이를 수 있는 구조이다. 항공기나 선박 같은 한 부분의 결함이 중대한 사고로 이어질 수 있는 경우 병렬연결구조를 활용하여 중대한 사고를 예방할 수 있다.
① 직렬구조 : 어느 한 부분이 고장나면 전체가 고장나는 시스템이다. 시스템이 정상으로 작동하기 위해서는 모든 서브시스템들이 정상적으로 작동해야 한다.
④ n 중 k구조 : 시스템이 동일한 n개의 설비들로 구성되어 있고 그 중 k개 이상이 작동할 때만 정상작동을 하는 구조이다.

43
기계나 설비를 작업공간에 배치하는 경우에 작업 성능을 향상시키기 위한 배치 원칙이 아닌 것은?

① 중요성의 원칙 ② 기능성의 원칙
③ 사용 심리의 원칙 ④ 사용 빈도의 원칙
⑤ 사용 순서의 원칙

해설

작업공간 배치 원칙
- 중요성의 원칙 : 중요한 정도에 따라 배치 우선순위를 정한다.
- 사용 빈도의 원칙 : 많이 사용하는 순서대로 배치한다.
- 기능성의 원칙 : 기능적으로 유기적인 배치가 되도록 설계한다.
- 사용 순서의 원칙 : 사용 순서에 맞게 배치 계획을 세운다.

44

산업안전보건기준에 관한 규칙상 소음 및 진동에 의한 건강장해의 예방에 관한 설명으로 옳지 않은 것은?

① "소음작업"이란 1일 8시간 작업을 기준으로 85dB 이상의 소음이 발생하는 작업을 말한다.
② 105dB 이상의 소음이 1일 1시간 이상 발생하는 작업은 강렬한 소음작업이다.
③ "청력보존 프로그램"이란 소음노출 평가, 소음노출 기준 초과에 따른 공학적 대책, 청력보호구의 지급과 착용, 소음의 유해성과 예방에 관한 교육, 정기적 청력검사, 기록·관리 사항 등이 포함된 소음성 난청을 예방·관리하기 위한 종합적인 계획을 말한다.
④ 체인톱, 동력을 이용한 연삭기를 사용하는 작업은 진동작업에 속한다.
⑤ 1초 이상의 간격으로 130dB을 초과하는 소음이 1일 100회 발생하는 작업은 충격소음작업이다.

해설

※ 출제 시 정답은 ⑤였으나, 산업안전보건기준에 관한 규칙 개정(24.6.28)으로 ③의 조항이 변경되어 정답 없음으로 처리하였음

정의(산업안전보건기준에 관한 규칙 제512조)
이 법에서 사용하는 용어의 뜻은 다음과 같다.

1. "소음작업"이란 1일 8시간 작업을 기준으로 85dB 이상의 소음이 발생하는 작업을 말한다.
2. "강렬한 소음작업"이란 다음 중 어느 하나에 해당하는 작업을 말한다.
    가. 90dB 이상의 소음이 1일 8시간 이상 발생하는 작업
    나. 95dB 이상의 소음이 1일 4시간 이상 발생하는 작업
    다. 100dB 이상의 소음이 1일 2시간 이상 발생하는 작업
    라. 105dB 이상의 소음이 1일 1시간 이상 발생하는 작업
    마. 110dB 이상의 소음이 1일 30분 이상 발생하는 작업
    바. 115dB 이상의 소음이 1일 15분 이상 발생하는 작업
3. "충격소음작업"이란 소음이 1초 이상의 간격으로 발생하는 작업으로서 다음 중 어느 하나에 해당하는 작업을 말한다.
    가. 120dB을 초과하는 소음이 1일 10,000회 이상 발생하는 작업
    나. 130dB을 초과하는 소음이 1일 1,000회 이상 발생하는 작업
    다. 140dB을 초과하는 소음이 1일 100회 이상 발생하는 작업
4. "진동작업"이란 다음 중 어느 하나에 해당하는 기계·기구를 사용하는 작업을 말한다.
    가. 착암기(鑿巖機)
    나. 동력을 이용한 해머
    다. 체인톱
    라. 엔진 커터(Engine Cutter)
    마. 동력을 이용한 연삭기
    바. 임팩트 렌치(Impact Wrench)
    사. 그 밖에 진동으로 인하여 건강장해를 유발할 수 있는 기계·기구
5. "청력보존 프로그램"이란 소음노출 평가, 소음노출에 대한 공학적 대책, 청력보호구의 지급과 착용, 소음의 유해성 및 예방 관련 교육, 정기적 청력검사, 청력보존 프로그램 수립 및 시행 관련 기록·관리체계, 그 밖에 소음성 난청 예방·관리에 필요한 사항 등이 포함된 소음성 난청을 예방·관리하기 위한 종합적인 계획을 말한다.

정답 44 정답 없음

45
다음의 FT도에서 G_1의 발생확률은?

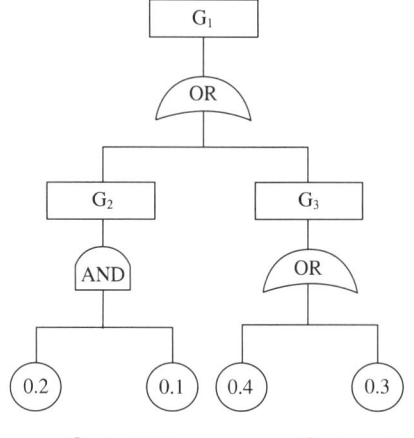

① 0.4884 ② 0.5884 ③ 0.6884 ④ 0.7884 ⑤ 0.8884

해설
AND함수 = 두 경우의 곱, OR함수 = 1 - 두 경우의 역의 곱
G_2의 경우 = 0.2 × 0.1 = 0.02
G_3의 경우 = 1 - (1 - 0.3)(1 - 0.4) = 0.58
G_1의 경우 = 1 - (1 - 0.02)(1 - 0.58) = 0.5884

46
다음에서 설명하고 있는 것은?

- 취급, 조작자의 부주의와 잘못에 의해 사고가 발생하는 것을 방지하기 위한 방법으로 인간의 실수가 직접적으로 고장 또는 사고로 이어지지 않도록 하는 것
- 세탁기 구동 시에 사람이 부주의나 실수로 상단뚜껑을 열면 동작이 자동으로 멈추고 경고음이 발생하는 것
- 위험성을 모르는 아이들이 실수로 먹는 것을 방지하기 위해 약병의 안전마개를 열기 위해서 힘을 아래 방향으로 가해 돌려야 하는 것

① Fail Safe
② Fail Soft
③ Fool Proof
④ Failure Rate
⑤ Back Up

해설
① Fail Safe : 작업방법, 기계설비에 결함이 발생해도 사고로 이어지지 않도록 제어를 하는 기법이다.
② Fail Soft : 기계설비가 고장났을 때 전체적인 기능을 정지시키지 않도록 하는 기법이다.
④ Failure Rate : 정상적인 기기가 단위시간 내에 고장을 일으키는 비율을 말하며 고장률이라고 한다.
⑤ Back Up : 본래의 장치가 정상 기능을 할 수 없을 때 주변에 대신할 장치를 구비해 업무에 차질이 없도록 하는 기법이다.

47
가속수명 시험방법에서 스트레스 부과방법이 아닌 것은?

① 일정형 스트레스시험
② 점진형 스트레스시험
③ 계단형 스트레스시험
④ 간접형 스트레스시험
⑤ 주기형 스트레스시험

해설

가속수명 시험

전압, 온도, 진동 압력 등 제품의 수명에 큰 영향을 미치는 변수의 스트레스 수준을 실제 사용 조건보다 열악한 수준으로 시험하는 것으로 짧은 기간 내에 제품의 고장 자료를 얻고, 실제 사용 조건에서의 수명 관련 품질 특성치를 추정하는 방법으로 사용된다. 가속수명시험은 스트레스의 인가 방법에 따라 4가지로 나누어진다.

- 일정형(CS-ALT ; Constant Stress ALT)
- 계단형(SS-ALT ; Step Stress ALT)
- 점진형(PS-ALT ; Progressive Stress ALT)
- 주기형(Cyclic Stress ALT)

48
무재해운동의 3원칙 중 다음에 해당하는 것은?

> 단순히 사망재해나 휴업재해만 없으면 된다는 소극적인 사고가 아닌, 사업장 내의 잠재위험요인을 적극적으로 사전에 발견하고 파악·해결함으로써 산업재해의 근원적인 요소들을 없앤다는 것을 의미함

① 무의 원칙
② 보장의 원칙
③ 참여의 원칙
④ 조사의 원칙
⑤ 안전제일의 원칙

해설

무재해운동의 3원칙

- 무의 원칙 : 모든 잠재 위험요인을 모두 없애는 적극적인 방법이다.
- 선취의 원칙(안전제일의 원칙) : 일체의 위험요인을 사전에 발견, 파악, 해결하여 재해를 예방하는 원칙이다.
- 참가의 원칙 : 근로자 전원이 참석하여 문제해결 등을 실천하는 원칙이다.

정답 47 ④ 48 ①

49

FMEA에서 '실제의 손실'의 발생확률(β)을 나타내는 것은?

① $\beta = 1.00$
② $0.10 \leq \beta < 2.00$
③ $0.30 < \beta \leq 0.50$
④ $0 < \beta < 0.20$
⑤ $0.20 < \beta < 0.30$

해설

FMEA(Failure Mode and Effect Analysis)
- 고장형태와 영향 분석기법으로 고장형태란 고장이 어떤 형태로 일어났는지를 말하며 고장영향이란 고장이 장치의 운전, 기능, 상태에 미치는 즉각적인 결과를 말한다.
- 발생확률
  - $\beta = 1.00$: 실제손실
  - $0.10 < \beta \leq 1.00$: 예상손실
  - $0 < \beta \leq 0.10$: 가능손실
  - $\beta = 0.00$: 영향 없음

50

고용노동부에서 고시로 정한 사업장 위험성평가에 관한 지침에서 사용하는 용어에 관한 설명으로 옳지 않은 것은?

① "위험성평가"란 유해・위험요인을 파악하고 해당 유해・위험요인에 의한 부상 또는 질병의 발생 가능성(빈도)과 중대성(강도)을 추정・결정하고 감소대책을 수립하여 실행하는 일련의 과정을 말한다.
② "유해・위험요인 파악"이란 유해요인과 위험요인을 찾아내는 과정을 말한다.
③ "위험성"이란 유해・위험요인이 부상 또는 질병으로 이어질 수 있는 가능성(빈도)과 중대성(강도)을 조합한 것을 의미한다.
④ "위험성 추정"이란 유해・위험요인별로 추정한 위험성의 크기가 허용 가능한 범위인지 여부를 판단하는 것을 말한다.
⑤ "위험성 감소대책 수립 및 실행"이란 위험성 결정 결과 허용 불가능한 위험성을 합리적으로 실천 가능한 범위에서 가능한 한 낮은 수준으로 감소시키기 위한 대책을 수립하고 실행하는 것을 말한다.

해설

※ 출제 시 정답은 ④였으나, 법령 개정(23.5.22)으로 정답 없음으로 처리하였음

정의(사업장 위험성평가에 관한 지침 제3조)
㉠ 이 고시에서 사용하는 용어의 뜻은 다음과 같다.
  1. "유해・위험요인"이란 유해・위험을 일으킬 잠재적 가능성이 있는 것의 고유한 특징이나 속성을 말한다.
  2. "위험성"이란 유해・위험요인이 사망, 부상 또는 질병으로 이어질 수 있는 가능성과 중대성 등을 고려한 위험의 정도를 말한다.
  3. "위험성평가"란 사업주가 스스로 유해・위험요인을 파악하고 해당 유해・위험요인의 위험성 수준을 결정하여, 위험성을 낮추기 위한 적절한 조치를 마련하고 실행하는 과정을 말한다.
㉡ 그 밖에 이 고시에서 사용하는 용어의 뜻은 이 고시에 특별히 정한 것이 없으면 산업안전보건법, 같은 법 시행령, 같은 법 시행규칙 및 산업안전보건기준에 관한 규칙에서 정하는 바에 따른다.

| 기업진단 · 지도

51
파스칼(R. Pascale)과 애토스(A. Athos)의 7S 조직문화 구성요소 중 가장 핵심적인 요소는?
① 전 략
② 공유 가치
③ 구성원
④ 제도 · 절차
⑤ 관리스타일

해설

파스칼(R. Pascale)과 애토스(A. Athos)의 7S 조직문화 구성요소
- System(조직시스템)
- Structure(조직 구조)
- Strategy(경영 전략)
- Style(경영 스타일)
- Skill(조직 기능)
- Staff(조직 구성원)
- Share Value(공유 가치)

이 중 가장 중요한 것은 공유 가치로서 조직 내에서 바람직한 행동을 제시하는 기본규범이며 구성원들이 공유하고 있는 신념이다.

52
상황적합적 조직구조 이론에 관한 설명으로 옳지 않은 것은?
① 우드워드(J. Woodward)는 기술을 단위생산기술, 대량생산기술, 연속공정기술로 나누었는데, 대량생산에는 기계적 조직구조가 적합하고, 연속공정에는 유기적 조직구조가 적합하다고 주장하였다.
② 번즈(T. Burns)와 스탈커(G. Stalker)는 안정적인 환경에서는 기계적인 조직이, 불확실한 환경에서는 유기적인 조직이 효과적이라고 주장하였다.
③ 톰슨(J. Thompson)은 기술을 단위작업 간의 상호의존성에 따라 중개형, 장치형, 집약형으로 유형화하고, 이에 적합한 조직구조와 조정형태를 제시하였다.
④ 페로우(C. Perrow)는 기술을 다양성 차원과 분석가능성 차원을 기준으로 일상적 기술, 공학적 기술, 장인기술, 비일상적 기술로 유형화하였다.
⑤ 블라우(P. Blau), 차일드(J. Child)는 환경의 불확실성을 상황변수로 연구하였다.

해설

블라우와 차일드는 상황이 아닌 규모에 따른 조직구조이론을 연구하였다.

53
인사고과에 관한 설명으로 옳은 것을 모두 고른 것은?

> ㄱ. 캐플란(R. Kaplan)과 노턴(D. Norton)이 주장한 균형성과표(BSC)의 4가지 핵심 관점은 재무관점, 고객관점, 외부환경관점, 학습·성장관점이다.
> ㄴ. 목표관리법(MBO)의 단점 중 하나는 권한위임이 이루어지기 어렵다는 것이다.
> ㄷ. 체크리스트법(대조법)은 평가자로 하여금 피평가자의 성과, 능력, 태도 등을 구체적으로 기술한 단어나 문장을 선택하게 하는 인사고과법이다.
> ㄹ. 대부분의 전통적인 인사고과법과는 달리, 종합평가법 혹은 평가센터법(ACM)은 미래의 잠재능력을 파악할 수 있는 인사고과법이다.
> ㅁ. 행동기준평가법(BARS)은 척도설정 및 기준행동의 기술-중요과업의 선정-과업행동의 평가 순으로 이루어진다.

① ㄱ, ㅁ
② ㄷ, ㄹ
③ ㄱ, ㄴ, ㄷ
④ ㄷ, ㄹ, ㅁ
⑤ ㄱ, ㄷ, ㄹ

해설

- 균형성과표(BSC) : Balanced Score Card로 핵심성과지표를 재구성해 조직의 목표달성에 집중하도록 하는 경영시스템이다. 재무, 고객, 내부프로세스, 학습성장 관점의 측면으로 균형 있게 평가하는 성과측정기록표이다.
- 목표관리법(MBO) : 목표설정부터 결과까지 직원들이 참여하여 평가하는 기법이다. 직원들이 목표에 대해 정확히 알고 자신의 역할이 무엇인지 알고 있으며 권한 위임이 쉽게 이루어진다.
- 행동기준평가법(BARS) : 직원이 실제로 수행하는 행위에 근거하여 평가함으로써 평가의 신뢰도와 타당성을 높인 평가 기법이다.

54

프로젝트 활동의 단축비용이 단축일수에 따라 비례적으로 증가한다고 할 때, 정상활동으로 가능한 프로젝트 완료일을 최소의 비용으로 하루 앞당기기 위해 속성으로 진행되어야 할 활동은?

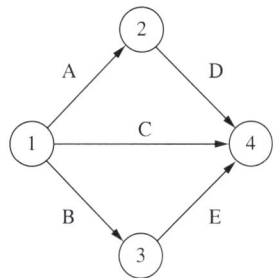

활 동	직전 선행활동	활동시간(일)		활동비용(만원)	
		정상	속성	정상	속성
A	–	7	5	100	130
B	–	5	4	100	130
C	–	12	10	100	140
D	A	6	5	100	150
E	B	9	7	100	150

① A
② B
③ C
④ D
⑤ E

해설

활 동	직전 선행활동	활동시간(일)	활동비용(만원)	1일 단축 비용
A	–	2	30	15
B	–	1	30	30
C	–	2	40	20
D	A	1	50	50
E	B	2	50	25

- A와 D로 구성된 활동경로는 정상의 경우 13일, 속성의 경우 10일이 소요된다.
- C경로의 경우 정상 활동은 12일이 소요되며, 속성활동은 10일이 소요된다.
- B와 E로 구성된 활동경로는 정상의 경우 14일, 속성의 경우 11일이 소요된다.
- 가장 긴 경우는 B와 E로 구성된 경로이며 14일이 소요된다. 하루를 줄이는 데 드는 비용은 B의 경우 30만원, E의 경우 25만원이 소요되므로 E활동을 줄여야 유리하다.

55
경력개발에 관한 설명으로 옳은 것은?
① 경력 정체기에 접어들은 종업원들이 보여주는 반응유형은 방어형, 절망형, 성과미달형, 이상형으로 구분된다.
② 샤인(E. Schein)은 개인의 경력욕구 유형을 관리지향, 기술-기능지향, 안전지향 등 세 가지로 구분하였다.
③ 홀(D. Hall)의 경력단계 모델에서 중년의 위기가 나타나는 단계는 확립단계이다.
④ 이중 경력경로(Dual-career Path)는 개인이 조직에서 경험하는 직무들이 수평적 뿐만 아니라 수직적으로 배열되어 있는 경우이다.
⑤ 경력욕구는 조직이 개인에게 기대하는 행동인 경력역할과 개인 자신이 추구하려고 하는 경력방향에 의해 결정된다.

해설
② 샤인은 경력욕구를 닻에 비유하여 8개의 닻으로 분류하였다.
- 전문역량의 닻 : 일의 내용에 관심, 전문분야에 종사를 원함
- 관리역량의 닻 : 전문분야보다는 관리업무에 종사를 원함
- 자율성의 닻 : 조직의 제약조건에서 벗어나려는 데 관심이 있음
- 안전성의 닻 : 도전보다는 안정적인 것을 선호
- 도전의 닻 : 문제해결 및 극복에 관심이 있음
- 봉사의 닻 : 타인을 위해 봉사하는 것을 원함
- 기업가정신의 닻 : 자기 사업을 선호함
- 생활방식의 닻 : 일과 생활 간의 조화로운 균형을 추구함

③ 홀의 경력단계 모델에서 중년의 위기가 나타나는 단계는 쇠퇴기이다.
- 1단계(탐색기) : 직업탐색, 준비, 입사단계이다.
- 2단계(확립기) : 조직에 속하여 소속감을 느끼는 단계이다.
- 3단계(유지기) : 책임이 증가하고 타인을 지도할 수 있는 능력을 갖추는 단계이다.
- 4단계(쇠퇴기) : 육체적으로 정신적으로 쇠퇴하게 되는 단계이다. 중년의 위기가 나타나는 단계이다.

④ 이중 경력경로는 개인의 경력기간 동안 관리직 또는 기술직, 전문직으로 수평적 이동이 가능하게 하는 것으로 수직적인 이동은 해당되지 않는다.
⑤ 개인의 경력역할과 경력방향에 의해 결정되는 것은 경력 개발이며 경력욕구의 개념과는 다르다.

56

경영참가제도에 관한 설명으로 옳지 않은 것은?

① 경영참가제도는 단체교섭과 더불어 노사관계의 양대 축을 형성하고 있다.
② 독일은 노사공동결정제를 실시하고 있다.
③ 스캔론플랜(Scanlon Plan)은 경영참가제도 중 자본참가의 한 유형이다.
④ 종업원지주제(ESOP)는 원래 안정주주의 확보라는 기업방어적인 측면에서 시작되었다.
⑤ 정치적인 측면에서 볼 때 경영참가제도의 목적은 산업민주주의를 실현하는 데 있다.

해설

경영참가제도
- 스캔론플랜(Scanlon Plan)
  - 경영참가제도 중 이익참가의 한 유형이며 집단성과배분제 중의 한 유형이다.
  - 실제인건비가 표준인건비보다 적을 경우 절약분을 집단에게 배분하는 제도이다.
- 종업원지주제도(Employee Stock Ownership Plans)
  - 종업원이 자기 회사의 주식을 소유하는 제도이며 우리사주조합 등을 결성하여 회사의 주식을 우선 배정받을 수 있다.
  - 배정받은 종업원은 주식의 가치를 향상시켜야 하기 때문에 생산성이 향상된다.

57

동기부여이론에 관한 설명으로 옳지 않은 것은?

① 동기부여이론을 내용이론과 과정이론으로 구분할 때 알더퍼(C. Alderfer)의 ERG 이론은 내용이론이다.
② 맥클랜드(D. McClelland)의 성취동기이론에서 성취욕구를 측정하기에 가장 적합한 것은 TAT(주제통각검사)이다.
③ 허즈버그(F. Herzberg)의 2요인 이론에 따르면, 동기유발이 되기 위해서는 동기요인은 충족시키고, 위생요인은 제거해 주어야 한다.
④ 브룸(V. Vroom)의 기대이론은 기대감, 수단성, 유의성에 의해 노력의 강도가 결정되는데 이들 중 하나라도 0이면 동기부여가 안 된다고 한다.
⑤ 아담스(J. Adams)는 페스팅거(L. Festinger)의 인지부조화 이론을 동기유발과 연관시켜서 공정성이론을 체계화하였다.

해설

허즈버그(F. Herzberg)의 2요인 이론
허즈버그의 2요인 이론은 동기를 유발하는 동기요인과 동기를 유발하지는 않지만 충족이 되어야 하는 위생요인으로 이루어지며 동기를 유발하기 위해서는 2가지 모두가 충족되어야 한다.
- 위생요인 : 급여, 근무환경, 보상, 지위, 승진, 근무정책 등 환경적인 요인
- 동기요인 : 성취감, 책임감, 일의 내용 그 자체, 동료와의 관계, 업무 능력 성장 등 감정적인 요인

58
수요예측을 위한 시계열분석에 관한 설명으로 옳지 않은 것은?

① 시계열분석은 장래의 수요를 예측하는 방법으로, 종속변수인 수요의 과거 패턴이 미래에도 그대로 지속된다는 가정에 근거를 두고 있다.
② 전기수요법은 가장 최근의 수요로 다음 기간의 수요를 예측하는 기법으로, 수요가 안정적일 경우 효율적으로 사용할 수 있다.
③ 이동평균법은 우연변동만이 크게 작용하는 경우 유용한 기법으로, 가장 최근 n기간 데이터를 산술평균하거나 가중평균하여 다음 기간의 수요를 예측할 수 있다.
④ 추세분석법은 과거 자료에 뚜렷한 증가 또는 감소의 추세가 있는 경우, 과거 수요와 추세선상 예측치 간 오차의 합을 최소화하는 직선 추세선을 구하여 미래의 수요를 예측할 수 있다.
⑤ 지수평활법은 추세나 계절변동을 모두 포함하여 분석할 수 있으나, 평활상수를 작게 하여도 최근 수요 데이터의 가중치를 과거 수요 데이터의 가중치보다 작게 부과할 수 없다.

해설

수요예측기법
- 추세분석법 : 과거의 자료를 이용하여 분석한 후 미래에 나타날 방향성을 예측하는 미래 예측 기법이다. 추세 분석이 가장 활발하게 적용되는 곳이 주식시장이다. 추세를 분석하여 주가의 흐름을 예측하고 매매를 하는 경우가 많은데 이때 사용하는 기법이 추세분석법이다.
- 시계열분석법 : 시계열 데이터의 추세, 계절성, 지수 등의 값을 파악하여 미래 수요를 예측하는 기법이다.
- 지수평활법 : 가장 최근의 수요에 대해 가중치를 가장 크게 부여하는 기법으로 최근부터 멀리 떨어진 수요는 가중치를 줄여가는 방식이다.

59
하우 리(H. Lee)가 제안한 공급사슬 전략 중 수요의 불확실성이 낮고 공급의 불확실성이 높은 경우 필요한 전략은?

① 효율적 공급사슬
② 반응적 공급사슬
③ 민첩한 공급사슬
④ 위험회피 공급사슬
⑤ 지속가능 공급사슬

해설

하우리의 공급 사슬 전략

하우리의 공급사슬 전략		수요의 불확실성	
		저	고
공급의 불확실성	저	효율적 공급사슬	반응적 공급사슬
	고	위험회피 공급사슬	민첩한 공급사슬

정답 58 ④ 59 ④

60
심리평가에서 신뢰도와 타당도에 관한 설명으로 옳은 것은?

① 내적일치 신뢰도(Internal Consistency Reliability)를 알아보기 위해서는 동일한 속성을 측정하기 위한 검사를 두 가지 다른 형태로 만들어 사람들에게 두 가지 형 모두를 실시한다.
② 다양한 신뢰도 측정방법들은 모두 유사한 의미를 지니고 있기 때문에 서로 바꾸어서 사용해도 된다.
③ 검사-재검사 신뢰도(Test-retest Reliability)는 두 번의 검사 시간 간격이 길수록 높아진다.
④ 준거 관련 타당도 중 동시 타당도(Concurrent Validity)와 예측 타당도(Predictive Validity) 간의 중요한 차이는 예측변인과 준거자료를 수집하는 시점 간 시간 간격이다.
⑤ 검사가 학문적으로 받아들여지기 위해 바람직한 신뢰도 계수와 타당도 계수는 .70~.80의 범위에 존재한다.

해설
① 내적일치 신뢰도란 특정한 하위검사와 그 검사의 총점 간의 상관관계를 산출하여 내적일치도의 정도를 추정하는 것이다. 동일한 속성을 측정하기 위한 검사를 2가지 다른 형태로 만들어 사람들에게 2가지 형 모두를 실시하는 것은 동형 검사이다.
② 다양한 신뢰도 측정방법들은 모두 의미가 다르기 때문에 절대 서로 바꾸어 사용해서는 안 된다.
③ 검사-재검사 신뢰도(Test-retest Reliability)는 2번의 검사 시간 간격이 짧아야 신뢰도가 올라간다.
⑤ 검사가 학문적으로 받아들여지기 위해 바람직한 신뢰도 계수와 타당도 계수는 .80~1.00 미만의 범위에 존재한다.

61
개인의 수행을 판단하기 위해 사용되는 준거의 특성 중 실제준거가 개념준거 전체를 나타내지 못하는 정도를 의미하는 것은?

① 준거 결핍(Criterion Deficiency)
② 준거 오염(Criterion Contamination)
③ 준거 불일치(Criterion Discordance)
④ 준거 적절성(Criterion Relevance)
⑤ 준거 복잡성(Criterion Composite)

해설
② 준거 오염 : 실제준거 측정부분 중 이론준거가 아닌 부분을 말한다.
③ 준거 불일치 : 실제준거와 개념준거의 일치하지 않는 것을 말한다.
④ 준거 적절성 : 실제준거와 개념준거가 일치되거나 유사한 정도를 말한다.
⑤ 준거 복잡성 : 준거의 여러 과업을 다루기 위한 방법이다.

62

직업 스트레스 모델 중 다양한 직무요구에 대해 종업원들의 외적 요인(조직의 지원, 의사결정과정에 대한 참여)과 내적 요인(자신의 업무요구에 대한 종업원의 정신적 접근방법)이 개인적으로 직면하는 스트레스 요인에 완충 역할을 한다는 것은?

① 자원보존(COR ; Conservation of Resources) 이론
② 요구-통제 모델(Demands-Control Model)
③ 요구-자원 모델(Demands-Resources Model)
④ 사람-환경 적합 모델(Person-Environment Fit Model)
⑤ 노력-보상 불균형 모델(Effort-Reward Imbalance Model)

해설

직무 스트레스
근로자의 능력, 자원, 욕구 등과 업무상 요구사항이 부합하지 않음으로써 발생하는 신체적·정신적 유해반응이다. 요구-자원 모델은 조직구성원이 직무수행 과정에서 직면하는 업무 부담과 그로 인한 심리적 경험 간의 관계를 검토하는 이론이다. 내적 요인(직무수행자의 정신적 노력)과 외적 요인(직무자원공급)이 스트레스에 완충작용을 한다는 이론으로 요구-통제 모델의 확장된 이론이다.

63

작업동기이론에 관한 설명으로 옳지 않은 것은?

① 기대이론(Expectancy Theory)은 다른 사람들 간의 동기의 정도를 예측하는 것보다는 한 사람이 서로 다양한 과업에 기울이는 노력의 수준을 예측하는 데 유용하다.
② 형평이론(Equity Theory)에 따르면 개인마다 형평에 대한 선호도에 차이가 있으며, 이러한 형평 민감성은 사람들이 불형평에 직면하였을 때 어떤 행동을 취할지를 예측한다.
③ 목표설정이론(Goal-setting Theory)에 따르면 목표가 어려울수록 수행은 더욱 좋아질 가능성이 크지만, 직무가 복잡하고 목표의 수가 다수인 경우에는 수행이 낮아진다.
④ 자기조절이론(Self-regulation Theory)에서는 개인이 행위의 주체로서 목표를 달성하기 위하여 주도적인 역할을 한다고 주장한다.
⑤ 자기결정이론(Self-determination Theory)은 자기효능감이 긍정적인 결과를 초래할지 아니면 부정적인 결과를 초래할지에 대한 문제를 이해하는 데 도움을 주는 이론이다.

해설

자기결정이론은 데시가 연구한 이론으로 개인들이 어떤 활동에 내재적·외재적인 이유에 의해 참여하였을 때 발생하는 결과는 전혀 다르게 나타난다는 이론이다.

64
조직 내 팀에 관한 설명으로 옳지 않은 것을 모두 고른 것은?

> ㄱ. 터크만(B. Tuckman)의 팀 생애주기는 형성(Forming) → 규범형성(Norming) → 격동(Storming) → 수행(Performing) → 해체(Adjourning)의 순이다.
> ㄴ. 집단사고는 효과적인 팀 수행을 위하여 공유된 정신모델을 구축할 때 잠재적으로 나타나는 부정적인 면이다.
> ㄷ. 집단극화는 개별 구성원의 생각으로는 좋지 않다고 생각하는 결정을 집단이 선택할 때 나타나는 현상이다.
> ㄹ. 무임승차(Free Riding)나 무용성 지각(Felt Dispensability)은 팀에서 개인에게 개별적인 인센티브를 주지 않음으로써 일어날 수 있는 사회적 태만이다.
> ㅁ. 마크(M. Marks)가 제안한 팀 과정의 3요인 모형은 전환과정, 실행과정, 대인과정으로 구성되어 있다.

① ㄱ, ㄴ
② ㄱ, ㄷ
③ ㄱ, ㄷ, ㅁ
④ ㄷ, ㄹ, ㅁ
⑤ ㄱ, ㄴ, ㄷ, ㄹ

해설

터크만의 팀 생애주기
팀의 형성부터 해체까지 일련의 과정을 연구하여 팀 생애주기 이론을 발표하였다.
- 형성기(Forming)
- 격동기(Storming)
- 규범형성기(Norming)
- 수행기(Performing)
- 해체기(Adjourning)

집단극화
집단의 의사결정이 구성원들 간의 토론 후에 개별적인 결정보다 극단적으로 되는 현상이다.

65

반생산적 업무행동(CWB)에 관한 설명으로 옳지 않은 것은?

① 반생산적 업무행동의 사람 기반 원인에는 성실성(Conscientiousness), 특성 분노(Trait Anger), 자기통제력(Self Control), 자기애적 성향(Narcissism) 등이 있다.
② 반생산적 업무행동의 주된 상황기반 원인에는 규범, 스트레스에 대한 정서적 반응, 외적 통제소재, 불공정성 등이 있다.
③ 조직의 재산이나 조직 성원의 일을 의도적으로 파괴하거나 손상을 입히는 반생산적 업무행동은 심각성, 반복 가능성, 가시성에 따라 구분되어 진다.
④ 사회적 폄하(Social Undermining)는 버릇없거나 의욕을 떨어뜨리는 행동으로 직장에서 용수철 효과(Spiraling Effect)처럼 작용하는 반생산적 업무행동이다.
⑤ 직장폭력과 공격을 유발하는 중요한 예측치는 조직에서 일어난 일이 얼마나 중요하게 인식되는가를 의미하는 유발성 지각(Perceived Provocation)이다.

해설

반생산적 업무행위(Counterproductive Work Behavior)
- 조직이나 개인이 의도적으로 다른 조직, 개인의 일을 방해하거나 손상을 입히는 행위를 말한다.
- 반생산적 업무행위의 종류 : 생산일탈, 사보타주, 타인 학대, 직장 무례, 학대적 지도 등으로 나타나며 그중 많이 사용되는 사회적 폄하(Social Undermining)로 구성원들 간에 좋은 관계를 형성하지 못하게 하고 업무에서 성공적이지 못하도록 하는 행동이다. 예를 들면 회사 내 활동 배제시키기, 심하게 비판하기 등이 해당된다.

66

인간지각 특성에 관한 설명으로 옳지 않은 것은?

① 평행한 직선들이 평행하게 보이지 않는 방향착시는 가현운동에 의한 착시의 일종이다.
② 선택, 조직, 해석의 세 가지 지각과정 중 게슈탈트 지각 원리들이 나타나는 것은 조직과정이다.
③ 전체적인 맥락에서 문자나 그림 등의 빠진 부분을 채워서 보는 지각 원리는 폐쇄성(Closure)이다.
④ 일반적으로 감시하는 대상이 많아지면 주의의 폭은 넓어지고 깊이는 얕아진다.
⑤ 주의력의 특성으로는 선택성, 방향성, 변동성이 있다.

해설

가현운동
실제로는 움직이지 않는 대상이 어떤 조건 아래에서 움직이는 것처럼 보이는 현상을 말한다. 서로 다른 위치에 존재하는 자극이 서로 연결되어 움직인 것처럼 생각되지만 사실은 각각 다른 위치에서 발생된 자극인 것이다. 이런한 가현운동을 이용한 것이 우리 생활의 다양한 곳에서 적용되어 영화, 광고, 간판 등에 사용되고 있다.

정답 65 ④ 66 ①

67

휴먼에러(Human Error)에 관한 설명으로 옳은 것은?

① 리전(J. Reason)의 휴먼에러 분류는 행위의 결과만을 보고 분류하므로 에러 분류가 비교적 쉽고 빠른 장점이 있다.
② 지식기반 착오(Knowledge Based Mistake)는 무의식적 행동 관례 및 저장된 행동 양상에 의해 제어되는 것이다.
③ 라스무센(J. Rasmussen)은 인간의 불완전한 행동을 의도적인 경우와 비의도적인 경우로 구분하여 에러 유형을 분류하였다.
④ 누락오류, 작위오류, 시간오류, 순서오류는 원인적 분류에 해당하는 휴먼에러이다.
⑤ 스웨인(A. Swain)은 휴먼에러를 작업 완수에 필요한 행동과 불필요한 행동을 하는 과정에서 나타나는 에러로 나누었다.

해설

① 리전의 분류는 행위의 관점이 아닌 행동의 원인의 관점에서 분류하고 있다. 의도적 행동과 비의도적 행동으로 분류된다.
② 지식기반 착오 모델은 익숙치 않은 문제를 단계에 따라 행동하는 과정에서 에러가 발생한다는 이론으로 라스무센에 의해 개발되었다.
③ 라스무센은 에러를 숙련기반행동, 규칙기반행동, 지식기반행동으로 분류하였다. 의도적 행위와 비의도적 행위에 따른 에러분류는 리전의 분류이다.
④ 누락오류, 작위오류, 시간오류, 순서오류 등은 심리적인 문제로 인해 발생되는 것으로 원인적 관점의 분류와는 다르다.

68
작업 환경과 건강에 관한 설명으로 옳은 것을 모두 고른 것은?

> ㄱ. 안전한 절차, 실행, 행동을 관리자가 장려하고 보상한다는 종업원의 공유된 지각을 조직지지 지각(Perceived Organizational Support)이라 한다.
> ㄴ. 레이노 증후군(Raynaud's Syndrome)이란 진동이나 추위, 심리적 변화 등으로 인해 나타나는 말초혈관 운동의 장애로 손가락이 창백해지고 통증을 느끼는 증상을 말한다.
> ㄷ. 눈부심의 불쾌감은 배경의 휘도가 클수록, 광원의 크기가 작을수록 감소하게 된다.
> ㄹ. VDT(Visual Display Terminal) 증후군은 컴퓨터의 키보드나 마우스를 오래 사용하는 작업자에게 발생하는 반복긴장성 손상의 대표적인 질환이다.

① ㄱ, ㄴ
② ㄴ, ㄷ
③ ㄱ, ㄷ, ㄹ
④ ㄴ, ㄷ, ㄹ
⑤ ㄱ, ㄴ, ㄷ, ㄹ

해설
※ 해당 문제는 모두 정답 처리되었습니다. 옳은 답은 'ㄱ, ㄹ'입니다.

레이노 증후군(Raynaud's syndrome)
- 진동이나 추위, 심리적 변화 등으로 인해 나타나는 말초혈관 운동의 장애로 손가락이 창백해지고 통증을 느끼는 증상을 말한다(심리적 변화에 의해서 나타나는 현상은 아님).
- 레이노 증후군의 증상은 혈관이 수축하고 피부가 창백해지며 저린 증상이 발생된다.
- 예방법은 옷을 따뜻하게 입고 체온을 유지하며 외부 스트레스의 원인을 제거하는 것이 중요하다. 또한 금주, 금연은 필수이다.

69
화학물질 및 물리적 인자의 노출기준에서 공기 중 석면 농도의 표시 단위는?

① ppm
② mg/m^3
③ mppcf
④ CFU/m^3
⑤ 개/cm^3

해설
① ppm : 공기 $1m^3$ 속에 들어 있는 기체의 수를 나타내는 100만분의 용량비(Part Per Million)
② mg/m^3 : 공기 $1m^3$ 속에 들어 있는 유해물질의 mg 수
③ mppcf : 입방 피트당 백만 개의 입자(Million Particles Per Cubic Foot)
④ CFU/m^3 : 집락형성단위로 $1m^3$ 속에 부유균의 수(Colony Forming Unit)

70
1900년 이전에 일어난 산업보건 역사에 해당하지 않는 것은?

① 영국에서 음낭암 발견
② 독일 뮌헨대학에서 위생학 개설
③ 영국에서 공장법 제정
④ 영국에서 황린 사용금지
⑤ 독일에서 노동자질병보호법 제정

해설

④ 영국에서 황린 사용금지를 한 것은 1905년이다.
세계보건역사
- 기원전 460~370년 히포크라테스 납중독에 대한 기록(광산의 납중독)
- 0023~0079년 가이우스 아연, 황의 유해성기술
- 0129~0199년 갈레노스 구리광산에서 광부들에 대한 산(Acid)의 위험성 보고
- 1535년 파라셀수스 물질 독성에 대한 언급
- 1556년 아그리콜라 광물에 대하여 저술
- 1700년 라마치니 현대 산업위생학의 초석인 『직업인의 병』 출판
- 1790~1820년 산업혁명 발생, 공장시스템 시작, 증기기관 발명, 소아노동 발생
- 1775년 영국 포트 어린이 굴뚝 청소부에서 음낭암 발견
- 1833년 영국의 공장법 제정
- 1883년 독일의 노동자질병보호법 제정 및 독일 뮌헨대학 위생학 개설
- 1895년 렌 아닐린 염료로 인한 방광암 발견
- 1905년 영국에서 황린 사용금지
- 1910년 미국 해밀턴 미국의 산업중독 발간
- 1911년 로리거 수지의 레이노드 증상 보고
- 1948년 세계보건기구(WHO) 발족

71
산업위생전문가의 윤리강령 중 사업주에 대한 책임에 해당하지 않는 것은?

① 쾌적한 작업환경을 만들기 위하여 산업위생의 이론을 적용하고 책임 있게 행동한다.
② 신뢰를 바탕으로 정직하게 권고하고 결과와 개선점은 정확히 보고한다.
③ 결과와 결론을 위해 사용된 모든 자료들을 정확히 기록・보관한다.
④ 업무 중 취득한 기밀에 대해 비밀을 보장한다.
⑤ 근로자의 건강에 대한 궁극적인 책임은 사업주에게 있음을 인식시킨다.

해설

산업위생전문가의 책임

1. 산업위생전문가로서의 책임
   - 학문적으로 최고 수준을 유지한다.
   - 과학적 방법을 적용하고 자료해석에서 객관성을 유지한다.
   - 전문분야로서의 산업위생 발전에 기여한다.
   - 근로자, 사회 및 전문분야의 이익을 위해 과학적 지식을 공개한다.
   - 기업의 기밀은 지킨다.
   - 이해관계가 상반되는 상황에는 개입하지 않는다.
2. 근로자에 대한 책임
   - 근로자의 건강보호는 산업위생전문가의 일차적 책임이다.
   - 위험요인의 측정, 평가 및 관리에 있어서 외부의 압력에 굴하지 않고 중립적 태도를 취한다.
   - 위험요인과 예방조치에 관하여 근로자와 상담한다.
3. 기업주와 고객에 대한 책임
   - 쾌적한 작업환경을 만들기 위하여 산업위생의 이론을 적용하고 책임 있게 행동한다.
   - 신뢰를 바탕으로 정직하게 권하고 결과와 개선점은 정확히 보고한다.
   - 결론을 뒷받침할 수 있도록 기록을 유지하고 산업위생사업을 전문가답게 운영한다.
   - 기업주와 고객보다는 근로자의 건강보호에 궁극적 책임을 둔다.
4. 일반 대중에 대한 책임
   - 일반 대중에 관한 사항은 정직하게 발표한다.
   - 확실한 사실을 근거로 전문적 견해를 밝힌다.

72

납 중독 시 나타나는 Heme 합성 장해에 관한 설명으로 옳지 않은 것은?

① 혈중 유리철분 감소
② 혈청 중 δ-ALA 증가
③ δ-ALAD 작용 억제
④ 적혈구 내 프로토폴피린 증가
⑤ Heme 합성효소 작용 억제

해설

헴(Heme) 합성 장해
- 혈색소량 감소
- 적혈구 생존기간 단축
- ALA 효소 작용 억제
- 혈중 δ-ALA 농도 증가
- 유리철분 증가
- 합성효소 작용 억제

정답 72 ①

73

근로자 건강진단 실시기준에 따른 건강관리구분 C_N의 내용은?

① 직업성 질병으로 진전될 우려가 있어 추적검사 등 관찰이 필요한 근로자
② 일반질병으로 진전될 우려가 있어 추적관찰이 필요한 근로자
③ 질병으로 진전될 우려가 있어 야간작업 시 추적관찰이 필요한 근로자
④ 질병의 소견을 보여 야간작업 시 사후관리가 필요한 근로자
⑤ 건강진단 1차 검사결과 건강수준의 평가가 곤란하거나 질병이 의심되는 근로자

해설

근로자 건강진단 건강관리 구분판정(근로자 건강진단 실시기준 별표 4)
- A : 건강한 근로자(건강관리상 사후관리가 필요 없는 근로자)
- R : 제2차 건강진단 대상자(건강진단 1차 검사결과 건강수준의 평가가 곤란하거나 질병이 의심되는 근로자)
- C : 질병 요관찰자(C_1 : 직업병 요관찰자, C_2 : 일반질병 요관찰자, C_N : 질병 요관찰자로 야간작업 시 추적관찰이 필요한 근로자)
- D : 질병 유소견자(D_1 : 직업병 유소견자, D_2 : 일반질병 유소견자, D_N : 질병 유소견자로 야간작업 시 사후관리가 필요한 근로자)

74

비누거품미터의 뷰렛 용량은 500mL이고, 거품이 지나가는 데 10초가 소요되었다면 공기시료채취기의 유량(L/min)은?

① 2.0
② 3.0
③ 4.0
④ 5.0
⑤ 6.0

해설

$$유량(L/min) = \frac{용량}{시간}$$

$$유량 = \frac{500mL}{10s} = \frac{0.5L}{10/60min} = 3.0L/min$$

75

덕트 내 공기에 의한 마찰손실을 표시하는 레이놀즈 수(Reynolds No.)에 포함되지 않는 요소는?

① 공기 속도(Velocity)
② 덕트 직경(Diameter)
③ 덕트면 조도(Roughness)
④ 공기 밀도(Density)
⑤ 공기 점도(Viscosity)

해설

- 레이놀즈 수 $= \dfrac{\text{밀도} \times \text{속도} \times \text{특성길이}}{\text{점성계수}}$
- 밀도 : 공기 밀도
- 속도 : 공기 속도
- 특성길이 : 덕트 직경
- 점도계수 : 공기 점도

2018년 과년도 기출문제

산업안전보건법령

01

산업안전보건법령상 근로를 금지시켜야 하는 사람에 해당하지 않는 것은?

① 정신분열증에 걸린 사람
② 감압증에 걸린 사람
③ 폐 질환이 있는 사람으로서 근로에 의하여 병세가 악화될 우려가 있는 사람
④ 심장 질환이 있는 사람으로서 근로에 의하여 병세가 악화될 우려가 있는 사람
⑤ 신장 질환이 있는 사람으로서 근로에 의하여 병세가 악화될 우려가 있는 사람

해설

※ 출제 시 정답은 ②였으나, 산업안전보건법 시행규칙 개정(19.12.26)으로 정신분열증이 조현병으로 변경되어 정답 없음 처리하였음

질병자의 근로금지(산업안전보건법 시행규칙 제220조)
㉠ 법 제138조제1항에 따라 사업주는 다음 중 어느 하나에 해당하는 사람에 대해서는 근로를 금지해야 한다.
  1. 전염될 우려가 있는 질병에 걸린 사람. 다만, 전염을 예방하기 위한 조치를 한 경우는 제외한다.
  2. 조현병, 마비성 치매에 걸린 사람
  3. 심장·신장·폐 등의 질환이 있는 사람으로서 근로에 의하여 병세가 악화될 우려가 있는 사람
  4. 1.부터 3.까지의 규정에 준하는 질병으로서 고용노동부장관이 정하는 질병에 걸린 사람
㉡ 사업주는 ㉠에 따라 근로를 금지하거나 근로를 다시 시작하도록 하는 경우에는 미리 보건관리자(의사인 보건관리자만 해당한다), 산업보건의 또는 건강진단을 실시한 의사의 의견을 들어야 한다.

02

산업안전보건법령상 사업장의 산업재해 발생건수 등 공표에 관한 설명이다. ( ) 안에 들어갈 내용을 순서대로 바르게 나열한 것은?

> 고용노동부장관은 산업재해를 예방하기 위하여 산업안전보건법 제10조제2항에 따른 산업재해의 발생에 관한 보고를 최근 (ㄱ) 이내 (ㄴ) 이상 하지 않은 사업장의 산업재해 발생건수, 재해율 또는 그 순위 등을 공표하여야 한다.

① ㄱ : 1년, ㄴ : 1회
② ㄱ : 2년, ㄴ : 2회
③ ㄱ : 3년, ㄴ : 2회
④ ㄱ : 5년, ㄴ : 3회
⑤ ㄱ : 5년, ㄴ : 5회

정답 1 정답 없음 2 ③

> **해설**

공표대상 사업장(산업안전보건법 시행령 제10조)

㉠ 법 제10조제1항에서 "대통령령으로 정하는 사업장"이란 다음 중 어느 하나에 해당하는 사업장을 말한다.
  1. 산업재해로 인한 사망자(이하 "사망재해자"라 한다)가 연간 2명 이상 발생한 사업장
  2. 사망만인율(死亡萬人率 : 연간 상시근로자 1만명당 발생하는 사망재해자 수의 비율을 말한다)이 규모별 같은 업종의 평균 사망만인율 이상 사업장
  3. 법 제44조제1항 전단에 따른 중대산업사고가 발생한 사업장
  4. 법 제57조제1항을 위반하여 산업재해 발생 사실을 은폐한 사업장
  5. 법 제57조제3항에 따른 산업재해의 발생에 관한 보고를 최근 3년 이내 2회 이상 하지 않은 사업장
㉡ ㉠의 1.부터 3.까지의 규정에 해당하는 사업장은 해당 사업장이 관계수급인의 사업장으로서 법 제63조에 따른 도급인이 관계수급인 근로자의 산업재해 예방을 위한 조치의무를 위반하여 관계수급인 근로자가 산업재해를 입은 경우에는 도급인의 사업장(도급인이 제공하거나 지정한 경우로서 도급인이 지배·관리하는 제11조 각 호에 해당하는 장소를 포함한다. 이하 같다)의 법 제10조제1항에 따른 산업재해발생건수 등을 함께 공표한다.

03

산업안전보건법령상 '일반석면조사'를 해야 하는 경우 그 조사사항에 해당하지 않는 것은?

① 해당 건축물이나 설비에 석면이 함유되어 있는지 여부
② 해당 건축물이나 설비 중 석면이 함유된 자재의 종류
③ 해당 건축물이나 설비 중 석면이 함유된 자재의 위치
④ 해당 건축물이나 설비 중 석면이 함유된 자재의 면적
⑤ 해당 건축물이나 설비에 함유된 석면의 종류 및 함유량

> **해설**

석면조사(산업안전보건법 제119조)

㉠ 건축물이나 설비를 철거하거나 해체하려는 경우에 해당 건축물이나 설비의 소유주 또는 임차인 등(이하 "건축물·설비소유주 등"이라 한다)은 다음의 사항을 고용노동부령으로 정하는 바에 따라 조사(이하 "일반석면조사"라 한다)한 후 그 결과를 기록하여 보존하여야 한다.
  1. 해당 건축물이나 설비에 석면이 포함되어 있는지 여부
  2. 해당 건축물이나 설비 중 석면이 포함된 자재의 종류, 위치 및 면적
㉡ ㉠에 따른 건축물이나 설비 중 대통령령으로 정하는 규모 이상의 건축물·설비소유주 등은 제120조에 따라 지정받은 기관(이하 "석면조사기관"이라 한다)에 다음의 사항을 조사(이하 "기관석면조사"라 한다)하도록 한 후 그 결과를 기록하여 보존하여야 한다. 다만, 석면함유 여부가 명백한 경우 등 대통령령으로 정하는 사유에 해당하여 고용노동부령으로 정하는 절차에 따라 확인을 받은 경우에는 기관석면조사를 생략할 수 있다.
  1. ㉠의 각 호의 사항
  2. 해당 건축물이나 설비에 포함된 석면의 종류 및 함유량
㉢ 건축물·설비소유주 등이 석면안전관리법 등 다른 법률에 따라 건축물이나 설비에 대하여 석면조사를 실시한 경우에는 고용노동부령으로 정하는 바에 따라 일반석면조사 또는 기관석면조사를 실시한 것으로 본다.
㉣ 고용노동부장관은 건축물·설비소유주 등이 일반석면조사 또는 기관석면조사를 하지 아니하고 건축물이나 설비를 철거하거나 해체하는 경우에는 다음의 조치를 명할 수 있다.
  1. 해당 건축물·설비소유주 등에 대한 일반석면조사 또는 기관석면조사의 이행 명령
  2. 해당 건축물이나 설비를 철거하거나 해체하는 자에 대하여 1.에 따른 이행 명령의 결과를 보고받을 때까지의 작업중지 명령
㉤ 기관석면조사의 방법, 그 밖에 필요한 사항은 고용노동부령으로 정한다.

정답 3 ⑤

04

甲은 산업안전보건법령상 산업안전지도사로서 활동을 하려고 한다. 이에 관한 설명으로 옳은 것은?

① 甲은 고용노동부장관이 시행하는 산업안전지도사시험에 합격하여야만 산업안전지도사의 자격을 가질 수 있다.
② 甲은 산업안전지도사로서 그 직무를 시작하기 전에 광역지방자치단체의 장에게 등록을 하여야 한다.
③ 甲이 파산선고를 받은 경우라면 복권되더라도 산업안전지도사로서 등록할 수 없다.
④ 甲은 3년마다 산업안전지도사 등록을 갱신하여야 한다.
⑤ 甲이 산업안전지도사의 직무를 조직적·전문적으로 수행하기 위하여 법인을 설립하려고 하는 경우에는 상법 중 주식회사에 관한 규정을 적용한다.

해설

지도사의 자격 및 시험(산업안전보건법 제143조)
㉠ 고용노동부장관이 시행하는 지도사 자격시험에 합격한 사람은 지도사의 자격을 가진다.
㉡ 대통령령으로 정하는 산업안전 및 보건과 관련된 자격의 보유자에 대해서는 ㉠에 따른 지도사 자격시험의 일부를 면제할 수 있다.
㉢ 고용노동부장관은 ㉠에 따른 지도사 자격시험 실시를 대통령령으로 정하는 전문기관에 대행하게 할 수 있다. 이 경우 시험 실시에 드는 비용을 예산의 범위에서 보조할 수 있다.
㉣ ㉢에 따라 지도사 자격시험 실시를 대행하는 전문기관의 임직원은 형법 제129조부터 제132조까지의 규정을 적용할 때에는 공무원으로 본다.
㉤ 지도사 자격시험의 시험과목, 시험방법, 다른 자격 보유자에 대한 시험 면제의 범위, 그 밖에 필요한 사항은 대통령령으로 정한다.

지도사의 등록(산업안전보건법 제145조)
㉠ 지도사가 그 직무를 수행하려는 경우에는 고용노동부령으로 정하는 바에 따라 고용노동부장관에게 등록하여야 한다.
㉡ ㉠에 따라 등록한 지도사는 그 직무를 조직적·전문적으로 수행하기 위하여 법인을 설립할 수 있다.
㉢ 다음 각 호의 어느 하나에 해당하는 사람은 ㉠에 따른 등록을 할 수 없다.
  1. 피성년후견인 또는 피한정후견인
  2. 파산선고를 받고 복권되지 아니한 사람
  3. 금고 이상의 실형을 선고받고 그 집행이 끝나거나(집행이 끝난 것으로 보는 경우를 포함한다) 집행이 면제된 날부터 2년이 지나지 아니한 사람
  4. 금고 이상의 형의 집행유예를 선고받고 그 유예기간 중에 있는 사람
  5. 이 법을 위반하여 벌금형을 선고받고 1년이 지나지 아니한 사람
  6. 제154조에 따라 등록이 취소(이 항 제1호 또는 제2호에 해당하여 등록이 취소된 경우는 제외한다)된 후 2년이 지나지 아니한 사람
㉣ ㉠에 따라 등록을 한 지도사는 고용노동부령으로 정하는 바에 따라 5년마다 등록을 갱신하여야 한다.
㉤ 고용노동부령으로 정하는 지도실적이 있는 지도사만이 ㉣에 따른 갱신등록을 할 수 있다. 다만, 지도실적이 기준에 못 미치는 지도사는 고용노동부령으로 정하는 보수교육을 받은 경우 갱신등록을 할 수 있다.
㉥ ㉡에 따른 법인에 관하여는 상법 중 합명회사에 관한 규정을 적용한다.

정답 4 ①

05
산업안전보건법령상 안전관리전문기관 지정의 취소 또는 과징금에 관한 설명으로 옳은 것은?

① 고용노동부장관은 안전관리전문기관이 업무정지 기간 중에 업무를 수행한 경우에는 그 지정을 취소하거나 6개월 이내의 기간을 정하여 그 업무의 정지를 명할 수 있다.
② 고용노동부장관은 안전관리전문기관이 위탁받은 안전관리 업무에 차질이 생기게 한 경우에는 그 지정을 취소하거나 6개월 이내의 기간을 정하여 그 업무의 정지를 명할 수 있다.
③ 과징금은 분할하여 납부할 수 있다.
④ 안전관리전문기관의 지정이 취소된 자는 3년 이내에는 안전관리전문기관으로 지정받을 수 없다.
⑤ 고용노동부장관은 위반행위의 동기, 내용 및 횟수 등을 고려하여 과징금 부과금액의 2분의 1 범위에서 과징금을 늘리거나 줄일 수 있으며, 늘리는 경우 과징금 부과금액의 총액은 1억원을 넘을 수 있다.

해설
※ 출제 시 정답은 ②였으나, 산업안전보건법 시행령 개정(19.12.24)으로 ⑤의 조항이 변경되어 정답 없음으로 처리하였음

안전관리전문기관 등(산업안전보건법 제21조)
㉠ 안전관리전문기관 또는 보건관리전문기관이 되려는 자는 대통령령으로 정하는 인력·시설 및 장비 등의 요건을 갖추어 고용노동부장관의 지정을 받아야 한다.
㉡ 고용노동부장관은 안전관리전문기관 또는 보건관리전문기관에 대하여 평가하고 그 결과를 공개할 수 있다. 이 경우 평가의 기준·방법 및 결과의 공개에 필요한 사항은 고용노동부령으로 정한다.
㉢ 안전관리전문기관 또는 보건관리전문기관의 지정 절차, 업무 수행에 관한 사항, 위탁받은 업무를 수행할 수 있는 지역, 그 밖에 필요한 사항은 고용노동부령으로 정한다.
㉣ 고용노동부장관은 안전관리전문기관 또는 보건관리전문기관이 다음 중 어느 하나에 해당할 때에는 그 지정을 취소하거나 6개월 이내의 기간을 정하여 그 업무의 정지를 명할 수 있다. 다만, 1. 또는 2.에 해당할 때에는 그 지정을 취소하여야 한다.
  1. 거짓이나 그 밖의 부정한 방법으로 지정을 받은 경우
  2. 업무정지 기간 중에 업무를 수행한 경우
  3. ㉠에 따른 지정 요건을 충족하지 못한 경우
  4. 지정받은 사항을 위반하여 업무를 수행한 경우
  5. 그 밖에 대통령령으로 정하는 사유에 해당하는 경우
㉤ ㉣에 따라 지정이 취소된 자는 지정이 취소된 날부터 2년 이내에는 각각 해당 안전관리전문기관 또는 보건관리전문기관으로 지정받을 수 없다.

안전관리전문기관 등의 지정 취소 등의 사유(산업안전보건법 시행령 제28조)
법 제21조 ㉣의 5.에서 "대통령령으로 정하는 사유에 해당하는 경우"란 다음의 경우를 말한다.
1. 안전관리 또는 보건관리 업무 관련 서류를 거짓으로 작성한 경우
2. 정당한 사유 없이 안전관리 또는 보건관리 업무의 수탁을 거부한 경우
3. 위탁받은 안전관리 또는 보건관리 업무에 차질을 일으키거나 업무를 게을리한 경우
4. 안전관리 또는 보건관리 업무를 수행하지 않고 위탁 수수료를 받은 경우
5. 안전관리 또는 보건관리 업무와 관련된 비치서류를 보존하지 않은 경우
6. 안전관리 또는 보건관리 업무 수행과 관련한 대가 외에 금품을 받은 경우
7. 법에 따른 관계 공무원의 지도·감독을 거부·방해 또는 기피한 경우

정답 5 정답 없음

06

산업안전보건기준에 관한 규칙상 통로 등에 관한 설명으로 옳지 않은 것은?

① 사업주는 계단 및 승강구 바닥을 구멍이 있는 재료로 만드는 경우 렌치나 그 밖의 공구 등이 낙하할 위험이 없는 구조로 하여야 한다.
② 사업주는 급유용·보수용·비상용 계단 및 나선형 계단을 설치하는 경우 그 폭을 1m 이상으로 하여야 한다.
③ 사업주는 높이가 3m를 초과하는 계단에 높이 3m 이내마다 너비 1.2m 이상의 계단참을 설치하여야 한다.
④ 사업주는 갱내에 설치한 통로 또는 사다리식 통로에 권상장치(卷上裝置)가 설치된 경우 권상장치와 근로자의 접촉에 의한 위험이 있는 장소에 판자벽이나 그 밖에 위험 방지를 위한 격벽(隔壁)을 설치하여야 한다.
⑤ 사업주는 높이 1m 이상인 계단의 개방된 측면에 안전난간을 설치하여야 한다.

해설

갱내통로 등의 위험 방지(산업안전보건기준에 관한 규칙 제25조)
사업주는 갱내에 설치한 통로 또는 사다리식 통로에 권상장치(卷上裝置)가 설치된 경우 권상장치와 근로자의 접촉에 의한 위험이 있는 장소에 판자벽이나 그 밖에 위험 방지를 위한 격벽(隔壁)을 설치하여야 한다.

계단의 강도(산업안전보건기준에 관한 규칙 제26조)
㉠ 사업주는 계단 및 계단참을 설치하는 경우 매 m^2당 500kg 이상의 하중에 견딜 수 있는 강도를 가진 구조로 설치하여야 하며, 안전율[안전의 정도를 표시하는 것으로서 재료의 파괴응력도(破壞應力度)와 허용응력도(許容應力度)의 비율을 말한다)]은 4 이상으로 하여야 한다.
㉡ 사업주는 계단 및 승강구 바닥을 구멍이 있는 재료로 만드는 경우 렌치나 그 밖의 공구 등이 낙하할 위험이 없는 구조로 하여야 한다.

계단의 폭(산업안전보건기준에 관한 규칙 제27조)
㉠ 사업주는 계단을 설치하는 경우 그 폭을 1m 이상으로 하여야 한다. 다만, 급유용·보수용·비상용 계단 및 나선형 계단이거나 높이 1m 미만의 이동식 계단인 경우에는 그러하지 아니하다.
㉡ 사업주는 계단에 손잡이 외의 다른 물건 등을 설치하거나 쌓아 두어서는 아니 된다.

계단참의 높이(산업안전보건기준에 관한 규칙 제28조)
사업주는 높이가 3m를 초과하는 계단에 높이 3m 이내마다 진행방향으로 길이 1.2m 이상의 계단참을 설치하여야 한다.

천장의 높이(산업안전보건기준에 관한 규칙 제29조)
사업주는 계단을 설치하는 경우 바닥면으로부터 높이 2m 이내의 공간에 장애물이 없도록 하여야 한다. 다만, 급유용·보수용·비상용 계단 및 나선형 계단인 경우에는 그러하지 아니하다.

계단의 난간(산업안전보건기준에 관한 규칙 제30조)
사업주는 높이 1m 이상인 계단의 개방된 측면에 안전난간을 설치하여야 한다.

07
산업안전보건법령상 정부의 책무 또는 사업주 등의 의무에 관한 설명으로 옳지 않은 것은?

① 사업주는 안전·보건의식을 북돋우기 위하여 산업안전·보건 강조기간의 설정 및 그 시행과 관련된 시책을 마련하여야 한다.
② 정부는 산업재해에 관한 조사 및 통계의 유지·관리를 성실히 이행할 책무를 진다.
③ 사업주는 해당 사업장의 안전·보건에 관한 정보를 근로자에게 제공하여야 한다.
④ 근로자는 사업주 또는 근로감독관, 한국산업안전보건공단 등 관계자가 실시하는 산업재해 방지에 관한 조치에 따라야 한다.
⑤ 원재료 등을 제조·수입하는 자는 그 원재료 등을 제조·수입할 때 산업안전보건법령으로 정하는 기준을 지켜야 한다.

해설

정부의 책무(산업안전보건법 제4조)
㉠ 정부는 이 법의 목적을 달성하기 위하여 다음의 사항을 성실히 이행할 책무를 진다.
  1. 산업 안전 및 보건 정책의 수립 및 집행
  2. 산업재해 예방 지원 및 지도
  3. 근로기준법 제76조의2에 따른 직장 내 괴롭힘 예방을 위한 조치기준 마련, 지도 및 지원
  4. 사업주의 자율적인 산업 안전 및 보건 경영체제 확립을 위한 지원
  5. 산업 안전 및 보건에 관한 의식을 북돋우기 위한 홍보·교육 등 안전문화 확산 추진
  6. 산업 안전 및 보건에 관한 기술의 연구·개발 및 시설의 설치·운영
  7. 산업재해에 관한 조사 및 통계의 유지·관리
  8. 산업 안전 및 보건 관련 단체 등에 대한 지원 및 지도·감독
  9. 그 밖에 노무를 제공하는 사람의 안전 및 건강의 보호·증진
㉡ 정부는 ㉠의 각 사항을 효율적으로 수행하기 위하여 한국산업안전보건공단법에 따른 한국산업안전보건공단(이하 "공단"이라 한다), 그 밖의 관련 단체 및 연구기관에 행정적·재정적 지원을 할 수 있다.

사업주 등의 의무(산업안전보건법 제5조)
㉠ 사업주(제77조에 따른 특수형태근로종사자로부터 노무를 제공받는 자와 제78조에 따른 물건의 수거·배달 등을 중개하는 자를 포함한다)는 다음의 사항을 이행함으로써 근로자(제77조에 따른 특수형태근로종사자와 제78조에 따른 물건의 수거·배달 등을 하는 사람을 포함한다)의 안전 및 건강을 유지·증진시키고 국가의 산업재해 예방정책을 따라야 한다.
  1. 이 법과 이 법에 따른 명령으로 정하는 산업재해 예방을 위한 기준
  2. 근로자의 신체적 피로와 정신적 스트레스 등을 줄일 수 있는 쾌적한 작업환경의 조성 및 근로조건 개선
  3. 해당 사업장의 안전 및 보건에 관한 정보를 근로자에게 제공
㉡ 다음의 어느 하나에 해당하는 자는 발주·설계·제조·수입 또는 건설을 할 때 이 법과 이 법에 따른 명령으로 정하는 기준을 지켜야 하고, 발주·설계·제조·수입 또는 건설에 사용되는 물건으로 인하여 발생하는 산업재해를 방지하기 위하여 필요한 조치를 하여야 한다.
  1. 기계·기구와 그 밖의 설비를 설계·제조 또는 수입하는 자
  2. 원재료 등을 제조·수입하는 자
  3. 건설물을 발주·설계·건설하는 자

근로자의 의무(산업안전보건법 제6조)
근로자는 이 법과 이 법에 따른 명령으로 정하는 산업재해 예방을 위한 기준을 지켜야 하며, 사업주 또는 근로기준법 제101조에 따른 근로감독관, 공단 등 관계인이 실시하는 산업재해 예방에 관한 조치에 따라야 한다.

정답 7 ①

08

산업안전보건법령상 유해인자인 벤젠의 노출 농도의 허용 기준을 옳게 연결한 것은?

	시간가중평균값(TWA)	단시간 노출값(STEL)
①	0.5ppm	2.0ppm
②	0.5ppm	2.5ppm
③	0.5ppm	3.0ppm
④	1.0ppm	2.5ppm
⑤	1.0ppm	3.0ppm

해설

유해인자별 노출 농도의 허용기준(산업안전보건법 시행규칙 별표 19)

유해인자	허용기준			
	시간가중평균값(TWA)		단시간 노출값(STEL)	
	ppm	mg/m³	ppm	mg/m³
12. 벤젠(Benzene; 71-43-2)	0.5		2.5	

09

산업안전보건법령상 건강진단에 관한 설명으로 옳지 않은 것은?

① 사업주가 실시하여야 하는 근로자 건강진단에는 일반건강진단, 특수건강진단, 배치전건강진단, 수시건강진단 및 임시건강진단이 있다.
② 건강진단기관이 건강진단을 실시한 때에는 그 결과를 근로자 및 사업주에게 통보하고 고용노동부장관에게 보고하여야 한다.
③ 사업주는 근로자대표가 요구할 때에는 해당 근로자 본인의 동의 없이도 그 근로자의 건강진단결과를 공개할 수 있다.
④ 사업주는 특수건강진단, 배치전건강진단 및 수시건강진단을 지방고용노동관서의 장이 지정하는 의료기관에서 실시하여야 한다.
⑤ 사업주가 항공법에 따른 신체검사를 실시하여 그 건강진단을 받은 근로자는 일반건강진단을 실시한 것으로 본다.

해설

건강진단에 관한 사업주의 의무(산업안전보건법 제132조)

㉠ 사업주는 제129조부터 제131조까지의 규정에 따른 건강진단을 실시하는 경우 근로자대표가 요구하면 근로자대표를 참석시켜야 한다.
㉡ 사업주는 산업안전보건위원회 또는 근로자대표가 요구할 때에는 직접 또는 제129조부터 제131조까지의 규정에 따른 건강진단을 한 건강진단기관에 건강진단 결과에 대하여 설명하도록 하여야 한다. 다만, 개별 근로자의 건강진단 결과는 본인의 동의 없이 공개해서는 아니 된다.
㉢ 사업주는 제129조부터 제131조까지의 규정에 따른 건강진단의 결과를 근로자의 건강 보호 및 유지 외의 목적으로 사용해서는 아니 된다.
㉣ 사업주는 제129조부터 제131조까지의 규정 또는 다른 법령에 따른 건강진단의 결과 근로자의 건강을 유지하기 위하여 필요하다고 인정할 때에는 작업장소 변경, 작업 전환, 근로시간 단축, 야간근로(오후 10시부터 다음 날 오전 6시까지 사이의 근로를 말한다)의 제한, 작업환경측정 또는 시설·설비의 설치·개선 등 고용노동부령으로 정하는 바에 따라 적절한 조치를 하여야 한다.
㉤ ㉣에 따라 적절한 조치를 하여야 하는 사업주로서 고용노동부령으로 정하는 사업주는 그 조치 결과를 고용노동부령으로 정하는 바에 따라 고용노동부장관에게 제출하여야 한다.

10

산업안전보건법령상 산업안전지도사와 산업보건지도사의 업무범위에 공통적으로 해당하는 것을 모두 고른 것은?

> ㄱ. 유해·위험방지계획서의 작성 지도
> ㄴ. 안전보건개선계획서의 작성 지도
> ㄷ. 공정안전보고서의 작성 지도
> ㄹ. 직업병 예방을 위한 작업관리에 필요한 지도
> ㅁ. 보건진단 결과에 따른 개선에 필요한 기술 지도

① ㄱ
② ㄱ, ㄴ
③ ㄱ, ㄴ, ㄷ
④ ㄱ, ㄴ, ㄷ, ㄹ
⑤ ㄱ, ㄴ, ㄷ, ㄹ, ㅁ

해설

산업안전지도사 등의 직무(산업안전보건법 시행령 제101조)

㉠ 법 제142조제1항제4호에서 "대통령령으로 정하는 사항"이란 다음의 사항을 말한다.
  1. 법 제36조에 따른 위험성평가의 지도
  2. 법 제49조에 따른 안전보건개선계획서의 작성
  3. 그 밖에 산업안전에 관한 사항의 자문에 대한 응답 및 조언
㉡ 법 제142조제2항제6호에서 "대통령령으로 정하는 사항"이란 다음의 사항을 말한다.
  1. 법 제36조에 따른 위험성평가의 지도
  2. 법 제49조에 따른 안전보건개선계획서의 작성
  3. 그 밖에 산업보건에 관한 사항의 자문에 대한 응답 및 조언

정답 10 ②

산업안전지도사 등의 업무 영역별 종류 등(산업안전보건법 시행령 제102조)
㉠ 법 제145조제1항에 따라 등록한 산업안전지도사의 업무 영역은 기계안전・전기안전・화공안전・건설안전 분야로 구분하고, 같은 항에 따라 등록한 산업보건지도사의 업무 영역은 직업환경의학・산업위생 분야로 구분한다.
㉡ 법 제145조제1항에 따라 등록한 산업안전지도사 또는 산업보건지도사(이하 "지도사"라 한다)의 해당 업무 영역별 업무 범위는 별표 31과 같다.

지도사의 업무 영역별 업무 범위(산업안전보건법 시행령 별표 31)
1. 법 제145조제1항에 따라 등록한 산업안전지도사(기계안전・전기안전・화공안전 분야)
    가. 유해위험방지계획서, 안전보건개선계획서, 공정안전보고서, 기계・기구・설비의 작업계획서 및 물질안전보건자료 작성 지도
    나. 다음 사항에 대한 설계・시공・배치・보수・유지에 관한 안전성 평가 및 기술 지도
        • 전 기
        • 기계・기구・설비
        • 화학설비 및 공정
    다. 정전기・전자파로 인한 재해의 예방, 자동화설비, 자동제어, 방폭전기설비 및 전력시스템 등에 대한 기술 지도
    라. 인화성 가스, 인화성 액체, 폭발성 물질, 급성독성 물질 및 방폭설비 등에 관한 안전성 평가 및 기술 지도
    마. 크레인 등 기계・기구, 전기작업의 안전성 평가
    바. 그 밖에 기계, 전기, 화공 등에 관한 교육 또는 기술 지도
2. 법 제145조제1항에 따라 등록한 산업안전지도사(건설안전 분야)
    가. 유해위험방지계획서, 안전보건개선계획서, 건축・토목 작업계획서 작성 지도
    나. 가설구조물, 시공 중인 구축물, 해체공사, 건설공사 현장의 붕괴우려 장소 등의 안전성 평가
    다. 가설시설, 가설도로 등의 안전성 평가
    라. 굴착공사의 안전시설, 지반붕괴, 매설물 파손 예방의 기술 지도
    마. 그 밖에 토목, 건축 등에 관한 교육 또는 기술 지도
3. 법 제145조제1항에 따라 등록한 산업보건지도사(산업위생 분야)
    가. 유해위험방지계획서, 안전보건개선계획서, 물질안전보건자료 작성 지도
    나. 작업환경측정 결과에 대한 공학적 개선대책 기술 지도
    다. 작업장 환기시설의 설계 및 시공에 필요한 기술 지도
    라. 보건진단결과에 따른 작업환경 개선에 필요한 직업환경의학적 지도
    마. 석면 해체・제거 작업 기술 지도
    바. 갱내, 터널 또는 밀폐공간의 환기・배기시설의 안전성 평가 및 기술 지도
    사. 그 밖에 산업보건에 관한 교육 또는 기술 지도
4. 법 제145조제1항에 따라 등록한 산업보건지도사(직업환경의학 분야)
    가. 유해위험방지계획서, 안전보건개선계획서 작성 지도
    나. 건강진단 결과에 따른 근로자 건강관리 지도
    다. 직업병 예방을 위한 작업관리, 건강관리에 필요한 지도
    라. 보건진단 결과에 따른 개선에 필요한 기술 지도
    마. 그 밖에 직업환경의학, 건강관리에 관한 교육 또는 기술 지도

11

산업안전보건법령상 건설 일용근로자가 건설업 기초안전·보건교육을 이수하여야 하는 경우 그 교육 시간은?

① 1시간 ② 2시간
③ 3시간 ④ 4시간
⑤ 5시간

해설

안전보건교육 교육과정별 교육시간(산업안전보건법 시행규칙 별표 4)
근로자 안전보건교육

교육과정	교육대상		교육시간
가. 정기교육	사무직 종사 근로자		매 반기 6시간 이상
	그 밖의 근로자	판매업무에 직접 종사하는 근로자	매 반기 6시간 이상
		판매업무에 직접 종사하는 근로자 외의 근로자	매 반기 12시간 이상
나. 채용 시 교육	일용근로자 및 근로계약기간이 1주일 이하인 기간제근로자		1시간 이상
	근로계약기간이 1주일 초과 1개월 이하인 기간제근로자		4시간 이상
	그 밖의 근로자		8시간 이상
다. 작업내용 변경 시 교육	일용근로자 및 근로계약기간이 1주일 이하인 기간제근로자		1시간 이상
	그 밖의 근로자		2시간 이상
라. 특별교육	일용근로자 및 근로계약기간이 1주일 이하인 기간제근로자 : 특별교육 대상(타워크레인 신호수 제외)에 해당하는 작업에 종사하는 근로자에 한정		2시간 이상
	일용근로자 및 근로계약기간이 1주일 이하인 기간제근로자 : 특별교육 대상 중 타워크레인 신호 작업에 종사하는 근로자에 한정		8시간 이상
	일용근로자 및 근로계약기간이 1주일 이하인 기간제근로자를 제외한 근로자 : 특별교육 대상에 해당하는 작업에 종사하는 근로자에 한정		• 16시간 이상(최초 작업에 종사하기 전 4시간 이상 실시하고 12시간은 3개월 이내에서 분할하여 실시 가능) • 단기간 작업 또는 간헐적 작업인 경우에는 2시간 이상
마. 건설업 기초안전·보건교육	건설 일용근로자		4시간 이상

정답 11 ④

12
산업안전보건법령상 유해·위험설비에 해당하는 것은?

① 원자력 설비
② 군사시설
③ 차량 등의 운송설비
④ 도시가스사업법에 따른 가스공급시설
⑤ 화약 및 불꽃제품 제조업 사업장의 보유설비

해설

공정안전보고서의 제출 대상(산업안전보건법 시행령 제43조)

㉠ 법 제44조제1항 전단에서 "대통령령으로 정하는 유해하거나 위험한 설비"란 다음 중 어느 하나에 해당하는 사업을 하는 사업장의 경우에는 그 보유설비를 말하고, 그 외의 사업을 하는 사업장의 경우에는 별표 13에 따른 유해·위험물질 중 하나 이상의 물질을 같은 표에 따른 규정량 이상 제조·취급·저장하는 설비 및 그 설비의 운영과 관련된 모든 공정설비를 말한다.
  1. 원유 정제처리업
  2. 기타 석유정제물 재처리업
  3. 석유화학계 기초화학물질 제조업 또는 합성수지 및 기타 플라스틱물질 제조업. 다만, 합성수지 및 기타 플라스틱물질 제조업은 별표 13 제1호 또는 제2호에 해당하는 경우로 한정한다.
  4. 질소 화합물, 질소·인산 및 칼리질 화학비료 제조업 중 질소질 비료 제조
  5. 복합비료 및 기타 화학비료 제조업 중 복합비료 제조(단순혼합 또는 배합에 의한 경우는 제외한다)
  6. 화학 살균·살충제 및 농업용 약제 제조업[농약 원제(原劑) 제조만 해당한다]
  7. 화약 및 불꽃제품 제조업

㉡ ㉠에도 불구하고 다음의 설비는 유해하거나 위험한 설비로 보지 않는다.
  1. 원자력 설비
  2. 군사시설
  3. 사업주가 해당 사업장 내에서 직접 사용하기 위한 난방용 연료의 저장설비 및 사용설비
  4. 도매·소매시설
  5. 차량 등의 운송설비
  6. 액화석유가스의 안전관리 및 사업법에 따른 액화석유가스의 충전·저장시설
  7. 도시가스사업법에 따른 가스공급시설
  8. 그 밖에 고용노동부장관이 누출·화재·폭발 등의 사고가 있더라도 그에 따른 피해의 정도가 크지 않다고 인정하여 고시하는 설비

㉢ 법 제44조제1항 전단에서 "대통령령으로 정하는 사고"란 다음 중 어느 하나에 해당하는 사고를 말한다.
  1. 근로자가 사망하거나 부상을 입을 수 있는 ㉠에 따른 설비(㉡에 따른 설비는 제외한다. 이하 2.에서 같다)에서의 누출·화재·폭발 사고
  2. 인근 지역의 주민이 인적 피해를 입을 수 있는 ㉠에 따른 설비에서의 누출·화재·폭발 사고

정답 12 ⑤

13

산업안전보건법령상 동일 사업장 내에서 공정의 일부분을 도급하는 경우, 고용노동부장관의 인가를 받으면 그 작업만을 분리하여 도급(하도급을 포함한다)을 줄 수 있는 작업을 모두 고른 것은?

> ㄱ. 도금작업
> ㄴ. 카드뮴 등 중금속을 제련, 주입, 가공 및 가열하는 작업
> ㄷ. 크롬산 아연을 제조하는 작업
> ㄹ. 황화니켈을 사용하는 작업
> ㅁ. 휘발성 콜타르피치를 사용하는 작업

① ㄱ, ㄴ
② ㄱ, ㄹ
③ ㄴ, ㄷ, ㅁ
④ ㄷ, ㄹ, ㅁ
⑤ ㄱ, ㄴ, ㄷ, ㄹ, ㅁ

해설

유해한 작업의 도급금지(산업안전보건법 제58조)
㉠ 사업주는 근로자의 안전 및 보건에 유해하거나 위험한 작업으로서 다음 중 어느 하나에 해당하는 작업을 도급하여 자신의 사업장에서 수급인의 근로자가 그 작업을 하도록 해서는 아니 된다.
  1. 도금작업
  2. 수은, 납 또는 카드뮴을 제련, 주입, 가공 및 가열하는 작업
  3. 제118조제1항에 따른 허가대상물질을 제조하거나 사용하는 작업
㉡ 사업주는 ㉠에도 불구하고 다음 중 어느 하나에 해당하는 경우에는 ㉠의 각 호에 따른 작업을 도급하여 자신의 사업장에서 수급인의 근로자가 그 작업을 하도록 할 수 있다.
  1. 일시·간헐적으로 하는 작업을 도급하는 경우
  2. 수급인이 보유한 기술이 전문적이고 사업주(수급인에게 도급을 한 도급인으로서의 사업주를 말한다)의 사업 운영에 필수 불가결한 경우로서 고용노동부장관의 승인을 받은 경우
㉢ 사업주는 ㉡의 2.에 따라 고용노동부장관의 승인을 받으려는 경우에는 고용노동부령으로 정하는 바에 따라 고용노동부장관이 실시하는 안전 및 보건에 관한 평가를 받아야 한다.
㉣ ㉡의 2.에 따른 승인의 유효기간은 3년의 범위에서 정한다.
㉤ 고용노동부장관은 ㉣에 따른 유효기간이 만료되는 경우에 사업주가 유효기간의 연장을 신청하면 승인의 유효기간이 만료되는 날의 다음 날부터 3년의 범위에서 고용노동부령으로 정하는 바에 따라 그 기간의 연장을 승인할 수 있다. 이 경우 사업주는 ㉢에 따른 안전 및 보건에 관한 평가를 받아야 한다.
㉥ 사업주는 ㉡의 2. 또는 ㉤에 따라 승인을 받은 사항 중 고용노동부령으로 정하는 사항을 변경하려는 경우에는 고용노동부령으로 정하는 바에 따라 변경에 대한 승인을 받아야 한다.
㉦ 고용노동부장관은 ㉡의 2, ㉤ 또는 ㉥에 따라 승인, 연장승인 또는 변경승인을 받은 자가 ㉢에 따른 기준에 미달하게 된 경우에는 승인, 연장승인 또는 변경승인을 취소하여야 한다.
㉧ ㉡의 2, ㉤ 또는 ㉥에 따른 승인, 연장승인 또는 변경승인의 기준·절차 및 방법, 그 밖에 필요한 사항은 고용노동부령으로 정한다.

정답 13 ⑤

14

산업안전보건법령상 제조 또는 사용허가를 받아야 하는 유해물질에 해당하지 않는 것은?

① 다이클로로벤지딘과 그 염
② 오로토-톨리딘과 그 염
③ 다이아니시딘과 그 염
④ 비소 및 그 무기화합물
⑤ 베타-나프틸아민과 그 염

해설

허가 대상 유해물질(산업안전보건법 시행령 제88조)
법 제118조제1항 전단에서 "대체물질이 개발되지 아니한 물질 등 대통령령으로 정하는 물질"이란 다음의 물질을 말한다.
1. α-나프틸아민[134-32-7] 및 그 염(α-Naphthylamine and its Salts)
2. 다이아니시딘[119-90-4] 및 그 염(Dianisidine and its Salts)
3. 다이클로로벤지딘[91-94-1] 및 그 염(Dichlorobenzidine and its Salts)
4. 베릴륨(Beryllium : 7440-41-7)
5. 벤조트라이클로라이드(Benzotrichloride : 98-07-7)
6. 비소[7440-38-2] 및 그 무기화합물(Arsenic and its Inorganic Compounds)
7. 염화비닐(Vinyl Chloride : 75-01-4)
8. 콜타르피치[65996-93-2] 휘발물(Coal Tar Pitch Volatiles)
9. 크롬광 가공(열을 가하여 소성 처리하는 경우만 해당한다)(Chromite Ore processing)
10. 크롬산 아연(Zinc Chromates : 13530-65-9 등)
11. o-톨리딘[119-93-7] 및 그 염(o-Tolidine and its Salts)
12. 황화니켈류(Nickel Sulfides : 12035-72-2, 16812-54-7)
13. 1.부터 4.까지 또는 6.부터 12.까지의 어느 하나에 해당하는 물질을 포함한 혼합물(포함된 중량의 비율이 1% 이하인 것은 제외한다)
14. 5.의 물질을 포함한 혼합물(포함된 중량의 비율이 0.5% 이하인 것은 제외한다)
15. 그 밖에 보건상 해로운 물질로서 산업재해보상보험 및 예방심의위원회의 심의를 거쳐 고용노동부장관이 정하는 유해물질

15
산업안전보건법령상 유해·위험방지계획서에 관한 설명으로 옳지 않은 것은?

① 산업재해발생률 등을 고려하여 고용노동부령으로 정하는 기준에 적합한 건설업체의 경우는 고용노동부령으로 정하는 자격을 갖춘 자의 의견을 생략하고 유해·위험방지계획서를 작성한 후 이를 스스로 심사하여야 한다.
② 유해·위험방지계획서는 고용노동부장관에게 제출하여야 한다.
③ 유해·위험방지계획서를 제출한 사업주는 고용노동부장관의 확인을 받아야 한다.
④ 고용노동부장관은 유해·위험방지계획서를 심사한 후 근로자의 안전과 보건을 위하여 필요하다고 인정할 때에는 공사계획을 변경할 것을 명령할 수는 있으나, 공사중지명령을 내릴 수는 없다.
⑤ 깊이 10m 이상인 굴착공사를 착공하려는 사업주는 유해·위험방지계획서를 작성하여야 한다.

해설

유해위험방지계획서의 작성·제출 등(산업안전보건법 제42조)
㉠ 사업주는 다음 중 어느 하나에 해당하는 경우에는 이 법 또는 이 법에 따른 명령에서 정하는 유해·위험 방지에 관한 사항을 적은 계획서(이하 "유해위험방지계획서"라 한다)를 작성하여 고용노동부령으로 정하는 바에 따라 고용노동부장관에게 제출하고 심사를 받아야 한다. 다만, 3.에 해당하는 사업주 중 산업재해발생률 등을 고려하여 고용노동부령으로 정하는 기준에 해당하는 사업주는 유해위험방지계획서를 스스로 심사하고, 그 심사결과서를 작성하여 고용노동부장관에게 제출하여야 한다.
  1. 대통령령으로 정하는 사업의 종류 및 규모에 해당하는 사업으로서 해당 제품의 생산 공정과 직접적으로 관련된 건설물·기계·기구 및 설비 등 전부를 설치·이전하거나 그 주요 구조부분을 변경하려는 경우
  2. 유해하거나 위험한 작업 또는 장소에서 사용하거나 건강장해를 방지하기 위하여 사용하는 기계·기구 및 설비로서 대통령령으로 정하는 기계·기구 및 설비를 설치·이전하거나 그 주요 구조부분을 변경하려는 경우
  3. 대통령령으로 정하는 크기, 높이 등에 해당하는 건설공사를 착공하려는 경우
㉡ ㉠의 3.에 따른 건설공사를 착공하려는 사업주(㉠ 각 호 외의 부분 단서에 따른 사업주는 제외한다)는 유해위험방지계획서를 작성할 때 건설안전 분야의 자격 등 고용노동부령으로 정하는 자격을 갖춘 자의 의견을 들어야 한다.
㉢ ㉠에도 불구하고 사업주가 제44조제1항에 따라 공정안전보고서를 고용노동부장관에게 제출한 경우에는 해당 유해·위험설비에 대해서는 유해위험방지계획서를 제출한 것으로 본다.
㉣ 고용노동부장관은 ㉠ 각 호 외의 부분 본문에 따라 제출된 유해위험방지계획서를 고용노동부령으로 정하는 바에 따라 심사하여 그 결과를 사업주에게 서면으로 알려 주어야 한다. 이 경우 근로자의 안전 및 보건의 유지·증진을 위하여 필요하다고 인정하는 경우에는 해당 작업 또는 건설공사를 중지하거나 유해위험방지계획서를 변경할 것을 명할 수 있다.
㉤ ㉠에 따른 사업주는 같은 항 각 호 외의 부분 단서에 따라 스스로 심사하거나 ㉣에 따라 고용노동부장관이 심사한 유해위험방지계획서와 그 심사결과서를 사업장에 갖추어 두어야 한다.
㉥ ㉠의 3.에 따른 건설공사를 착공하려는 사업주로서 ㉤에 따라 유해위험방지계획서 및 그 심사결과서를 사업장에 갖추어 둔 사업주는 해당 건설공사의 공법의 변경 등으로 인하여 그 유해위험방지계획서를 변경할 필요가 있는 경우에는 이를 변경하여 갖추어 두어야 한다.

16

산업안전보건법령상 안전·보건표지의 부착 등에 관한 설명으로 옳지 않은 것은?

① 외국인근로자의 고용 등에 관한 법률 제2조에 따른 외국인근로자를 채용한 사업주는 고용노동부장관이 정하는 바에 따라 외국어로 된 안전·보건표지와 작업안전수칙을 부착하도록 노력하여야 한다.
② 안전·보건표지의 표시를 명백히 하기 위하여 필요한 경우에는 그 안전·보건표지의 주위에 표시사항을 글자로 덧붙여 적을 수 있다.
③ 안전·보건표지 속의 그림 또는 부호의 크기는 안전·보건표지의 크기와 비례하여야 하며, 안전·보건표지 전체 규격의 30% 이상이 되어야 한다.
④ 안전·보건표지의 성질상 설치하거나 부착하는 것이 곤란한 경우에는 해당 물체에 직접 도장(塗裝)할 수 있다.
⑤ 안전모 착용 지시표지의 경우 바탕은 노란색, 관련 그림은 검은색으로 한다.

해설

안전보건표지의 종류별 용도, 설치, 부착장소, 형태 및 색채(산업안전보건법 시행규칙 별표 7)

분류	종류	용도 및 설치·부착 장소	설치·부착 장소 예시	형태 기본모형 번호	형태 안전·보건표지 일람표번호	색 채
지시 표지	1. 보안경 착용	보안경을 착용해야만 작업 또는 출입을 할 수 있는 장소	그라인더작업장 입구	3	301	바탕은 파란색, 관련 그림은 흰색
	2. 방독마스크 착용	방독마스크를 착용해야만 작업 또는 출입을 할 수 있는 장소	유해물질작업장 입구	3	302	
	3. 방진마스크 착용	방진마스크를 착용해야만 작업 또는 출입을 할 수 있는 장소	분진이 많은 곳	3	303	
	4. 보안면 착용	보안면을 착용해야만 작업 또는 출입을 할 수 있는 장소	용접실 입구	3	304	
	5. 안전모 착용	헬멧 등 안전모를 착용해야만 작업 또는 출입을 할 수 있는 장소	갱도의 입구	3	305	
	6. 귀마개 착용	소음장소 등 귀마개를 착용해야만 작업 또는 출입을 할 수 있는 장소	판금작업장 입구	3	306	
	7. 안전화 착용	안전화를 착용해야만 작업 또는 출입을 할 수 있는 장소	채탄작업장 입구	3	307	
	8. 안전장갑 착용	안전장갑을 착용해야 작업 또는 출입을 할 수 있는 장소	고온 및 저온물 취급작업장 입구	3	308	
	9. 안전복착용	방열복 및 방한복 등의 안전복을 착용해야만 작업 또는 출입을 할 수 있는 장소	단조작업장 입구	3	309	

17

산업안전보건법령상 안전보건총괄책임자의 직무에 해당하지 않는 것은?

① 산업안전보건법 제41조의2에 따른 위험성평가의 실시에 관한 사항
② 안전인증대상 기계·기구 등과 자율안전확인대상 기계·기구 등의 사용 여부 확인
③ 근로자의 건강장해의 원인 조사와 재발 방지를 위한 의학적 조치
④ 산업안전보건법 제29조제2항에 따른 도급사업 시의 안전·보건 조치
⑤ 산업안전보건법 제30조에 따른 수급인의 산업안전보건관리비의 집행감독 및 그 사용에 관한 수급인 간의 협의·조정

해설

※ 출제 시 정답은 ③이었으나, 산업안전보건법 시행령 개정(19.12.24)으로 문제가 성립되지 않아 정답 없음 처리하였음

안전보건총괄책임자의 직무 등(산업안전보건법 시행령 제53조)
㉠ 안전보건총괄책임자의 직무는 다음과 같다.
　1. 법 제36조에 따른 위험성평가의 실시에 관한 사항
　2. 법 제51조 및 제54조에 따른 작업의 중지
　3. 법 제64조에 따른 도급 시 산업재해 예방조치
　4. 법 제72조제1항에 따른 산업안전보건관리비의 관계수급인 간의 사용에 관한 협의·조정 및 그 집행의 감독
　5. 안전인증대상기계 등과 자율안전확인대상기계 등의 사용 여부 확인
㉡ 안전보건총괄책임자에 대한 지원에 관하여는 제14조제2항을 준용한다. 이 경우 "안전보건관리책임자"는 "안전보건총괄책임자"로, "법 제15조제1항"은 "제1항"으로 본다.
㉢ 사업주는 안전보건총괄책임자를 선임했을 때에는 그 선임 사실 및 ㉠ 각 호의 직무의 수행내용을 증명할 수 있는 서류를 갖추어 두어야 한다.

정답 17 정답 없음

18

산업안전보건기준에 관한 규칙상 석면의 제조·사용 작업, 해체·제거 작업 및 유지·관리 등의 조치기준에 관한 설명으로 옳지 않은 것은?

① 사업주는 분말 상태의 석면을 혼합하거나 용기에 넣거나 꺼내는 작업, 절단·천공 또는 연마하는 작업 등 석면분진이 흩날리는 작업에 근로자를 종사하도록 하는 경우에 석면의 부스러기 등을 넣어두기 위하여 해당 장소에 뚜껑이 있는 용기를 갖추어 두어야 한다.
② 사업주는 석면으로 인한 직업성 질병의 발생 원인, 재발 방지 방법 등을 석면을 취급하는 근로자에게 알려야 한다.
③ 사업주는 석면에 오염된 장비, 보호구 또는 작업복 등을 처리하는 경우에 압축공기를 불어서 석면오염을 제거해야 한다.
④ 사업주는 석면해체·제거작업에서 발생된 석면을 함유한 잔재물은 습식으로 청소하거나 고성능 필터가 장착된 진공청소기를 사용하여 청소하는 등 석면분진이 흩날리지 않도록 하여야 한다.
⑤ 사업주는 석면해체·제거작업장과 연결되거나 인접한 장소에 탈의실·샤워실 및 작업복 갱의실 등의 위생설비를 설치하고 필요한 용품 및 용구를 갖추어 두어야 한다.

해설

※ 출제 시 정답은 ③이었으나, 산업안전보건기준에 관한 규칙 개정(24.6.28)으로 ①, ③의 조항이 삭제되어 정답 없음 처리하였음
② 산업안전보건기준에 관한 규칙 제486조
④ 산업안전보건기준에 관한 규칙 제497조
⑤ 산업안전보건기준에 관한 규칙 제494조

19

산업안전보건법령상 작업 중 근로자가 추락할 위험이 있는 장소임에도 불구하고 사업주가 그 위험을 방지하기 위하여 필요한 조치를 취하지 않아 근로자가 사망한 경우, 사업주에게 과해지는 벌칙의 내용으로 옳은 것은?

① 7년 이하의 징역 또는 1억원 이하의 벌금
② 5년 이하의 징역 또는 5,000만원 이하의 벌금
③ 3년 이하의 징역 또는 3,000만원 이하의 벌금
④ 3년 이상의 징역 또는 10억원 이하의 과징금
⑤ 1년 이상의 징역 또는 5억원 이하의 과징금

해설

벌칙(산업안전보건법 제167조)
㉠ 제38조제1항부터 제3항까지(제166조의2에서 준용하는 경우를 포함한다), 제39조제1항(제166조의2에서 준용하는 경우를 포함한다) 또는 제63조(제166조의2에서 준용하는 경우를 포함한다)를 위반하여 근로자를 사망에 이르게 한 자는 7년 이하의 징역 또는 1억원 이하의 벌금에 처한다.
㉡ ㉠의 죄로 형을 선고받고 그 형이 확정된 후 5년 이내에 다시 ㉠의 죄를 저지른 자는 그 형의 2분의 1까지 가중한다.

20

산업안전보건법령상 안전보건관리책임자(이하 "관리책임자"라 한다)에 관한 설명으로 옳지 않은 것은?

① 산업안전보건기준에 관한 규칙에서 정하는 근로자의 위험 또는 건강장해의 방지에 관한 사항은 관리책임자의 업무에 해당한다.
② 사업주는 관리책임자에게 그 업무를 수행하는 데 필요한 권한을 주어야 한다.
③ 사업지원 서비스업의 경우에는 상시근로자 50명 이상인 경우에 관리책임자를 두어야 한다.
④ 관리책임자는 해당 사업에서 그 사업을 실질적으로 총괄 관리하는 사람이어야 한다.
⑤ 건설업의 경우에는 공사금액 20억원 이상인 경우에 관리책임자를 두어야 한다.

해설

※ 출제 시 정답은 ③이었으나, 산업안전보건법 시행령(19.12.24) 개정으로 ②, ④의 조항이 삭제되어 정답 없음으로 처리하였음
안전보건관리책임자(산업안전보건법 제15조)
㉠ 사업주는 사업장을 실질적으로 총괄하여 관리하는 사람에게 해당 사업장의 다음의 업무를 총괄하여 관리하도록 하여야 한다.
  1. 사업장의 산업재해 예방계획의 수립에 관한 사항
  2. 제25조 및 제26조에 따른 안전보건관리규정의 작성 및 변경에 관한 사항
  3. 제29조에 따른 안전보건교육에 관한 사항
  4. 작업환경측정 등 작업환경의 점검 및 개선에 관한 사항
  5. 제129조부터 제132조까지에 따른 근로자의 건강진단 등 건강관리에 관한 사항
  6. 산업재해의 원인 조사 및 재발 방지대책 수립에 관한 사항
  7. 산업재해에 관한 통계의 기록 및 유지에 관한 사항
  8. 안전장치 및 보호구 구입 시 적격품 여부 확인에 관한 사항
  9. 그 밖에 근로자의 유해·위험 방지조치에 관한 사항으로서 고용노동부령으로 정하는 사항
㉡ ㉠의 각 업무를 총괄하여 관리하는 사람(이하 "안전보건관리책임자"라 한다)은 제17조에 따른 안전관리자와 제18조에 따른 보건관리자를 지휘·감독한다.
㉢ 안전보건관리책임자를 두어야 하는 사업의 종류와 사업장의 상시근로자 수, 그 밖에 필요한 사항은 대통령령으로 정한다.

정답 20 정답 없음

안전보건관리책임자를 두어야 하는 사업의 종류 및 사업장의 상시근로자 수(산업안전보건법 시행령 별표 2)

사업의 종류	사업장의 상시근로자 수
1. 토사석 광업 2. 식료품 제조업, 음료 제조업 3. 목재 및 나무제품 제조업 : 가구 제외 4. 펄프, 종이 및 종이제품 제조업 5. 코크스, 연탄 및 석유정제품 제조업 6. 화학물질 및 화학제품 제조업 : 의약품 제외 7. 의료용 물질 및 의약품 제조업 8. 고무 및 플라스틱제품 제조업 9. 비금속 광물제품 제조업 10. 1차 금속 제조업 11. 금속가공제품 제조업 : 기계 및 가구 제외 12. 전자부품, 컴퓨터, 영상, 음향 및 통신장비 제조업 13. 의료, 정밀, 광학기기 및 시계 제조업 14. 전기장비 제조업 15. 기타 기계 및 장비 제조업 16. 자동차 및 트레일러 제조업 17. 기타 운송장비 제조업 18. 가구 제조업 19. 기타 제품 제조업 20. 서적, 잡지 및 기타 인쇄물 출판업 21. 해체, 선별 및 원료 재생업 22. 자동차 종합 수리업, 자동차 전문 수리업	상시근로자 50명 이상
23. 농 업 24. 어 업 25. 소프트웨어 개발 및 공급업 26. 컴퓨터 프로그래밍, 시스템 통합 및 관리업 26의2. 영상·오디오물 제공 서비스업 27. 정보서비스업 28. 금융 및 보험업 29. 임대업 : 부동산 제외 30. 전문, 과학 및 기술 서비스업(연구개발업은 제외한다) 31. 사업지원 서비스업 32. 사회복지 서비스업	상시근로자 300명 이상
33. 건설업	공사금액 20억원 이상
34. 1.부터 26.까지, 26의2. 및 27.부터 33.까지의 사업을 제외한 사업	상시근로자 100명 이상

21

산업안전보건법령상 도급인인 사업주가 작업장의 안전·보건관리조치를 위하여 2일에 1회 이상 작업장을 순회점검하여야 하는 사업에 해당하는 것은?

① 음악 및 기타 오디오물 출판업
② 사회복지 서비스업
③ 금융 및 보험업
④ 소프트웨어 개발 및 공급업
⑤ 정보서비스업

해설

도급사업 시의 안전·보건조치 등(산업안전보건법 시행규칙 제80조)
㉠ 도급인은 법 제64조제1항제2호에 따른 작업장 순회점검을 다음의 구분에 따라 실시해야 한다.
　1. 다음의 사업 : 2일에 1회 이상
　　가. 건설업
　　나. 제조업
　　다. 토사석 광업
　　라. 서적, 잡지 및 기타 인쇄물 출판업
　　마. 음악 및 기타 오디오물 출판업
　　바. 금속 및 비금속 원료 재생업
　2. 1.의 사업을 제외한 사업 : 1주일에 1회 이상
㉡ 관계수급인은 ㉠에 따라 도급인이 실시하는 순회점검을 거부·방해 또는 기피해서는 안 되며 점검 결과 도급인의 시정요구가 있으면 이에 따라야 한다.
㉢ 도급인은 법 제64조제1항제3호에 따라 관계수급인이 실시하는 근로자의 안전·보건교육에 필요한 장소 및 자료의 제공 등을 요청받은 경우 협조해야 한다.

22

산업안전보건법령상 고용노동부장관의 확인을 받은 경우로서 화학물질의 유해성·위험성 조사에서 제외되는 것을 모두 고른 것은?

ㄱ. 신규화학물질을 전량 수출하기 위하여 연간 100ton 이하로 제조하는 경우
ㄴ. 신규화학물질의 연간 수입량이 100kg 미만인 경우
ㄷ. 해당 신규화학물질의 용기를 국내에서 변경하지 아니하는 경우
ㄹ. 해당 신규화학물질이 완성된 제품으로서 국내에서 가공하지 아니하는 경우

① ㄱ, ㄹ
② ㄴ, ㄷ
③ ㄱ, ㄴ, ㄷ
④ ㄴ, ㄷ, ㄹ
⑤ ㄱ, ㄴ, ㄷ, ㄹ

정답 21 ① 22 ④

> 해설

신규화학물질의 유해성·위험성 조사(산업안전보건법 제108조)

㉠ 대통령령으로 정하는 화학물질 외의 화학물질(이하 "신규화학물질"이라 한다)을 제조하거나 수입하려는 자(이하 "신규화학물질제조자 등"이라 한다)는 신규화학물질에 의한 근로자의 건강장해를 예방하기 위하여 고용노동부령으로 정하는 바에 따라 그 신규화학물질의 유해성·위험성을 조사하고 그 조사보고서를 고용노동부장관에게 제출하여야 한다. 다만, 다음 중 어느 하나에 해당하는 경우에는 그러하지 아니하다.
  1. 일반 소비자의 생활용으로 제공하기 위하여 신규화학물질을 수입하는 경우로서 고용노동부령으로 정하는 경우
  2. 신규화학물질의 수입량이 소량이거나 그 밖에 위해의 정도가 적다고 인정되는 경우로서 고용노동부령으로 정하는 경우

㉡ 신규화학물질제조자 등은 ㉠ 외의 부분 본문에 따라 유해성·위험성을 조사한 결과 해당 신규화학물질에 의한 근로자의 건강장해를 예방하기 위하여 필요한 조치를 하여야 하는 경우 이를 즉시 시행하여야 한다.

㉢ 고용노동부장관은 ㉠에 따라 신규화학물질의 유해성·위험성 조사보고서가 제출되면 고용노동부령으로 정하는 바에 따라 그 신규화학물질의 명칭, 유해성·위험성, 근로자의 건강장해 예방을 위한 조치 사항 등을 공표하고 관계 부처에 통보하여야 한다.

㉣ 고용노동부장관은 ㉠에 따라 제출된 신규화학물질의 유해성·위험성 조사보고서를 검토한 결과 근로자의 건강장해 예방을 위하여 필요하다고 인정할 때에는 신규화학물질제조자 등에게 시설·설비를 설치·정비하고 보호구를 갖추어 두는 등의 조치를 하도록 명할 수 있다.

㉤ 신규화학물질제조자 등이 신규화학물질을 양도하거나 제공하는 경우에는 ㉣에 따른 근로자의 건강장해 예방을 위하여 조치하여야 할 사항을 기록한 서류를 함께 제공하여야 한다.

일반소비자 생활용 신규화학물질의 유해성·위험성 조사 제외(산업안전보건법 시행규칙 제148조)

㉠ 법 제108조 ㉠의 1.에서 "고용노동부령으로 정하는 경우"란 다음 각 호의 어느 하나에 해당하는 경우로서 고용노동부장관의 확인을 받은 경우를 말한다.
  1. 해당 신규화학물질이 완성된 제품으로서 국내에서 가공하지 않는 경우
  2. 해당 신규화학물질의 포장 또는 용기를 국내에서 변경하지 않거나 국내에서 포장하거나 용기에 담지 않는 경우
  3. 해당 신규화학물질이 직접 소비자에게 제공되고 국내의 사업장에서 사용되지 않는 경우

㉡ ㉠에 따른 확인을 받으려는 자는 최초로 신규화학물질을 수입하려는 날 7일 전까지 별지 제60호서식의 신청서에 ㉠의 각 호의 어느 하나에 해당하는 사실을 증명하는 서류를 첨부하여 고용노동부장관에게 제출해야 한다.

소량 신규화학물질의 유해성·위험성 조사 제외(산업안전보건법 시행규칙 제149조)

㉠ 법 제108조 ㉠의 2.에 따른 신규화학물질의 수입량이 소량이어서 유해성·위험성 조사보고서를 제출하지 않는 경우란 신규화학물질의 연간 수입량이 100kg 미만인 경우로서 고용노동부장관의 확인을 받은 경우를 말한다.

㉡ ㉠에 따른 확인을 받은 자가 같은 항에서 정한 수량 이상의 신규화학물질을 수입하였거나 수입하려는 경우에는 그 사유가 발생한 날부터 30일 이내에 유해성·위험성 조사보고서를 고용노동부장관에게 제출해야 한다.

㉢ ㉠에 따른 확인의 신청에 관하여는 제148조 ㉡을 준용한다.

㉣ ㉠에 따른 확인의 유효기간은 1년으로 한다. 다만, 신규화학물질의 연간 수입량이 100kg 미만인 경우로서 제151조제2항에 따라 확인을 받은 것으로 보는 경우에는 그 확인은 계속 유효한 것으로 본다.

23
산업안전보건법령상 안전보건관리규정의 작성 등에 관한 설명으로 옳은 것은?

① 안전보건관리규정을 작성하여야 할 사업의 사업주는 안전보건관리규정을 변경할 사유가 발생한 경우에는 그 사유가 발생한 날부터 60일 이내에 안전보건관리규정을 변경하여야 한다.
② 농업의 경우 상시근로자 100명 이상을 사용하는 사업장에는 안전보건관리규정을 작성하여야 한다.
③ 사업주가 안전보건관리규정을 작성하는 경우에는 소방·가스·전기·교통 분야 등의 다른 법령에서 정하는 안전관리에 관한 규정과 통합하여 작성할 수 없다.
④ 사업주는 안전보건관리규정을 작성하거나 변경할 때에는 산업안전보건위원회의 심의·의결을 거쳐야 하며, 산업안전보건위원회가 설치되어 있지 아니한 사업장의 경우에는 근로자대표의 동의를 받아야 한다.
⑤ 해당 사업장에 적용되는 단체협약 및 취업규칙은 안전보건관리규정에 반할 수 없으며, 단체협약 또는 취업규칙 중 안전보건관리규정에 반하는 부분에 관하여는 안전보건관리규정으로 정한 기준에 따른다.

해설
안전보건관리규정의 작성(산업안전보건법 제25조)
㉠ 사업주는 사업장의 안전 및 보건을 유지하기 위하여 다음의 사항이 포함된 안전보건관리규정을 작성하여야 한다.
  1. 안전 및 보건에 관한 관리조직과 그 직무에 관한 사항
  2. 안전보건교육에 관한 사항
  3. 작업장의 안전 및 보건 관리에 관한 사항
  4. 사고 조사 및 대책 수립에 관한 사항
  5. 그 밖에 안전 및 보건에 관한 사항
㉡ ㉠에 따른 안전보건관리규정은 단체협약 또는 취업규칙에 반할 수 없다. 이 경우 안전보건관리규정 중 단체협약 또는 취업규칙에 반하는 부분에 관하여는 그 단체협약 또는 취업규칙으로 정한 기준에 따른다.
㉢ 안전보건관리규정을 작성하여야 할 사업의 종류, 사업장의 상시근로자 수 및 안전보건관리규정에 포함되어야 할 세부적인 내용, 그 밖에 필요한 사항은 고용노동부령으로 정한다.

안전보건관리규정의 작성·변경 절차(산업안전보건법 제26조)
사업주는 안전보건관리규정을 작성하거나 변경할 때에는 산업안전보건위원회의 심의·의결을 거쳐야 한다. 다만, 산업안전보건위원회가 설치되어 있지 아니한 사업장의 경우에는 근로자대표의 동의를 받아야 한다.

안전보건관리규정을 작성해야 할 사업의 종류 및 상시근로자 수(산업안전보건법 시행규칙 별표 2)

사업의 종류	상시근로자 수
1. 농 업 2. 어 업 3. 소프트웨어 개발 및 공급업 4. 컴퓨터 프로그래밍, 시스템 통합 및 관리업 4의2. 영상·오디오물 제공 서비스업 5. 정보서비스업 6. 금융 및 보험업 7. 임대업 : 부동산 제외 8. 전문, 과학 및 기술 서비스업(연구개발업은 제외한다) 9. 사업지원 서비스업 10. 사회복지 서비스업	300명 이상
11. 1.부터 4.까지, 4의2. 및 5.부터 10.까지의 사업을 제외한 사업	100명 이상

정답 23 ④

24

산업안전보건법령상 노사협의체에 관한 설명으로 옳지 않은 것은?

① 노사협의체의 회의는 근로자위원 및 사용자위원 각 과반수의 출석으로 시작하고 출석위원 과반수의 찬성으로 의결한다.
② 노사협의체의 위원장은 직권으로 노사협의체에 공사금액이 20억원 미만인 도급 또는 하도급 사업의 사업주 및 근로자대표를 위원으로 위촉할 수 있다.
③ 노사협의체의 위원장은 위원 중에서 호선(互選)한다. 이 경우 근로자위원과 사용자위원 중 각 1명을 공동위원장으로 선출할 수 있다.
④ 노사협의체의 위원장은 노사협의체에서 심의·의결된 내용 등 회의 결과와 중재 결정된 내용 등을 사내방송이나 사내보, 게시 또는 자체 정례조회, 그 밖의 적절한 방법으로 근로자에게 신속히 알려야 한다.
⑤ 노사협의체의 회의는 정기회의와 임시회의로 구분하되, 정기회의는 2개월마다 노사협의체의 위원장이 소집하며, 임시회의는 위원장이 필요하다고 인정할 때에 소집한다.

해설

노사협의체의 구성(산업안전보건법 시행령 제64조)

㉠ 노사협의체는 다음에 따라 근로자위원과 사용자위원으로 구성한다.
  1. 근로자위원
    가. 도급 또는 하도급 사업을 포함한 전체 사업의 근로자대표
    나. 근로자대표가 지명하는 명예산업안전감독관 1명. 다만, 명예산업안전감독관이 위촉되어 있지 않은 경우에는 근로자대표가 지명하는 해당 사업장 근로자 1명
    다. 공사금액이 20억원 이상인 공사의 관계수급인의 각 근로자대표
  2. 사용자위원
    가. 도급 또는 하도급 사업을 포함한 전체 사업의 대표자
    나. 안전관리자 1명
    다. 보건관리자 1명(별표 5 제44호에 따른 보건관리자 선임대상 건설업으로 한정한다)
    라. 공사금액이 20억원 이상인 공사의 관계수급인의 각 대표자
㉡ 노사협의체의 근로자위원과 사용자위원은 합의하여 노사협의체에 공사금액이 20억원 미만인 공사의 관계수급인 및 관계수급인 근로자대표를 위원으로 위촉할 수 있다.
㉢ 노사협의체의 근로자위원과 사용자위원은 합의하여 제67조제2호에 따른 사람을 노사협의체에 참여하도록 할 수 있다.

정답 24 ②

25

산업안전보건법령상 안전검사에 관한 설명으로 옳지 않은 것은?

① 유해·위험기계 등을 사용하는 사업주와 소유자가 다른 경우에는 유해·위험기계 등을 사용하는 사업주가 안전검사를 받아야 한다.
② 이삿짐운반용 리프트의 최초 안전검사는 자동차관리법 제8조에 따른 신규등록 이후 3년 이내에 실시하여야 한다.
③ 안전검사 신청을 받은 안전검사기관은 30일 이내에 해당 기계·기구 및 설비별로 안전검사를 하여야 한다.
④ 안전검사에 합격한 유해·위험기계 등을 사용하는 사업주는 그 유해·위험기계 등이 안전검사에 합격한 것임을 나타내는 표시를 하여야 한다.
⑤ 안전검사를 받아야 하는 자가 자율검사프로그램을 정하고 고용노동부장관의 인정을 받아 그에 따라 유해·위험기계 등의 안전에 관한 성능검사를 하면 안전검사를 받은 것으로 보며, 이 경우 자율검사프로그램의 유효기간은 2년으로 한다.

해설

안전검사(산업안전보건법 제93조)
㉠ 유해하거나 위험한 기계·기구·설비로서 대통령령으로 정하는 것(이하 "안전검사대상기계 등"이라 한다)을 사용하는 사업주(근로자를 사용하지 아니하고 사업을 하는 자를 포함한다. 이하 이 조, 제94조, 제95조 및 제98조에서 같다)는 안전검사대상기계 등의 안전에 관한 성능이 고용노동부장관이 정하여 고시하는 검사기준에 맞는지에 대하여 고용노동부장관이 실시하는 검사(이하 "안전검사"라 한다)를 받아야 한다. 이 경우 안전검사대상기계 등을 사용하는 사업주와 소유자가 다른 경우에는 안전검사대상기계 등의 소유자가 안전검사를 받아야 한다.
㉡ ㉠에도 불구하고 안전검사대상기계 등이 다른 법령에 따라 안전성에 관한 검사나 인증을 받은 경우로서 고용노동부령으로 정하는 경우에는 안전검사를 면제할 수 있다.
㉢ 안전검사의 신청, 검사 주기 및 검사합격 표시방법, 그 밖에 필요한 사항은 고용노동부령으로 정한다. 이 경우 검사 주기는 안전검사대상기계 등의 종류, 사용연한(使用年限) 및 위험성을 고려하여 정한다.

| 산업안전일반

26
산업안전보건법령상 관리감독자를 대상으로 실시하는 정기 안전·보건교육 내용으로 옳지 않은 것은?
① 작업공정의 유해·위험과 재해 예방대책에 관한 사항
② 표준안전 작업방법 및 지도 요령에 관한 사항
③ 산업보건 및 직업병 예방에 관한 사항
④ 산업재해보상보험 제도에 관한 사항
⑤ 산업안전보건법 및 일반관리에 관한 사항

해설

※ 출제 시 정답은 ④였으나, 법령 개정(23.9.27)으로 정답 없음으로 처리하였음
안전보건교육 교육대상별 교육내용(산업안전보건법 시행규칙 별표 5)
관리감독자 정기교육
- 산업안전 및 사고 예방에 관한 사항
- 산업보건 및 직업병 예방에 관한 사항
- 위험성평가에 관한 사항
- 유해·위험 작업환경 관리에 관한 사항
- 산업안전보건법령 및 산업재해보상보험 제도에 관한 사항
- 직무스트레스 예방 및 관리에 관한 사항
- 직장 내 괴롭힘, 고객의 폭언 등으로 인한 건강장해 예방 및 관리에 관한 사항
- 작업공정의 유해·위험과 재해 예방대책에 관한 사항
- 사업장 내 안전보건관리체제 및 안전·보건조치 현황에 관한 사항
- 표준안전 작업방법 결정 및 지도·감독 요령에 관한 사항
- 현장근로자와의 의사소통능력 및 강의능력 등 안전보건교육 능력 배양에 관한 사항
- 비상시 또는 재해 발생 시 긴급조치에 관한 사항
- 그 밖의 관리감독자의 직무에 관한 사항

27
교육의 3요소에는 주체, 객체, 매개체가 있다. 이 중 교육의 객체(Object of Education)에 해당하는 것은?
① 교육생   ② 강사   ③ 교재   ④ 설문지   ⑤ 교육기관

해설

교육의 3요소
- 주체 : 주체는 가르치는 사람으로 교수자, 강사 등이 해당된다.
- 객체 : 객체는 배우는 사람으로 학습자, 교육생 등이 해당된다.
- 매개체 : 매개체는 교수자와 학습자 사이의 교육내용으로 동영상 교재, 교과서, 프로젝터를 통한 자료 등이 해당된다.

28

A기업은 학습지도 방법의 형태 중 '교재에 의한 피교육자의 자율적 학습' 방법을 선택하여 근로자에게 안전·보건교육을 실시하고 있다. A기업의 학습지도 방식에 해당하는 것은?

① 강의식　② 필기식　③ 독서식　④ 시범식　⑤ 계도식

해설

학습지도 방식
- 강의식 : 전통적인 방식으로 학습자에게 설명을 통해 지식을 전달하는 방식이다.
- 필기식 : 핵심주제에 대한 인지적 처리과정을 필기를 통해 처리하는 방식이다.
- 독서식 : 책을 스스로 읽고 학습하는 방식으로 자율적인 관리가 가능하다.
- 시범식 : 학습하고자 하는 동작을 실제로 해 보임으로 학습자의 이해를 돕는 학습방식이다.

29

사업장 위험성평가에 관한 지침 중 용어의 정의로 옳지 않은 것은?

① 유해·위험요인은 유해·위험을 일으킬 잠재적 가능성이 있는 것의 고유한 특징이나 속성을 뜻한다.
② 위험성 추정은 유해·위험요인이 부상 또는 질병으로 이어질 수 있는 가능성과 중대성을 조합한 것이다.
③ 위험성 결정은 유해·위험요인별로 추정한 위험성의 크기가 허용 가능한 범위인지를 판단하는 것을 말한다.
④ 기록은 사업장에서 위험성평가 활동을 수행한 근거와 그 결과를 문서로 작성하여 보존하는 것이다.
⑤ 유해·위험요인 파악은 유해요인과 위험요인을 찾아내는 과정을 말한다.

해설

※ 출제 시 정답은 ②였으나, 법령 개정(23.5.22)으로 정답 없음

정의(사업장 위험성평가에 관한 지침 제3조)

㉠ 이 고시에서 사용하는 용어의 뜻은 다음과 같다.
　1. "유해·위험요인"이란 유해·위험을 일으킬 잠재적 가능성이 있는 것의 고유한 특징이나 속성을 말한다.
　2. "위험성"이란 유해·위험요인이 사망, 부상 또는 질병으로 이어질 수 있는 가능성과 중대성 등을 고려한 위험의 정도를 말한다.
　3. "위험성평가"란 사업주가 스스로 유해·위험요인을 파악하고 해당 유해·위험요인의 위험성 수준을 결정하여, 위험성을 낮추기 위한 적절한 조치를 마련하고 실행하는 과정을 말한다.

㉡ 그 밖에 이 고시에서 사용하는 용어의 뜻은 이 고시에 특별히 정한 것이 없으면 산업안전보건법, 같은 법 시행령, 같은 법 시행규칙 및 산업안전보건기준에 관한 규칙에서 정하는 바에 따른다.

정답　28 ③　29 정답 없음

30
안전관리계획의 운영방법에서 안전보건평가 항목의 주요 평가척도의 종류에 해당되지 않는 것은?

① 절대척도
② 상대척도
③ 평정척도
④ 기능척도
⑤ 도수척도

해설

안전보건평가의 평가척도
- 절대척도 : 안전보건평가 중 재해건수 등 수치상으로 나타낼 수 있는 척도이다.
- 상대척도 : 재해통계에 사용되는 도수율, 강도율 등 상대적인 수치상의 척도이다.
- 평정척도 : 평가 대상을 등급으로 나누어 평가하는 척도이다.
- 도수척도 : 편차를 이용하여 분포의 정도를 나타내고 평가 대상이 위치하는 곳이 어디인지를 판단하는 척도이다.

31
사업장 위험성평가에 관한 지침에 관한 설명 중 (　　)에 들어갈 내용으로 옳은 것은?

> 사업주가 스스로 사업장의 유해·위험요인에 대한 실태를 파악하고 이를 평가하여 관리·개선하는 등 필요한 조치를 할 수 있도록 지원하기 위하여 위험성평가 (　　), (　　), (　　) 등에 관한 기준을 제시하고, 위험성평가 활성화를 위한 시책의 운영 및 지원사업 등 그 밖에 필요한 사항을 규정함을 목적으로 한다.

① 계획, 실시, 결과조치
② 방법, 절차, 시기
③ 목표, 계획, 시기
④ 규정, 계획, 방법
⑤ 계획, 절차, 결과

해설

목적(사업장 위험성평가에 관한 지침 제1조)
이 고시는 산업안전보건법 제36조에 따라 사업주가 스스로 사업장의 유해·위험요인에 대한 실태를 파악하고 이를 평가하여 관리·개선하는 등 필요한 조치를 통해 산업재해를 예방할 수 있도록 지원하기 위하여 위험성평가 방법, 절차, 시기 등에 대한 기준을 제시하고, 위험성평가 활성화를 위한 시책의 운영 및 지원사업 등 그 밖에 필요한 사항을 규정함을 목적으로 한다.

32

교육훈련평가의 4단계에서 각 단계별로 내용이 올바르게 연결된 것은?

① 제1단계 - 반응단계
② 제2단계 - 행동단계
③ 제3단계 - 결과단계
④ 제4단계 - 학습단계
⑤ 제4단계 - 행동단계

해설

교육훈련평가 4단계
- 1단계(반응평가) : 학습에 대한 반응 여부
- 2단계(학습평가) : 기술, 지식 등
- 3단계(행동평가) : 학습에 의한 행동 변화
- 4단계(결과평가) : 학습의 응용 여부

33

B기업은 근로자들에게 안전지식을 높이고 의식을 함양하기 위해서 안전교육을 다음과 같은 방식으로 실시하였다. B기업에서 채택하고 있는 교육의 진행 방식으로 옳은 것은?

> 새로운 자료나 교재를 제시하고 거기에서 나온 문제점을 피교육자로 하여금 제기하게 하거나, 의견을 여러 가지 방법으로 발표하게 하고, 다시 깊이 파고들어서 토의를 진행하는 방법이다.

① Forum
② On the Job Training(OJT)
③ Panel Discussion
④ Buzz Session
⑤ Case Study

해설

② OJT(On the Job Training) : 신입사원들의 교육을 진행하기 위해 개발된 것으로 현장에서 실질적인 교육을 진행하는 방식이다.
③ 패널 디스커션(Panel Discussion, 대표토의법) : 토론 집단을 패널과 청중으로 나누어 토론하게 하고 청중으로부터 질의응답을 하도록 하는 토의방식이다.
④ 버즈세션(Buzz Session) : 소집단으로 구성된 구성원들이 적극적으로 발언할 수 있도록 하는 토의법이다.
⑤ 사례연구(Case Study) : 공통 주제를 갖는 학습자가 소그룹을 형성하여 공부하는 방식이다.

34

재해손실에 따른 평가산정방식에서 재해코스트 이론을 주장한 인물과 평가산정방식의 내용이 옳지 않은 것은?

① 하인리히(H. Heinrich) : 총 재해코스트는 직접비와 간접비의 합이다.
② 시몬즈(R. Simonds) : 총 재해코스트는 산재보험코스트와 비보험코스트의 합이다.
③ 콤페스(P. Compes) : 총 재해손실비용은 공동비용(불변)과 개별비용(변수)의 합이다.
④ 버드(F. Bird) : 간접비의 빙산원리를 주장하였으며, 총 재해손실비용은 보험비, 비보험 재산비용, 비보험 제반 비용을 포함한다고 하였다.
⑤ 노구찌(野口三郎) : 하인리히의 평균치법을 근거로 일본의 상황에 맞는 손실방법을 제시하였다.

해설
노구찌의 재해코스트 산정방식은 시몬즈의 평균치법을 근거로 일본의 상황에 맞는 손실방법을 제시하였다. 재해비용 산정 시 물적·인적 손실 비용과 생산손실 비용 등을 모두 포함하여 계산하는 방식이다.

35

(   )에 들어갈 내용으로 옳은 것은?

> 산업안전보건법령상 산업안전보건위원회의 회의는 정기회의와 임시회의로 구분하되, 정기회의는 (   )마다 위원장이 소집하며, 임시회의는 위원장이 필요하다고 인정할 때에 소집한다.

① 1개월
② 분 기
③ 반 기
④ 1년
⑤ 격 년

해설
산업안전보건위원회 회의 등(산업안전보건법 시행령 제37조)
㉠ 법 제24조제3항에 따라 산업안전보건위원회의 회의는 정기회의와 임시회의로 구분하되, 정기회의는 분기마다 산업안전보건위원회의 위원장이 소집하며, 임시회의는 위원장이 필요하다고 인정할 때에 소집한다.
㉡ 회의는 근로자위원 및 사용자위원 각 과반수의 출석으로 개의(開議)하고 출석위원 과반수의 찬성으로 의결한다.
㉢ 근로자대표, 명예산업안전감독관, 해당 사업의 대표자, 안전관리자 또는 보건관리자는 회의에 출석할 수 없는 경우에는 해당 사업에 종사하는 사람 중에서 1명을 지정하여 위원으로서의 직무를 대리하게 할 수 있다.
㉣ 산업안전보건위원회는 다음의 사항을 기록한 회의록을 작성하여 갖추어 두어야 한다.
  1. 개최 일시 및 장소
  2. 출석위원
  3. 심의 내용 및 의결·결정 사항
  4. 그 밖의 토의사항

36

신뢰성의 개념에 관한 설명으로 옳지 않은 것은? (단, t는 시간이다)

① 신뢰도는 시스템, 기기 및 부품 등이 정해진 사용조건에서 의도하는 기간에 정해진 기능을 수행할 확률이다.
② 누적고장률함수 $F(t)$는 처음부터 임의의 시점까지 고장이 발생할 확률을 나타내는 함수이다.
③ 고장밀도함수 $f(t)$는 시간당 어떤 비율로 고장이 발생하고 있는가를 나타내는 함수이다.
④ 고장률 $h(t)$는 현재 고장이 발생하지 않은 제품 중 단위시간 동안 고장이 발생할 제품의 비율이다.
⑤ 신뢰도함수 $R(t)$는 임의의 시점에서 고장을 일으키지 않고 남아 있는 제품의 비율로, $1-f(t)$로 정의된다(단, $f(t)$는 고장밀도함수이다).

해설
⑤ 신뢰도함수는 일정시간까지 작동할 수 있는 확률을 말한다. 신뢰도함수 $R(t)$는 품의 비율로, 1-누적고장률 함수로 정의된다.

37

C회사에서 생산되는 가변저항의 수명이 지수분포를 따르고 고장밀도함수 $f(t) = \dfrac{1}{200} e^{-t/200}$ 이라면, $t = 200$주(Week)일 때 누적고장률 $F(200)$은 얼마인가?(단, 소수점 넷째 자리에서 반올림한다)

① 0.018
② 0.268
③ 0.368
④ 0.632
⑤ 0.732

해설
고장밀도함수는 시간당 고장발생 비율로 다음 식에 의해 구할 수 있다.
$F(t) = 1-$ 신뢰도 함수 $R(t)$, $R(t) = 1-F(t)$, 고장률 $\lambda(t) = f(t)/R(t)$
신뢰도 함수 $R(t) = f(t)/\lambda(t)$, $f(t) = 1/200 e^{(-t/200)}$
고장률은 시간당 고장 나는 횟수로 시간의 역수가 되므로 $\lambda(t) = 1/200$이 된다.
$R(t) = 1/200 e^{(-t/200)} / 1/200 = e^{(-1)} = 0.368$
따라서, $F(200) = 1 - 0.368 = 0.632$

38

시스템의 수명주기 5단계를 순서대로 나열한 것은?

ㄱ. 생 산	ㄴ. 구 상
ㄷ. 개 발	ㄹ. 운 전
ㅁ. 정 의	

① ㄱ → ㄴ → ㄷ → ㄹ → ㅁ
② ㄴ → ㄷ → ㄱ → ㅁ → ㄹ
③ ㄴ → ㅁ → ㄷ → ㄱ → ㄹ
④ ㄹ → ㄷ → ㄱ → ㅁ → ㄴ
⑤ ㅁ → ㄴ → ㄱ → ㄷ → ㄹ

해설

생산시스템의 수명주기에 따른 리스크 평가지침(한국산업안전보건공단)
시스템의 수명주기
- 구상단계 : 시스템 제작을 위한 시작단계
- 정의단계 : 시스템 개발의 일반적인 설계가 이루어지는 단계
- 개발단계 : 시스템 개발의 공식적인 시작단계
- 제조단계 : 이전 단계의 시스템의 안전수준이 생산단계에서 유지되는가 확인하는 단계
- 배치단계 : 운용단계
- 폐기단계

39

D부품회사는 최근 개발한 신규 볼 베어링의 수명을 예측하기 위하여 가속시험을 수행하였다. 통상적으로 볼 베어링에 작용하는 하중은 20kN이다. 이 볼 베어링에 80kN의 하중을 가해 가속시험을 하였을 때 가속계수는 얼마인가?(단, 가속모델은 n승 법칙 모델을 따르고, n = 2.5이다)

① 4
② 16
③ 32
④ 64
⑤ 128

해설

가속계수란 사용조건에서의 수명과 가족조건에서의 수명의 비율이다. 가속모델이 n승 법칙을 따르므로 가족계수는 다음과 같이 계산할 수 있다.

가속계수 = (가속조건에서의 수명/기준조건에서의 수명)^n
= $(80/20)^{2.5}$
= 32

40

FTA(Fault Tree Analysis) 분석기법을 이용하여, 다음의 정상사상(Top Event) T의 미니멀 컷셋(Minimal Cut Set)을 구하면?

$T = A_1 \cdot A_2$
$A_1 = X_1 \cdot X_2, \ A_2 = X_1 + X_3$

① (X_1, X_2)
② (X_1, X_3)
③ (X_2, X_3)
④ (X_1, X_2, X_3)
⑤ $(X_1, X_2), (X_2, X_3)$

해설

AND 함수의 경우 곱, OR 함수의 경우 역수의 곱이므로
$T = (X_1 \cdot X_2)(X_1 + X_3)$
$\ \ = (X_1 \cdot X_2 \cdot X_1) + (X_1 \cdot X_2 \cdot X_3)$
$\ \ = (X_1 \cdot X_2) + (X_1, X_2, X_3)$
이 중 미니멀 컷셋은 (X_1, X_2)

41

광원으로부터 2m 떨어진 곳의 조도가 2,000lx이면, 같은 광원으로부터 4m 거리에서의 조도(lx)는?(단, 동일한 조명 환경이 유지되는 것으로 가정한다)

① 100
② 200
③ 250
④ 500
⑤ 1,000

해설

조도 = $\dfrac{광속}{거리^2}$, 광속 = 조도 × 거리^2

- 광속 = 2,000 × 2^2 = 8,000
- 광속이 8,000lx이므로 4m 떨어진 곳의 조도는
  $\dfrac{8,000}{4^2} = \dfrac{8,000}{16} = 500\text{lx}$

42

E사의 안전관리자는 최근 설치된 수입 기계의 긴급 정지 버튼이 파란색으로 표시되어 있는 것을 발견하고, 이를 빨간색으로 교체하도록 시정 조치하였다. 안전관리자의 이러한 조치와 직접적으로 관련된 양립성은?

① 운동 양립성
② 위치 양립성
③ 공간 양립성
④ 개념 양립성
⑤ 양식 양립성

해설

양립성은 자극, 반응 간의 관계가 인간의 기대에 일치되는 정도를 말하며 양립성이 높을수록 학습이 빨리 진행된다. 양립성에는 공간, 운동, 개념, 양식의 4종류가 있으며, 이중 개념적 양립성은 외부자극에 대한 인간의 개념적 현상을 말한다.

43

인간-기계 시스템에서 인간 기준(Human Criteria) 평가척도의 유형이 나머지와 다른 것은?

① 근전도
② 피부온도
③ 심박수
④ 뇌파
⑤ 선호도

해설

인간 기준 평가척도의 유형
- 생리적 지표 : 호흡, 신경, 감각, 심장활동 등 인간 생리활동에 대한 부분
- 주관적 반응 : 주관적인 의견이나 판단, 선호도 등 개인적인 반응에 관련된 부분
- 인간의 성능 : 반응속도, 최대근력 등 인간으로서의 성능 발휘에 대한 부분은 근전도, 심박수, 피부온도, 뇌파로 구성된다.
- 사고 및 과오 : 과오나 사고가 발생되는 부분에 대한 척도가 필요하다.

44

500명이 근무하는 (주)안전의 작년 재해 통계를 기준으로 하였을 때, (주)안전의 근로자가 입사하여 정년까지 평균적으로 경험하는 재해건수와 근로손실일수가 각각 0.5건과 10일인 것으로 나타났다. (주)안전의 작년 재해자 수와 근로손실일수는?(단, 근로자 1인당 연간 총 근로시간은 2,400시간, 근로자 1인이 입사하여 정년까지 근무하는 총 근로시간은 100,000시간으로 가정한다)

① 재해자 수 : 5명, 근로손실일수 : 60일
② 재해자 수 : 5명, 근로손실일수 : 120일
③ 재해자 수 : 6명, 근로손실일수 : 60일
④ 재해자 수 : 6명, 근로손실일수 : 120일
⑤ 재해자 수 : 10명, 근로손실일수 : 100일

해설

- 환산도수율 : 평생 근로하는 동안 발생할 수 있는 재해건수(= 도수율 × 0.1)
  총근로시간 100,000시간, 총재해건수 1.5건, 연간근로시간 2,400시간이므로 재해자 수는

  $$\frac{0.5}{100,000} = \frac{\text{재해자 수}}{500 \times 2,400}$$

  $$\therefore \text{재해자 수} = \frac{0.5 \times 500 \times 2,400}{100,000} = \frac{600,000}{100,000} = 6\text{명}$$

- 환산강도율 : 평생 근로하는 동안 발생할 수 있는 근로손실일수(= 강도율 × 100)
  총근로손실일수 10일이므로 근로손실일수는

  $$\frac{10}{100,000} = \frac{\text{근로손실일수}}{500 \times 2,400}$$

  $$\therefore \text{근로손실일수} = \frac{10 \times 500 \times 2,400}{100,000} = \frac{12,000,000}{100,000} = 120\text{일}$$

45

스웨인(Swain)의 인적오류 분류방법에 따를 때, 제품에 라벨을 부착하는 작업 중 잘못된 위치에 라벨을 부착한 경우에 해당되는 오류는?

① 작위오류
② 누락오류
③ 시간오류
④ 순서오류
⑤ 불필요한 수행오류

해설

스웨인(Swain)의 인적오류
- 누락오류 : 단계를 수행치 않음
- 작위오류 : 직무를 불확실하게 수행
- 불필요한 수행오류 : 수행해서는 안 되는 단계를 수행
- 순서오류 : 순서를 벗어나 수행
- 시간오류 : 너무 늦거나 일찍 수행하여 계획된 시간 내에 직무수행 실패

정답 44 ④ 45 ①

46

개인보호구에 관한 설명으로 옳지 않은 것은?

① 개인보호구는 근로자의 몸에 맞출 수 있도록 조절될 수 있어야 한다.
② ABE형 안전모는 규정된 시험 절차에 따라 내전압성 성능시험을 통과해야 한다.
③ 금속품 등과 같이 열적으로 생기는 분진 발생장소에서는 1급 방진마스크를 사용하는 것이 적절하다.
④ 차음해야 할 소음이 저음부터 고음까지 고른 경우에는 2종 귀마개(EP-2)를 사용해야 한다.
⑤ 청력보호구는 보호구 착용으로 8시간 시간가중평균 90dB(A) 이하의 소음노출수준이 되도록 차음효과가 있어야 한다.

해설

- 안전모(보호구 안전인증 고시 별표 1)
  - 종류

종류(기호)	사용 구분	비 고
AB	물체의 낙하 또는 비래 및 추락에 의한 위험을 방지 또는 경감시키기 위한 것	
AE	물체의 낙하 또는 비래에 의한 위험을 방지 또는 경감하고, 머리부위 감전에 의한 위험을 방지하기 위한 것	내전압성 (7,000 이하의 전압에 견디는 것)
ABE	물체의 낙하 또는 비래 및 추락에 의한 위험을 방지 또는 경감하고, 머리부위 감전에 의한 위험을 방지하기 위한 것	내전압성

  - 시험성능기준

항 목	시험성능기준
내관통성	AE, ABE종 안전모는 관통거리가 9.5mm 이하이고, AB종 안전모는 관통거리가 11.1mm 이하이어야 한다.
충격흡수성	최고전달충격력이 4,450N을 초과해서는 안 되며, 모체와 착장체의 기능이 상실되지 않아야 한다.
내전압성	AE, ABE종 안전모는 교류 20kV에서 1분간 절연파괴 없이 견뎌야 하고, 이때 누설되는 충전전류는 10mA 이하이어야 한다.
내수성	AE, ABE종 안전모는 질량증가율이 1% 미만이어야 한다.
난연성	모체가 불꽃을 내며 5초 이상 연소되지 않아야 한다.
턱끈풀림	150N 이상 250N 이하에서 턱끈이 풀려야 한다.

- 방음용 귀마개 또는 귀덮개(보호구 안전인증 고시 별표 12)

종 류	등 급	기 호	성 능	비 고
귀마개	1종	EP-1	저음부터 고음까지 차음하는 것	귀마개의 경우 재사용 여부를 제조 특성으로 표기
	2종	EP-2	주로 고음을 차음하고 저음(회화음영역)은 차음하지 않는 것	
귀덮개	-	EM		

- 방진마스크(보호구 안전인증 고시 별표 4)

등 급	특 급	1급	2급
사용 장소	• 베릴륨 등과 같이 독성이 강한 물질들을 함유한 분진 등 발생장소 • 석면 취급장소	• 특급 마스크 착용장소를 제외한 분진 등 발생장소 • 금속품 등과 같이 열적으로 생기는 분진 등 발생장소 • 기계적으로 생기는 분진 등 발생장소(규소 등과 같이 2급 방진마스크를 착용하여도 무방한 경우는 제외한다)	특급 및 1급 마스크 착용장소를 제외한 분진 등 발생장소
	배기밸브가 없는 안면부여과식 마스크는 특급 및 1급 장소에 사용해서는 안 된다.		

정답 46 ④

47
인간-기계시스템에 관한 설명으로 옳지 않은 것은?

① 인간-기계시스템에서 인간과 기계는 공통의 목표를 갖고 있다.
② 기계에서 경보음을 위한 스피커는 인간-기계시스템의 청각적 표시장치에 해당된다.
③ 인간-기계 인터페이스(Interface)를 설계할 때는 인간의 신체적 특성, 인지 특성, 감성 특성 등을 고려해야 한다.
④ 인간-기계시스템은 정보 표시 방식에 따라 개회로(Open-loop) 시스템과 폐회로(Closed-loop) 시스템으로 구분된다.
⑤ 인간-기계시스템은 사용 환경을 고려하여 설계하여야 한다.

해설

인간-기계시스템
조작자와 기계의 기능들이 상호작용하여 각자의 역할을 분담하여 유기적으로 기능을 발휘하도록 설계하는 시스템이다. 인간과 기계가 공통된 목표를 가지고 사용 환경을 고려하여 설계하여야 한다. 인간-기계 시스템은 자동제어 체계에 따라 개회로 시스템과 폐회로 시스템으로 구분된다.

48
NIOSH 들기작업 공식을 이용한 중량물취급 작업의 평가에 관한 설명으로 옳은 것을 모두 고른 것은?

> ㄱ. 들기지수(LI)가 1보다 작으면 안전한 작업이다.
> ㄴ. 작업지속시간과 작업의 횟수를 조사해야 한다.
> ㄷ. 가장 좋은 조건에서 들기작업의 최대 권장 하중은 25kg이다.

① ㄱ
② ㄷ
③ ㄱ, ㄴ
④ ㄴ, ㄷ
⑤ ㄱ, ㄴ, ㄷ

해설

- 들기작업(Lifting)이라 함은 작업자가 아래에 있는 것을 위로 올리거나 또는 위에 있는 것을 아래로 내리는 작업을 말한다.
- 들기지수는 작업물의 무게를 권장무게한계로 나눈 값으로 1보다 작으면 안전하다.
- 들기작업의 안전한 무게는 25kg 이하이며 최대권장하중은 23kg이다.

49

재해원인을 파악하고 분석하는 데 쓰이는 기법에 관한 설명으로 옳은 것을 모두 고른 것은?

> ㄱ. 파레토 분석은 여러 관련 요인 중 재해의 주요 원인을 파악하는 데 적합하다.
> ㄴ. 관리도는 재해 관련 요인의 특성 변화 추이를 파악하여 목표를 관리하는 데 적합하다.
> ㄷ. 특성요인도는 재해 발생 과정을 포괄적으로 파악하여 특성별 수준에 따라 재해 발생 원인을 분석하는 데 적합하다.

① ㄱ
② ㄴ
③ ㄱ, ㄷ
④ ㄴ, ㄷ
⑤ ㄱ, ㄴ, ㄷ

해설

재해통계도
- 파레토도 : 관리대상이 많은 경우 적용이 유리하며 큰 값에서 작은 값으로 순서대로 배열하여 어떤 항목이 가장 문제가 되는지 확인하는 분석기법이다.
- 관리도 : 관리상한선과 하한선을 두고 관리구역 외의 구역에 발생되는 경우는 대책을 수립하여 관리구역 내로 들어오도록 하는 기법이다.
- 특성요인도 : 생선뼈를 닮았다고 하여 Fish Bone Diagram이라고도 하며 결론에 도달하기 위해 문제점을 개발해서 대책을 수립하는 기법이다.

50

F사 안전보건팀은 작년에 이 회사에서 발생한 재해와 관련하여 다음과 같은 업무를 수행하였다. 재해사례 연구의 진행단계에 따라 각 업무 활동을 순서대로 나열한 것은?

> ㄱ. 재해와 관련된 사실 및 재해요인으로 알려진 사실을 확인하였다.
> ㄴ. 유사 재해가 발생하는 것을 방지하기 위한 대책을 수립하였다.
> ㄷ. 인적, 물적, 관리적 측면에서 문제점을 파악하고 분석하였다.
> ㄹ. 재해 발생의 근본적 문제점을 결정하였다.

① ㄱ → ㄴ → ㄷ → ㄹ
② ㄱ → ㄷ → ㄹ → ㄴ
③ ㄱ → ㄹ → ㄷ → ㄴ
④ ㄹ → ㄱ → ㄷ → ㄴ
⑤ ㄹ → ㄷ → ㄱ → ㄴ

해설

재해사례연구 진행 단계
1. 재해상황의 파악 : 재해가 발생한 경우 접근을 차단하고 상황을 파악해야 한다.
2. 사실의 확인 : 목격자 등의 진술을 토대로 재해 발생 사실을 확인한다.
3. 문제점 발견 : 재해 발생에 대한 문제점 및 원인을 파악한다.
4. 근본적 문제점 결정 : 재해 발생 시 문제점에 대해 분석한 후 근본적인 문제점을 결정한다.
5. 대책수립 : 결정된 문제점에 대한 대책을 수립하고 적용한 후 피드백한다.

| 기업진단 · 지도

51
해크만(J. Hackman)과 올드햄(G. Oldham)이 제시한 직무특성모델(Job Characteristic Model)에서 5가지 핵심직무차원(Core Job Dimensions)에 포함되지 않는 것은?

① 기술다양성(Skill Variety)
② 성장욕구(Growth Need)
③ 과업정체성(Task Identity)
④ 자율성(Autonomy)
⑤ 피드백(Feedback)

해설

직무특성모델의 핵심직무차원
- 기술다양성 : 다양한 기술을 접목시키는 것이 중요하다.
- 과업정체성 : 업무 전체를 주도적으로 수행해 나가는 것이다.
- 과업중요성 : 일의 중요도가 높은 업무일수록 만족도가 높다.
- 자율성 : 업무처리에 있어 자율성이 확보되면 책임감을 갖고 업무에 임할 수 있다.
- 피드백 : 업무처리 결과에 대한 다른 사람의 확인이 필요하다.

52
직무급(Job-based Pay)에 관한 설명으로 옳은 것을 모두 고른 것은?

> ㄱ. 동일노동 동일임금의 원칙(Equal Pay for Equal Work)이 적용된다.
> ㄴ. 직무를 평가하고 임금을 산정하는 절차가 간단하다.
> ㄷ. 유능한 인력을 확보하고 활용하는 것이 가능하다.
> ㄹ. 직무의 상대적 가치를 기준으로 하여 임금을 결정한다.
> ㅁ. 직무를 중심으로 한 합리적인 인적자원관리가 가능하게 됨으로써 인건비의 효율성을 증대시킬 수 있다.

① ㄱ, ㄴ, ㄷ
② ㄷ, ㄹ, ㅁ
③ ㄱ, ㄴ, ㄹ, ㅁ
④ ㄱ, ㄷ, ㄹ, ㅁ
⑤ ㄱ, ㄴ, ㄷ, ㄹ, ㅁ

해설

직무급

동일노동, 동일임금의 원칙에 입각하여 직무의 중요성·난이도 등에 따라서 각 직무의 상대적 가치를 평가하고 그 결과에 의거하여 그 가치에 알맞게 지급하는 임금을 말한다. 직무급을 기초로 하고 직무평가, 인사고과, 종업원훈련 등을 서로 관련시켜 유효하게 운용하는 것이다. 직무급을 도입하려면 먼저 각 직무의 직능내용이나 책임도를 명확히 하고(직무분석) 이것을 기초로 각 직무의 상대적 가치의 서열을 매겨(직무평가) 그 결과를 임금에 결부시켜야 한다.

53

홍길동이 A회사에 입사한 후 3년이 지났다. 홍길동이 그동안 있었던 승진자들을 살펴보니 모두 뛰어난 업적을 보인 사람들이었다. 이에 홍길동은 자신도 뛰어난 성과를 보여 승진하겠다는 결심을 하고 지속적으로 열심히 노력하였다. 이 경우 홍길동과 관련된 학습이론은?

① 사회적 학습(Social Learning)
② 조직적 학습(Organizational Learning)
③ 고전적 조건화(Classical Conditioning)
④ 작동적 조건화(Operant Conditioning)
⑤ 액션 러닝(Action Learning)

해설

① 사회적 학습 : 개인 간의 상호관계를 통해 이루어지는 학습을 의미한다. 타인과 접촉할 때 그 타인의 의도와는 관계없이 그 개인의 행동을 모방하여 자기의 행동을 수정하는 학습은 사회적 학습의 예이다. 대인 간의 상호작용 없이 이루어지는 학습은 사회적 학습이라는 개념에서 제외된다.
② 조직적 학습 : 조직에 속한 개인이 조직 내에서 학습하고 학습한 내용을 업무에 적용하는 학습형태이다.
③ 고전적 조건화 : 반복학습을 통해 습득된 행동을 말하는 것으로 파블로프의 개실험이 유명하다.
④ 작동적 조건화 : 습득된 행동에 대해 적용했을 때 피드백이 주어진다.
⑤ 액션 러닝 : 조직 구성원이 팀을 구성하여 실제 업무를 함으로써 문제점을 해결하는 학습방법이다.

54

허즈버그(F. Herzberg)가 제시한 2요인 이론(Two Factor Theory)에서 동기부여요인(Motivators)에 포함되지 않는 것은?

① 성취(Achievement)
② 임금(Wage)
③ 책임(Responsibility)
④ 성장(Growth)
⑤ 인정(Recognition)

해설

② 임금은 물질적인 만족이므로 위생요인에 해당된다.

허즈버그 2요인 이론
허즈버그의 2요인 이론은 위생요인과 동기이론으로 이루어지며 위생요인은 불만족 요인을 제거하는 것으로 급여, 승진, 보상, 근무환경 등이 해당되며, 동기요인은 개인의 동기부여를 위해 만족되어야 하는 감정적인 요인으로 성취감, 책임감, 타인으로부터의 인정, 동료와의 관계, 개인의 업무성장 등이 해당된다.

55

사업부제 조직구조(Divisional Structure)에 관한 설명으로 옳지 않은 것은?

① 각 사업부는 사업영역에 대해 독자적인 권한과 책임을 보유하고 있어 독립적인 이익센터(Profit Center)로서 기능할 수 있다.
② 각 사업부들이 경영상의 책임단위가 됨으로써 본사의 최고경영층은 일상적인 업무로부터 벗어나 전사적인 차원의 문제에 집중할 수 있다.
③ 각 사업부 간에 기능의 중복현상이 발생하지 않는다.
④ 각 사업부마다 시장특성에 적합한 제품과 서비스를 생산하고 판매할 수 있게 됨으로써 시장세분화에 따른 제품 차별화가 용이하다.
⑤ 각 사업부의 이해관계를 중시하는 사업부 이기주의로 인하여 사업부 간의 협조가 원활하지 못할 수 있다.

해설

사업부제 조직
- 전통적인 기능적 조직구조와는 달리 단위적 분화의 원리에 따라 사업부 단위를 편성하고 각 단위에 대하여 독자적인 생산·마케팅·재무·인사 등의 독자적인 관리권한을 부여함으로써 제품별·시장별·지역별로 이익중심점을 설정하여 독립채산제를 실시할 수 있는 분권적 조직이다.
- 생산, 판매, 기술개발, 관리 등에 관한 최고경영층의 의사결정 권한을 단위 부서장에게 대폭 위양하는 동시에 각 부서가 마치 하나의 독립회사처럼 자주적이고 독립채산적인 경영을 하는 시스템이다.
- 고객·시장욕구에 대한 관심 제고, 사업부 간 경쟁에 따른 단기적 성과 제고 및 목표달성에 초점을 둔 책임경영체제를 실현할 수 있는 장점이 있는 반면에 사업부 간 자원의 중복에 따른 능률 저하, 사업부 간 과당경쟁으로 조직 전체의 목표달성 저해를 가져올 수 있는 단점이 있다.

정답 55 ③

56

6시그마 경영은 모토로라(Motorola)사에서 혁신적인 품질개선의 목적으로 시작된 기업경영전략이다. 6시그마 경영과 과거의 품질경영을 비교 설명한 것으로 옳은 것은?

① 과거의 품질경영 방식은 전체 최적화였으나 6시그마 경영은 부분 최적화라고 할 수 있다.
② 과거의 품질경영 계획대상은 공장 내 모든 프로세스였으나 6시그마 경영은 문제점이 발생한 곳 중심이라고 할 수 있다.
③ 과거의 품질경영 교육은 체계적이고 의무적이었으나 6시그마 경영은 자발적 참여를 중시한다.
④ 과거의 품질경영 관리단계는 DMAIC를 사용하였으나 6시그마 경영은 PDCA Cycle을 사용한다.
⑤ 과거의 품질경영 방침결정은 하의상달 방식이었으나 6시그마 경영은 상의하달 방식으로 이루어진다.

해설

6시그마 경영과 과거 품질경영의 비교

구 분	6시그마 경영	과거 품질경영
목 적	정보를 통한 경영혁신	대량생산
품질추구	불량의 근본원인 제거	최종생산품의 불량감소
참여자	전사적 차원의 전 직원참여	생산 관련자
업무체계	Top-Bottom 방식	Bottom-Top 방식
교육방식	의무적이며 시스템화	자발적, 자유적 참여
관리방식	DMAIC	PDCA

57

ABC 재고관리에 관한 설명으로 옳지 않은 것은?

① 자재 및 재고자산의 차별 관리방법이며, A등급, B등급, C등급으로 구분된다.
② 품목의 중요도를 결정하고, 품목의 상대적 중요도에 따라 통제를 달리하는 재고관리시스템이다.
③ 파레토 분석(Pareto Analysis) 결과에 따라 품목을 등급으로 나누어 분류한다.
④ 일반적으로 A등급에 속하는 품목의 수가 C등급에 속하는 품목의 수보다 많다.
⑤ 각 등급별 재고 통제수준은 A등급은 엄격하게, B등급은 중간 정도로, C등급은 느슨하게 한다.

해설

ABC 재고관리

재고를 A, B, C의 3종류로 분류하여 재고비용을 감소시키려는 재고관리방식이다. A등급은 단가가 높고 품목 수가 적은 것, B등급은 필요수량을 예측하여 그 수량에 약간의 수량을 가해 재고량을 취한 것, C등급은 단가가 낮고 충분한 재고량을 갖은 것으로 나누어 관리한다.

58
수요예측을 위한 시계열 분석에서 변동에 해당하지 않는 것은?

① 추세변동(Trend Variation) : 자료의 추이가 점진적, 장기적으로 증가 또는 감소하는 변동
② 계절변동(Seasonal Variation) : 월, 계절에 따라 증가 또는 감소하는 변동
③ 위치변동(Locational Variation) : 지역의 차이에 따라 증가 또는 감소하는 변동
④ 순환변동(Cyclical Variation) : 경기순환과 같은 요인으로 인한 변동
⑤ 불규칙 변동(Irregular Variation) : 돌발사건, 전쟁 등으로 인한 변동

해설

시계열 분석
- 정의 : 시계열 데이터에 바탕을 둔 분석방법으로 시계의 흐름에 따라 일정한 간격으로 기록한 데이터를 분석하는 기법이다.
- 시계열 분석의 종류
  - 돌발사건 등으로 인한 불규칙 변동
  - 계절에 따라 증감되는 계절변동
  - 오랜 세월에 걸쳐 나타나는 추세변동
  - 경기순환과 같은 순환변동

59
설비 배치계획의 일반적 단계에 해당하지 않는 것은?

① 구성계획(Construct Plan)
② 세부 배치계획(Detailed Layout Plan)
③ 전반 배치(General Overall Layout)
④ 설치(Installation)
⑤ 위치(Location)결정

해설

설비 배치(Facility Layout)
- 정의 : 사용 가능한 공간 내에 소기의 기능을 발휘할 수 있도록 건물, 시설, 사무실, 창고, 통로, 기계설비 등의 위치를 효과적으로 결합시키고 종합화시켜 공간적으로 적절히 배열하는 것을 말한다. 단순히 레이아웃이라고도 한다.
- 설비 배치계획
  - 입지결정 : 생산, 재무, 기술, 마케팅 등의 Data 입수 후 입지를 결정한다.
  - 전체적 건물 배치 : 자재 이동 및 운반, 출하, 등이 원활히 이루어질 수 있도록 건물 배열을 최적화한다.
  - 세부 배치 : 종합적인 조화, 최단 운반거리, 원활한 흐름, 공간활용 등을 분석하여 세부적인 배치를 실시한다.
  - 설치 : 모든 계획단계가 끝난 후 설치를 한다.

60

심리평가에서 평가센터(Assessment Center)에 관한 설명으로 옳지 않은 것은?

① 신규채용을 위하여 입사 지원자들을 평가하거나 또는 승진 결정 등을 위하여 현재 종업원들을 평가하는 데 사용할 수 있다.
② 관리 직무에 요구되는 단일 수행차원에 대해 피평가자들을 평가한다.
③ 기본적인 평가방식은 집단 내 다른 사람들의 수행과 비교하여 개인의 수행을 평가하는 것이다.
④ 평가 도구로는 구두발표, 서류함 기법, 역할수행 등이 있다.
⑤ 다수의 평가자들이 피평가자들을 평가한다.

해설

평가센터
피평가자들의 역량을 측정하기 위한 것으로 훈련받은 다수의 평가자들이 피평가자들에게 그들의 행동을 관찰할 수 있는 다양한 과제를 주고 피평가자들의 행동을 관찰하여 평가하는 방식이다. 신규직원 채용 시 전원을 평가할 때 주로 사용한다. 대표적 평가 도구로는 역할연기, 집단토의 프레젠테이션, 서류함기법, 사례분석 등이 있다.

61

목표설정 이론(Goal Setting Theory)에서 종업원의 직무수행을 향상시킬 수 있는 요인들을 모두 고른 것은?

| ㄱ. 도전적인 목표 | ㄴ. 구체적인 목표 |
| ㄷ. 종업원의 목표 수용 | ㄹ. 목표 달성 과정에 대한 피드백 |

① ㄱ, ㄹ
② ㄴ, ㄷ
③ ㄱ, ㄴ, ㄹ
④ ㄴ, ㄷ, ㄹ
⑤ ㄱ, ㄴ, ㄷ, ㄹ

해설

목표설정 이론
로크에 의해 시작된 동기이론으로 개인이 의식적으로 설정한 목표가 동기와 행동에 영향을 미친다는 이론이다. 목표는 분명하고 세밀하게 세워야 하고 조건을 정확하게 기술해야 한다. 또한 조직의 전략과 일치해야 하고 경쟁성을 갖춰야 한다. 기대, 동기부여, 도전감을 유발하는 것이 좋다. 목표설정의 원칙은 도전적이고 구체적인 목표 수립, 측정 가능한 목표, 개인의 목표 수용해야 하며 목표 달성에 대한 피드백이 되어야 한다.

62

인사선발에 관한 설명으로 옳은 것은?

① 올바른 합격자(True Positive)란 검사에서 합격점을 받아서 채용되었지만 채용된 후에는 불만족스러운 직무수행을 나타내는 사람이다.
② 잘못된 합격자(False Positive)란 검사에서 불합격점을 받아서 떨어뜨렸지만 채용하였다면 만족스러운 직무수행을 나타냈을 사람이다.
③ 올바른 불합격자(True Negative)란 검사에서 불합격점을 받아서 떨어뜨렸고 채용하였더라도 불만족스러운 직무수행을 나타냈을 사람이다.
④ 잘못된 불합격자(False Negative)란 검사에서 합격점을 받아서 채용되었고 채용된 후에도 만족스러운 직무수행을 나타내는 사람이다.
⑤ 인사선발 과정의 궁극적인 목적은 올바른 합격자와 잘못된 불합격자를 최대한 늘리고 올바른 불합격자와 잘못된 합격자를 줄이는 것이다.

해설

인사선발

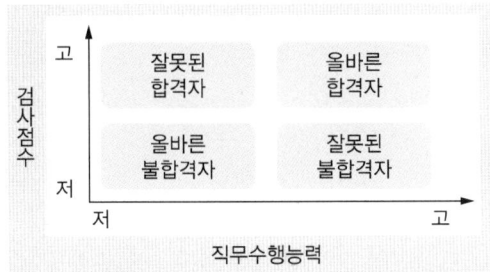

정답 62 ③

63

심리평가에서 타당도와 신뢰도에 관한 설명으로 옳지 않은 것은?

① 구성타당도(Construct Validity)는 검사문항들이 검사용도에 적절한지에 대하여 검사를 받는 사람들이 느끼는 정도다.
② 내용타당도(Content Validity)는 검사의 문항들이 측정해야 할 내용들을 충분히 반영한 정도다.
③ 검사-재검사 신뢰도(Test-retest Reliability)는 검사를 반복해서 실시했을 때 얻어지는 검사 점수의 안정성을 나타내는 정도다.
④ 평가자 간 신뢰도(Inter-rater Reliability)는 두 명 이상의 평가자들로부터의 평가가 일치하는 정도다.
⑤ 내적 일치 신뢰도(Internal-consistency Reliability)는 검사 내 문항들 간의동질성을 나타내는 정도다.

해설

① 타당도란 검사가 측정하려는 것을 제대로 측정하는지에 대한 분석기법이다.
타당도의 종류
- 내용타당도 : 검사 사용자가 검사문항을 보고 그 문항이 무엇을 측정하고 있는지 주관적인 관점을 중심으로 기술한 것이다.
- 준거타당도 : 얻은 점수로 미래의 행동을 예측하거나 다른 검사에서의 점수를 추정해 보는 것이다.
- 구성타당도 : 조직적으로 정의되지 않은 인간의 심리특성이나 성질을 분석하여 점수가 심리적 요인들을 제대로 측정했는지 검증하는 방법이다.

64

인사평가 시기가 되자 홍길동 부장은 매우 우수한 성과를 보인 이순신 사원을 평가하고, 다음 차례로 이몽룡 사원을 평가하였다. 이때 이몽룡 사원은 평균적인 성과를 보였음에도 불구하고, 평균 이하의 평가를 받았다. 홍길동 부장의 평가에서 발생한 오류는?

① 후광 오류
② 관대화 오류
③ 중앙집중화 오류
④ 대비 오류
⑤ 엄격화 오류

해설

평가자 오류의 종류
- 후광 오류 : 하나가 좋으면 나머지도 좋게 평가
- 관대화 오류 : 피평가자를 실제보다 관대하게 평가
- 중앙집중화 오류 : 점수의 분포가 중간에 집중
- 대비 오류 : 특정인이나 바로 직전의 피평가자와 대비해서 판단
- 엄격화 오류 : 평가 결과가 낮은 쪽으로 집중

65
인간정보처리(Human Information Processing)이론에서 정보량과 관련된 설명이다. 다음 중 옳지 않은 것은?
① 인간정보처리이론에서 사용하는 정보 측정단위는 비트(bit)다.
② 힉-하이만 법칙(Hick-Hyman Law)은 선택반응시간과 자극 정보량 사이의 선형함수 관계로 나타난다.
③ 자극-반응 실험에서 인간에게 입력되는 정보량(자극 정보량)과 출력되는 정보량(반응 정보량)은 동일하다고 가정한다.
④ 정보란 불확실성을 감소시켜 주는 지식이나 소식을 의미한다.
⑤ 자극-반응 실험에서 전달된(Transmitted) 정보량을 계산하기 위해서는 소음(Noise) 정보량과 손실(Loss) 정보량도 고려해야 한다.

해설

인간정보처리이론
인간의 인지기능과 컴퓨터의 정보처리 과정을 비교하여 이해하고 설명하는 이론이다. 자극-반응 실험에서 인간에게 입력된 정보량이 출력되는 결과는 사람이나 조건에 따라 다르므로 입력 정보량과 출력 정보량이 동일하지 않다.

66
하인리히(H. Heinrich)의 연쇄성 이론에 관한 설명으로 옳지 않은 것은?
① 연쇄성 이론은 도미노 이론이라고 불리기도 한다.
② 사고를 예방하는 방법은 연쇄적으로 발생하는 사고원인들 중에서 어떤 원인을 제거하여 연쇄적인 반응을 막는 것이다.
③ 연쇄성 이론에 의하면 5개의 도미노가 있다.
④ 사고 발생의 직접적인 원인은 불안전한 행동과 불안전한 상태다.
⑤ 연쇄성 이론에서 첫 번째 도미노는 개인적 결함이다.

해설

하인리히 연쇄성 이론
- 정의 : 도미노 이론이라고도 하며, 사고를 예방하려면 연쇄적으로 발생하는 원인 중에서 어떤 원인을 제거하여 연쇄반응을 막는 것이다.
- 재해발생 5단계
  - 1단계 : 사회적 환경과 유전적 요소 → 간접적인 원인
  - 2단계 : 개인적 결함 → 간접적인 원인
  - 3단계 : 불안전한 상태 및 불안전한 행동 → 직접적인 원인
  - 4단계 : 사고
  - 5단계 : 재해 발생

67

작업장의 적절한 조명수준을 결정하려고 한다. 다음 중 옳은 것을 모두 고른 것은?

> ㄱ. 직접조명은 간접조명보다 조도는 높으나 눈부심이 일어나기 쉽다.
> ㄴ. 정밀 조립작업을 수행할 경우에는 일반 사무작업을 할 때보다 권장조도가 높다.
> ㄷ. 40세 이하의 작업자보다 55세 이상의 작업자가 작업할 때 권장조도가 높다.
> ㄹ. 작업환경에서 조명의 색상은 작업자의 건강이나 생산성과 무관하다.
> ㅁ. 표면 반사율이 높을수록 조도를 높여야 한다.

① ㄱ, ㄴ
② ㄱ, ㄴ, ㄷ
③ ㄱ, ㄷ, ㅁ
④ ㄴ, ㄷ, ㄹ
⑤ ㄱ, ㄴ, ㄷ, ㄹ, ㅁ

해설

적절한 조명
- 충분한 밝기가 확보되어야 하고 균일해야 한다.
- 간접적인 조명이 좋다.
- 눈부심이나 빛의 흔들림이 없어야 한다.
- 방사열이 적어야 하며 적당한 그림자가 만들어져야 한다.
- 조명의 색상은 작업자의 건강이나 생산성과 연계되므로 개인의 상태를 고려해야 한다.
- 표면반사율이 높은 작업을 실시할 경우 조도를 낮춰야 한다.
- 나이가 많을수록 권장조도를 높여야 한다.

68

소리와 소음에 관한 설명으로 옳은 것은?

① 인간의 가청주파수 영역은 20,000~30,000Hz다.
② 인간이 지각한(Perceived) 음의 크기는 음의 세기(dB)와 항상 정비례한다.
③ 강력한 소음에 노출된 직후에 발생하는 일시적 청력손실은 휴식을 취하더라도 회복되지 않는다.
④ 우리나라 소음노출기준은 소음강도 90dB(A)에 8시간 노출될 때를 허용기준선으로 정하고 있다.
⑤ 소음노출지수가 100% 이상이어야 소음으로부터 안전한 작업장이다.

해설

① 가청주파수란 일반적으로 인간의 귀로 소리라고 느낄 수 있는 주파수 영역으로 20~20,000Hz이다.
② 음의 크기는 dB로 표시하며 음의 세기의 변화량을 음의 세기로 나눈 값이다. 반드시 정비례하지는 않는다.
③ 강력한 소음에 노출된 직후에 발생하는 일시적 청력손실은 휴식을 취하면 원상태로 회복된다.
⑤ 소음으로부터 안전한 작업장의 기준은 소음노출지수가 100% 미만인 작업장이다.

69
산업위생전문가(Industrial Hygienist)의 주요 활동으로 옳지 않은 것은?

① 근로자 건강영향을 설문으로 묻고 진단한다.
② 근로자의 근무기간별 직무활동을 기록한다.
③ 근로자가 과거에 소속된 공정을 설문으로 조사한다.
④ 구매할 기계장비에서 발생될 수 있는 유해요인을 예측한다.
⑤ 유해인자 노출을 평가한다.

해설

산업위생전문가는 작업장 내에 존재하는 인간공학적, 화학적 유해·위험요인을 관리하고 유해·위험요인으로부터 근로자를 보호하는 역할을 하는 사람으로 산업보건지도사 등이 해당된다.

지도사의 업무 영역별 업무 범위(산업안전보건법 시행령 별표 31)
1. 산업보건지도사(산업위생 분야)
   가. 유해위험방지계획서, 안전보건개선계획서, 물질안전보건자료 작성 지도
   나. 작업환경측정 결과에 대한 공학적 개선대책 기술 지도
   다. 작업장 환기시설의 설계 및 시공에 필요한 기술 지도
   라. 보건진단결과에 따른 작업환경 개선에 필요한 직업환경의학적 지도
   마. 석면 해체·제거 작업 기술 지도
   바. 갱내, 터널 또는 밀폐공간의 환기·배기시설의 안전성 평가 및 기술 지도
   사. 그 밖에 산업보건에 관한 교육 또는 기술 지도
2. 산업보건지도사(직업환경의학 분야)
   가. 유해위험방지계획서, 안전보건개선계획서 작성 지도
   나. 건강진단 결과에 따른 근로자 건강관리 지도
   다. 직업병 예방을 위한 작업관리, 건강관리에 필요한 지도
   라. 보건진단 결과에 따른 개선에 필요한 기술 지도
   마. 그 밖에 직업환경의학, 건강관리에 관한 교육 또는 기술 지도

정답 69 ①

70

화학물질 급성 중독으로 인한 건강영향을 예방하기 위한 노출기준만으로 옳은 것은?

① TWA, STEL
② Excursion Limit, TWA
③ STEL, Ceiling
④ STEL, TLV
⑤ Excursion Limit, TLV

해설

정의(화학물질 및 물리적 인자의 노출기준 제2조)
㉠ 이 고시에서 사용하는 용어의 뜻은 다음과 같다.
1. "노출기준"이란 근로자가 유해인자에 노출되는 경우 노출기준 이하 수준에서는 거의 모든 근로자에게 건강상 나쁜 영향을 미치지 아니하는 기준을 말하며, 1일 작업시간 동안의 시간가중평균노출기준(TWA ; Time Weighted Average), 단시간노출기준(STEL ; Short Term Exposure Limit) 또는 최고노출기준(C ; Ceiling)으로 표시한다.
2. "시간가중평균노출기준(TWA)"이란 1일 8시간 작업을 기준으로 하여 유해인자의 측정치에 발생시간을 곱하여 8시간으로 나눈 값을 말하며, 다음 식에 따라 산출한다.

$$\text{TWA 환산값} = \frac{C_1 T_1 + C_2 T_2 + \cdots + C_n T_n}{8}$$

여기서, C : 유해인자의 측정치(단위 : ppm, mg/m³ 또는 개/cm³)
　　　　T : 유해인자의 발생시간(단위 : 시간)
3. "단시간노출기준(STEL)"이란 15분간의 시간가중평균노출값으로서 노출농도가 시간가중평균노출기준(TWA)을 초과하고 단시간노출기준(STEL) 이하인 경우에는 1회 노출 지속시간이 15분 미만이어야 하고, 이러한 상태가 1일 4회 이하로 발생하여야 하며, 각 노출의 간격은 60분 이상이어야 한다.
4. "최고노출기준(C)"이란 근로자가 1일 작업시간 동안 잠시라도 노출되어서는 아니 되는 기준을 말하며, 노출기준 앞에 "C"를 붙여 표시한다.
㉡ 이 고시에서 특별히 규정하지 아니한 용어는 산업안전보건법(이하 "법"이라 한다), 산업안전보건법 시행령(이하 "영"이라 한다), 산업안전보건법 시행규칙(이하 "규칙"이라 한다) 및 산업안전보건기준에 관한 규칙(이하 "안전보건규칙"이라 한다)이 정하는 바에 따른다.

71

특수건강진단 결과의 활용으로 옳지 않은 것은?

① 근로자가 소속된 공정별로 분석하여 직무관련성을 추정한다.
② 근로자의 근무시기별로 비교하여 직무관련성을 분석한다.
③ 특수건강진단 대상자가 걸린 질병의 직무 영향을 고찰한다.
④ 직업병 요관찰자 또는 유소견자는 작업을 전환하는 방안을 강구한다.
⑤ 유해인자 노출기준 초과여부를 평가한다.

해설

특수건강진단의 실시 시기 및 주기 등(산업안전보건법 시행규칙 제202조)
㉠ 사업주는 법 제130조제1항제1호에 해당하는 근로자에 대해서는 별표 23에서 특수건강진단 대상 유해인자별로 정한 시기 및 주기에 따라 특수건강진단을 실시해야 한다.
㉡ ㉠에도 불구하고 법 제125조에 따른 사업장의 작업환경측정 결과 또는 특수건강진단 실시 결과에 따라 다음 중 어느 하나에 해당하는 근로자에 대해서는 다음 회에 한정하여 관련 유해인자별로 특수건강진단 주기를 2분의 1로 단축해야 한다.
  1. 작업환경을 측정한 결과 노출기준 이상인 작업공정에서 해당 유해인자에 노출되는 모든 근로자
  2. 특수건강진단, 법 제130조제3항에 따른 수시건강진단(이하 "수시건강진단"이라 한다) 또는 법 제131조제1항에 따른 임시건강진단(이하 "임시건강진단"이라 한다)을 실시한 결과 직업병 유소견자가 발견된 작업공정에서 해당 유해인자에 노출되는 모든 근로자. 다만, 고용노동부장관이 정하는 바에 따라 특수건강진단·수시건강진단 또는 임시건강진단을 실시한 의사로부터 특수건강진단 주기를 단축하는 것이 필요하지 않다는 소견을 받은 경우는 제외한다.
  3. 특수건강진단 또는 임시건강진단을 실시한 결과 해당 유해인자에 대하여 특수건강진단 실시 주기를 단축해야 한다는 의사의 소견을 받은 근로자
㉢ 사업주는 법 제130조제1항제2호에 해당하는 근로자에 대해서는 직업병 유소견자 발생의 원인이 된 유해인자에 대하여 해당 근로자를 진단한 의사가 필요하다고 인정하는 시기에 특수건강진단을 실시해야 한다.
㉣ 법 제130조제1항에 따라 특수건강진단을 실시해야 할 사업주는 특수건강진단 실시 시기를 안전보건관리규정 또는 취업규칙에 규정하는 등 특수건강진단이 정기적으로 실시되도록 노력해야 한다.

72

유해물질 측정과 분석에 관한 설명으로 옳은 것은?

① 공기 중 먼지 농도를 표현하는 단위는 ppm이다.
② 공기 채취 펌프와 화학물질 분석기기는 1차 표준기구이다.
③ 미세먼지에서 중금속은 크로마토그래피로 정량한다.
④ 개인시료(Personal Sample) 채취에 의한 농도는 종합적인 유해인자 노출을 나타낸다.
⑤ 공기 중 유기용제는 대부분 고체 흡착관으로 채취한다.

해설

① 공기 중 먼지 농도를 표현하는 단위는 $\mu g/m^3$이다.
② 1차 표준기구는 물리적 크기에 의해서 공간의 부피를 직접 측정할 수 있는 기구이며, 공기채취펌프와 화학물질 분석기는 2차 표준기구이다.
③ 미세먼지에서 중금속은 중금속측정기, 기체크로마토그래피로 측정한다.
④ 개인시료 채취에 의한 농도는 종합적인 유해인자가 아닌 개인적인 유해인자 노출을 나타낸다.

고체 흡착제
흡착제 표면에 오염물질을 흡착시키는 고체 흡착제를 가스 및 증기의 시료채취에 가장 널리 사용한다. 대개, 고체흡착제는 미립(그래뉼)이나 구슬(비드) 형태이며 네 가지 조건을 만족해야 한다.
- 공기 중 거의 모든 오염물질을 잡을 수 있어야 한다.
- 잡은 물질을 탈착 가능해야 한다.
- 큰 압력손실 없이 많은 오염물질을 잡을 수 있는 능력이 있어야 한다.
- 오염물질을 유도체화시키는 경우를 제외하고는 오염물질의 화학적 변화가 없어야 한다. 다른 오염물질이 있어도 대상 오염물질을 잘 흡착해야 한다.

73

작업장에서 기계를 이용한 환기(Ventilation)에 관한 설명으로 옳은 것은?

① HVACs(공조시설)는 발암물질을 제거하기 위해 설치하는 환기장치이다.
② 국소배기장치 덕트 크기(Size)는 후드 유입 공기량(Q)과 반송속도(V)를 근거로 결정한다.
③ HVACs(공조시설) 공기 유입구와 국소배기장치 배기구는 서로 가까이 설치하는 것이 좋다.
④ HVACs(공조시설)에서 신선한 공기와 환류공기(Returned Air)의 비는 7 : 3이 적정하다.
⑤ 국소배기장치에서 송풍기는 공기정화장치 앞에 설치하는 것이 좋다.

해설

- 국소배기장치란 발생원에서 발생되는 유해물질을 후드, 덕트, 공기정화장치, 배풍기 및 배기구를 설치하여 배출하거나 처리하는 장치를 말한다.
- 후드는 발생원을 가능한 한 포위하는 형태인 포위식 형식의 구조로 하고, 발생원을 포위할 수 없을 때는 발생원과 가장 가까운 위치에 외부식 후드를 설치하여야 한다.
- 국소배기장치는 후드 → 덕트 → 공기정화기 → 배풍기 → 배기구 순으로 배열한다.
- 국소배기장치 덕트 크기는 후드 유입 공기량(Q)과 반송속도(V), 단면적(A)를 근거로 결정한다.
- 국소배기장치의 공기 유입구와 배기구는 서로 멀리 떨어져 있어야 하며, 신선한 공기와 환류공기(Returned Air)의 비는 경우에 따라 다르나 3 : 7 정도가 적정하다.

74
작업환경측정(유해인자 노출평가) 과정에서 예비조사 활동에 해당하지 않는 것은?

① 여러 유해인자 중 위험이 큰 측정대상 유해인자 선정
② 시료채취 전략 수립
③ 노출기준 초과 여부 결정
④ 공정과 직무 파악
⑤ 노출 가능한 유해인자 파악

해설

예비조사 및 측정계획서의 작성(작업환경측정 및 정도관리에 관한 고시 제17조)
㉠ 규칙 제189조제1항제1호에 따라 예비조사를 하는 경우에는 다음의 내용이 포함된 측정계획서를 작성하여야 한다.
  1. 원재료의 투입과정부터 최종 제품생산 공정까지의 주요 공정 도식
  2. 해당 공정별 작업내용 및 화학물질 사용실태, 그 밖에 작업방법·운전조건 등을 고려한 유해인자 노출 가능성
  3. 측정대상공정, 측정대상 유해인자 및 발생주기, 측정 대상 공정의 종사근로자 현황
  4. 유해인자별 측정방법 및 측정 소요기간 등 작업환경측정에 필요한 사항
㉡ 측정기관이 전회에 측정을 실시한 사업장으로서 공정 및 취급인자 변동이 없는 경우에는 서류상의 예비조사를 할 수 있다.

75
나노먼지가 주로 발생되는 공정 또는 작업이 아닌 것은?

① 용접
② 유리 용융
③ 선철 용해
④ CNC 가공
⑤ 디젤 연소(Diesel Combustion)

해설

- 나노미세먼지는 초미세먼지보다 작은 먼지로 머리카락 굵기의 600분의 1 정도의 크기로 매우 작다. 나노미세먼지는 화학반응을 통해 생성되며 연소가 주된 발생 원인이다.
- CNC(Computer Numerical Control) 공작기계는 컴퓨터를 내장해 프로그램을 조정하여 절삭하는 장치로 화학물질 반응이 발생되지 않으며 용융 등의 작용이 없어 나노먼지가 발생하지 않는다.

2019년 과년도 기출문제

I 산업안전보건법령

01
산업안전보건법령상 법령 요지의 게시 등과 안전·보건표지의 부착 등에 관한 설명으로 옳지 않은 것은?
① 근로자대표는 작업환경측정의 결과를 통지할 것을 사업주에게 요청할 수 있고, 사업주는 이에 성실히 응하여야 한다.
② 야간에 필요한 안전·보건표지는 야광물질을 사용하는 등 쉽게 알아볼 수 있도록 제작하여야 한다.
③ 안전·보건표지의 표시를 명백히 하기 위하여 필요한 경우에는 안전·보건표지의 주위에 표시사항을 글자로 덧붙여 적을 수 있으며, 이 경우 글자는 노란색 바탕에 검은색 한글고딕체로 표기하여야 한다.
④ 안전·보건표지의 성질상 설치하거나 부착하는 것이 곤란한 경우에는 해당 물체에 직접 도장(塗裝)할 수 있다.
⑤ 사업주는 산업안전보건법과 산업안전보건법에 따른 명령의 요지를 상시 각 작업장 내에 근로자가 쉽게 볼 수 있는 장소에 게시하거나 갖추어 두어 근로자로 하여금 알게 하여야 한다.

해설

안전보건표지의 종류·형태·색채 및 용도 등(산업안전보건법 시행규칙 제38조)
㉠ 법 제37조제2항에 따른 안전보건표지의 종류와 형태는 별표 6과 같고, 그 용도, 설치·부착 장소, 형태 및 색채는 별표 7과 같다.
㉡ 안전보건표지의 표시를 명확히 하기 위하여 필요한 경우에는 그 안전보건표지의 주위에 표시사항을 글자로 덧붙여 적을 수 있다. 이 경우 글자는 흰색 바탕에 검은색 한글고딕체로 표기해야 한다.
㉢ 안전보건표지에 사용되는 색채의 색도기준 및 용도는 별표 8과 같고, 사업주는 사업장에 설치하거나 부착한 안전보건표지의 색도기준이 유지되도록 관리해야 한다.
㉣ 안전보건표지에 관하여 법 또는 법에 따른 명령에서 규정하지 않은 사항으로서 다른 법 또는 다른 법에 따른 명령에서 규정한 사항이 있으면 그 부분에 대해서는 그 법 또는 명령을 적용한다.

02
산업안전보건법령상 용어에 관한 설명으로 옳은 것을 모두 고른 것은?

> ㄱ. 근로자란 직업의 종류와 관계없이 임금, 급료 기타 이에 준하는 수입에 의하여 생활하는 자를 말한다.
> ㄴ. 작업환경측정이란 작업환경 실태를 파악하기 위하여 해당 근로자 또는 작업장에 대하여 사업주가 측정계획을 수립한 후 시료(試料)를 채취하고 분석·평가하는 것을 말한다.
> ㄷ. 안전·보건진단이란 산업재해를 예방하기 위하여 잠재적 위험성을 발견하고 그 개선대책을 수립할 목적으로 고용노동부장관이 지정하는 자가 하는 조사·평가를 말한다.
> ㄹ. 중대재해는 3개월 이상의 요양이 필요한 부상자가 동시에 2명 이상 발생한 재해를 포함한다.

① ㄱ, ㄴ
② ㄱ, ㄹ
③ ㄴ, ㄷ
④ ㄷ, ㄹ
⑤ ㄴ, ㄷ, ㄹ

해설

정의(산업안전보건법 제2조)
이 법에서 사용하는 용어의 뜻은 다음과 같다.
1. "산업재해"란 노무를 제공하는 사람이 업무에 관계되는 건설물·설비·원재료·가스·증기·분진 등에 의하거나 작업 또는 그 밖의 업무로 인하여 사망 또는 부상하거나 질병에 걸리는 것을 말한다.
2. "중대재해"란 산업재해 중 사망 등 재해 정도가 심하거나 다수의 재해자가 발생한 경우로서 고용노동부령으로 정하는 재해를 말한다.
3. "근로자"란 직업의 종류와 관계없이 임금을 목적으로 사업이나 사업장에 근로를 제공하는 사람을 말한다.
4. "사업주"란 근로자를 사용하여 사업을 하는 자를 말한다.
5. "근로자대표"란 근로자의 과반수로 조직된 노동조합이 있는 경우에는 그 노동조합을, 근로자의 과반수로 조직된 노동조합이 없는 경우에는 근로자의 과반수를 대표하는 자를 말한다.
6. "도급"이란 명칭에 관계없이 물건의 제조·건설·수리 또는 서비스의 제공, 그 밖의 업무를 타인에게 맡기는 계약을 말한다.
7. "도급인"이란 물건의 제조·건설·수리 또는 서비스의 제공, 그 밖의 업무를 도급하는 사업주를 말한다. 다만, 건설공사발주자는 제외한다.
8. "수급인"이란 도급인으로부터 물건의 제조·건설·수리 또는 서비스의 제공, 그 밖의 업무를 도급받은 사업주를 말한다.
9. "관계수급인"이란 도급이 여러 단계에 걸쳐 체결된 경우에 각 단계별로 도급받은 사업주 전부를 말한다.
10. "건설공사발주자"란 건설공사를 도급하는 자로서 건설공사의 시공을 주도하여 총괄·관리하지 아니하는 자를 말한다. 다만, 도급받은 건설공사를 다시 도급하는 자는 제외한다.
11. "건설공사"란 다음 중 어느 하나에 해당하는 공사를 말한다.
    가. 건설산업기본법 제2조제4호에 따른 건설공사
    나. 전기공사업법 제2조제1호에 따른 전기공사
    다. 정보통신공사업법 제2조제2호에 따른 정보통신공사
    라. 소방시설공사업법에 따른 소방시설공사
    마. 국가유산수리 등에 관한 법률에 따른 국가유산수리공사
12. "안전보건진단"이란 산업재해를 예방하기 위하여 잠재적 위험성을 발견하고 그 개선대책을 수립할 목적으로 조사·평가하는 것을 말한다.
13. "작업환경측정"이란 작업환경 실태를 파악하기 위하여 해당 근로자 또는 작업장에 대하여 사업주가 유해인자에 대한 측정계획을 수립한 후 시료(試料)를 채취하고 분석·평가하는 것을 말한다.

정답 2 ⑤

03

사업주 갑(甲)의 사업장에 산업재해가 발생하였다. 이 경우 갑(甲)이 기록·보존해야 할 사항으로 산업안전보건법령상 명시되지 않은 것은?(다만, 법령에 따른 산업재해조사표 사본을 보존하거나 요양신청서의 사본에 재해재발방지 계획을 첨부하여 보존한 경우에 해당하지 아니 한다)

① 사업장의 개요
② 근로자의 인적사항 및 재산 보유현황
③ 재해 발생의 일시 및 장소
④ 재해 발생의 원인 및 과정
⑤ 재해 재발방지 계획

해설

산업재해 기록 등(산업안전보건법 시행규칙 제72조)
사업주는 산업재해가 발생한 때에는 법 제57조제2항에 따라 다음의 사항을 기록·보존해야 한다. 다만, 제73조제1항에 따른 산업재해조사표의 사본을 보존하거나 제73조제5항에 따른 요양신청서의 사본에 재해 재발방지 계획을 첨부하여 보존한 경우에는 그렇지 않다.
1. 사업장의 개요 및 근로자의 인적사항
2. 재해 발생의 일시 및 장소
3. 재해 발생의 원인 및 과정
4. 재해 재발방지 계획

04

산업안전보건법령상 안전·보건 관리체제에 관한 설명으로 옳지 않은 것은?

① 사업주는 안전보건관리책임자를 선임하였을 때에는 그 선임 사실 및 법령에 따른 업무의 수행내용을 증명할 수 있는 서류를 갖춰 둬야 한다.
② 안전보건관리책임자는 안전관리자와 보건관리자를 지휘·감독한다.
③ 사업주는 안전보건조정자로 하여금 근로자의 건강진단 등 건강관리에 관한 업무를 총괄 관리하도록 하여야 한다.
④ 사업주는 관리감독자에게 법령에 따른 업무 수행에 필요한 권한을 부여하고 시설·장비·예산, 그 밖의 업무수행에 필요한 지원을 하여야 한다.
⑤ 사업주는 안전보건관리책임자에게 법령에 따른 업무를 수행하는 데 필요한 권한을 주어야 한다.

해설

※ 출제 시 정답은 ③이었으나, 산업안전보건법 시행령(19.12.24) 개정으로 ④, ⑤의 조항이 삭제되어 정답 없음으로 처리하였음

안전보건관리책임자의 선임 등(산업안전보건법 시행령 제14조)
㉠ 법 제15조제2항에 따른 안전보건관리책임자(이하 "안전보건관리책임자"라 한다)를 두어야 하는 사업의 종류 및 사업장의 상시근로자 수(건설공사의 경우에는 건설공사 금액을 말한다. 이하 같다)는 별표 2와 같다.
㉡ 사업주는 안전보건관리책임자가 법 제15조제1항에 따른 업무를 원활하게 수행할 수 있도록 권한·시설·장비·예산, 그 밖에 필요한 지원을 해야 한다.
㉢ 사업주는 안전보건관리책임자를 선임했을 때에는 그 선임 사실 및 법 제15조제1항 각 호에 따른 업무의 수행내용을 증명할 수 있는 서류를 갖추어 두어야 한다.

안전보건관리책임자(산업안전보건법 제15조)
㉠ 사업주는 사업장을 실질적으로 총괄하여 관리하는 사람에게 해당 사업장의 다음 각 호의 업무를 총괄하여 관리하도록 하여야 한다.
  1. 사업장의 산업재해 예방계획의 수립에 관한 사항
  2. 제25조 및 제26조에 따른 안전보건관리규정의 작성 및 변경에 관한 사항
  3. 제29조에 따른 안전보건교육에 관한 사항
  4. 작업환경측정 등 작업환경의 점검 및 개선에 관한 사항
  5. 제129조부터 제132조까지에 따른 근로자의 건강진단 등 건강관리에 관한 사항
  6. 산업재해의 원인 조사 및 재발 방지대책 수립에 관한 사항
  7. 산업재해에 관한 통계의 기록 및 유지에 관한 사항
  8. 안전장치 및 보호구 구입 시 적격품 여부 확인에 관한 사항
  9. 그 밖에 근로자의 유해·위험 방지조치에 관한 사항으로서 고용노동부령으로 정하는 사항
㉡ ㉠의 각 호 업무를 총괄하여 관리하는 사람(이하 "안전보건관리책임자"라 한다)은 제17조에 따른 안전관리자와 제18조에 따른 보건관리자를 지휘·감독한다.
㉢ 안전보건관리책임자를 두어야 하는 사업의 종류와 사업장의 상시근로자 수, 그 밖에 필요한 사항은 대통령령으로 정한다.

관리감독자(산업안전보건법 제16조)
㉠ 사업주는 사업장의 생산과 관련되는 업무와 그 소속 직원을 직접 지휘·감독하는 직위에 있는 사람(이하 "관리감독자"라 한다)에게 산업 안전 및 보건에 관한 업무로서 대통령령으로 정하는 업무를 수행하도록 하여야 한다.
㉡ 관리감독자가 있는 경우에는 건설기술 진흥법 제64조제1항제2호에 따른 안전관리책임자 및 같은 항 제3호에 따른 안전관리담당자를 각각 둔 것으로 본다.

안전보건조정자의 업무(산업안전보건법 시행령 제57조)
㉠ 안건보건조정자의 업무는 다음 각 호와 같다.
  1. 법 제68조제1항에 따라 같은 장소에서 이루어지는 각각의 공사 간에 혼재된 작업의 파악
  2. 1.에 따른 혼재된 작업으로 인한 산업재해 발생의 위험성 파악
  3. 1.에 따른 혼재된 작업으로 인한 산업재해를 예방하기 위한 작업의 시기·내용 및 안전보건 조치 등의 조정
  4. 각각의 공사 도급인의 안전보건관리책임자 간 작업 내용에 관한 정보 공유 여부의 확인
㉡ 안전보건조정자는 ㉠의 업무를 수행하기 위하여 필요한 경우 해당 공사의 도급인과 관계수급인에게 자료의 제출을 요구할 수 있다.

05

산업안전보건법령상 안전보건관리규정에 관한 설명으로 옳지 않은 것은?

① 소프트웨어 개발 및 공급업에서 상시근로자 100명을 사용하는 사업장은 안전보건관리규정을 작성하여야 한다.
② 안전보건관리규정의 내용에는 작업지휘자 배치 등에 관한 사항이 포함되어야 한다.
③ 안전보건관리규정은 해당 사업장에 적용되는 단체협약 및 취업규칙에 반할 수 없다.
④ 안전보건관리규정에 관하여는 산업안전보건법에서 규정한 것을 제외하고는 그 성질에 반하지 아니하는 범위에서 근로기준법의 취업규칙에 관한 규정을 준용한다.
⑤ 사업주가 법령에 따라 안전보건관리규정을 작성하거나 변경할 때에는 산업안전보건위원회가 설치되어 있지 아니한 사업장의 경우에는 근로자대표의 동의를 받아야 한다.

해설

안전보건관리규정의 작성(산업안전보건법 시행규칙 제25조)
㉠ 법 제25조제3항에 따라 안전보건관리규정을 작성해야 할 사업의 종류 및 상시근로자 수는 별표 2와 같다.
㉡ ㉠에 따른 사업의 사업주는 안전보건관리규정을 작성해야 할 사유가 발생한 날부터 30일 이내에 별표 3의 내용을 포함한 안전보건관리규정을 작성해야 한다. 이를 변경할 사유가 발생한 경우에도 또한 같다.
㉢ 사업주가 ㉡에 따라 안전보건관리규정을 작성할 때에는 소방·가스·전기·교통 분야 등의 다른 법령에서 정하는 안전관리에 관한 규정과 통합하여 작성할 수 있다.

[안전보건관리규정을 작성해야 할 사업의 종류 및 상시근로자 수(산업안전보건법 시행규칙 별표 2)]

사업의 종류	상시근로자 수
1. 농 업 2. 어 업 3. 소프트웨어 개발 및 공급업 4. 컴퓨터 프로그래밍, 시스템 통합 및 관리업 4의2. 영상·오디오물 제공 서비스업 5. 정보서비스업 6. 금융 및 보험업 7. 임대업 : 부동산 제외 8. 전문, 과학 및 기술 서비스업(연구개발업은 제외한다) 9. 사업지원 서비스업 10. 사회복지 서비스업	300명 이상
11. 1.부터 4.까지, 4의2. 및 5.부터 10.까지의 사업을 제외한 사업	100명 이상

06

산업안전보건법령상 산업안전보건위원회의 심의·의결을 거쳐야 하는 사항에 해당하지 않는 것은?

① 유해하거나 위험한 기계·기구와 그 밖의 설비를 도입한 경우 안전·보건조치에 관한 사항
② 안전·보건과 관련된 안전장치 구입 시의 적격품 여부 확인에 관한 사항
③ 산업재해에 관한 통계의 기록 및 유지에 관한 사항
④ 산업재해 예방계획의 수립에 관한 사항
⑤ 근로자의 안전·보건교육에 관한 사항

해설

산업안전보건위원회(산업안전보건법 제24조)
㉠ 사업주는 사업장의 안전 및 보건에 관한 중요 사항을 심의·의결하기 위하여 사업장에 근로자위원과 사용자위원이 같은 수로 구성되는 산업안전보건위원회를 구성·운영하여야 한다.
㉡ 사업주는 다음의 사항에 대해서는 ㉠에 따른 산업안전보건위원회의 심의·의결을 거쳐야 한다.
  1. 제15조제1항제1호부터 제5호까지 및 제7호에 관한 사항
  2. 제15조제1항제6호에 따른 사항 중 중대재해에 관한 사항
  3. 유해하거나 위험한 기계·기구·설비를 도입한 경우 안전 및 보건 관련 조치에 관한 사항
  4. 그 밖에 해당 사업장 근로자의 안전 및 보건을 유지·증진시키기 위하여 필요한 사항
㉢ 산업안전보건위원회는 대통령령으로 정하는 바에 따라 회의를 개최하고 그 결과를 회의록으로 작성하여 보존하여야 한다.
㉣ 사업주와 근로자는 ㉡에 따라 산업안전보건위원회가 심의·의결한 사항을 성실하게 이행하여야 한다.
㉤ 산업안전보건위원회는 이 법, 이 법에 따른 명령, 단체협약, 취업규칙 및 제25조에 따른 안전보건관리규정에 반하는 내용으로 심의·의결해서는 아니 된다.
㉥ 사업주는 산업안전보건위원회의 위원에게 직무 수행과 관련한 사유로 불리한 처우를 해서는 아니 된다.
㉦ 산업안전보건위원회를 구성하여야 할 사업의 종류 및 사업장의 상시근로자 수, 산업안전보건위원회의 구성·운영 및 의결되지 아니한 경우의 처리방법, 그 밖에 필요한 사항은 대통령령으로 정한다.

07

산업안전보건법령상 안전관리자 및 보건관리자 등에 관한 설명으로 옳지 않은 것은?

① 사업주가 안전관리자를 배치할 때에는 연장근로·야간근로 또는 휴일근로 등 해당 사업장의 작업 형태를 고려하여야 한다.
② 건설업을 제외한 사업으로서 상시근로자 300명 미만을 사용하는 사업의 사업주는 안전관리자의 업무를 안전관리전문기관에 위탁할 수 있다.
③ 안전관리전문기관은 고용노동부장관이 정하는 바에 따라 안전관리 업무의 수행 내용, 점검 결과 및 조치 사항 등을 기록한 사업장관리카드를 작성하여 갖추어 두어야 한다.
④ 지방고용노동관서의 장은 중대재해가 연간 2건 이상 발생한 경우에는 사업주에게 안전관리자·보건관리자를 교체하여 임명할 것을 명할 수 있다.
⑤ 고용노동부장관은 안전관리전문기관이 업무정지 기간 중에 업무를 수행한 경우 그 지정을 취소하여야 한다.

해설

※ 출제 시 정답은 ④였으나, 산업안전보건법 시행규칙(19.12.26) 개정으로 ④의 조항이 변경되어 정답 없음으로 처리하였음

안전관리자 등의 증원·교체임명 명령(산업안전보건법 시행규칙 제12조)

㉠ 지방고용노동관서의 장은 다음 각 호의 어느 하나에 해당하는 사유가 발생한 경우에는 법 제17조제4항·제18조제4항 또는 제19조제3항에 따라 사업주에게 안전관리자·보건관리자 또는 안전보건관리담당자(이하 이 조에서 "관리자"라 한다)를 정수 이상으로 증원하게 하거나 교체하여 임명할 것을 명할 수 있다. 다만, 제4호에 해당하는 경우로서 직업성 질병자 발생 당시 사업장에서 해당 화학적 인자(因子)를 사용하지 않은 경우에는 그렇지 않다.
1. 해당 사업장의 연간재해율이 같은 업종의 평균재해율의 2배 이상인 경우
2. 중대재해가 연간 2건 이상 발생한 경우. 다만, 해당 사업장의 전년도 사망만인율이 같은 업종의 평균 사망만인율 이하인 경우는 제외한다.
3. 관리자가 질병이나 그 밖의 사유로 3개월 이상 직무를 수행할 수 없게 된 경우
4. 별표 22 제1호에 따른 화학적 인자로 인한 직업성 질병자가 연간 3명 이상 발생한 경우. 이 경우 직업성 질병자의 발생일은 산업재해보상보험법 시행규칙 제21조제1항에 따른 요양급여의 결정일로 한다.

㉡ ㉠에 따라 관리자를 정수 이상으로 증원하게 하거나 교체하여 임명할 것을 명하는 경우에는 미리 사업주 및 해당 관리자의 의견을 듣거나 소명자료를 제출받아야 한다. 다만, 정당한 사유 없이 의견진술 또는 소명자료의 제출을 게을리한 경우에는 그렇지 않다.
㉢ ㉠에 따른 관리자의 정수 이상 증원 및 교체임명 명령은 별지 제4호서식에 따른다.

08

산업안전보건법령상 도급금지 및 도급사업의 안전·보건에 관한 설명으로 옳지 않은 것은?

① 유해하거나 위험한 작업을 도급 줄 때 지켜야 할 안전·보건조치의 기준은 고용노동부령으로 정한다.
② 도금작업은 하도급인 경우를 제외하고는 고용노동부장관의 인가를 받지 아니하면 그 작업만을 분리하여 도급을 줄 수 없다.
③ 법령상 구성 및 운영되어야 하는 안전·보건에 관한 협의체는 도급인인 사업주 및 그의 수급인인 사업주 전원으로 구성하여야 한다.
④ 법령상 작업장의 순회점검 등 안전·보건관리를 하여야 하는 도급인인 사업주는 토사석 광업의 경우 2일에 1회 이상 작업장을 순회점검하여야 한다.
⑤ 건설공사를 타인에게 도급하는 자는 자신의 책임으로 시공이 중단된 사유로 공사가 지연되어 그의 수급인이 산업재해 예방을 위하여 공사기간 연장을 요청하는 경우 특별한 사유가 없으면 그 연장 조치를 하여야 한다.

해설

※ 출제 시 정답은 ②였으나, 산업안전보건법(19.1.15) 개정으로 ①, ⑤의 조항이 삭제되어 정답 없음으로 처리하였음

유해한 작업의 도급금지(산업안전보건법 제58조)

㉠ 사업주는 근로자의 안전 및 보건에 유해하거나 위험한 작업으로서 다음 중 어느 하나에 해당하는 작업을 도급하여 자신의 사업장에서 수급인의 근로자가 그 작업을 하도록 해서는 아니 된다.
  1. 도금작업
  2. 수은, 납 또는 카드뮴을 제련, 주입, 가공 및 가열하는 작업
  3. 제118조제1항에 따른 허가대상물질을 제조하거나 사용하는 작업

㉡ 사업주는 ㉠에도 불구하고 다음 중 어느 하나에 해당하는 경우에는 ㉠ 각 호에 따른 작업을 도급하여 자신의 사업장에서 수급인의 근로자가 그 작업을 하도록 할 수 있다.
  1. 일시·간헐적으로 하는 작업을 도급하는 경우
  2. 수급인이 보유한 기술이 전문적이고 사업주(수급인에게 도급을 한 도급인으로서의 사업주를 말한다)의 사업 운영에 필수 불가결한 경우로서 고용노동부장관의 승인을 받은 경우

㉢ 사업주는 ㉡의 2.에 따라 고용노동부장관의 승인을 받으려는 경우에는 고용노동부령으로 정하는 바에 따라 고용노동부장관이 실시하는 안전 및 보건에 관한 평가를 받아야 한다.

㉣ ㉡의 2.에 따른 승인의 유효기간은 3년의 범위에서 정한다.

㉤ 고용노동부장관은 ㉣에 따른 유효기간이 만료되는 경우에 사업주가 유효기간의 연장을 신청하면 승인의 유효기간이 만료되는 날의 다음 날부터 3년의 범위에서 고용노동부령으로 정하는 바에 따라 그 기간의 연장을 승인할 수 있다. 이 경우 사업주는 ㉢에 따른 안전 및 보건에 관한 평가를 받아야 한다.

㉥ 사업주는 ㉡의 2. 또는 ㉤에 따라 승인을 받은 사항 중 고용노동부령으로 정하는 사항을 변경하려는 경우에는 고용노동부령으로 정하는 바에 따라 변경에 대한 승인을 받아야 한다.

㉦ 고용노동부장관은 ㉡의 2, ㉤ 또는 ㉥에 따라 승인, 연장승인 또는 변경승인을 받은 자가 ㉢에 따른 기준에 미달하게 된 경우에는 승인, 연장승인 또는 변경승인을 취소하여야 한다.

㉧ ㉡의 2, ㉤ 또는 ㉥에 따른 승인, 연장승인 또는 변경승인의 기준·절차 및 방법, 그 밖에 필요한 사항은 고용노동부령으로 정한다.

정답 8 정답 없음

09

산업안전보건법령상 안전보건관리책임자 등에 대한 직무교육에 관한 설명으로 옳은 것은?

① 법령에 따른 안전보건관리책임자에 해당하는 사람이 해당 직위에 위촉된 경우에는 직무교육을 이수한 것으로 본다.
② 법령에 따른 보건관리자가 의사인 경우에는 채용된 후 6개월 이내에 직무를 수행하는 데 필요한 신규교육을 받아야 한다.
③ 법령에 따른 안전보건관리담당자에 해당하는 사람은 선임된 후 매 2년이 되는 날을 기준으로 전후 3개월 사이에 고용노동부장관이 실시하는 안전·보건에 관한 보수교육을 받아야 한다.
④ 직무교육기관의 장은 직무교육을 실시하기 30일 전까지 교육 일시 및 장소 등을 직무교육 대상자에게 알려야 한다.
⑤ 직무교육을 이수한 사람이 다른 사업장으로 전직하여 신규로 선임된 경우로서 선임신고 시 전직 전에 받은 교육이수증명서를 제출하면 해당 교육의 2분의 1을 이수한 것으로 본다.

해설

※ 출제 시 정답은 ③이었으나, 산업안전보건법 시행규칙(23.9.27) 개정으로 ③의 조항이 변경되어 정답 없음으로 처리하였음

안전보건관리책임자 등에 대한 직무교육(산업안전보건법 시행규칙 제29조)

㉠ 법 제32조제1항 각 호 외의 부분 본문에 따라 다음 중 어느 하나에 해당하는 사람은 해당 직위에 선임(위촉의 경우를 포함한다. 이하 같다)되거나 채용된 후 3개월(보건관리자가 의사인 경우는 1년을 말한다) 이내에 직무를 수행하는 데 필요한 신규교육을 받아야 하며, 신규교육을 이수한 후 매 2년이 되는 날을 기준으로 전후 6개월 사이에 고용노동부장관이 실시하는 안전보건에 관한 보수교육을 받아야 한다.

1. 법 제15조제1항에 따른 안전보건관리책임자
2. 법 제17조제1항에 따른 안전관리자(기업활동 규제완화에 관한 특별조치법 제30조제3항에 따라 안전관리자로 채용된 것으로 보는 사람을 포함한다)
3. 법 제18조제1항에 따른 보건관리자
4. 법 제19조제1항에 따른 안전보건관리담당자
5. 법 제21조제1항에 따른 안전관리전문기관 또는 보건관리전문기관에서 안전관리자 또는 보건관리자의 위탁 업무를 수행하는 사람
6. 법 제74조제1항에 따른 건설재해예방전문지도기관에서 지도업무를 수행하는 사람
7. 법 제96조제1항에 따라 지정받은 안전검사기관에서 검사업무를 수행하는 사람
8. 법 제100조제1항에 따라 지정받은 자율안전검사기관에서 검사업무를 수행하는 사람
9. 법 제120조제1항에 따른 석면조사기관에서 석면조사 업무를 수행하는 사람

㉡ ㉠에 따른 신규교육 및 보수교육(이하 "직무교육"이라 한다)의 교육시간은 별표 4와 같고, 교육내용은 별표 5와 같다.
㉢ 직무교육을 실시하기 위한 집체교육, 현장교육, 인터넷원격교육 등의 교육 방법, 직무교육 기관의 관리, 그 밖에 교육에 필요한 사항은 고용노동부장관이 정하여 고시한다.

10

산업안전보건법령상 고객의 폭언 등으로 인한 건강장해를 예방하기 위하여 사업주가 조치하여야 하는 것으로 명시된 것은?

① 업무의 일시적 중단 또는 전환
② 고객과의 문제 상황 발생 시 대처방법 등을 포함하는 고객응대업무 매뉴얼 마련
③ 근로기준법에 따른 휴게시간의 연장
④ 폭언 등으로 인한 건강장해 관련 치료
⑤ 관할 수사기관에 증거물을 제출하는 등 고객응대근로자가 폭언 등으로 인하여 고소, 고발 등을 하는 데 필요한 지원

해설

고객의 폭언 등으로 인한 건강장해 예방조치 등(산업안전보건법 제41조)
㉠ 사업주는 주로 고객을 직접 대면하거나 정보통신망 이용촉진 및 정보보호 등에 관한 법률 제2조제1항제1호에 따른 정보통신망을 통하여 상대하면서 상품을 판매하거나 서비스를 제공하는 업무에 종사하는 고객응대근로자에 대하여 고객의 폭언, 폭행, 그 밖에 적정 범위를 벗어난 신체적·정신적 고통을 유발하는 행위(이하 이 조에서 "폭언 등"이라 한다)로 인한 건강장해를 예방하기 위하여 고용노동부령으로 정하는 바에 따라 필요한 조치를 하여야 한다.
㉡ 사업주는 업무와 관련하여 고객 등 제3자의 폭언 등으로 근로자에게 건강장해가 발생하거나 발생할 현저한 우려가 있는 경우에는 업무의 일시적 중단 또는 전환 등 대통령령으로 정하는 필요한 조치를 하여야 한다.
㉢ 근로자는 사업주에게 ㉡에 따른 조치를 요구할 수 있고, 사업주는 근로자의 요구를 이유로 해고 또는 그 밖의 불리한 처우를 해서는 아니 된다.

고객의 폭언 등으로 인한 건강장해 예방조치(산업안전보건법 시행규칙 제41조)
사업주는 법 제41조 ㉠에 따라 건강장해를 예방하기 위하여 다음의 조치를 해야 한다.
1. 법 제41조 ㉠에 따른 폭언 등을 하지 않도록 요청하는 문구 게시 또는 음성 안내
2. 고객과의 문제 상황 발생 시 대처방법 등을 포함하는 고객응대업무 매뉴얼 마련
3. 2.에 따른 고객응대업무 매뉴얼의 내용 및 건강장해 예방 관련 교육 실시
4. 그 밖에 법 제41조 ㉠에 따른 고객응대근로자의 건강장해 예방을 위하여 필요한 조치

정답 10 ②

11
산업안전보건법령상 사업주가 근로자에 대하여 실시하여야 하는 근로자 안전·보건교육의 내용 중 관리감독자 정기안전·보건교육의 내용에 해당하지 않는 것은?

① 산업재해보상보험 제도에 관한 사항
② 산업보건 및 직업병 예방에 관한 사항
③ 유해·위험 작업환경 관리에 관한 사항
④ 산업안전보건법 및 일반관리에 관한 사항
⑤ 표준안전 작업방법 및 지도 요령에 관한 사항

해설

※ 출제 시 정답은 ①이었으나, 산업안전보건법 시행규칙 개정(23.9.27)으로 정답 ④
안전보건교육 교육대상별 교육내용(산업안전보건법 시행규칙 별표 5)
관리감독자 정기교육
- 산업안전 및 사고 예방에 관한 사항
- 산업보건 및 직업병 예방에 관한 사항
- 위험성평가에 관한 사항
- 유해·위험 작업환경 관리에 관한 사항
- 산업안전보건법령 및 산업재해보상보험 제도에 관한 사항
- 직무스트레스 예방 및 관리에 관한 사항
- 직장 내 괴롭힘, 고객의 폭언 등으로 인한 건강장해 예방 및 관리에 관한 사항
- 작업공정의 유해·위험과 재해 예방대책에 관한 사항
- 사업장 내 안전보건관리체제 및 안전·보건조치 현황에 관한 사항
- 표준안전 작업방법 결정 및 지도·감독 요령에 관한 사항
- 현장근로자와의 의사소통능력 및 강의능력 등 안전보건교육 능력 배양에 관한 사항
- 비상시 또는 재해 발생 시 긴급조치에 관한 사항
- 그 밖의 관리감독자의 직무에 관한 사항

12
산업안전보건법령상 안전검사대상 유해·위험기계 등의 검사 주기가 공정안전보고서를 제출하여 확인을 받은 경우 최초 안전검사를 실시한 후 4년마다인 것은?

① 이삿짐운반용 리프트
② 고소작업대
③ 이동식 크레인
④ 압력용기
⑤ 원심기

해설

안전검사의 주기와 합격표시 및 표시방법(산업안전보건법 시행규칙 제126조)

㉠ 법 제93조제3항에 따른 안전검사대상기계 등의 안전검사 주기는 다음과 같다.
  1. 크레인(이동식 크레인은 제외한다), 리프트(이삿짐운반용 리프트는 제외한다) 및 곤돌라 : 사업장에 설치가 끝난 날부터 3년 이내에 최초 안전검사를 실시하되, 그 이후부터 2년마다(건설현장에서 사용하는 것은 최초로 설치한 날부터 6개월마다)
  2. 이동식 크레인, 이삿짐운반용 리프트 및 고소작업대 : 자동차관리법 제8조에 따른 신규등록 이후 3년 이내에 최초 안전검사를 실시하되, 그 이후부터 2년마다
  3. 프레스, 전단기, 압력용기, 국소배기장치, 원심기, 롤러기, 사출성형기, 컨베이어 및 산업용 로봇, [혼합기, 파쇄기 또는 분쇄기(시행일 26.6.26)] : 사업장에 설치가 끝난 날부터 3년 이내에 최초 안전검사를 실시하되, 그 이후부터 2년마다(공정안전보고서를 제출하여 확인을 받은 압력용기는 4년마다)

㉡ 법 제93조제3항에 따른 안전검사의 합격표시 및 표시방법은 별표 16과 같다.

13

산업안전보건법령상 지게차에 설치하여야 할 방호장치에 해당하지 않는 것은?

① 헤드 가드
② 백레스트(Backrest)
③ 전조등
④ 후미등
⑤ 구동부 방호 연동장치

해설

방호조치(산업안전보건법 시행규칙 제98조)

㉠ 법 제80조제1항에 따라 영 제70조 및 영 별표 20의 기계·기구에 설치해야 할 방호장치는 다음과 같다.
  1. 영 별표 20 제1호에 따른 예초기 : 날 접촉 예방장치
  2. 영 별표 20 제2호에 따른 원심기 : 회전체 접촉 예방장치
  3. 영 별표 20 제3호에 따른 공기압축기 : 압력방출장치
  4. 영 별표 20 제4호에 따른 금속절단기 : 날 접촉 예방장치
  5. 영 별표 20 제5호에 따른 지게차 : 헤드 가드, 백레스트(Backrest), 전조등, 후미등, 안전벨트
  6. 영 별표 20 제6호에 따른 포장기계 : 구동부 방호 연동장치

㉡ 법 제80조제2항에서 "고용노동부령으로 정하는 방호조치"란 다음의 방호조치를 말한다.
  1. 작동 부분의 돌기부분은 묻힘형으로 하거나 덮개를 부착할 것
  2. 동력전달부분 및 속도조절부분에는 덮개를 부착하거나 방호망을 설치할 것
  3. 회전기계의 물림점(롤러나 톱니바퀴 등 반대방향의 두 회전체에 물려 들어가는 위험점)에는 덮개 또는 울을 설치할 것

㉢ ㉠ 및 ㉡에 따른 방호조치에 필요한 사항은 고용노동부장관이 정하여 고시한다.

정답 13 ⑤

14

산업안전보건법령상 불도저를 대여 받는 자가 그가 사용하는 근로자가 아닌 사람에게 불도저를 조작하도록 하는 경우 조작하는 사람에게 주지시켜야 할 사항으로 명시되지 않은 것은?

① 작업의 내용
② 지휘계통
③ 연락·신호 등의 방법
④ 제한속도
⑤ 면허의 갱신

해설

기계 등을 대여 받는 자의 조치(산업안전보건법 시행규칙 제101조)
㉠ 법 제81조에 따라 기계 등을 대여받는 자는 그가 사용하는 근로자가 아닌 사람에게 해당 기계 등을 조작하도록 하는 경우에는 다음의 조치를 해야 한다. 다만, 해당 기계 등을 구입할 목적으로 기종(機種)의 선정 등을 위하여 일시적으로 대여받는 경우에는 그렇지 않다.
　1. 해당 기계 등을 조작하는 사람이 관계 법령에서 정하는 자격이나 기능을 가진 사람인지 확인할 것
　2. 해당 기계 등을 조작하는 사람에게 다음 각 목의 사항을 주지시킬 것
　　가. 작업의 내용
　　나. 지휘계통
　　다. 연락·신호 등의 방법
　　라. 운행경로, 제한속도, 그 밖에 해당 기계 등의 운행에 관한 사항
　　마. 그 밖에 해당 기계 등의 조작에 따른 산업재해를 방지하기 위하여 필요한 사항
㉡ 타워크레인을 대여받은 자는 다음의 조치를 해야 한다.
　1. 타워크레인을 사용하는 작업 중에 타워크레인 장비 간 또는 타워크레인과 인접 구조물 간 충돌위험이 있으면 충돌방지장치를 설치하는 등 충돌방지를 위하여 필요한 조치를 할 것
　2. 타워크레인 설치·해체 작업이 이루어지는 동안 작업과정 전반(全般)을 영상으로 기록하여 대여기간 동안 보관할 것
㉢ 해당 기계 등을 대여하는 자가 제100조제2호 각 목의 사항을 적은 서면을 발급하지 않는 경우 해당 기계 등을 대여받은 자는 해당 사항에 대한 정보 제공을 요구할 수 있다.
㉣ 기계 등을 대여받은 자가 기계 등을 대여한 자에게 해당 기계 등을 반환하는 경우에는 해당 기계 등의 수리·보수 및 점검 내역과 부품교체 사항 등이 있는 경우 해당 사항에 대한 정보를 제공해야 한다.

15
산업안전보건법령상 설치·이전하는 경우 안전인증을 받아야 하는 기계·기구에 해당하는 것은?

① 프레스
② 곤돌라
③ 롤러기
④ 사출성형기(射出成形機)
⑤ 기계톱

해설

안전인증대상기계 등(산업안전보건법 시행규칙 제107조)
법 제84조제1항에서 "고용노동부령으로 정하는 안전인증대상기계 등"이란 다음의 기계 및 설비를 말한다.
1. 설치·이전하는 경우 안전인증을 받아야 하는 기계
   가. 크레인
   나. 리프트
   다. 곤돌라
2. 주요 구조 부분을 변경하는 경우 안전인증을 받아야 하는 기계 및 설비
   가. 프레스
   나. 전단기 및 절곡기(折曲機)
   다. 크레인
   라. 리프트
   마. 압력용기
   바. 롤러기
   사. 사출성형기(射出成形機)
   아. 고소(高所)작업대
   자. 곤돌라

정답 15 ②

16

산업안전보건법령상 자율안전확인의 신고 및 자율안전확인대상 기계·기구 등에 관한 설명으로 옳지 않은 것은?

① 휴대형 연마기는 자율안전확인대상 기계·기구 등에 해당한다.
② 연구·개발을 목적으로 산업용 로봇을 제조하는 경우에는 신고를 면제할 수 있다.
③ 파쇄·절단·혼합·제면기가 아닌 식품가공용 기계는 자율안전확인대상 기계·기구 등에 해당하지 않는다.
④ 자동차정비용 리프트에 대하여 안전인증을 받은 경우에는 그 안전인증이 취소되거나 안전인증표시의 사용 금지 명령을 받은 경우가 아니라면 신고를 면제할 수 있다.
⑤ 인쇄기에 대하여 고용노동부령으로 정하는 다른 법령에서 안전성에 관한 검사나 인증을 받은 경우에는 신고를 면제할 수 있다.

해설

자율안전확인대상기계 등(산업안전보건법 시행령 제77조)
㉠ 법 제89조제1항 각 호 외의 부분 본문에서 "대통령령으로 정하는 것"이란 다음 중 어느 하나에 해당하는 것을 말한다.
 1. 다음 중 어느 하나에 해당하는 기계 또는 설비
  가. 연삭기(研削機) 또는 연마기. 이 경우 휴대형은 제외한다.
  나. 산업용 로봇
  다. 혼합기
  라. 파쇄기 또는 분쇄기
  마. 식품가공용 기계(파쇄·절단·혼합·제면기만 해당한다)
  바. 컨베이어
  사. 자동차정비용 리프트
  아. 공작기계(선반, 드릴기, 평삭·형삭기, 밀링만 해당한다)
  자. 고정형 목재가공용 기계(둥근톱, 대패, 루타기, 띠톱, 모떼기 기계만 해당한다)
  차. 인쇄기
 2. 다음 중 어느 하나에 해당하는 방호장치
  가. 아세틸렌 용접장치용 또는 가스집합 용접장치용 안전기
  나. 교류 아크용접기용 자동전격방지기
  다. 롤러기 급정지장치
  라. 연삭기 덮개
  마. 목재 가공용 둥근톱 반발 예방장치와 날 접촉 예방장치
  바. 동력식 수동대패용 칼날 접촉 방지장치
  사. 추락·낙하 및 붕괴 등의 위험 방지 및 보호에 필요한 가설기자재(제74조제1항제2호아목의 가설기자재는 제외한다)로서 고용노동부장관이 정하여 고시하는 것
 3. 다음 중 어느 하나에 해당하는 보호구
  가. 안전모(제74조제1항제3호가목의 안전모는 제외한다)
  나. 보안경(제74조제1항제3호차목의 보안경은 제외한다)
  다. 보안면(제74조제1항제3호카목의 보안면은 제외한다)
㉡ 자율안전확인대상기계 등의 세부적인 종류, 규격 및 형식은 고용노동부장관이 정하여 고시한다.

17
산업안전보건기준에 관한 규칙상 근로자가 주사 및 채혈 작업을 하는 경우 사업주가 하여야 할 조치에 해당하지 않는 것은?

① 안정되고 편안한 자세로 주사 및 채혈을 할 수 있는 장소를 제공할 것
② 채취한 혈액을 검사 용기에 옮기는 경우에는 주사침 사용을 금지하도록 할 것
③ 사용한 주사침의 바늘을 구부리는 행위를 금지할 것
④ 사용한 주사침의 뚜껑을 부득이하게 다시 씌워야 하는 경우에는 두 손으로 씌우도록 할 것
⑤ 사용한 주사침은 안전한 전용 수거용기에 모아 튼튼한 용기를 사용하여 폐기할 것

해설

혈액노출 예방 조치(산업안전보건기준에 관한 규칙 제597조)

㉠ 사업주는 근로자가 혈액노출의 위험이 있는 작업을 하는 경우에 다음의 조치를 하여야 한다.
  1. 혈액노출의 가능성이 있는 장소에서는 음식물을 먹거나 담배를 피우는 행위, 화장 및 콘택트렌즈의 교환 등을 금지할 것
  2. 혈액 또는 환자의 혈액으로 오염된 가검물, 주사침, 각종 의료 기구, 솜 등의 혈액오염물(이하 "혈액오염물"이라 한다)이 보관되어 있는 냉장고 등에 음식물 보관을 금지할 것
  3. 혈액 등으로 오염된 장소나 혈액오염물은 적절한 방법으로 소독할 것
  4. 혈액오염물은 별도로 표기된 용기에 담아서 운반할 것
  5. 혈액노출 근로자는 즉시 소독약품이 포함된 세척제로 접촉 부위를 씻도록 할 것

㉡ 사업주는 근로자가 주사 및 채혈 작업을 하는 경우에 다음의 조치를 하여야 한다.
  1. 안정되고 편안한 자세로 주사 및 채혈을 할 수 있는 장소를 제공할 것
  2. 채취한 혈액을 검사 용기에 옮기는 경우에는 주사침 사용을 금지하도록 할 것
  3. 사용한 주사침은 바늘을 구부리거나, 자르거나, 뚜껑을 다시 씌우는 등의 행위를 금지할 것(부득이하게 뚜껑을 다시 씌워야 하는 경우에는 한 손으로 씌우도록 한다)
  4. 사용한 주사침은 안전한 전용 수거용기에 모아 튼튼한 용기를 사용하여 폐기할 것

㉢ 근로자는 ㉠에 따라 흡연 또는 음식물 등의 섭취 등이 금지된 장소에서 흡연 또는 음식물 섭취 등의 행위를 해서는 아니 된다.

정답 17 ④

18

산업안전보건법령상 건강 및 환경 유해성 분류기준에 관한 설명으로 옳지 않은 것은?

① 입 또는 피부를 통하여 1회 투여 또는 8시간 이내에 여러 차례로 나누어 투여하거나 호흡기를 통하여 8시간 동안 흡입하는 경우 유해한 영향을 일으키는 물질은 급성 독성 물질이다.
② 접촉 시 피부조직을 파괴하거나 자극을 일으키는 물질은 피부 부식성 또는 자극성 물질이다.
③ 호흡기를 통하여 흡입되는 경우 기도에 과민반응을 일으키는 물질은 호흡기 과민성 물질이다.
④ 자손에게 유전될 수 있는 사람의 생식세포에 돌연변이를 일으킬 수 있는 물질은 생식세포 변이원성 물질이다.
⑤ 단기간 또는 장기간의 노출로 수생생물에 유해한 영향을 일으키는 물질은 수생 환경 유해성 물질이다.

해설

유해인자의 유해성·위험성 분류기준(산업안전보건법 시행규칙 별표 18)
화학물질의 분류기준 중 건강 및 환경 유해성 분류기준

- 급성 독성 물질 : 입 또는 피부를 통하여 1회 투여 또는 24시간 이내에 여러 차례로 나누어 투여하거나 호흡기를 통하여 4시간 동안 흡입하는 경우 유해한 영향을 일으키는 물질
- 피부 부식성 또는 자극성 물질 : 접촉 시 피부조직을 파괴하거나 자극을 일으키는 물질(피부 부식성 물질 및 피부 자극성 물질로 구분한다)
- 심한 눈 손상성 또는 자극성 물질 : 접촉 시 눈 조직의 손상 또는 시력의 저하 등을 일으키는 물질(눈 손상성 물질 및 눈 자극성 물질로 구분한다)
- 호흡기 과민성 물질 : 호흡기를 통하여 흡입되는 경우 기도에 과민반응을 일으키는 물질
- 피부 과민성 물질 : 피부에 접촉되는 경우 피부 알레르기 반응을 일으키는 물질
- 발암성 물질 : 암을 일으키거나 그 발생을 증가시키는 물질
- 생식세포 변이원성 물질 : 자손에게 유전될 수 있는 사람의 생식세포에 돌연변이를 일으킬 수 있는 물질
- 생식독성 물질 : 생식기능, 생식능력 또는 태아의 발생·발육에 유해한 영향을 주는 물질
- 특정 표적장기 독성 물질(1회 노출) : 1회 노출로 특정 표적장기 또는 전신에 독성을 일으키는 물질
- 특정 표적장기 독성 물질(반복 노출) : 반복적인 노출로 특정 표적장기 또는 전신에 독성을 일으키는 물질
- 흡인 유해성 물질 : 액체 또는 고체 화학물질이 입이나 코를 통하여 직접적으로 또는 구토로 인하여 간접적으로, 기관 및 더 깊은 호흡기관으로 유입되어 화학적 폐렴, 다양한 폐 손상이나 사망과 같은 심각한 급성 영향을 일으키는 물질
- 수생 환경 유해성 물질 : 단기간 또는 장기간의 노출로 수생생물에 유해한 영향을 일으키는 물질
- 오존층 유해성 물질 : 오존층 보호를 위한 특정 물질의 제조규제 등에 관한 법률 제2조제1호에 따른 특정 물질

19

산업안전보건법령상 건강진단에 관한 내용으로 ( )에 들어갈 내용을 순서대로 옳게 나열한 것은?

- 사업주는 사업장의 작업환경측정 결과 노출기준 이상인 작업공정에서 해당 유해인자에 노출되는 모든 근로자에 대해서는 다음 회에 한정하여 관련 유해인자별로 특수건강진단 주기를 (ㄱ)분의 1로 단축하여야 한다.
- 건강진단기관이 건강진단을 실시하였을 때에는 그 결과를 고용노동부장관이 정하는 건강진단개인표에 기록하고, 건강진단 실시일부터 (ㄴ)일 이내에 근로자에게 송부하여야 한다.
- 사업주가 특수건강진단대상업무에 근로자를 배치하려는 경우 해당 작업에 배치하기 전에 배치전건강진단을 실시하여야 하나, 해당 사업장에서 해당 유해인자에 대하여 배치전건강진단을 받고 (ㄷ)개월이 지나지 아니한 근로자에 대해서는 배치전건강진단을 실시하지 아니할 수 있다.

① ㄱ : 2, ㄴ : 15, ㄷ : 3
② ㄱ : 2, ㄴ : 30, ㄷ : 3
③ ㄱ : 2, ㄴ : 30, ㄷ : 6
④ ㄱ : 3, ㄴ : 30, ㄷ : 6
⑤ ㄱ : 3, ㄴ : 60, ㄷ : 9

해설

특수건강진단의 실시 시기 및 주기 등(산업안전보건법 시행규칙 제202조)

㉠ 사업주는 법 제130조제1항제1호에 해당하는 근로자에 대해서는 별표 23에서 특수건강진단 대상 유해인자별로 정한 시기 및 주기에 따라 특수건강진단을 실시해야 한다.
㉡ ㉠에도 불구하고 법 제125조에 따른 사업장의 작업환경측정 결과 또는 특수건강진단 실시 결과에 따라 다음 중 어느 하나에 해당하는 근로자에 대해서는 다음 회에 한정하여 관련 유해인자별로 특수건강진단 주기를 2분의 1로 단축해야 한다.
  1. 작업환경을 측정한 결과 노출기준 이상인 작업공정에서 해당 유해인자에 노출되는 모든 근로자
  2. 특수건강진단, 법 제130조제3항에 따른 수시건강진단(이하 "수시건강진단"이라 한다) 또는 법 제131조제1항에 따른 임시건강진단(이하 "임시건강진단"이라 한다)을 실시한 결과 직업병 유소견자가 발견된 작업공정에서 해당 유해인자에 노출되는 모든 근로자. 다만, 고용노동부장관이 정하는 바에 따라 특수건강진단·수시건강진단 또는 임시건강진단을 실시한 의사로부터 특수건강진단 주기를 단축하는 것이 필요하지 않다는 소견을 받은 경우는 제외한다.
  3. 특수건강진단 또는 임시건강진단을 실시한 결과 해당 유해인자에 대하여 특수건강진단 실시 주기를 단축해야 한다는 의사의 소견을 받은 근로자
㉢ 사업주는 법 제130조제1항제2호에 해당하는 근로자에 대해서는 직업병 유소견자 발생의 원인이 된 유해인자에 대하여 해당 근로자를 진단한 의사가 필요하다고 인정하는 시기에 특수건강진단을 실시해야 한다.
㉣ 법 제130조제1항에 따라 특수건강진단을 실시해야 할 사업주는 특수건강진단 실시 시기를 안전보건관리규정 또는 취업규칙에 규정하는 등 특수건강진단이 정기적으로 실시되도록 노력해야 한다.

배치전건강진단 실시의 면제(산업안전보건법 시행규칙 제203조)

법 제130조제2항 단서에서 "고용노동부령으로 정하는 근로자"란 다음 중 어느 하나에 해당하는 근로자를 말한다.
1. 다른 사업장에서 해당 유해인자에 대하여 다음 중 어느 하나에 해당하는 건강진단을 받고 6개월(별표 23 제4호부터 제6호까지의 유해인자에 대하여 건강진단을 받은 경우에는 12개월로 한다)이 지나지 않은 근로자로서 건강진단 결과를 적은 서류(이하 "건강진단개인표"라 한다) 또는 그 사본을 제출한 근로자
   가. 법 제130조제2항에 따른 배치전건강진단(이하 "배치전건강진단"이라 한다)
   나. 배치전건강진단의 제1차 검사항목을 포함하는 특수건강진단, 수시건강진단 또는 임시건강진단
   다. 배치전건강진단의 제1차 검사항목 및 제2차 검사항목을 포함하는 건강진단
2. 해당 사업장에서 해당 유해인자에 대하여 1.의 어느 하나에 해당하는 건강진단을 받고 6개월(별표 23 제4호부터 제6호까지의 유해인자에 대하여 건강진단을 받은 경우에는 12개월로 한다)이 지나지 않은 근로자

정답 19 ③

건강진단 결과의 보고 등(산업안전보건법 시행규칙 제209조)
㉠ 건강진단기관이 법 제129조부터 제131조까지의 규정에 따른 건강진단을 실시하였을 때에는 그 결과를 고용노동부장관이 정하는 건강진단개인표에 기록하고, 건강진단을 실시한 날부터 30일 이내에 근로자에게 송부해야 한다.
㉡ 건강진단기관은 건강진단을 실시한 결과 질병 유소견자가 발견된 경우에는 건강진단을 실시한 날부터 30일 이내에 해당 근로자에게 의학적 소견 및 사후관리에 필요한 사항과 업무수행의 적합성 여부(특수건강진단기관인 경우만 해당한다)를 설명해야 한다. 다만, 해당 근로자가 소속한 사업장의 의사인 보건관리자에게 이를 설명한 경우에는 그렇지 않다.
㉢ 건강진단기관은 건강진단을 실시한 날부터 30일 이내에 다음의 구분에 따라 건강진단 결과표를 사업주에게 송부해야 한다.
  1. 일반건강진단을 실시한 경우 : 별지 제84호서식의 일반건강진단 결과표
  2. 특수건강진단·배치전건강진단·수시건강진단 및 임시건강진단을 실시한 경우 : 별지 제85호서식의 특수·배치전·수시·임시건강진단 결과표
㉣ 특수건강진단기관은 특수건강진단·배치전건강진단·수시건강진단 또는 임시건강진단을 실시한 경우에는 법 제134조제1항에 따라 건강진단을 실시한 날부터 30일 이내에 건강진단 결과표를 지방고용노동관서의 장에게 제출해야 한다. 다만, 건강진단개인표 전산입력자료를 고용노동부장관이 정하는 바에 따라 공단에 송부한 경우에는 그렇지 않다(시행일 : 25.1.1).
㉤ 법 제129조제1항 단서에 따른 건강진단을 한 기관은 사업주가 근로자의 건강보호를 위하여 건강진단 결과를 요청하는 경우 별지 제84호서식의 일반건강진단 결과표를 사업주에게 송부해야 한다.

20
산업안전보건법령상 근로의 금지 및 제한에 관한 설명으로 옳은 것은?
① 사업주는 신장 질환이 있는 근로자가 근로에 의하여 병세가 악화될 우려가 있는 경우에 근로자의 동의가 없으면 근로를 금지할 수 없다.
② 사업주는 질병자의 근로를 다시 시작하도록 하는 경우에는 미리 보건관리자(의사가 아닌 보건관리자도 포함한다), 산업보건의 또는 건강진단을 실시한 의사의 의견을 들어야 한다.
③ 사업주는 관절염에 해당하는 질병이 있는 근로자를 고기압 업무에 종사시킬 수 있다.
④ 사업주는 갱내에서 하는 작업에 종사하는 근로자에게는 1일 6시간, 1주 34시간을 초과하여 근로하게 하여서는 아니 된다.
⑤ 사업주는 인력으로 중량물을 취급하는 작업에서 유해·위험 예방조치 외에 작업과 휴식의 적정한 배분, 그 밖에 근로시간과 관련된 근로조건의 개선을 통하여 근로자의 건강 보호를 위한 조치를 하여야 한다.

해설
질병자의 근로금지(산업안전보건법 시행규칙 제220조)
㉠ 법 제138조제1항에 따라 사업주는 다음 중 어느 하나에 해당하는 사람에 대해서는 근로를 금지해야 한다.
  1. 전염될 우려가 있는 질병에 걸린 사람. 다만, 전염을 예방하기 위한 조치를 한 경우는 제외한다.
  2. 조현병, 마비성 치매에 걸린 사람
  3. 심장·신장·폐 등의 질환이 있는 사람으로서 근로에 의하여 병세가 악화될 우려가 있는 사람
  4. 1.부터 3.까지의 규정에 준하는 질병으로서 고용노동부장관이 정하는 질병에 걸린 사람
㉡ 사업주는 ㉠에 따라 근로를 금지하거나 근로를 다시 시작하도록 하는 경우에는 미리 보건관리자(의사인 보건관리자만 해당한다), 산업보건의 또는 건강진단을 실시한 의사의 의견을 들어야 한다.

21
산업안전보건법령상 안전보건개선계획 등에 관한 설명으로 옳지 않은 것은?

① 사업주는 안전보건개선계획을 수립할 때에는 산업안전보건위원회가 설치되어 있지 아니한 사업장의 경우에는 근로자대표의 의견을 들어야 한다.
② 사업주와 근로자는 안전보건개선계획을 준수하여야 한다.
③ 안전보건개선계획의 수립·시행명령을 받은 사업주는 고용노동부장관이 정하는 바에 따라 안전보건개선계획서를 작성하여 그 명령을 받은 날부터 60일 이내에 관할 지방고용노동관서의 장에게 제출하여야 한다.
④ 직업병에 걸린 사람이 연간 1명 발생한 사업장은 안전·보건진단을 받아 안전보건개선계획을 수립·제출하도록 지방고용노동관서의 장이 명할 수 있는 사업장에 해당한다.
⑤ 안전보건개선계획서에는 시설, 안전·보건관리체제, 안전·보건교육, 산업재해 예방 및 작업환경의 개선을 위하여 필요한 사항이 포함되어야 한다.

해설

안전보건개선계획의 제출 등(산업안전보건법 시행규칙 제61조)

㉠ 법 제50조제1항에 따라 안전보건개선계획서를 제출해야 하는 사업주는 법 제49조제1항에 따른 안전보건개선계획서 수립·시행 명령을 받은 날부터 60일 이내에 관할 지방고용노동관서의 장에게 해당 계획서를 제출(전자문서로 제출하는 것을 포함한다)해야 한다.
㉡ ㉠에 따른 안전보건개선계획서에는 시설, 안전보건관리체제, 안전보건교육, 산업재해 예방 및 작업환경의 개선을 위하여 필요한 사항이 포함되어야 한다.

안전보건진단을 받아 안전보건개선계획을 수립할 대상(산업안전보건법 시행령 제49조)
법 제49조제1항 각 호 외의 부분 후단에서 "대통령령으로 정하는 사업장"이란 다음의 사업장을 말한다.
1. 산업재해율이 같은 업종 평균 산업재해율의 2배 이상인 사업장
2. 법 제49조제1항제2호에 해당하는 사업장

> [법 제49조제1항제2호]
> 사업주가 필요한 안전조치 또는 보건조치를 이행하지 아니하여 중대재해가 발생한 사업장

3. 직업성 질병자가 연간 2명 이상(상시근로자 1천명 이상 사업장의 경우 3명 이상) 발생한 사업장
4. 그 밖에 작업환경 불량, 화재·폭발 또는 누출 사고 등으로 사업장 주변까지 피해가 확산된 사업장으로서 고용노동부령으로 정하는 사업장

정답 21 ④

22

산업안전보건법령상 산업재해 발생 사실을 은폐하도록 교사(敎唆)하거나 공모(共謀)한 자에게 적용되는 벌칙은?

① 500만원 이하의 벌금
② 1년 이하의 징역 또는 1,000만원 이하의 벌금
③ 3년 이하의 징역 또는 3,000만원 이하의 벌금
④ 5년 이하의 징역 또는 5,000만원 이하의 벌금
⑤ 7년 이하의 징역 또는 1억원 이하의 벌금

해설

벌칙(산업안전보건법 제170조)
다음 중 어느 하나에 해당하는 자는 1년 이하의 징역 또는 1,000만원 이하의 벌금에 처한다.
1. 제41조제3항(제166조의2에서 준용하는 경우를 포함한다)을 위반하여 해고나 그 밖의 불리한 처우를 한 자
2. 제56조제3항(제166조의2에서 준용하는 경우를 포함한다)을 위반하여 중대재해 발생 현장을 훼손하거나 고용노동부장관의 원인조사를 방해한 자
3. 제57조제1항(제166조의2에서 준용하는 경우를 포함한다)을 위반하여 산업재해 발생 사실을 은폐한 자 또는 그 발생 사실을 은폐하도록 교사(敎唆)하거나 공모(共謀)한 자
4. 제65조제1항, 제80조제1항·제2항·제4항, 제85조제2항·제3항, 제92조제1항, 제141조제4항 또는 제162조를 위반한 자
5. 제85조제4항 또는 제92조제2항에 따른 명령을 위반한 자
6. 제101조에 따른 조사, 수거 또는 성능시험을 방해하거나 거부한 자
7. 제153조제1항을 위반하여 다른 사람에게 자기의 성명이나 사무소의 명칭을 사용하여 지도사의 직무를 수행하게 하거나 자격증·등록증을 대여한 사람
8. 제153조제2항을 위반하여 지도사의 성명이나 사무소의 명칭을 사용하여 지도사의 직무를 수행하거나 자격증·등록증을 대여받거나 이를 알선한 사람

23
산업안전보건법령상 작업환경측정 등에 관한 설명으로 옳지 않은 것은?

① 사업주는 작업환경측정의 결과를 해당 작업장 근로자에게 알려야 하며 그 결과에 따라 근로자의 건강을 보호하기 위하여 해당 시설·설비의 설치·개선 또는 건강진단의 실시 등 적절한 조치를 하여야 한다.
② 사업주는 산업안전보건위원회 또는 근로자대표가 요구하면 작업환경측정 결과에 대한 설명회를 직접 개최하거나 작업환경측정을 한 기관으로 하여금 개최하도록 하여야 한다.
③ 고용노동부장관은 작업환경측정의 수준을 향상시키기 위하여 매년 지정측정기관을 평가한 후 그 결과를 공표하여야 한다.
④ 고용노동부장관은 작업환경측정 결과의 정확성과 정밀성을 평가하기 위하여 필요하다고 인정하는 경우에는 신뢰성평가를 할 수 있다.
⑤ 시설·장비의 성능은 고용노동부장관이 지정측정기관의 작업환경측정 수준을 평가하는 기준에 해당한다.

해설

※ 출제 시 정답은 ③이었으나, 산업안전보건법(19.1.15) 개정으로 ④의 조항이 삭제되어 정답 없음으로 처리하였음

작업환경측정(산업안전보건법 제125조)
㉠ 사업주는 유해인자로부터 근로자의 건강을 보호하고 쾌적한 작업환경을 조성하기 위하여 인체에 해로운 작업을 하는 작업장으로서 고용노동부령으로 정하는 작업장에 대하여 고용노동부령으로 정하는 자격을 가진 자로 하여금 작업환경측정을 하도록 하여야 한다.
㉡ ㉠에도 불구하고 도급인의 사업장에서 관계수급인 또는 관계수급인의 근로자가 작업을 하는 경우에는 도급인이 ㉠에 따른 자격을 가진 자로 하여금 작업환경측정을 하도록 하여야 한다.
㉢ 사업주(㉡에 따른 도급인을 포함한다)는 ㉠에 따른 작업환경측정을 제126조에 따라 지정받은 기관(이하 "작업환경측정기관"이라 한다)에 위탁할 수 있다. 이 경우 필요한 때에는 작업환경측정 중 시료의 분석만을 위탁할 수 있다.
㉣ 사업주는 근로자대표(관계수급인의 근로자대표를 포함한다)가 요구하면 작업환경측정 시 근로자대표를 참석시켜야 한다.
㉤ 사업주는 작업환경측정 결과를 기록하여 보존하고 고용노동부령으로 정하는 바에 따라 고용노동부장관에게 보고하여야 한다. 다만, ㉢에 따라 사업주로부터 작업환경측정을 위탁받은 작업환경측정기관이 작업환경측정을 한 후 그 결과를 고용노동부령으로 정하는 바에 따라 고용노동부장관에게 제출한 경우에는 작업환경측정 결과를 보고한 것으로 본다.
㉥ 사업주는 작업환경측정 결과를 해당 작업장의 근로자(관계수급인 및 관계수급인 근로자를 포함한다)에게 알려야 하며, 그 결과에 따라 근로자의 건강을 보호하기 위하여 해당 시설·설비의 설치·개선 또는 건강진단의 실시 등의 조치를 하여야 한다.
㉦ 사업주는 산업안전보건위원회 또는 근로자대표가 요구하면 작업환경측정 결과에 대한 설명회 등을 개최하여야 한다. 이 경우 ㉢에 따라 작업환경측정을 위탁하여 실시한 경우에는 작업환경측정기관에 작업환경측정 결과에 대하여 설명하도록 할 수 있다.
㉧ ㉠ 및 ㉡에 따른 작업환경측정의 방법·횟수, 그 밖에 필요한 사항은 고용노동부령으로 정한다.

24

갑(甲)은 전국 규모의 사업주단체에 소속된 임직원으로서 해당 단체가 추천하여 법령에 따라 위촉된 명예감독관이다. 산업안전보건법령상 갑(甲)의 업무가 아닌 것을 모두 고른 것은?

> ㄱ. 법령 및 산업재해 예방정책 개선 건의
> ㄴ. 안전·보건 의식을 북돋우기 위한 활동과 무재해운동 등에 대한 참여와 지원
> ㄷ. 사업장에서 하는 자체점검 참여 및 근로감독관이 하는 사업장 감독 참여
> ㄹ. 법령을 위반한 사실이 있는 경우 사업주에 대한 개선 요청 및 감독기관에의 신고
> ㅁ. 산업재해 발생의 급박한 위험이 있는 경우 사업주에 대한 작업중지 요청

① ㄱ, ㄴ, ㄷ
② ㄱ, ㄴ, ㅁ
③ ㄱ, ㄷ, ㄹ
④ ㄴ, ㄹ, ㅁ
⑤ ㄷ, ㄹ, ㅁ

해설

명예산업안전감독관 위촉 등(산업안전보건법 시행령 제32조)

㉠ 고용노동부장관은 다음 중 어느 하나에 해당하는 사람 중에서 법 제23조제1항에 따른 명예산업안전감독관(이하 "명예산업안전감독관"이라 한다)을 위촉할 수 있다.
1. 산업안전보건위원회 구성 대상 사업의 근로자 또는 노사협의체 구성·운영 대상 건설공사의 근로자 중에서 근로자대표(해당 사업장에 단위 노동조합의 산하 노동단체가 그 사업장 근로자의 과반수로 조직되어 있는 경우에는 지부·분회 등 명칭이 무엇이든 관계없이 해당 노동단체의 대표자를 말한다. 이하 같다)가 사업주의 의견을 들어 추천하는 사람
2. 노동조합 및 노동관계조정법 제10조에 따른 연합단체인 노동조합 또는 그 지역 대표기구에 소속된 임직원 중에서 해당 연합단체인 노동조합 또는 그 지역 대표기구가 추천하는 사람
3. 전국 규모의 사업주단체 또는 그 산하조직에 소속된 임직원 중에서 해당 단체 또는 그 산하조직이 추천하는 사람
4. 산업재해 예방 관련 업무를 하는 단체 또는 그 산하조직에 소속된 임직원 중에서 해당 단체 또는 그 산하조직이 추천하는 사람

㉡ 명예산업안전감독관의 업무는 다음과 같다. 이 경우 ㉠의 1.에 따라 위촉된 명예산업안전감독관의 업무 범위는 해당 사업장에서의 업무(8.는 제외한다)로 한정하며, ㉠의 2.부터 4.까지의 규정에 따라 위촉된 명예산업안전감독관의 업무 범위는 8.부터 10.까지의 규정에 따른 업무로 한정한다.
1. 사업장에서 하는 자체점검 참여 및 근로기준법 제101조에 따른 근로감독관(이하 "근로감독관"이라 한다)이 하는 사업장 감독 참여
2. 사업장 산업재해 예방계획 수립 참여 및 사업장에서 하는 기계·기구 자체검사 참석
3. 법령을 위반한 사실이 있는 경우 사업주에 대한 개선 요청 및 감독기관에의 신고
4. 산업재해 발생의 급박한 위험이 있는 경우 사업주에 대한 작업중지 요청
5. 작업환경측정, 근로자 건강진단 시의 참석 및 그 결과에 대한 설명회 참여
6. 직업성 질환의 증상이 있거나 질병에 걸린 근로자가 여러 명 발생한 경우 사업주에 대한 임시건강진단 실시 요청
7. 근로자에 대한 안전수칙 준수 지도
8. 법령 및 산업재해 예방정책 개선 건의
9. 안전·보건 의식을 북돋우기 위한 활동 등에 대한 참여와 지원
10. 그 밖에 산업재해 예방에 대한 홍보 등 산업재해 예방업무와 관련하여 고용노동부장관이 정하는 업무

㉢ 명예산업안전감독관의 임기는 2년으로 하되, 연임할 수 있다.
㉣ 고용노동부장관은 명예산업안전감독관의 활동을 지원하기 위하여 수당 등을 지급할 수 있다.
㉤ ㉠부터 ㉣까지에서 규정한 사항 외에 명예산업안전감독관의 위촉 및 운영 등에 필요한 사항은 고용노동부장관이 정한다.

정답 24 ⑤

25

산업안전보건법령상 산업재해 예방사업 보조·지원의 취소에 관한 설명으로 옳지 않은 것은?

① 거짓으로 보조·지원을 받은 경우 보조·지원의 전부를 취소하여야 한다.
② 보조·지원 대상을 임의매각·훼손·분실하는 등 지원 목적에 적합하게 유지·관리·사용하지 아니한 경우 보조·지원의 전부 또는 일부를 취소하여야 한다.
③ 보조·지원이 산업재해 예방사업의 목적에 맞게 사용되지 아니한 경우 보조·지원의 전부 또는 일부를 취소하여야 한다.
④ 보조·지원 대상 기간이 끝나기 전에 보조·지원 대상 시설 및 장비를 국외로 이전 설치한 경우 보조·지원의 전부 또는 일부를 취소하여야 한다.
⑤ 사업주가 보조·지원을 받은 후 5년 이내에 해당 시설 및 장비의 중대한 결함이나 관리상 중대한 과실로 인하여 근로자가 사망한 경우 보조·지원의 전부를 취소하여야 한다.

해설

산업재해 예방활동의 보조·지원(산업안전보건법 제158조)

㉠ 정부는 사업주, 사업주단체, 근로자단체, 산업재해 예방 관련 전문단체, 연구기관 등이 하는 산업재해 예방사업 중 대통령령으로 정하는 사업에 드는 경비의 전부 또는 일부를 예산의 범위에서 보조하거나 그 밖에 필요한 지원(이하 "보조·지원"이라 한다)을 할 수 있다. 이 경우 고용노동부장관은 보조·지원이 산업재해 예방사업의 목적에 맞게 효율적으로 사용되도록 관리·감독하여야 한다.
㉡ 고용노동부장관은 보조·지원을 받은 자가 다음 각 호의 어느 하나에 해당하는 경우 보조·지원의 전부 또는 일부를 취소하여야 한다. 다만, 1. 및 2.의 경우에는 보조·지원의 전부를 취소하여야 한다.
  1. 거짓이나 그 밖의 부정한 방법으로 보조·지원을 받은 경우
  2. 보조·지원 대상자가 폐업하거나 파산한 경우
  3. 보조·지원 대상을 임의매각·훼손·분실하는 등 지원 목적에 적합하게 유지·관리·사용하지 아니한 경우
  4. ㉠에 따른 산업재해 예방사업의 목적에 맞게 사용되지 아니한 경우
  5. 보조·지원 대상 기간이 끝나기 전에 보조·지원 대상 시설 및 장비를 국외로 이전한 경우
  6. 보조·지원을 받은 사업주가 필요한 안전조치 및 보건조치 의무를 위반하여 산업재해를 발생시킨 경우로서 고용노동부령으로 정하는 경우
㉢ 고용노동부장관은 ㉡에 따라 보조·지원의 전부 또는 일부를 취소한 경우, 같은 항 1. 또는 3.부터 5.까지의 어느 하나에 해당하는 경우에는 해당 금액 또는 지원에 상응하는 금액을 환수하되 대통령령으로 정하는 바에 따라 지급받은 금액의 5배 이하의 금액을 추가로 환수할 수 있고, 같은 항 2.(파산한 경우에는 환수하지 아니한다) 또는 6.에 해당하는 경우에는 해당 금액 또는 지원에 상응하는 금액을 환수한다.
㉣ ㉡에 따라 보조·지원의 전부 또는 일부가 취소된 자에 대해서는 고용노동부령으로 정하는 바에 따라 취소된 날부터 5년 이내의 기간을 정하여 보조·지원을 하지 아니할 수 있다.
㉤ 보조·지원의 대상·방법·절차, 관리 및 감독, ㉡ 및 ㉢에 따른 취소 및 환수방법, 그 밖에 필요한 사항은 고용노동부장관이 정하여 고시한다.

보조·지원의 환수와 제한(산업안전보건법 시행규칙 제237조)

㉠ 법 제158조제2항제6호에서 "고용노동부령으로 정하는 경우"란 보조·지원을 받은 후 3년 이내에 해당 시설 및 장비의 중대한 결함이나 관리상 중대한 과실로 인하여 근로자가 사망한 경우를 말한다.
㉡ 법 제158조제4항에 따라 보조·지원을 제한할 수 있는 기간은 다음과 같다.
  1. 법 제158조제2항제1호의 경우: 5년
  2. 법 제158조제2항제2호부터 제6호까지의 어느 하나의 경우: 3년
  3. 법 제158조제2항제2호부터 제6호까지의 어느 하나를 위반한 후 5년 이내에 같은 항 제2호부터 제6호까지의 어느 하나를 위반한 경우: 5년

정답 25 ⑤

Ⅰ 산업안전일반

26
TWI(Training Within Industry) 교육훈련내용 중 사람을 다루는 방법(인간관계 관리기법)에 대한 훈련인 것은?

① JIT(Job Instruction Training)
② JMT(Job Method Training)
③ JRT(Job Relation Training)
④ CCS(Civil Communication Section)
⑤ MTP(Management Training Program)

해설
TWI(Training Within Industry)
• 작업을 가르치는 방법(JI ; Job Instruction)
• 개선방법(JM ; Job Methods)
• 사람을 다루는 방법(JR ; Job Relations)
• 안전작업의 실시방법(JS ; Job Safety)

27
산업안전보건법령상 사업주가 근로자에 대하여 실시하여야 하는 교육 중 채용 시 및 작업내용 변경 시의 교육내용으로 명시되어 있는 것이 아닌 것은?

① 기계·기구의 위험성과 작업의 순서 및 동선에 관한 사항
② 작업 개시 전 점검에 관한 사항
③ 정리정돈 및 청소에 관한 사항
④ 사고 발생 시 재해조사 및 방지계획에 관한 사항
⑤ 산업보건 및 직업병 예방에 관한 사항

해설
안전보건교육 교육대상별 교육내용(산업안전보건법 시행규칙 별표 5)
근로자 채용 시 교육 및 작업내용 변경 시 교육
• 산업안전 및 사고 예방에 관한 사항
• 산업보건 및 직업병 예방에 관한 사항
• 위험성 평가에 관한 사항
• 산업안전보건법령 및 산업재해보상보험 제도에 관한 사항
• 직무스트레스 예방 및 관리에 관한 사항
• 직장 내 괴롭힘, 고객의 폭언 등으로 인한 건강장해 예방 및 관리에 관한 사항
• 기계·기구의 위험성과 작업의 순서 및 동선에 관한 사항
• 작업 개시 전 점검에 관한 사항
• 정리정돈 및 청소에 관한 사항
• 사고 발생 시 긴급조치에 관한 사항
• 물질안전보건자료에 관한 사항

28

하인리히(H. W. Heinrich)의 재해코스트 산정 시 간접비에 해당하는 것을 모두 고른 것은?

```
ㄱ. 휴업보상비           ㄴ. 장해보상비
ㄷ. 재산손실             ㄹ. 유족보상비
ㅁ. 생산감소
```

① ㄱ, ㄴ
② ㄱ, ㅁ
③ ㄴ, ㄹ
④ ㄷ, ㄹ
⑤ ㄷ, ㅁ

해설

하인리히의 재해손실비
업무상의 재해로 상해가 생긴 경우 발생하는 손실비용
- 총손실비용 = 직접비 + 간접비 = 1 : 4
- 직접비의 종류 : 요양보상비, 휴업보상비, 장해보상비, 유족보상비, 장례비
- 간접비의 종류 : 임금손실비, 물적손실비, 생산손실비, 특수손실비, 기타 손실비(병상위문금, 재산손실비, 생산중단손실비 등)

29

산업안전보건기준에 관한 규칙상 지게차에 관한 내용으로 옳지 않은 것은?

① 사업주는 화물의 낙하에 의하여 지게차의 운전자에게 위험을 미칠 우려가 있는 경우에는 지게차 최대하중의 1.5배 값(3톤을 넘는 값에 대해서는 3톤으로 한다)의 등분포정하중에 견딜 수 있는 헤드가드를 갖추어야 한다.
② 사업주는 백레스트(Backrest)를 갖추지 아니한 지게차를 사용해서는 아니 된다. 다만, 마스트의 후방에서 화물이 낙하함으로써 근로자가 위험해질 우려가 없는 경우에는 그러하지 아니하다.
③ 사업주는 전조등과 후미등을 갖추지 아니한 지게차를 사용해서는 아니 된다. 다만, 작업을 안전하게 수행하기 위하여 필요한 조명이 확보되어 있는 장소에서 사용하는 경우에는 그러하지 아니하다.
④ 사업주는 앉아서 조작하는 방식의 지게차를 운전하는 근로자에게 좌석 안전띠를 착용하도록 하여야 한다.
⑤ 사업주는 지게차에 의한 하역운반 작업에 사용하는 팔레트(Pallet)는 적재하는 화물의 중량에 따른 충분한 강도를 가지고 심한 손상·변형 또는 부식이 없는 것을 사용하여야 한다.

해설

전조등 등의 설치(산업안전보건기준에 관한 규칙 제179조)
㉠ 사업주는 전조등과 후미등을 갖추지 아니한 지게차를 사용해서는 아니 된다. 다만, 작업을 안전하게 수행하기 위하여 필요한 조명이 확보되어 있는 장소에서 사용하는 경우에는 그러하지 아니하다.
㉡ 사업주는 지게차 작업 중 근로자와 충돌할 위험이 있는 경우에는 지게차에 후진경보기와 경광등을 설치하거나 후방감지기를 설치하는 등 후방을 확인할 수 있는 조치를 해야 한다.

헤드가드(산업안전보건기준에 관한 규칙 제180조)
사업주는 다음에 따른 적합한 헤드가드(Head Guard)를 갖추지 아니한 지게차를 사용해서는 안 된다. 다만, 화물의 낙하에 의하여 지게차의 운전자에게 위험을 미칠 우려가 없는 경우에는 그렇지 않다.
1. 강도는 지게차의 최대하중의 2배 값(4톤을 넘는 값에 대해서는 4톤으로 한다)의 등분포정하중(等分布靜荷重)에 견딜 수 있을 것
2. 상부틀의 각 개구의 폭 또는 길이가 16cm 미만일 것
3. 운전자가 앉아서 조작하거나 서서 조작하는 지게차의 헤드가드는 한국산업표준에서 정하는 높이 기준 이상일 것

백레스트(산업안전보건기준에 관한 규칙 제181조)
사업주는 백레스트(Backrest)를 갖추지 아니한 지게차를 사용해서는 아니 된다. 다만, 마스트의 후방에서 화물이 낙하함으로써 근로자가 위험해질 우려가 없는 경우에는 그러하지 아니하다.

팔레트 등(산업안전보건기준에 관한 규칙 제182조)
사업주는 지게차에 의한 하역운반작업에 사용하는 팔레트(Pallet) 또는 스키드(Skid)는 다음에 해당하는 것을 사용하여야 한다.
1. 적재하는 화물의 중량에 따른 충분한 강도를 가질 것
2. 심한 손상·변형 또는 부식이 없을 것

좌석 안전띠의 착용 등(산업안전보건기준에 관한 규칙 제183조)
㉠ 사업주는 앉아서 조작하는 방식의 지게차를 운전하는 근로자에게 좌석 안전띠를 착용하도록 하여야 한다.
㉡ ㉠에 따른 지게차를 운전하는 근로자는 좌석 안전띠를 착용하여야 한다.

30

사업장 위험성평가에 관한 지침에서 위험성 추정 시 유의사항으로 옳지 않은 것은?

① 예상되는 부상 또는 질병의 대상자 및 내용을 명확하게 예측할 것
② 최악의 상황에서 가장 큰 부상 또는 질병의 중대성을 추정할 것
③ 부상 또는 질병의 중대성은 부상이나 질병 등의 종류에 따라 각각 별도의 척도를 사용하는 것이 바람직하며, 기본적으로 부상 또는 질병에 의한 요양기간 또는 근로손실 일수 등을 척도로 사용하지 아니 할 것
④ 기계·기구, 설비, 작업 등의 특성과 부상 또는 질병의 유형을 고려할 것
⑤ 유해성이 입증되어 있지 않은 경우에도 일정한 근거가 있는 경우에는 그 근거를 기초로 하여 유해성이 존재하는 것으로 추정할 것

해설
※ 출제 시 정답은 ③이었으나, 법령 개정(23.5.22)으로 사업장 위험성평가에 관한 지침 제11조 '위험성 추정'이 '위험성 결정'으로 전면 교체됨에 따라 문제가 성립되지 않아 정답 없음 처리하였음

31
다음에서 설명하는 논리기호의 명칭은?

- 더 이상 해석이나 분석할 필요가 없는 사상
- 결함수분석법(FTA)의 도표에 사용되는 논리기호 중 '원'기호로 표시됨

① 결함사상　　　　　　　　　　　② 기본사상
③ 이하 생략의 결함사상　　　　　④ 통상사상
⑤ 전이기호

해설

기본사상(Basic Event)
더 이상 원인을 독립적으로 전개할 수 없는 기본적인 사고의 원인으로서 기기의 기계적 고장, 보수와 시험 이용 불능 및 작업자 실수사상 등을 말한다. 논리기호 중 원으로 표시된다.

32
산업안전보건기준에 관한 규칙상 통로에 관한 내용으로 옳지 않은 것은?

① 가설통로를 설치하는 경우 경사가 15°를 초과하는 경우에는 미끄러지지 아니하는 구조로 설치하여야 한다.
② 사다리식 통로를 설치하는 경우 사다리의 상단은 걸쳐놓은 지점으로부터 60cm 이상 올라가도록 설치하여야 한다.
③ 계단 및 계단참을 설치하는 경우 매 m^2당 400kg 이상의 하중에 견딜 수 있는 강도를 가진 구조로 설치하여야 한다.
④ 높이가 3m를 초과하는 계단에 높이 3m 이내마다 너비 1.2m 이상의 계단참을 설치하여야 한다.
⑤ 높이 1m 이상인 계단의 개방된 측면에 안전난간을 설치하여야 한다.

해설

계단의 강도(산업안전보건기준에 관한 규칙 제26조)
㉠ 사업주는 계단 및 계단참을 설치하는 경우 매 m^2당 500kg 이상의 하중에 견딜 수 있는 강도를 가진 구조로 설치하여야 하며, 안전율[안전의 정도를 표시하는 것으로서 재료의 파괴응력도(破壞應力度)와 허용응력도(許容應力度)의 비율을 말한다]은 4 이상으로 하여야 한다.
㉡ 사업주는 계단 및 승강구 바닥을 구멍이 있는 재료로 만드는 경우 렌치나 그 밖의 공구 등이 낙하할 위험이 없는 구조로 하여야 한다.

33

인간공학에서는 인간의 신체적 특성과 인지적 특성을 고려하여 제품을 설계한다. 인간특성과 설계사례의 연결로 옳지 않은 것은?

① 신체적 특성 – 사용자의 손 크기를 고려한 박스의 손잡이 설계
② 인지적 특성 – 전자레인지가 작동 중에 문을 열면 작동을 멈추도록 하는 인터록 설계
③ 신체적 특성 – 오금 높이를 기준으로 책상용 의자의 높이를 설계
④ 인지적 특성 – 작업자의 팔 행동반경을 고려하여 조종 장치를 배치
⑤ 인지적 특성 – 전화기 버튼을 누르면, 눌릴 때마다 청각적 피드백을 제공하는 설계

해설

- 신체적 특성 : Solid Interface로 제품의 외관 및 형상 설계 시 사용자의 신체적 특성을 고려하는 문제이다. 예를 들면 휴대폰 설계 시 노인을 위해 글자 크기, 버튼 숫자 크기, 음량 크기 등을 크게 하는 것을 말한다.
- 인지적 특성 : User Interface로 제품의 사용방법 설계 시 인간을 고려하는 문제이다. 예를 들면 휴대폰 설계 시 노인을 위해 응급버튼을 설계하는 것이다.

34

인간이 느끼는 음량 크기에 관한 내용으로 옳지 않은 것은?

① phon은 특정 음과 같은 크기로 들리는 1,000Hz 순음의 음압수준(dB) 값으로 정의된다.
② 40phon은 20phon보다 2배 큰 음이다.
③ 2sone은 1sone의 2배 크기의 음이다.
④ 등음량 곡선은 주파수를 변화시켜 가면서 같은 크기로 들리는 음압수준(dB)들을 연결한 곡선이다.
⑤ 1sone은 1,000Hz, 40dB인 음의 크기이다.

해설

phon(음량수준)은 1,000Hz의 순음을 기준으로 동일한 음량으로 들리는 크기로 dB로 나타낸다. 같은 phon값을 이은 그래프를 등음량곡선이라고 한다. phon은 주관적 등감도는 나타내지만 상대적인 크기의 비교는 안 되며 이를 나타낸 것이 sone이다. sone(음량)이란 음의 상대적인 주관적 척도 40phon이 1sone이며 10phon이 증가하면 sone값은 두 배가 된다.

35

근골격계질환 예방을 위한 유해요인 평가방법 중 안전하게 작업할 수 있는 중량물의 허용중량 한계(RWL)를 계산할 수 있는 평가방법은?

① OWAS
② REBA
③ RULA
④ NIOSH Lifting Guidelines
⑤ Strain Index

해설

NIOSH 들기 작업지침
- 권장무게 한계(RWL ; Recommended Weight Limit) : 건강한 작업자가 특정한 들기 작업에서 실제 작업시간 동안 허리에 무리를 주지 않고 요통의 위험 없이 들 수 있는 무게의 한계를 말한다.
- 들기지수(LI ; Lifting Index) : 실제 작업물의 무게와 RWL의 비이며 특정 작업에서의 육체적 스트레스의 상대적인 양을 나타낸다.

$$LI = \frac{실제작업무게}{권장무게\ 한계} = \frac{L}{RWL}$$

36

1칸델라(cd)의 점광원으로부터 2m 떨어진 곳의 조도는 얼마인가?

① 0.25lx
② 0.5lx
③ 1lx
④ 2lx
⑤ 3lx

해설

조도는 광속에 비례하고 거리의 제곱에 반비례한다.

$$조도 = \frac{광속}{거리^2} = \frac{1}{2^2} = 0.25 lx$$

정답 35 ④ 36 ①

37

고장률(Failure Rate)에 관한 내용으로 옳은 것을 모두 고른 것은?

> ㄱ. 고장률은 특정 시점까지 고장 나지 않고 작동하던 부품이 다음 순간에 고장 나게 될 가능성을 나타내는 척도다.
> ㄴ. 고장률[$h(t)$], 신뢰도 함수[$R(t)$]와 고장밀도함수[$f(t)$] 사이의 관계는 $h(t) = f(t) / R(t)$다.
> ㄷ. 고장률은 시간의 흐름에 따라 감소형, 증가형, 유지형으로 구분할 수 있다.
> ㄹ. 제품 혹은 부품의 전체 수명기간에 걸친 고장률의 변화는 욕조곡선(Bathtub Curve)의 형태로 나타난다.

① ㄱ, ㄴ
② ㄴ, ㄷ
③ ㄱ, ㄴ, ㄹ
④ ㄴ, ㄷ, ㄹ
⑤ ㄱ, ㄴ, ㄷ, ㄹ

해설

- 정 의
  - 고장률 : 특정 시점까지 작동하는 부품이 다음 시간 이내에 고장 날 확률을 말한다.
  - 신뢰도 : 체계 또는 부품이 주어진 조건하에서 의도하는 사용기간 중에 의도한 목적에 만족스럽게 작동할 확률을 말한다.
  - 고장밀도함수 : 시간당 고장발생 비율을 말한다.
  - 신뢰도함수 : 일정시간까지 작동할 수 있는 확률을 말한다.
- 고장밀도함수와 신뢰도함수의 관계
  - 신뢰도함수 $R(t)$는 1-누적고장률 함수로 계산할 수 있다.
  - 고장밀도함수 $F(t)$는 다음 식에 의해 구할 수 있다.
    $F(t) = 1 -$ 신뢰도 함수 $R(t)$, $R(t) = 1 - F(t)$, 고장률 $h(t) = f(t)/R(t)$
    신뢰도 함수 $R(t) = f(t)/h(t)$

38

다음의 시각적 표시장치 중 정성적 표시장치는?

① 횡단보도의 삼색 신호등
② 지침이 움직이는 중량계
③ 디지털 시계
④ 눈금이 움직이는 체중계
⑤ 지침이 움직이는 시계

해설

정성적 표시장치
- 온도, 압력, 속도 등 연속적으로 변하는 변수의 대략적 값이며 변화 추세, 비율 등을 알고자 할 때 사용한다.
- 색을 이용해 각 범위 값들을 따로 암호화하여 설계를 최적화시킬 수 있다.
- 색채 암호로 부적합할 경우에는 구간 형성으로 암호화할 수 있다.
- 상태점검, 즉 나타내는 값이 정상 상태인지의 여부를 판정하는 데도 사용한다.

39

다음에서 설명하고 있는 인간실수 유형은?

- 상황이나 목표의 해석은 제대로 하였으나 의도와는 다른 행동을 하는 경우에 발생하는 오류이다.
- 행동 결과에 대한 피드백이 있으면, 목표와 결과의 불일치가 쉽게 발견된다.
- 주의산만, 주의결핍에 의해 발생할 수 있으며, 잘못된 디자인이 원인이기도 하다.

① 작위오류(Commission Error)
② 착오(Mistake)
③ 실수(Slip)
④ 시간오류(Timing Error)
⑤ 위반(Violation)

해설
① 작위오류란 필요한 직무나 절차를 불확실하게 처리했을 때 발생되는 오류이다.
② 착오란 착각을 하여 잘못 수행하는 것이다. 사람의 인식과 객관적 사실이 일치하지 않고 어긋나는 경우 발생한다.
④ 시간오류란 필요한 업무나 순서를 수행하는 데 시간적으로 지연되어 발생되는 오류이다.
⑤ 위반이란 규칙이나 절차를 따르지 않고 어기는 경우를 말한다.

40

다음 중 올바른 작업방법 설계 시 고려해야 할 사항으로 옳지 않은 것은?

① 동작을 천천히 하여 최대 근력을 얻도록 한다.
② 동작의 중간 범위에서 최대한의 근력을 얻도록 한다.
③ 가능하다면 중력의 방향으로 작업을 수행하도록 한다.
④ 최대한 발휘할 수 있는 힘의 50% 이상을 유지한다.
⑤ 눈동자의 움직임을 최소화한다.

해설
근골격계질환 예방을 위한 작업환경개선 지침(한국산업안전보건공단 KOSHA GUIDE H-66-2012)
작업환경 개선방법 중 작업방법 설계 시 고려사항
- 동작을 천천히 하여 최대 근력을 얻도록 한다.
- 동작의 중간 범위에서 최대한의 근력을 얻도록 한다.
- 가능하다면 중력 방향으로 작업을 수행하도록 한다.
- 최대한 발휘할 수 있는 힘의 15% 이하로 유지한다.
- 힘을 요구하는 작업에는 큰 근육을 사용한다.
- 짧게, 자주, 간헐적인 작업·휴식 주기를 갖도록 한다.
- 대부분의 근로자들이 그 작업을 할 수 있도록 작업을 설계한다.
- 정확하고 세밀한 작업을 위해서는 적은 힘을 사용하도록 한다.
- 힘든 작업을 한 직후 정확하고 세밀한 작업을 하지 않도록 한다.
- 눈동자의 움직임을 최소화한다.

정답 39 ③ 40 ④

41

작업장에서 근로자가 1일 8시간 작업하는 동안 90dB(A)에서 4시간, 95dB(A)에서 4시간 소음에 노출되었다. 아래 허용노출시간표를 활용한 소음노출지수는 얼마인가?

1일 노출시간	8시간	4시간	2시간	1시간	0.5시간
소음강도	90dB(A)	95dB(A)	100dB(A)	105dB(A)	110dB(A)

① 0.8　　② 0.9　　③ 1.0　　④ 1.2　　⑤ 1.5

해설

소음노출지수는 노출시간을 허용노출시간으로 나누어 계산할 수 있다.
90dB(A) 노출시간 4시간, 허용노출시간 8시간
95dB(A) 노출시간 4시간, 허용노출시간 4시간이므로

소음노출지수 $= \dfrac{4}{8} + \dfrac{4}{4} = 0.5 + 1 = 1.5$

42

사업장 위험성평가에 관한 지침에 명시하고 있는 "유해·위험요인이 부상 또는 질병으로 이어질 수 있는 가능성(빈도)과 중대성(강도)을 조합한 것"을 정의하는 용어는?

① 유해·위험요인
② 위험성 결정
③ 위험성
④ 위험성 추정
⑤ 위험성 감소대책 수립 및 실행

해설

※ 법령 개정(23.5.22)으로 보기 ②, ④, ⑤ 성립되지 않음

정의(사업장 위험성평가에 관한 지침 제3조)

㉠ 이 고시에서 사용하는 용어의 뜻은 다음과 같다.
  1. "유해·위험요인"이란 유해·위험을 일으킬 잠재적 가능성이 있는 것의 고유한 특징이나 속성을 말한다.
  2. "위험성"이란 유해·위험요인이 사망, 부상 또는 질병으로 이어질 수 있는 가능성과 중대성 등을 고려한 위험의 정도를 말한다.
  3. "위험성평가"란 사업주가 스스로 유해·위험요인을 파악하고 해당 유해·위험요인의 위험성 수준을 결정하여, 위험성을 낮추기 위한 적절한 조치를 마련하고 실행하는 과정을 말한다.

㉡ 그 밖에 이 고시에서 사용하는 용어의 뜻은 이 고시에 특별히 정한 것이 없으면 산업안전보건법, 같은 법 시행령, 같은 법 시행규칙 및 산업안전보건기준에 관한 규칙에서 정하는 바에 따른다.

43
제조물 책임법에 관한 내용으로 옳지 않은 것은?

① 제조업자는 제조물의 결함으로 생명·신체 또는 재산에 손해를 입은 자에게 그 손해를 배상하여야 한다.
② 제조물이란 제조되거나 가공된 동산을 말한다.
③ 제조상의 결함이란 제조업자가 제조물에 대하여 제조상·가공상의 주의의무를 이행하였는지에 관계없이 제조물이 원래 의도한 설계와 다르게 제조·가공됨으로써 안전하지 못하게 된 경우를 말한다.
④ 설계상의 결함이란 제조업자가 합리적인 설명·지시·경고 또는 그 밖의 표시를 하였더라면 해당 제조물에 의하여 발생할 수 있는 피해나 위험을 줄이거나 피할 수 있었음에도 이를 하지 아니한 경우를 말한다.
⑤ 제조물의 제조·가공 또는 수입을 업으로 하는 자는 제조업자에 해당한다.

해설
정의(제조물 책임법 제2조)
이 법에서 사용하는 용어의 뜻은 다음과 같다.
1. "제조물"이란 제조되거나 가공된 동산(다른 동산이나 부동산의 일부를 구성하는 경우를 포함한다)을 말한다.
2. "결함"이란 해당 제조물에 다음 중 어느 하나에 해당하는 제조상·설계상 또는 표시상의 결함이 있거나 그 밖에 통상적으로 기대할 수 있는 안전성이 결여되어 있는 것을 말한다.
    가. "제조상의 결함"이란 제조업자가 제조물에 대하여 제조상·가공상의 주의의무를 이행하였는지에 관계없이 제조물이 원래 의도한 설계와 다르게 제조·가공됨으로써 안전하지 못하게 된 경우를 말한다.
    나. "설계상의 결함"이란 제조업자가 합리적인 대체설계(代替設計)를 채용하였더라면 피해나 위험을 줄이거나 피할 수 있었음에도 대체설계를 채용하지 아니하여 해당 제조물이 안전하지 못하게 된 경우를 말한다.
    다. "표시상의 결함"이란 제조업자가 합리적인 설명·지시·경고 또는 그 밖의 표시를 하였더라면 해당 제조물에 의하여 발생할 수 있는 피해나 위험을 줄이거나 피할 수 있었음에도 이를 하지 아니한 경우를 말한다.
3. "제조업자"란 다음 항목의 사람을 말한다.
    가. 제조물의 제조·가공 또는 수입을 업(業)으로 하는 자
    나. 제조물에 성명·상호·상표 또는 그 밖에 식별(識別) 가능한 기호 등을 사용하여 자신을 가.의 자로 표시한 자 또는 가.의 자로 오인(誤認)하게 할 수 있는 표시를 한 자

44

위험성평가(Risk Assessment)를 실시하는 절차를 순서대로 옳게 나열한 것은?

> ㄱ. 위험성 감소대책의 수립 및 실행
> ㄴ. 파악된 유해·위험요인별 위험성의 추정
> ㄷ. 근로자의 작업과 관계되는 유해·위험요인의 파악
> ㄹ. 추정한 위험성이 허용 가능한 위험성인지 여부의 결정
> ㅁ. 평가대상의 선정 등 사전준비

① ㄷ → ㄴ → ㄹ → ㅁ → ㄱ
② ㄷ → ㅁ → ㄴ → ㄱ → ㄹ
③ ㄷ → ㅁ → ㄴ → ㄹ → ㄱ
④ ㅁ → ㄴ → ㄷ → ㄹ → ㄱ
⑤ ㅁ → ㄷ → ㄴ → ㄹ → ㄱ

해설

※ 출제 시 정답은 ⑤였으나, 법령 개정(23.5.22)으로 정답 없음으로 처리하였음

위험성평가의 절차(사업장 위험성평가에 관한 지침 제8조)
사업주는 위험성평가를 다음의 절차에 따라 실시하여야 한다. 다만, 상시근로자 5인 미만 사업장(건설공사의 경우 1억원 미만)의 경우 1.의 절차를 생략할 수 있다.

1. 사전준비
2. 유해·위험요인 파악
3. 위험성 결정
4. 위험성 감소대책 수립 및 실행
5. 위험성평가 실시내용 및 결과에 관한 기록 및 보존

45

위험성평가 시 유해·위험요인의 발굴을 위해 4M기법을 활용한다. 다음 중 인적(Man) 항목이 아닌 것은?

① 작업자세
② 개인 보호구 미착용
③ 휴먼에러
④ 관리조직의 결함 및 건강관리의 불량
⑤ 미숙련자의 불안전한 행동

해설

- 4M 리스크 평가란 공정(작업) 내 잠재하고 있는 유해·위험요인을 Man(인적), Machine(기계적), Media(물질·환경적), Management(관리적) 등 4가지 분야로 리스크를 파악하여 위험제거 대책을 제시하는 방법을 말한다.
- 4M 요소별 유해·위험 요인(KOSHA CODE M-62-2008)

구 분	유해요인
Man (인적)	• 근로자 특성(장애자, 여성, 고령자, 외국인, 비정규직, 미숙련자 등)에 의한 불안전 행동 • 작업에 대한 안전·보건 정보의 부적절 • 작업자세, 작업동작의 결함 • 작업방법의 부적절 등 • 휴먼에러(Human Error) • 개인 보호구 미착용 근로자
Machine (기계적)	• 기계·설비 구조상의 결함 • 위험 방호장치의 불량 • 위험기계의 본질 안전 설계의 부족 • 비상시 또는 비정상 작업 시 안전연동장치 및 경고장치의 결함 • 사용 유틸리티(전기, 압축공기 및 물)의 결함 • 설비를 이용한 운반수단의 결함 등
Media (물질·환경적)	• 작업공간(작업장 상태 및 구조)의 불량 • 가스, 증기, 분진, 흄 및 미스트 발생 • 산소결핍, 병원체, 방사선, 유해광선, 고온·저온, 초음파, 소음, 진동, 이상기압 등 • 취급 화학물질에 대한 중독 등
Management (관리적)	• 관리조직의 결함 • 규정, 매뉴얼의 미작성 • 안전관리계획의 미흡 • 교육·훈련의 부족 • 부하에 대한 감독·지도의 결여 • 안전수칙 및 각종 표지판 미게시 • 건강검진 및 사후관리 미흡 • 고혈압 예방 등 건강관리프로그램 운영

46

국내 어느 사업장의 전년도 도수율은 3, 강도율은 27이었다. 이 사업장의 종합재해지수(FSI)는 얼마인가?

① 5
② 6
③ 7
④ 8
⑤ 9

해설

재해통계지수는 빈도강도지수라고도 하며 안전성적을 나타내는 지수로 빈도율과 강도율을 곱해서 나타낸 지수이다.
종합재해지수 = (빈도율 × 강도율)$^{1/2}$
FSI = $(3 \times 27)^{1/2}$ = 9

47

다음 FT도에서 정상사상 X의 값은 얼마인가?

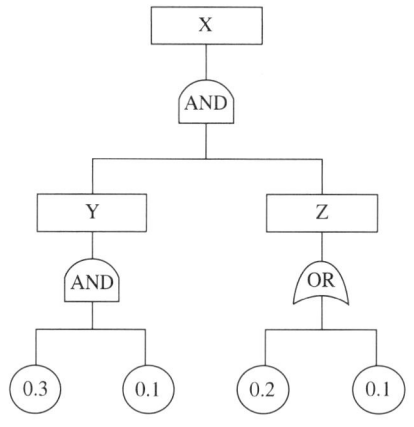

① 0.0084
② 0.3826
③ 0.42
④ 0.55
⑤ 0.61

해설

- Y는 AND Gate이므로, Y = 0.3 × 0.1
- Z는 OR Gate이므로, Z = 1 − (1 − 0.2) × (1 − 0.1)
- X는 YZ의 AND Gate이므로, X = Y × Z = 0.3 × 0.1 × (1 − (1 − 0.2) × (1 − 0.1)) = 0.0084

48
안전관리 조직에 관한 설명으로 옳지 않은 것은?

① 안전관리 조직 형태는 라인형(Line Type), 스태프형(Staff Type), 라인스태프형(Line-staff Type)으로 구분할 수 있다.
② 라인형은 회사 내에 별도의 안전전담부서가 있으며 안전계획에서 실시까지 담당한다.
③ 스태프형은 안전에 관한 전문지식 축적과 기술개발이 용이한 장점이 있다.
④ 라인스태프형은 명령 계통과 조언·권고적 참여가 혼돈되기 쉬운 단점이 있다.
⑤ 소규모 사업장일수록 라인형이 적합하며, 규모가 큰 사업장일수록 라인스태프형이 적합하다.

해설
안전관리조직은 Line형, Staff형, Line-Staff형이 있다.
- Line형 : 직계식 조직구조로 상하관계가 명확하고 명령이나 지시가 신속 정확하게 전달되는 장점이 있으며 소규모 사업장에 적합하다.
- Staff형 : 참모식 조직으로 전문가 집단을 별도로 두어 안전업무를 수행하는 조직이다. 중규모 조직에 많이 사용되며 안전업무가 전문적으로 이루어지는 장점이 있으나 생산부분과 별도로 취급되어 혼선을 빚는 단점이 있다.
- Line-Staff형 : 직계참모식 조직으로 각각의 장점을 절충한 이상적인 조직이다. 계획이나 점검은 Staff에서 실시하고 대책은 Line에서 실시하면 정확한 안전관리가 이루어지는 반면 명령계통이 일원화되지 않아 혼동되기 쉽다.

49
다음과 같은 특징을 가지고 있는 위험성평가 기법은?

- 재해나 사고가 일어나는 것을 확률적인 수치로 평가하는 것이 가능하다.
- 어떤 기능이 고장 또는 실패할 경우 그 이후 다른 부분에 어떤 결과를 초래하는 지를 분석하는 귀납적 방법이다.

① 위험과 운전분석(HAZOP)
② 사건수분석(ETA)
③ 예비위험분석(PHA)
④ 체크리스트(Checklist)
⑤ 고장 형태에 따른 영향분석(FMEA)

해설
② 사건수분석 : 시스템의 고장 확률을 구함으로써 문제가 되는 부분을 찾아 내고 그 부분을 개선하는 계량적 고장 해석 및 신뢰성 평가방법이다. 연역적 사고방식으로 시스템의 고장을 결함수 차트로 탐색해 나감으로써 어떤 부품이 고장의 원인이었는지를 찾아 내는 기법으로 하향식 전개방식을 취한다.
① HAZOP(Hazard and Operability Studies) : 작업 속에 존재하는 위험요인과 비효율적인 운전상의 문제점을 찾아 내서 원인을 제거하는 기법이다.
③ 예비위험분석 : 작업 초기에 리스크를 확인하여 진행 중에 발견되는 결함을 최소화하는 기법이다.
④ Checklist기법 : 위험상황을 체크리스트로 작성하여 결함상태를 확인하는 기법이다.
⑤ FMEA(Failure Mode and Effect Analysis)기법 : 잠재된 고장형태와 그 영향을 평가하고 이상위험도를 분석하는 방법이다.

50
하인리히(H. W. Heinrich)의 사고방지를 위한 기본 원리 5단계를 순서대로 옳게 나열한 것은?

> ㄱ. 안전관리조직　　　　　　　　ㄴ. 시정책의 실행
> ㄷ. 사실의 발견　　　　　　　　　ㄹ. 시정방법의 선정
> ㅁ. 분석평가

① ㄱ → ㄷ → ㅁ → ㄹ → ㄴ
② ㄱ → ㅁ → ㄷ → ㄹ → ㄴ
③ ㄷ → ㄹ → ㄴ → ㅁ → ㄱ
④ ㄷ → ㅁ → ㄱ → ㄹ → ㄴ
⑤ ㄷ → ㅁ → ㄹ → ㄴ → ㄱ

해설

하인리히의 재해예방 5단계
- 제1단계 안전관리조직 : 안전관리조직을 구성하고 방침, 계획 등을 수립하는 단계
- 제2단계 사실의 발견 : 사고 및 활동을 기록 검토, 분석하여 불안전 요소 발견
- 제3단계 분석평가 : 불안전 요소를 토대로 사고를 발생시킨 직접, 간접원인을 찾아내는 단계
- 제4단계 시정방법의 선정 : 원인을 토대로 개선방법을 선정
- 제5단계 시정책의 실행 : 선정된 시정책을 실행하고 결과를 재평가하여 불합리한 점은 재조정하여 재실시

정답 50 ①

기업진단 · 지도

51
직무관리에 관한 설명으로 옳지 않은 것은?

① 직무분석이란 직무의 내용을 체계적으로 분석하여 인사관리에 필요한 직무정보를 제공하는 과정이다.
② 직무설계는 직무 담당자의 업무 동기 및 생산성 향상 등을 목표로 한다.
③ 직무충실화는 작업자의 권한과 책임을 확대하는 직무설계방법이다.
④ 핵심직무특성 중 과업중요성은 직무담당자가 다양한 기술과 지식 등을 활용하도록 직무설계를 해야 한다는 것을 말한다.
⑤ 직무평가는 직무의 상대적 가치를 평가하는 활동이며, 직무평가 결과는 직무급의 산정에 활용된다.

해설
- 직무분석 : 직무를 수행하는 데 필요한 지식, 능력, 기술, 경험 등이 어떻게 적용되는지를 과학적이고 합리적으로 알아내는 것이다. 직무 분석을 하는 이유는 직무기술서, 직무명세서 등을 만들어 활용하기 위함이다.
- 직무충실화 : 직무내용을 고도화해서 직무의 질을 높이고 기업 내 인재 양성에 활용하는 것을 의미한다.
- 직무특성이론 : 올드햄과 해크만에 의해 개발된 이론으로 5가지의 핵심요소가 성과를 결정짓는 요인으로 작용한다고 하였다. 5가지 요인은 다음과 같다.
  - 기술다양성 : 요구되는 기술이 다양할수록 개인의 직무에 대한 의미와 가치가 상승한다.
  - 과업정체성 : 직무의 범위를 일부분이 아닌 전체를 담당할 때 더 보람을 느낀다.
  - 과업중요도 : 자신의 직무가 타인에게 큰 영향을 미친다고 느낄수록 과업이 중요한 것으로 생각한다.
  - 자율성 : 개인 스스로 직무를 계획, 관리, 조절할 수 있을 때 더 많은 의미를 부여한다.
  - 피드백 : 업무 결과에 대한 정보가 많을수록 개인의 생산성이 향상된다.

52
노동조합에 관한 설명으로 옳지 않은 것은?

① 직종별 노동조합은 산업이나 기업에 관계없이 같은 직업이나 직종 종사자들에 의해 결성된다.
② 산업별 노동조합은 기업과 직종을 초월하여 산업을 중심으로 결성된다.
③ 산업별 노동조합은 직종 간, 회사 간 이해의 조정이 용이하지 않다.
④ 기업별 노동조합은 동일 기업에 근무하는 근로자들에 의해 결성된다.
⑤ 기업별 노동조합에서는 근로자의 직종이나 숙련 정도를 고려하여 가입이 결정된다.

해설
노동조합의 유형
- 산업별 노동조합 : 동일 산업별 근로자 조직
- 기업별 노동조합 : 우리나라 90% 이상이 속한 조합, 동일한 기업에 종사하는 근로자로 조직된 조합
- 직종별 노동조합 : 노동조합의 대표적인 유형으로 동일한 직종 또는 직업에 종사하는 근로자들의 조직된 조합

정답 51 ④ 52 ⑤

53
조직구조 유형에 관한 설명으로 옳지 않은 것은?

① 기능별 구조는 부서 간 협력과 조정이 용이하지 않고 환경변화에 대한 대응이 느리다.
② 사업별 구조는 기능 간 조정이 용이하다.
③ 사업별 구조는 전문적인 지식과 기술의 축적이 용이하다.
④ 매트릭스 구조에서는 보고체계의 혼선이 야기될 가능성이 높다.
⑤ 매트릭스 구조는 여러 제품라인에 걸쳐 인적 자원을 유연하게 활용하거나 공유할 수 있다.

해설

조직구조의 유형
- 기능식 조직 : 직능식 조직이라고도 하며 작업기능적인 면에 중점을 두어 조직을 구성하는 것으로 규모가 적은 소규모 조직에 유용하다.
- 사업별 구조 : 시장이나 고객을 중심으로 구성된 조직으로 각 사업 간의 유기적인 조직을 구성할 수 있으며 대규모 조직에 적합하다.
- 매트릭스 구조 : 기능식 조직과 사업별 조직을 결합한 조직으로 여러 생산라인에 조직 구성원을 유연하게 활용할 수 있으나 명령라인의 혼선으로 보고체계가 흔들릴 가능성이 있다.

54
JIT(Just-In-Time) 생산방식의 특징으로 옳지 않은 것은?

① 간판(Kanban)을 이용한 푸시(Push) 시스템
② 생산준비시간 단축과 소(小)로트 생산
③ U자형 라인 등 유연한 설비 배치
④ 여러 설비를 다룰 수 있는 다기능 작업자 활용
⑤ 불필요한 재고와 과잉생산 배제

해설

적시생산방식(JIT ; Just-In-Time)
재고를 쌓아두지 않고 필요할 때마다 적기에 제품을 공급하는 생산방식이다. 다품종 소량생산에 적합하며 Pull System 방식으로 관리되어 유연한 설비 배치가 가능하다. 건설현장의 경우 JIT를 적용하면 협소한 부지에 자재 보관장소를 따로 두지 않고 도착 시 바로 설치하여 불필요한 재고를 보관할 필요가 없으므로 현장을 관리하는 데 효율적이다.

55
매슬로(A. Maslow)의 욕구단계이론 중 자아실현욕구를 조직행동에 적용한 것은?

① 도전적 과업 및 창의적 역할 부여
② 타인의 인정 및 칭찬
③ 화해와 친목분위기 조성 및 우호적인 작업팀 결성
④ 안전한 작업조건 조성 및 고용 보장
⑤ 냉난방 시설 및 사내식당 운영

해설

매슬로 욕구이론 5단계
- 생리적 욕구 : 최하위 욕구, 기본의식주, 원초적인 욕구
- 안전욕구 : 신체적 안전, 심리적 안정성, 신분 보장, 생계유지
- 애정과 소속의 욕구 : 사회적이고 사교적인 동료의식 충족 욕구
- 존경의 욕구 : 자기 자신에 대한 존중과 타인으로부터 인정받는 존경
- 자아실현의 욕구 : 최상위 욕구, 자신의 잠재능력을 최대한 발휘하여 최상의 인간으로서 자기완성을 이루려는 욕구

56
품질개선 도구와 그 주된 용도의 연결로 옳지 않은 것은?

① 체크시트(Check Sheet) : 품질 데이터의 정리와 기록
② 히스토그램(Histogram) : 중심 위치 및 분포 파악
③ 파레토도(Pareto Diagram) : 우연변동에 따른 공정의 관리상태 판단
④ 특성요인도(Cause and Effect Diagram) : 결과에 영향을 미치는 다양한 원인들을 정리
⑤ 산점도(Scatter Plot) : 두 변수 간의 관계를 파악

해설

③ 우연변동에 따른 공정의 관리상태를 판단하는 도구는 관리도이다.

파레토도
- 파레토도는 발생건수를 원인별로 분류하여 큰 순서대로 왼쪽에서 오른쪽으로 배열하여 막대그래프를 나열하고 누적꺾은선그래프를 그린 그림으로 불량, 하자, 고장 등이 어떤 항목 때문에 발생했는지 한눈에 볼 수 있도록 한 품질관리 도구이다.
- 파레토도의 장점은 가장 문제가 되는 항목을 한눈에 파악이 가능하고 그 항목이 전체의 어느 정도를 차지하고 있는지 쉽게 알 수 있다는 것이다.

정답 55 ① 56 ③

57

어떤 프로젝트의 PERT(Program Evaluation and Review Technique) 네트워크와 활동소요시간이 아래와 같을 때, 옳지 않은 설명은?

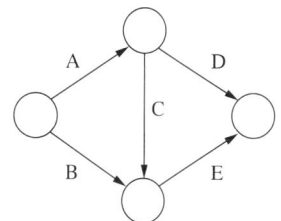

활 동	소요시간(日)
A	10
B	17
C	10
D	7
E	8
계	52

① 주 경로(Critical Path)는 A-C-E이다.
② 프로젝트를 완료하는 데에는 적어도 28일이 필요하다.
③ 활동 D의 여유시간은 11일이다.
④ 활동 E의 소요시간이 증가해도 주 경로는 변하지 않는다.
⑤ 활동 A의 소요시간을 5일 만큼 단축시킨다면 프로젝트 완료시간도 5일 만큼 단축된다.

해설
- 주 경로는 가장 긴 작업인 A-C-E 구간으로 28일이다.
- 활동 D의 경로는 A-D로 17일이다. CP와 비교하면 11일 여유시간이 있다.
- 활동 E는 2개의 구간이 겹쳐 있기 때문에 소요시간이 증가하면 CP구간도 같이 증가하므로 주 경로는 변함이 없다.
- A가 5일 단축되면 A-C-E는 23일, B-E는 25일로 CP가 변경되면서 완료시간이 3일 단축된다.

58

공장의 설비배치에 관한 설명으로 옳은 것을 모두 고른 것은?

> ㄱ. 제품별 배치(Product Layout)는 연속, 대량생산에 적합한 방식이다.
> ㄴ. 제품별 배치를 적용하면 공정의 유연성이 높아진다는 장점이 있다.
> ㄷ. 공정별 배치(Process Layout)는 범용설비를 제품의 종류에 따라 배치한다.
> ㄹ. 고정위치형 배치(Fixed Position Layout)는 주로 항공기 제조, 조선, 토목건축 현장에서 찾아볼 수 있다.
> ㅁ. 셀형 배치(Cellular Layout)는 다품종 소량생산에서 유연성과 효율성을 동시에 추구할 수 있다.

① ㄱ, ㅁ
② ㄱ, ㄹ, ㅁ
③ ㄴ, ㄷ, ㄹ
④ ㄱ, ㄴ, ㄹ, ㅁ
⑤ ㄱ, ㄷ, ㄹ, ㅁ

> [해설]
- 제품별 배치방식은 종류는 적지만 생산량이 많은 경우에 주로 사용하는 방식이다. 공정순서에 따라 설비를 배열해 흐름을 단순화하는 것이 핵심이다.
- 기능별 배치방식은 다품종 소량생산의 경우 적합한 방식으로 기능의 설비들을 모아서 한곳에 배치하는 방식이다.
- 공정별 배치방식은 새로운 제품의 도입 등 유연성이 필요한 배치에 적합하나 작업속도가 느리고 전환과정에서 시간손실이 큰 단점이 있다.
- 셀형 배치방식은 기능별 배치방식의 단점을 해소하기 위한 방식으로 제품군들이 공통적으로 거치는 설비들을 하나의 설비군으로 묶어 소그룹화된 셀에 배치하는 방식이다.

59
리더십 이론의 설명으로 옳은 것을 모두 고른 것은?

> ㄱ. 블레이크(R. Blake)와 머튼(J. Mouton)의 리더십 관리격자모형에 의하면 일(생산)에 대한 관심과 사람에 대한 관심이 모두 높은 리더가 이상적 리더이다.
> ㄴ. 피들러(F. Fiedler)의 리더십 상황이론에 의하면 상황이 호의적일 때 인간중심형 리더가 과업지향형 리더보다 효과적인 리더이다.
> ㄷ. 리더-부하 교환이론(Leader-member Exchange Theory)에 의하면 효율적인 리더는 믿을만한 부하들을 내집단(In-group)으로 구분하여, 그들에게 더 많은 정보를 제공하고, 경력개발 지원 등의 특별한 대우를 한다.
> ㄹ. 변혁적 리더는 예외적인 사항에 대해 개입하고, 부하가 좋은 성과를 내도록 하기 위해 보상시스템을 잘 설계한다.
> ㅁ. 카리스마 리더는 강한 자기 확신, 인상관리, 매력적인 비전 제시 등을 특징으로 한다.

① ㄱ, ㄴ, ㄹ
② ㄱ, ㄷ, ㅁ
③ ㄴ, ㄷ, ㄹ
④ ㄱ, ㄴ, ㄷ, ㅁ
⑤ ㄱ, ㄷ, ㄹ, ㅁ

> [해설]
- 블레이크와 머튼의 관리격자모형에 의하면 (9.9)형 리더, 즉 일과 사람에 대한 관심이 모두 높은 리더가 효과적인 리더이다.
- 피들러의 리더십 상황이론은 직원의 능력에 따라 리더의 행동스타일이 달라져야 한다는 이론으로 상황이 좋을 때는 과업지향적 리더가 인간중심적 리더보다 더 많은 효과를 발휘할 수 있다.
- 변혁적 리더는 직원들이 조직의 이익을 위하여 일하도록 지적으로 자극하고 영감을 주는 동기를 이용하여 이상적인 영향력을 보여주는 리더이다.
- 리더-부하 교환이론은 리더와 부하의 관계에 초점을 둔 이론으로 리더와 부하의 관계형성을 통해 구분하여 내집단, 외집단으로 집단을 형성한 후 대우를 다르게 하는 리더가 효율적인 리더라는 이론이다.

정답 59 ②

60

산업심리학의 연구방법에 관한 설명으로 옳지 않은 것은?

① 관찰법 : 행동표본을 관찰하여 주요 현상들을 찾아 기술하는 방법이다.
② 사례연구법 : 한 개인이나 대상을 심층 조사하는 방법이다.
③ 설문조사법 : 설문지 혹은 질문지를 구성하여 연구하는 방법이다.
④ 실험법 : 원인이 되는 종속변인과 결과가 되는 독립변인의 인과관계를 살펴보는 방법이다.
⑤ 심리검사법 : 인간의 지능, 성격, 적성 및 성과를 측정하고 정보를 제공하는 방법이다.

해설

④ 실험법 : 연구자가 만든 조건과 결과 간의 관계를 연구하는 방법이다.

61

일-가정 갈등(Work-family Conflict)에 관한 설명으로 옳지 않은 것은?

① 일과 가정의 요구가 서로 충돌하여 발생한다.
② 장시간 근무나 과도한 업무량은 일-가정 갈등을 유발하는 주요한 원인이 될 수 있다.
③ 적은 시간에 많은 것을 해내기를 원하는 경향이 강한 사람은 더 많은 일-가정 갈등을 경험한다.
④ 직장은 일-가정 갈등을 감소시키는 데 중요한 역할을 담당하지 않는다.
⑤ 돌봐 주어야 할 어린 자녀가 많을수록 더 많은 일-가정 갈등을 경험한다.

해설

일-가정 갈등
직장과 가정에서 요구하는 내용이 다르고 맡겨지는 책임이 변화하면서 갈등을 겪는 현상을 말한다. 반대되는 개념은 일-가정 비옥화로 직장과 가정에서 행하는 역할이 어떠한 내적, 외적 보상을 통해 긍정적으로 변하면서 역할의 수행을 생산적으로 바꿀 수가 있다.

62

인간의 정보처리 방식 중 정보의 한 가지 측면에만 초점을 맞추고 다른 측면은 무시하는 것은?

① 선택적 주의(Selective Attention)
② 분할 주의(Divided Attention)
③ 도식(Schema)
④ 기능적 고착(Functional Fixedness)
⑤ 분위기 가설(Atmosphere Hypothesis)

해설

① 선택적 주의 : 시끄러운 상황에서 대화를 할 때도 상대방의 목소리가 잘 들리는 현상으로 한 가지 측면에만 초점을 맞추고 다른 측면은 무시하는 정보처리 방식이다.
② 분할주의 : 둘 이상의 대상에 동시에 주의를 집중하는 것으로 분리주의라고도 한다.
③ 도식 : 정보를 체계화하고 해석하는 인지적 개념이다.
④ 기능적 고착 : 전통적 사고에 사로잡혀 늘 하던 방식대로 행동하고 사고하는 상태를 말한다.
⑤ 분위기 가설 : 전체에 포함된 양화사가 특정한 결론을 만들도록 분위기를 형성한다는 것이다.

63

다음에 해당하는 갈등 해결방식은?

> 근로자가 동료나 관리자와 같은 제3자에게 갈등에 대해 언급하여, 자신과 갈등하는 대상을 직접 만나지 않고 저절로 갈등이 해결되는 것을 희망한다.

① 순응하기 방식(Accommodating Style)
② 협력하기 방식(Collaborating Style)
③ 회피하기 방식(Avoiding Style)
④ 강요하기 방식(Forcing Style)
⑤ 타협하기 방식(Compromising Style)

해설

갈등 해결방식
- 순응형 : 좋은 인간관계를 유지하기 위해 자신의 욕구를 포기하는 방식
- 타협형 : 다수의 이익을 위해 희생하는 방식
- 협력형 : 양쪽이 모두 만족할 수 있는 해결책을 찾는 방식
- 회피형 : 갈등이 없었던 것처럼 의도적으로 피하는 방식
- 강요형 : 상대방을 희생시키고 자신의 갈등을 해소하는 방식

64
직무분석에 관한 설명으로 옳은 것을 모두 고른 것은?

> ㄱ. 직무분석 접근방법은 크게 과업중심(Task-oriented)과 작업자중심(Worker-oriented)으로 분류할 수 있다.
> ㄴ. 기업에서 필요로 하는 업무의 특성과 근로자의 자질을 파악할 수 있다.
> ㄷ. 해당 직무를 수행하는 근로자들에게 필요한 교육훈련을 계획하고 실시할 수 있다.
> ㄹ. 근로자에게 유용하고 공정한 수행평가를 실시하기 위한 준거(Criterion)를 획득할 수 있다.

① ㄱ, ㄴ
② ㄴ, ㄷ
③ ㄴ, ㄹ
④ ㄱ, ㄷ, ㄹ
⑤ ㄱ, ㄴ, ㄷ, ㄹ

해설

직무분석(Task Analysis)
- 시스템 내에서 인적 구성요소에게 요구되는 구체적 행동을 결정하는 분석 과정, 인간과 장비에게 요구되는 상세한 행동, 환경적 조건의 영향이나 기능장애 또는 양쪽 모두에 영향을 미치는 예상치 못한 사건들의 영향을 결정하는 것을 말한다.
- 어떤 일을 어떤 목적으로 어떤 방법에 의해 어떤 장소에서 수행하는지를 알아내고, 직무를 수행하는 데 요구되는 지식, 능력, 기술, 경험, 책임 등이 무엇인지를 과학적이고 합리적으로 알아내는 것이다.
- 직무분석은 과업중심, 작업자중심, 연관직무분석중심으로 분류할 수 있다.

65
조명과 직무환경에 관한 설명으로 옳지 않은 것은?

① 조도는 어떤 물체나 표면에 도달하는 빛의 양을 말한다.
② 동일한 환경에서 직접조명은 간접조명보다 더 밝게 보이도록 하며, 눈부심과 눈의 피로도를 줄여준다.
③ 눈부심은 시각 정보 처리의 효율을 떨어뜨리고, 눈의 피로도를 증가시킨다.
④ 작업장에 조명을 설치할 때에는 빛의 밝기뿐만 아니라 빛의 배분도 고려해야 한다.
⑤ 최적의 밝기는 작업자의 연령에 따라서 달라진다.

해설

작업장의 조명
- 조도 : 비춰지는 단위면적의 밝기에 대한 척도이며 단위는 럭스(lx)이다. 1럭스(lx)는 $1m^2$의 단위면적에 1루멘(lm)의 광속이 평균적으로 조사되고 있을 때의 조도 단위를 말하며 촛불 1개의 조도가 1럭스(lx)이다.
- 직접조명 : 광원으로부터의 빛이 거의 직접 작업면에 조사되는 것으로서, 반사갓에 의한 조명이다. 광천장 조명(천장 전면을 발광면으로 하는 조명으로서, 재료는 유백색 합성수지판이 사용된다)과 같은 특수한 방식도 포함된다.
- 간접조명 : 전등의 빛을 천장면에 조사시켜 반사광으로 조명하므로 효율은 나쁘지만, 차분하고 그늘이 없는 조명이 되므로 분위기를 중요시하는 장소에 적합하다.
- 전반조명 : 작업장에 기본적인 최저도의 조명을 전체적으로 설치하는 것을 말한다. 작업의 종류, 성질에 따라 조명 수준이 달라진다. 조도가 일정하게 유지되어 집단작업을 할 때 유리하다.
- 보조조명 : 전반조명과 함께 사용하여 높은 조도가 필요한 부분에 사용될 수 있다.

66
다음 중 인간의 정보처리와 표시장치의 양립성(Compatibility)에 관한 내용으로 옳은 것을 모두 고른 것은?

> ㄱ. 양립성은 인간의 인지기능과 기계의 표시장치가 어느 정도 일치하는가를 말한다.
> ㄴ. 양립성이 향상되면 입력과 반응의 오류율이 감소한다.
> ㄷ. 양립성이 감소하면 사용자의 학습시간은 줄어들지만, 위험은 증가한다.
> ㄹ. 양립성이 향상되면 표시장치의 일관성은 감소한다.

① ㄱ, ㄴ
② ㄴ, ㄷ
③ ㄷ, ㄹ
④ ㄱ, ㄴ, ㄹ
⑤ ㄱ, ㄴ, ㄷ, ㄹ

해설

양립성
- 서로 다른 개념이 공존할 수 있는 능력으로 자극과 반응에 대한 인간의 예상과의 관계를 말한다.
- 양립성이 향상되면 시스템을 운영하는 과정에서 실수를 줄일 수 있다.
- 인간의 인지기능과 기계의 표시장치가 어느 정도 일치하는가를 판단한다.
- 양립성이 향상되면 입력과 반응의 오류가 감소한다.
- 양립성이 감소하면 사용자의 학습시간은 증가한다.
- 양립성이 향상되면 표시장치의 일관성은 증가한다.

67
아래 그림에서 평행한 두 선분은 동일한 길이임에도 불구하고 위의 선분이 더 길어 보인다. 이러한 현상을 나타내는 용어는?

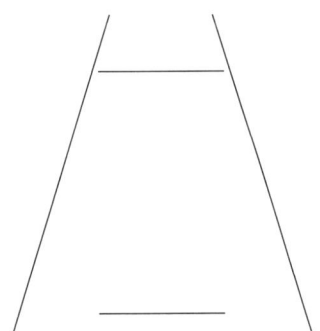

① 포겐도르프(Poggendorf) 착시현상
② 뮐러리어(Müller-Lyer) 착시현상
③ 폰조(Ponzo) 착시현상
④ 티체너(Titchener) 착시현상
⑤ 쵤너(Zöllner) 착시현상

해설
- 폰조 착시현상 : 사다리꼴 모양에 같은 길이의 선으로 수평으로 놓으면 위쪽에 있는 선이 더 길게 보이는 현상이다.
- 포겐도르프 착시현상 : 중간에 놓인 구조물의 윤곽에 의해 중단된 사선의 나뉜 선들 중 한 세그먼트 위치를 잘못 인식하는 기하학적 광학 착시이다.
- 뮐러리어 착시현상 : 같은 길이의 두 직선이 화살표의 방향에 따라 다르게 보이는 현상이다.

68
다음 중 산업재해이론과 그 내용의 연결로 옳지 않은 것은?
① 하인리히(H. Heinrich)의 도미노 이론 : 사고를 촉발시키는 도미노 중에서 불안전 상태와 불안전 행동을 가장 중요한 것으로 본다.
② 버드(F. Bird)의 수정된 도미노 이론 : 하인리히(H. Heinrich)의 도미노 이론을 수정한 이론으로, 사고 발생의 근본적 원인을 관리 부족이라고 본다.
③ 애덤스(E. Adams)의 사고연쇄반응 이론 : 불안전 행동과 불안전 상태를 유발하거나 방치하는 오류는 재해의 직접적인 원인이다.
④ 리전(J. Reason)의 스위스 치즈 모델 : 스위스 치즈 조각들에 뚫려 있는 구멍들이 모두 관통되는 것처럼 모든 요소의 불안전이 겹쳐져서 산업재해가 발생한다는 이론이다.
⑤ 하돈(W. Haddon)의 매트릭스 모델 : 작업자의 긴장 수준이 지나치게 높을 때 사고가 일어나기 쉽고 작업 수행의 질도 떨어지게 된다는 것이 핵심이다.

해설
하돈의 매트릭스 모델
사건 이전, 사건 당시, 사건 이후라는 3가지 핵심 시기를 중점적으로 살핌으로써 사고에 대한 체계적 고찰을 가능하게 해주는 간단한 이론이다. 이 이론은 시간적 흐름과 요인 2개의 영역으로 나누어져 있는데 시간의 영역은 "사고 전, 사고 시, 사고 후" 3가지 단계로, 요인 영역은 "인간, 자동차(혹은 매개체), 환경"으로 나뉘며, 환경은 때로는 물리적, 사회문화적으로 세분된다.

69

국소배기장치의 환기효율을 위한 설계나 설치방법으로 옳지 않은 것은?

① 사각형관 덕트보다는 원형관 덕트를 사용한다.
② 공정에 방해를 주지 않는 한 포위형 후드로 설치한다.
③ 푸시-풀(Push-pull) 후드의 배기량은 급기량보다 많아야 한다.
④ 공기보다 증기밀도가 큰 유기화합물 증기에 대한 후드는 발생원보다 낮은 위치에 설치한다.
⑤ 유기화합물 증기가 발생하는 개방처리조(Open Surface Tank) 후드는 일반적인 사각형 후드 대신 슬롯형 후드를 사용한다.

해설

분진작업장소에 설치하는 국소배기장치의 제어풍속(산업안전보건기준에 관한 규칙 별표 17)

1. 제607조 및 제617조제1항 단서에 따라 설치하는 국소배기장치(연삭기, 드럼 샌더(Drum Sander) 등의 회전체를 가지는 기계에 관련되어 분진작업을 하는 장소에 설치하는 것은 제외한다)의 제어풍속

분진작업 장소	제어풍속(m/s)			
	포위식 후드의 경우	외부식 후드의 경우		
		측방 흡인형	하방 흡인형	상방 흡인형
암석 등 탄소원료 또는 알루미늄박을 체로 거르는 장소	0.7	-	-	-
주물모래를 재생하는 장소	0.7	-	-	-
주형을 부수고 모래를 터는 장소	0.7	1.3	1.3	-
그 밖의 분진작업장소	0.7	1.0	1.0	1.2

※ 비 고
제어풍속이란 국소배기장치의 모든 후드를 개방한 경우의 제어풍속으로서 다음의 위치에서 측정한다.
가. 포위식 후드에서는 후드 개구면
나. 외부식 후드에서는 해당 후드에 의하여 분진을 빨아들이려는 범위에서 그 후드 개구면으로부터 가장 먼 거리의 작업위치

2. 제607조 및 제617조제1항 단서의 규정에 따라 설치하는 국소배기장치 중 연삭기, 드럼 샌더 등의 회전체를 가지는 기계에 관련되어 분진작업을 하는 장소에 설치된 국소배기장치의 후드의 설치방법에 따른 제어풍속

후드의 설치방법	제어풍속(m/s)
회전체를 가지는 기계 전체를 포위하는 방법	0.5
회전체의 회전으로 발생하는 분진의 흩날림방향을 후드의 개구면으로 덮는 방법	5.0
회전체만을 포위하는 방법	5.0

※ 비 고
제어풍속이란 국소배기장치의 모든 후드를 개방한 경우의 제어풍속으로서, 회전체를 정지한 상태에서 후드의 개구면에서의 최소풍속을 말한다.

정답 69 ④

70

산업위생의 목적 달성을 위한 활동으로 옳지 않은 것은?

① 메탄올의 생물학적 노출지표를 검사하기 위하여 작업자의 혈액을 채취하여 분석한다.
② 노출기준과 작업환경측정결과를 이용하여 작업환경을 평가한다.
③ 피토관을 이용하여 국소배기장치 덕트의 속도압(동압)과 정압을 주기적으로 측정한다.
④ 금속퓸 등과 같이 열적으로 생기는 분진 등이 발생하는 작업장에서는 1급 이상의 방진마스크를 착용하게 한다.
⑤ 인간공학적 평가도구인 OWAS를 활용하여 작업자들에 대한 작업 자세를 평가한다.

해설

메탄올 생물학적 노출평가

- 생물학적 노출평가란 혈액, 소변 등 생체시료로부터 유해물질 자체 또는 유해물질의 대사산물이나 생화학적 변화산물 등을 분석하여 유해물질 노출에 의한 체내 흡수 정도나 건강영향 가능성 등을 평가하는 것
- 메탄올은 사업장에서 호흡기를 통해 주로 흡수되며, 흡수된 메탄올 중 10%가 변화되지 않고 소변으로 빠르게 배출되므로(반감기 1.5~2시간) 소변 중에 존재하는 메탄올을 헤드스페이스 GC-FID나 헤드스페이스 GC-MSD로 분석
- 메탄올 시료는 소변을 통해 채취하고 채취시기 당일 작업종료 2시간 전부터 작업종료 사이에 채취
- 메탄올 : 가볍고 무색의 가연성이 있는 유독한 액체
  - 분자식 : CH_4O
  - 화학식 : CH_3OH
  - 녹는점 : -98℃
  - 끓는점 : 65.4℃
  - 비중 : 0.792
  - 용해도 : 물에 잘 녹음

71

화학물질 및 물리적 인자의 노출기준 중 2018년에 신설된 유해인자로 옳은 것은?

① 우라늄(가용성 및 불용성 화합물)
② 몰리브덴(불용성 화합물)
③ 이브롬화에틸렌
④ 이염화에틸렌
⑤ 라 돈

해설

라돈(화학물질 및 물리적 인자의 노출기준 제10조의2)

라돈의 노출기준

작업장 농도(Bq/m^3)
600

※ 주
1. 단위환산(농도) : $600Bq/m^3$ = 16pCi/L(※ 1pCi/L = $37.46Bq/m^3$)
2. 단위환산(노출량) : $600Bq/m^3$인 작업장에서 연 2,000시간 근무하고, 방사평형인자(Feq) 값을 0.4로 할 경우 9.2mSv/y 또는 0.77WLM/y에 해당[※ $800Bq/m^3$(2,000시간 근무, Feq = 0.4) = 1WLM = 12mSv]

72

공기시료채취펌프를 무마찰 비누거품관을 이용하여 보정하고자 한다. 비누거품관의 부피는 500cm³이었고 3회에 걸쳐 측정한 평균시간이 20초였다면, 펌프의 유량(L/min)은?

① 1.0   ② 1.5   ③ 2.0   ④ 2.5   ⑤ 3.0

해설

유량 = 부피 × 평균시간
 = 500cm³ × 20s
 = 0.5 × 60 / 20
 = 1.5L/min

73

작업장에서 휘발성 유기화합물(분자량 100, 비중 0.8) 1L가 완전히 증발하였을 때, 공기 중 이 물질이 차지하는 부피(L)는?(단, 25℃, 1기압)

① 179.2
② 192.8
③ 195.6
④ 241.0
⑤ 244.5

해설

이상기체상태 방정식

$PV = \dfrac{W}{M}RT$

여기서, P : 압력(1atm)
　　　　W : 무게(0.8kg/L × 1L = 800g)
　　　　R : 기체상수(0.082)
　　　　V : 부피(L)
　　　　M : 분자량(100)
　　　　T : 절대온도(273 + 25 = 298K)

$V = \dfrac{WRT}{PM} = \dfrac{800 \times 0.082 \times 298}{1 \times 100} = 195.6$

정답 72 ②　73 ③

74

근로자 건강증진활동 지침에 따라 건강증진활동 계획을 수립할 때, 포함해야 하는 내용을 모두 고른 것은?

> ㄱ. 건강진단결과 사후관리조치
> ㄴ. 작업환경측정결과에 대한 사후조치
> ㄷ. 근골격계질환 징후가 나타난 근로자에 대한 사후조치
> ㄹ. 직무스트레스에 의한 건강장해 예방조치

① ㄱ, ㄴ
② ㄱ, ㄹ
③ ㄱ, ㄷ, ㄹ
④ ㄴ, ㄷ, ㄹ
⑤ ㄱ, ㄴ, ㄷ, ㄹ

해설

건강증진활동계획 수립·시행(근로자 건강증진활동 지침 제4조)
㉠ 사업주는 근로자의 건강증진을 위하여 다음의 사항이 포함된 건강증진활동계획을 수립·시행하여야 한다.
  1. 사업주가 건강증진을 적극적으로 추진한다는 의사표명
  2. 건강증진활동계획의 목표 설정
  3. 사업장 내 건강증진 추진을 위한 조직구성
  4. 직무스트레스 관리, 올바른 작업자세 지도, 뇌심혈관계질환 발병위험도 평가 및 사후관리, 금연, 절주, 운동, 영양개선 등 건강증진활동 추진내용
  5. 건강증진활동을 추진하기 위해 필요한 예산, 인력, 시설 및 장비의 확보
  6. 건강증진활동계획 추진상황 평가 및 계획의 재검토
  7. 그 밖에 근로자 건강증진활동에 필요한 조치
㉡ 사업주는 ㉠에 따른 건강증진활동계획을 수립할 때에는 다음의 조치를 포함하여야 한다.
  1. 법 제43조제5항에 따른 건강진단결과 사후관리조치
  2. 안전보건규칙 제660조제2항에 따른 근골격계질환 징후가 나타난 근로자에 대한 사후조치
  3. 안전보건규칙 제669조에 따른 직무스트레스에 의한 건강장해 예방조치
㉢ 상시근로자 50명 미만을 사용하는 사업장의 사업주는 근로자건강센터를 활용하여 건강증진활동계획을 수립·시행할 수 있다.

75

다음에서 설명하는 화학물질은?

- 2006년에 이 화학물질을 취급하던 중국동포가 수개월 만에 급성 간독성을 일으켜 사망한 사례가 있었다.
- 이 화학물질은 폴리우레탄을 이용해 아크릴 등의 섬유, 필름, 표면코팅, 합성가죽 등을 제조하는 과정에서 노출될 수 있다.

① 벤젠
② 메탄올
③ 노말헥세인
④ 이황화탄소
⑤ 다이메틸폼아마이드

해설

다이메틸폼아마이드(DMF)
화학식 $HCON(CH_3)_2$. 폼산아마이드의 하나로서 이 물질은 호흡뿐만 아니라 피부로도 흡수되어 피부·점막에 대한 자극과 간·신장·위의 장애를 일으킨다. 산업현장에서 간 및 위의 장애를 중요 증상으로 하는 사례가 발생하고 있다.

1. 급성중독 : 벤잘처리액 저장탱크의 내벽 부착물을 DMF로 불식제거한 작업자에게 구토 식욕부진, 복통, 권태, 피로감, 마비감, 인두통 등의 증상이 나타나고 간기능이상도 나타났다.
2. 만성중독 : 폴리우레탄 수지의 용제로서 DMF를 사용하기 시작한 합성피혁제조 작업자 및 벨트표면가공 작업자에게서 전신권태, 식욕부진, 오심, 구토, 위부팽만감, 위통 등의 자각 증상이 보였다.
3. 위부증상을 나타내고 위염, 위궤양으로 진단된 자, 요단백양성, 습진성 피부염이 생긴 자도 각각 2~3 예가 발견되었다. 외국에서도 폴리아크릴로나이트릴 섬유의 제조현장에서 2, 3.과 똑같은 중독 예가 보고되고 있다.

2020년 과년도 기출문제

| 산업안전보건법령

01
산업안전보건법령상 협조 요청 등에 관한 설명으로 옳지 않은 것은?

① 고용노동부장관은 산업재해 예방에 관한 기본계획을 효율적으로 시행하기 위하여 필요하다고 인정할 때에는 관계 행정기관의 장에게 필요한 협조를 요청할 수 있다.
② 고용노동부를 제외한 행정기관의 장은 사업장의 안전에 관하여 규제를 하려면 미리 고용노동부장관과 협의하여야 한다.
③ 고용노동부를 제외한 행정기관의 장은 고용노동부장관이 협의과정에서 해당 규제에 대한 변경을 요구하면 이에 따라야 하며, 고용노동부장관은 필요한 경우 국무총리에게 협의·조정 사항을 보고하여 확정할 수 있다.
④ 고용노동부장관은 산업재해 예방을 위하여 필요하다고 인정할 때에는 사업주에게 필요한 사항을 권고할 수 있다.
⑤ 고용노동부장관이 산정·통보한 산업재해발생률에 불복하는 건설업체는 통보를 받은 날부터 15일 이내에 고용노동부장관에게 이의를 제기하여야 한다.

해설

협조요청(산업안전보건법 시행규칙 제4조)
㉠ 고용노동부장관이 법 제8조제1항에 따라 관계 행정기관의 장 또는 공공기관의 운영에 관한 법률 제4조에 따른 공공기관의 장에게 협조를 요청할 수 있는 사항은 다음과 같다.
  1. 안전·보건 의식 정착을 위한 안전문화운동의 추진
  2. 산업재해 예방을 위한 홍보 지원
  3. 안전·보건과 관련된 중복규제의 정비
  4. 안전·보건과 관련된 시설을 개선하는 사업장에 대한 자금융자 등 금융·세제상의 혜택 부여
  5. 사업장에 대하여 관계 기관이 합동으로 하는 안전·보건점검의 실시
  6. 건설산업기본법 제23조에 따른 건설업체의 시공능력 평가 시 별표 1 제1호에서 정한 건설업체의 산업재해발생률에 따른 공사 실적액의 감액(산업재해발생률의 산정 기준 및 방법은 별표 1에 따른다)
  7. 국가를 당사자로 하는 계약에 관한 법률 시행령 제13조에 따른 입찰참가업체의 입찰참가자격 사전심사 시 다음의 사항
     가. 별표 1 제1호에서 정한 건설업체의 산업재해발생률 및 산업재해 발생 보고의무 위반에 따른 가감점 부여(건설업체의 산업재해발생률 및 산업재해 발생 보고의무 위반건수의 산정 기준과 방법은 별표 1에 따른다)
     나. 사업주가 안전·보건 교육을 이수하는 등 별표 1 제1호에서 정한 건설업체의 산업재해 예방활동에 대하여 고용노동부장관이 정하여 고시하는 바에 따라 그 실적을 평가한 결과에 따른 가점 부여
  8. 산업재해 또는 건강진단 관련 자료의 제공
  9. 정부포상 수상업체 선정 시 산업재해발생률이 같은 종류 업종에 비하여 높은 업체(소속 임원을 포함한다)에 대한 포상 제한에 관한 사항

1 ⑤ 정답

10. 건설기계관리법 제3조 또는 자동차관리법 제5조에 따라 각각 등록한 건설기계 또는 자동차 중 법 제93조에 따라 안전검사를 받아야 하는 유해하거나 위험한 기계·기구·설비가 장착된 건설기계 또는 자동차에 관한 자료의 제공
11. 119구조·구급에 관한 법률 제22조 및 같은 법 시행규칙 제18조에 따른 구급활동일지와 응급의료에 관한 법률 제49조 및 같은 법 시행규칙 제40조에 따른 출동 및 처치기록지의 제공
12. 그 밖에 산업재해 예방계획을 효율적으로 시행하기 위하여 필요하다고 인정하는 사항

ⓒ 고용노동부장관은 별표 1에 따라 산정한 산업재해발생률 및 그 산정내역을 해당 건설업체에 통보해야 한다. 이 경우 산업재해발생률 및 산정내역에 불복하는 건설업체는 통보를 받은 날부터 10일 이내에 고용노동부장관에게 이의를 제기할 수 있다.

02
산업안전보건법령상 산업재해발생건수 등의 공표에 관한 설명으로 옳지 않은 것은?

① 고용노동부장관은 산업재해를 예방하기 위하여 사망재해자가 연간 2명 이상 발생한 사업장의 산업재해발생건수 등을 공표하여야 한다.
② 고용노동부장관은 산업재해를 예방하기 위하여 중대산업사고가 발생한 사업장의 산업재해발생건수 등을 공표하여야 한다.
③ 고용노동부장관은 도급인의 사업장 중 대통령령으로 정하는 사업장에서 관계수급인 근로자가 작업을 하는 경우에 도급인의 산업재해발생건수 등에 관계수급인의 산업재해발생건수 등을 포함하여 공표하여야 한다.
④ 산업재해발생건수 등의 공표의 절차 및 방법에 관한 사항은 대통령령으로 정한다.
⑤ 고용노동부장관은 산업재해발생건수 등을 공표하기 위하여 도급인에게 관계수급인에 관한 자료의 제출을 요청할 수 있다.

해설

산업재해발생건수 등의 공표(산업안전보건법 제10조)
㉠ 고용노동부장관은 산업재해를 예방하기 위하여 대통령령으로 정하는 사업장의 근로자 산업재해발생건수, 재해율 또는 그 순위 등(이하 "산업재해발생건수 등"이라 한다)을 공표하여야 한다.
㉡ 고용노동부장관은 도급인의 사업장(도급인이 제공하거나 지정한 경우로서 도급인이 지배·관리하는 대통령령으로 정하는 장소를 포함한다. 이하 같다) 중 대통령령으로 정하는 사업장에서 관계수급인 근로자가 작업을 하는 경우에 도급인의 산업재해발생건수 등에 관계수급인의 산업재해발생건수 등을 포함하여 ㉠에 따라 공표하여야 한다.
㉢ 고용노동부장관은 ㉡에 따라 산업재해발생건수 등을 공표하기 위하여 도급인에게 관계수급인에 관한 자료의 제출을 요청할 수 있다. 이 경우 요청을 받은 자는 정당한 사유가 없으면 이에 따라야 한다.
㉣ ㉠ 및 ㉡에 따른 공표의 절차 및 방법, 그 밖에 필요한 사항은 고용노동부령으로 정한다.

정답 2 ④

03

산업안전보건법령상 안전보건표지에 관한 설명으로 옳지 않은 것은?

① 안전보건표지의 표시를 명확히 하기 위하여 필요한 경우에는 그 안전보건표지의 주위에 표시사항을 흰색 바탕에 검은색 한글고딕체로 표기한 글자로 덧붙여 적을 수 있다.
② 사업주는 사업장에 설치한 안전보건표지의 색도기준이 유지되도록 관리해야 한다.
③ 안전보건표지의 성질상 부착하는 것이 곤란한 경우에도 해당 물체에 직접 도색할 수 없다.
④ 안전보건표지 속의 그림의 크기는 안전보건표지 전체 규격의 30% 이상이 되어야 한다.
⑤ 안전보건표지는 쉽게 변형되지 않는 재료로 제작해야 한다.

해설

안전보건표지의 종류 · 형태 · 색채 및 용도 등(산업안전보건법 시행규칙 제38조)
㉠ 법 제37조제2항에 따른 안전보건표지의 종류와 형태는 별표 6과 같고, 그 용도, 설치 · 부착 장소, 형태 및 색채는 별표 7과 같다.
㉡ 안전보건표지의 표시를 명확히 하기 위하여 필요한 경우에는 그 안전보건표지의 주위에 표시사항을 글자로 덧붙여 적을 수 있다. 이 경우 글자는 흰색 바탕에 검은색 한글고딕체로 표기해야 한다.
㉢ 안전보건표지에 사용되는 색채의 색도기준 및 용도는 별표 8과 같고, 사업주는 사업장에 설치하거나 부착한 안전보건표지의 색도기준이 유지되도록 관리해야 한다.
㉣ 안전보건표지에 관하여 법 또는 법에 따른 명령에서 규정하지 않은 사항으로서 다른 법 또는 다른 법에 따른 명령에서 규정한 사항이 있으면 그 부분에 대해서는 그 법 또는 명령을 적용한다.

안전보건표지의 설치 등(산업안전보건법 시행규칙 제39조)
㉠ 사업주는 법 제37조에 따라 안전보건표지를 설치하거나 부착할 때에는 별표 7의 구분에 따라 근로자가 쉽게 알아볼 수 있는 장소 · 시설 또는 물체에 설치하거나 부착해야 한다.
㉡ 사업주는 안전보건표지를 설치하거나 부착할 때에는 흔들리거나 쉽게 파손되지 않도록 견고하게 설치하거나 부착해야 한다.
㉢ 안전보건표지의 성질상 설치하거나 부착하는 것이 곤란한 경우에는 해당 물체에 직접 도색할 수 있다.

04
산업안전보건법령상 안전보건관리책임자의 업무에 해당하는 것을 모두 고른 것은?

> ㄱ. 사업장의 산업재해 예방계획의 수립에 관한 사항
> ㄴ. 산업재해에 관한 통계의 기록에 관한 사항
> ㄷ. 작업환경측정 등 작업환경의 점검에 관한 사항
> ㄹ. 산업재해의 재발 방지대책 수립에 관한 사항

① ㄱ, ㄴ, ㄷ
② ㄱ, ㄴ, ㄹ
③ ㄱ, ㄷ, ㄹ
④ ㄴ, ㄷ, ㄹ
⑤ ㄱ, ㄴ, ㄷ, ㄹ

해설

안전보건관리책임자(산업안전보건법 제15조)
㉠ 사업주는 사업장을 실질적으로 총괄하여 관리하는 사람에게 해당 사업장의 다음의 업무를 총괄하여 관리하도록 하여야 한다.
 1. 사업장의 산업재해 예방계획의 수립에 관한 사항
 2. 제25조 및 제26조에 따른 안전보건관리규정의 작성 및 변경에 관한 사항
 3. 제29조에 따른 안전보건교육에 관한 사항
 4. 작업환경측정 등 작업환경의 점검 및 개선에 관한 사항
 5. 제129조부터 제132조까지에 따른 근로자의 건강진단 등 건강관리에 관한 사항
 6. 산업재해의 원인 조사 및 재발 방지대책 수립에 관한 사항
 7. 산업재해에 관한 통계의 기록 및 유지에 관한 사항
 8. 안전장치 및 보호구 구입 시 적격품 여부 확인에 관한 사항
 9. 그 밖에 근로자의 유해·위험 방지조치에 관한 사항으로서 고용노동부령으로 정하는 사항
㉡ ㉠의 각 업무를 총괄하여 관리하는 사람(이하 "안전보건관리책임자"라 한다)은 제17조에 따른 안전관리자와 제18조에 따른 보건관리자를 지휘·감독한다.
㉢ 안전보건관리책임자를 두어야 하는 사업의 종류와 사업장의 상시근로자 수, 그 밖에 필요한 사항은 대통령령으로 정한다.

05

산업안전보건법령상 안전관리자에 관한 설명으로 옳지 않은 것은?

① 사업의 종류가 건설업(공사금액 150억원)인 경우, 그 사업주는 사업장에 안전관리자를 두어야 한다.
② 대통령령으로 정하는 사업의 종류 및 사업장의 상시근로자 수에 해당하는 사업장의 사업주는 안전관리전문기관에 안전관리자의 업무를 위탁할 수 있다.
③ 사업주가 안전관리자를 배치할 때에는 연장근로・야간근로 등 해당 사업장의 작업 형태를 고려해야 한다.
④ 사업주는 안전관리자를 선임한 경우에는 고용노동부령으로 정하는 바에 따라 선임한 날부터 7일 이내에 고용노동부장관에게 그 사실을 증명할 수 있는 서류를 제출해야 한다.
⑤ 고용노동부장관은 산업재해 예방을 위하여 필요한 경우로서 고용노동부령으로 정하는 사유에 해당하는 경우에는 사업주에게 안전관리자를 대통령령으로 정하는 수 이상으로 늘릴 것을 명할 수 있다.

해설

안전관리자의 선임 등(산업안전보건법 시행령 제16조)

㉠ 법 제17조제1항에 따라 안전관리자를 두어야 하는 사업의 종류와 사업장의 상시근로자 수, 안전관리자의 수 및 선임방법은 별표 3과 같다.
㉡ 법 제17조제3항에서 "대통령령으로 정하는 사업의 종류 및 사업장의 상시근로자 수에 해당하는 사업장"이란 ㉠에 따른 사업 중 상시근로자 300명 이상을 사용하는 사업장[건설업의 경우에는 공사금액이 120억원(건설산업기본법 시행령 별표 1의 종합공사를 시공하는 업종의 건설업종란 제1호에 따른 토목공사업의 경우에는 150억원) 이상인 사업장]을 말한다.
㉢ ㉠ 및 ㉡을 적용할 경우 제52조에 따른 사업으로서 도급인의 사업장에서 이루어지는 도급사업의 공사금액 또는 관계수급인의 상시근로자는 각각 해당 사업의 공사금액 또는 상시근로자로 본다. 다만, 별표 3의 기준에 해당하는 도급사업의 공사금액 또는 관계수급인의 상시근로자의 경우에는 그렇지 않다.
㉣ ㉠에도 불구하고 같은 사업주가 경영하는 둘 이상의 사업장이 다음 각 호의 어느 하나에 해당하는 경우에는 그 둘 이상의 사업장에 1명의 안전관리자를 공동으로 둘 수 있다. 이 경우 해당 사업장의 상시근로자 수의 합계는 300명 이내[건설업의 경우에는 공사금액의 합계가 120억원(건설산업기본법 시행령 별표 1의 종합공사를 시공하는 업종의 건설업종란 제1호에 따른 토목공사업의 경우에는 150억원) 이내]이어야 한다.
  1. 같은 시・군・구(자치구를 말한다) 지역에 소재하는 경우
  2. 사업장 간의 경계를 기준으로 15km 이내에 소재하는 경우
㉤ ㉠부터 ㉢까지의 규정에도 불구하고 도급인의 사업장에서 이루어지는 도급사업에서 도급인이 고용노동부령으로 정하는 바에 따라 그 사업의 관계수급인 근로자에 대한 안전관리를 전담하는 안전관리자를 선임한 경우에는 그 사업의 관계수급인은 해당 도급사업에 대한 안전관리자를 선임하지 않을 수 있다.
㉥ 사업주는 안전관리자를 선임하거나 법 제17조제5항에 따라 안전관리자의 업무를 안전관리전문기관에 위탁한 경우에는 고용노동부령으로 정하는 바에 따라 선임하거나 위탁한 날부터 14일 이내에 고용노동부장관에게 그 사실을 증명할 수 있는 서류를 제출해야 한다. 법 제17조제4항에 따라 안전관리자를 늘리거나 교체한 경우에도 또한 같다.

안전관리자(산업안전보건법 제17조)

㉠ 사업주는 사업장에 제15조제1항 각 호의 사항 중 안전에 관한 기술적인 사항에 관하여 사업주 또는 안전보건관리책임자를 보좌하고 관리감독자에게 지도・조언하는 업무를 수행하는 사람(이하 "안전관리자"라 한다)을 두어야 한다.
㉡ 안전관리자를 두어야 하는 사업의 종류와 사업장의 상시근로자 수, 안전관리자의 수・자격・업무・권한・선임방법, 그 밖에 필요한 사항은 대통령령으로 정한다.
㉢ 대통령령으로 정하는 사업의 종류 및 사업장의 상시근로자 수에 해당하는 사업장의 사업주는 안전관리자에게 그 업무만을 전담하도록 하여야 한다.
㉣ 고용노동부장관은 산업재해 예방을 위하여 필요한 경우로서 고용노동부령으로 정하는 사유에 해당하는 경우에는 사업주에게 안전관리자를 ㉡에 따라 대통령령으로 정하는 수 이상으로 늘리거나 교체할 것을 명할 수 있다.
㉤ 대통령령으로 정하는 사업의 종류 및 사업장의 상시근로자 수에 해당하는 사업장의 사업주는 제21조에 따라 지정받은 안전관리 업무를 전문적으로 수행하는 기관(이하 "안전관리전문기관"이라 한다)에 안전관리자의 업무를 위탁할 수 있다.

06
산업안전보건법령상 산업안전보건위원회에 관한 설명으로 옳지 않은 것은?

① 산업안전보건위원회는 근로자위원과 사용자위원을 같은 수로 구성·운영하여야 한다.
② 산업안전보건위원회의 위원장은 위원 중에서 고용노동부장관이 정한다.
③ 산업안전보건위원회는 단체협약, 취업규칙에 반하는 내용으로 심의·의결해서는 아니 된다.
④ 사업주는 산업안전보건위원회의 위원에게 직무 수행과 관련한 사유로 불리한 처우를 해서는 아니 된다.
⑤ 산업안전보건위원회의 회의는 근로자위원 및 사용자위원 각 과반수의 출석으로 개의(開議)하고 출석위원 과반수의 찬성으로 의결한다.

해설

산업안전보건위원회의 구성(산업안전보건법 시행령 제35조)
㉠ 산업안전보건위원회의 근로자위원은 다음의 사람으로 구성한다.
  1. 근로자대표
  2. 명예산업안전감독관이 위촉되어 있는 사업장의 경우 근로자대표가 지명하는 1명 이상의 명예산업안전감독관
  3. 근로자대표가 지명하는 9명(근로자인 제2호의 위원이 있는 경우에는 9명에서 그 위원의 수를 제외한 수를 말한다) 이내의 해당 사업장의 근로자
㉡ 산업안전보건위원회의 사용자위원은 다음의 사람으로 구성한다. 다만, 상시근로자 50명 이상 100명 미만을 사용하는 사업장에서는 5.에 해당하는 사람을 제외하고 구성할 수 있다.
  1. 해당 사업의 대표자(같은 사업으로서 다른 지역에 사업장이 있는 경우에는 그 사업장의 안전보건관리책임자를 말한다. 이하 같다)
  2. 안전관리자(제16조제1항에 따라 안전관리자를 두어야 하는 사업장으로 한정하되, 안전관리자의 업무를 안전관리전문기관에 위탁한 사업장의 경우에는 그 안전관리전문기관의 해당 사업장 담당자를 말한다) 1명
  3. 보건관리자(제20조제1항에 따라 보건관리자를 두어야 하는 사업장으로 한정하되, 보건관리자의 업무를 보건관리전문기관에 위탁한 사업장의 경우에는 그 보건관리전문기관의 해당 사업장 담당자를 말한다) 1명
  4. 산업보건의(해당 사업장에 선임되어 있는 경우로 한정한다)
  5. 해당 사업의 대표자가 지명하는 9명 이내의 해당 사업장 부서의 장
㉢ ㉠ 및 ㉡에도 불구하고 법 제69조제1항에 따른 건설공사도급인(이하 "건설공사도급인"이라 한다)이 법 제64조제1항제1호에 따른 안전 및 보건에 관한 협의체를 구성한 경우에는 산업안전보건위원회의 위원을 다음의 사람을 포함하여 구성할 수 있다.
  1. 근로자위원 : 도급 또는 하도급 사업을 포함한 전체 사업의 근로자대표, 명예산업안전감독관 및 근로자대표가 지명하는 해당 사업장의 근로자
  2. 사용자위원 : 도급인 대표자, 관계수급인의 각 대표자 및 안전관리자

산업안전보건위원회의 위원장(산업안전보건법 시행령 제36조)
산업안전보건위원회의 위원장은 위원 중에서 호선(互選)한다. 이 경우 근로자위원과 사용자위원 중 각 1명을 공동위원장으로 선출할 수 있다.

07

산업안전보건법령상 안전보건관리규정에 관한 설명으로 옳은 것은?

① '안전보건교육에 관한 사항'은 안전보건관리규정에 포함되지 않는다.
② 상시근로자 수가 100명인 금융업의 경우 안전보건관리규정을 작성해야 한다.
③ 사업주가 안전보건관리규정을 작성할 때에는 소방·가스·전기·교통 분야 등의 다른 법령에서 정하는 안전관리에 관한 규정과 통합하여 작성할 수 있다.
④ 산업안전보건위원회가 설치되어 있지 아니한 사업장의 사업주가 안전보건관리규정을 변경할 경우 근로자대표의 동의를 받지 않아도 된다.
⑤ 사업주는 안전보건관리규정을 작성해야 할 사유가 발생한 날부터 15일 이내에 이를 작성해야 한다.

해설

안전보건관리규정의 작성(산업안전보건법 시행규칙 제25조)

㉠ 법 제25조제3항에 따라 안전보건관리규정을 작성해야 할 사업의 종류 및 상시근로자 수는 별표 2와 같다.

사업의 종류	상시근로자 수
1. 농 업 2. 어 업 3. 소프트웨어 개발 및 공급업 4. 컴퓨터 프로그래밍, 시스템 통합 및 관리업 4의2. 영상·오디오물 제공 서비스업 5. 정보서비스업 6. 금융 및 보험업 7. 임대업 : 부동산 제외 8. 전문, 과학 및 기술 서비스업(연구개발업은 제외한다) 9. 사업지원 서비스업 10. 사회복지 서비스업	300명 이상
11. 1.부터 4.까지, 4의2 및 5.부터 10.까지의 사업을 제외한 사업	100명 이상

㉡ ㉠에 따른 사업의 사업주는 안전보건관리규정을 작성해야 할 사유가 발생한 날부터 30일 이내에 별표 3의 내용을 포함한 안전보건관리규정을 작성해야 한다. 이를 변경할 사유가 발생한 경우에도 또한 같다.
㉢ 사업주가 ㉡에 따라 안전보건관리규정을 작성할 때에는 소방·가스·전기·교통 분야 등의 다른 법령에서 정하는 안전관리에 관한 규정과 통합하여 작성할 수 있다.

08

산업안전보건법령상 도급의 승인 등에 관한 설명으로 옳은 것을 모두 고른 것은?

> ㄱ. 고용노동부장관은 사업주가 유해한 작업의 도급금지 의무위반에 해당하는 경우에는 10억원 이하의 과징금을 부과·징수할 수 있다.
> ㄴ. 도급승인 신청을 받은 지방고용노동관서의 장은 도급승인 기준을 충족한 경우 신청서가 접수된 날부터 30일 이내에 승인서를 신청인에게 발급해야 한다.
> ㄷ. 도급에 대한 변경승인을 받으려는 자는 안전 및 보건에 관한 평가결과의 서류를 첨부하여 관할 지방고용노동관서의 장에게 제출해야 한다.

① ㄱ
② ㄴ
③ ㄷ
④ ㄱ, ㄷ
⑤ ㄴ, ㄷ

해설

도급승인 등의 절차·방법 및 기준 등(산업안전보건법 시행규칙 제75조)
㉠ 법 제58조제2항제2호에 따른 승인, 같은 조 제5항 또는 제6항에 따른 연장승인 또는 변경승인을 받으려는 자는 별지 제31호서식의 도급승인 신청서, 별지 제32호서식의 연장신청서 및 별지 제33호서식의 변경신청서에 다음의 서류를 첨부하여 관할 지방고용노동관서의 장에게 제출해야 한다.
  1. 도급대상 작업의 공정 관련 서류 일체(기계·설비의 종류 및 운전조건, 유해·위험물질의 종류·사용량, 유해·위험요인의 발생 실태 및 종사 근로자 수 등에 관한 사항이 포함되어야 한다)
  2. 도급작업 안전보건관리계획서(안전작업절차, 도급 시 안전·보건관리 및 도급작업에 대한 안전·보건시설 등에 관한 사항이 포함되어야 한다)
  3. 제74조에 따른 안전 및 보건에 관한 평가 결과(법 제58조제6항에 따른 변경승인은 해당되지 않는다)
㉡ 법 제58조제2항제2호에 따른 승인, 같은 조 제5항 또는 제6항에 따른 연장승인 또는 변경승인의 작업별 도급승인 기준은 다음과 같다.
  1. 공통 : 작업공정의 안전성, 안전보건관리계획 및 안전 및 보건에 관한 평가 결과의 적정성
㉢ 지방고용노동관서의 장은 필요한 경우 법 제58조제2항제2호에 따른 승인, 같은 조 제5항 또는 제6항에 따른 연장승인 또는 변경승인을 신청한 사업장이 ㉡에 따른 도급승인 기준을 준수하고 있는지 공단으로 하여금 확인하게 할 수 있다.
㉣ ㉠에 따라 도급승인 신청을 받은 지방고용노동관서의 장은 ㉡에 따른 도급승인 기준을 충족한 경우 신청서가 접수된 날부터 14일 이내에 별지 제34호서식에 따른 승인서를 신청인에게 발급해야 한다.

09

산업안전보건법령상 도급인의 안전조치 및 보건조치 등에 관한 설명으로 옳은 것은?

① 관계수급인 근로자가 도급인의 토사석 광업 사업장에서 작업을 하는 경우 도급인은 1주일에 1회 작업장 순회점검을 실시하여야 한다.
② 도급인은 관계수급인 근로자의 산업재해 예방을 위해 보호구 착용 지시 등 관계수급인 근로자의 작업행동에 관한 직접적인 조치도 포함하여 필요한 안전조치를 하여야 한다.
③ 안전 및 보건에 관한 협의체는 회의를 분기별 1회 정기적으로 개최하여야 한다.
④ 관계수급인 근로자가 도급인의 사업장에서 작업하는 경우 도급인은 위생시설 등 고용노동부령으로 정하는 시설의 설치 등을 위하여 필요한 장소의 제공 또는 도급인이 설치한 위생시설 이용의 협조를 이행하여야 한다.
⑤ 도급에 따른 산업재해 예방조치의무에 따라 도급인이 작업장의 안전 및 보건에 관한 합동점검을 할 때에는 도급인, 관계수급인, 도급인 및 관계수급인의 근로자 각 2명으로 점검반을 구성하여야 한다.

해설

① 토사석 광업의 순회점검은 2일에 1회 이상이다(산업안전보건법 시행규칙 제80조).
② 도급인은 관계수급인 근로자가 도급인의 사업장에서 작업을 하는 경우에 자신의 근로자와 관계수급인 근로자의 산업재해를 예방하기 위하여 안전 및 보건 시설의 설치 등 필요한 안전조치 및 보건조치를 하여야 한다. 다만, 보호구 착용의 지시 등 관계수급인 근로자의 작업행동에 관한 직접적인 조치는 제외한다(산업안전보건법 제63조).
③ 협의체는 매월 1회 정기적으로 개최하여야 한다(산업안전보건법 시행규칙 제79조).
⑤ 도급에 따른 산업재해 예방조치의무에 따라 도급인이 작업장의 안전 및 보건에 관한 합동점검을 할 때에는 도급인, 관계수급인, 도급인 및 관계수급인의 근로자 각 1명으로 점검반을 구성하여야 한다(산업안전보건법 시행규칙 제82조).

10

산업안전보건법령상 안전보건관리담당자는 고용노동부장관이 실시하는 안전보건에 관한 보수교육을 최소 몇 시간 이상 받아야 하는가?(단, 보수교육의 면제사유 등은 고려하지 않음)

① 4시간
② 6시간
③ 8시간
④ 24시간
⑤ 34시간

해설

안전보건교육 교육과정별 교육시간(산업안전보건법 시행규칙 별표 4)
2. 안전보건관리책임자 등에 대한 교육

교육대상	교육시간	
	신규교육	보수교육
안전보건관리책임자	6시간 이상	6시간 이상
안전관리자, 안전관리전문기관의 종사자	34시간 이상	24시간 이상
보건관리자, 보건관리전문기관의 종사자		
건설재해예방전문지도기관의 종사자		
석면조사기관의 종사자		
안전보건관리담당자	-	8시간 이상
안전검사기관, 자율안전검사기관의 종사자	34시간 이상	24시간 이상

정답 10 ③

11

산업안전보건법령상 관리감독자의 지위에 있는 근로자 A에 대하여 근로자 정기교육시간을 면제할 수 있는 경우를 모두 고른 것은?

> ㄱ. A가 직무교육기관에서 실시한 전문화교육을 이수한 경우
> ㄴ. A가 직무교육기관에서 실시한 인터넷 원격교육을 이수한 경우
> ㄷ. A가 한국산업안전보건공단에서 실시한 안전보건관리담당자 양성교육을 이수한 경우

① ㄱ
② ㄱ, ㄴ
③ ㄱ, ㄷ
④ ㄴ, ㄷ
⑤ ㄱ, ㄴ, ㄷ

해설

안전보건교육의 면제(산업안전보건법 시행규칙 제27조)

㉠ 전년도에 산업재해가 발생하지 않은 사업장의 사업주의 경우 법 제29조제1항에 따른 근로자 정기교육(이하 "근로자 정기교육"이라 한다)을 그 다음 연도에 한정하여 별표 4에서 정한 실시기준 시간의 100분의 50 범위에서 면제할 수 있다.

㉡ 영 제16조 및 제20조에 따른 안전관리자 및 보건관리자를 선임할 의무가 없는 사업장의 사업주가 법 제11조제3호에 따라 노무를 제공하는 자의 건강 유지·증진을 위하여 설치된 근로자건강센터(이하 "근로자건강센터"라 한다)에서 실시하는 안전보건교육, 건강상담, 건강관리프로그램 등 근로자 건강관리 활동에 해당 사업장의 근로자를 참여하게 한 경우에는 해당 시간을 제26조제1항에 따른 교육 중 해당 반기(관리감독자의 지위에 있는 사람의 경우 해당 연도)의 근로자 정기교육 시간에서 면제할 수 있다. 이 경우 사업주는 해당 사업장의 근로자가 근로자건강센터에서 실시하는 건강관리 활동에 참여한 사실을 입증할 수 있는 서류를 갖춰 두어야 한다.

㉢ 법 제30조제1항제3호에 따라 관리감독자가 다음 중 어느 하나에 해당하는 교육을 이수한 경우 별표 4에서 정한 근로자 정기교육시간을 면제할 수 있다.
  1. 법 제32조제1항 각 호 외의 부분 본문에 따라 영 제40조제3항에 따른 직무교육기관(이하 "직무교육기관"이라 한다)에서 실시한 전문화교육
  2. 법 제32조제1항 각 호 외의 부분 본문에 따라 직무교육기관에서 실시한 인터넷 원격교육
  3. 법 제32조제1항 각 호 외의 부분 본문에 따라 공단에서 실시한 안전보건관리담당자 양성교육
  4. 법 제98조제1항제2호에 따른 검사원 성능검사 교육
  5. 그 밖에 고용노동부장관이 근로자 정기교육 면제 대상으로 인정하는 교육

㉣ 사업주는 법 제30조제2항에 따라 해당 근로자가 채용되거나 변경된 작업에 경험이 있을 경우 채용 시 교육 또는 특별교육 시간을 다음 각 호의 기준에 따라 실시할 수 있다.
  1. 통계법 제22조에 따라 통계청장이 고시한 한국표준산업분류의 세분류 중 같은 종류의 업종에 6개월 이상 근무한 경험이 있는 근로자를 이직 후 1년 이내에 채용하는 경우 : 별표 4에서 정한 채용 시 교육시간의 100분의 50 이상
  2. 별표 5의 특별교육 대상작업에 6개월 이상 근무한 경험이 있는 근로자가 다음의 어느 하나에 해당하는 경우 : 별표 4에서 정한 특별교육 시간의 100분의 50 이상
    가. 근로자가 이직 후 1년 이내에 채용되어 이직 전과 동일한 특별교육 대상작업에 종사하는 경우
    나. 근로자가 같은 사업장 내 다른 작업에 배치된 후 1년 이내에 배치 전과 동일한 특별교육 대상작업에 종사하는 경우
  3. 채용 시 교육 또는 특별교육을 이수한 근로자가 같은 도급인의 사업장 내에서 이전에 하던 업무와 동일한 업무에 종사하는 경우 : 소속 사업장의 변경에도 불구하고 해당 근로자에 대한 채용 시 교육 또는 특별교육 면제
  4. 그 밖에 고용노동부장관이 채용 시 교육 또는 특별교육 면제 대상으로 인정하는 교육

12
산업안전보건법령상 유해·위험 기계 등에 대한 방호조치 등에 관한 설명으로 옳지 않은 것은?

① 금속절단기와 예초기에 설치해야 할 방호장치는 날 접촉 예방장치이다.
② 작동부분에 돌기부분이 있는 기계는 작동부분의 돌기부분을 묻힘형으로 하거나 덮개를 부착하여야 한다.
③ 회전기계에 물체 등이 말려 들어갈 부분이 있는 기계는 회전기계의 물림점에 덮개 또는 방호망을 설치하여야 한다.
④ 동력전달부분이 있는 기계는 동력전달부분에 덮개를 부착하거나 방호망을 설치하여야 한다.
⑤ 지게차에 설치해야 할 방호장치는 헤드 가드, 백레스트(Backrest), 전조등, 후미등, 안전벨트이다.

해설
방호조치(산업안전보건법 시행규칙 제98조)
㉠ 법 제80조제1항에 따라 영 제70조 및 영 별표 20의 기계·기구에 설치해야 할 방호장치는 다음과 같다.
 1. 영 별표 20 제1호에 따른 예초기 : 날 접촉 예방장치
 2. 영 별표 20 제2호에 따른 원심기 : 회전체 접촉 예방장치
 3. 영 별표 20 제3호에 따른 공기압축기 : 압력방출장치
 4. 영 별표 20 제4호에 따른 금속절단기 : 날 접촉 예방장치
 5. 영 별표 20 제5호에 따른 지게차 : 헤드 가드, 백레스트(Backrest), 전조등, 후미등, 안전벨트
 6. 영 별표 20 제6호에 따른 포장기계 : 구동부 방호 연동장치
㉡ 법 제80조제2항에서 "고용노동부령으로 정하는 방호조치"란 다음의 방호조치를 말한다.
 1. 작동 부분의 돌기부분은 묻힘형으로 하거나 덮개를 부착할 것
 2. 동력전달부분 및 속도조절부분에는 덮개를 부착하거나 방호망을 설치할 것
 3. 회전기계의 물림점(롤러나 톱니바퀴 등 반대방향의 두 회전체에 물려 들어가는 위험점)에는 덮개 또는 울을 설치할 것
㉢ ㉠ 및 ㉡에 따른 방호조치에 필요한 사항은 고용노동부장관이 정하여 고시한다.

13

산업안전보건법령상 대여 공장건축물에 대한 조치의 내용이다. ( )에 들어갈 내용이 옳은 것은?

> 공용으로 사용하는 공장건축물로서 다음 각 호의 어느 하나의 장치가 설치된 것을 대여하는 자는 해당 건축물을 대여받은 자가 2명 이상인 경우로서 다음 각 호의 어느 하나의 장치의 전부 또는 일부를 공용으로 사용하는 경우에는 그 공용부분의 기능이 유효하게 작동되도록 하기 위하여 점검·보수 등 필요한 조치를 해야 한다.
> 1. (ㄱ)
> 2. (ㄴ)
> 3. (ㄷ)

① ㄱ : 국소배기장치,　ㄴ : 국소 환기장치,　ㄷ : 배기처리장치
② ㄱ : 국소배기장치,　ㄴ : 전체 환기장치,　ㄷ : 배기처리장치
③ ㄱ : 국소 환기장치,　ㄴ : 전체 환기장치,　ㄷ : 국소배기장치
④ ㄱ : 국소 환기장치,　ㄴ : 환기처리장치,　ㄷ : 전체 환기장치
⑤ ㄱ : 환기처리장치,　ㄴ : 배기처리장치,　ㄷ : 국소 환기장치

해설

대여 공장건축물에 대한 조치(산업안전보건법 시행규칙 제104조)
공용으로 사용하는 공장건축물로서 다음 어느 하나의 장치가 설치된 것을 대여하는 자는 해당 건축물을 대여받은 자가 2명 이상인 경우로서 다음 어느 하나의 장치의 전부 또는 일부를 공용으로 사용하는 경우에는 그 공용부분의 기능이 유효하게 작동되도록 하기 위하여 점검·보수 등 필요한 조치를 해야 한다.
1. 국소배기장치
2. 전체 환기장치
3. 배기처리장치

정답 13 ②

14

산업안전보건법령상 안전인증과 안전검사에 관한 설명으로 옳지 않은 것은?

① 화학물질관리법에 따른 수시검사를 받은 경우 안전검사를 면제한다.
② 산업용 원심기는 안전검사대상기계 등에 해당된다.
③ 프레스와 압력용기는 고용노동부장관이 실시하는 안전인증과 안전검사를 모두 받아야 한다.
④ 고용노동부장관은 안전인증을 받은 자가 안전인증기준을 지키고 있는지를 3년 이하의 범위에서 고용노동부령으로 정하는 주기마다 확인하여야 한다.
⑤ 안전검사 신청을 받은 안전검사기관은 검사 주기 만료일 전후 각각 30일 이내에 해당 기계·기구 및 설비별로 안전검사를 하여야 한다.

해설

안전검사의 면제(산업안전보건법 시행규칙 제125조)
법 제93조제2항에서 "고용노동부령으로 정하는 경우"란 다음 중 어느 하나에 해당하는 경우를 말한다.
1. 건설기계관리법 제13조제1항제1호·제2호 및 제4호에 따른 검사를 받은 경우(안전검사 주기에 해당하는 시기의 검사로 한정한다)
2. 고압가스 안전관리법 제17조제2항에 따른 검사를 받은 경우
3. 광산안전법 제9조에 따른 검사 중 광업시설의 설치·변경공사 완료 후 일정한 기간이 지날 때마다 받는 검사를 받은 경우
4. 선박안전법 제8조부터 제12조까지의 규정에 따른 검사를 받은 경우
5. 에너지이용 합리화법 제39조제4항에 따른 검사를 받은 경우
6. 원자력안전법 제22조제1항에 따른 검사를 받은 경우
7. 위험물안전관리법 제18조에 따른 정기점검 또는 정기검사를 받은 경우
8. 전기안전관리법 제11조에 따른 검사를 받은 경우
9. 항만법 제33조제1항제3호에 따른 검사를 받은 경우
10. 소방시설 설치 및 관리에 관한 법률 제22조제1항에 따른 자체점검을 받은 경우
11. 화학물질관리법 제24조제3항 본문에 따른 정기검사를 받은 경우

정답 14 ①

15

산업안전보건기준에 관한 규칙 제662조(근골격계질환 예방관리 프로그램 시행) 제1항 규정의 일부이다. ( )에 들어갈 숫자가 옳은 것은?

> 사업주는 다음 각 호의 어느 하나에 해당하는 경우에 근골격계질환 예방관리 프로그램을 수립하여 시행하여야 한다.
> 1. 근골격계질환으로 산업재해보상보험법 시행령 별표 3 제2호가목·마목 및 제12호라목에 따라 업무상 질병으로 인정받은 근로자가 연간 10명 이상 발생한 사업장 또는 5명 이상 발생한 사업장으로서 발생비율이 그 사업장 근로자 수의 ( )% 이상인 경우
> 2. 〈이하 생략〉

① 5   ② 10   ③ 20   ④ 30   ⑤ 50

해설

근골격계질환 예방관리 프로그램 시행(산업안전보건기준에 관한 규칙 제662조)
사업주는 다음 중 어느 하나에 해당하는 경우에 근골격계질환 예방관리 프로그램을 수립하여 시행하여야 한다.
1. 근골격계질환으로 산업재해보상보험법 시행령 별표 3 제2호가목·마목 및 제12호라목에 따라 업무상 질병으로 인정받은 근로자가 연간 10명 이상 발생한 사업장 또는 5명 이상 발생한 사업장으로서 발생 비율이 그 사업장 근로자 수의 10% 이상인 경우

16

산업안전보건기준에 관한 규칙의 내용으로 옳지 않은 것은?

① 사업주는 순간풍속이 초당 10m를 초과하는 바람이 불어올 우려가 있는 경우 옥외에 설치된 주행 크레인에 대하여 이탈방지를 위한 조치를 하여야 한다.
② 사업주는 순간풍속이 초당 15m를 초과하는 경우에는 타워크레인의 운전 작업을 중지하여야 한다.
③ 사업주는 높이가 3m를 초과하는 계단에 높이 3m 이내마다 너비 1.2m 이상의 계단참을 설치하여야 한다.
④ 사업주는 높이 1m 이상인 계단의 개방된 측면에 안전난간을 설치하여야 한다.
⑤ 사업주는 연면적이 400m² 이상이거나 상시 50명 이상의 근로자가 작업하는 옥내작업장에는 비상시에 근로자에게 신속하게 알리기 위한 경보용 설비 또는 기구를 설치하여야 한다.

해설

폭풍에 의한 이탈 방지(산업안전보건기준에 관한 규칙 제140조)
사업주는 순간풍속이 초당 30m를 초과하는 바람이 불어올 우려가 있는 경우 옥외에 설치되어 있는 주행 크레인에 대하여 이탈방지장치를 작동시키는 등 이탈 방지를 위한 조치를 하여야 한다.

17

산업안전보건법령상 유해인자의 유해성·위험성 분류기준에 관한 설명으로 옳지 않은 것은?

① 인화성 액체는 표준압력(101.3kPa)에서 인화점이 93℃ 이하인 액체이다.
② 54℃ 이하 공기 중에서 자연발화하는 가스는 인화성 가스에 해당한다.
③ 20℃, 200kPa 이상의 압력 하에서 용기에 충전되어 있는 가스는 고압가스에 해당한다.
④ 유기과산화물은 2가의 -○-○- 구조를 가지고 3개의 수소원자가 유기라디칼에 의하여 치환된 과산화수소의 유도체를 포함한 액체 유기물질이다.
⑤ 자연발화성 액체는 적은 양으로도 공기와 접촉하여 5분 안에 발화할 수 있는 액체이다.

해설

유해인자의 유해성·위험성 분류기준(산업안전보건법 시행규칙 별표 18)
화학물질의 분류기준 중 물리적 위험성 분류기준

1. 폭발성 물질 : 자체의 화학반응에 따라 주위환경에 손상을 줄 수 있는 정도의 온도·압력 및 속도를 가진 가스를 발생시키는 고체·액체 또는 혼합물
2. 인화성 가스 : 20℃, 표준압력(101.3kPa)에서 공기와 혼합하여 인화되는 범위에 있는 가스와 54℃ 이하 공기 중에서 자연발화하는 가스를 말한다(혼합물을 포함한다).
3. 인화성 액체 : 표준압력(101.3kPa)에서 인화점이 93℃ 이하인 액체
4. 인화성 고체 : 쉽게 연소되거나 마찰에 의하여 화재를 일으키거나 촉진할 수 있는 물질
5. 에어로졸 : 재충전이 불가능한 금속·유리 또는 플라스틱 용기에 압축가스·액화가스 또는 용해가스를 충전하고 내용물을 가스에 현탁시킨 고체나 액상입자로, 액상 또는 가스상에서 폼·페이스트·분말상으로 배출되는 분사장치를 갖춘 것
6. 물반응성 물질 : 물과 상호작용을 하여 자연발화되거나 인화성 가스를 발생시키는 고체·액체 또는 혼합물
7. 산화성 가스 : 일반적으로 산소를 공급함으로써 공기보다 다른 물질의 연소를 더 잘 일으키거나 촉진하는 가스
8. 산화성 액체 : 그 자체로는 연소하지 않더라도, 일반적으로 산소를 발생시켜 다른 물질을 연소시키거나 연소를 촉진하는 액체
9. 산화성 고체 : 그 자체로는 연소하지 않더라도, 일반적으로 산소를 발생시켜 다른 물질을 연소시키거나 연소를 촉진하는 고체
10. 고압가스 : 20℃, 200kPa(킬로파스칼) 이상의 압력하에서 용기에 충전되어 있는 가스 또는 냉동액화가스 형태로 용기에 충전되어 있는 가스(압축가스, 액화가스, 냉동액화가스, 용해가스로 구분한다)
11. 자기반응성 물질 : 열적(熱的)인 면에서 불안정하여 산소가 공급되지 않아도 강렬하게 발열·분해하기 쉬운 액체·고체 또는 혼합물
12. 자연발화성 액체 : 적은 양으로도 공기와 접촉하여 5분 안에 발화할 수 있는 액체
13. 자연발화성 고체 : 적은 양으로도 공기와 접촉하여 5분 안에 발화할 수 있는 고체
14. 자기발열성 물질 : 주위의 에너지 공급 없이 공기와 반응하여 스스로 발열하는 물질(자기발화성 물질은 제외한다)
15. 유기과산화물 : 2가의 -○-○-구조를 가지고 1개 또는 2개의 수소 원자가 유기라디칼에 의하여 치환된 과산화수소의 유도체를 포함한 액체 또는 고체 유기물질
16. 금속 부식성 물질 : 화학적인 작용으로 금속에 손상 또는 부식을 일으키는 물질

정답 17 ④

18

산업안전보건법령상 유해인자별 노출 농도의 허용기준과 관련하여 단시간 노출값의 내용이다. ( )에 들어갈 숫자가 순서대로 옳은 것은?

> "단시간 노출값(STEL)"이란 15분간의 시간가중평균값으로서 노출 농도가 시간가중평균값을 초과하고 단시간 노출값 이하인 경우에는 1회 노출 지속시간이 15분 미만이어야 하고, 이러한 상태가 1일 ( )회 이하로 발생해야 하며, 각 회의 간격은 ( )분 이상이어야 한다.

① 4, 30
② 4, 60
③ 5, 30
④ 5, 60
⑤ 6, 60

해설

유해인자별 노출 농도의 허용기준(산업안전보건법 시행규칙 별표 19 중 비고)

1. "시간가중평균값(TWA ; Time-Weighted Average)"이란 1일 8시간 작업을 기준으로 한 평균노출농도로서 산출 공식은 다음과 같다.

   TWA 환산값 = $\dfrac{C_1 T_1 + C_2 T_2 + \cdots + C_n T_n}{8}$

   여기서, C : 유해인자의 측정농도(단위 : ppm, mg/m³ 또는 개/cm³)
   T : 유해인자의 발생시간(단위 : 시간)

2. "단시간 노출값(STEL ; Short-Term Exposure Limit)"이란 15분간의 시간가중평균값으로서 노출 농도가 시간가중평균값을 초과하고 단시간 노출값 이하인 경우
   - 1회 노출 지속시간이 15분 미만이어야 하고
   - 이러한 상태가 1일 4회 이하로 발생해야 하며
   - 각 회의 간격은 60분 이상이어야 한다.

3. "등"이란 해당 화학물질에 이성질체 등 동일 속성을 가지는 2개 이상의 화합물이 존재할 수 있는 경우를 말한다.

정답 18 ②

19

산업안전보건법령상 고용노동부장관이 작업환경측정기관에 대하여 그 지정을 취소하거나 6개월 이내의 기간을 정하여 그 업무의 정지를 명할 수 있는 경우가 아닌 것은?

① 작업환경측정 관련 서류를 거짓으로 작성한 경우
② 정당한 사유 없이 작업환경측정 업무를 거부한 경우
③ 위탁받은 작업환경측정 업무에 차질을 일으킨 경우
④ 작업환경측정 업무와 관련된 비치서류를 보존하지 않은 경우
⑤ 고용노동부장관이 실시하는 작업환경측정기관의 측정·분석능력 확인을 6개월 동안 받지 않은 경우

해설

작업환경측정기관의 지정 취소 등의 사유(산업안전보건법 시행령 제96조)
법 제126조제5항에 따라 준용되는 법 제21조제4항제5호에서 "대통령령으로 정하는 사유에 해당하는 경우"란 다음의 경우를 말한다.
1. 작업환경측정 관련 서류를 거짓으로 작성한 경우
2. 정당한 사유 없이 작업환경측정 업무를 거부한 경우
3. 위탁받은 작업환경측정 업무에 차질을 일으킨 경우
4. 법 제125조제8항에 따라 고용노동부령으로 정하는 작업환경측정 방법 등을 위반한 경우
5. 법 제126조제2항에 따라 고용노동부장관이 실시하는 작업환경측정기관의 측정·분석능력 확인을 1년 이상 받지 않거나 작업환경측정기관의 측정·분석능력 확인에서 부적합 판정을 받은 경우
6. 작업환경측정 업무와 관련된 비치서류를 보존하지 않은 경우
7. 법에 따른 관계 공무원의 지도·감독을 거부·방해 또는 기피한 경우

20

산업안전보건법령상 일반건강진단의 주기에 관한 내용이다. ( )에 들어갈 숫자가 순서대로 옳은 것은?

> 사업주는 상시 사용하는 근로자 중 사무직에 종사하는 근로자(공장 또는 공사현장과 같은 구역에 있지 않은 사무실에서 서무·인사·경리·판매·설계 등의 사무업무에 종사하는 근로자를 말하며, 판매업무 등에 직접 종사하는 근로자는 제외한다)에 대해서 ( )년에 ( )회 이상 일반건강진단을 실시해야 한다.

① 1, 1
② 1, 2
③ 2, 1
④ 2, 2
⑤ 3, 2

해설

일반건강진단의 주기 등(산업안전보건법 시행규칙 제197조)
㉠ 사업주는 상시 사용하는 근로자 중 사무직에 종사하는 근로자(공장 또는 공사현장과 같은 구역에 있지 않은 사무실에서 서무·인사·경리·판매·설계 등의 사무업무에 종사하는 근로자를 말하며, 판매업무 등에 직접 종사하는 근로자는 제외한다)에 대해서는 2년에 1회 이상, 그 밖의 근로자에 대해서는 1년에 1회 이상 일반건강진단을 실시해야 한다.
㉡ 법 제129조에 따라 일반건강진단을 실시해야 할 사업주는 일반건강진단 실시 시기를 안전보건관리규정 또는 취업규칙에 규정하는 등 일반건강진단이 정기적으로 실시되도록 노력해야 한다.

정답 19 ⑤ 20 ③

21

산업안전보건법령상 사업주가 질병자의 근로를 금지해야 하는 대상에 해당하지 않는 사람은?

① 조현병에 걸린 사람
② 마비성 치매에 걸릴 우려가 있는 사람
③ 신장 질환이 있는 사람으로서 근로에 의하여 병세가 악화될 우려가 있는 사람
④ 심장 질환이 있는 사람으로서 근로에 의하여 병세가 악화될 우려가 있는 사람
⑤ 폐 질환이 있는 사람으로서 근로에 의하여 병세가 악화될 우려가 있는 사람

해설

질병자의 근로금지(산업안전보건법 시행규칙 제220조)
㉠ 법 제138조제1항에 따라 사업주는 다음 중 어느 하나에 해당하는 사람에 대해서는 근로를 금지해야 한다.
  1. 전염될 우려가 있는 질병에 걸린 사람. 다만, 전염을 예방하기 위한 조치를 한 경우는 제외한다.
  2. 조현병, 마비성 치매에 걸린 사람
  3. 심장·신장·폐 등의 질환이 있는 사람으로서 근로에 의하여 병세가 악화될 우려가 있는 사람
  4. 1.부터 3.까지의 규정에 준하는 질병으로서 고용노동부장관이 정하는 질병에 걸린 사람
㉡ 사업주는 ㉠에 따라 근로를 금지하거나 근로를 다시 시작하도록 하는 경우에는 미리 보건관리자(의사인 보건관리자만 해당한다), 산업보건의 또는 건강진단을 실시한 의사의 의견을 들어야 한다.

정답 21 ②

22

산업안전보건법령상 교육기관의 지정 등에 관한 설명으로 옳지 않은 것은?

① 고용노동부장관은 유해하거나 위험한 작업으로서 상당한 지식이나 숙련도가 요구되는 고용노동부령으로 정하는 작업의 경우, 그 작업에 필요한 자격·면허의 취득 또는 근로자의 기능 습득을 위하여 교육기관을 지정할 수 있다.
② 교육기관의 지정 요건 및 지정 절차는 고용노동부령으로 정한다.
③ 고용노동부장관은 지정받은 교육기관이 거짓으로 지정을 받은 경우에는 그 지정을 취소하여야 한다.
④ 고용노동부장관은 지정받은 교육기관이 업무정지 기간 중에 업무를 수행한 경우에는 그 지정을 취소하여야 한다.
⑤ 교육기관의 지정이 취소된 자는 지정이 취소된 날부터 3년 이내에는 해당 교육기관으로 지정받을 수 없다.

해설

안전관리전문기관 등(산업안전보건법 제21조)
㉠ 안전관리전문기관 또는 보건관리전문기관이 되려는 자는 대통령령으로 정하는 인력·시설 및 장비 등의 요건을 갖추어 고용노동부장관의 지정을 받아야 한다.
㉡ 고용노동부장관은 안전관리전문기관 또는 보건관리전문기관에 대하여 평가하고 그 결과를 공개할 수 있다. 이 경우 평가의 기준·방법 및 결과의 공개에 필요한 사항은 고용노동부령으로 정한다.
㉢ 안전관리전문기관 또는 보건관리전문기관의 지정 절차, 업무 수행에 관한 사항, 위탁받은 업무를 수행할 수 있는 지역, 그 밖에 필요한 사항은 고용노동부령으로 정한다.
㉣ 고용노동부장관은 안전관리전문기관 또는 보건관리전문기관이 다음 중 어느 하나에 해당할 때에는 그 지정을 취소하거나 6개월 이내의 기간을 정하여 그 업무의 정지를 명할 수 있다. 다만, 1. 또는 2.에 해당할 때에는 그 지정을 취소하여야 한다.
  1. 거짓이나 그 밖의 부정한 방법으로 지정을 받은 경우
  2. 업무정지 기간 중에 업무를 수행한 경우
  3. ㉠에 따른 지정 요건을 충족하지 못한 경우
  4. 지정받은 사항을 위반하여 업무를 수행한 경우
  5. 그 밖에 대통령령으로 정하는 사유에 해당하는 경우
㉤ ㉣에 따라 지정이 취소된 자는 지정이 취소된 날부터 2년 이내에는 각각 해당 안전관리전문기관 또는 보건관리전문기관으로 지정받을 수 없다.

23

산업안전보건법령상 근로감독관 등에 관한 설명으로 옳지 않은 것은?

① 근로감독관은 이 법을 시행하기 위하여 필요한 경우 석면해체·제거업자의 사무소에 출입하여 관계인에게 관계 서류의 제출을 요구할 수 있다.
② 근로감독관은 산업재해 발생의 급박한 위험이 있는 경우 사업장에 출입하여 관계인에게 관계 서류의 제출을 요구할 수 있다.
③ 근로감독관은 기계·설비 등에 대한 검사에 필요한 한도에서 무상으로 제품·원재료 또는 기구를 수거할 수 있다.
④ 지방고용노동관서의 장은 근로감독관이 이 법에 따른 명령의 시행을 위하여 관계인에게 출석명령을 하려는 경우, 긴급하지 않는 한 14일 이상의 기간을 주어야 한다.
⑤ 근로감독관은 이 법을 시행하기 위하여 사업장에 출입하는 경우에 그 신분을 나타내는 증표를 지니고 관계인에게 보여 주어야 한다.

해설

보고·출석기간(산업안전보건법 시행규칙 제236조)
㉠ 지방고용노동관서의 장은 법 제155조제3항에 따라 보고 또는 출석의 명령을 하려는 경우에는 7일 이상의 기간을 주어야 한다. 다만, 긴급한 경우에는 그렇지 않다.
㉡ ㉠에 따른 보고 또는 출석의 명령은 문서로 해야 한다.

24

산업안전보건법령상 산업안전지도사로 등록한 A가 손해배상의 책임을 보장하기 위하여 보증보험에 가입해야 하는 경우, 최저 보험금액이 얼마 이상인 보증보험에 가입해야 하는가? (단, A는 법인이 아님)

① 1,000만원
② 2,000만원
③ 3,000만원
④ 4,000만원
⑤ 5,000만원

해설

손해배상을 위한 보증보험 가입 등(산업안전보건법 시행령 제108조)
㉠ 법 제145조제1항에 따라 등록한 지도사(같은 조 제2항에 따라 법인을 설립한 경우에는 그 법인을 말한다. 이하 이 조에서 같다)는 법 제148조제2항에 따라 보험금액이 2,000만원(법 제145조제2항에 따른 법인인 경우에는 2,000만원에 사원인 지도사의 수를 곱한 금액) 이상인 보증보험에 가입해야 한다.
㉡ 지도사는 ㉠의 보증보험금으로 손해배상을 한 경우에는 그날부터 10일 이내에 다시 보증보험에 가입해야 한다.
㉢ 손해배상을 위한 보증보험 가입 및 지급에 관한 사항은 고용노동부령으로 정한다.

25
산업안전보건법령상 산업재해 예방활동의 보조·지원을 받은 자의 폐업으로 인해 고용노동부장관이 그 보조·지원의 전부를 취소한 경우, 그 취소한 날부터 보조·지원을 제한할 수 있는 기간은?

① 1년 ② 2년
③ 3년 ④ 4년
⑤ 5년

해설

※ 출제 시 정답은 ①이었으나, 법령 개정(21.11.19)으로 정답 ③

산업재해 예방활동의 보조·지원(산업안전보건법 제158조)
㉠ 정부는 사업주, 사업주단체, 근로자단체, 산업재해 예방 관련 전문단체, 연구기관 등이 하는 산업재해 예방사업 중 대통령령으로 정하는 사업에 드는 경비의 전부 또는 일부를 예산의 범위에서 보조하거나 그 밖에 필요한 지원(이하 "보조·지원"이라 한다)을 할 수 있다. 이 경우 고용노동부장관은 보조·지원이 산업재해 예방사업의 목적에 맞게 효율적으로 사용되도록 관리·감독하여야 한다.
㉡ 고용노동부장관은 보조·지원을 받은 자가 다음 각 호의 어느 하나에 해당하는 경우 보조·지원의 전부 또는 일부를 취소하여야 한다. 다만, 1. 및 2.의 경우에는 보조·지원의 전부를 취소하여야 한다.
  1. 거짓이나 그 밖의 부정한 방법으로 보조·지원을 받은 경우
  2. 보조·지원 대상자가 폐업하거나 파산한 경우
  3. 보조·지원 대상을 임의매각·훼손·분실하는 등 지원 목적에 적합하게 유지·관리·사용하지 아니한 경우
  4. ㉠에 따른 산업재해 예방사업의 목적에 맞게 사용되지 아니한 경우
  5. 보조·지원 대상 기간이 끝나기 전에 보조·지원 대상 시설 및 장비를 국외로 이전한 경우
  6. 보조·지원을 받은 사업주가 필요한 안전조치 및 보건조치 의무를 위반하여 산업재해를 발생시킨 경우로서 고용노동부령으로 정하는 경우
㉢ 고용노동부장관은 ㉡에 따라 보조·지원의 전부 또는 일부를 취소한 경우, 같은 항 1. 또는 3.부터 5.까지의 어느 하나에 해당하는 경우에는 해당 금액 또는 지원에 상응하는 금액을 환수하되 대통령령으로 정하는 바에 따라 지급받은 금액의 5배 이하의 금액을 추가로 환수할 수 있고, 같은 항 2.(파산한 경우에는 환수하지 아니한다) 또는 6.에 해당하는 경우에는 해당 금액 또는 지원에 상응하는 금액을 환수한다.
㉣ ㉡에 따라 보조·지원의 전부 또는 일부가 취소된 자에 대해서는 고용노동부령으로 정하는 바에 따라 취소된 날부터 5년 이내의 기간을 정하여 보조·지원을 하지 아니할 수 있다.
㉤ 보조·지원의 대상·방법·절차, 관리 및 감독, ㉡ 및 ㉢에 따른 취소 및 환수방법, 그 밖에 필요한 사항은 고용노동부장관이 정하여 고시한다.

보조·지원의 환수와 제한(산업안전보건법 시행규칙 제237조)
㉠ 법 제158조 ㉡ 6.에서 "고용노동부령으로 정하는 경우"란 보조·지원을 받은 후 3년 이내에 해당 시설 및 장비의 중대한 결함이나 관리상 중대한 과실로 인하여 근로자가 사망한 경우를 말한다.
㉡ 법 제158조 ㉣에 따라 보조·지원을 제한할 수 있는 기간은 다음과 같다.
  1. 법 제158조 ㉡ 1.의 경우 : 5년
  2. 법 제158조 ㉡ 2.부터 6.까지의 어느 하나의 경우 : 3년
  3. 법 제158조 ㉡ 2.부터 6.까지의 어느 하나를 위반한 후 5년 이내에 같은 항 2.부터 6.까지의 어느 하나를 위반한 경우 : 5년

| 산업안전일반

26
학습지도의 원리로 옳은 것을 모두 고른 것은?

ㄱ. 개별화의 원리	ㄴ. 직관의 원리
ㄷ. 구체화의 원리	ㄹ. 통합의 원리
ㅁ. 주관화의 원리	

① ㄱ, ㄴ, ㄹ
② ㄱ, ㄷ, ㅁ
③ ㄱ, ㄹ, ㅁ
④ ㄴ, ㄷ, ㄹ
⑤ ㄴ, ㄹ, ㅁ

해설

학습지도의 원리
- 개별화의 원리 : 학습자 개인의 능력을 개발하기 위해 개인에 맞는 교육방법을 제공해야 하는 원리이다.
- 사회화의 원리 : 학습자가 공동학습을 통해 협력적이고 우호적인 사회성을 배울 수 있도록 해야 한다는 학습원리이다.
- 통합의 원리 : 학습자의 모든 능력을 조화롭게 발달시키기 위해 통합적인 학습을 해야 한다는 원리이다.
- 직관의 원리 : 언어 위주의 학습보다는 구체적 사물을 제시하거나 직접 행동으로 수행하는 학습이 효과를 높일 수 있다는 원리이다.
- 자기활동의 원리 : 학습자 스스로 학습활동에 적극적으로 참여해야 한다는 원리로 자발성의 원리라고도 한다.

27
수공구 설계원칙에 관한 설명으로 옳은 것을 모두 고른 것은?

| ㄱ. 손에 맞는 장갑을 착용한다. |
| ㄴ. 손잡이를 꺾지 말고 손목을 꺾는다. |
| ㄷ. 손잡이 접촉면적을 작게 하여 힘을 집중시킨다. |
| ㄹ. 가능한 수동공구가 아닌 동력공구를 사용한다. |
| ㅁ. 양손잡이를 모두 고려한 설계를 한다. |

① ㄱ, ㄴ, ㄷ
② ㄱ, ㄹ, ㅁ
③ ㄴ, ㄷ, ㄹ
④ ㄴ, ㄹ, ㅁ
⑤ ㄷ, ㄹ, ㅁ

해설

수공구 설계의 원칙
- 손목이 아닌 공구를 굽히도록 설계
- 손에 맞는 장갑을 착용
- 손잡이는 손바닥과 닿는 면적이 넓게 설계
- 양손으로 사용할 수 있도록 설계
- 수동공구 대신 동력공구를 사용
- 손가락이 반복해서 움직이지 않도록 설계

28

피교육자의 능력에 따라 교육하고 급소를 강조하며, 주안점을 두어 논리적 · 체계적으로 반복교육을 실시하는 교육진행 단계는?

① 도입단계 ② 확인단계
③ 적용단계 ④ 응용단계
⑤ 제시단계

해설

교육진행 4단계
1. 도입 : 교육진행 단계 첫 단계로 학습을 준비하는 단계이다.
2. 제시 : 작업에 대한 설명 및 시범 등을 통해 내용을 전달하고 반복교육, 강조 등을 통해 학습효과를 높이는 단계이다.
3. 적용 : 학습한 내용을 직접 작업에 적용하여 실행하는 단계이다.
4. 확인 : 적용된 업무 내용을 총괄적으로 평가하고 확인하여 피드백하는 단계이다.

29

위험예지훈련 4라운드를 순서대로 바르게 나열한 것은?

| ㄱ. 이것이 위험요점이다. | ㄴ. 우리는 이렇게 한다. |
| ㄷ. 당신이라면 어떻게 할 것인가? | ㄹ. 어떤 위험이 잠재하고 있는가? |

① ㄱ → ㄹ → ㄷ → ㄴ
② ㄷ → ㄹ → ㄱ → ㄴ
③ ㄹ → ㄱ → ㄷ → ㄴ
④ ㄹ → ㄷ → ㄱ → ㄴ
⑤ ㄹ → ㄷ → ㄴ → ㄱ

해설

위험예지훈련
- 그림으로 표현된 작업을 보고 잠재된 위험을 발굴하여 대책을 수립하는 재해 예방 활동
- 추진 4단계
  - 제1단계 현상파악 : 그림 속에 잠재한 위험요인 발견
  - 제2단계 요인조사(본질추구) : 발견된 위험의 포인트 결정
  - 제3단계 대책수립 : 결정된 위험에 대한 구체적인 대책 수립
  - 제4단계 목표설정 : 대책 중 실시사항에 실천 목표 설정

정답 28 ⑤ 29 ③

30

빛의 성질에 관한 설명으로 옳지 않은 것은?

① 과녁이 배경보다 어두우면 대비는 0~100% 사이의 값이다.
② 명도는 색의 선명한 정도, 즉 색깔의 강약을 말한다.
③ 휘도는 단위면적당 표면에서 반사 또는 방출되는 빛의 양을 말한다.
④ 조도는 어떤 물체나 표면에 도달하는 빛의 밀도를 말한다.
⑤ 빛을 완전히 발산 및 반사시키는 표면의 반사율은 100%이다.

해설

② 명도는 색의 명암의 정도, 즉 밝기를 나타낸다.
색의 3요소(3속성)
- 채도 : 색의 맑고 탁한 정도, 색의 선명도
- 명도 : 색의 밝고 어두운 정도
- 색상 : 명도나 채도와 관계없이 색을 구분할 수 있는 성질

31

재해조사의 1단계(사실의 확인)에서 수행하지 않는 것은?

① 재해의 직접원인 및 문제점 파악
② 사고 또는 재해발생 시 조치
③ 불안전 행동 유무에 관한 관계자 사실 청취
④ 작업 중 지도·지휘의 조사
⑤ 작업 환경·조건의 조사

해설

재해조사 4단계
- 1단계 사실확인 : 경과 파악, 물적·인적·관리적 측면의 사실 수집
- 2단계 재해요인 파악 : 물적·인적·관리적 측면의 요인 파악
- 3단계 재해요인 결정 : 재해요인의 직접·간접 원인 결정
- 4단계 대책수립 : 근본적인 문제점 및 사고원인 파악 후 방지대책 수립

32
재해조사방법에 관한 설명으로 옳지 않은 것은?

① 피해자에 대한 조사자의 기본적 태도는 동정적이고 피해자의 입장을 이해해야 한다.
② 목격자 등이 증언하는 사실 이외의 추측의 말은 참고로만 한다.
③ 사고의 재발방지보다 책임소재 파악을 우선하는 기본적 태도를 갖는다.
④ 재해조사는 재해발생 직후 현장을 보존하며 신속하게 수행한다.
⑤ 피해자에 대한 구급조치를 우선한다.

해설

③ 책임소재 파악보다는 사고의 재발방지가 우선이다.
재해조사방법
- 재해조사는 신속, 정확하게 실시
- 재해와 관련된 사항은 빠짐없이 수집, 보관
- 책임추궁보다는 재발방지 대책수립 우선
- 목격자 진술 확보
- 불필요한 항목 조사 배제

33
하인리히(Heinrich)의 도미노(Domino)이론에서 사고의 직접원인이 아닌 것은?

① 불안전한 자세 및 위치
② 권한 없이 행한 조작
③ 당황, 놀람, 잡담, 장난
④ 부적절한 태도
⑤ 불량한 정리정돈

해설

하인리히의 도미노 이론
사고의 원인이 어떻게 연쇄적 반응을 일으키는가를 도미노를 통해서 설명. 즉, 5개의 도미노를 일렬로 세워 놓고 어느 한쪽 끝을 쓰러뜨리면 연쇄적으로, 그리고 순서적으로 쓰러진다는 것
- 사고발생 5단계
  1. 사회적 환경과 유전적 요소(선천적 결함)
  2. 개인적인 결함
  3. 불안전한 행동 및 불안전한 상태
  4. 사고발생
  5. 재 해
- 직접적인 원인 제거(불안전한 행동 및 불안전한 상태)
- 불안전한 자세, 조작 미흡, 정리정돈 불량, 불안한 감정상태

정답 32 ③ 33 ④

34

산업안전보건법령상 근로자 정기교육의 내용에 해당하지 않는 것은?

① 건강증진 및 질병 예방에 관한 사항
② 산업재해보상보험 제도에 관한 사항
③ 기계·장비의 주요장치에 관한 사항
④ 유해·위험 작업환경 관리에 관한 사항
⑤ 직무스트레스 예방 및 관리에 관한 사항

해설

안전보건교육 교육대상별 교육내용(산업안전보건법 시행규칙 별표 5)
근로자 정기교육
- 산업안전 및 사고 예방에 관한 사항
- 산업보건 및 직업병 예방에 관한 사항
- 위험성 평가에 관한 사항
- 건강증진 및 질병 예방에 관한 사항
- 유해·위험 작업환경 관리에 관한 사항
- 산업안전보건법령 및 산업재해보상보험 제도에 관한 사항
- 직무스트레스 예방 및 관리에 관한 사항
- 직장 내 괴롭힘, 고객의 폭언 등으로 인한 건강장해 예방 및 관리에 관한 사항

35

위험성평가 실시주체에 관한 설명으로 옳은 것은?

① 사업주는 위험성평가 시 해당 작업장의 근로자를 참여시켜야 한다.
② 안전보건관리책임자는 유해·위험요인을 파악하고 그 결과에 따라 개선조치를 시행한다.
③ 관리감독자는 위험성평가 실시에 대하여 안전보건관리책임자를 보좌하고 지도·조언한다.
④ 안전보건관리책임자는 주체가 되어 도급사업주와 함께 각자의 역할을 분담하여 위험성평가를 실시한다.
⑤ 안전·보건관리자는 위험성평가 실시를 총괄한다.

해설

위험성평가 실시주체(사업장 위험성평가에 관한 지침 제5조)
㉠ 사업주는 스스로 사업장의 유해·위험요인을 파악하고 이를 평가하여 관리 개선하는 등 위험성평가를 실시하여야 한다.
㉡ 법 제63조에 따른 작업의 일부 또는 전부를 도급에 의하여 행하는 사업의 경우는 도급을 준 도급인(이하 "도급사업주"라 한다)과 도급을 받은 수급인(이하 "수급사업주"라 한다)은 각각 ㉠에 따른 위험성평가를 실시하여야 한다.
㉢ ㉡에 따른 도급사업주는 수급사업주가 실시한 위험성평가 결과를 검토하여 도급사업주가 개선할 사항이 있는 경우 이를 개선하여야 한다.

36

산업안전보건법령상 사업주가 위험성평가 실시내용 및 결과를 기록·보존할 때 포함되어야 할 사항을 모두 고른 것은?

> ㄱ. 산업안전보건관리비의 산출내역과 변경관리
> ㄴ. 위험성 결정의 내용
> ㄷ. 위험성평가 제외 대상 공종의 작업계획 및 회의내용
> ㄹ. 위험성평가 대상의 유해·위험요인
> ㅁ. 위험성평가의 실시내용을 확인하기 위하여 필요한 사항으로서 고용노동부장관이 정하여 고시하는 사항

① ㄱ, ㄴ, ㄷ
② ㄱ, ㄷ, ㄹ
③ ㄴ, ㄷ, ㄹ
④ ㄴ, ㄹ, ㅁ
⑤ ㄷ, ㄹ, ㅁ

해설

위험성평가 실시내용 및 결과의 기록·보존(산업안전보건법 시행규칙 제37조)
㉠ 사업주가 법 제36조제3항에 따라 위험성평가의 결과와 조치사항을 기록·보존할 때에는 다음의 사항이 포함되어야 한다.
  1. 위험성평가 대상의 유해·위험요인
  2. 위험성 결정의 내용
  3. 위험성 결정에 따른 조치의 내용
  4. 그 밖에 위험성평가의 실시내용을 확인하기 위하여 필요한 사항으로서 고용노동부장관이 정하여 고시하는 사항
㉡ 사업주는 ㉠에 따른 자료를 3년간 보존해야 한다.

37

산업안전보건법령상 중대재해 발생 시 업무절차 및 원인조사에 관한 설명으로 옳은 것은?

① 사업주는 중대재해가 발생한 사실을 알게 된 경우에는 대통령령으로 정하는 바에 따라 지체 없이 한국산업안전보건공단에 보고하여야 한다.
② 고용노동부장관은 중대재해 발생 시 사업주가 자율적으로 안전보건개선계획수립·시행 후 결과를 제출하면 중대재해 원인조사를 생략한다.
③ 누구든지 중대재해 발생 현장을 훼손하거나 고용노동부장관의 원인조사를 방해해서는 아니 된다.
④ 중대재해가 발생한 사업장에 대한 원인조사의 내용 및 절차, 그 밖에 필요한 사항은 대통령령으로 정한다.
⑤ 한국산업안전보건공단이사장은 중대재해 발생 시 그 원인 규명 또는 산업재해 예방대책 수립을 위하여 그 발생 원인을 조사할 수 있다.

해설

중대재해 발생 시 사업주의 조치(산업안전보건법 제54조)
㉠ 사업주는 중대재해가 발생하였을 때에는 즉시 해당 작업을 중지시키고 근로자를 작업장소에서 대피시키는 등 안전 및 보건에 관하여 필요한 조치를 하여야 한다.
㉡ 사업주는 중대재해가 발생한 사실을 알게 된 경우에는 고용노동부령으로 정하는 바에 따라 지체 없이 고용노동부장관에게 보고하여야 한다. 다만, 천재지변 등 부득이한 사유가 발생한 경우에는 그 사유가 소멸되면 지체 없이 보고하여야 한다.

중대재해 원인조사 등(산업안전보건법 제56조)
㉠ 고용노동부장관은 중대재해가 발생하였을 때에는 그 원인 규명 또는 산업재해 예방대책 수립을 위하여 그 발생 원인을 조사할 수 있다.
㉡ 고용노동부장관은 중대재해가 발생한 사업장의 사업주에게 안전보건개선계획의 수립·시행, 그 밖에 필요한 조치를 명할 수 있다.
㉢ 누구든지 중대재해 발생 현장을 훼손하거나 ㉠에 따른 고용노동부장관의 원인조사를 방해해서는 아니 된다.
㉣ 중대재해가 발생한 사업장에 대한 원인조사의 내용 및 절차, 그 밖에 필요한 사항은 고용노동부령으로 정한다.

38

교육훈련 기법에서 토의법의 종류가 아닌 것은?

① 강의법(Lecture Method)
② 문제법(Problem Method)
③ 포럼(Forum)
④ 심포지엄(Symposium)
⑤ 사례연구(Case Study)

해설

토의식 훈련기법
- 토의식 훈련기법은 학습자들이 서로의 의견이나 경험을 주고 받으면서 지식을 습득하는 교수기법이다.
- 토의식 훈련기법에는 포럼(Forum, 공개토의), 심포지엄(전문가토의법, 단상토론), Seminar, 사례연구(Case Study), 버즈세션(전원토의법), 대표토의법(Panel Discussion) 문제법(Problem Method) 등이 있다.

39

안전보건조정자의 업무로 옳은 것을 모두 고른 것은?

> ㄱ. 같은 장소에서 이루어지는 각각의 공사 간에 혼재된 작업의 파악
> ㄴ. 혼재된 작업으로 인한 산업재해 발생의 위험성 파악
> ㄷ. 혼재된 작업의 능률 개선을 위한 작업의 시기·내용 조정
> ㄹ. 각각의 공사 도급인의 안전관리자 간 교육내용 공유 확인

① ㄱ, ㄴ
② ㄱ, ㄷ
③ ㄴ, ㄷ
④ ㄴ, ㄹ
⑤ ㄷ, ㄹ

해설

안전보건조정자의 업무(산업안전보건법 시행령 제57조)
㉠ 안건보건조정자의 업무는 다음과 같다.
　1. 법 제68조제1항에 따라 같은 장소에서 이루어지는 각각의 공사 간에 혼재된 작업의 파악
　2. 제1호에 따른 혼재된 작업으로 인한 산업재해 발생의 위험성 파악
　3. 제1호에 따른 혼재된 작업으로 인한 산업재해를 예방하기 위한 작업의 시기·내용 및 안전보건 조치 등의 조정
　4. 각각의 공사 도급인의 안전보건관리책임자 간 작업 내용에 관한 정보 공유 여부의 확인
㉡ 안전보건조정자는 ㉠의 업무를 수행하기 위하여 필요한 경우 해당 공사의 도급인과 관계수급인에게 자료의 제출을 요구할 수 있다.

정답 39 ①

40
안전보건경영시스템(KOSHA 18001)에 관한 설명으로 옳지 않은 것은?

① "안전보건경영"이란 사업주가 자율적으로 해당 사업장의 산업재해를 예방하기 위하여 안전보건관리체제를 구축하고 정기적으로 위험성평가를 실시하여 잠재 유해·위험 요인을 지속적으로 개선하는 등 산업재해예방을 위한 조치 사항을 체계적으로 관리하는 제반 활동을 말한다.
② "인증심사"란 인증서를 받은 사업장에서 인증기준을 지속적으로 유지·개선 또는 보완하여 운영하고 있는지를 판단하기 위하여 인증 후 매년 1회 정기적으로 실시하는 심사를 말한다.
③ "심사원 양성교육"이란 심사원을 양성하기 위하여 인증운영·인증기준·심사절차 및 심사요령 등에 관하여 실시하는 총 교육시간이 34시간 이상을 실시하는 안전보건경영시스템 교육을 말한다.
④ "연장심사"란 인증 유효기간을 연장하고자 하는 사업장에 대하여 인증 유효기간이 만료되기 전까지 인증의 연장 여부를 결정하기 위하여 실시하는 심사를 말한다.
⑤ "실태심사"란 인증 신청 사업장에 대하여 인증심사를 실시하기 전에 안전보건경영 관련 서류와 사업장의 준비상태 및 안전보건경영활동 운영현황 등을 확인하는 심사를 말한다.

해설
※ 출제 시 정답은 ②이었으나, 안전보건경영시스템이 "KOSHA 18001"에서 "KOSHA-MS"로 개정(20.4.6)되고, ①의 "안전보건경영"이 "안전보건경영시스템"으로 개정(23.02.21)되었으므로 정답 ①, ②로 처리하였음

정의(안전보건경영시스템 인증업무 처리규칙 제2조)
㉠ 이 규칙에서 사용하는 용어의 뜻은 다음과 같다.
 1. "안전보건경영시스템(KOSHA-MS)(이하 "안전보건경영시스템"이라 한다)"이란 사업주가 자율적으로 해당 사업장의 산업재해 예방하기 위하여 안전보건관리체제를 구축하고 정기적으로 위험성평가를 실시하여 잠재 유해·위험 요인을 지속적으로 개선하는 등 산업재해예방을 위한 조치 사항을 체계적으로 관리하는 제반 활동을 말한다.
 3. "실태심사"란 인증 신청 사업장에 대하여 인증심사를 실시하기 전에 안전보건경영 관련 서류와 사업장의 준비상태 및 안전보건경영활동 운영현황 등을 확인하는 심사를 말한다.
 6. "인증심사"란 인증 신청 사업장에 대한 인증의 적합 여부를 판단하기 위하여 인증기준과 관련된 안전보건경영 절차의 이행상태 등을 현장 확인을 통해 실시하는 심사를 말한다.
 8. "연장심사"란 인증 유효기간을 연장하고자 하는 사업장에 대하여 인증 유효기간이 만료되기 전까지 인증의 연장 여부를 결정하기 위하여 실시하는 심사를 말한다.
 12. "심사원 양성교육"이란 심사원을 양성하기 위하여 인증운영·인증기준·심사절차 및 심사요령 등에 관하여 심사원 교육기관에서 실시하는 총 34시간 이상의 안전보건경영시스템 교육을 말한다.

41

안전보건진단에 관한 산업안전보건법 제47조 규정의 일부이다. ( )에 들어갈 내용을 순서대로 나열한 것은?

> 고용노동부장관은 (ㄱ)·붕괴, 화재·폭발, 유해하거나 위험한 물질의 누출 등 (ㄴ) 발생의 위험이 현저히 높은 사업장의 (ㄷ)에게 산업안전보건법 제48조에 따라 지정받은 기관(이하 "안전보건진단기관"이라 한다)이 실시하는 안전보건진단을 받을 것을 명할 수 있다.

① ㄱ : 감전, ㄴ : 사망사고, ㄷ : 사업주
② ㄱ : 감전, ㄴ : 산업재해, ㄷ : 관리감독자
③ ㄱ : 추락, ㄴ : 산업재해, ㄷ : 안전관리자
④ ㄱ : 추락, ㄴ : 산업재해, ㄷ : 사업주
⑤ ㄱ : 전도, ㄴ : 사망사고, ㄷ : 관리감독자

해설

안전보건진단(산업안전보건법 제47조)
고용노동부장관은 추락·붕괴, 화재·폭발, 유해하거나 위험한 물질의 누출 등 산업재해 발생의 위험이 현저히 높은 사업장의 사업주에게 제48조에 따라 지정받은 기관(이하 "안전보건진단기관"이라 한다)이 실시하는 안전보건진단을 받을 것을 명할 수 있다.

정답 41 ④

42

고장률에 관한 욕조곡선(Bathtub Curve)의 설명으로 옳은 것을 모두 고른 것은?

> ㄱ. 시간에 따른 평균고장시간(MTTF)을 도시한 것이다.
> ㄴ. 초기고장기간, 우발고장기간, 마모고장기간으로 구분된다.
> ㄷ. 초기고장을 줄이기 위해 디버깅(Debugging)이나 번인(Burn-in)을 실시한다.
> ㄹ. 피로나 노화고장은 마모고장기간에서 발생한다.
> ㅁ. 예방보전은 우발고장기간에서 가장 효과적이다.

① ㄱ, ㄴ
② ㄱ, ㄴ, ㄷ
③ ㄴ, ㄷ, ㄹ
④ ㄷ, ㄹ, ㅁ
⑤ ㄴ, ㄷ, ㄹ, ㅁ

해설

욕조곡선(Bathtub Curve)
- 사용 중에 일반적으로 나타나는 고장률을 시간의 함수로 나타낸 곡선으로, 초기고장(Early Failure), 우발고장(Random Failure), 마모고장(Wearout Failure)의 세 기간으로 나눈다.
- 초기고장은 결함을 찾아내 고장률을 안전시키는 기간으로 디버깅, 번인이라 한다.
- 예방보전이 가장 효과적으로 발휘되는 기간이다.

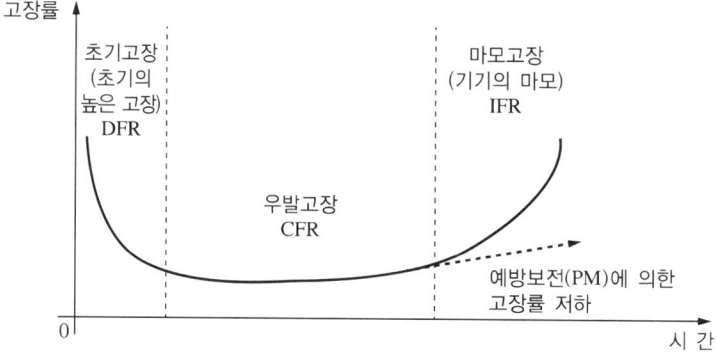

43

부품의 신뢰도가 $R(t) = e^{-0.5t}$일 때 옳지 않은 것은?(단, 시간 t는 년(Year)이며, 소수점 아래 넷째 자리에서 반올림한다)

① 고장확률밀도함수는 $f(t) = 0.5e^{-0.5t}$이다.
② 평균고장시간(MTTF)은 2년이다.
③ 부품의 MTTF 동안 신뢰도는 0.368이다.
④ 시간에 따라 고장률은 점차 증가한다.
⑤ 부품이 3년 내에 고장 날 확률은 0.777이다.

해설

④ 고장률은 시간이 지나도 일정하게 유지된다.
① 고장확률밀도함수는 시간당 고장발생 비율로 (고장율 × 신뢰도)를 이용하여 구한다.
  $f(t) = 0.5e^{(-0.5t)}$
② 평균고장시간은 시간당 고장 나는 횟수로 고장률의 역수가 되므로
  $R(t) = e^{(-\lambda * t)}$, 평균고장시간은 $\lambda(t) = 1/1/200 = 2$이다.
③ 부품의 MTTF 동안 신뢰도는 $e^{(-0.5*2)} = 0.368$이다.
⑤ 3년 내에 고장날 확률은 $t = 3$이므로 $1 - e^{(-0.5*3)} = e^{(-1.5)} = 0.777$이다.

44

다음에 적용된 본질적 안전 설계의 개념으로 옳은 것은?

> ㄱ. 극성이 정해져 있는 전원 커넥터를 극성이 다르게 삽입되지 않도록 설계
> ㄴ. 전기히터가 넘어지면 저절로 꺼지도록 설계

① ㄱ : Fool Proof, ㄴ : Fail Safe
② ㄱ : Fool Proof, ㄴ : Fool Proof
③ ㄱ : Fail Safe, ㄴ : Fool Proof
④ ㄱ : Fail Safe, ㄴ : Fail Safe
⑤ ㄱ : Fail Proof, ㄴ : Fail Safe

해설

- Fool Proof : 사용자의 실수가 있어도 안전장치가 설치되어 있어서 사고나 재해로 이어지지 않는 안전설계기법으로 극성이 정해져 있는 전원 커넥터를 극성이 다르게 삽입되지 않도록 설계하는 것이 풀프루프에 해당한다.
- Fail Safe : 고장이 생겨도 어느 기간 동안은 정상기능이 유지되는 안전설계 기법으로 비행기의 부품이 파손되어도 안전하게 착륙할 수 있는 것이 이 기법으로 설계되어졌기 때문이며 전기히터가 넘어지면 저절로 꺼지도록 설계하는 것이 페일세이프에 해당한다.

정답 43 ④ 44 ①

45

작업공간 배치의 기본 원칙에 관한 설명으로 옳지 않은 것은?

① 자주 사용하는 요소일수록 사용하기 편리한 지점에 배치한다.
② 사용 및 조작 순서를 고려하여 배치한다.
③ 동일한 요소들은 기억과 탐색이 쉽도록 일관된 지점에 배치한다.
④ 기능적으로 관련성이 높은 요소들은 분산 배치한다.
⑤ 목적 달성에 중요한 요소일수록 사용하기 편리한 지점에 배치한다.

해설

작업공간 배치의 기본원칙
- 사용빈도 : 많이 사용하는 부품을 우선하여 배치
- 기능성 : 기능적으로 관련 있는 부품끼리 그룹화하여 배치
- 사용순서 : 사용하는 순서에 맞춰 순차적으로 배치
- 중요도 : 중요한 요소는 사용하기 편리한 지점에 배치

46

다음은 FMEA에서 어떤 고장유형의 심각도, 발생도, 검출도, 가용도를 평가한 결과이다. 이 고장유형에 대한 위험우선순위점수(Risk Priority Number)는 얼마인가?

- 심각도(Severity) : 6
- 발생도(Occurrence) : 5
- 검출도(Detection) : 10
- 가용도(Availability) : 2

① 7
② 21
③ 300
④ 600
⑤ 900

해설

- 위험우선순위점수(RPN)는 심각도와 발생도, 검출도의 곱한 값으로 구할 수 있다.
- 최고 점수는 1,000점이며 125점을 초과하는 경우 작업 착수전 대책을 수립하여야 한다.

∴ 위험우선순위점수(RPN) = 심각도 × 발생도 × 검출도
  = 6 × 5 × 10
  = 300

47
사용자 인터페이스 설계에서 고려되는 사용성(Usability)의 세부 내용에 관한 설명으로 옳지 않은 것은?

① 학습 용이성 : 과거의 경험과 직관에 의해 사용법을 쉽게 익히도록 설계한다.
② 효율성 : 저렴한 비용으로 최상의 정보를 얻을 수 있도록 설계한다.
③ 기억 용이성 : 시간이 지나도 사용법을 기억하기 쉽도록 설계한다.
④ 오류 최소화 및 복구 용이성 : 오류가 적어야 하고 오류가 발생하더라도 복구하기 쉽게 설계한다.
⑤ 주관적 만족감 : 사용자가 만족하고 몰입할 수 있도록 설계한다.

해설

사용자 인터페이스 설계
- 사용자 인터페이스 설계란 사용자와 사물 또는 기기 등의 사이에 의사소통이 가능하도록 매개체를 이용하여 설계하는 것이다.
- 사용성은 사용자가 특정한 환경에서 수립된 목표를 달성하기 위해 제품을 이용할 때의 만족도이며 세부 내용은 다음과 같다.
  - 효율성 : 어떤 일을 하는 데 시간이 적게 걸리는 성질
  - 학습의 용이성 : 조작방법을 습득하기 쉬운 성질
  - 사용의 만족성 : 사용자가 느끼는 만족스러운 정도
  - 오류방지 : 오류가 발생되지 않도록 하는 기능 및 오류 회복 기능

48
경계, 경보를 위한 청각신호 선택 지침에 관한 설명으로 옳지 않은 것은?

① 개시기간이 짧은 고강도 신호를 사용한다.
② 주파수는 500~3,000Hz가 가장 효과적이다.
③ 장거리 신호는 1,000Hz 이하로 한다.
④ 주의, 집중을 위해서는 변조된 신호를 사용한다.
⑤ 배경소음의 주파수와 동일하게 한다.

해설

경계, 경보를 위한 청각신호 선택 지침
- 귀는 중음역에 가장 민감하므로 500~3,000Hz의 진동수를 사용
- 고음은 멀리 가지 못하므로 300m 이상 장거리용으로는 1,000Hz 이하의 진동수 사용
- 신호가 장애물을 돌아가거나 칸막이를 통과해야 할 때는 500Hz 이하의 진동수 사용
- 주의를 끌기 위해서는 변조된 신호를 사용
- 배경소음의 진동수와 다른 신호를 사용하고 신호는 최소한 0.5~1초 동안 지속
- 경보 효과를 높이기 위해서 개시시간이 짧은 고강도 신호 사용
- 주변 소음에 대한 은폐효과를 막기 위해 500~1,000Hz 신호를 사용하여, 적어도 30dB 이상 차이가 나야 한다.

정답 47 ② 48 ⑤

49

결함수(Fault Tree)가 다음과 같을 때 정상사상 T가 발생할 확률은?(단, 기본사상 a, b, c는 서로 독립이고 발생확률은 각각 0.10이다)

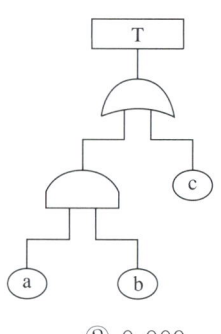

① 0.001
② 0.009
③ 0.019
④ 0.109
⑤ 0.729

해설

- 정상사상(Top Event) : 재해의 위험도를 고려하여 결함수분석을 하기로 결정한 사고나 결과를 말한다.
- 기본사상(Basic Event) : 더 이상 원인을 독립적으로 전개할 수 없는 기본적인 사고의 원인으로서 기기의 기계적 고장, 보수와 시험 이용불능 및 작업자 실수사상 등을 말한다.
- 결함수(Fault Tree)기호 : 결함에 대한 각각의 원인을 기호로서 연결하는 표현수단을 말한다.
- 계산방법은 '+' : OR, '*' : AND, '=' : EQUAL 게이트이다.

a와 b는 and게이트, c와는 or게이트이므로
T = (a and b) or c
a and b = 0.1 × 0.1 = 0.01
0.01 or c = 1 − (1 − 0.01) × (1 − 0.1) = 0.109

50

다음은 4중2 시스템의 신뢰성 블록도(Reliability Block Diagram)이다. 시스템은 동일한 4개의 부품으로 구성되며 4개 중 2개 이상이 정상이면 시스템은 정상 작동한다. 시스템 신뢰도는 얼마인가?(단, 모든 부품의 신뢰도는 0.9이다)

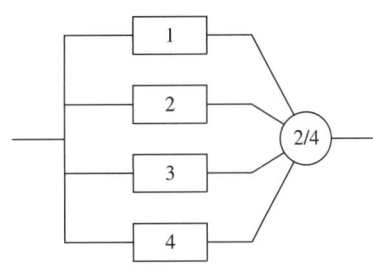

① 0.2916
② 0.6561
③ 0.7290
④ 0.9963
⑤ 0.9999

해설

직렬구조 시스템 신뢰도$(R_s) = R_1 \times R_2 \times R_3$

병렬구조 시스템 신뢰도$(R_s) = 1 - (1-R_1)(1-R_2)(1-R_3)$

n 중 k시스템 신뢰도$(R_s) = \sum_{i=k}^{n} \binom{n}{i} R^i (1-R)^{n-i}$

$\therefore \binom{4}{2} 0.9^2 (1-0.9)^{4-2} + \binom{4}{3} 0.9^3 (1-0.9)^{4-3} + \binom{4}{4} 0.9^4 (1-0.9)^{4-4} = 0.9963$

정답 50 ④

| 기업진단 · 지도

51
인사평가 방법에 관한 설명으로 옳지 않은 것은?

① 서열(Ranking)법은 등위를 부여해 평가하는 방법으로, 평가 비용과 시간을 절약할 수 있다.
② 평정척도(Rating Scale)법은 평가 항목에 대해 리커트(Likert) 척도 등을 이용해 평가한다.
③ BARS(Behaviorally Anchored Rating Scale) 평가법은 성과 관련 주요 행동에 대한 수행 정도로 평가한다.
④ MBO(Management by Objectives) 평가법은 상급자와 합의하여 설정한 목표 대비 실적으로 평가한다.
⑤ BSC(Balanced Score Card) 평가법은 연간 재무적 성과 결과를 중심으로 평가한다.

해설
⑤ 균형성과표(BSC) : 조직의 비전과 목표를 달성하기 위해 수행해야 할 핵심적인 사항을 측정 가능한 형태로 바꾼 성과지표의 집합이다. 성과지표를 도출하려면 재무, 고객, 비즈니스 프로세스, 학습 및 성장과 같은 측면도 균형적으로 고려해야 한다. 경영자는 이러한 지표를 통해 전략 수행을 위한 핵심적인 영역을 조직원에게 명확히 전달할 수 있게 되고 이를 관리함으로써 조직의 전략 수행 여부를 모니터할 수 있게 된다.
① 서열법 : 평가자의 능력과 업적에 따라 서열을 매겨 평가를 하는 방법이다.
② 평정척도법 : 평가요소를 일정기준에 따라 제시하고 단계적 차등을 두어 평가하는 방법이다.
③ BARS : 행동기준 평정척도법으로 직무상의 행동에 대해 점수를 매기는 기준을 만들어 평가하는 방법이다.

52
노사관계에 관한 설명으로 옳지 않은 것은?

① 우리나라에서 단체협약은 1년을 초과하는 유효기간을 정할 수 없다.
② 1935년 미국의 와그너법(Wagner Act)은 부당노동행위를 방지하기 위하여 제정되었다.
③ 유니온 숍제는 비조합원이 고용된 이후, 일정기간 이후에 조합에 가입하는 형태이다.
④ 우리나라에서 임금교섭은 조합 수 기준으로 기업별 교섭형태가 가장 많다.
⑤ 직장폐쇄는 사용자 측의 대항행위에 해당한다.

해설
① 우리나라는 기업별 교섭형태가 가장 많으며 단체협약의 유효기간은 2년을 초과할 수 없다.
• 노사관계 : 노동자와 사용자와의 관계
• 단체협약 : 노동조합과 사용자 간의 협정으로 체결되는 자치적 노동법규

53

조직문화 중 안전문화에 관한 설명으로 옳은 것은?

① 안전문화 수준은 조직구성원이 느끼는 안전 분위기나 안전풍토(Safety Climate)에 대한 설문으로 평가할 수 있다.
② 안전문화는 TMI(Three Mile Island) 원자력발전소 사고 관련 국제원자력기구(IAEA) 보고서에 의해 그 중요성이 널리 알려졌다.
③ 브래들리 커브(Bradley Curve) 모델은 기업의 안전문화 수준을 병적-수동적-계산적-능동적-생산적 5단계로 구분하고 있다.
④ Mohamed가 제시한 안전풍토의 요인들은 재해율이나 보호구 착용률과 같이 구체적이어서 안전문화 수준을 계량화하기 쉽다.
⑤ Pascale의 7S모델은 안전문화의 구성요인으로 Safety, Strategy, Structure, System, Staff, Skill, Style을 제시하고 있다.

해설

③ 브래들리 커브 모델은 기업의 안전문화 수준을 반응적-의존적-독립적-상호의존적의 4단계로 분류하였다.
⑤ 파스칼의 7S 모델은 공유가치(Shared Value), 구조(Structure), 제도(System), 전략(Strategy), 구성원(Staff), 기술(Skill), 리더십 스타일(Style)로 구성된다.

안전문화
- 국민생활 전반에 걸쳐 안전에 관한 태도와 관행의식이 체질화되어 가치관으로 정착되도록 하는 것을 말한다.
- 1986년 구 소련의 체르노빌 원자력 누출 사고 후 원자력안전자문단에 의해 사용되었다.
- 조직과 개인 전반에 걸쳐 안전에 관한 태도와 의식이 체질화되어 가치관으로 정착되는 것이다.
- 삼풍백화점 붕괴사고 이후 정부차원에서 안전문화운동이 본격적으로 전개되기 시작했다.
- 안전문화의 기본지침으로는 본질적으로 의문을 제기하는 자세, 자만의 방지와 최상에 대한 의지, 개인의 책임의식과 조직의 규제 능력의 함양이다.

54
동기부여 이론에 관한 설명으로 옳은 것을 모두 고른 것은?

> ㄱ. 매슬로(A. Maslow)의 욕구 5단계 이론에서 가장 상위계층의 욕구는 자기가 원하는 집단에 소속되어 우의와 애정을 갖고자 하는 사회적 욕구이다.
> ㄴ. 허즈버그(F. Herzberg)의 2요인 이론에서 급여와 복리후생은 동기요인에 해당한다.
> ㄷ. 맥그리거(D. McGregor)의 X이론에 의하면 사람은 엄격한 지시·명령으로 통제되어야 조직 목표를 달성할 수 있다.
> ㄹ. 맥클랜드(D. McClelland)는 주제통각시험(TAT)을 이용하여 사람의 욕구를 성취욕구, 권력욕구, 친교욕구로 구분하였다.

① ㄱ, ㄴ
② ㄱ, ㄹ
③ ㄷ, ㄹ
④ ㄱ, ㄴ, ㄷ
⑤ ㄴ, ㄷ, ㄹ

해설

동기부여 이론
- 매슬로 욕구 5단계 이론 : 생리적 욕구(저차원) – 안전의 욕구 – 애정과 소속의 욕구 – 존경의 욕구 – 자아실현의 욕구(고차원)
- 허즈버그의 2요인 이론 : 위생요인(급여, 근무환경, 보상, 지위, 승진, 근무정책 등)–동기요인(성취감, 책임감, 일의 내용 그 자체, 동료와의 관계, 업무 능력 성장 등)

55
리더십(Leadership)에 관한 설명으로 옳은 것은?
① 리더십 행동이론에서 리더의 행동은 상황이나 조건에 의해 결정된다고 본다.
② 리더십 특성이론에서 좋은 리더는 리더십 행동에 대한 훈련에 의해 육성될 수 있다고 본다.
③ 리더십 상황이론에서 리더십은 리더와 부하직원들 간의 상호작용에 따라 달라질 수 있다고 본다.
④ 헤드십(Headship)은 조직 구성원에 의해 선출된 관리자가 발휘하기 쉬운 리더십을 의미한다.
⑤ 헤드십은 최고경영자의 민주적인 리더십을 의미한다.

해설

리더십 이론
- 특성이론이란 유능한 리더는 신체적 특성, 성격, 능력 등이 갖춰져 있다는 이론이다.
- 행동이론은 특성이론과 다르게 리더가 자신의 역할을 수행하기 위해 구성원들에게 어떠한 행동을 보이느냐에 따라 효과성이 결정된다는 이론이다.
- 상황이론은 팀원들의 성숙도에 따라 리더의 스타일이 달라져야 한다는 이론이다.
- 헤드십은 한 조직의 공식적인 직위와 권한에 근거하여 발휘되는 리더십이다.

56
수요예측 방법에 관한 설명으로 옳은 것은?

① 델파이 방법은 일반 소비자를 대상으로 하는 정량적 수요예측 방법이다.
② 이동평균법은 과거 수요예측치의 평균으로 예측한다.
③ 시계열분석법의 변동요인에 추세(Trend)는 포함되지 않는다.
④ 단순회귀분석법에서 수요량 예측은 최대자승법을 이용한다.
⑤ 지수평활법은 과거 실제 수요량과 예측치 간의 오차에 대해 지수적 가중치를 반영해 예측한다.

해설
① 델파이법은 전문가들을 대상으로 여러 차례 질문지를 돌려 답변을 분석하고 결과를 전문가들에게 통보하는 행위를 계속하여 의견을 수렴하는 방식이다.
② 이동평균법은 과거 n년 동안 실제 수요의 산술 평균값으로 예측하는 방식이다.
③ 시계열분석법은 과거의 자료를 토대로 미래의 수요를 예측하는 방법으로 계절적인 변동, 추세, 불규칙 변화 등에 대한 분석을 통해 수요를 예측한다.
④ 단순회귀분석법은 하나의 요인만을 사용하여 분석하는 방법으로 최소자승법을 이용한다.

57
재고관리에 관한 설명으로 옳지 않은 것은?

① 경제적주문량(EOQ) 모형에서 재고유지비용은 주문량에 비례한다.
② 신문판매원 문제(Newsboy Problem)는 확정적 재고모형에 해당한다.
③ 고정주문량모형은 재고수준이 미리 정해진 재주문점에 도달할 경우 일정량을 주문하는 방식이다.
④ ABC 재고관리는 재고의 품목 수와 재고 금액에 따라 중요도를 결정하고 재고관리를 차별적으로 적용하는 기법이다.
⑤ 재고로 인한 금융비용, 창고 보관료, 자재 취급비용, 보험료는 재고유지비용에 해당한다.

해설
재고모형의 분류에는 확정적 모형과 확률적 모형이 있다. 확정적 모형에는 고정주문량 모형(경제적 주문량 모형 EOQ, 경제적 생산량 모형 EPQ), 고정주문기간 모형 등이 있으며 확률적 모형에는 고정주문량 모형, 고정주문기간 모형이 있다. 신문판매원의 경우 주기적으로 조달을 받는 것이므로 고정주문모델인 확률적 모형으로 보는 것이 옳다.

정답 56 ⑤ 57 ②

58
품질경영기법에 관한 설명으로 옳지 않은 것은?
① SERVQUAL 모형은 서비스 품질수준을 측정하고 평가하는 데 이용될 수 있다.
② TQM은 고객의 입장에서 품질을 정의하고 조직 내의 모든 구성원이 참여하여 품질을 향상하고자 하는 기법이다.
③ HACCP은 식품의 품질 및 위생을 생산부터 유통단계를 거쳐 최종 소비될 때까지 합리적이고 철저하게 관리하기 위하여 도입되었다.
④ 6시그마 기법에서는 품질특성치가 허용한계에서 멀어질수록 품질비용이 증가하는 손실함수 개념을 도입하고 있다.
⑤ ISO 9000 시리즈는 표준화된 품질의 필요성을 인식하여 제정되었으며 제3자(인증기관)가 심사하여 인증하는 제도이다.

해설
① SERVQUAL 모형은 서비스 품질평가 방법으로 서비스 받기 전, 후의 고객의 인지도 차이를 분석하여 평가하는 방법이다.
④ 6시그마 기법은 모토로라에서 처음 사용한 방식으로 100만 개의 제품 중 발생하는 불량품이 평균 3.4개라는 것을 추구한다. 품질이 좋은 제품이 비용이 적게 발생한다는 원칙을 준수하는 품질관리기법이다.

59
식음료 제조업체의 공급망관리팀 팀장인 홍길동은 유통단계에서 최종 소비자의 주문량 변동이 소매상, 도매상, 제조업체로 갈수록 증폭되는 현상을 발견하였다. 이에 관한 설명으로 옳지 않은 것은?
① 공급사슬 상류로 갈수록 주문의 변동이 증폭되는 현상을 채찍효과(Bullwhip Effect)라고 한다.
② 유통업체의 할인 이벤트 등으로 가격 변동이 클 경우 주문량 변동이 감소할 것이다.
③ 제조업체와 유통업체의 협력적 수요예측시스템은 주문량 변동이 감소하는 데 기여할 것이다.
④ 공급사슬의 정보공유가 지연될수록 주문량 변동은 증가할 것이다.
⑤ 공급사슬의 리드타임(Lead Time)이 길수록 주문량 변동은 증가할 것이다.

해설
② 유통업체의 할인 이벤트 등으로 가격 변동이 클 경우 주문량 변동이 증가할 것이다.
- 공급사슬 : 자재와 서비스의 공급자부터 생산자의 생산과정을 거쳐 제품을 소비자에게 전달하기까지의 모든 연결된 유통공급망을 말한다. 정보공유가 지연되거나 리드타임이 길어지면 변동의 폭이 커진다.
- 채찍효과 : 하류의 주문고객 정보가 상류로 전달되면서 정보가 왜곡되고 확대되는 현상을 말한다.

60
스트레스의 작용과 대응에 관한 설명으로 옳지 않은 것은?

① A유형이 B유형 성격의 사람에 비해 스트레스에 더 취약하다.
② Selye가 구분한 스트레스 3단계 중에서 2단계는 저항단계이다.
③ 스트레스 관련 정보수집, 시간관리, 구체적 목표의 수립은 문제중심적 대처방법이다.
④ 자신의 사건을 예측할 수 있고, 통제 가능하다고 지각하면 스트레스를 덜 받는다.
⑤ 긴장(각성) 수준이 높을수록 수행 수준은 선형적으로 감소한다.

해설
⑤ 긴장수준이 높을수록 수행 수준은 증가한다.
- A유형, B유형 성격이론은 미국의 프리드만에 의해 연구되었다. 논문에 따르면 A유형은 급하고 경쟁적이며 성취지향적인 타입이고, B유형은 그와 반대로 여유롭고 느긋한 타입이다.
- 셀리에의 스트레스 3단계는 1단계(경계단계), 2단계(저항단계), 3단계(탈진단계)로 구성된다.
- 스트레스의 대처방법에는 Forkman & Lazarus의 정서중심대처법과 문제중심대처법이 사용된다. 문제중심대처법은 스트레스원을 변화시키는 데 목적을 두는 반면, 정서중심대처법은 스트레스 인지로 인한 정서관리에 초점을 두고 있다.

61
김부장은 직원의 직무수행을 평가하기 위해 평정척도를 이용하였다. 금년부터는 평정오류를 줄이기 위한 방법으로 '종업원 비교법'을 도입하고자 한다. 이때 제거 가능한 오류(a)와 여전히 존재하는 오류(b)를 옳게 짝지은 것은?

① a : 후광오류,   b : 중앙집중오류
② a : 후광오류,   b : 관대화오류
③ a : 중앙집중오류,   b : 관대화오류
④ a : 관대화오류,   b : 중앙집중오류
⑤ a : 중앙집중오류,   b : 후광오류

해설
평가오류의 종류
- 후광오류 : 팀원의 특징적인 장단점을 그의 전부로 인식하는 오류이다.
- 중앙집중오류 : 팀원 평가의 결과가 중간 수준의 점수로 집중되는 오류를 말한다.
- 관대화오류 : 평가자가 피평가자의 실제 수준보다 지나치게 높게 평가하는 오류를 말한다.

62

인사 담당자인 김부장은 신입사원 채용을 위해 적절한 심리검사를 활용하고자 한다. 심리검사에 관한 설명으로 옳지 않은 것은?

① 다른 조건이 모두 동일하다면 검사의 문항 수는 내적 일관성의 정도에 영향을 미치지 않는다.
② 반분 신뢰도(Split-half Reliability)는 검사의 내적 일관성 정도를 보여주는 지표이다.
③ 안면 타당도(Face Validity)는 검사문항들이 외관상 특정 검사의 문항으로 적절하게 보이는 정도를 의미한다.
④ 준거 타당도(Criterion Validity)에는 동시 타당도(Concurrent Validity)와 예측 타당도(Predictive Validity)가 있다.
⑤ 동형 검사 신뢰도(Equivalent-form Reliability)는 동일한 구성개념을 측정하는 두 독립적인 검사를 하나의 집단에 실시하여 측정한다.

해설

내적일관성 신뢰도는 검사를 구성하고 있는 부분검사 및 문항들에 대한 피험자반응의 일관성을 분석하는 신뢰도 추정방법이다. 그러므로 ①번 문항의 '다른 조건이 모두 동일하다면 검사의 문항 수는 내적 일관성의 정도에 영향을 미치지 않는다.'는 것은 틀린 것으로 '문항 수도 영향을 미친다.'로 바꿔야 한다.

63

다음에 설명하는 용어는?

> 응집력이 높은 조직에서 모든 구성원들이 하나의 의견에 동의하려는 욕구가 매우 강해, 대안적인 행동방식을 객관적이고 타당하게 평가하지 못함으로써 궁극적으로 비합리적이고 비현실적인 의사결정을 하게 되는 현상이다.

① 집단사고(Group Think)
② 사회적 태만(Social Loafing)
③ 집단극화(Group Polarization)
④ 사회적 촉진(Social Facilitation)
⑤ 남만큼만 하기 효과(Sucker Effect)

해설

② 사회적 태만 : 집단에 속한 사람이 개인으로 할 때보다 노력을 덜하는 현상을 말한다.
③ 집단극화 : 집단의 의사결정이 개인의 의사결정보다 더 극단적으로 되는 현상이다.
④ 사회적 촉진 : 다른 사람이 있을 때 더 잘하게 되는 것으로 사회적 태만과 반대의 개념이다.
⑤ 남만큼만 하기 효과 : 학습능력이 높은 사람이 집단에 속했을 때 자신의 노력이 다른 사람에게 돌아갈까 봐 다른 사람만큼만 하는 것을 말한다.

64

용접공이 작업 중에 보호안경을 쓰지 않으면 시력손상을 입는 산업재해가 발생한다. 용접공의 행동특성을 ABC행동이론(선행사건, 행동, 결과)에 근거하여 기술한 내용으로 옳은 것을 모두 고른 것은?

> ㄱ. 보호안경을 착용하지 않으면 편리하다는 확실한 결과를 얻을 수 있다.
> ㄴ. 보호안경 착용으로 나타나는 예방효과는 안전행동에 결정적인 영향을 미친다.
> ㄷ. 미래의 불확실한 이득(시력보호)으로 보호안경의 착용 행위를 증가시키는 것은 어렵다.
> ㄹ. 모범적인 보호안경 착용자에게 공개적인 인센티브를 제공하여 위험행동을 감소하도록 유도한다.

① ㄱ, ㄷ
② ㄴ, ㄹ
③ ㄱ, ㄷ, ㄹ
④ ㄴ, ㄷ, ㄹ
⑤ ㄱ, ㄴ, ㄷ, ㄹ

해설

ABC행동이론
어떤 사건(Activating Events)이 일어나면 각 개인은 이 사건으로 자신의 신념체계(Belief System)를 매개로 하여 지각하고, 이 사건을 자신의 가치관이나 태도에 비추어 평가하고 그로 인해 정서적이거나 행동적인 결과(Consequence), 즉 우울하거나 초조하거나 화를 내는 행동을 한다.

65

휴먼에러 발생 원인을 설명하는 모델 중 주로 익숙하지 않은 문제를 해결할 때 사용하는 모델이며 지름길을 사용하지 않고 상황파악, 정보수집, 의사결정, 실행의 모든 단계를 순차적으로 실행하는 방법은?

① 위반 행동모델(Violation Behavior Model)
② 숙련기반 행동모델(Skill-based Behavior Model)
③ 규칙기반 행동모델(Rule-based Behavior Model)
④ 지식기반 행동모델(Knowledge-based Behavior Model)
⑤ 일반화 에러 모형(Generic Error Modeling System)

정답 64 전항 정답 65 ④

해설

휴먼에러

인간이 범하는 오류를 말하며, 3가지 관점에서 연구되고 있다.

㉠ 행위적 관점 : 인간의 행동 결과를 이용하여 에러를 분류하는 방법이다.
- 스웨인의 심리적 분류 : 누락오류, 작위오류, 시간오류, 순서오류, 과잉행동오류

㉡ 원인적 관점
- 리즌의 에러분류 : 의도적 행동, 비의도적 행동
- 라스무센의 분류
  - 숙련기반 행동모델 : 업무가 숙련되어 무의식적 행동을 하는 과정에서 에러가 발생한다.
  - 규칙기반 행동모델 : 정해진 규칙에 따르지 않고 상황을 잘못 인식하여 에러가 발생한다.
  - 지식기반 행동모델 : 익숙하지 않은 문제를 단계에 따라 행동하는 과정에서 에러가 발생한다.

㉢ 기타 관점
- 인간공학적 에러(작업에러) : 설계에러, 제작에러, 검사에러, 설치에러, 운전에러, 취급에러 등
- 실수원인의 수준적 분류 : 1차에러, 2차에러, 지시에러
- 인간행동과정을 통한 분류 : 입력에러, 정보처리에러, 의사결정에러, 출력에러, 피드백에러

66

소음의 특성과 청력손실에 관한 설명으로 옳지 않은 것은?

① 0dB 청력수준은 20대 정상 청력을 근거로 산출된 최소역치수준이다.
② 소음성 난청은 달팽이관의 유모세포 손상에 따른 영구적 청력손실이다.
③ 소음성 난청은 주로 1,000Hz 주변의 청력손실로부터 시작된다.
④ 소음작업이란 1일 8시간 작업을 기준으로 85dB(A) 이상의 소음이 발생하는 작업이다.
⑤ 중이염 등으로 고막이나 이소골이 손상된 경우 기도와 골도 청력에 차이가 발생할 수 있다.

해설

- 소음성 난청이란 특수건강진단에서 기도 순음어음 청력검사상 3,000, 4,000 또는 6,000Hz의 고음역영역에서 어느 하나라도 50dB의 청력손실이 인정되고, 삼분법 500(a), 1,000(b), 2,000(c)에 대한 청력손실 정도로서 (a+b+c)/3 평균 30dB 이상의 청력손실이 있으며 직업력상 소음노출에 의한 것으로 추정되는 경우로 한다.
- 소음작업이란 1일 8시간 작업을 기준으로 85dB(A) 이상의 소음이 발생하는 작업을 말한다.
- 초기 저음역(500, 1,000 및 2,000Hz)에서 보다 고음역(3,000, 4,000 및 6,000Hz, 특히 4,000Hz)에서 청력손실이 현저히 심하게 나타나는 양상(Notch)을 보인다.

67
인간의 정보처리과정에 관한 설명으로 옳은 것을 모두 고른 것은?

> ㄱ. 단기기억의 용량은 덩이 만들기(Chunking)를 통해 확장할 수 있다.
> ㄴ. 감각기억에 있는 정보를 단기기억으로 이전하기 위해서는 주의가 필요하다.
> ㄷ. 신호검출이론(Signal-detection Theory)에서 누락(Miss)은 신호가 없는데도 있다고 잘못 판단하는 경우이다.
> ㄹ. Weber의 법칙에 따르면 10kg의 물체에 대한 무게 변화감지역(JND)이 1kg의 물체에 대한 무게 변화감지역보다 더 크다.

① ㄴ, ㄷ
② ㄱ, ㄴ, ㄹ
③ ㄱ, ㄷ, ㄹ
④ ㄴ, ㄷ, ㄹ
⑤ ㄱ, ㄴ, ㄷ, ㄹ

해설
- 단기기억 : 감각기억 속에 저장된 기억 중 주의를 통해 선택되어 저장된 기억이다. Chunking을 통해 수용량을 증가시킬 수 있다.
- 신호검출이론 : 소음이 신호검출에 미치는 영향을 파악하고 이와 관련된 최적의 의사결정 기준을 다루는 이론으로 누락이란 신호를 노이즈로 판단하는 것을 말한다. 반대로 허위(False Alarm)는 노이즈를 시그널로 판단하는 것을 말한다.
- Weber의 법칙 : 물리적 자극의 크기를 상대적으로 판단하여 기준자극의 크기가 클수록 더 큰 변화를 감지한다는 것이다.

68
어떤 가설을 받아들이고 나면 다른 가능성은 검토하지도 않고 그 가설을 지지하는 증거만을 탐색해서 받아들이는 현상에 해당하는 것은?

① 대표성 어림법(Representativeness Heuristic)
② 가용성 어림법(Availability Heuristic)
③ 과잉확신(Overconfidence)
④ 확증 편향(Confirmation Bias)
⑤ 사후확신 편향(Hindsight Bias)

해설
④ 확증 편향 : 어떤 가설을 받아들이고 나면 다른 가능성은 검토하지도 않고 그 가설을 지지하는 증거만을 탐색해서 받아들이는 현상을 말한다.
① 대표성 어림법 : 어떤 표본이 실제로는 부족한 정보이나 그 정보가 충분한 대표성을 반영한다고 믿는 판단 오류이다.
② 가용성 어림법 : 어떤 문제에 직면하면 자료를 찾아보기 보다는 당장 머릿속에 떠오르는 것에 의존하여 판단하는 오류이다.
③ 과잉확신 : 자신의 판단이나 지식을 실제보다 높게 평가하는 경향을 말한다.
⑤ 사후확신 편향 : 이미 일어난 사건을 그 일이 예측 가능한 것으로 생각하는 경향이다.

69

근로자 건강진단에 관한 설명으로 옳지 않은 것은?

① 납땜 후 기판에 묻어 있는 이물질을 제거하기 위하여 아세톤을 취급하는 근로자는 특수건강진단 대상자이다.
② 우레탄수지 코팅공정에 다이메틸폼아마이드 취급 근로자의 배치 후 첫 번째 특수건강진단 시기는 3개월 이내이다.
③ 6개월간 오후 10시부터 다음날 오전 6시 사이의 시간 중 작업을 월 평균 60시간 이상 수행하는 근로자는 야간작업 특수건강진단대상자이다.
④ 직업성 천식 및 직업성 피부염이 의심되는 근로자에 대한 수시건강진단의 검사항목이 있다.
⑤ 정밀기계 가공작업에서 금속가공유 취급 시 노출되는 근로자는 배치전·특수건강진단대상자이다.

해설

특수건강진단의 시기 및 주기(산업안전보건법 시행규칙 별표 23)

구 분	대상 유해인자	시기 (배치 후 첫 번째 특수건강진단)	주 기
1	• N,N-다이메틸아세트아마이드 • 다이메틸폼아마이드	1개월 이내	6개월
2	벤 젠	2개월 이내	6개월
3	• 1,1,2,2-테트라클로로에테인 • 사염화탄소 • 아크릴로나이트릴 • 염화비닐	3개월 이내	6개월
4	석면, 면 분진	12개월 이내	12개월
5	• 광물성 분진 • 목재 분진 • 소음 및 충격소음	12개월 이내	24개월
6	1.부터 5.까지의 대상 유해인자를 제외한 별표 22의 모든 대상 유해인자	6개월 이내	12개월

정답 69 ②

70

관리대상 유해물질 관련 국소배기장치 후드의 제어풍속에 관한 설명으로 옳지 않은 것은?

① 가스 상태 물질 포위식 포위형 후드는 제어풍속이 0.4m/s 이상이다.
② 가스 상태 물질 외부식 측방흡인형 후드는 제어풍속이 0.5m/s 이상이다.
③ 가스 상태 물질 외부식 상방흡인형 후드는 제어풍속이 1.0m/s 이상이다.
④ 입자 상태 물질 포위식 포위형 후드는 제어풍속이 1.0m/s 이상이다.
⑤ 입자 상태 물질 외부식 상방흡인형 후드는 제어풍속이 1.2m/s 이상이다.

해설

관리대상 유해물질 관련 국소배기장치 후드의 제어풍속(산업안전보건기준에 관한 규칙 별표 13)

물질의 상태	후드 형식	제어풍속(m/s)
가스 상태	포위식 포위형	0.4
	외부식 측방흡인형	0.5
	외부식 하방흡인형	0.5
	외부식 상방흡인형	1.0
입자 상태	포위식 포위형	0.7
	외부식 측방흡인형	1.0
	외부식 하방흡인형	1.0
	외부식 상방흡인형	1.2

※ 비 고
- "가스 상태"란 관리대상 유해물질이 후드로 빨아들여질 때의 상태가 가스 또는 증기인 경우를 말한다.
- "입자 상태"란 관리대상 유해물질이 후드로 빨아들여질 때의 상태가 퓸, 분진 또는 미스트인 경우를 말한다.
- "제어풍속"이란 국소배기장치의 모든 후드를 개방한 경우의 제어풍속으로서 다음 각 목에 따른 위치에서의 풍속을 말한다.
  - 포위식 후드에서는 후드 개구면에서의 풍속
  - 외부식 후드에서는 해당 후드에 의하여 관리대상 유해물질을 빨아들이려는 범위 내에서 해당 후드 개구면으로부터 가장 먼 거리의 작업위치에서의 풍속

71
산업위생의 범위에 관한 설명으로 옳지 않은 것은?

① 새로운 화학물질을 공정에 도입하려고 계획할 때 알려진 참고자료를 바탕으로 노출 위험성을 예측한다.
② 화학물질 관리를 위해 국소배기장치를 직접 제작 및 설치한다.
③ 작업환경에서 발생할 수 있는 감염성 질환을 포함한 생물학적 유해인자에 대한 위험성평가를 실시한다.
④ 노출기준이 설정되지 않은 물질에 대하여 노출수준을 측정하고 참고자료와 비교하여 평가한다.
⑤ 동일한 직무를 수행하는 노동자 그룹별로 직무특성을 상세하게 기술하고 유사 노출그룹을 분류한다.

해설
산업위생은 근로자나 일반대중에게 질병, 건강장애, 불쾌감 등을 초래하는 작업환경요인과 스트레스를 예측, 인지, 측정, 평가하고 관리하는 과학과 기술로 정의된다. 그러므로 국소배기장치를 직접 제작 및 설치하는 행위는 포함되지 않는다.

72
미국산업위생학회에서 산업위생의 정의에 관한 설명으로 옳지 않은 것은?

① 인지란 현재상황의 유해인자를 파악하는 것으로 위험성 평가(Risk Assessment)를 통해 실행할 수 있다.
② 측정은 유해인자의 노출 정도를 정량적으로 계측하는 것이며 정성적 계측도 포함한다.
③ 평가의 대표적인 활동은 측정된 결과를 참고자료 혹은 노출기준과 비교하는 것이다.
④ 관리에서 개인보호구의 사용은 최후의 수단이며 공학적, 행정적인 관리와 병행해야 한다.
⑤ 예측은 산업위생 활동에서 마지막으로 요구되는 활동으로 앞 단계들에서 축적된 자료를 활용하는 것이다.

해설
미국산업위생학회(AIHA)에 의하면 산업위생은 근로자나 일반대중에게 질병, 건강장애, 불쾌감 등을 초래하는 작업환경요인과 스트레스를 예측, 인지, 측정, 평가하고 관리하는 과학과 기술로 정의하였고, 산업위생의 활동으로는 예측, 인지, 측정, 평가, 관리 등으로 나누었다. 예측은 산업위생 활동에서 처음으로 요구되는 활동이다.

73
국가별 노출기준 중 법적 제재력이 없는 것은?

① 독일 GCIHHCC의 MAK
② 영국 HSE의 WEL
③ 일본 노동성의 CL
④ 우리나라 고용노동부의 허용기준
⑤ 미국 OSHA의 PEL

해설

국가별 노출기준 명칭
- 미국 : PEL(OSHA), REL(NIOSH), TLV(ACGIH), WEEL(AIHA)
- 영국 : WEL(HSE)
- 일본 : CL(노동성)
- 독일 : MAK(GCIHHCC) 위험물질에 대한 가이드라인 제시에 적용
- 한국 : 허용기준(고용노동부)

74
산업위생관리의 기본원리 중 작업관리에 해당하는 것은?

① 유해물질의 대체
② 국소배기 시설
③ 설비의 자동화
④ 작업방법 개선
⑤ 생산공정의 변경

해설

산업위생관리 기본원리
산업위생이란 건강문제를 관리하기 위해 작업환경 개선의 문제를 다루는 분야이다. 기본원리로는 작업관리, 공학적 개선방법 등이 있으며 작업관리에는 작업방법 개선, 작업환경 개선 등이 포함되며 공학적 개선방법에는 유해물질의 대체, 국소배기시설, 설비의 자동화, 생산공정의 변경 등이 있다.

정답 73 ① 74 ④

75

유기용제의 일반적인 특성 및 독성에 관한 설명으로 옳은 것을 모두 고른 것은?

> ㄱ. 탄소사슬의 길이가 길수록 유기화학물질의 중추신경 억제효과는 증가한다.
> ㄴ. 염화메틸렌이 사염화탄소보다 더 강력한 마취특성을 가지고 있다.
> ㄷ. 불포화탄화수소는 포화탄화수소보다 자극성이 작다.
> ㄹ. 유기분자에 아민이 첨가되면 피부에 대한 부식성이 증가한다.

① ㄱ, ㄴ
② ㄱ, ㄷ
③ ㄱ, ㄹ
④ ㄴ, ㄷ
⑤ ㄴ, ㄹ

해설

ㄱ. 탄소사슬의 길이가 길수록 증기압이 감소하기 때문에 중추신경 억제효과가 증가한다.
ㄹ. 아민, 알데하이드, 알코올 등이 부착되면 피부에 대한 자극이 증가된다.
ㄴ. 유기용제의 마취작용은 사염화탄소>클로로폼>염화메틸렌 순으로 작용한다.
ㄷ. 불포화탄화수소는 탄소 원자 사이에 이중결합을 가진 사슬모양의 유기용제로 포화 탄화수소보다 반응을 잘 일으키므로 자극성이 크다.

유기용제

유기용제는 액체상태로 다른 물질을 녹이는 능력이 있는 물질을 말한다. 상온에서 증발하며 호흡기에 노출되면 중추신경 등이 마비된다. 지용성의 경우 피부를 통해 흡수되는 경우도 있다.

2021년 과년도 기출문제

| 산업안전보건법령

01
산업안전보건법령상 안전보건관리체제에 관한 설명으로 옳지 않은 것은?

① 안전보건관리책임자는 안전관리자와 보건관리자를 지휘·감독한다.
② 사업주는 사업장을 실질적으로 총괄하여 관리하는 사람에게 해당 사업장의 작업환경측정 등 작업환경의 점검 및 개선에 관한 업무를 총괄하여 관리하도록 하여야 한다.
③ 사업주는 안전관리자에게 산업 안전 및 보건에 관한 업무로서 해당 작업에서 발생한 산업재해에 관한 보고 및 이에 대한 응급조치에 관한 업무를 수행하도록 하여야 한다.
④ 사업주는 안전보건관리책임자가 산업안전보건법에 따른 업무를 원활하게 수행할 수 있도록 권한·시설·장비·예산, 그 밖에 필요한 지원을 해야 한다.
⑤ 사업주는 안전보건관리책임자를 선임했을 때에는 그 선임 사실 및 산업안전보건법에 따른 업무의 수행내용을 증명할 수 있는 서류를 갖추어 두어야 한다.

해설
③ 사업주는 안전보건관리책임자에게 산업 안전 및 보건에 관한 업무로서 해당 작업에서 발생한 산업재해에 관한 원인 조사 및 재발방지대책 수립에 관한 사항을 수행하도록 하여야 한다.

안전보건관리책임자(산업안전보건법 제15조)
㉠ 사업주는 사업장을 실질적으로 총괄하여 관리하는 사람에게 해당 사업장의 다음의 업무를 총괄하여 관리하도록 하여야 한다.
  1. 사업장의 산업재해 예방계획의 수립에 관한 사항
  2. 제25조 및 제26조에 따른 안전보건관리규정의 작성 및 변경에 관한 사항
  3. 제29조에 따른 안전보건교육에 관한 사항
  4. 작업환경측정 등 작업환경의 점검 및 개선에 관한 사항
  5. 제129조부터 제132조까지에 따른 근로자의 건강진단 등 건강관리에 관한 사항
  6. 산업재해의 원인 조사 및 재발 방지대책 수립에 관한 사항
  7. 산업재해에 관한 통계의 기록 및 유지에 관한 사항
  8. 안전장치 및 보호구 구입 시 적격품 여부 확인에 관한 사항
  9. 그 밖에 근로자의 유해·위험 방지조치에 관한 사항으로서 고용노동부령으로 정하는 사항
㉡ ㉠의 각 업무를 총괄하여 관리하는 사람(이하 "안전보건관리책임자"라 한다)은 제17조에 따른 안전관리자와 제18조에 따른 보건관리자를 지휘·감독한다.
㉢ 안전보건관리책임자를 두어야 하는 사업의 종류와 사업장의 상시근로자 수, 그 밖에 필요한 사항은 대통령령으로 정한다.

정답 1 ③

02

산업안전보건법령상 협조 요청 등에 관한 설명으로 옳지 않은 것은?

① 고용노동부장관은 산업재해 예방에 관한 기본계획을 효율적으로 시행하기 위하여 필요하다고 인정할 때에는 공공기관의 운영에 관한 법률에 따른 공공기관의 장에게 필요한 협조를 요청할 수 있다.
② 고용노동부를 제외한 행정기관의 장은 사업장의 안전 및 보건에 관하여 규제를 하려면 미리 고용노동부장관과 협의하여야 한다.
③ 고용노동부장관은 산업재해 예방을 위하여 필요하다고 인정할 때에는 사업주단체에게 필요한 사항을 권고하거나 협조를 요청할 수 있다.
④ 고용노동부장관은 산업재해 예방을 위하여 중앙행정기관의 장과 지방자치단체의 장 또는 공단 등 관련 기관·단체의 장에게 소득세법에 따른 납세실적에 관한 정보의 제공을 요청할 수 있다.
⑤ 고용노동부장관은 산업재해 예방을 위하여 중앙행정기관의 장과 지방자치단체의 장 또는 공단 등 관련 기관·단체의 장에게 고용보험법에 따른 근로자의 피보험자격의 취득 및 상실 등에 관한 정보의 제공을 요청할 수 있다.

해설

협조 요청 등(산업안전보건법 제8조)
㉠ 고용노동부장관은 제7조제1항에 따른 기본계획을 효율적으로 시행하기 위하여 필요하다고 인정할 때에는 관계 행정기관의 장 또는 공공기관의 운영에 관한 법률 제4조에 따른 공공기관의 장에게 필요한 협조를 요청할 수 있다.
㉡ 행정기관(고용노동부는 제외한다. 이하 이 조에서 같다)의 장은 사업장의 안전 및 보건에 관하여 규제를 하려면 미리 고용노동부장관과 협의하여야 한다.
㉢ 행정기관의 장은 고용노동부장관이 ㉡에 따른 협의과정에서 해당 규제에 대한 변경을 요구하면 이에 따라야 하며, 고용노동부장관은 필요한 경우 국무총리에게 협의·조정 사항을 보고하여 확정할 수 있다.
㉣ 고용노동부장관은 산업재해 예방을 위하여 필요하다고 인정할 때에는 사업주, 사업주단체, 그 밖의 관계인에게 필요한 사항을 권고하거나 협조를 요청할 수 있다.
㉤ 고용노동부장관은 산업재해 예방을 위하여 중앙행정기관의 장과 지방자치단체의 장 또는 공단 등 관련 기관·단체의 장에게 다음의 정보 또는 자료의 제공 및 관계 전산망의 이용을 요청할 수 있다. 이 경우 요청을 받은 중앙행정기관의 장과 지방자치단체의 장 또는 관련 기관·단체의 장은 정당한 사유가 없으면 그 요청에 따라야 한다.
 1. 부가가치세법 제8조 및 법인세법 제111조에 따른 사업자등록에 관한 정보
 2. 고용보험법 제15조에 따른 근로자의 피보험자격의 취득 및 상실 등에 관한 정보
 3. 그 밖에 산업재해 예방사업을 수행하기 위하여 필요한 정보 또는 자료로서 대통령령으로 정하는 정보 또는 자료

03

산업안전보건법령상 산업재해발생건수 등의 공표대상 사업장에 해당하는 것은?

① 사망재해자가 연간 1명 이상 발생한 사업장
② 사망만인율(연간 상시근로자 1만명당 발생하는 사망재해자 수의 비율)이 규모별 같은 업종의 평균 사망만인율 이상인 사업장
③ 산업안전보건법에 따른 중대재해가 발생한 사업장
④ 산업재해 발생 사실을 은폐했거나, 은폐할 우려가 있는 사업장
⑤ 산업안전보건법에 따른 산업재해의 발생에 관한 보고를 최근 3년 이내 1회 이상 하지 않은 사업장

해설

공표대상 사업장(산업안전보건법 시행령 제10조)

㉠ 법 제10조제1항에서 "대통령령으로 정하는 사업장"이란 다음 중 어느 하나에 해당하는 사업장을 말한다.
  1. 산업재해로 인한 사망자(이하 "사망재해자"라 한다)가 연간 2명 이상 발생한 사업장
  2. 사망만인율(死亡萬人率 : 연간 상시근로자 1만명당 발생하는 사망재해자 수의 비율을 말한다)이 규모별 같은 업종의 평균 사망만인율 이상인 사업장
  3. 법 제44조제1항 전단에 따른 중대산업사고가 발생한 사업장
  4. 법 제57조제1항을 위반하여 산업재해 발생 사실을 은폐한 사업장
  5. 법 제57조제3항에 따른 산업재해의 발생에 관한 보고를 최근 3년 이내 2회 이상 하지 않은 사업장

㉡ ㉠의 1.부터 3.까지의 규정에 해당하는 사업장은 해당 사업장이 관계수급인의 사업장으로서 법 제63조에 따른 도급인이 관계수급인 근로자의 산업재해 예방을 위한 조치의무를 위반하여 관계수급인 근로자가 산업재해를 입은 경우에는 도급인의 사업장(도급인이 제공하거나 지정한 경우로서 도급인이 지배·관리하는 제11조 각 호에 해당하는 장소를 포함한다. 이하 같다)의 법 제10조제1항에 따른 산업재해발생건수 등을 함께 공표한다.

정답 3 ②

04
산업안전보건법령상 사업주가 산업안전보건위원회의 심의·의결을 거쳐야 하는 사항을 모두 고른 것은?

> ㄱ. 안전장치 및 보호구 구입 시 적격품 여부 확인에 관한 사항
> ㄴ. 작업환경측정 등 작업환경의 점검 및 개선에 관한 사항
> ㄷ. 산업재해의 원인 조사 및 재발 방지대책 수립에 관한 사항 중 중대재해에 관한 사항
> ㄹ. 유해하거나 위험한 기계·기구·설비를 도입한 경우 안전 및 보건 관련 조치에 관한 사항

① ㄱ
② ㄱ, ㄴ
③ ㄷ, ㄹ
④ ㄴ, ㄷ, ㄹ
⑤ ㄱ, ㄴ, ㄷ, ㄹ

해설

산업안전보건위원회(산업안전보건법 제24조)

㉠ 사업주는 사업장의 안전 및 보건에 관한 중요 사항을 심의·의결하기 위하여 사업장에 근로자위원과 사용자위원이 같은 수로 구성되는 산업안전보건위원회를 구성·운영하여야 한다.
㉡ 사업주는 다음의 사항에 대해서는 ㉠에 따른 산업안전보건위원회의 심의·의결을 거쳐야 한다.
  1. 제15조제1항제1호부터 제5호까지 및 제7호에 관한 사항

> [제15조제1항제1호부터 제5호까지 및 제7호]
> 1. 사업장의 산업재해 예방계획의 수립에 관한 사항
> 2. 제25조 및 제26조에 따른 안전보건관리규정의 작성 및 변경에 관한 사항
> 3. 제29조에 따른 안전보건교육에 관한 사항
> 4. 작업환경측정 등 작업환경의 점검 및 개선에 관한 사항
> 5. 제129조부터 제132조까지에 따른 근로자의 건강진단 등 건강관리에 관한 사항
> 7. 산업재해에 관한 통계의 기록 및 유지에 관한 사항

  2. 제15조제1항제6호에 따른 사항 중 중대재해에 관한 사항

> [제15조제1항제6호]
> 6. 산업재해의 원인 조사 및 재발 방지대책 수립에 관한 사항

  3. 유해하거나 위험한 기계·기구·설비를 도입한 경우 안전 및 보건 관련 조치에 관한 사항
  4. 그 밖에 해당 사업장 근로자의 안전 및 보건을 유지·증진시키기 위하여 필요한 사항
㉢ 산업안전보건위원회는 대통령령으로 정하는 바에 따라 회의를 개최하고 그 결과를 회의록으로 작성하여 보존하여야 한다.
㉣ 사업주와 근로자는 ㉡에 따라 산업안전보건위원회가 심의·의결한 사항을 성실하게 이행하여야 한다.
㉤ 산업안전보건위원회는 이 법, 이 법에 따른 명령, 단체협약, 취업규칙 및 제25조에 따른 안전보건관리규정에 반하는 내용으로 심의·의결해서는 아니 된다.
㉥ 사업주는 산업안전보건위원회의 위원에게 직무 수행과 관련한 사유로 불리한 처우를 해서는 아니 된다.
㉦ 산업안전보건위원회를 구성하여야 할 사업의 종류 및 사업장의 상시근로자 수, 산업안전보건위원회의 구성·운영 및 의결되지 아니한 경우의 처리방법, 그 밖에 필요한 사항은 대통령령으로 정한다.

4 ④ 정답

05

산업안전보건법령상 안전보건관리규정에 관한 설명으로 옳은 것은?

① 사업주는 안전보건관리규정을 작성해야 할 사유가 발생한 날부터 30일 이내에, 이를 변경할 사유가 발생한 경우에는 15일 이내에 안전보건관리규정을 작성해야 한다.
② 사업주가 안전보건관리규정을 작성할 때에는 소방·가스·전기·교통 분야 등의 다른 법령에서 정하는 안전관리에 관한 규정과 통합하여 작성해서는 안 된다.
③ 안전보건관리규정이 단체협약에 반하는 경우 안전보건관리규정으로 정한 기준에 따른다.
④ 산업안전보건위원회가 설치되어 있지 아니한 사업장의 경우에는 사업주가 안전보건관리규정을 작성하거나 변경할 때에 근로자대표의 동의를 받아야 한다.
⑤ 안전보건관리규정에는 안전 및 보건에 관한 관리조직에 관한 사항은 포함되지 않는다.

해설

안전보건관리규정의 작성(산업안전보건법 제25조)
㉠ 사업주는 사업장의 안전 및 보건을 유지하기 위하여 다음의 사항이 포함된 안전보건관리규정을 작성하여야 한다.
  1. 안전 및 보건에 관한 관리조직과 그 직무에 관한 사항
  2. 안전보건교육에 관한 사항
  3. 작업장의 안전 및 보건 관리에 관한 사항
  4. 사고 조사 및 대책 수립에 관한 사항
  5. 그 밖에 안전 및 보건에 관한 사항
㉡ ㉠에 따른 안전보건관리규정은 단체협약 또는 취업규칙에 반할 수 없다. 이 경우 안전보건관리규정 중 단체협약 또는 취업규칙에 반하는 부분에 관하여는 그 단체협약 또는 취업규칙으로 정한 기준에 따른다.
㉢ 안전보건관리규정을 작성하여야 할 사업의 종류, 사업장의 상시근로자 수 및 안전보건관리규정에 포함되어야 할 세부적인 내용, 그 밖에 필요한 사항은 고용노동부령으로 정한다.

안전보건관리규정의 작성(산업안전보건법 시행규칙 제25조)
㉠ 법 제25조제3항에 따라 안전보건관리규정을 작성해야 할 사업의 종류 및 상시근로자 수는 별표 2와 같다.
㉡ ㉠에 따른 사업의 사업주는 안전보건관리규정을 작성해야 할 사유가 발생한 날부터 30일 이내에 별표 3의 내용을 포함한 안전보건관리규정을 작성해야 한다. 이를 변경할 사유가 발생한 경우에도 또한 같다.
㉢ 사업주가 ㉡에 따라 안전보건관리규정을 작성할 때에는 소방·가스·전기·교통 분야 등의 다른 법령에서 정하는 안전관리에 관한 규정과 통합하여 작성할 수 있다.

정답 5 ④

06

산업안전보건법령상 사업주의 의무 사항에 해당하는 것은?

① 산업 안전 및 보건 정책의 수립 및 집행
② 해당 사업장의 안전 및 보건에 관한 정보를 근로자에게 제공
③ 산업재해에 관한 조사 및 통계의 유지·관리
④ 산업안전 및 보건 관련 단체 등에 대한 지원 및 지도·감독
⑤ 산업안전 및 보건에 관한 의식을 북 돋우기 위한 홍보·교육 등 안전문화 확산 추진

해설

사업주 등의 의무(산업안전보건법 제5조)
㉠ 사업주(제77조에 따른 특수형태근로종사자로부터 노무를 제공받는 자와 제78조에 따른 물건의 수거·배달 등을 중개하는 자를 포함한다)는 다음의 사항을 이행함으로써 근로자(제77조에 따른 특수형태근로종사자와 제78조에 따른 물건의 수거·배달 등을 하는 사람을 포함한다)의 안전 및 건강을 유지·증진시키고 국가의 산업재해 예방정책을 따라야 한다.
  1. 이 법과 이 법에 따른 명령으로 정하는 산업재해 예방을 위한 기준
  2. 근로자의 신체적 피로와 정신적 스트레스 등을 줄일 수 있는 쾌적한 작업환경의 조성 및 근로조건 개선
  3. 해당 사업장의 안전 및 보건에 관한 정보를 근로자에게 제공
㉡ 다음의 어느 하나에 해당하는 자는 발주·설계·제조·수입 또는 건설을 할 때 이 법과 이 법에 따른 명령으로 정하는 기준을 지켜야 하고, 발주·설계·제조·수입 또는 건설에 사용되는 물건으로 인하여 발생하는 산업재해를 방지하기 위하여 필요한 조치를 하여야 한다.
  1. 기계·기구와 그 밖의 설비를 설계·제조 또는 수입하는 자
  2. 원재료 등을 제조·수입하는 자
  3. 건설물을 발주·설계·건설하는 자

07

산업안전보건법령상 용어에 관한 설명으로 옳지 않은 것은?

① 건설공사발주자는 도급인에 해당한다.
② 근로자의 과반수로 조직된 노동조합이 없는 경우에는 근로자의 과반수를 대표하는 자를 근로자대표로 한다.
③ 노무를 제공하는 사람이 업무에 관계되는 설비에 의하여 질병에 걸리는 것은 산업재해에 해당한다.
④ 명칭에 관계없이 물건의 제조·건설·수리 또는 서비스의 제공, 그 밖의 업무를 타인에게 맡기는 계약은 도급이다.
⑤ 산업재해 중 3개월 이상의 요양이 필요한 부상자가 동시에 2명 이상 발생한 재해는 중대재해에 해당한다.

해설

정의(산업안전보건법 제2조)
이 법에서 사용하는 용어의 뜻은 다음과 같다.
1. "산업재해"란 노무를 제공하는 사람이 업무에 관계되는 건설물·설비·원재료·가스·증기·분진 등에 의하거나 작업 또는 그 밖의 업무로 인하여 사망 또는 부상하거나 질병에 걸리는 것을 말한다.
2. "중대재해"란 산업재해 중 사망 등 재해 정도가 심하거나 다수의 재해자가 발생한 경우로서 고용노동부령으로 정하는 재해를 말한다.
3. "근로자"란 직업의 종류와 관계없이 임금을 목적으로 사업이나 사업장에 근로를 제공하는 사람을 말한다.
4. "사업주"란 근로자를 사용하여 사업을 하는 자를 말한다.
5. "근로자대표"란 근로자의 과반수로 조직된 노동조합이 있는 경우에는 그 노동조합을, 근로자의 과반수로 조직된 노동조합이 없는 경우에는 근로자의 과반수를 대표하는 자를 말한다.
6. "도급"이란 명칭에 관계없이 물건의 제조·건설·수리 또는 서비스의 제공, 그 밖의 업무를 타인에게 맡기는 계약을 말한다.
7. "도급인"이란 물건의 제조·건설·수리 또는 서비스의 제공, 그 밖의 업무를 도급하는 사업주를 말한다. 다만, 건설공사발주자는 제외한다.
8. "수급인"이란 도급인으로부터 물건의 제조·건설·수리 또는 서비스의 제공, 그 밖의 업무를 도급받은 사업주를 말한다.
9. "관계수급인"이란 도급이 여러 단계에 걸쳐 체결된 경우에 각 단계별로 도급받은 사업주 전부를 말한다.
10. "건설공사발주자"란 건설공사를 도급하는 자로서 건설공사의 시공을 주도하여 총괄·관리하지 아니하는 자를 말한다. 다만, 도급받은 건설공사를 다시 도급하는 자는 제외한다.
11. "건설공사"란 다음의 어느 하나에 해당하는 공사를 말한다.
    가. 건설산업기본법 제2조제4호에 따른 건설공사
    나. 전기공사업법 제2조제1호에 따른 전기공사
    다. 정보통신공사업법 제2조제2호에 따른 정보통신공사
    라. 소방시설공사업법에 따른 소방시설공사
    마. 국가유산수리 등에 관한 법률에 따른 국가유산수리공사
12. "안전보건진단"이란 산업재해를 예방하기 위하여 잠재적 위험성을 발견하고 그 개선대책을 수립할 목적으로 조사·평가하는 것을 말한다.
13. "작업환경측정"이란 작업환경 실태를 파악하기 위하여 해당 근로자 또는 작업장에 대하여 사업주가 유해인자에 대한 측정계획을 수립한 후 시료(試料)를 채취하고 분석·평가하는 것을 말한다.

08

산업안전보건법령상 자율검사프로그램에 따른 안전검사를 할 수 있는 검사원의 자격을 갖추지 못한 사람은?

① 국가기술자격법에 따른 기계·전기·전자·화공 또는 산업안전 분야에서 기사 이상의 자격을 취득한 후 해당 분야의 실무경력이 4년인 사람
② 국가기술자격법에 따른 기계·전기·전자·화공 또는 산업안전 분야에서 산업기사 이상의 자격을 취득한 후 해당 분야의 실무경력이 6년인 사람
③ 초·중등교육법에 따른 고등학교·고등기술학교에서 기계·전기 또는 전자·화공 관련 학과를 졸업한 후 해당 분야의 실무경력이 6년인 사람
④ 고등교육법에 따른 학교 중 수업연한이 4년인 학교에서 기계·전기·전자·화공 또는 산업안전분야의 관련 학과를 졸업한 후 해당 분야의 실무경력이 4년인 사람
⑤ 국가기술자격법에 따른 기계·전기·전자·화공 또는 산업안전 분야에서 기능사 이상의 자격을 취득한 후 해당 분야의 실무경력이 8년인 사람

해설

검사원의 자격(산업안전보건법 시행규칙 제130조)

법 제98조제1항제1호 및 제2호에서 "고용노동부령으로 정하는 안전에 관한 성능검사와 관련된 자격 및 경험을 가진 사람" 및 "고용노동부령으로 정하는 바에 따라 안전에 관한 성능검사 교육을 이수하고 해당 분야의 실무경험이 있는 사람"(이하 "검사원"이라 한다)이란 다음 중 어느 하나에 해당하는 사람을 말한다.

1. 국가기술자격법에 따른 기계·전기·전자·화공 또는 산업안전 분야에서 기사 이상의 자격을 취득한 후 해당 분야의 실무경력이 3년 이상인 사람
2. 국가기술자격법에 따른 기계·전기·전자·화공 또는 산업안전 분야에서 산업기사 이상의 자격을 취득한 후 해당 분야의 실무경력이 5년 이상인 사람
3. 국가기술자격법에 따른 기계·전기·전자·화공 또는 산업안전 분야에서 기능사 이상의 자격을 취득한 후 해당 분야의 실무경력이 7년 이상인 사람
4. 고등교육법 제2조에 따른 학교 중 수업연한이 4년인 학교(같은 법 및 다른 법령에 따라 이와 같은 수준 이상의 학력이 인정되는 학교를 포함한다)에서 기계·전기·전자·화공 또는 산업안전 분야의 관련 학과를 졸업한 후 해당 분야의 실무경력이 3년 이상인 사람
5. 고등교육법에 따른 학교 중 제4호에 따른 학교 외의 학교(같은 법 및 다른 법령에 따라 이와 같은 수준 이상의 학력이 인정되는 학교를 포함한다)에서 기계·전기·전자·화공 또는 산업안전 분야의 관련 학과를 졸업한 후 해당 분야의 실무경력이 5년 이상인 사람
6. 초·중등교육법 제2조제3호에 따른 고등학교·고등기술학교에서 기계·전기 또는 전자·화공 관련 학과를 졸업한 후 해당 분야의 실무경력이 7년 이상인 사람
7. 법 제98조제1항에 따른 자율검사프로그램(이하 "자율검사프로그램"이라 한다)에 따라 안전에 관한 성능검사 교육을 이수한 후 해당 분야의 실무경력이 1년 이상인 사람

09

산업안전보건법령상 안전보건관리책임자에 대한 신규교육 및 보수교육의 교육시간이 옳게 연결된 것은?(단, 다른 면제조건이나 감면조건을 고려하지 않음)

① 신규교육 : 6시간 이상, 보수교육 : 6시간 이상
② 신규교육 : 10시간 이상, 보수교육 : 6시간 이상
③ 신규교육 : 10시간 이상, 보수교육 : 10시간 이상
④ 신규교육 : 24시간 이상, 보수교육 : 10시간 이상
⑤ 신규교육 : 34시간 이상, 보수교육 : 24시간 이상

해설

안전보건교육 교육과정별 교육시간(산업안전보건법 시행규칙 별표 4)
2. 안전보건관리책임자 등에 대한 교육

교육대상	교육시간	
	신규교육	보수교육
안전보건관리책임자	6시간 이상	6시간 이상
안전관리자, 안전관리전문기관의 종사자	34시간 이상	24시간 이상
보건관리자, 보건관리전문기관의 종사자		
건설재해예방전문지도기관의 종사자		
석면조사기관의 종사자		
안전보건관리담당자	-	8시간 이상
안전검사기관, 자율안전검사기관의 종사자	34시간 이상	24시간 이상

정답 9 ①

10

산업안전보건법령상 안전인증대상기계 등이 아닌 유해·위험기계 등으로서 자율안전확인대상기계 등에 해당하는 것이 아닌 것은?

① 휴대형이 아닌 연삭기(研削機)
② 파쇄기 또는 분쇄기
③ 용접용 보안면
④ 자동차정비용 리프트
⑤ 식품가공용 제면기

해설

자율안전확인대상기계 등(산업안전보건법 시행령 제77조)
㉠ 법 제89조제1항 각 호 외의 부분 본문에서 "대통령령으로 정하는 것"이란 다음 중 어느 하나에 해당하는 것을 말한다.
   1. 다음 중 어느 하나에 해당하는 기계 또는 설비
      가. 연삭기(研削機) 또는 연마기. 이 경우 휴대형은 제외한다.
      나. 산업용 로봇
      다. 혼합기
      라. 파쇄기 또는 분쇄기
      마. 식품가공용 기계(파쇄·절단·혼합·제면기만 해당한다)
      바. 컨베이어
      사. 자동차정비용 리프트
      아. 공작기계(선반, 드릴기, 평삭·형삭기, 밀링만 해당한다)
      자. 고정형 목재가공용 기계(둥근톱, 대패, 루타기, 띠톱, 모떼기 기계만 해당한다)
      차. 인쇄기
   2. 다음 중 어느 하나에 해당하는 방호장치
      가. 아세틸렌 용접장치용 또는 가스집합 용접장치용 안전기
      나. 교류 아크용접기용 자동전격방지기
      다. 롤러기 급정지장치
      라. 연삭기 덮개
      마. 목재 가공용 둥근톱 반발 예방장치와 날 접촉 예방장치
      바. 동력식 수동대패용 칼날 접촉 방지장치
      사. 추락·낙하 및 붕괴 등의 위험 방지 및 보호에 필요한 가설기자재(제74조제1항제2호아목의 가설기자재는 제외한다)로서 고용노동부장관이 정하여 고시하는 것
   3. 다음 중 어느 하나에 해당하는 보호구
      가. 안전모(제74조제1항제3호가목의 안전모는 제외한다)
      나. 보안경(제74조제1항제3호차목의 보안경은 제외한다)
      다. 보안면(제74조제1항제3호카목의 보안면은 제외한다)
㉡ 자율안전확인대상기계 등의 세부적인 종류, 규격 및 형식은 고용노동부장관이 정하여 고시한다.

11
산업안전보건법령상 물질안전보건자료의 작성·제출 제외 대상 화학물질 등에 해당하지 않는 것은?

① 마약류 관리에 관한 법률에 따른 마약 및 향정신성의약품
② 사료관리법에 따른 사료
③ 생활주변방사선 안전관리법에 따른 원료물질
④ 약사법에 따른 의약품 및 의약외품
⑤ 방위사업법에 따른 군수품

해설

물질안전보건자료의 작성·제출 제외 대상 화학물질 등(산업안전보건법 시행령 제86조)
법 제110조제1항 각 호 외의 부분 전단에서 "대통령령으로 정하는 것"이란 다음 중 어느 하나에 해당하는 것을 말한다.
1. 건강기능식품에 관한 법률 제3조제1호에 따른 건강기능식품
2. 농약관리법 제2조제1호에 따른 농약
3. 마약류 관리에 관한 법률 제2조제2호 및 제3호에 따른 마약 및 향정신성의약품
4. 비료관리법 제2조제1호에 따른 비료
5. 사료관리법 제2조제1호에 따른 사료
6. 생활주변방사선 안전관리법 제2조제2호에 따른 원료물질
7. 생활화학제품 및 살생물제의 안전관리에 관한 법률 제3조제4호 및 제8호에 따른 안전확인대상생활화학제품 및 살생물제품 중 일반소비자의 생활용으로 제공되는 제품
8. 식품위생법 제2조제1호 및 제2호에 따른 식품 및 식품첨가물
9. 약사법 제2조제4호 및 제7호에 따른 의약품 및 의약외품
10. 원자력안전법 제2조제5호에 따른 방사성물질
11. 위생용품 관리법 제2조제1호에 따른 위생용품
12. 의료기기법 제2조제1항에 따른 의료기기
12의2. 첨단재생의료 및 첨단바이오의약품 안전 및 지원에 관한 법률 제2조제5호에 따른 첨단바이오의약품
13. 총포·도검·화약류 등의 안전관리에 관한 법률 제2조제3항에 따른 화약류
14. 폐기물관리법 제2조제1호에 따른 폐기물
15. 화장품법 제2조제1호에 따른 화장품
16. 1.부터 15.까지의 규정 외의 화학물질 또는 혼합물로서 일반소비자의 생활용으로 제공되는 것(일반소비자의 생활용으로 제공되는 화학물질 또는 혼합물이 사업장 내에서 취급되는 경우를 포함한다)
17. 고용노동부장관이 정하여 고시하는 연구·개발용 화학물질 또는 화학제품. 이 경우 법 제110조제1항부터 제3항까지의 규정에 따른 자료의 제출만 제외된다.
18. 그 밖에 고용노동부장관이 독성·폭발성 등으로 인한 위해의 정도가 적다고 인정하여 고시하는 화학물질

12

산업안전보건법령상 안전보건교육 교육대상별 교육내용 중 근로자 정기교육에 해당하지 않는 것은?

① 관리감독자의 역할과 임무에 관한 사항
② 산업보건 및 직업병 예방에 관한 사항
③ 산업안전보건법령 및 산업재해보상보험 제도에 관한 사항
④ 직무스트레스 예방 및 관리에 관한 사항
⑤ 산업안전 및 사고 예방에 관한 사항

해설

안전보건교육 교육대상별 교육내용(산업안전보건법 시행규칙 별표 5)
근로자 정기교육
• 산업안전 및 사고 예방에 관한 사항
• 산업보건 및 직업병 예방에 관한 사항
• 위험성 평가에 관한 사항
• 건강증진 및 질병 예방에 관한 사항
• 유해·위험 작업환경 관리에 관한 사항
• 산업안전보건법령 및 산업재해보상보험 제도에 관한 사항
• 직무스트레스 예방 및 관리에 관한 사항
• 직장 내 괴롭힘, 고객의 폭언 등으로 인한 건강장해 예방 및 관리에 관한 사항

13

산업안전보건법령상 유해하거나 위험한 기계·기구·설비로서 안전검사대상기계 등에 해당하는 것은?

① 정격 하중 1ton인 크레인
② 이동식 국소배기장치
③ 밀폐형 구조의 롤러기
④ 가정용 원심기
⑤ 산업용 로봇

해설

안전검사대상기계 등(산업안전보건법 시행령 제78조)(14, 15의 시행일 26.6.26)
법 제93조제1항 전단에서 "대통령령으로 정하는 것"이란 다음의 어느 하나에 해당하는 것을 말한다.
1. 프레스
2. 전단기
3. 크레인(정격 하중이 2ton 미만인 것은 제외한다)
4. 리프트
5. 압력용기
6. 곤돌라
7. 국소배기장치(이동식은 제외한다)
8. 원심기(산업용만 해당한다)
9. 롤러기(밀폐형 구조는 제외한다)
10. 사출성형기[형 체결력(型 締結力) 294kN 미만은 제외한다]
11. 고소작업대(화물자동차 또는 특수자동차에 탑재한 고소작업대로 한정한다)
12. 컨베이어
13. 산업용 로봇
14. 혼합기
15. 파쇄기 또는 분쇄기

14
산업안전보건법령상 도급인 및 그의 수급인 전원으로 구성된 안전 및 보건에 관한 협의체에서 협의해야 하는 사항이 아닌 것은?

① 작업의 시작 시간
② 작업의 종료 시간
③ 작업 또는 작업장 간의 연락방법
④ 재해발생 위험이 있는 경우 대피방법
⑤ 사업주와 수급인 또는 수급인 상호 간의 연락방법 및 작업공정의 조정

해설

협의체의 구성 및 운영(산업안전보건법 시행규칙 제79조)
㉠ 법 제64조제1항제1호에 따른 안전 및 보건에 관한 협의체는 도급인 및 그의 수급인 전원으로 구성해야 한다.
㉡ 협의체는 다음의 사항을 협의해야 한다.
  1. 작업의 시작 시간
  2. 작업 또는 작업장 간의 연락방법
  3. 재해발생 위험이 있는 경우 대피방법
  4. 작업장에서의 법 제36조에 따른 위험성평가의 실시에 관한 사항
  5. 사업주와 수급인 또는 수급인 상호 간의 연락방법 및 작업공정의 조정
㉢ 협의체는 매월 1회 이상 정기적으로 회의를 개최하고 그 결과를 기록·보존해야 한다.

정답 14 ②

15

산업안전보건법령상 유해성·위험성 조사 제외 화학물질에 해당하는 것을 모두 고른 것은?

> ㄱ. 원소
> ㄴ. 천연으로 산출되는 화학물질
> ㄷ. 총포·도검·화약류 등의 안전관리에 관한 법률에 따른 화약류
> ㄹ. 생활화학제품 및 살생물제의 안전관리에 관한 법률에 따른 살생물물질 및 살생물제품
> ㅁ. 폐기물관리법에 따른 폐기물

① ㄴ
② ㄱ, ㅁ
③ ㄷ, ㄹ, ㅁ
④ ㄱ, ㄴ, ㄷ, ㄹ
⑤ ㄱ, ㄴ, ㄷ, ㄹ, ㅁ

해설

유해성·위험성 조사 제외 화학물질(산업안전보건법 시행령 제85조)
법 제108조제1항 각 호 외의 부분 본문에서 "대통령령으로 정하는 화학물질"이란 다음 중 어느 하나에 해당하는 화학물질을 말한다.
1. 원소
2. 천연으로 산출된 화학물질
3. 건강기능식품에 관한 법률 제3조제1호에 따른 건강기능식품
4. 군수품관리법 제2조 및 방위사업법 제3조제2호에 따른 군수품[군수품관리법 제3조에 따른 통상품(通常品)은 제외한다]
5. 농약관리법 제2조제1호 및 제3호에 따른 농약 및 원제
6. 마약류 관리에 관한 법률 제2조제1호에 따른 마약류
7. 비료관리법 제2조제1호에 따른 비료
8. 사료관리법 제2조제1호에 따른 사료
9. 생활화학제품 및 살생물제의 안전관리에 관한 법률 제3조제7호 및 제8호에 따른 살생물물질 및 살생물제품
10. 식품위생법 제2조제1호 및 제2호에 따른 식품 및 식품첨가물
11. 약사법 제2조제4호 및 제7호에 따른 의약품 및 의약외품(醫藥外品)
12. 원자력안전법 제2조제5호에 따른 방사성물질
13. 위생용품 관리법 제2조제1호에 따른 위생용품
14. 의료기기법 제2조제1항에 따른 의료기기
15. 총포·도검·화약류 등의 안전관리에 관한 법률 제2조제3항에 따른 화약류
16. 화장품법 제2조제1호에 따른 화장품과 화장품에 사용하는 원료
17. 법 제108조제3항에 따라 고용노동부장관이 명칭, 유해성·위험성, 근로자의 건강장해 예방을 위한 조치 사항 및 연간 제조량·수입량을 공표한 물질로서 공표된 연간 제조량·수입량 이하로 제조하거나 수입한 물질
18. 고용노동부장관이 환경부장관과 협의하여 고시하는 화학물질 목록에 기록되어 있는 물질

16
산업안전보건법령상 기계 등 대여자의 유해·위험 방지 조치로서 타인에게 기계 등을 대여하는 자가 해당 기계 등을 대여 받은 자에게 서면으로 발급해야 할 사항을 모두 고른 것은?

> ㄱ. 해당 기계 등의 성능 및 방호조치의 내용
> ㄴ. 해당 기계 등의 특성 및 사용 시의 주의사항
> ㄷ. 해당 기계 등의 수리·보수 및 점검 내역과 주요 부품의 제조일
> ㄹ. 해당 기계 등의 정밀진단 및 수리 후 안전점검 내역, 주요 안전부품의 교환이력 및 제조일

① ㄱ, ㄹ
② ㄴ, ㄷ
③ ㄷ, ㄹ
④ ㄱ, ㄴ, ㄷ
⑤ ㄱ, ㄴ, ㄷ, ㄹ

해설

기계 등 대여자의 조치(산업안전보건법 시행규칙 제100조)

법 제81조에 따라 영 제71조 및 영 별표 21의 기계·기구·설비 및 건축물 등(이하 "기계 등"이라 한다)을 타인에게 대여하는 자가 해야 할 유해·위험 방지조치는 다음과 같다.

1. 해당 기계 등을 미리 점검하고 이상을 발견한 경우에는 즉시 보수하거나 그 밖에 필요한 정비를 할 것
2. 해당 기계 등을 대여받은 자에게 다음의 사항을 적은 서면을 발급할 것
   가. 해당 기계 등의 성능 및 방호조치의 내용
   나. 해당 기계 등의 특성 및 사용 시의 주의사항
   다. 해당 기계 등의 수리·보수 및 점검 내역과 주요 부품의 제조일
   라. 해당 기계 등의 정밀진단 및 수리 후 안전점검 내역, 주요 안전부품의 교환이력 및 제조일
3. 사용을 위하여 설치·해체 작업(기계 등을 높이는 작업을 포함한다. 이하 같다)이 필요한 기계 등을 대여하는 경우로서 해당 기계 등의 설치·해체 작업을 다른 설치·해체업자에게 위탁하는 경우에는 다음의 사항을 준수할 것
   가. 설치·해체업자가 기계 등의 설치·해체에 필요한 법령상 자격을 갖추고 있는지와 설치·해체에 필요한 장비를 갖추고 있는지를 확인할 것
   나. 설치·해체업자에게 2.의 각 사항을 적은 서면을 발급하고, 해당 내용을 주지시킬 것
   다. 설치·해체업자가 설치·해체 작업 시 안전보건규칙에 따른 산업안전보건기준을 준수하고 있는지를 확인할 것
4. 해당 기계 등을 대여 받은 자에게 3.의 가목 및 다목에 따른 확인 결과를 알릴 것

정답 16 ⑤

17

산업안전보건기준에 관한 규칙상 사업주가 작업장에 비상구가 아닌 출입구를 설치하는 경우 준수해야 하는 사항으로 옳지 않은 것은?

① 출입구의 위치, 수 및 크기가 작업장의 용도와 특성에 맞도록 할 것
② 출입구에 문을 설치하는 경우에는 근로자가 쉽게 열고 닫을 수 있도록 할 것
③ 주된 목적이 하역운반기계용인 출입구에는 인접하여 보행자용 출입구를 따로 설치할 것
④ 하역운반기계의 통로와 인접하여 있는 출입구에서 접촉에 의하여 근로자에게 위험을 미칠 우려가 있는 경우에는 비상등·비상벨 등 경보장치를 할 것
⑤ 출입구에 문을 설치하지 아니한 경우로서 계단이 출입구와 바로 연결된 경우, 작업자의 안전한 통행을 위하여 그 사이에 1.5m 이상 거리를 둘 것

해설

작업장의 출입구(산업안전보건기준에 관한 규칙 제11조)
사업주는 작업장에 출입구(비상구는 제외한다. 이하 같다)를 설치하는 경우 다음의 사항을 준수하여야 한다.
1. 출입구의 위치, 수 및 크기가 작업장의 용도와 특성에 맞도록 할 것
2. 출입구에 문을 설치하는 경우에는 근로자가 쉽게 열고 닫을 수 있도록 할 것
3. 주된 목적이 하역운반기계용인 출입구에는 인접하여 보행자용 출입구를 따로 설치할 것
4. 하역운반기계의 통로와 인접하여 있는 출입구에서 접촉에 의하여 근로자에게 위험을 미칠 우려가 있는 경우에는 비상등·비상벨 등 경보장치를 할 것
5. 계단이 출입구와 바로 연결된 경우에는 작업자의 안전한 통행을 위하여 그 사이에 1.2m 이상 거리를 두거나 안내표지 또는 비상벨 등을 설치할 것. 다만, 출입구에 문을 설치하지 아니한 경우에는 그러하지 아니하다.

18

산업안전보건기준에 관한 규칙상 사업주가 사다리식 통로 등을 설치하는 경우 준수해야 하는 사항으로 옳지 않은 것은? (단, 잠함(潛函) 및 건조·수리 중인 선박의 경우는 아님)

① 발판과 벽과의 사이는 15cm 이상의 간격을 유지할 것
② 폭은 30cm 이상으로 할 것
③ 사다리식 통로의 길이가 10m 이상인 경우에는 5m 이내마다 계단참을 설치할 것
④ 고정식 사다리식 통로의 기울기는 75° 이하로 하고 그 높이가 5m 이상인 경우에는 바닥으로부터 높이가 2m 되는 지점부터 등받이울을 설치할 것
⑤ 사다리의 상단은 걸쳐놓은 지점으로부터 60cm 이상 올라가도록 할 것

해설

사다리식 통로 등의 구조(산업안전보건기준에 관한 규칙 제24조)
㉠ 사업주는 사다리식 통로 등을 설치하는 경우 다음의 사항을 준수하여야 한다.
  1. 견고한 구조로 할 것
  2. 심한 손상·부식 등이 없는 재료를 사용할 것
  3. 발판의 간격은 일정하게 할 것
  4. 발판과 벽과의 사이는 15cm 이상의 간격을 유지할 것
  5. 폭은 30cm 이상으로 할 것
  6. 사다리가 넘어지거나 미끄러지는 것을 방지하기 위한 조치를 할 것
  7. 사다리의 상단은 걸쳐놓은 지점으로부터 60cm 이상 올라가도록 할 것
  8. 사다리식 통로의 길이가 10m 이상인 경우에는 5m 이내마다 계단참을 설치할 것
  9. 사다리식 통로의 기울기는 75° 이하로 할 것. 다만, 고정식 사다리식 통로의 기울기는 90° 이하로 하고, 그 높이가 7m 이상인 경우에는 다음의 구분에 따른 조치를 할 것
    가. 등받이울이 있어도 근로자 이동에 지장이 없는 경우 : 바닥으로부터 높이가 2.5m 되는 지점부터 등받이울을 설치할 것
    나. 등받이울이 있으면 근로자가 이동이 곤란한 경우 : 한국산업표준에서 정하는 기준에 적합한 개인용 추락 방지 시스템을 설치하고 근로자로 하여금 한국산업표준에서 정하는 기준에 적합한 전신안전대를 사용하도록 할 것
  10. 접이식 사다리 기둥은 사용 시 접혀지거나 펼쳐지지 않도록 철물 등을 사용하여 견고하게 조치할 것
㉡ 잠함(潛函) 내 사다리식 통로와 건조·수리 중인 선박의 구명줄이 설치된 사다리식 통로(건조·수리작업을 위하여 임시로 설치한 사다리식 통로는 제외한다)에 대해서는 ㉠의 5.부터 10.까지의 규정을 적용하지 아니한다.

정답 18 ④

19

산업안전보건법령상 사업주가 보존해야 할 서류의 보존기간이 2년인 것은?

① 노사협의체의 회의록
② 안전보건관리책임자의 선임에 관한 서류
③ 화학물질의 유해성・위험성 조사에 관한 서류
④ 산업재해의 발생원인 등 기록
⑤ 작업환경측정에 관한 서류

해설

서류의 보존(산업안전보건법 제164조)

㉠ 사업주는 다음의 서류를 3년(2.의 경우 2년을 말한다) 동안 보존하여야 한다. 다만, 고용노동부령으로 정하는 바에 따라 보존기간을 연장할 수 있다.
　1. 안전보건관리책임자・안전관리자・보건관리자・안전보건관리담당자 및 산업보건의의 선임에 관한 서류
　2. 제24조제3항 및 제75조제4항에 따른 회의록
　3. 안전조치 및 보건조치에 관한 사항으로서 고용노동부령으로 정하는 사항을 적은 서류
　4. 제57조제2항에 따른 산업재해의 발생원인 등 기록
　5. 제108조제1항 본문 및 제109조제1항에 따른 화학물질의 유해성・위험성 조사에 관한 서류
　6. 제125조에 따른 작업환경측정에 관한 서류
　7. 제129조부터 제131조까지의 규정에 따른 건강진단에 관한 서류

㉡ 안전인증 또는 안전검사의 업무를 위탁받은 안전인증기관 또는 안전검사기관은 안전인증・안전검사에 관한 사항으로서 고용노동부령으로 정하는 서류를 3년 동안 보존하여야 하고, 안전인증을 받은 자는 제84조제5항에 따라 안전인증대상기계 등에 대하여 기록한 서류를 3년 동안 보존하여야 하며, 자율안전확인대상기계 등을 제조하거나 수입하는 자는 자율안전기준에 맞는 것임을 증명하는 서류를 2년 동안 보존하여야 하고, 제98조제1항에 따라 자율안전검사를 받은 자는 자율검사프로그램에 따라 실시한 검사 결과에 대한 서류를 2년 동안 보존하여야 한다.

㉢ 일반석면조사를 한 건축물・설비소유주 등은 그 결과에 관한 서류를 그 건축물이나 설비에 대한 해체・제거작업이 종료될 때까지 보존하여야 하고, 기관석면조사를 한 건축물・설비소유주 등과 석면조사기관은 그 결과에 관한 서류를 3년 동안 보존하여야 한다.

㉣ 작업환경측정기관은 작업환경측정에 관한 사항으로서 고용노동부령으로 정하는 사항을 적은 서류를 3년 동안 보존하여야 한다.

㉤ 지도사는 그 업무에 관한 사항으로서 고용노동부령으로 정하는 사항을 적은 서류를 5년 동안 보존하여야 한다.

㉥ 석면해체・제거업자는 제122조제3항에 따른 석면해체・제거작업에 관한 서류 중 고용노동부령으로 정하는 서류를 30년 동안 보존하여야 한다.

㉦ ㉠부터 ㉥까지의 경우 전산입력자료가 있을 때에는 그 서류를 대신하여 전산입력자료를 보존할 수 있다.

20
산업안전보건법령상 작업환경측정기관에 관한 지정 요건을 갖추면 작업환경측정기관으로 지정받을 수 있는 자를 모두 고른 것은?

> ㄱ. 국가 또는 지방자치단체의 소속기관
> ㄴ. 의료법에 따른 종합병원 또는 병원
> ㄷ. 고등교육법에 따른 대학 또는 그 부속기관
> ㄹ. 작업환경측정 업무를 하려는 법인

① ㄱ, ㄴ
② ㄷ, ㄹ
③ ㄱ, ㄴ, ㄷ
④ ㄴ, ㄷ, ㄹ
⑤ ㄱ, ㄴ, ㄷ, ㄹ

해설

작업환경측정기관의 지정 요건(산업안전보건법 시행령 제95조)
법 제126조제1항에 따라 작업환경측정기관으로 지정받을 수 있는 자는 다음의 어느 하나에 해당하는 자로서 작업환경측정기관의 유형별로 별표 29에 따른 인력·시설 및 장비를 갖추고 법 제126조제2항에 따라 고용노동부장관이 실시하는 작업환경측정기관의 측정·분석능력 확인에서 적합 판정을 받은 자로 한다.
1. 국가 또는 지방자치단체의 소속기관
2. 의료법에 따른 종합병원 또는 병원
3. 고등교육법 제2조제1호부터 제6호까지의 규정에 따른 대학 또는 그 부속기관
4. 작업환경측정 업무를 하려는 법인
5. 작업환경측정 대상 사업장의 부속기관(해당 부속기관이 소속된 사업장 등 고용노동부령으로 정하는 범위로 한정하여 지정받으려는 경우로 한정한다)

정답 20 ⑤

21
산업안전보건법령상 일반건강진단을 실시한 것으로 인정되는 건강진단에 해당하지 않는 것은?

① 국민건강보험법에 따른 건강검진
② 선원법에 따른 건강진단
③ 진폐의 예방과 진폐근로자의 보호 등에 관한 법률에 따른 정기 건강진단
④ 병역법에 따른 신체검사
⑤ 항공안전법에 따른 신체검사

해설

일반건강진단 실시의 인정(산업안전보건법 시행규칙 제196조)
법 제129조제1항 단서에서 "고용노동부령으로 정하는 건강진단"이란 다음 중 어느 하나에 해당하는 건강진단을 말한다.
1. 국민건강보험법에 따른 건강검진
2. 선원법에 따른 건강진단
3. 진폐의 예방과 진폐근로자의 보호 등에 관한 법률에 따른 정기 건강진단
4. 학교보건법에 따른 건강검사
5. 항공안전법에 따른 신체검사
6. 그 밖에 제198조제1항에서 정한 법 제129조제1항에 따른 일반건강진단(이하 "일반건강진단"이라 한다)의 검사항목을 모두 포함하여 실시한 건강진단

22
산업안전보건법령상 사업주가 작성하여야 할 공정안전보고서에 포함되어야 할 내용으로 옳지 않은 것은?

① 공정안전자료
② 산업재해 예방에 관한 기본계획
③ 안전운전계획
④ 비상조치계획
⑤ 공정위험성 평가서

해설

공정안전보고서의 내용(산업안전보건법 시행령 제44조)
㉠ 법 제44조제1항 전단에 따른 공정안전보고서에는 다음의 사항이 포함되어야 한다.
  1. 공정안전자료
  2. 공정위험성 평가서
  3. 안전운전계획
  4. 비상조치계획
  5. 그 밖에 공정상의 안전과 관련하여 고용노동부장관이 필요하다고 인정하여 고시하는 사항
㉡ ㉠의 1.부터 4.까지의 규정에 따른 사항에 관한 세부 내용은 고용노동부령으로 정한다.

23

산업안전보건법령상 역학조사 및 자격 등에 의한 취업제한 등에 관한 설명으로 옳지 않은 것은?

① 사업주는 유해하거나 위험한 작업으로 상당한 지식이나 숙련도가 요구되는 고용노동부령으로 정하는 작업의 경우 그 작업에 필요한 자격·면허·경험 또는 기능을 가진 근로자가 아닌 사람에게 그 작업을 하게 해서는 아니 된다.
② 사업주 및 근로자는 고용노동부장관이 역학조사를 실시하는 경우 적극 협조하여야 하며, 정당한 사유 없이 역학조사를 거부·방해하거나 기피해서는 아니 된다.
③ 한국산업안전보건공단이 업무상 질병 여부의 결정을 위하여 역학조사를 요청하는 경우 근로복지공단은 역학조사를 실시하여야 한다.
④ 고용노동부장관은 역학조사를 위하여 필요하면 산업안전보건법에 따른 근로자의 건강진단결과, 국민건강보험법에 따른 요양급여기록 및 건강검진 결과, 고용보험법에 따른 고용정보, 암관리법에 따른 질병정보 및 사망원인 정보 등을 관련 기관에 요청할 수 있다.
⑤ 유해하거나 위험한 작업으로 상당한 지식이나 숙련도가 요구되는 고용노동부령으로 정하는 작업의 경우 고용노동부장관은 자격·면허의 취득 또는 근로자의 기능 습득을 위하여 교육기관을 지정할 수 있다.

해설

역학조사(산업안전보건법 제141조)
㉠ 고용노동부장관은 직업성 질환의 진단 및 예방, 발생 원인의 규명을 위하여 필요하다고 인정할 때에는 근로자의 질환과 작업장의 유해요인의 상관관계에 관한 역학조사(이하 "역학조사"라 한다)를 할 수 있다. 이 경우 사업주 또는 근로자대표, 그 밖에 고용노동부령으로 정하는 사람이 요구할 때 고용노동부령으로 정하는 바에 따라 역학조사에 참석하게 할 수 있다.
㉡ 사업주 및 근로자는 고용노동부장관이 역학조사를 실시하는 경우 적극 협조하여야 하며, 정당한 사유 없이 역학조사를 거부·방해하거나 기피해서는 아니 된다.
㉢ 누구든지 ㉠ 후단에 따라 역학조사 참석이 허용된 사람의 역학조사 참석을 거부하거나 방해해서는 아니 된다.
㉣ ㉠ 후단에 따라 역학조사에 참석하는 사람은 역학조사 참석과정에서 알게 된 비밀을 누설하거나 도용해서는 아니 된다.
㉤ 고용노동부장관은 역학조사를 위하여 필요하면 제129조부터 제131조까지의 규정에 따른 근로자의 건강진단 결과, 국민건강보험법에 따른 요양급여기록 및 건강검진 결과, 고용보험법에 따른 고용정보, 암관리법에 따른 질병정보 및 사망원인 정보 등을 관련 기관에 요청할 수 있다. 이 경우 자료의 제출을 요청받은 기관은 특별한 사유가 없으면 이에 따라야 한다.
㉥ 역학조사의 방법·대상·절차, 그 밖에 필요한 사항은 고용노동부령으로 정한다.

24

산업안전보건법령상 산업안전지도사에 관한 설명으로 옳지 않은 것은?

① 산업안전지도사는 산업보건에 관한 조사·연구의 직무를 수행한다.
② 산업안전지도사는 유해·위험의 방지대책에 관한 평가·지도의 직무를 수행한다.
③ 산업안전지도사의 업무 영역은 기계안전·전기안전·화공안전·건설안전 분야로 구분한다.
④ 산업안전지도사가 직무를 수행하려는 경우에는 고용노동부령으로 정하는 바에 따라 고용노동부장관에게 등록하여야 한다.
⑤ 산업안전보건법을 위반하여 벌금형을 선고받고 1년이 지나지 아니한 사람은 산업안전지도사 직무수행을 위해 고용노동부장관에게 등록을 할 수 없다.

해설

산업안전지도사 등의 직무(산업안전보건법 제142조)
㉠ 산업안전지도사는 다음의 직무를 수행한다.
  1. 공정상의 안전에 관한 평가·지도
  2. 유해·위험의 방지대책에 관한 평가·지도
  3. 1. 및 2.의 사항과 관련된 계획서 및 보고서의 작성
  4. 그 밖에 산업안전에 관한 사항으로서 대통령령으로 정하는 사항
㉡ 산업보건지도사는 다음의 직무를 수행한다.
  1. 작업환경의 평가 및 개선 지도
  2. 작업환경 개선과 관련된 계획서 및 보고서의 작성
  3. 근로자 건강진단에 따른 사후관리 지도
  4. 직업성 질병 진단(의료법 제2조에 따른 의사인 산업보건지도사만 해당한다) 및 예방 지도
  5. 산업보건에 관한 조사·연구
  6. 그 밖에 산업보건에 관한 사항으로서 대통령령으로 정하는 사항
㉢ 산업안전지도사 또는 산업보건지도사(이하 "지도사"라 한다)의 업무 영역별 종류 및 업무 범위, 그 밖에 필요한 사항은 대통령령으로 정한다.

25

산업안전보건법령상 유해하거나 위험한 작업에 해당하여 근로조건의 개선을 통하여 근로자의 건강보호를 위한 조치를 하여야 하는 작업을 모두 고른 것은?

> ㄱ. 동력으로 작동하는 기계를 이용하여 중량물을 취급하는 작업
> ㄴ. 갱(坑) 내에서 하는 작업
> ㄷ. 강렬한 소음이 발생하는 장소에서 하는 작업

① ㄱ
② ㄴ
③ ㄷ
④ ㄱ, ㄷ
⑤ ㄴ, ㄷ

해설

유해·위험작업에 대한 근로시간 제한 등(산업안전보건법 시행령 제99조)
㉠ 법 제139조제1항에서 "높은 기압에서 하는 작업 등 대통령령으로 정하는 작업"이란 잠함(潛函) 또는 잠수 작업 등 높은 기압에서 하는 작업을 말한다.
㉡ ㉠에 따른 작업에서 잠함·잠수 작업시간, 가압·감압방법 등 해당 근로자의 안전과 보건을 유지하기 위하여 필요한 사항은 고용노동부령으로 정한다.
㉢ 법 제139조제2항에서 "대통령령으로 정하는 유해하거나 위험한 작업"이란 다음 중 어느 하나에 해당하는 작업을 말한다.
  1. 갱(坑) 내에서 하는 작업
  2. 다량의 고열물체를 취급하는 작업과 현저히 덥고 뜨거운 장소에서 하는 작업
  3. 다량의 저온물체를 취급하는 작업과 현저히 춥고 차가운 장소에서 하는 작업
  4. 라듐방사선이나 엑스선, 그 밖의 유해 방사선을 취급하는 작업
  5. 유리·흙·돌·광물의 먼지가 심하게 날리는 장소에서 하는 작업
  6. 강렬한 소음이 발생하는 장소에서 하는 작업
  7. 착암기(바위에 구멍을 뚫는 기계) 등에 의하여 신체에 강렬한 진동을 주는 작업
  8. 인력(人力)으로 중량물을 취급하는 작업
  9. 납·수은·크롬·망간·카드뮴 등의 중금속 또는 이황화탄소·유기용제, 그 밖에 고용노동부령으로 정하는 특정 화학물질의 먼지·증기 또는 가스가 많이 발생하는 장소에서 하는 작업

정답 25 ⑤

산업안전일반

26
TWI(Training Within Industry)의 교육훈련내용이 아닌 것은?

① 작업적응훈련(JAT)
② 작업방법훈련(JMT)
③ 작업안전훈련(JST)
④ 작업지도훈련(JIT)
⑤ 인간관계훈련(JRT)

해설

TWI(Training Within Industry)
- 정의 : 현장 관리감독자의 능력을 발휘시키고 생산성을 높이기 위한 훈련방법
- 훈련방법
  - 작업을 가르치는 방법(JI ; Job Instruction)
  - 개선방법(JM ; Job Methods)
  - 사람을 다루는 방법(JR ; Job Relations)
  - 안전작업의 실시방법(JS ; Job Safety)
- 훈련방법 4단계
  - 1단계 : 배울 준비를 시킨다. 작업을 기억하려는 의욕, 즉 학습자가 효과적인 학습을 하기 위해 필요한 경험이나 기초 지식·신체적인 발달을 갖춘 상태를 환기시킨다.
  - 2단계 : 작업을 설명한다. 작업 단계별로 말하고 기록해 보인다.
  - 3단계 : 시켜 본다. 시켜보고 잘못된 것을 고쳐준다. 시키면서 급소를 말하게 한다. 이해했는지 확인한다. 상대가 잘 납득하기까지 계속한다.
  - 4단계 : 교육한 뒤를 확인한다. 독자적으로 작업을 하게 한다. 질문하도록 조치하고 서서히 지도를 줄여간다.

27
안전관리 조직에 관한 내용으로 옳지 않은 것은?

① 라인스태프형은 명령 계통과 조언·권고적 참여가 혼돈되기 쉬운 단점이 있다.
② 라인형은 1,000명 이상의 대규모 사업장에 주로 활용된다.
③ 라인형은 안전에 대한 지시 및 전달이 비교적 신속하다.
④ 스태프형은 권한다툼이나 조정 때문에 라인형보다 통제수속이 복잡하며 시간과 노력이 더 소모된다.
⑤ 안전관리 조직 형태는 라인형(Line Type), 스태프형(Staff Type), 라인스태프형(Line-Staff Type)으로 구분할 수 있다.

해설

안전관리조직
- Line형 : 수직적 조직, 지시나 조치가 빠름, 소규모 사업장에 적합
- Staff형 : 안전업무 전문가(참모식) 조직, 안전의 지도 및 조언, 관리자들의 이해가 없으면 효과가 적음, 중규모에 적합
- Line-Staff형 : Line형과 Staff형의 절충, 대규모 사업장에 적합, 명령계통이 혼돈되기 쉬움, 전문가의 월권행위 발생

28
다음 (   )에 들어갈 것으로 옳은 것은?

> (   )는 330건의 사고가 발생하는 가운데 중상 또는 사망 1건, 경상 29건, 무상해 사고 300건의 비율로 재해가 발생한다는 법칙을 주장하였다.

① 버드(F. Bird)
② 아담스(E. Adams)
③ 시몬즈(R. Simonds)
④ 하인리히(H. Heinrich)
⑤ 콤페스(P. Compes)

해설

하인리히의 법칙
대형사고가 발생하기 전에 그와 관련된 수많은 경미한 사고와 징후들이 반드시 존재한다는 것을 밝힌 법칙이다. 산업재해가 발생하여 중상자가 1명 나오면 그 전에 같은 원인으로 발생한 경상자가 29명, 같은 원인으로 부상을 당할 뻔한 잠재적 부상자가 300명 있었다는 통계를 발견하여 1 : 29 : 300법칙이라고도 한다. 즉, 큰 재해와 작은 재해 그리고 사소한 사고의 발생 비율이 1 : 29 : 300이라는 법칙

29
보호구 안전인증 고시에서 정하고 있는 추락 및 감전 위험방지용 안전모의 성능기준에 관한 내용 중 안전모의 시험성능기준 항목이 아닌 것은?

① 내관통성
② 충격흡수성
③ 내약품성
④ 턱끈풀림
⑤ 내수성

해설

안전모의 시험성능기준(보호구 안전인증 고시 별표 1)

항 목	시험성능기준
내관통성	AE, ABE종 안전모는 관통거리가 9.5mm 이하이고, AB종 안전모는 관통거리가 11.1mm 이하이어야 한다.
충격흡수성	최고전달충격력이 4,450N을 초과해서는 안 되며, 모체와 착장체의 기능이 상실되지 않아야 한다.
내전압성	AE, ABE종 안전모는 교류 20kV에서 1분간 절연파괴 없이 견뎌야 하고, 이때 누설되는 충전전류는 10mA 이하이어야 한다.
내수성	AE, ABE종 안전모는 질량증가율이 1% 미만이어야 한다.
난연성	모체가 불꽃을 내며 5초 이상 연소되지 않아야 한다.
턱끈풀림	150N 이상 250N 이하에서 턱끈이 풀려야 한다.

30

산업안전보건법령상 대여자 등이 안전조치 등을 해야 하는 기계·기구·설비 및 건축물 등에 해당하는 것을 모두 고른 것은?

| ㄱ. 타워크레인 | ㄴ. 이동식 크레인 |
| ㄷ. 고소작업대 | ㄹ. 리프트 |

① ㄱ, ㄴ
② ㄷ, ㄹ
③ ㄱ, ㄴ, ㄹ
④ ㄴ, ㄷ, ㄹ
⑤ ㄱ, ㄴ, ㄷ, ㄹ

해설

대여자 등이 안전조치 등을 해야 하는 기계·기구·설비 및 건축물 등(산업안전보건법 시행령 별표 21)
1. 사무실 및 공장용 건축물
2. 이동식 크레인
3. 타워크레인
4. 불도저
5. 모터 그레이더
6. 로더
7. 스크레이퍼
8. 스크레이퍼 도저
9. 파워 셔블
10. 드래그라인
11. 클램셸
12. 버킷굴착기
13. 트렌치
14. 항타기
15. 항발기
16. 어스드릴
17. 천공기
18. 어스오거
19. 페이퍼드레인머신
20. 리프트
21. 지게차
22. 롤러기
23. 콘크리트 펌프
24. 고소작업대
25. 그 밖에 산업재해보상보험 및 예방심의위원회 심의를 거쳐 고용노동부장관이 정하여 고시하는 기계, 기구, 설비 및 건축물 등

31

"미끄러운 기름이 흘러있는 복도 위를 걷다가 미끄러지면서 넘어져 기계에 머리를 부딪쳐서 다쳤다." 이러한 재해상황에 관한 내용으로 옳은 것은?

① 가해물 : 복도, 기인물 : 기름, 사고유형 : 추락
② 가해물 : 기름, 기인물 : 복도, 사고유형 : 끼임
③ 가해물 : 기계, 기인물 : 기름, 사고유형 : 전도
④ 가해물 : 기름, 기인물 : 기계, 사고유형 : 화재
⑤ 가해물 : 기계, 기인물 : 기름, 사고유형 : 감전

해설

- 가해물 : 사람에 직접 충돌하거나 또는 접촉에 의해서 위해(危害)를 준 물건으로 여기서는 기계에 해당한다.
- 기인물 : 재해가 일어난 근원이 되었던 기계, 장치 또는 기타 물건 또는 환경으로 여기서는 기름이 기인물이다.
- 사고유형 : 추락, 낙하, 비래, 전도, 끼임, 베임, 감전, 화재 등 사고발생 형태를 말하는 것으로 여기서는 전도가 사고유형이다.

32

비행기로부터 30m 떨어진 곳에서의 음압이 140dB이라면, 300m 떨어진 곳에서의 음압은 몇 dB인가?(단, 조건은 동일하다)

① 90
② 100
③ 110
④ 120
⑤ 130

해설

음압 구하는 공식은 $SPL_1 - SPL_2 = 20 \times \log \frac{L_2}{L_1}$ 이다.

$SPL_2 = SPL_1 - 20 \times \log \frac{L_2}{L_1}$

$= 140 - 20 \times \log \frac{300}{30}$

$= 140 - 20\log 10$

$= 140 - 20$

$= 120dB$

정답 31 ③ 32 ④

33
공기 중 연소(폭발)범위가 가장 넓은 것은?

① 수 소
② 암모니아
③ 프로페인
④ 에테인
⑤ 메테인

해설

기체의 연소범위(공기 내의 부피)

종 류	연소하한계	연소상한계	종 류	연소하한계	연소상한계
아세틸렌	2.5	81.0	수 소	4.0	75.0
에테인	3.0	12.5	프로페인	2.1	9.5
에틸에터	1.7	48.0	뷰테인	1.8	8.4
아세톤	2.5	12.8	메테인	5.0	15.0
휘발유	1.2	7.6	암모니아	15.0	25.0
이황화탄소	1.0	50.0	황화수소	4.3	46.0
일산화탄소	12.0	75.0	에틸렌	2.7	36.0

※ 화합물의 물리화학적 특성들은 '국가위험물통합정보시스템' 수치에 의거함

34
사업장 위험성평가에 관한 지침에서 정하고 있는 위험성평가의 절차에서 "상시근로자 수가 20명 미만 사업장(총 공사금액 20억원 미만의 건설공사)의 경우"에 생략할 수 있는 절차는?

① 평가대상의 선정 등 사전준비
② 근로자의 작업과 관계되는 유해・위험요인의 파악
③ 파악된 유해・위험요인별 위험성의 추정
④ 위험성 감소대책의 수립 및 실행
⑤ 위험성평가 실시내용 및 결과에 관한 기록

해설

※ 출제 시 정답은 ③이었으나, 법령 개정(23.5.22)으로 정답 없음으로 처리하였음

위험성평가의 절차(사업장 위험성평가에 관한 지침 제8조)
사업주는 위험성평가를 다음의 절차에 따라 실시하여야 한다. 다만, 상시근로자 5인 미만 사업장(건설공사의 경우 1억원 미만)의 경우 제1호의 절차를 생략할 수 있다.
1. 사전준비
2. 유해・위험요인 파악
3. 위험성 결정
4. 위험성 감소대책 수립 및 실행
5. 위험성평가 실시내용 및 결과에 관한 기록 및 보존

35
인간-기계체계의 신뢰도 유지방안 중 피드백 제어방식에 해당하는 것을 모두 고른 것은?

> ㄱ. 서보 메커니즘(Servo Mechanism)
> ㄴ. 프로세스 컨트롤(Process Control)
> ㄷ. 오토매틱 레귤레이션(Automatic Regulation)

① ㄱ
② ㄴ
③ ㄱ, ㄷ
④ ㄴ, ㄷ
⑤ ㄱ, ㄴ, ㄷ

해설

피드백 제어방식
피드백을 한 상태에서 목푯값이 일치하도록 제어하는 방식이다.
- 서보 메커니즘 : 시스템에서 해당되는 기기를 원하는 위치로 움직일 때 피드백을 통해 정확한 위치를 제어하는 방식이다.
- 프로세스 컨트롤 : 생산 프로세스를 제어하기 위해 피드백 값을 활용하는 것을 말한다.
- 오토매틱 레귤레이션 : 고정된 목푯값으로 신속히 재위치하는 방식이다.

36
학습평가 기본기준 4가지에 해당하지 않는 것은?

① 타당성
② 신뢰성
③ 객관성
④ 실용성
⑤ 주관성

해설

학습평가 기본기준 4가지
- 타당성 : 평가의 결과와 원래 평가하려는 목표와의 관련성이 얼마나 높으냐의 문제, 어떤 근거 내지 준거가 명확
- 신뢰도 : 측정하려는 것을 얼마나 안정적으로 일관성 있게 측정하느냐의 문제. 하나의 평가도구를 가지고 몇 번을 반복해도 같은 결과가 나오는 정도
- 객관성 : 채점자 신뢰도, 검사의 채점자가 객관적인 입장에서 신뢰 있게 채점하느냐의 문제
- 실용성 : 경비, 시간 노력을 적게 들이고도 목적을 달성할 수 있느냐에 대한 정도

정답 35 ⑤ 36 ⑤

37
다음은 위험성평가 기법인 MORT에 관한 설명이다. ( )에 들어갈 것으로 옳은 것은?

> MORT는 ( )와(과) 동일한 논리방법을 사용하여 관리, 설계, 생산 및 보전 등의 넓은 범위에 걸친 안전 확보를 위하여 활용하는 기법으로 원자력 산업 등에 이용된다.

① HAZOP
② FTA
③ CA
④ FMEA
⑤ PHA

해설

MORT(Management Oversight and Risk Tree)
1970년 이후 미국 에너지개발청의 Johnson들에 의해서 개발된 새로운 시스템안전 프로그램이며 MORT로 이름 붙여진 해석 트리(Tree)를 중심으로 FTA와 똑같은 이론수법을 사용해서 관리, 설계, 생산, 보전 등 넓은 범위에 걸쳐서 안전성을 확보하려고 하는 수법을 말한다. 원자력 산업 등 이미 상당한 안전성이 얻어지는 장소이며 더욱이 고도의 안전성을 달성하는 것을 목적으로 하고 있다.

38
CA(Criticality Analysis)기법에서 "작업의 실패로 이어질 염려가 있는 고장"의 카테고리는?

① 카테고리 Ⅰ
② 카테고리 Ⅱ
③ 카테고리 Ⅲ
④ 카테고리 Ⅳ
⑤ 카테고리 Ⅴ

해설

치명도 분석이라 함은 고장형태에 따른 영향을 분석한 후 중요한 고장에 대해 그 피해의 크기와 고장발생률을 이용하여 치명도를 분석하는 절차이다.
위험도 분류
- 카테고리 Ⅰ : 생명의 상실로 이어질 염려가 있는 고장
- 카테고리 Ⅱ : 작업의 실패로 이어질 염려가 있는 고장
- 카테고리 Ⅲ : 운용의 지연 또는 손실로 이어질 고장
- 카테고리 Ⅳ : 극단적인 계획 외의 관리로 이어질 고장

39
건구온도 42℃, 습구온도 32℃일 경우 Oxford지수는?

① 33.5℃
② 35.5℃
③ 37.5℃
④ 38.5℃
⑤ 40.5℃

해설

옥수포드지수란 습구온도와 건구온도의 단순 가중치로 구하는 공식은 아래와 같다.
Oxford Index = 0.85 × 습구온도 + 0.15 × 건구온도
            = 0.85 × 32 + 0.15 × 42
            = 33.5℃

40
화학물질 및 물리적 인자의 노출기준에서 제시된 소음의 노출기준(충격소음 제외)에 관한 일부 내용이다. ( )에 들어갈 내용으로 옳은 것은?

1일 노출시간(hr)	소음강도 dB(A)
8	(ㄱ)
4	(ㄴ)

① ㄱ : 90, ㄴ : 95
② ㄱ : 90, ㄴ : 100
③ ㄱ : 95, ㄴ : 100
④ ㄱ : 95, ㄴ : 105
⑤ ㄱ : 100, ㄴ : 100

해설

소음의 노출기준(화학물질 및 물리적 인자의 노출기준 별표 2의1)

1일 노출시간(hr)	8	4	2	1	1/2	1/4
소음강도 dB(A)	90	95	100	105	110	115

※ 충격소음 제외
※ 115dB(A)를 초과하는 소음 수준에 노출되어서는 안 됨

41
브레인스토밍 기법에 관한 내용으로 옳은 것을 모두 고른 것은?

> ㄱ. 타인의 아이디어를 비판하지 않을 것
> ㄴ. 자유로운 분위기를 조성할 것
> ㄷ. 타인의 아이디어에 내 아이디어를 덧붙여 아이디어를 제시하는 것은 금지할 것
> ㄹ. 다수의 아이디어를 낼 수 있도록 할 것

① ㄱ, ㄴ
② ㄴ, ㄷ
③ ㄱ, ㄴ, ㄹ
④ ㄱ, ㄷ, ㄹ
⑤ ㄱ, ㄴ, ㄷ, ㄹ

해설

브레인스토밍
일정한 주제에 대해 회의를 실시하여 구성원의 자유로이 발언하도록 한 후 발상을 찾아내려는 기법
- 타인의 아이디어를 비판하지 않을 것
- 자유로운 분위기 조성
- 아이디어 수가 많을수록 우수한 아이디어 가능

42
산업안전보건기준에 관한 규칙의 일부이다. ( )에 들어갈 내용으로 옳은 것은?

> 제8조(조도) 사업주는 근로자가 상시 작업하는 장소의 작업면 조도(照度)를 다음 각 호의 기준에 맞도록 하여야 한다. 다만, 갱내(坑內) 작업장과 감광재료(感光材料)를 취급하는 작업장은 그러하지 아니하다.
> 1. 초정밀작업 : (ㄱ)럭스(lx) 이상
> 2. 정밀작업 : (ㄴ)럭스 이상

① ㄱ : 600, ㄴ : 300
② ㄱ : 650, ㄴ : 250
③ ㄱ : 700, ㄴ : 200
④ ㄱ : 750, ㄴ : 300
⑤ ㄱ : 800, ㄴ : 250

해설

조도(산업안전보건기준에 관한 규칙 제8조)
사업주는 근로자가 상시 작업하는 장소의 작업면 조도(照度)를 다음의 기준에 맞도록 하여야 한다. 다만, 갱내(坑內) 작업장과 감광재료(感光材料)를 취급하는 작업장은 그러하지 아니하다.
1. 초정밀작업 : 750lx 이상
2. 정밀작업 : 300lx 이상
3. 보통작업 : 150lx 이상
4. 그 밖의 작업 : 75lx 이상

43

일본의 의학자인 하시모토 쿠니에가 제시한 의식수준 5단계(Phase)의 의식상태와 신뢰성에 관한 내용으로 옳은 것은?

① Phase 0의 의식상태는 무의식 상태이며 신뢰성은 0.3이다.
② Phase 1의 의식상태는 실신 상태이며 신뢰성은 0.6 이상이다.
③ Phase 2의 의식상태는 의식이 둔한 상태이며 신뢰성은 0.9이다.
④ Phase 3의 의식상태는 명석한 상태이며 신뢰성은 0.999999 이상이다.
⑤ Phase 4의 의식상태는 편안한 상태이며 신뢰성은 1.0이다.

해설

의식수준 5단계

단 계	주의 상태	신뢰도	비 고
Phase 0	수면 중	0	의식의 단절, 의식의 우회
Phase I	졸음 상태	0.9 이하	의식수준의 저하
Phase II	일상생활	0.99~0.99999	의식의 이완상태
Phase III	적극 활동	0.99999 이상	주의집중(15분 이상 불능)
Phase IV	과긴장	0.9 이하	주의의 일점집중

44

산업안전보건법령상 안전보건표지의 색도기준 및 용도에 관한 내용으로 옳지 않은 것은?(단, 색도기준은 한국산업규격 (KS)에 따른 색의 3속성에 의한 표시방법(KSA 0062 기술표준원 고시 제2008-0759)에 따른다)

① 7.5R 4/14 : 정지신호, 소화설비 및 그 장소, 유해행위의 금지
② N9.5 : 화학물질 취급장소에서의 유해·위험 경고
③ 5Y 8.5/12 : 화학물질 취급장소에서의 유해·위험경고 이외의 위험경고, 주의표지 또는 기계방호물
④ 2.5PB 4/10 : 특정 행위의 지시 및 사실의 고지
⑤ 2.5G 4/10 : 비상구 및 피난소, 사람 또는 차량의 통행표지

해설

안전보건표지의 색도기준 및 용도(산업안전보건법 시행규칙 별표 8)

색 채	색도기준	용 도	사용례
빨간색	7.5R 4/14	금 지	정지신호, 소화설비 및 그 장소, 유해행위의 금지
빨간색	7.5R 4/14	경 고	화학물질 취급장소에서의 유해·위험 경고
노란색	5Y 8.5/12	경 고	화학물질 취급장소에서의 유해·위험경고 이외의 위험경고, 주의표지 또는 기계방호물
파란색	2.5PB 4/10	지 시	특정 행위의 지시 및 사실의 고지
녹 색	2.5G 4/10	안 내	비상구 및 피난소, 사람 또는 차량의 통행표지
흰 색	N9.5		파란색 또는 녹색에 대한 보조색
검은색	N0.5		문자 및 빨간색 또는 노란색에 대한 보조색

※ 참 고
- 허용 오차 범위 H=±2, V=±0.3, C=±1(H는 색상, V는 명도, C는 채도를 말한다)
- 위의 색도기준은 한국산업규격(KS)에 따른 색의 3속성에 의한 표시방법(KSA 0062 기술표준원 고시 제2008-0759)에 따른다.

45

다음은 푸르키네 효과(Purkinje Effect)에 관한 내용이다. ( )에 들어갈 내용으로 옳은 것은?

- 색의 식별은 암순응과 명순응으로 나누어지고 우리 눈의 망막에는 추상체와 간상체라는 두 종류의 시신경이 있는데 추상체는 (ㄱ)을(를) 주로 느끼고 간상체는 (ㄴ)을(를) 주로 느낀다.
- (ㄷ)된 눈의 최대비시감도는 약 555nm이고 (ㄹ)된 눈의 최대비시감도는 약 510nm로서 짧은 파장으로 이동한다.

① ㄱ : 색상, ㄴ : 명암, ㄷ : 명순응, ㄹ : 암순응
② ㄱ : 명암, ㄴ : 색상, ㄷ : 암순응, ㄹ : 명순응
③ ㄱ : 명암, ㄴ : 채도, ㄷ : 암순응, ㄹ : 명순응
④ ㄱ : 명암, ㄴ : 색상, ㄷ : 명순응, ㄹ : 암순응
⑤ ㄱ : 채도, ㄴ : 명암, ㄷ : 암순응, ㄹ : 명순응

해설

푸르키네 효과(Purkinje Effect)
색광에 대한 시감도가 명암순응 상태에 의해 달라지는 현상으로 여러 명암순응의 상태에서 시감도곡선을 구하면 명순응의 정도가 높아지게 됨에 따라 시감도곡선의 극대점이 장파장 측으로 기울며 반대로 암순응의 정도가 높아지면 단파장 측으로 기운다. 그렇기 때문에 명순응 시에는 빨강이나 주홍이 상대적으로 밝게 보이며 암순응 시에는 파란색이 밝게 보인다. 시감도곡선의 극대는 명순응 시에는 560nm 정도이며 암순응이 진행되면 510nm가 된다. 이 효과는 명순응 시에 작용하던 추상체의 기능이 암순응이 진행됨에 따라 간상체의 기능으로 이행되기 때문에 일어난다.

46

5m 떨어진 곳에서 1.5mm 벌어진 틈을 구분할 수 있는 사람의 최소가분시력은?(단, 소수점 둘째 자리에서 반올림하여 소수점 첫째 자리까지 구하시오)

① 0.5
② 1.0
③ 2.0
④ 2.5
⑤ 3.0

해설

최소가분시력
- 정의 : 시력을 정의하는 가장 보편적인 시력의 척도로 시각의 역수
- 눈이 식별할 수 있는 표적의 최소 공간

   - 시각 $= \left(\dfrac{180}{\pi}\right) \times 60 \times \dfrac{D}{L}$

     $= 3,438 \times \dfrac{D}{L} = 3,438 \times \dfrac{1.5}{5,000} = 1.0314$

     여기서, D : 물체의 크기
     L : 눈과 물체와의 거리

   - 시력 $= \dfrac{1}{시각} = \dfrac{1}{1.0314} ≒ 1.0$

정답 45 ① 46 ②

47

관리격자이론에서 "생산에 관한 관심은 대단히 높으나 인간에 대한 관심이 극히 낮은 리더십"의 유형은?

① (1.1)형
② (1.9)형
③ (9.1)형
④ (9.9)형
⑤ (5.5)형

해설

관리격자이론
리더십을 과업 중심과 관계 중심의 높고 낮음의 격자로 만들어 수치화한 이론으로 과업에 대한 관심은 높으나 관계에 대한 관심이 낮은 리더십은 (9.1)형이다.

정답 47 ③

48

산업안전보건법령상 산업안전보건위원회를 구성할 수 있는 사용자위원 중 상시근로자 50명 이상 100명 미만을 사용하는 사업장에서는 제외할 수 있는 사람은?

① 해당 사업의 대표자(같은 사업으로서 다른 지역에 사업장이 있는 경우에는 그 사업장의 안전보건관리책임자를 말한다. 이하 같다)
② 안전관리자(제16조제1항에 따라 안전관리자를 두어야 하는 사업장으로 한정하되, 안전관리자의 업무를 안전관리전문기관에 위탁한 사업장의 경우에는 그 안전관리전문기관의 해당 사업장 담당자를 말한다) 1명
③ 보건관리자(제20조제1항에 따라 보건관리자를 두어야 하는 사업장으로 한정하되, 보건관리자의 업무를 보건관리전문기관에 위탁한 사업장의 경우에는 그 보건관리전문기관의 해당 사업장 담당자를 말한다) 1명
④ 산업보건의(해당 사업장에 선임되어 있는 경우로 한정한다)
⑤ 해당 사업의 대표자가 지명하는 9명 이내의 해당 사업장 부서의 장

해설

산업안전보건위원회의 구성(산업안전보건법 시행령 제35조)

㉠ 산업안전보건위원회의 근로자위원은 다음의 사람으로 구성한다.
  1. 근로자대표
  2. 명예산업안전감독관이 위촉되어 있는 사업장의 경우 근로자대표가 지명하는 1명 이상의 명예산업안전감독관
  3. 근로자대표가 지명하는 9명(근로자인 제2호의 위원이 있는 경우에는 9명에서 그 위원의 수를 제외한 수를 말한다) 이내의 해당 사업장의 근로자

㉡ 산업안전보건위원회의 사용자위원은 다음의 사람으로 구성한다. 다만, 상시근로자 50명 이상 100명 미만을 사용하는 사업장에서는 5.에 해당하는 사람을 제외하고 구성할 수 있다.
  1. 해당 사업의 대표자(같은 사업으로서 다른 지역에 사업장이 있는 경우에는 그 사업장의 안전보건관리책임자를 말한다. 이하 같다)
  2. 안전관리자(제16조제1항에 따라 안전관리자를 두어야 하는 사업장으로 한정하되, 안전관리자의 업무를 안전관리전문기관에 위탁한 사업장의 경우에는 그 안전관리전문기관의 해당 사업장 담당자를 말한다) 1명
  3. 보건관리자(제20조제1항에 따라 보건관리자를 두어야 하는 사업장으로 한정하되, 보건관리자의 업무를 보건관리전문기관에 위탁한 사업장의 경우에는 그 보건관리전문기관의 해당 사업장 담당자를 말한다) 1명
  4. 산업보건의(해당 사업장에 선임되어 있는 경우로 한정한다)
  5. 해당 사업의 대표자가 지명하는 9명 이내의 해당 사업장 부서의 장

㉢ ㉠ 및 ㉡에도 불구하고 법 제69조제1항에 따른 건설공사도급인(이하 "건설공사도급인"이라 한다)이 법 제64조제1항제1호에 따른 안전 및 보건에 관한 협의체를 구성한 경우에는 산업안전보건위원회의 위원을 다음의 사람을 포함하여 구성할 수 있다.
  1. 근로자위원 : 도급 또는 하도급 사업을 포함한 전체 사업의 근로자대표, 명예산업안전감독관 및 근로자대표가 지명하는 해당 사업장의 근로자
  2. 사용자위원 : 도급인 대표자, 관계수급인의 각 대표자 및 안전관리자

정답 48 ⑤

49

500명의 근로자가 근무하는 사업장에서 연간 30건의 재해가 발생하여 35명의 재해자로 인해 120일의 근로손실일수가 발생한 경우, 이 사업장의 재해통계(도수율, 강도율)로 옳은 것은?(단, 1일 8시간, 연 300일 근무하는 것으로 가정한다)

① 도수율 : 0.25, 강도율 : 0.1
② 도수율 : 2.1, 강도율 : 0.1
③ 도수율 : 25, 강도율 : 1.0
④ 도수율 : 0.21, 강도율 : 10
⑤ 도수율 : 25, 강도율 : 0.1

해설

- 도수율 = $\dfrac{재해건수}{연근로시간수} \times 10^6 = \dfrac{30}{500 \times 8 \times 300} \times 10^6 = 25$

- 강도율 = $\dfrac{총요양근로손실일수}{연근로시간수} \times 10^3 = \dfrac{120}{1,200,000} \times 10^3 = 0.1$

50

다음 논리식을 가장 간단하게 표현한 것은?

$$\{(A+B+C)(\overline{A}+B+C)\}+AB+BC$$

① $A+B$
② $A+\overline{B}$
③ $B+C$
④ $\overline{B}+\overline{C}$
⑤ $A+\overline{B}+C$

해설

$\{(A+B+C)(\overline{A}+B+C)\}+AB+BC$
$= AA' + AB + AC + BA' + BB + BC + CA' + CB + CC + AB + BC$
$= B(A+A') + AC + B + CA' + CB + C + AB + BC$
$= B + AC + B + CA' + CB + C + AB + BC$
$= B(1+C+A) + C(A+A') + C(1+B)$
$= B + C$

| 기업진단 · 지도

51
조직구조 설계의 상황요인에 해당하는 것을 모두 고른 것은?

ㄱ. 조직의 규모
ㄴ. 표준화
ㄷ. 전 략
ㄹ. 환 경
ㅁ. 기 술

① ㄱ, ㄴ, ㄷ
② ㄱ, ㄴ, ㄹ
③ ㄴ, ㄷ, ㅁ
④ ㄱ, ㄴ, ㄷ, ㄹ
⑤ ㄱ, ㄷ, ㄹ, ㅁ

해설

조직구조 설계의 상황요인
- 조직의 규모 : 조직의 규모가 클수록 조직이 복잡하다.
- 조직의 연령 : 조직의 생성부터 지금까지의 기간을 말한다.
- 조직 환경 : 조직이 처해 있는 환경요인이 적합하게 설계되어야 한다.
- 조직이 사용하는 기술 : 조직만이 소유하고 있는 기술적인 부분을 검토한다.
- 조직의 전략 : 조직이 목표를 이루기 위해 전략을 설계해야 한다.
- 조직의 목표 : 조직이 추구하는 목표를 수립하여야 한다.
- 조직문화 : 조직에 널리 퍼져 있는 암묵적인 규범과 가치이다.

52

프렌치(J. French)와 레이븐(B. Raven)의 권력의 원천에 관한 설명으로 옳지 않은 것은?

① 공식적 권력은 특정 역할과 지위에 따른 계층구조에서 나온다.
② 공식적 권력은 해당 지위에서 떠나면 유지되기 어렵다.
③ 공식적 권력은 합법적 권력, 보상적 권력, 강압적 권력이 있다.
④ 개인적 권력은 전문적 권력과 정보적 권력이 있다.
⑤ 개인적 권력은 자신의 능력과 인격을 다른 사람으로부터 인정받아 생긴다.

해설

권력의 원천
- 공식적 권력이란 특정 직위나 지위에 의해 발생되는 권력으로 합법적, 보상적, 강압적 권력 등이 있다.
  - 합법적 권력 : 합법적으로 발생되는 권력으로 직위, 직책에 따라 내재하는 권력으로 직위를 떠나면 권력도 없어진다.
  - 보상적 권력 : 팀장이 팀원들에게 승진, 성과급 등을 보상해 줄 수 있는 권력이다.
  - 강압적 권력 : 보상적 권력과 반대되는 개념으로 팀원 퇴출, 처벌에 관한 권력이다.
- 개인적 권력이란 개인의 능력과 인성에 따라 발생되는 권력으로 전문적, 준거적 권력 등이 있다.
  - 전문적 권력 : 개인의 전문적인 기술이나 지식 등에서 발생되는 권력이다.
  - 준거적 권력 : 자신보다 월등하다고 생각될 때 느끼는 권력이다.

53

직무분석과 직무평가에 관한 설명으로 옳지 않은 것은?

① 직무분석은 인력확보와 인력개발을 위해 필요하다.
② 직무분석은 교육훈련 내용과 안전사고 예방에 관한 정보를 제공한다.
③ 직무명세서는 직무수행자가 갖추어야 할 자격요건인 인적특성을 파악하기 위한 것이다.
④ 직무평가 요소비교법은 평가대상 개별직무의 가치를 점수화하여 평가하는 기법이다.
⑤ 직무평가는 조직의 목표달성에 더 많이 공헌하는 직무를 다른 직무에 비해 더 가치가 있다고 본다.

해설

- 직무분석 : 직무를 수행하는 데 요구되는 지식, 능력, 기술, 경험 등이 무엇인지를 과학적이고 합리적으로 알아내는 것
- 직무명세서 : 인적특성을 파악하기 위하여 직무수행자의 직무분석 결과를 세분화한 문서자료
- 직무평가
  - 분류법 : 등급 기준표를 이용하여 직무수행자 등급 배치
  - 점수법 : 직무를 요소별로 나누어 요소에 대한 등급 결정
  - 서열법 : 평가자가 직무의 난이도 등을 평가하여 직위별 서열을 매겨 나열하는 방법
  - 요소비교법 : 기준직무를 선정하여 보수액을 평가 요소별로 나누고 이것을 기준으로 평가자의 보수액을 결정하는 방법

54
협상에 관한 설명으로 옳지 않은 것은?

① 협상은 둘 이상의 당사자가 희소한 자원을 어떻게 분배할지 결정하는 과정이다.
② 협상에 관한 접근방법으로 분배적 교섭과 통합적 교섭이 있다.
③ 분배적 교섭은 내가 이익을 보면 상대방은 손해를 보는 구조이다.
④ 통합적 교섭은 윈윈 해결책을 창출하는 타결점이 있다는 것을 전제로 한다.
⑤ 분배적 교섭은 협상 당사자가 전체 자원(Pie)이 유동적이라는 전제하에 협상을 진행한다.

해설

협 상
둘 이상의 조직이 직접 접촉을 통하여 계획이나 이익 등의 양보하고 획득하는 일
• 분배적 교섭 : 규모가 제한된 자원의 배분, 협상자 중 이익을 보는 사람이 있으면 반드시 손해를 보는 사람이 존재, 기업과 노조의 임금협상
• 통합적 협상 : 노사 모두에게 이익이 되는 협상, 협상자들은 서로 윈윈하기 위해 해결책 창출

55
노동쟁의와 관련하여 성격이 다른 하나는?

① 파 업
② 준법투쟁
③ 불매운동
④ 생산통제
⑤ 대체고용

해설

노동쟁의
노동조합과 사용자 또는 사용자단체(노동관계 당사자) 간에 임금·근로시간·복지·해고 기타 대우 등 근로조건의 결정에 관한 주장의 불일치로 인하여 발생한 분쟁상태를 말한다. 이 경우 주장의 불일치라 함은 당사자 간에 합의를 위한 노력을 계속하여도 더 이상 자주적 교섭에 의한 합의의 여지가 없는 경우

쟁의행위
노동관계 당사자가 그의 주장을 관철할 것을 목적으로 행하는 행위와 이에 대항하는 행위로서 업무의 정당한 운영을 저해하는 것, 노동조합 및 노동관계조정법 제2조제6호는 파업·태업 등을 근로자가 행하는 것으로서, 직장폐쇄를 사용자가 행하는 것으로 각각 규정하고 있다. 이 밖에 쟁의행위의 유형으로 보이콧(Boycott), 피케팅(Picketing)·생산관리 등이 있다.

정답 54 ⑤ 55 ⑤

56

대량고객화(Mass Customization)에 관한 설명으로 옳지 않은 것은?

① 높은 가격과 다양한 제품 및 서비스를 제공하는 개념이다.
② 대량고객화 달성 전략의 하나로 모듈화 설계와 생산이 사용된다.
③ 대량고객화 관련 프로세스는 주로 주문조립생산과 관련이 있다.
④ 정유, 가스 산업처럼 대량고객화를 적용하기 어렵고 효과 달성이 어려운 제품이나 산업이 존재한다.
⑤ 주문접수 시까지 제품 및 서비스를 연기(Postpone)하는 활동은 대량고객화 기법 중의 하나이다.

해설

① 모듈화를 통해 제품을 대량생산하여 단가는 낮출 수 있다.

대량고객화
- Mass Production + Customization의 합성어로 낮은 가격으로 대량생산하여 소비자의 욕구 충족시키는 방법이다.
- 모듈화를 통해 제품을 대량생산하여 단가를 낮출 수 있다.
- 대량고객화는 고객의 요구를 만족시키기 위해 기업활동 전체에 대한 혁신을 전제로 하기 때문에 가격이 높고 다품종 및 서비스를 제공하는 개념과는 구별된다.

57

품질경영에 관한 설명으로 옳지 않은 것은?

① 쥬란(J. Juran)은 품질삼각축(Quality Trilogy)으로 품질계획, 관리, 개선을 주장했다.
② 데밍(W. Deming)은 최고경영진의 장기적 관점 품질관리와 종업원 교육훈련 등을 포함한 14가지 품질경영 철학을 주장했다.
③ 종합적 품질경영(TQM)의 과제 해결 단계는 DICA(Define, Implement, Check, Act)이다.
④ 종합적 품질경영(TQM)은 프로세스 향상을 위해 지속적 개선을 지향한다.
⑤ 종합적 품질경영(TQM)은 외부 고객만족뿐만 아니라 내부 고객만족을 위해 노력한다.

해설

종합적 품질경영
전사적 품질경영으로 제품이나 서비스의 품질을 개선할 목적으로 모든 구성원들이 지속적으로 개선점을 발견하는 데 주력하는 방식. PDCA(Plan Do Check Action)의 해결단계를 거친다.

58

6시그마와 린을 비교 설명한 것으로 옳은 것은?

① 6시그마는 낭비 제거나 감소에, 린은 결점 감소나 제거에 집중한다.
② 6시그마는 부가가치 활동 분석을 위해 모든 형태의 흐름도를, 린은 가치흐름도를 주로 사용한다.
③ 6시그마는 임원급 챔피언의 역할이 없지만, 린은 임원급 챔피언의 역할이 중요하다.
④ 6시그마는 개선활동에 파트타임(겸임)리더가, 린은 풀타임(전담)리더가 담당한다.
⑤ 6시그마의 개선 과제는 전략적 관점에서 선정하지 않지만, 린은 전략적 관점에서 선정한다.

해설

6시그마와 린의 비교

구 분	린 방식	6시그마
목 표	생산흐름, 낭비의 제거로 생산성 향상	변동감소, 결점 제거로 품질향상
강 점	리드타임이나 사이클 타임 감소	통계적 기법을 사용하여 품질향상
한계점	프로세스를 통계적으로 통제하지 못한다.	단독으로 프로세스의 속도나 비용을 줄일 수 없다(결점 제거에만 초점을 두어서 시간적 경쟁우위가 없다.
린6시그마(LSS ; Lean Six Sigma)		

린의 빠른 생산성 향상기법과 6시그마의 통계적 품질향상기법이 잘 조화되어 고객만족, 프로세스 속도개선, 비용절감, 품질개선 등의 효과를 얻을 수 있음

59

생산운영관리의 최신 경향 중 기업의 사회적 책임과 환경경영에 관한 설명으로 옳은 것을 모두 고른 것은?

> ㄱ. ISO 29000은 기업의 사회적 책임에 관한 국제 인증제도이다.
> ㄴ. 포터(M. Porter)와 크래머(M. Kramer)가 제안한 공유가치창출(CSV ; Creating Shared Value)은 기업의 경쟁력 강화보다 사회적 책임을 우선시 한다.
> ㄷ. 지속가능성이란 미래 세대의 니즈(Needs)와 상충되지 않도록 현 사회의 니즈(Needs)를 충족시키는 정책과 전략이다.
> ㄹ. 청정생산(Cleaner Production) 방법으로는 친환경원자재의 사용, 청정 프로세스의 활용과 친환경생산 프로세스 관리 등이 있다.
> ㅁ. 환경경영시스템인 ISO 14000은 결과 중심 경영시스템이다.

① ㄱ, ㄴ
② ㄷ, ㄹ
③ ㄹ, ㅁ
④ ㄷ, ㄹ, ㅁ
⑤ ㄱ, ㄷ, ㄹ, ㅁ

해설
ㄱ. ISO 26000은 국제표준화기구가 제정한 기업의 사회적 책임에 대한 국제표준이다.
  ISO 29000은 개인정보보호 분야의 프라이버시 원칙에 대한 표준이다.
ㄴ. 공유가치창출은 기업을 경영하면서 경제적 발전과 사회적 발전을 동시에 추구할 수 있는 경영 정책과 운영 방침을 말한다.
ㅁ. ISO 14000은 기업의 환경경영체제에 관한 국제표준화 규격이다.

60

직무분석을 위해 사용되는 방법들 중 정보입력, 정신적 과정, 작업의 결과, 타인과의 관계, 직무맥락, 기타 직무특성 등의 범주로 조직화되어 있는 것은?

① 과업질문지(TI ; Task Inventory)
② 기능적 직무분석(FJA ; Functional Job Analysis)
③ 직위분석질문지(PAQ ; Position Analysis Questionnaire)
④ 직무요소질문지(JCI ; Job Components Inventory)
⑤ 직무분석 시스템(JAS ; Job Analysis System)

해설
- 직위분석질문지 : 작업자 중심·행동 중심 직무분석 기법으로 직무수행에 관한 6가지 주요 범주(정보입력, 정신과정, 작업결과, 타인관계, 직무맥락, 직무특성) 및 187개 항목으로 구성된 분석도구
- 기능적 직무분석 : 과업지향적 직무분석 기법으로 자료, 사람, 사물의 기능으로 분석하는 기법
- 과업질문지 : 직무에서 수행되는 과업들의 필수적인 정도, 난이도, 수행시간, 중요성 등을 기록한 질문지를 이용하여 분석하는 직무분석 기법

61

직업 스트레스 모델 중 종단 설계를 사용하여 업무량과 이외의 다양한 직무요구가 종업원의 안녕과 동기에 미치는 영향을 살펴보기 위한 것은?

① 요구-통제 모델(Demands-Control Model)
② 자원보존이론(Conservation of Resources Theory)
③ 사람-환경 적합 모델(Person-environment Fit Model)
④ 직무 요구-자원 모델(Job Demands-resources Model)
⑤ 노력-보상 불균형 모델(Effort-reward Imbalance Model)

해설

① 요구-통제 모델 : 현장에서 가장 스트레스를 주는 상황은 심한 업무요구를 받는 동시에 자신의 업무에 대해 어떤 통제도 할 수 없는 상황이라고 제시하였다.
③ 사람-환경 적합 모델 : 직무수행에 필요한 종업원의 기술과 능력이 수행하는 직무요구조건과 일치할 때 적합한 상황이라는 것을 제시하였다.
⑤ 노력-보상 불균형 모델 : Johanners Siegrist에 의해 개발되었으며 개인의 특성을 고려하여 개인 차원에서 스트레스를 일으키는 원인은 본인의 노력의 내용과 크기, 직접 체험하는 보상의 내용과 크기라는 관점에서 모델을 제안하였다.

62

자기결정이론(Self-determination Theory)에서 내적동기에 영향을 미치는 세 가지 기본욕구를 모두 고른 것은?

ㄱ. 자율성	ㄴ. 관계성
ㄷ. 통제성	ㄹ. 유능성
ㅁ. 소속성	

① ㄱ, ㄴ, ㄷ
② ㄱ, ㄴ, ㄹ
③ ㄱ, ㄷ, ㅁ
④ ㄴ, ㄷ, ㅁ
⑤ ㄷ, ㄹ, ㅁ

해설

자기결정이론

에드워드 데시와 리차드 라이언에 의해 수립된 이론으로 개인들이 어떤 활동을 내재적인 이유와 외재적인 이유로 참여하게 되었을 때 발생하는 결과는 전혀 다르게 나타난다는 이론. 내적동기로는 자율성, 유능성, 관계성 등이 있으며 외재적 동기로는 칭찬과 처벌 등이 있다.

정답 61 ④ 62 ②

63

터크맨(B. Tuckman)이 제안한 팀 발달의 단계 모형에서 '개별적 사람의 집합'이 '의미 있는 팀'이 되는 단계는?

① 형성기(Forming)
② 격동기(Storming)
③ 규범기(Norming)
④ 수행기(Performing)
⑤ 휴회기(Adjourning)

해설

Tuckman의 팀 발달 5단계
- 형성기 : 집단목표, 구조 불확실, 불안정, 탐색상태, 규칙 제정
- 격동기 : 혼란단계, 역할분담 시 갈등
- 정착기(규범기) : 규범화단계, 구조, 규범의 명확화, 협력관계
- 수행기 : 성과달성 집중, 성과달성을 위해 노력
- 휴회기(해체기) : 해체단계, 재결합 혹은 변화

64

반생산적 업무행동(CWB) 중 직·간접적으로 조직 내에서 행해지는 일을 방해하려는 의도적 시도를 의미하며 다음과 같은 사례에 해당하는 것은?

- 고의적으로 조직의 장비나 재산의 일부를 손상시키기
- 의도적으로 재료나 공급물품을 낭비하기
- 자신의 업무영역을 더럽히거나 지저분하게 만들기

① 철회(Withdrawal)
② 사보타주(Sabotage)
③ 직장무례(Workplace Incivility)
④ 생산일탈(Production Deviance)
⑤ 타인학대(Abuse Toward Others)

해설

반생산적 업무활동

조직의 재산이나 구성원의 일을 의도적으로 파괴하거나 손상을 입히는 행위
- 사보타주 : 사보타주는 직접적이든 간접적이든 겉으로는 일을 하지만 의도적으로 일을 게을리함으로써 사용자에게 손해를 주는 행동을 말한다.
- 생산일탈 : 생산일탈이란 종업원이 고의적으로 자신의 능력 이하로 업무를 수행하려는 시도이다.
- 철회 : 종업원이 업무에 관여하지 않고 벗어나려고 하는 시도를 나타내는 광의적 형태이다.
- 타인학대 : 업무 현장에서 언어적이거나 신체적으로 차별이나 폭력을 가하는 행동이다.
- 직장무례 : 공유된 사회 규범을 침해하는 행동이다.

65

스웨인(A. Swain)과 커트맨(H. Cuttmann)이 구분한 인간오류(Human Error)의 유형에 관한 설명으로 옳지 않은 것은?

① 생략오류(Omission Error) : 부분으로는 옳으나 전체로는 틀린 것을 옳다고 주장하는 오류
② 시간오류(Timing Error) : 업무를 정해진 시간보다 너무 빠르게 혹은 늦게 수행했을 때 발생하는 오류
③ 순서오류(Sequence Error) : 업무의 순서를 잘못 이해했을 때 발생하는 오류
④ 실행오류(Commission Error) : 수행해야 할 업무를 부정확하게 수행하기 때문에 생겨나는 오류
⑤ 부가오류(Extraneous Error) : 불필요한 절차를 수행하는 경우에 생기는 오류

해설
① 생략오류(Omission Eerror) : 업무 수행에 필요한 절차를 누락하거나 생략하여 발생되는 오류

66

아래 그림에서 (a)와 (c)가 일직선으로 보이지만 실제로는 (a)와 (b)가 일직선이다. 이러한 현상을 나타내는 용어는?

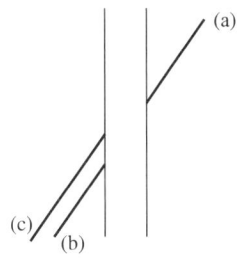

① 뮐러리어(Müller-Lyer) 착시현상
② 티치너(Titchener) 착시현상
③ 폰조(Ponzo) 착시현상
④ 포겐도르프(Poggendorf) 착시현상
⑤ 죌너(Zöllner) 착시현상

해설
포겐도르프 착시현상
중간에 놓인 구조물의 윤곽에 의해 중단된 사선의 나뉜 선들 중 한 세그먼트 위치를 잘못 인식하는 기하학적 광학 착시이다.

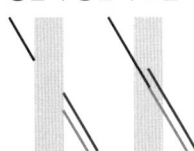

뮐러리어 착시현상	티체너 착시현상	폰조 착시현상	죌너 착시현상

정답 65 ① 66 ④

67

산업재해이론 중 하인리히(H. Heinrich)가 제시한 이론에 관한 설명으로 옳은 것은?

① 매트릭스 모델(Matrix Model)을 제안하였으며, 작업자의 긴장수준이 사고를 유발한다고 보았다.
② 사고의 원인이 어떻게 연쇄반응을 일으키는지 도미노(Domino)를 이용하여 설명하였다.
③ 재해는 관리부족, 기본원인, 직접원인, 사고가 연쇄적으로 발생하면서 일어나는 것으로 보았다.
④ 재해의 직접적인 원인은 불안전 행동과 불안전 상태를 유발하거나 방치한 전술적 오류에서 비롯된다고 보았다.
⑤ 스위스 치즈 모델(Swiss Cheese Model)을 제시하였으며, 모든 요소의 불안전이 겹쳐져서 사고가 발생한다고 주장하였다.

해설
① 매트릭스 모델은 하돈에 의해 개발된 이론으로 사람, 원인, 물리적 환경, 사회적 환경에 따라 재해가 발생한다고 보았다.
③ 하인리히의 재해발생 단계는 5단계로 유전적 요인 → 개인적 결함 → 불안전한 행동, 불안전한 상태 → 사고 → 재해발생의 순이다.
④ 재해의 직접적인 원인은 불안전 행동과 불안전 상태에 의해 발생한다.
⑤ 스위스 치즈 모델은 리전에 의해 개발된 이론으로 스위스 치즈에 뚫려 있는 구멍들이 모두 관통되는 것처럼 모든 요소의 불안전이 겹쳐져서 산업재해가 발생한다는 이론이다.

68

조직 스트레스원 자체의 수준을 감소시키기 위한 방법으로 옳은 것을 모두 고른 것은?

> ㄱ. 더 많은 자율성을 가지도록 직무를 설계하는 것
> ㄴ. 조직의 의사결정에 대한 참여기회를 더 많이 제공하는 것
> ㄷ. 직원들과 더 효과적으로 의사소통할 수 있도록 관리자를 훈련하는 것
> ㄹ. 갈등해결기법을 효과적으로 사용할 수 있도록 종업원을 훈련하는 것

① ㄱ, ㄴ
② ㄷ, ㄹ
③ ㄱ, ㄴ, ㄹ
④ ㄴ, ㄷ, ㄹ
⑤ ㄱ, ㄴ, ㄷ, ㄹ

해설
조직 스트레스 수준 감소 방안
- 작업 관련 스트레스원에 대한 직접적인 통제를 한다.
- 조직문화를 성취 지향적이고 권한 지향적인 형태로 구축한다. 조직의 의사결정에 대한 참여기회를 더 많이 제공한다.
- 지식에 기반한 신뢰수준을 높인다. 더 많은 자율성을 가지도록 직무를 설계한다.
- 관계 유용성을 강화한다. 직원들과 더 효과적으로 의사소통할 수 있도록 관리자를 훈련하는 것 등이 있다.
- 경영자에 대한 신뢰를 높이고 조직의 수직적 경향을 약화시켜 조직의 위계 정도를 낮춰 스트레스원에서 멀어지도록 한다.
- 최고경영자의 변혁적 지도력이 필요하고 갈등해결기법을 효과적으로 사용할 수 있도록 직원을 훈련하는 것이 필요하다.

69
산업위생의 목적에 해당하는 것을 모두 고른 것은?

> ㄱ. 유해인자 예측 및 관리
> ㄴ. 작업조건의 인간공학적 개선
> ㄷ. 작업환경 개선 및 직업병 예방
> ㄹ. 작업자의 건강보호 및 생산성 향상

① ㄱ, ㄴ, ㄷ
② ㄱ, ㄴ, ㄹ
③ ㄱ, ㄷ, ㄹ
④ ㄴ, ㄷ, ㄹ
⑤ ㄱ, ㄴ, ㄷ, ㄹ

해설
산업위생의 목적
- 작업환경 개선 및 직업병의 근원적 예방을 목적으로 한다.
- 작업환경 및 작업조건의 인간공학적 개선을 위해 노력한다.
- 작업자의 건강보호 및 생산성 향상을 목적으로 한다.
- 근로자들의 육체적, 정신적, 사회적 건강을 유지증진에 힘쓴다.
- 작업조건으로 인한 질병예방, 건강에 유해한 취업방지 등을 목적으로 한다.

70
노출기준 설정방법 등에 관한 설명으로 옳지 않은 것은?

① 노동으로 인한 외부로부터 노출량(Dose)과 반응(Response)의 관계를 정립한 사람은 Pearson Norman(1972)이다.
② 노출에 따른 활동능력의 상실과 조절능력의 상실 관계는 지수형 곡선으로 나타난다.
③ 항상성(Homeostasis)이란 노출에 대해 적응할 수 있는 단계로 정상조절이 가능한 단계이다.
④ 정상기능 유지단계는 노출에 대해 방어기능을 동원하여 기능장해를 방어할 수 있는 대상성(Compensation) 조절기능 단계이다.
⑤ 대상성(Compensation) 조절기능 단계를 벗어나면 회복이 불가능하여 질병이 야기된다.

해설
① 노동으로 인한 외부로부터 노출량(Dose)과 반응(Response)의 관계를 정립한 사람은 Theodore Hatch이다.
- 항상성이란 인체에 변동이 일어나 정상에서 벗어나면 다시 정상으로 되돌아오는 기능을 말한다.
- 대상성이란 질병이 시작되었으나 합병증이 없어 정상적인 기능을 유지할 수 있는 단계이다.

정답 69 ⑤ 70 ①

71
우리나라 작업환경측정에서 화학적 인자와 시료채취 매체의 연결이 옳은 것은?

① 2-브로모프로페인 – 실리카겔관
② 다이메틸폼아마이드 – 활성탄관
③ 사이클로헥세인 – 실리카겔관
④ 트라이클로로에틸렌 – 활성탄관
⑤ 니켈 – 활성탄관

해설
① 2-브로모프로페인 : 활성탄관
② 다이메틸폼아마이드 : 실리카겔관
③ 사이클로헥세인 : 활성탄관
⑤ 니켈 – 막여과지

72
공기정화장치 중 집진(먼지제거) 장치에 사용되는 방법 또는 원리에 해당하지 않는 것은?
① 세 정
② 여과(여포)
③ 흡 착
④ 원심력
⑤ 전기 전하

해설
흡착식
오염된 실내공기를 정화장치 내부로 끌어들여 기계적으로 먼지나 부유세균을 포집(집진)하고, 정화된 공기를 장치 외부로 배출하는 방식이다. 이때 정화제는 장치 내에서 외부로 배출하지 않는다.
• 장점 : 빠른 시간 내에 먼지 및 세균 포집으로 처리시간을 단축할 수 있다.
• 단점 및 주의점 : 필터 등의 장치로 구조가 복잡하고 필터의 주기적 교환에 따른 유지관리에 어려운 점이 있으며, 실내공기를 기계적으로 순환시켜 포집함으로써 처리체적에 한계가 있다. 또한 생물학적, 화학적 원인제거가 불가능하다(일반적으로 실내공기의 최대 70% 정도만을 정화하는 효과가 있는 것으로 알려짐)

73
산업안전보건법 시행규칙 별지 제85호 서식(특수・배치전・수시・임시 건강진단 결과표)의 작성 사항이 아닌 것은?
① 작업공정별 유해요인 분포 실태
② 유해인자별 건강진단을 받은 근로자 현황
③ 질병코드별 질병유소견자 현황
④ 질병별 조치 현황
⑤ 건강진단 결과표 작성일, 송부일, 검진기관명

해설

산업안전보건법 시행규칙 별지 제85호 서식

[ ]특수 [ ] 배치전 [ ]수시 [ ]임시 건강진단 결과표

(제1쪽)

총근로자수	계	
	남	
	여	

실시기간	—
	—

사업장관리번호	
사업자등록번호	
업종코드번호	

주요생산품:

건강진단현황

구분		대상 근로자			건강진단을 받은 근로자			질병 유소견자									직업성 요관찰자		
								계			직업병		작업 관련 질병 (야간작업)		일반질병				
		계	남	여	계	남	여	계	남	여	남	여	남	여	남	여	계	남	여
계	건 수																		
	실인원																		
야간작업																			
소 음																			
이상기압																			
분진	광물성																		
	석 면																		
	그 밖의 분진																		
유기화합물																			
금속	연																		
	수 은																		
	크 롬																		
	카드뮴																		
	그 밖의 금속																		
산·알카리·가스																			
진 동																			
유해광선																			
기 타																			

질병유소견자현황

질병코드	계	남	여	질병코드	계	남	여	질병코드	계	남	여	질병코드	계	남	여

조치현황

질병별	구분		계	근로금지 및 제한	작업전환	근로시간단축	근무중치료	추적검사	보호구착용	직업병 확진의뢰 안내	그 밖의 사항
질병유소견자		계									
		남									
		여									
직 업 병		남									
		여									
작업 관련 질병 (야간작업)		남									
		여									
일반질병		남									
		여									
요관찰자		계									
		남									
		여									
직 업 병		남									
		여									
작업 관련 질병 (야간작업)		남									
		여									
일반질병		남									
		여									

작성일: 년 월 일

송부일: 년 월 일

검진기관명:

사 업 주:　　　　　(서명 또는 인)

고용노동부
지방고용노동청(지청)장 귀하

210mm×297mm(일반용지 60g/㎡(재활용품))

(제2쪽)

질병 유소견자 현황

구분	질병	질병 유소견자	계	남	여	직력별 1년미만		1~4년		5~9년		10년이상		연령별 30세미만		30~39		40~49		50세이상	
						남	여	남	여	남	여	남	여	남	여	남	여	남	여	남	여
총계																					
일반질병유소견자	소계																				
	A	특정 감염성 질환																				
	B	바이러스성 및 기생충성 질환																				
	C	악성신생물																				
	D	양성신생물 및 혈액질환과 면역장해																				
	E	내분비, 영양 및 대사질환																				
	F	정신 및 행동장해																				
	G	신경계의 질환																				
	H	눈, 눈 부속기와 귀 및 유양돌기의 질환																				
	I	순환기계의 질환																				
	J	호흡기계의 질환																				
	K	소화기계의 질환																				
	L	피부 및 피하조직의 질환																				
	M	근골격계 및 결합조직의 질환																				
	N	비뇨생식기계의 질환																				
	O	임신, 출산 및 산욕																				
	P	주산기에 기원한 특정 병태																				
	Q	선천성기형 변형 및 염색체 이상																				
	R	그 밖에 증상·징후와 임상검사의 이상 소견																				
	S	손 상																				
	T	다발성 및 그 밖의 손상 중독 및 그 결과																				
	V	운수사고																				
	W	불의 손상에 대한 그 밖의 요인																				
	X	고온장해 및 지해																				
	Y	가해, 치료의 합병증 및 후유증																				
	Z	건강상태에 영향을 주는 원인																				
직업성질병유소견자	소계																					
물리적인자에 의한 장해	110	소음성난청																				
	121	광물성 분진																				
	122	면 분진																				
	123	석면 분진																				
	124	용접 분진																				
	129	그 밖의 분진																				
	130	진동장해																				
	141	고기압																				
	142	저기압																				
	151	전리방사선																				
	152	자외선																				
	153	적외선																				
	154	마이크로파 또는 라디오파																				
	190	그 밖의 물리적 인자에 의한 장해																				
유기화합물에 의한 중독	201	노말헥세인																				
	202	N,N-다이메틸폼아마이드																				
	203	메틸부틸케톤																				
	204	메틸에틸케톤																				
	205	메틸아이소부틸케톤																				
	206	벤 젠																				
	207	사염화탄소																				
	208	아세톤																				
	209	오르토-다이클로로벤젠																				
	210	아이소부틸알코올																				
	211	아이소프로필알코올																				
	212	이황화탄소																				
	213	크실렌																				
	214	클로로폼																				
	215	톨루엔																				
	216	1,1,1-트라이클로로에테인																				
	217	1,1,2,2-테트라클로로에테인																				
	218	트라이클로로에틸렌																				
	219	벤지딘과 그 염																				
	220	염화비닐																				
	221	콜타르																				
	222	톨루엔2,4-다이아이소사이아네이트																				
	223	페놀																				
	224	포름알데하이드																				
	299	그 밖의 유기화합물에 의한 장해																				
금속류	301	니켈																				
	302	망간																				
	305	수은																				
	306	납																				
	307	오산화바나듐																				
	308	카드뮴																				
	309	크롬																				
	399	그 밖의 금속에 의한 장해																				
산·알카리·가스상물질류	402	불화수소																				
	403	사이안화물																				
	404	아황산가스																				
	407	염소																				
	409	염화수소																				
	410	일산화탄소																				
	411	질산																				
	416	포스겐																				
	417	황산																				
	418	황화수소																				
	419	삼산화비소																				
	499	그 밖의 산·알칼리·가스상류에 의한 장해																				
허가대상물질	500	휘발성 콜타르피치(코크스 제조·취급에 의한 장해)																				
	501	베릴륨																				
	502	염화비닐																				
	599	그 밖의 허가대상 물질에 의한 장해																				
그 밖의	600	그 밖의 유해인자에 의한 장해																				

(제3쪽)

근로자 건강진단 사후관리 소견서[1]

※ 사업주는 특수건강진단·수시건강진단·임시건강진단 결과, 근로금지 및 제한, 작업전환, 근로시간 단축, 직업병 확진 의뢰 안내가 필요하다는 건강진단 의사의 소견이 있는 근로자에 대해서는 「산업안전보건법」 제132조제5항에 따라 건강진단결과를 송부 받은 날로부터 30일 이내에 조치 결과 또는 조치 계획을 지방고용노동관서에 제출해야 하며, 제출하지 않은 경우에는 같은 법 제175조제6항제15호에 따라 300만원 이하의 과태료를 부과하게 됩니다.

사업장명 :   실시기간 :

공정	성명	성별	나이	근속연수	유해인자	생물학적 노출지표 (참고치)[2]	건강구분	검진소견[3]	사후관리소견[3]	업무수행 적합 여부[3]

년   월   일

건강진단 기관명: 건강진단 의사명: (서명 또는 인)

작성방법

1) 이 법에 해당하는 건강진단 항목만 기재
2) 생물학적 노출지표(BEI) 검사 결과는 해당 근로자만 기재
3) 검진 소견, 사후관리 소견, 업무수행 적합 여부는 요관찰자, 유소견자 등 이상 소견이 있는 검진자의 경우만 적음

74

산업안전보건기준에 관한 규칙상 사업주가 근로자에게 송기마스크나 방독마스크를 지급하여 착용하도록 하여야 하는 업무에 해당하지 않는 것은?

① 국소배기장치의 설비 특례에 따라 밀폐설비나 국소배기장치가 설치되지 아니한 장소에서의 유기화합물 취급 업무
② 임시작업인 경우의 설비 특례에 따라 밀폐설비나 국소배기장치가 설치되지 아니한 장소에서의 유기화합물 취급 업무
③ 단시간작업인 경우의 설비 특례에 따라 밀폐설비나 국소배기장치가 설치되지 아니한 장소에서의 유기화합물 취급업무
④ 유기화합물 취급 장소에 설치된 환기장치 내의 기류가 확산될 우려가 있는 물체를 다루는 유기화합물 취급업무
⑤ 유기화합물 취급 장소에서 청소 등으로 유기화합물이 제거된 설비를 개방하는 업무

해설

호흡용 보호구의 지급 등(산업안전보건기준에 관한 규칙 제450조)

㉠ 사업주는 근로자가 다음 중 어느 하나에 해당하는 업무를 하는 경우에 해당 근로자에게 송기마스크를 지급하여 착용하도록 하여야 한다.
  1. 유기화합물을 넣었던 탱크(유기화합물의 증기가 발산할 우려가 없는 탱크는 제외한다) 내부에서의 세척 및 페인트칠 업무
  2. 제424조제2항에 따라 유기화합물 취급 특별장소에서 유기화합물을 취급하는 업무

㉡ 사업주는 근로자가 다음 중 어느 하나에 해당하는 업무를 하는 경우에 해당 근로자에게 송기마스크나 방독마스크를 지급하여 착용하도록 하여야 한다.
  1. 제423조제1항 및 제2항, 제424조제1항, 제425조, 제426조 및 제428조제1항에 따라 밀폐설비나 국소배기장치가 설치되지 아니한 장소에서의 유기화합물 취급업무
  2. 유기화합물 취급 장소에 설치된 환기장치 내의 기류가 확산될 우려가 있는 물체를 다루는 유기화합물 취급업무
  3. 유기화합물 취급 장소에서 유기화합물의 증기 발산원을 밀폐하는 설비(청소 등으로 유기화합물이 제거된 설비는 제외한다)를 개방하는 업무

㉢ 사업주는 ㉠과 ㉡에 따라 근로자에게 송기마스크를 착용시키려는 경우에 신선한 공기를 공급할 수 있는 성능을 가진 장치가 부착된 송기마스크를 지급하여야 한다.

㉣ 사업주는 금속류, 산·알칼리류, 가스 상태 물질류 등을 취급하는 작업장에서 근로자의 건강장해 예방에 적절한 호흡용 보호구를 근로자에게 지급하여 필요시 착용하도록 하고, 호흡용 보호구를 공동으로 사용하여 근로자에게 질병이 감염될 우려가 있는 경우에는 개인전용의 것을 지급하여야 한다.

㉤ 근로자는 ㉠, ㉡ 및 ㉣에 따라 지급된 보호구를 사업주의 지시에 따라 착용하여야 한다.

75

화학물질 및 물리적 인자의 노출기준에서 유해물질별 그 표시 내용의 연결이 옳은 것은?

① 인듐 및 그 화합물 – 흡입성
② 크롬산 아연 – 발암성 1A
③ 일산화탄소 – 호흡성
④ 플루오린화수소 – 생식세포 변이원성 2
⑤ 트라이클로로에틸렌 – 생식독성 1A

해설

화학물질의 노출기준(화학물질 및 물리적 인자의 노출기준 별표 1)

유해물질의 명칭		화학식	비고 (CAS번호 등)
국문표기	영문표기		
크롬산 아연	Zinc chromates, as Cr	$ZnCrO_4$ / $ZnCr_2O_4$ / $ZnCr_2O_7$	[13530-65-9][11103-86-9] [37300-23-5] 발암성 1A
인듐 및 그 화합물	Indium & compounds, as In(Indium & compounds as Fume) (Respirable fraction)	In	[7440-74-6] 호흡성
일산화탄소	Carbon monoxide	CO	[630-08-0] 생식독성 1A
플루오린화수소	Hydrogen fluoride, as F	HF	[7664-39-3] Skin
트라이클로로에틸렌	Trichloroethylene	CCl_2CHCl	[79-01-6] 발암성 1A, 생식세포 변이원성 2

정답 75 ②

2022년 과년도 기출문제

산업안전보건법령

01
산업안전보건법령상 관계수급인 근로자가 도급인의 사업장에서 작업하는 경우 도급인의 안전조치 및 보건조치에 관한 설명으로 옳지 않은 것은?

① 도급인은 같은 장소에서 이루어지는 도급인과 관계수급인의 작업에 있어서 관계수급인의 작업시기·내용, 안전조치 및 보건조치 등을 확인하여야 한다.
② 건설업의 경우에는 도급사업의 정기 안전·보건점검을 분기에 1회 이상 실시하여야 한다.
③ 관계수급인의 공사금액을 포함한 해당 공사의 총공사금액이 20억원 이상인 건설업의 경우 도급인은 그 사업장의 안전보건관리책임자를 안전보건총괄책임자로 지정하여야 한다.
④ 도급인은 도급인과 수급인을 구성원으로 하는 안전 및 보건에 관한 협의체를 도급인 및 그의 수급인 전원으로 구성하여야 한다.
⑤ 도급인은 제조업 작업장의 순회점검을 2일에 1회 이상 실시하여야 한다.

해설

도급사업의 합동 안전·보건점검(산업안전보건법 시행규칙 제82조)
㉠ 법 제64조제2항에 따라 도급인이 작업장의 안전 및 보건에 관한 점검을 할 때에는 다음 각 호의 사람으로 점검반을 구성해야 한다.
 1. 도급인(같은 사업 내에 지역을 달리하는 사업장이 있는 경우에는 그 사업장의 안전보건관리책임자)
 2. 관계수급인(같은 사업 내에 지역을 달리하는 사업장이 있는 경우에는 그 사업장의 안전보건관리책임자)
 3. 도급인 및 관계수급인의 근로자 각 1명(관계수급인의 근로자의 경우에는 해당 공정만 해당한다)
㉡ 법 제64조제2항에 따른 정기 안전·보건점검의 실시 횟수는 다음 각 호의 구분에 따른다.
 1. 다음 각 목의 사업 : 2개월에 1회 이상
  가. 건설업
  나. 선박 및 보트 건조업
 2. 1.의 사업을 제외한 사업 : 분기에 1회 이상

02

산업안전보건법령상 '대여자 등이 안전조치 등을 해야 하는 기계·기구·설비 및 건축물 등'에 규정되어 있는 것을 모두 고른 것은?(단, 고용노동부장관이 정하여 고시하는 기계·기구·설비 및 건축물 등은 고려하지 않음)

| ㄱ. 어스오거 | ㄴ. 산업용 로봇 |
| ㄷ. 클램셸 | ㄹ. 압력용기 |

① ㄱ, ㄴ
② ㄱ, ㄷ
③ ㄴ, ㄹ
④ ㄱ, ㄷ, ㄹ
⑤ ㄴ, ㄷ, ㄹ

해설

대여자 등이 안전조치 등을 해야 하는 기계·기구·설비 및 건축물 등(산업안전보건법 시행령 별표 21)
1. 사무실 및 공장용 건축물
2. 이동식 크레인
3. 타워크레인
4. 불도저
5. 모터 그레이더
6. 로더
7. 스크레이퍼
8. 스크레이퍼 도저
9. 파워 셔블
10. 드래그라인
11. 클램셸
12. 버킷굴착기
13. 트렌치
14. 항타기
15. 항발기
16. 어스드릴
17. 천공기
18. 어스오거
19. 페이퍼드레인머신
20. 리프트
21. 지게차
22. 롤러기
23. 콘크리트 펌프
24. 고소작업대
25. 그 밖에 산업재해보상보험 및 예방심의위원회 심의를 거쳐 고용노동부장관이 정하여 고시하는 기계, 기구, 설비 및 건축물 등

정답 2 ②

03
산업안전보건법령상 유해하거나 위험한 기계·기구에 대한 방호조치 등에 관한 설명으로 옳은 것을 모두 고른 것은?

> ㄱ. 래핑기에는 구동부 방호 연동장치를 설치해야 한다.
> ㄴ. 원심기에는 압력방출장치를 설치해야 한다.
> ㄷ. 작동 부분에 돌기 부분이 있는 기계는 그 돌기 부분에 방호망을 설치하여야 한다.
> ㄹ. 동력전달 부분이 있는 기계는 동력전달 부분을 묻힘형으로 하여야 한다.

① ㄱ
② ㄱ, ㄴ
③ ㄴ, ㄷ
④ ㄷ, ㄹ
⑤ ㄱ, ㄷ, ㄹ

해설

유해하거나 위험한 기계·기구에 대한 방호조치(산업안전보건법 제80조)
㉠ 누구든지 동력(動力)으로 작동하는 기계·기구로서 대통령령으로 정하는 것은 고용노동부령으로 정하는 유해·위험 방지를 위한 방호조치를 하지 아니하고는 양도, 대여, 설치 또는 사용에 제공하거나 양도·대여의 목적으로 진열해서는 아니 된다.
㉡ 누구든지 동력으로 작동하는 기계·기구로서 다음 각 호의 어느 하나에 해당하는 것은 고용노동부령으로 정하는 방호조치를 하지 아니하고는 양도, 대여, 설치 또는 사용에 제공하거나 양도·대여의 목적으로 진열해서는 아니 된다.
  1. 작동 부분에 돌기 부분이 있는 것
  2. 동력전달 부분 또는 속도조절 부분이 있는 것
  3. 회전기계에 물체 등이 말려 들어갈 부분이 있는 것
㉢ 사업주는 ㉠ 및 ㉡에 따른 방호조치가 정상적인 기능을 발휘할 수 있도록 방호조치와 관련되는 장치를 상시적으로 점검하고 정비하여야 한다.
㉣ 사업주와 근로자는 ㉠ 및 ㉡에 따른 방호조치를 해체하려는 경우 등 고용노동부령으로 정하는 경우에는 필요한 안전조치 및 보건조치를 하여야 한다.

방호조치(산업안전보건법 시행규칙 제98조)
㉠ 법 제80조제1항에 따라 영 제70조 및 영 별표 20의 기계·기구에 설치해야 할 방호장치는 다음 각 호와 같다.
  1. 영 별표 20 제1호에 따른 예초기 : 날접촉 예방장치
  2. 영 별표 20 제2호에 따른 원심기 : 회전체 접촉 예방장치
  3. 영 별표 20 제3호에 따른 공기압축기 : 압력방출장치
  4. 영 별표 20 제4호에 따른 금속절단기 : 날접촉 예방장치
  5. 영 별표 20 제5호에 따른 지게차 : 헤드 가드, 백레스트(Backrest), 전조등, 후미등, 안전벨트
  6. 영 별표 20 제6호에 따른 포장기계 : 구동부 방호 연동장치
㉡ 법 제80조제2항에서 "고용노동부령으로 정하는 방호조치"란 다음 각 호의 방호조치를 말한다.
  1. 작동 부분의 돌기 부분은 묻힘형으로 하거나 덮개를 부착할 것
  2. 동력전달 부분 및 속도조절 부분에는 덮개를 부착하거나 방호망을 설치할 것
  3. 회전기계의 물림점(롤러나 톱니바퀴 등 반대 방향의 두 회전체에 물려 들어가는 위험점)에는 덮개 또는 울을 설치할 것
㉢ ㉠ 및 ㉡에 따른 방호조치에 필요한 사항은 고용노동부장관이 정하여 고시한다.

정답 3 ①

04

산업안전보건법령상 사업주가 근로자의 작업내용을 변경할 때에 그 근로자에게 하여야 하는 안전보건교육의 내용으로 규정되어 있지 않은 것은?

① 사고 발생 시 긴급조치에 관한 사항
② 기계·기구의 위험성과 작업의 순서 및 동선에 관한 사항
③ 표준안전 작업방법에 관한 사항
④ 직장 내 괴롭힘, 고객의 폭언 등으로 인한 건강장해 예방 및 관리에 관한 사항
⑤ 작업 개시 전 점검에 관한 사항

해설

안전보건교육 교육대상별 교육내용(산업안전보건법 시행규칙 별표 5)
근로자 채용 시 교육 및 작업내용 변경 시 교육
- 산업안전 및 사고 예방에 관한 사항
- 산업보건 및 직업병 예방에 관한 사항
- 위험성 평가에 관한 사항
- 산업안전보건법령 및 산업재해보상보험 제도에 관한 사항
- 직무스트레스 예방 및 관리에 관한 사항
- 직장 내 괴롭힘, 고객의 폭언 등으로 인한 건강장해 예방 및 관리에 관한 사항
- 기계·기구의 위험성과 작업의 순서 및 동선에 관한 사항
- 작업 개시 전 점검에 관한 사항
- 정리정돈 및 청소에 관한 사항
- 사고 발생 시 긴급조치에 관한 사항
- 물질안전보건자료에 관한 사항

05

산업안전보건법령상 안전검사에 관한 설명으로 옳지 않은 것은?

① 형 체결력(型 締結力) 294킬로뉴턴(kN) 이상의 사출성형기는 안전검사대상기계 등에 해당한다.
② 사업주는 자율안전검사를 받은 경우에는 그 결과를 기록하여 보존하여야 한다.
③ 안전검사기관이 안전검사 업무를 게을리하거나 업무에 차질을 일으킨 경우 고용노동부장관은 안전검사기관 지정을 취소하거나 6개월 이내의 기간을 정하여 그 업무의 정지를 명할 수 있다.
④ 곤돌라를 건설현장에서 사용하는 경우 사업장에 최초로 설치한 날부터 6개월마다 안전검사를 하여야 한다.
⑤ 안전검사대상기계 등을 사용하는 사업주와 소유자가 다른 경우에는 사업주가 안전검사를 받아야 한다.

해설

안전검사(산업안전보건법 제93조)
㉠ 유해하거나 위험한 기계·기구·설비로서 대통령령으로 정하는 것(이하 "안전검사대상기계 등"이라 한다)을 사용하는 사업주(근로자를 사용하지 아니하고 사업을 하는 자를 포함한다. 이하 이 조, 제94조, 제95조 및 제98조에서 같다)는 안전검사대상기계 등의 안전에 관한 성능이 고용노동부장관이 정하여 고시하는 검사기준에 맞는지에 대하여 고용노동부장관이 실시하는 검사(이하 "안전검사"라 한다)를 받아야 한다. 이 경우 안전검사대상기계 등을 사용하는 사업주와 소유자가 다른 경우에는 안전검사대상기계 등의 소유자가 안전검사를 받아야 한다.
㉡ ㉠에도 불구하고 안전검사대상기계 등이 다른 법령에 따라 안전성에 관한 검사나 인증을 받은 경우로서 고용노동부령으로 정하는 경우에는 안전검사를 면제할 수 있다.
㉢ 안전검사의 신청, 검사 주기 및 검사합격 표시방법, 그 밖에 필요한 사항은 고용노동부령으로 정한다. 이 경우 검사 주기는 안전검사대상기계 등의 종류, 사용연한(使用年限) 및 위험성을 고려하여 정한다.

06

산업안전보건법령상 제조 또는 사용허가를 받아야 하는 유해물질을 모두 고른 것은?(단, 고용노동부장관의 승인을 받은 경우는 제외함)

> ㄱ. 크롬산 아연
> ㄴ. β-나프틸아민과 그 염
> ㄷ. o-톨리딘 및 그 염
> ㄹ. 폴리클로리네이티드 터페닐
> ㅁ. 콜타르피치 휘발물

① ㄱ, ㄴ, ㄷ
② ㄱ, ㄷ, ㅁ
③ ㄱ, ㄹ, ㅁ
④ ㄴ, ㄷ, ㄹ
⑤ ㄴ, ㄹ, ㅁ

해설

허가 대상 유해물질(산업안전보건법 시행령 제88조)
법 제118조제1항 전단에서 "대체물질이 개발되지 아니한 물질 등 대통령령으로 정하는 물질"이란 다음 각 호의 물질을 말한다.
1. α-나프틸아민[134-32-7] 및 그 염(α-Naphthylamine and its salts)
2. 다이아니시딘[119-90-4] 및 그 염(Dianisidine and its salts)
3. 다이클로로벤지딘[91-94-1] 및 그 염(Dichlorobenzidine and its salts)
4. 베릴륨(Beryllium ; 7440-41-7)
5. 벤조트라이클로라이드(Benzotrichloride ; 98-07-7)
6. 비소[7440-38-2] 및 그 무기화합물(Arsenic and its inorganic compounds)
7. 염화비닐(Vinyl chloride ; 75-01-4)
8. 콜타르피치[65996-93-2] 휘발물(Coal tar pitch volatiles)
9. 크롬광 가공(열을 가하여 소성 처리하는 경우만 해당한다)(Chromite ore processing)
10. 크롬산 아연(Zinc chromates ; 13530-65-9 등)
11. o-톨리딘[119-93-7] 및 그 염(o-Tolidine and its salts)
12. 황화니켈류(Nickel sulfides ; 12035-72-2, 16812-54-7)
13. 제1호부터 제4호까지 또는 제6호부터 제12호까지의 어느 하나에 해당하는 물질을 포함한 혼합물(포함된 중량의 비율이 1% 이하인 것은 제외한다)
14. 제5호의 물질을 포함한 혼합물(포함된 중량의 비율이 0.5% 이하인 것은 제외한다)
15. 그 밖에 보건상 해로운 물질로서 산업재해보상보험 및 예방심의위원회의 심의를 거쳐 고용노동부장관이 정하는 유해물질

07

산업안전보건법령상 중대재해에 속하는 경우를 모두 고른 것은?

> ㄱ. 사망자가 1명 발생한 재해
> ㄴ. 3개월 이상의 요양이 필요한 부상자가 동시에 2명 발생한 재해
> ㄷ. 부상자가 동시에 5명 발생한 재해
> ㄹ. 직업성 질병자가 동시에 10명 발생한 재해

① ㄱ
② ㄴ, ㄷ
③ ㄷ, ㄹ
④ ㄱ, ㄴ, ㄹ
⑤ ㄱ, ㄴ, ㄷ, ㄹ

해설

중대재해의 범위(산업안전보건법 시행규칙 제3조)
법 제2조제2호에서 "고용노동부령으로 정하는 재해"란 다음 각 호의 어느 하나에 해당하는 재해를 말한다.
1. 사망자가 1명 이상 발생한 재해
2. 3개월 이상의 요양이 필요한 부상자가 동시에 2명 이상 발생한 재해
3. 부상자 또는 직업성 질병자가 동시에 10명 이상 발생한 재해

08

산업안전보건법령상 안전인증에 관한 설명으로 옳은 것은?

① 안전인증심사 중 유해·위험기계 등이 서면심사 내용과 일치하는지와 유해·위험기계 등의 안전에 관한 성능이 안전인증기준에 적합한지에 대한 심사는 기술능력 및 생산체계 심사에 해당한다.
② 거짓이나 그 밖의 부정한 방법으로 안전인증을 받은 사유로 안전인증이 취소된 자는 안전인증이 취소된 날부터 3년 이내에는 취소된 유해·위험기계 등에 대하여 안전인증을 신청할 수 없다.
③ 크레인, 리프트, 곤돌라는 설치·이전하는 경우뿐만 아니라 주요 구조 부분을 변경하는 경우에도 안전인증을 받아야 한다.
④ 안전인증기관은 안전인증을 받은 자가 최근 2년 동안 안전인증표시의 사용금지를 받은 사실이 없는 경우에는 안전인증기준을 지키고 있는지를 3년에 1회 이상 확인해야 한다.
⑤ 안전인증대상기계 등이 아닌 유해·위험기계 등을 제조하는 자는 그 유해·위험기계 등의 안전에 관한 성능을 평가받기 위하여 고용노동부장관에게 안전인증을 신청할 수 없다.

해설

① 안전인증심사 중 유해·위험기계 등이 서면심사 내용과 일치하는지와 유해·위험기계 등의 안전에 관한 성능이 안전인증기준에 적합한지에 대한 심사는 제품심사이다(산업안전보건법 시행규칙 제110조).
② 거짓이나 그 밖의 부정한 방법으로 안전인증을 받은 사유로 안전인증이 취소된 자는 안전인증이 취소된 날부터 1년 이내에는 취소된 유해·위험기계 등에 대하여 안전인증을 신청할 수 없다(산업안전보건법 제86조).
④ 안전인증기관은 안전인증을 받은 자가 최근 3년 동안 안전인증표시의 사용금지를 받은 사실이 없는 경우에는 안전인증기준을 지키고 있는지를 2년에 1회 이상 확인해야 한다(산업안전보건법 시행규칙 제111조).
⑤ 안전인증대상기계 등이 아닌 유해·위험기계 등을 제조하는 자는 그 유해·위험기계 등의 안전에 관한 성능을 평가받으려면 고용노동부장관에게 안전인증을 신청할 수 있다(산업안전보건법 제84조).

안전인증대상기계 등(산업안전보건법 시행규칙 제107조)
법 제84조제1항에서 "고용노동부령으로 정하는 안전인증대상기계 등"이란 다음의 기계 및 설비를 말한다.
1. 설치·이전하는 경우 안전인증을 받아야 하는 기계
   가. 크레인
   나. 리프트
   다. 곤돌라
2. 주요 구조 부분을 변경하는 경우 안전인증을 받아야 하는 기계 및 설비
   가. 프레스
   나. 전단기 및 절곡기(折曲機)
   다. 크레인
   라. 리프트
   마. 압력용기
   바. 롤러기
   사. 사출성형기(射出成形機)
   아. 고소(高所)작업대
   자. 곤돌라

09

산업안전보건법령상 상시근로자 1,000명인 A회사(상법 제170조에 따른 주식회사)의 대표이사 甲이 수립해야 하는 회사의 안전 및 보건에 관한 계획에 포함되어야 하는 내용이 아닌 것은?

① 안전 및 보건에 관한 경영방침
② 안전·보건관리 업무 위탁에 관한 사항
③ 안전·보건관리 조직의 구성·인원 및 역할
④ 안전·보건 관련 예산 및 시설 현황
⑤ 안전 및 보건에 관한 전년도 활동실적 및 다음 연도 활동계획

해설

이사회 보고·승인 대상 회사 등(산업안전보건법 시행령 제13조)

㉠ 법 제14조제1항에서 "대통령령으로 정하는 회사"란 다음 각 호의 어느 하나에 해당하는 회사를 말한다.
  1. 상시근로자 500명 이상을 사용하는 회사
  2. 건설산업기본법 제23조에 따라 평가하여 공시된 시공능력(같은 법 시행령 별표 1의 종합공사를 시공하는 업종의 건설업종란 제3호에 따른 토목건축공사업에 대한 평가 및 공시로 한정한다)의 순위 상위 1천위 이내의 건설회사

㉡ 법 제14조제1항에 따른 회사의 대표이사(상법 제408조의2제1항 후단에 따라 대표이사를 두지 못하는 회사의 경우에는 같은 법 제408조의5에 따른 대표집행임원을 말한다)는 회사의 정관에서 정하는 바에 따라 다음 각 호의 내용을 포함한 회사의 안전 및 보건에 관한 계획을 수립해야 한다.
  1. 안전 및 보건에 관한 경영방침
  2. 안전·보건관리 조직의 구성·인원 및 역할
  3. 안전·보건 관련 예산 및 시설 현황
  4. 안전 및 보건에 관한 전년도 활동실적 및 다음 연도 활동계획

10

산업안전보건법령상 안전관리전문기관에 대해 그 지정을 취소하여야 하는 경우는?

① 업무정지 기간 중에 업무를 수행한 경우
② 안전관리 업무 관련 서류를 거짓으로 작성한 경우
③ 정당한 사유 없이 안전관리 업무의 수탁을 거부한 경우
④ 안전관리 업무 수행과 관련한 대가 외에 금품을 받은 경우
⑤ 법에 따른 관계 공무원의 지도·감독을 거부·방해 또는 기피한 경우

해설

안전관리전문기관 등(산업안전보건법 제21조)

④ 고용노동부장관은 안전관리전문기관 또는 보건관리전문기관이 다음 각 호의 어느 하나에 해당할 때에는 그 지정을 취소하거나 6개월 이내의 기간을 정하여 그 업무의 정지를 명할 수 있다. 다만, 1. 또는 2.에 해당할 때에는 그 지정을 취소하여야 한다.
1. 거짓이나 그 밖의 부정한 방법으로 지정을 받은 경우
2. 업무정지 기간 중에 업무를 수행한 경우
3. 제1항에 따른 지정 요건을 충족하지 못한 경우
4. 지정받은 사항을 위반하여 업무를 수행한 경우
5. 그 밖에 대통령령으로 정하는 사유에 해당하는 경우

안전관리전문기관 등의 지정 취소 등의 사유(산업안전보건법 시행령 제28조)

법 제21조 ④의 5.에서 "대통령령으로 정하는 사유에 해당하는 경우"란 다음 각 호의 경우를 말한다.
1. 안전관리 또는 보건관리 업무 관련 서류를 거짓으로 작성한 경우
2. 정당한 사유 없이 안전관리 또는 보건관리 업무의 수탁을 거부한 경우
3. 위탁받은 안전관리 또는 보건관리 업무에 차질을 일으키거나 업무를 게을리한 경우
4. 안전관리 또는 보건관리 업무를 수행하지 않고 위탁 수수료를 받은 경우
5. 안전관리 또는 보건관리 업무와 관련된 비치서류를 보존하지 않은 경우
6. 안전관리 또는 보건관리 업무 수행과 관련한 대가 외에 금품을 받은 경우
7. 법에 따른 관계 공무원의 지도·감독을 거부·방해 또는 기피한 경우

11

산업안전보건법령상 통합공표 대상 사업장 등에 관한 내용이다. ( )에 들어갈 사업으로 옳지 않은 것은?

> 고용노동부장관이 도급인의 사업장에서 관계수급인 근로자가 작업을 하는 경우에 도급인의 산업재해 발생건수 등에 관계수급인의 산업재해 발생건수 등을 포함하여 공표하여야 하는 사업장이란 ( )에 해당하는 사업이 이루어지는 사업장으로서 도급인이 사용하는 상시근로자 수가 500명 이상이고, 도급인 사업장의 사고사망만인율보다 관계수급인의 근로자를 포함하여 산출한 사고사망만인율이 높은 사업장을 말한다. 단, 여기서 사고사망만인율은 질병으로 인한 사망재해자를 제외하고 산출한 사망만인율을 말한다.

① 제조업
② 철도운송업
③ 도시철도운송업
④ 도시가스업
⑤ 전기업

해설

통합공표 대상 사업장 등(산업안전보건법 시행령 제12조)

법 제10조제2항에서 "대통령령으로 정하는 사업장"이란 다음 각 호의 어느 하나에 해당하는 사업이 이루어지는 사업장으로서 도급인이 사용하는 상시근로자 수가 500명 이상이고 도급인 사업장의 사고사망만인율(질병으로 인한 사망재해자를 제외하고 산출한 사망만인율을 말한다. 이하 같다)보다 관계수급인의 근로자를 포함하여 산출한 사고사망만인율이 높은 사업장을 말한다.
1. 제조업
2. 철도운송업
3. 도시철도운송업
4. 전기업

12

산업안전보건법령상 자율안전확인의 신고에 관한 설명으로 옳지 않은 것은?

① 자율안전확인대상기계 등을 제조하는 자가 산업표준화법 제15조에 따른 인증을 받은 경우 고용노동부장관은 자율안전확인신고를 면제할 수 있다.
② 산업용 로봇, 혼합기, 파쇄기, 컨베이어는 자율안전확인대상기계 등에 해당한다.
③ 자율안전확인대상기계 등을 수입하는 자로서 자율안전확인신고를 하여야 하는 자는 수입하기 전에 신고서에 제품의 설명서, 자율안전확인대상기계 등의 자율안전기준을 충족함을 증명하는 서류를 첨부하여 한국산업안전보건공단에 제출해야 한다.
④ 자율안전확인의 표시를 하는 경우 인체에 상해를 입힐 우려가 있는 재질이나 표면이 거친 재질을 사용해서는 안 된다.
⑤ 고용노동부장관은 신고된 자율안전확인대상기계 등의 안전에 관한 성능이 자율안전기준에 맞지 아니하게 된 경우 신고한 자에게 1년 이내의 기간을 정하여 자율안전기준에 맞게 시정하도록 명할 수 있다.

해설

자율안전확인표시의 사용 금지 등(산업안전보건법 제91조)
㉠ 고용노동부장관은 제89조제1항 각 호 외의 부분 본문에 따라 신고된 자율안전확인대상기계 등의 안전에 관한 성능이 자율안전기준에 맞지 아니하게 된 경우에는 같은 항 각 호 외의 부분 본문에 따라 신고한 자에게 6개월 이내의 기간을 정하여 자율안전확인표시의 사용을 금지하거나 자율안전기준에 맞게 시정하도록 명할 수 있다.
㉡ 고용노동부장관은 ㉠에 따라 자율안전확인표시의 사용을 금지하였을 때에는 그 사실을 관보 등에 공고하여야 한다.
㉢ ㉡에 따른 공고의 내용, 방법 및 절차, 그 밖에 필요한 사항은 고용노동부령으로 정한다.

13

산업안전보건법령상 공정안전보고서에 포함되어야 하는 사항을 모두 고른 것은?

| ㄱ. 공정위험성 평가서 | ㄴ. 안전운전계획 |
| ㄷ. 비상조치계획 | ㄹ. 공정안전자료 |

① ㄱ　　② ㄴ, ㄹ　　③ ㄷ, ㄹ　　④ ㄱ, ㄴ, ㄷ　　⑤ ㄱ, ㄴ, ㄷ, ㄹ

해설

공정안전보고서의 내용(산업안전보건법 시행령 제44조)
㉠ 법 제44조제1항 전단에 따른 공정안전보고서에는 다음 각 호의 사항이 포함되어야 한다.
  1. 공정안전자료　　　　　　　2. 공정위험성 평가서
  3. 안전운전계획　　　　　　　4. 비상조치계획
  5. 그 밖에 공정상의 안전과 관련하여 고용노동부장관이 필요하다고 인정하여 고시하는 사항
㉡ ㉠의 1.부터 4.까지의 규정에 따른 사항에 관한 세부 내용은 고용노동부령으로 정한다.

정답 12 ⑤　13 ⑤

14
산업안전보건법령상 사업장의 상시근로자 수가 50명인 경우에 산업안전보건위원회를 구성해야 할 사업은?

① 컴퓨터 프로그래밍, 시스템 통합 및 관리업
② 소프트웨어 개발 및 공급업
③ 비금속 광물제품 제조업
④ 정보서비스업
⑤ 금융 및 보험업

해설

산업안전보건위원회를 구성해야 할 사업의 종류 및 사업장의 상시근로자 수(산업안전보건법 시행령 별표 9)

사업의 종류	사업장의 상시근로자 수
1. 토사석 광업 2. 목재 및 나무제품 제조업 : 가구 제외 3. 화학물질 및 화학제품 제조업 : 의약품 제외(세제, 화장품 및 광택제 제조업과 화학섬유 제조업은 제외한다) 4. 비금속 광물제품 제조업 5. 1차 금속 제조업 6. 금속가공제품 제조업 : 기계 및 가구 제외 7. 자동차 및 트레일러 제조업 8. 기타 기계 및 장비 제조업(사무용 기계 및 장비 제조업은 제외한다) 9. 기타 운송장비 제조업(전투용 차량 제조업은 제외한다)	상시근로자 50명 이상
10. 농 업 11. 어 업 12. 소프트웨어 개발 및 공급업 13. 컴퓨터 프로그래밍, 시스템 통합 및 관리업 13의2. 영상·오디오물 제공 서비스업 14. 정보서비스업 15. 금융 및 보험업 16. 임대업 : 부동산 제외 17. 전문, 과학 및 기술 서비스업(연구개발업은 제외한다) 18. 사업지원 서비스업 19. 사회복지 서비스업	상시근로자 300명 이상
20. 건설업	공사금액 120억원 이상(건설산업기본법 시행령 별표 1의 종합공사를 시공하는 업종의 건설업종란 제1호에 따른 토목공사업의 경우에는 150억원 이상)
21. 1.부터 13.까지, 13의2 및 14.부터 20.까지의 사업을 제외한 사업	상시근로자 100명 이상

정답 14 ③

15

산업안전보건법령상 사업주가 관리감독자에게 수행하게 하여야 하는 산업안전 및 보건에 관한 업무로 명시되지 않은 것은?

① 산업재해에 관한 통계의 기록 및 유지에 관한 사항
② 사업장 내 관리감독자가 지휘·감독하는 작업과 관련된 기계·기구 또는 설비의 안전·보건점검 및 이상 유무의 확인
③ 관리감독자에게 소속된 근로자의 작업복·보호구 및 방호장치의 점검과 그 착용·사용에 관한 교육·지도
④ 해당 작업에서 발생한 산업재해에 관한 보고 및 이에 대한 응급조치
⑤ 해당 작업의 작업장 정리·정돈 및 통로 확보에 대한 확인·감독

해설

관리감독자의 업무 등(산업안전보건법 시행령 제15조)
㉠ 법 제16조제1항에서 "대통령령으로 정하는 업무"란 다음 각 호의 업무를 말한다.
  1. 사업장 내 법 제16조제1항에 따른 관리감독자(이하 "관리감독자"라 한다)가 지휘·감독하는 작업(이하 이 조에서 "해당 작업"이라 한다)과 관련된 기계·기구 또는 설비의 안전·보건점검 및 이상 유무의 확인
  2. 관리감독자에게 소속된 근로자의 작업복·보호구 및 방호장치의 점검과 그 착용·사용에 관한 교육·지도
  3. 해당 작업에서 발생한 산업재해에 관한 보고 및 이에 대한 응급조치
  4. 해당 작업의 작업장 정리·정돈 및 통로 확보에 대한 확인·감독
  5. 사업장의 다음 각 목의 어느 하나에 해당하는 사람의 지도·조언에 대한 협조
     가. 법 제17조제1항에 따른 안전관리자(이하 "안전관리자"라 한다) 또는 같은 조 제5항에 따라 안전관리자의 업무를 같은 항에 따른 안전관리전문기관(이하 "안전관리전문기관"이라 한다)에 위탁한 사업장의 경우에는 그 안전관리전문기관의 해당 사업장 담당자
     나. 법 제18조제1항에 따른 보건관리자(이하 "보건관리자"라 한다) 또는 같은 조 제5항에 따라 보건관리자의 업무를 같은 항에 따른 보건관리전문기관(이하 "보건관리전문기관"이라 한다)에 위탁한 사업장의 경우에는 그 보건관리전문기관의 해당 사업장 담당자
     다. 법 제19조제1항에 따른 안전보건관리담당자(이하 "안전보건관리담당자"라 한다) 또는 같은 조 제4항에 따라 안전보건관리담당자의 업무를 안전관리전문기관 또는 보건관리전문기관에 위탁한 사업장의 경우에는 그 안전관리전문기관 또는 보건관리전문기관의 해당 사업장 담당자
     라. 법 제22조제1항에 따른 산업보건의(이하 "산업보건의"라 한다)
  6. 법 제36조에 따라 실시되는 위험성평가에 관한 다음 각 목의 업무
     가. 유해·위험요인의 파악에 대한 참여
     나. 개선조치의 시행에 대한 참여
  7. 그 밖에 해당 작업의 안전 및 보건에 관한 사항으로서 고용노동부령으로 정하는 사항
㉡ 관리감독자에 대한 지원에 관하여는 제14조제2항을 준용한다. 이 경우 "안전보건관리책임자"는 "관리감독자"로, "법 제15조제1항"은 "제1항"으로 본다.

16

산업안전보건법령상 도급승인 대상 작업에 관한 것으로 "급성 독성, 피부부식성 등이 있는 물질의 취급 등 대통령령으로 정하는 작업"에 관한 내용이다. (   )에 들어갈 내용을 순서대로 옳게 나열한 것은?

- 중량비율 (ㄱ)% 이상의 황산, 플루오린화수소, 질산 또는 염화수소를 취급하는 설비를 개조·분해·해체·철거하는 작업 또는 해당 설비의 내부에서 이루어지는 작업. 다만, 도급인이 해당 화학물질을 모두 제거한 후 증명자료를 첨부하여 (ㄴ)에게 신고한 경우는 제외한다.
- 그 밖에 산업재해보상보험법 제8조제1항에 따른 (ㄷ)의 심의를 거쳐 고용노동부장관이 정하는 작업

① ㄱ : 1, ㄴ : 고용노동부장관, ㄷ : 산업재해보상보험 및 예방심의위원회
② ㄱ : 1, ㄴ : 한국산업안전보건공단이사장, ㄷ : 산업재해보상보험 및 예방심의위원회
③ ㄱ : 2, ㄴ : 고용노동부장관, ㄷ : 산업재해보상보험 및 예방심의위원회
④ ㄱ : 2, ㄴ : 지방고용노동관서의 장, ㄷ : 산업안전보건심의위원회
⑤ ㄱ : 3, ㄴ : 고용노동부장관, ㄷ : 산업안전보건심의위원회

해설

도급승인 대상 작업(산업안전보건법 시행령 제51조)
법 제59조제1항 전단에서 "급성 독성, 피부 부식성 등이 있는 물질의 취급 등 대통령령으로 정하는 작업"이란 다음 각 호의 어느 하나에 해당하는 작업을 말한다.
1. 중량비율 1% 이상의 황산, 플루오린화수소, 질산 또는 염화수소를 취급하는 설비를 개조·분해·해체·철거하는 작업 또는 해당 설비의 내부에서 이루어지는 작업. 다만, 도급인이 해당 화학물질을 모두 제거한 후 증명자료를 첨부하여 고용노동부장관에게 신고한 경우는 제외한다.
2. 그 밖에 산업재해보상보험법 제8조제1항에 따른 산업재해보상보험 및 예방심의위원회(이하 "산업재해보상보험 및 예방심의위원회"라 한다)의 심의를 거쳐 고용노동부장관이 정하는 작업

17

산업안전보건법령상 보건관리자에 관한 설명으로 옳지 않은 것은?

① 상시근로자 300명 이상을 사용하는 사업장의 사업주는 보건관리자에게 그 업무만을 전담하도록 하여야 한다.
② 안전인증대상기계 등과 자율안전확인대상기계 등 중 보건과 관련된 보호구(保護具) 구입 시 적격품 선정에 관한 보좌 및 지도·조언은 보건관리자의 업무에 해당한다.
③ 외딴곳으로서 고용노동부장관이 정하는 지역에 있는 사업장의 사업주는 보건관리전문기관에 보건관리자의 업무를 위탁할 수 있다.
④ 보건관리자의 업무를 위탁할 수 있는 보건관리전문기관은 지역별 보건관리전문기관과 업종별·유해인자별 보건관리전문기관으로 구분한다.
⑤ 의료법에 따른 간호사는 보건관리자가 될 수 없다.

해설

보건관리자의 업무 등(산업안전보건법 시행령 제22조)

㉠ 보건관리자의 업무는 다음 각 호와 같다.
  1. 산업안전보건위원회 또는 노사협의체에서 심의·의결한 업무와 안전보건관리규정 및 취업규칙에서 정한 업무
  2. 안전인증대상기계 등과 자율안전확인대상기계 등 중 보건과 관련된 보호구(保護具) 구입 시 적격품 선정에 관한 보좌 및 지도·조언
  3. 법 제36조에 따른 위험성평가에 관한 보좌 및 지도·조언
  4. 법 제110조에 따라 작성된 물질안전보건자료의 게시 또는 비치에 관한 보좌 및 지도·조언
  5. 제31조제1항에 따른 산업보건의의 직무(보건관리자가 별표 6 제2호에 해당하는 사람인 경우로 한정한다)
  6. 해당 사업장 보건교육계획의 수립 및 보건교육 실시에 관한 보좌 및 지도·조언
  7. 해당 사업장의 근로자를 보호하기 위한 다음 각 목의 조치에 해당하는 의료행위(보건관리자가 별표 6 제2호 또는 제3호에 해당하는 경우로 한정한다)
      가. 자주 발생하는 가벼운 부상에 대한 치료
      나. 응급처치가 필요한 사람에 대한 처치
      다. 부상·질병의 악화를 방지하기 위한 처치
      라. 건강진단 결과 발견된 질병자의 요양 지도 및 관리
      마. 가목부터 라목까지의 의료행위에 따르는 의약품의 투여
  8. 작업장 내에서 사용되는 전체 환기장치 및 국소배기장치 등에 관한 설비의 점검과 작업방법의 공학적 개선에 관한 보좌 및 지도·조언
  9. 사업장 순회점검, 지도 및 조치 건의
  10. 산업재해 발생의 원인 조사·분석 및 재발 방지를 위한 기술적 보좌 및 지도·조언
  11. 산업재해에 관한 통계의 유지·관리·분석을 위한 보좌 및 지도·조언
  12. 법 또는 법에 따른 명령으로 정한 보건에 관한 사항의 이행에 관한 보좌 및 지도·조언
  13. 업무 수행 내용의 기록·유지
  14. 그 밖에 보건과 관련된 작업관리 및 작업환경관리에 관한 사항으로서 고용노동부장관이 정하는 사항

㉡ 보건관리자는 ㉠ 각 호에 따른 업무를 수행할 때에는 안전관리자와 협력해야 한다.
㉢ 사업주는 보건관리자가 ㉠에 따른 업무를 원활하게 수행할 수 있도록 권한·시설·장비·예산, 그 밖의 업무 수행에 필요한 지원을 해야 한다. 이 경우 보건관리자가 별표 6 제2호 또는 제3호에 해당하는 경우에는 고용노동부령으로 정하는 시설 및 장비를 지원해야 한다.
㉣ 보건관리자의 배치 및 평가·지도에 관하여는 제18조제2항 및 제3항을 준용한다. 이 경우 "안전관리자"는 "보건관리자"로, "안전관리"는 "보건관리"로 본다.

보건관리자의 자격(산업안전보건법 시행령 별표 6)
보건관리자는 다음 각 호의 어느 하나에 해당하는 사람으로 한다.
1. 법 제143조제1항에 따른 산업보건지도사 자격을 가진 사람
2. 의료법에 따른 의사
3. 의료법에 따른 간호사
4. 국가기술자격법에 따른 산업위생관리산업기사 또는 대기환경산업기사 이상의 자격을 취득한 사람
5. 국가기술자격법에 따른 인간공학기사 이상의 자격을 취득한 사람
6. 고등교육법에 따른 전문대학 이상의 학교에서 산업보건 또는 산업위생 분야의 학위를 취득한 사람(법령에 따라 이와 같은 수준 이상의 학력이 있다고 인정되는 사람을 포함한다)

18
산업안전보건법령상 안전보건관리규정(이하 "규정"이라 함)에 관한 설명으로 옳은 것은?

① 안전 및 보건에 관한 관리조직은 규정에 포함되어야 하는 사항이 아니다.
② 규정 중 취업규칙에 반하는 부분에 관하여는 규정으로 정한 기준이 취업규칙에 우선하여 적용된다.
③ 산업안전보건위원회가 설치되어 있지 아니한 사업장의 사업주가 규정을 작성할 때에는 지방고용노동관서의 장의 승인을 받아야 한다.
④ 사업주가 규정을 작성할 때에는 산업안전보건위원회의 심의·의결을 거쳐야 하나, 변경할 때에는 심의만 거치면 된다.
⑤ 규정을 작성해야 하는 사업의 사업주는 규정을 작성해야 할 사유가 발생한 날부터 30일 이내에 작성해야 한다.

해설

안전보건관리규정의 작성(산업안전보건법 제25조)
㉠ 사업주는 사업장의 안전 및 보건을 유지하기 위하여 다음 각 호의 사항이 포함된 안전보건관리규정을 작성하여야 한다.
  1. 안전 및 보건에 관한 관리조직과 그 직무에 관한 사항
  2. 안전보건교육에 관한 사항
  3. 작업장의 안전 및 보건 관리에 관한 사항
  4. 사고 조사 및 대책 수립에 관한 사항
  5. 그 밖에 안전 및 보건에 관한 사항
㉡ ㉠에 따른 안전보건관리규정은 단체협약 또는 취업규칙에 반할 수 없다. 이 경우 안전보건관리규정 중 단체협약 또는 취업규칙에 반하는 부분에 관하여는 그 단체협약 또는 취업규칙으로 정한 기준에 따른다.
㉢ 안전보건관리규정을 작성하여야 할 사업의 종류, 사업장의 상시근로자 수 및 안전보건관리규정에 포함되어야 할 세부적인 내용, 그 밖에 필요한 사항은 고용노동부령으로 정한다.

안전보건관리규정의 작성·변경 절차(산업안전보건법 제26조)
사업주는 안전보건관리규정을 작성하거나 변경할 때에는 산업안전보건위원회의 심의·의결을 거쳐야 한다. 다만, 산업안전보건위원회가 설치되어 있지 아니한 사업장의 경우에는 근로자 대표의 동의를 받아야 한다.

안전보건관리규정의 작성(산업안전보건법 시행규칙 제25조)
㉠ 법 제25조제3항에 따라 안전보건관리규정을 작성해야 할 사업의 종류 및 상시근로자 수는 별표 2와 같다.
㉡ ㉠에 따른 사업의 사업주는 안전보건관리규정을 작성해야 할 사유가 발생한 날부터 30일 이내에 별표 3의 내용을 포함한 안전보건관리규정을 작성해야 한다. 이를 변경할 사유가 발생한 경우에도 또한 같다.
㉢ 사업주가 ㉡에 따라 안전보건관리규정을 작성할 때에는 소방·가스·전기·교통 분야 등의 다른 법령에서 정하는 안전관리에 관한 규정과 통합하여 작성할 수 있다.

19

산업안전보건법령상 고용노동부장관이 안전관리전문기관 또는 보건관리전문기관의 지정을 취소하거나 6개월 이내의 기간을 정하여 그 업무의 정지를 명할 수 있도록 하는 규정이 준용되는 기관이 아닌 것은?

① 안전보건교육기관
② 안전보건진단기관
③ 건설재해예방전문지도기관
④ 역학조사 실시 업무를 위탁받은 기관
⑤ 석면조사기관

해설

안전관리전문기관 등(산업안전보건법 제21조)

㉠ 안전관리전문기관 또는 보건관리전문기관이 되려는 자는 대통령령으로 정하는 인력·시설 및 장비 등의 요건을 갖추어 고용노동부장관의 지정을 받아야 한다.
㉡ 고용노동부장관은 안전관리전문기관 또는 보건관리전문기관에 대하여 평가하고 그 결과를 공개할 수 있다. 이 경우 평가의 기준·방법 및 결과의 공개에 필요한 사항은 고용노동부령으로 정한다.
㉢ 안전관리전문기관 또는 보건관리전문기관의 지정 절차, 업무 수행에 관한 사항, 위탁받은 업무를 수행할 수 있는 지역, 그 밖에 필요한 사항은 고용노동부령으로 정한다.
㉣ 고용노동부장관은 안전관리전문기관 또는 보건관리전문기관이 다음 각 호의 어느 하나에 해당할 때에는 그 지정을 취소하거나 6개월 이내의 기간을 정하여 그 업무의 정지를 명할 수 있다. 다만, 1. 또는 2.에 해당할 때에는 그 지정을 취소하여야 한다.
  1. 거짓이나 그 밖의 부정한 방법으로 지정을 받은 경우
  2. 업무정지 기간 중에 업무를 수행한 경우
  3. ㉠에 따른 지정 요건을 충족하지 못한 경우
  4. 지정받은 사항을 위반하여 업무를 수행한 경우
  5. 그 밖에 대통령령으로 정하는 사유에 해당하는 경우
㉤ ㉣에 따라 지정이 취소된 자는 지정이 취소된 날부터 2년 이내에는 각각 해당 안전관리전문기관 또는 보건관리전문기관으로 지정받을 수 없다.

안전보건교육기관(산업안전보건법 제33조)

㉣ 안전보건교육기관에 대해서는 제21조 4. 및 5.를 준용한다. 이 경우 "안전관리전문기관 또는 보건관리전문기관"은 "안전보건교육기관"으로, "지정"은 "등록"으로 본다.

안전보건진단기관(산업안전보건법 제48조)

㉣ 안전보건진단기관에 관하여는 제21조 4. 및 5.를 준용한다. 이 경우 "안전관리전문기관 또는 보건관리전문기관"은 "안전보건진단기관"으로 본다.

건설재해예방전문지도기관(산업안전보건법 제74조)

㉣ 건설재해예방전문지도기관에 관하여는 제21조 4. 및 5.를 준용한다. 이 경우 "안전관리전문기관 또는 보건관리전문기관"은 "건설재해예방전문지도기관"으로 본다.

석면조사기관(산업안전보건법 제120조)

㉤ 석면조사기관에 관하여는 제21조 4. 및 5.를 준용한다. 이 경우 "안전관리전문기관 또는 보건관리전문기관"은 "석면조사기관"으로 본다.

정답 19 ④

20

산업안전보건법령상 사업주가 작업환경 측정을 할 때 지켜야 할 사항으로 옳은 것을 모두 고른 것은?

> ㄱ. 작업환경 측정을 하기 전에 예비조사를 할 것
> ㄴ. 일출 후 일몰 전에 실시할 것
> ㄷ. 모든 측정은 지역 시료채취방법으로 하되, 지역 시료채취방법이 곤란한 경우에는 개인 시료채취방법으로 실시할 것
> ㄹ. 작업환경측정기관에 위탁하여 실시하는 경우에는 해당 작업환경측정기관에 공정별 작업내용, 화학물질의 사용실태 및 물질안전보건자료 등 작업환경 측정에 필요한 정보를 제공할 것

① ㄱ, ㄹ
② ㄴ, ㄷ
③ ㄷ, ㄹ
④ ㄱ, ㄴ, ㄹ
⑤ ㄱ, ㄴ, ㄷ, ㄹ

해설

작업환경 측정방법(산업안전보건법 시행규칙 제189조)
㉠ 사업주는 법 제125조제1항에 따른 작업환경 측정을 할 때에는 다음 각 호의 사항을 지켜야 한다.
  1. 작업환경 측정을 하기 전에 예비조사를 할 것
  2. 작업이 정상적으로 이루어져 작업시간과 유해인자에 대한 근로자의 노출 정도를 정확히 평가할 수 있을 때 실시할 것
  3. 모든 측정은 개인 시료채취방법으로 하되, 개인 시료채취방법이 곤란한 경우에는 지역 시료채취방법으로 실시할 것. 이 경우 그 사유를 별지 제83호서식의 작업환경측정 결과표에 분명하게 밝혀야 한다.
  4. 법 제125조제3항에 따라 작업환경측정기관에 위탁하여 실시하는 경우에는 해당 작업환경측정기관에 공정별 작업내용, 화학물질의 사용실태 및 물질안전보건자료 등 작업환경 측정에 필요한 정보를 제공할 것
㉡ 사업주는 근로자대표 또는 해당 작업공정을 수행하는 근로자가 요구하면 ㉠의 1.에 따른 예비조사에 참석시켜야 한다.
㉢ ㉠에 따른 측정방법 외에 유해인자별 세부 측정방법 등에 관하여 필요한 사항은 고용노동부장관이 정한다.

21

산업안전보건법령상 같은 유해인자에 노출되는 근로자들에게 유사한 질병의 증상이 발생한 경우에 고용노동부장관은 근로자의 건강을 보호하기 위하여 사업주에게 특정 근로자에 대해 건강진단을 실시할 것을 명할 수 있다. 이에 해당하는 건강진단은?

① 일반건강진단
② 특수건강진단
③ 배치전건강진단
④ 임시건강진단
⑤ 수시건강진단

해설

임시건강진단 명령 등(산업안전보건법 제131조)
㉠ 고용노동부장관은 같은 유해인자에 노출되는 근로자들에게 유사한 질병의 증상이 발생한 경우 등 고용노동부령으로 정하는 경우에는 근로자의 건강을 보호하기 위하여 사업주에게 특정 근로자에 대한 건강진단(이하 "임시건강진단"이라 한다)의 실시나 작업전환, 그 밖에 필요한 조치를 명할 수 있다.
㉡ 임시건강진단의 항목, 그 밖에 필요한 사항은 고용노동부령으로 정한다.

22

산업안전보건법령상 유해성·위험성 조사 제외 화학물질로 규정되어 있지 않은 것은?(단, 고용노동부장관이 공표하거나 고시하는 물질은 고려하지 않음)

① 의료기기법 제2조제1항에 따른 의료기기
② 약사법 제2조제4호 및 제7호에 따른 의약품 및 의약외품(醫藥外品)
③ 건강기능식품에 관한 법률 제3조제1호에 따른 건강기능식품
④ 첨단재생의료 및 첨단바이오의약품 안전 및 지원에 관한 법률 제2조제5호에 따른 첨단바이오의약품
⑤ 천연으로 산출된 화학물질

해설

유해성·위험성 조사 제외 화학물질(산업안전보건법 시행령 제85조)
법 제108조제1항 각 호 외의 부분 본문에서 "대통령령으로 정하는 화학물질"이란 다음 각 호의 어느 하나에 해당하는 화학물질을 말한다.
1. 원소
2. 천연으로 산출된 화학물질
3. 건강기능식품에 관한 법률 제3조제1호에 따른 건강기능식품
4. 군수품관리법 제2조 및 방위사업법 제3조제2호에 따른 군수품(군수품관리법 제3조에 따른 통상품(痛常品)은 제외한다)
5. 농약관리법 제2조제1호 및 제3호에 따른 농약 및 원제
6. 마약류관리에 관한 법률 제2조제1호에 따른 마약류
7. 비료관리법 제2조제1호에 따른 비료
8. 사료관리법 제2조제1호에 따른 사료
9. 생활화학제품 및 살생물제의 안전관리에 관한 법률 제3조제7호 및 제8호에 따른 살생물질 및 살생물제품
10. 식품위생법 제2조제1호 및 제2호에 따른 식품 및 식품첨가물
11. 약사법 제2조제4호 및 제7호에 따른 의약품 및 의약외품(醫藥外品)
12. 원자력안전법 제2조제5호에 따른 방사성물질
13. 위생용품관리법 제2조제1호에 따른 위생용품
14. 의료기기법 제2조제1항에 따른 의료기기
15. 총포·도검·화약류 등의 안전관리에 관한 법률 제2조제3항에 따른 화약류
16. 화장품법 제2조제1호에 따른 화장품과 화장품에 사용하는 원료
17. 법 제108조제3항에 따라 고용노동부장관이 명칭, 유해성·위험성, 근로자의 건강장해 예방을 위한 조치 사항 및 연간 제조량·수입량을 공표한 물질로서 공표된 연간 제조량·수입량 이하로 제조하거나 수입한 물질
18. 고용노동부장관이 환경부장관과 협의하여 고시하는 화학물질 목록에 기록되어 있는 물질

23

산업안전보건법령상 작업환경 측정 또는 건강진단의 실시 결과만으로 직업성 질환에 걸렸는지를 판단하기 곤란한 근로자의 질병에 대하여 한국산업안전보건공단에 역학조사를 요청할 수 있는 자로 규정되어 있지 않은 자는?

① 사업주
② 근로자 대표
③ 보건관리자
④ 건강진단기관의 의사
⑤ 산업안전보건위원회의 위원장

해설

역학조사의 대상 및 절차 등(산업안전보건법 시행규칙 제222조)
㉠ 공단은 법 제141조제1항에 따라 다음 각 호의 어느 하나에 해당하는 경우에는 역학조사를 할 수 있다.
  1. 법 제125조에 따른 작업환경 측정 또는 법 제129조부터 제131조에 따른 건강진단의 실시 결과만으로 직업성 질환에 걸렸는지를 판단하기 곤란한 근로자의 질병에 대하여 사업주·근로자 대표·보건관리자(보건관리전문기관을 포함한다) 또는 건강진단기관의 의사가 역학조사를 요청하는 경우
  2. 산업재해보상보험법 제10조에 따른 근로복지공단이 고용노동부장관이 정하는 바에 따라 업무상 질병 여부의 결정을 위하여 역학조사를 요청하는 경우
  3. 공단이 직업성 질환의 예방을 위하여 필요하다고 판단하여 제224조제1항에 따른 역학조사평가위원회의 심의를 거친 경우
  4. 그 밖에 직업성 질환에 걸렸는지 여부로 사회적 물의를 일으킨 질병에 대하여 작업장 내 유해요인과의 연관성 규명이 필요한 경우 등으로서 지방고용노동관서의 장이 요청하는 경우
㉡ ㉠의 1.에 따라 사업주 또는 근로자 대표가 역학조사를 요청하는 경우에는 산업안전보건위원회의 의결을 거치거나 각각 상대방의 동의를 받아야 한다. 다만, 관할 지방고용노동관서의 장이 역학조사의 필요성을 인정하는 경우에는 그렇지 않다.
㉢ ㉠에서 정한 사항 외에 역학조사의 방법 등에 필요한 사항은 고용노동부장관이 정하여 고시한다.

24
산업안전보건법령상 징역 또는 벌금에 처해질 수 있는 자는?

① 작업환경 측정 결과를 해당 작업장 근로자에게 알리지 아니한 사업주
② 등록하지 아니하고 타워크레인을 설치·해체한 자
③ 석면이 포함된 건축물이나 설비를 철거하거나 해체하면서 고용노동부령으로 정하는 석면해체·제거의 작업기준을 준수하지 아니한 자
④ 역학조사 참석이 허용된 사람의 역학조사 참석을 방해한 자
⑤ 물질안전보건자료 대상물질을 양도하면서 이를 양도받는 자에게 물질안전보건자료를 제공하지 아니한 자

해설

벌칙(산업안전보건법 제169조)
다음 각 호의 어느 하나에 해당하는 자는 3년 이하의 징역 또는 3천만원 이하의 벌금에 처한다.
1. 제44조제1항 후단, 제63조(제166조의2에서 준용하는 경우를 포함한다), 제76조, 제81조, 제82조제2항, 제84조제1항, 제87조제1항, 제118조제3항, 제123조제1항, 제139조제1항 또는 제140조제1항(제166조의2에서 준용하는 경우를 포함한다)을 위반한 자
2. 제45조제1항 후단, 제46조제5항, 제53조제1항(제166조의2에서 준용하는 경우를 포함한다), 제87조제2항, 제118조제4항, 제119조제4항 또는 제131조제1항(제166조의2에서 준용하는 경우를 포함한다)에 따른 명령을 위반한 자
3. 안전 및 보건에 관한 평가 업무를 위탁받은 자로서 그 업무를 거짓이나 그 밖의 부정한 방법으로 수행한 자
4. 안전인증 업무를 위탁받은 자로서 그 업무를 거짓이나 그 밖의 부정한 방법으로 수행한 자
5. 안전검사 업무를 위탁받은 자로서 그 업무를 거짓이나 그 밖의 부정한 방법으로 수행한 자
6. 자율검사프로그램에 따른 안전검사 업무를 거짓이나 그 밖의 부정한 방법으로 수행한 자

석면해체·제거 작업기준의 준수(산업안전보건법 제123조)
① 석면이 포함된 건축물이나 설비를 철거하거나 해체하는 자는 고용노동부령으로 정하는 석면해체·제거의 작업기준을 준수하여야 한다.
② 근로자는 석면이 포함된 건축물이나 설비를 철거하거나 해체하는 자가 ①의 작업기준에 따라 근로자에게 한 조치로서 고용노동부령으로 정하는 조치 사항을 준수하여야 한다.

정답 24 ③

25

산업안전보건법령상 근로의 금지 및 제한에 관한 설명으로 옳은 것은?

① 사업주가 잠수 작업에 종사하는 근로자에게 1일 6시간, 1주 36시간 근로하게 하는 것은 허용된다.
② 사업주는 알코올중독의 질병이 있는 근로자를 고기압 업무에 종사하도록 해서는 안 된다.
③ 사업주가 조현병에 걸린 사람에 대해 근로를 금지하는 경우에는 미리 보건관리자(의사가 아닌 보건관리자 포함), 산업보건의 또는 건강검진을 실시한 의사의 의견을 들어야 한다.
④ 사업주는 마비성 치매에 걸릴 우려가 있는 사람에 대해 근로를 금지해야 한다.
⑤ 사업주는 전염될 우려가 있는 질병에 걸린 사람이 있는 경우 전염을 예방하기 위한 조치를 한 후에도 그 사람의 근로를 금지해야 한다.

해설

질병자의 근로금지(산업안전보건법 시행규칙 제220조)
㉠ 법 제138조제1항에 따라 사업주는 다음의 어느 하나에 해당하는 사람에 대해서는 근로를 금지해야 한다.
  1. 전염될 우려가 있는 질병에 걸린 사람. 다만, 전염을 예방하기 위한 조치를 한 경우는 제외한다.
  2. 조현병, 마비성 치매에 걸린 사람
  3. 심장·신장·폐 등의 질환이 있는 사람으로서 근로에 의하여 병세가 악화될 우려가 있는 사람
  4. 1.부터 3.까지의 규정에 준하는 질병으로서 고용노동부장관이 정하는 질병에 걸린 사람
㉡ 사업주는 ㉠에 따라 근로를 금지하거나 근로를 다시 시작하도록 하는 경우에는 미리 보건관리자(의사인 보건관리자만 해당한다), 산업보건의 또는 건강진단을 실시한 의사의 의견을 들어야 한다.

질병자 등의 근로 제한(산업안전보건법 시행규칙 제221조)
㉠ 사업주는 법 제129조부터 제130조에 따른 건강진단 결과 유기화합물·금속류 등의 유해물질에 중독된 사람, 해당 유해물질에 중독될 우려가 있다고 의사가 인정하는 사람, 진폐의 소견이 있는 사람 또는 방사선에 피폭된 사람을 해당 유해물질 또는 방사선을 취급하거나 해당 유해물질의 분진·증기 또는 가스가 발산되는 업무 또는 해당 업무로 인하여 근로자의 건강을 악화시킬 우려가 있는 업무에 종사하도록 해서는 안 된다.
㉡ 사업주는 다음의 어느 하나에 해당하는 질병이 있는 근로자를 고기압 업무에 종사하도록 해서는 안 된다.
  1. 감압증이나 그 밖에 고기압에 의한 장해 또는 그 후유증
  2. 결핵, 급성상기도감염, 진폐, 폐기종, 그 밖의 호흡기계의 질병
  3. 빈혈증, 심장판막증, 관상동맥경화증, 고혈압증, 그 밖의 혈액 또는 순환기계의 질병
  4. 정신신경증, 알코올중독, 신경통, 그 밖의 정신신경계의 질병
  5. 메니에르씨병, 중이염, 그 밖의 이관(耳管) 협착을 수반하는 귀 질환
  6. 관절염, 류마티스, 그 밖의 운동기계의 질병
  7. 천식, 비만증, 바세도우씨병, 그 밖에 알레르기성·내분비계·물질대사 또는 영양장해 등과 관련된 질병

산업안전일반

26
리스크 관리의 용어 정의에 관한 지침에서 "가능성과 결과에 대한 범위를 구분하여 리스크 등급을 표시하고, 리스크 우선순위를 정하기 위한 도구"로 정의되는 용어는?

① 리스크 통합(Risk Aggregation)
② 리스크 프로파일(Risk Profile)
③ 리스크 수준 판정(Risk Evaluation)
④ 리스크 기준(Risk Criteria)
⑤ 리스크 매트릭스(Risk Matrix)

해설
⑤ 리스크 매트릭스(Risk Matrix)란 가능성과 결과에 대한 범위를 구분하여 리스크 등급을 표시하고, 리스크 우선순위를 정하기 위한 도구를 말한다.
① 리스크 통합(Risk Aggregation)이란 전체 리스크 수준을 이해하기 위해 다수의 리스크를 하나의 리스크로 통합시키는 것을 말한다.
② 리스크 프로파일(Risk Profile)이란 조직 또는 단체에서 관리 대상이 되는 리스크의 우선순위 및 그에 관한 설명을 말한다.
③ 리스크 수준 판정(Risk Evaluation)이란 리스크 또는 리스크 경감이 수용할 만한 수준인지 결정하기 위하여 주어진 리스크 기준과 리스크 분석의 결과를 비교하는 과정으로, 리스크 수준 판정은 리스크 처리 결정을 위해 보조적으로 활용된다.
④ 리스크 기준(Risk Criteria)이란 리스크의 유의성(Significance)을 판단하기 위한 기준 항목을 말한다.

27
안전교육의 단계별 과정 중 태도교육의 내용이 아닌 것은?

① 작업동작 및 표준작업방법의 습관화
② 공구·보호구 등의 관리 및 취급태도의 확립
③ 작업 전후 점검 및 검사요령의 정확화 및 습관화
④ 작업지시·전달 등의 언어·태도의 정확화 및 습관화
⑤ 작업에 필요한 안전규정 숙지

해설
안전교육 단계별 과정
1. 지식교육단계 : 안전에 관한 기초지식 습득단계로 광범위한 지식의 습득과 전달, 작업에 필요한 안전규정 숙지 등에 대한 교육이 포함된다.
2. 기능교육단계 : 작업에 필요한 전문적인 기능 습득단계로 작업동작을 익히고 작업에 대해 설명할 수 있는 단계이다.
3. 태도교육단계 : 안전에 대한 의식향상단계로 3단계 중 가장 중요한 단계이다. 작업에 대한 습관이 형성되고 언어 및 태도에 대한 정확성과 습관성이 형성된다.

28
학습지도원리에 해당하지 않는 것은?

① 자발성의 원리
② 개별화의 원리
③ 사회화의 원리
④ 도미노 이론의 원리
⑤ 직관의 원리

해설

학습지도원리
- 자발성의 원리 : 학습자 자신이 학습에 스스로 참여하는 데 중점을 둔 원리이다.
- 개별화의 원리 : 학습자 개인의 역량을 고려하여 교재 선택이나 강의방법 등을 마련해 주어야 한다는 원리이다.
- 사회화의 원리 : 학습한 내용을 외부에서 경험한 것과 결합하여 다른 학습자들과 공유하는 원리이다.
- 직관의 원리 : 말로 교육을 실시하는 것보다는 시청각 자료 등을 이용하여 사물을 제시하거나 경험하도록 했을 때 학습효과가 더 크다는 원리이다.
- 과학성의 원리 : 학습자의 논리적인 사고력을 발달시키고 과학적 수준을 높여야 한다는 이론이다.
- 목적의 원리 : 배우고자 하는 목표가 확실할 때 학습자의 적극적인 학습을 유도할 수 있다는 원리로, 교수자는 학습자의 목표를 달성시키고자 노력할 때 학습효과가 커진다는 원리이다.
- 통합화의 원리 : 각종 교재, 지도방법, 교과 지도 등의 영역을 통합하여 전인교육을 실시하고자 하는 이론이다.
※ 도미노 이론의 원리는 하인리히의 재해 연쇄성 이론으로, 재해는 연속성을 내포하고 있는데 이 중 하나를 제거하면 재해를 예방할 수 있다는 원리로 학습지도원리와는 무관하다.

29
산업안전보건법령상 안전보건교육에서 다음 작업의 특별교육 교육내용이 아닌 것은?(단, 그 밖에 안전·보건관리에 필요한 사항은 고려하지 않는다)

작업명 : 동력에 의하여 작동되는 프레스기계를 5대 이상 보유한 사업장에서 해당 기계로 하는 작업

① 프레스의 특성과 위험성에 관한 사항
② 방호장치 종류와 취급에 관한 사항
③ 안전작업방법에 관한 사항
④ 국소배기장치 및 안전설비에 관한 사항
⑤ 프레스 안전기준에 관한 사항

해설

안전보건교육 교육대상별 교육내용(산업안전보건법 시행규칙 별표 5)

작업명	교육내용
11. 동력에 의하여 작동되는 프레스기계를 5대 이상 보유한 사업장에서 해당 기계로 하는 작업	• 프레스의 특성과 위험성에 관한 사항 • 방호장치 종류와 취급에 관한 사항 • 안전작업방법에 관한 사항 • 프레스 안전기준에 관한 사항 • 그 밖에 안전·보건관리에 필요한 사항

30
OJT(On The Job Training)에 비하여 Off JT(Off The Job Training)의 장점으로 옳은 것을 모두 고른 것은?

> ㄱ. 다수의 근로자에게 조직적 훈련이 가능하다.
> ㄴ. 개개인에 적합한 지도훈련이 가능하다.
> ㄷ. 훈련에만 전념할 수 있다.
> ㄹ. 전문가를 강사로 초청할 수 있다.

① ㄱ, ㄴ
② ㄴ, ㄷ
③ ㄱ, ㄷ, ㄹ
④ ㄴ, ㄷ, ㄹ
⑤ ㄱ, ㄴ, ㄷ, ㄹ

해설
- OJT(On The Job Training) : 직속 상사에게 일상 업무를 통해 업무 전반에 관한 지식, 기술 등을 습득하는 신입사원 교육방식이다.
- Off JT(Off The Job Training) : 외부의 전문 강사를 초청하여 실시하는 교육방식이다. Off JT 방식은 외부 강사가 다수의 근로자에게 교육을 실시할 수 있고 훈련에만 전념할 수 있는 반면, 개별적인 지도훈련은 불가능하다. 개별적인 지도훈련은 OJT 방식의 장점이다.

31
사업장 위험성평가에 관한 지침에서 사업주는 위험성평가를 효과적으로 실시하기 위하여 위험성평가 실시규정을 작성하고 관리하여야 한다. 이때 실시규정에 포함되어야 할 사항이 아닌 것은?

① 평가의 목적 및 방법
② 인정심사위원회의 구성·운영
③ 평가담당자 및 책임자의 역할
④ 평가시기 및 절차
⑤ 주지방법 및 유의사항

해설

※ 출제 시 정답은 ②였으나, 법령 개정(23.5.22)으로 정답 ②, ⑤로 처리하였음

사전준비(사업장 위험성 평가에 관한 지침 제9조)

㉠ 사업주는 위험성평가를 효과적으로 실시하기 위하여 최초 위험성평가 시 다음 각 호의 사항이 포함된 위험성평가 실시규정을 작성하고, 지속적으로 관리하여야 한다.
  1. 평가의 목적 및 방법
  2. 평가담당자 및 책임자의 역할
  3. 평가시기 및 절차
  4. 근로자에 대한 참여·공유방법 및 유의사항
  5. 결과의 기록·보존

㉡ 사업주는 위험성평가를 실시하기 전에 다음 각 호의 사항을 확정하여야 한다.
  1. 위험성의 수준과 그 수준을 판단하는 기준
  2. 허용 가능한 위험성의 수준(이 경우 법에서 정한 기준 이상으로 위험성의 수준을 정하여야 한다)

㉢ 사업주는 다음 각 호의 사업장 안전보건정보를 사전에 조사하여 위험성평가에 활용하여야 한다.
  1. 작업표준, 작업절차 등에 관한 정보
  2. 기계·기구, 설비 등의 사양서, 물질안전보건자료(MSDS) 등의 유해·위험요인에 관한 정보
  3. 기계·기구, 설비 등의 공정 흐름과 작업 주변의 환경에 관한 정보
  4. 법 제63조에 따른 작업을 하는 경우로서 같은 장소에서 사업의 일부 또는 전부를 도급을 주어 행하는 작업이 있는 경우 혼재 작업의 위험성 및 작업 상황 등에 관한 정보
  5. 재해사례, 재해통계 등에 관한 정보
  6. 작업환경 측정결과, 근로자 건강진단결과에 관한 정보
  7. 그 밖에 위험성평가에 참고가 되는 자료 등

32

산업안전보건법령상 고용노동부장관이 사업주에게 안전보건진단을 받아 안전보건개선계획을 수립하여 시행할 것을 명할 수 있는 사업장으로 옳지 않은 것은?

① 산업재해율이 같은 업종 평균 산업재해율의 1.5배인 사업장
② 사업주가 필요한 안전조치를 이행하지 아니하여 중대재해가 발생한 사업장
③ 직업성 질병자가 연간 2명 발생한 상시근로자 900명인 사업장
④ 직업성 질병자가 연간 3명 발생한 상시근로자 1,500명인 사업장
⑤ 작업환경 불량, 화재·폭발 또는 누출 사고 등으로 사업장 주변까지 피해가 확산된 사업장으로서 고용노동부령으로 정하는 사업장

해설

안전보건진단을 받아 안전보건개선계획을 수립할 대상(산업안전보건법 시행령 제49조)

법 제49조제1항 각 호 외의 부분 후단에서 "대통령령으로 정하는 사업장"이란 다음 각 호의 사업장을 말한다.
1. 산업재해율이 같은 업종 평균 산업재해율의 2배 이상인 사업장
2. 법 제49조제1항제2호에 해당하는 사업장(사업주가 필요한 안전조치 또는 보건조치를 이행하지 아니하여 중대재해가 발생한 사업장)
3. 직업성 질병자가 연간 2명 이상(상시근로자 1천명 이상 사업장의 경우 3명 이상) 발생한 사업장
4. 그 밖에 작업환경 불량, 화재·폭발 또는 누출 사고 등으로 사업장 주변까지 피해가 확산된 사업장으로서 고용노동부령으로 정하는 사업장

33
작업장의 도구, 부품, 조종장치 배치에서 작업의 효율성 향상을 위해 적용하는 원리가 아닌 것은?

① 일관성 원리
② 중요도 원리
③ 독창성 원리
④ 사용 순서의 원리
⑤ 사용 빈도의 원리

해설

작업장 공간 배치의 원리
- 중요도의 원칙 : 중요도의 원칙이란 목적을 달성하기 위해 더 중요한 요소들은 사용하기 편리한 곳에 배치하여야 한다는 원리이다.
- 사용 빈도의 원칙 : 사용 빈도가 높은 것은 사용하기 편리한 곳에 배치하여야 한다는 원리이다.
- 사용 순서의 원칙 : 사용 순서에 따라 연속적으로 배치하여야 생산성이 향상된다는 원리이다.
- 기능성의 원칙 : 기능별로 비슷한 것끼리 서로 가까운 곳에 배치해야 한다는 원리이다.
- 일관성의 원칙 : 동일한 구성요소들을 같은 곳에 위치시켜야 다른 작업자도 쉽게 찾을 수 있다는 원리이다.
- 혼잡성 회피 원칙 : 여러 개의 조작장치가 있는 경우 정반대의 기능을 가진 버튼을 서로 멀리 떨어뜨려야 실수에 의한 조작을 막을 수 있다는 원리이다.

34
인간-기계 시스템에서 표시장치(Display)와 조종장치(Control)의 설계에 관한 내용으로 옳지 않은 것은?

① 작업자의 즉각적 행동이 필요한 경우에 청각적 표시장치가 시각적 표시장치보다 유리하다.
② 330m 이상 정도의 장거리에 신호를 전달하고자 할 때는 청각 신호의 주파수를 1,000Hz 이하로 하는 것이 좋다.
③ 광삼현상으로 인해 음각(검은 바탕의 흰 글씨)의 글자 획폭(Stroke Width)은 양각(흰 바탕의 검은 글씨)보다 작은 값이 권장된다.
④ 조종-반응비(C/R비)가 작을수록 조종장치와 표시장치의 민감도가 낮아져 미세 조종에 유리하다.
⑤ 공간적 양립성은 표시장치와 조종장치의 배치와 관련된다.

해설

조종-반응비(Control Response Ratio) : 표시장치의 이동거리에 대한 조종장치의 이동거리의 비율이다. 민감한 제어일수록 C/R비가 낮으며 C/R비가 낮을수록 조종시간은 오래 걸린다. 최적의 C/R비는 조종시간과 이동시간의 합이 최소가 되는 지점으로, 조종시간과 이동시간을 나타내는 두 곡선의 교차점 부근이다.

35

인간-컴퓨터 상호작용에서 닐슨(J. Nielsen)이 정의한 사용성의 세부 속성에 해당하지 않는 것은?

① 적합성(Conformity)
② 학습 용이성(Learnability)
③ 기억 용이성(Memorability)
④ 주관적 만족도(Subjective Satisfaction)
⑤ 오류의 빈도와 정도(Error Frequency and Severity)

해설

제이콥 닐슨의 사용성 척도 5대 요소
1. 학습성(Learnability) : 사용자가 처음 접했을 때 기본 과업을 쉽게 완수할 수 있는가의 정도
2. 효율성(Efficiency) : 사용자가 학습한 과업을 얼마나 빨리 수행하는지에 대한 정도
3. 기억 용이성(Memorability) : 사용자가 오랜만에 사용 시 숙련도를 쉽게 회복할 수 있는가의 정도
4. 오류(Errors) : 사용자가 오류를 일으키는지, 심각한 오류인지, 쉽게 회복 가능한 오류인지의 문제
5. 만족도(Satisfaction) : 사용자가 사용 시 얼마나 큰 만족을 느끼는지의 정도

36

사업장 위험성평가에 관한 지침에서 위험성평가의 실시에 관한 내용으로 옳지 않은 것은?

① 위험성평가는 최초평가 및 수시평가, 정기평가로 구분하여 실시하여야 한다.
② 최초평가 및 정기평가는 전체 작업을 대상으로 한다.
③ 중대산업사고 또는 산업재해(휴업 이상의 요양을 요하는 경우에 한정한다) 발생 시에는 재해발생 작업을 대상으로 작업을 재개하기 전에 수시평가를 실시하여야 한다.
④ 사업장 건설물의 설치·이전·변경 또는 해체 계획이 있는 경우에는 해당 계획의 실행을 착수하기 전에 수시평가를 실시하여야 한다.
⑤ 정기평가는 최초평가 후 2년에 1회 실시하여야 한다.

> **해설**

※ 출제 시 정답은 ⑤였으나, 법령 개정(23.5.22)으로 정답 없음으로 처리하였음

위험성평가의 실시 시기(사업장 위험성평가에 관한 지침 제15조)

구 분	실시 시기	내 용
최초평가	사업개시일(실착공일)로부터 1개월 이내 착수	위험성평가의 대상이 되는 유해·위험요인에 대한 최초 위험성평가의 실시
수시평가	유해·위험요인이 생기는 경우, 5.에 해당하는 경우, 재해 발생 작업 재개 전	1. 사업장 건설물의 설치·이전·변경 또는 해체 2. 기계·기구, 설비, 원재료 등의 신규 도입 또는 변경 3. 건설물, 기계·기구, 설비 등의 정비 또는 보수(주기적·반복적 작업으로서 이미 위험성평가를 실시한 경우에는 제외) 4. 작업방법 또는 작업절차의 신규 도입 또는 변경 5. 중대산업사고 또는 산업재해 발생 6. 그 밖에 사업주가 필요하다고 판단한 경우
정기평가	실시한 위험성평가의 결과에 대한 적정성을 1년마다 정기적으로 재검토	1. 기계·기구, 설비 등의 기간 경과에 의한 성능 저하 2. 근로자의 교체 등에 수반하는 안전·보건과 관련되는 지식 또는 경험의 변화 3. 안전·보건과 관련되는 새로운 지식의 습득 4. 현재 수립되어 있는 위험성 감소대책의 유효성
상시평가	상시적인 위험성평가(수시평가와 정기평가를 실시한 것으로 갈음)	1. 매월 1회 이상 근로자 제안제도 활용, 아차사고 확인, 작업과 관련된 근로자를 포함한 사업장 순회점검 등을 통해 사업장 내 유해·위험요인을 발굴하여 위험성 결정, 위험성 감소대책을 수립·실행할 것 2. 매주 안전보건관리책임자, 안전관리자, 보건관리자, 관리감독자 등을 중심으로 위험성 결정, 감소대책 등을 논의·공유하고 이행상황을 점검할 것 3. 매 작업일마다 위험성 결정, 감소대책 실시결과에 따라 근로자가 준수하여야 할 사항 및 주의하여야 할 사항을 작업 전 안전점검회의 등을 통해 공유·주지할 것

37

재해 조사 과정에서 수행해야 할 절차 내용을 순서대로 옳게 나열한 것은?

> ㄱ. 근본적 문제점 결정
> ㄴ. 4M 모델에 따른 기본 원인 파악
> ㄷ. 5W1H 원칙에 따른 사실 확인
> ㄹ. 불안전 상태와 불안전 행동에 해당하는 직접 원인 파악

① ㄱ → ㄴ → ㄷ → ㄹ
② ㄴ → ㄱ → ㄷ → ㄹ
③ ㄷ → ㄴ → ㄹ → ㄱ
④ ㄷ → ㄹ → ㄴ → ㄱ
⑤ ㄹ → ㄷ → ㄱ → ㄴ

> **해설**

재해 조사 순서
사실의 확인[육하원칙(5W1H)에 의거] → 재해 요인의 파악(직접 원인 파악 → 기본 원인 파악(4M 기법 : Man, Machine, Media, Management)) → 재해 요인의 결정 → 대책의 수립

38
산업재해 연구에 관한 내용으로 옳은 것을 모두 고른 것은?

> ㄱ. 시몬즈(Simonds)는 평균치법을 적용해 재해손실비용을 산출하였다.
> ㄴ. 하인리히(Heinrich)는 재해손실비용의 직접비와 간접비 비율을 약 1 : 4로 제시하였다.
> ㄷ. 버드(Bird)는 1건의 중상이 발생할 때 10건의 경상, 300건의 아차사고가 발생한다고 하였다.

① ㄱ
② ㄷ
③ ㄱ, ㄴ
④ ㄴ, ㄷ
⑤ ㄱ, ㄴ, ㄷ

해설

- 시몬즈의 평균치법 : 시몬즈의 재해손실비용은 산재보험비용과 비보험비용의 합으로 구성되며 비용의 평균치를 이용하였다.
- 하인리히 : 재해손실비용은 직접비와 간접비로 구성된다. 직접비는 산재보상비, 간접비는 재산손실, 작업중단 등으로 발생한 기업손실이며 직접비와 간접비의 비율은 1 : 4이다.
- 버드 : 하인리히의 도미노 이론을 변형한 이론으로 중대재해 : 중상 : 경상 : 아차사고 = 1 : 10 : 30 : 600이다.

39
시력이 1.2인 사람이 6m 떨어진 곳에서 구분할 수 있는 벌어진 틈의 최소 크기(mm)는?(단, 소수점 둘째 자리에서 반올림하여 소수점 첫째 자리까지 구하시오)

① 1.0
② 1.3
③ 1.5
④ 1.7
⑤ 1.9

해설

최소가분시력
- 대비가 다른 두 배경의 접점을 식별하는 능력으로, 시각의 역수로 정의한다.
- 최소가분시력 $= \frac{180°}{\pi} \times 60 \times \frac{물체의\ 크기}{물체와의\ 거리} = \frac{180°}{3.14} \times 60 \times \frac{x}{6} = \frac{1}{1.2}$ 이므로 $x ≒ 1.50$이다.

40

근골격계부담작업 유해성평가를 위한 인간공학적 도구에 관한 내용으로 옳지 않은 것은?

① RULA는 하지 자세를 평가에 반영한다.
② REBA는 동작의 반복성을 평가에 반영한다.
③ QEC는 작업자의 주관적 평가 과정이 포함되어 있다.
④ OWAS는 중량물 취급 정도를 평가에 반영한다.
⑤ NLE는 중량물의 수평 이동거리를 평가에 반영한다.

해설

1. RULA(Rapid Upper Limb Assessment)는 반복동작, 부적절한 자세, 과도한 힘 등의 유해요인이 있으며 하지 자세를 평가에 반영한다. 적용 가능 업종은 조립작업, 재봉업, 정비업 등이 있다.
2. REBA(Rapid Entire Body Assessment)는 분석 가능한 유해요인으로 반복동작, 부적절한 자세 등이 있으며, 환자를 들거나 이송하는 간호사, 의사 등이 해당된다.
3. QEC(Quick Exposure Checklist)시스템은 작업시간, 부적절한 자세, 무리한 힘, 반복된 동작 같은 근골격계질환을 유발시키는 작업장 위험요소를 평가하는 데 초점이 맞추어졌으며 분석자의 분석결과와 작업자의 설문결과가 조합되어 평가가 이루어진다. 평가항목으로는 허리, 어깨/팔, 손/손목, 목 부분으로서 상지질환을 평가하는 척도로 사용된다.
4. OWAS(Ovako Working posture Analysis System)는 근력을 발휘하기에 부적절한 작업 자세를 구별하기 위한 목적으로 개발하였다. 이 평가기법의 장점으로는 특별한 기구 없이 관찰에 의해서만 작업 자세를 평가할 수 있으며, 전반적인 작업으로 인한 위해도를 쉽고 간단하게 조사할 수 있고, 현재 가장 범용적으로 사용되고 있다. 중량물 취급 정도를 평가에 반영한다.
5. NLE(NIOSH Lifting Equation)는 미국 산업안전보건연구원(NIOSH)에서 중량물을 취급하는 작업에 대한 요통예방을 목적으로 작업평가와 작업설계를 지원하기 위해서 개발되었다. 중량물 취급과 취급 횟수뿐만 아니라 중량물 취급 위치·인양거리·신체의 비틀기·중량물 들기 쉬움 정도 등 여러 요인을 고려하여 보다 정밀한 작업평가·작업설계에 이용할 수 있다. 그러나 이 기법은 들기작업에만 적절하게 쓰일 수 있기 때문에 반복적인 작업 자세, 밀기, 당기기 등과 같은 작업들에 대한 평가에는 어려움이 있다. 수평 이동거리는 반영하지 않는다.

정답 40 ⑤

41

신뢰도 이론의 욕조곡선(Bathtub Curve)을 나타낸 것으로 옳은 것은?(단, t : 시간, $h(t)$: 고장률, $f(t)$: 확률밀도함수, $F(t)$: 불신뢰도이다)

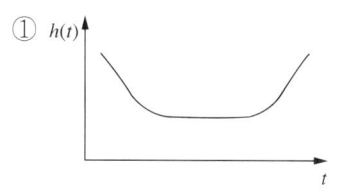
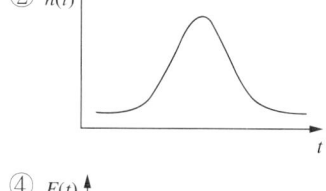
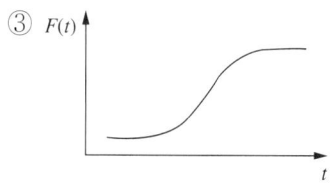
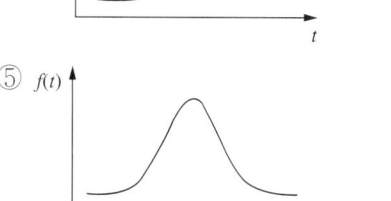
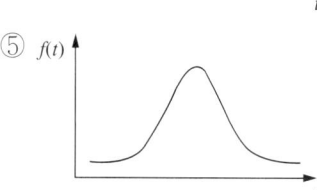

해설

욕조곡선(Bathtub Curve)

경영 시간의 흐름에 따라 고장률이 높은 값에서 점차 감소하여 일정한 값을 얼마 동안 유지한 후 다시 점차 높아지는지에 대한 제품의 수명을 나타내는 곡선이다. 설계나 제조상의 결함 또는 불량 부품으로 인하여 발생하는 초기 고장 기간, 제품 사용 조건의 우발적인 변화로 인한 우발 고장 기간, 마모 또는 노화 따위의 원인에 의한 마모 고장 기간으로 구분된다.

42

2,500명의 근로자가 근무하는 사업장의 재해율(천인율)은 1.6, 도수율은 0.8, 강도율은 1.2이었다. 이 사업장의 연간 재해발생건수와 근로손실일수로 옳은 것은?(단, 1일 8시간, 연간 250일 근무하는 것으로 가정한다)

① 재해발생건수 : 4건, 근로손실일수 : 4,000일
② 재해발생건수 : 4건, 근로손실일수 : 6,000일
③ 재해발생건수 : 6건, 근로손실일수 : 6,000일
④ 재해발생건수 : 6건, 근로손실일수 : 8,000일
⑤ 재해발생건수 : 8건, 근로손실일수 : 8,000일

해설

- 도수율 = $\dfrac{\text{재해건수}}{\text{연근로시간수}} \times 10^6$

  $0.8 = \dfrac{\text{재해건수}}{2,500 \times 250 \times 8} \times 10^6$ 이므로 재해건수는 4건이다.

- 강도율 = $\dfrac{\text{근로손실일수}}{\text{연근로시간수}} \times 10^3$

  $1.2 = \dfrac{\text{근로손실일수}}{2,500 \times 250 \times 8} \times 10^3$ 이므로 근로손실일수는 6,000일이다.

※ 천인율 = $\dfrac{\text{1년간의 사상자 수}}{\text{1년간의 평균근로자 수}} \times 10^3$

43

라스무센(Rasmussen)의 SRK 모델을 근거로 리즌(J. Reason)이 제안한 인적오류 분류에 관한 내용으로 옳은 것을 모두 고른 것은?

> ㄱ. 실수(Slip)와 망각(Lapse)은 비의도적 행동으로 분류되는 숙련기반오류이다.
> ㄴ. 잘못된 규칙을 적용하는 것은 비의도적 행동으로 분류되는 규칙기반착오(Mistake)이다.
> ㄷ. 불충분한 정보로 인해 잘못된 결정을 내리는 것은 의도적 행동으로 분류되는 지식기반착오(Mistake)이다.

① ㄱ
② ㄴ
③ ㄱ, ㄷ
④ ㄴ, ㄷ
⑤ ㄱ, ㄴ, ㄷ

해설

라스무센의 SRK 모델에 의하면 불안전한 행동은 의도적 행동과 비의도적 행동으로 구분된다. 의도적 행동은 착오(Mistake)와 고의사고(Violation)로 구분되며, 착오는 규칙기반착오(Ruled Based Mistake)와 지식기반착오(Knowledge Based Mistake)로 구분된다. 지식기반착오는 불충분한 정보로 인해 잘못된 결정을 내리는 것이다. 비의도적 행동의 대표적인 에러는 숙련기반에러(Skilled Based Error)이며, 이는 다시 실수(Slip)와 건망증(Lapse)으로 구분된다.

44
신뢰성 수명분포 중 지수분포에 관한 내용으로 옳은 것을 모두 고른 것은?

> ㄱ. 우발적인 고장을 다루는 데 적합하다.
> ㄴ. 무기억성(Memoryless Property)을 갖는다.
> ㄷ. 평균(Mean)이 중앙값(Median)보다 작다.

① ㄱ
② ㄷ
③ ㄱ, ㄴ
④ ㄴ, ㄷ
⑤ ㄱ, ㄴ, ㄷ

해설

지수분포
- 시간에 따라 마모나 열화가 없고 과부하에 의하여 우발적으로 고장이 발생하는 아이템의 수명분포이다.
- 무기억성(Memoryless Property)을 갖는다. 무기억성이란 과거의 사건이 미래의 정보와 전혀 관련성을 갖고 있지 않을 때, 어느 순간의 출력이 입력된 시간의 데이터에만 영향을 받는 것을 말한다.
- 확률분포의 치우침에 따라 평균과 중앙값이 같거나 어느 한 쪽이 크거나 작을 수도 있다.

정답 44 ③

45

예방보전에 해당하지 않는 것은?

① 기회보전
② 고장보전
③ 수명기반보전
④ 시간기반보전
⑤ 상태기반보전

해설

예방보전
- 시스템 또는 부품의 사용 중 고장 또는 정지와 같은 사고를 미리 방지하거나, 품목을 사용 가능 상태로 유지하기 위하여 계획적으로 하는 보전이다.
- 의학적으로 말하면 위생적 환경의 확보, 정기건강진단의 실시, 질병의 조기 발견 및 치료 등과 같다.
- 예방보전 활동
  - 고장의 징후 또는 결점을 발견하기 위한 시험, 검사의 실시
  - 주유, 청소, 조정 등의 실시
  - 결점을 가진 품목의 교환 수리
  - 정기교환 품목의 교환 등의 작업
- 예방보전의 종류
  - 정기보전(TBM ; Time Based Maintenance) : 시간기준보전이라고도 하며 설비의 열화주기를 결정하고 주기가 되면 수리하는 방식이다. 특히 IR(Inspection & Repair)이라고 하는 분해수리(오버홀)방식은 설비를 정기적으로 분해, 점검하여 불량한 것을 바꾸는 정기보전의 대표적인 방식이다.
  - 예지보전(CBM ; Condition Based Maintenance) : 상태기준보전이라고도 하며 중요한 시스템 또는 부품의 상태에 대한 점검 및 진단에 의하여 수명을 예지하여 수명이 다할 때까지 원활하게 사용하고자 하는 목적으로 수행되는 보전방식이다.
  - 기회보전
  - 수명기반보전

46

어떤 사고의 발생건수는 연평균 1회로 푸아송(Poisson) 분포를 따른다. 이 사고가 3년 동안 한 건도 발생하지 않을 확률은 얼마인가?(단, 소수점 셋째 자리에서 반올림하여 소수점 둘째 자리까지 구하시오)

① 0.05
② 0.15
③ 0.25
④ 0.33
⑤ 0.50

해설

푸아송 분포 : $p(x:\lambda) = \dfrac{\lambda^x e^{-\lambda}}{x!}$

사고가 1년에 평균 1회 발생하므로 3년 동안 평균 3회 발생한다. 구하고자 하는 사건의 발생 횟수는 0이므로 $x = 0$, 단위시간 3년 내에 발생하는 사건의 평균 횟수 $\lambda = 3$이다. 이를 대입하면 $\dfrac{3^0 e^{-3}}{0!} = e-3 = 0.049 ≒ 0.05$이다.

정답 45 ② 46 ①

47

다음에서 설명하고 있는 위험성 평가기법은?

- 초기 개발 단계에서 시스템 고유의 위험성을 파악하고 예상되는 재해의 위험수준을 결정한다.
- 시스템 내의 위험요소가 어떤 위험 상태에 있는가를 평가하는 정성적인 기법이다.

① CA
② FMEA
③ MORT
④ THERP
⑤ PHA

해설

위험성 평가기법
- CA(Criticallity Analysis : 위험도 분석) : 정량적, 귀납적 분석방법으로 고장이 직접적으로 시스템의 손실과 인적인 재해와 연결되는 높은 위험도를 갖는 경우 위험성을 연관 짓는 요소나 고장의 형태에 따른 분류방법이다.
- FMEA(Failure Mode and Effect Analysis : 고장형태와 영향분석) : 전형적인 정성적, 귀납적 분석방법으로 시스템에 영향을 미치는 전체 요소의 고장을 형태별로 분석해 고장이 미치는 영향을 분석하는 방법이다.
- MORT(Management Oversight and Risk Tree) : Tree를 중심으로 논리기법을 사용해 관리, 생산, 조정 등 광범위한 안전성을 확보하는 데 사용되는 기법으로 주로 원자력 사업 등에 활용된다.
- THERP(Technique of Human Error Rate Prediction : 인간 과오율 추정법) : 기계 작동 시 발생할 수 있는 여러 가지 인적 오류 및 가능한 위험성을 미리 예측하여 개선하는 모든 기법이다.
- PHA(Preliminary Hazard Analysis : 예비 위험 분석) : 최초 단계분석으로 시스템 내에 위험요소가 어느 정도의 위험 상태에 있는지를 평가하는 방법으로 정성적 평가기법이다.

48

시스템 안전성 확보를 위한 방법이 아닌 것은?

① 위험 상태 존재의 최소화
② 중복설계(Redundancy)의 배제
③ 안전장치의 채용
④ 경보장치의 채택
⑤ 인간공학적 설계의 적용

해설

중복설계

장치 하나의 고장이 설비 전체의 고장으로 이어지지 않도록 같은 장치를 중복해 설치하는 것으로, 안전성을 확보하기 위해서는 중복설계를 실시해야 한다. 핵심장치가 고장 났을 때 전체 고장으로 이어지지 않도록 2중, 3중으로 중복 배치해야 안전사고를 예방할 수 있다.

49

서로 독립인 기본사상 a, b, c로 구성된 아래의 결함수(Fault Tree)에서 정상사상 T에 관한 최소절단집합(Minimal Cut Set)을 모두 구하면?

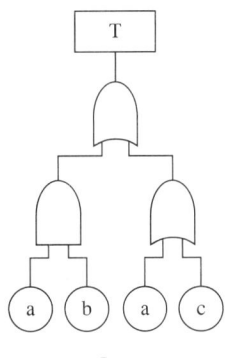

① {a}
② {a, b}
③ {a, c}
④ {a}, {b}
⑤ {a}, {c}

해설

중간 단계를 A1, A2라고 할 때 A1 = a · b, A2 = a + c이므로
T = A1 + A2 = (a · b) + (a + c) = {(a · b) + a}, {(a · b) + c}이다.
따라서 최소절단집합은 {a}, {c}이다.

50

안전성평가 종류 중 기술개발의 종합평가(Technology Assessment)에서 단계별 내용으로 옳지 않은 것은?

① 1단계 : 생산성 및 보전성
② 2단계 : 실현 가능성
③ 3단계 : 안전성 및 위험성
④ 4단계 : 경제성
⑤ 5단계 : 종합평가

해설

안전성평가

설비나 제품의 제조, 사용 등에 있어서 사전에 안전성을 평가하고 적절한 대책을 강구하기 위한 평가기법이다. 안전성 평가기법에는 크게 4가지가 있다.

- 기술 개발의 종합평가(Technology Assessment) : 기술 개발 과정에서의 효율성과 위험성을 종합적으로 분석 · 판단하는 평가로 준비검토단계, 실현 가능성 단계, 안전성 단계, 경제성 단계, 종합평가단계 등 5단계로 이루어진다.
- 안전평가(Safety Assessment) : 인적, 물적 손실을 방지하기 위해 설비 전 공정에 걸친 안전성 평가이다.
- 리스크평가(Risk Assessment) : 생산활동에 지장을 줄 수 있는 리스크를 파악하고 제거하는 활동이다.
- 휴먼평가(Human Assessment) : 인적 오류, 인간 사고에 대한 평가이다.

| 기업진단 · 지도

51
균형성과표(BSC ; Balanced Score Card)에서 조직의 성과를 평가하는 관점이 아닌 것은?
① 재무 관점
② 고객 관점
③ 내부 프로세스 관점
④ 학습과 성장 관점
⑤ 공정성 관점

해설

균형성과표(BSC ; Balanced Score Card)
조직을 평가할 때 재무적 수치 위주로 평가했던 전통적인 성과평가방식의 단점을 보완하여 조직의 임무를 근거로 한 비전·전략·성과 등으로 평가지표를 다양화하여 이를 종합적·장기적·체계적으로 수립하여 관리하는 새로운 성과평가방식이다. 균형성과표의 평가 관점은 재무적 관점, 고객관점, 내부 프로세스 관점, 학습과 성장 관점으로 구성된다.

52
노사관계에서 숍제도(Shop System)를 기본적인 형태와 변형적인 형태로 구분할 때, 기본적인 형태를 모두 고른 것은?

> ㄱ. 클로즈드 숍(Closed Shop)
> ㄴ. 에이전시 숍(Agency Shop)
> ㄷ. 유니언 숍(Union Shop)
> ㄹ. 오픈 숍(Open Shop)
> ㅁ. 프레퍼렌셜 숍(Preferential Shop)
> ㅂ. 메인티넌스 숍(Maintenance Shop)

① ㄱ, ㄴ, ㄷ
② ㄱ, ㄷ, ㄹ
③ ㄱ, ㄷ, ㅂ
④ ㄴ, ㄹ, ㅁ
⑤ ㄴ, ㅁ, ㅂ

해설

숍제도(Shop System)
노동조합이 사용주와 체결하는 노동협약에 종업원 자격과 조합원 자격의 관계를 규정한 조항을 넣어 조합의 유지와 발전을 도모하려는 제도이다. 오픈 숍, 유니언 숍, 클로즈드 숍이 기본적인 형태이며 이를 변형시킨 에이전시 숍, 프레퍼렌셜 숍, 메인티넌스 숍 등이 있다.
- 클로즈드 숍 : 직원 채용 시 조합에 가입한 사람을 채용하도록 하는 제도이다.
- 오픈 숍 : 조합원이나 비조합원이나 모두 채용이 가능한 제도로 노조 확대에 가장 불리한 제도이다.
- 유니언 숍 : 오픈 숍과 클로즈드 숍의 중간 형태로 비조합원도 가입이 가능하지만 채용된 후에 가입해야 한다.
- 에이전시 숍 : 조합원이 아니더라도 모든 종업원에게 조합회비를 징수하는 제도이다.
- 메인티넌스 숍 : 고용의 조건으로 일정기간 동안 조합원으로 머물게 하는 제도이다.
- 프레퍼렌셜 숍 : 노동조합의 가입과 관련된 숍제도의 일종으로 채용에 있어 노동조합원에게 우선순위를 부여하는 제도이다.

53

홉스테드(G. Hofstede)가 국가 간 문화 차이를 비교하는 데 이용한 차원이 아닌 것은?

① 성과지향성(Performance Orientation)
② 개인주의 대 집단주의(Individualism vs Collectivism)
③ 권력 격차(Power Distance)
④ 불확실성 회피성향(Uncertainty Avoidance)
⑤ 남성적 성향 대 여성적 성향(Masculinity vs Feminity)

해설

홉스테드의 국가 간 문화 차이
- 개인주의 대 집단주의
- 남성주의 대 여성주의
- 불확실성 회피성향
- 권력 격차
- 장기지향성 대 단기지향성

54

레윈(K. Lewin)의 조직 변화의 과정으로 옳은 것은?

① 점검(Checking) – 비전(Vision) 제시 – 교육(Education) – 안정(Stability)
② 구조적 변화 – 기술적 변화 – 생각의 변화
③ 진단(Diagnosis) – 전환(Transformation) – 적응(Adaptation) – 유지(Maintenance)
④ 해빙(Unfreezing) – 변화(Changing) – 재동결(Refreezing)
⑤ 필요성 인식 – 전략 수립 – 실행 – 해결 – 정착

해설

레윈(K. Lewin)의 조직 변화과정
- 레윈의 조직 변화 3단계 모델은 조직 변화를 추구하는 추진세력과 저항세력이 존재한다. 이 두 종류의 힘이 균형을 이룰 때 조직은 관성의 상태를 유지한 채 변화가 일어나지 않으나, 변화를 위해서는 추진세력을 증대시키거나 저항세력을 감소시켜야 한다는 이론이다.
- 조직 변화과정
  - 해빙 : 기존의 태도나 관습 등을 깨뜨리고 변화를 받아들일 수 있도록 준비하는 단계이다.
  - 변화 : 여러 기법을 이용하여 실천에 옮기는 단계이다.
  - 재동결 : 변화된 태도와 행동을 고착화시키는 단계로, 지속적으로 강화되는 환경을 마련해야 한다.

정답 53 ① 54 ④

55

하우스(R. House)의 경로-목표이론(Path-goal Theory)에서 제시되는 리더십 유형이 아닌 것은?

① 지시적 리더십(Directive Leadership)
② 지원적 리더십(Supportive Leadership)
③ 참여적 리더십(Participative Leadership)
④ 성취지향적 리더십(Achievement-oriented Leadership)
⑤ 거래적 리더십(Transactional Leadership)

해설

하우스의 경로-목표이론
- 하우스는 부하가 목표를 이루도록 길과 방향을 가르쳐 주고 길을 안내해주고 도와주는 것이 리더의 역할이라고 하였다. 리더는 구성원들에게 원하는 보상을 제시하고 목표 달성방법과 경로를 명확히 해야 한다.
- 리더십 유형
  - 지시적 리더십 : 부하들에게 수행할 업무, 절차 등을 구체적으로 지시한다.
  - 지원적 리더십 : 부하들의 욕구를 지지하고 목표를 달성할 수 있는 분위기를 조성하는 역할을 한다.
  - 참여적 리더십 : 부하들의 의견이나 주장을 되도록 많이 반영시켜 결정하는 행동을 한다.
  - 성취지향적 리더십 : 도전적인 목표를 설정하고 성과를 개선하는 행동을 한다.

56

재고관리에 관한 설명으로 옳은 것은?

① 재고비용은 재고유지비용과 재고부족비용의 합이다.
② 일반적으로 재고는 많이 비축할수록 좋다.
③ 경제적 주문량(EOQ) 모형에서 재고유지비용은 주문량에 비례한다.
④ 1회 주문량을 Q라고 할 때, 평균재고는 $Q/3$이다.
⑤ 경제적 주문량(EOQ) 모형에서 발주량에 따른 총 재고비용선은 역U자 모양이다.

해설

- 재고비용은 발주/구매비용, 준비비용, 재고유지비용, 재고부족비용으로 구성된다.
- 경제적 주문량 : 연간 재고유지비용과 주문비용의 합을 최소화하는 로트 크기로 $EOQ = \sqrt{\dfrac{2 \times 연간사용량 \times 횟수당\ 주문비용}{단위당\ 재고유지비용}}$을 이용하여 구할 수 있다.
- 1회 주문량은 재고유지비용과 주문비용의 합이 최소가 되게 하여야 한다.
- 재고는 합리적으로 유지해야 하며 일정하게 관리되어야 한다.
- 경제적 주문량 모형에서 발주량에 따른 총재고비용선은 U자 모양이다.

57
품질경영에 관한 설명으로 옳은 것은?

① 품질비용은 실패비용과 예방비용의 합이다.
② R-관리도는 검사한 물품을 양품과 불량품으로 나누어서 불량의 비율을 관리하고자 할 때 이용한다.
③ ABC 품질관리는 품질규격에 적합한 제품을 만들어 내기 위해 통계적 방법에 의해 공정을 관리하는 기법이다.
④ TQM은 고객의 입장에서 품질을 정의하고 조직 내의 모든 구성원이 참여하여 품질을 향상하고자 하는 기법이다.
⑤ 6시그마 운동은 최초로 미국의 애플이 혁신적인 품질 개선을 목적으로 개발한 기업경영전략이다.

해설
④ TQM은 전사적 품질경영으로 고객 요구의 확인부터 만족까지 모든 과정에 전 직원이 참여하는 품질기법이다.
① 품질비용은 예방비용, 실패비용, 평가비용의 합이다.
② R-관리도는 제조공정의 불균일을 관리하기 위한 것으로 불량의 비율관리와는 관계가 없다.
③ ABC 분석은 통계적 방법에 의해 관리대상을 ABC로 나누고 A그룹을 최고 관리대상으로 선정하여 관리효과를 높이려는 방법이다.
⑤ 6시그마 운동은 최초로 미국의 모토로라에 의해 개발된 경영전략이다.

58
JIT(Just In Time) 생산시스템의 특징에 해당하지 않는 것은?

① 부품 및 공정의 표준화
② 공급자와의 원활한 협력
③ 채찍효과 발생
④ 다기능 작업자 필요
⑤ 칸반시스템 활용

해설
JIT(Just In Time) 시스템
- 공정의 순조로운 진행을 위해 필요한 시간에 필요한 물량을 필요한 곳에 제공하는 것이다.
- 낭비를 제거하고 원가를 절감하는 것이 목적이다.
- 생산성 및 품질 향상, 리드타임 감소, 신제품 개발이 용이하며 칸반시스템 활용이 가능한 반면, 전제조건으로 부품 및 공정의 표준화가 이루어져야 하고 공급자와의 원활한 협력관계가 뒷받침되어야 한다. 작업자의 기능도 다기능화하여야 한다.

59

1년 중 여름에 아이스크림의 매출이 증가하고, 겨울에는 스키 장비의 매출이 증가한다고 할 때 이를 설명하는 변동은?

① 추세변동
② 공간변동
③ 순환변동
④ 계절변동
⑤ 우연변동

해설

- 추세변동 : 일방적인 방향으로 지속하다가 다른 방향으로 변동하는 것을 말한다.
- 계절변동 : 정해진 시계열에서 발생되는 변동은 자연적인 계절의 반복과 그와 결부된 사회 관습에 기인하기 때문에 이러한 변동을 계절변동이라 한다.
- 순환변동 : 경제적 장기적 추세과정에서 반복하여 나타나는 시계열 파동을 말한다.
- 우연변동 : 돌발사건 등에 의해 일어나는 것으로 불규칙변동이라고도 한다.

60

업무를 수행 중인 종업원들로부터 현재의 생산성 자료를 수집한 후 즉시 그들에게 검사를 실시하여 그 검사 점수들과 생산성 자료들과의 상관을 구하는 타당도는?

① 내적타당도(Internal Validity)
② 동시타당도(Concurrent Validity)
③ 예측타당도(Predictive Validity)
④ 내용타당도(Content Validity)
⑤ 안면타당도(Face Validity)

해설

② 동시타당도 : 검사가 특정 기준을 얼마나 잘 예측할지를 나타내는 타당도이다. 현 상태에서 어떤 준거에 대한 개인 간의 차이를 구별할 수 있는 도구의 능력이다.
① 내적타당도 : 다른 잡음 변인이나 이유 때문이 아니라 오직 실험처치가 원인이 되어 그러한 실험결과가 나타났다고 자신 있게 말할 수 있는 정도이다.
③ 예측타당도 : 검사결과가 미래의 행동을 정확하게 예측할 수 있는 정도를 나타내는 준거 관련 타당도 지수이다.
④ 내용타당도 : 측정하려고 하는 내용을 검사문항이 얼마나 잘 대표하고 있느냐를 나타내는 것으로, 검사문항이 내용을 잘 대표한다면 그 검사문항은 내용타당도가 높은 것이다.
⑤ 안면타당도 : 검사문항에 대해 비전문가 입장에서 검사문항이 측정하고자 하는 것을 제대로 측정하고 있는지를 판단할 수 있는 정도이다.

61

직무분석에 관한 설명으로 옳지 않은 것은?

① 직무분석가는 여러 직무 간의 관계에 관하여 정확한 정보를 주는 정보 제공자이다.
② 작업자중심 직무분석은 직무를 성공적으로 수행하는 데 요구되는 인적 속성들을 조사함으로써 직무를 파악하는 접근방법이다.
③ 작업자중심 직무분석에서 인적 속성은 지식, 기술, 능력, 기타 특성 등으로 분류할 수 있다.
④ 과업중심 직무분석 방법의 대표적인 예는 직위분석질문지(Position Analysis Questionnaire)이다.
⑤ 직무분석의 정보 수집 방법 중 설문조사는 효율적이며 비용이 적게 드는 장점이 있다.

해설

직무분석
- 직무를 수행하는 데 요구되는 지식, 기술, 경험 등에 대해서 과학적이고 합리적으로 찾아내는 것이다.
- 직무분석가에 의해 이루어지며 분석된 직무결과는 조직에 정보를 제공하고 적용해야 한다.
- 직무분석은 작업자중심 직무분석과 과업중심 직무분석 방법으로 행해진다.
  - 작업자중심 직무분석 : 작업자 재능에 초점을 두고 직무를 분석하는 방법으로, 인간의 특성이 각 직무에 어떻게 반영되는지를 분석하는 방법으로 경험, 지식, 능력 등에 초점을 둔다. 직위분석설문지를 이용하여 측정한다.
  - 과업중심 직무분석 : 직무수행 과제나 활동이 무엇인지 파악하는 데 초점을 둔 방법으로, 기능적 직무분석을 이용하여 측정한다.

62

리즌(J. Reason)의 불안전행동에 관한 설명으로 옳지 않은 것은?

① 위반(Violation)은 고의성 있는 위험한 행동이다.
② 실책(Mistake)은 부적절한 의도(계획)에서 발생한다.
③ 실수(Slip)는 의도하지 않았고 어떤 기준에 맞지 않는 것이다.
④ 착오(Lapse)는 의도를 가지고 실행한 행동이다.
⑤ 불안전행동 중에는 실제행동으로 나타나지 않고 당사자만 인식하는 것도 있다.

해설

리즌의 불안전행동
- 실수(Slip) : 의도하지 않은 잘못된 행위로 인해 발생하는 오류로 주의산만, 주의결핍 등에 의해 발생한다. 대표적인 행위착오로 목표와 결과의 불일치가 발생한다.
- 착오(Lapse) : 의도하지 않은 잘못된 행위로 인해 발생하는 에러이다.
- 실책(Mistake) : 부적절한 의도로 인해 원래 이루고자 하는 목적 수행에 실패하는 것이다. 규칙기반착오와 지식기반착오가 있다.
- 위반(Violation) : 고의로 절차서의 지시를 따르지 않고 다른 방향으로 행동하는 에러이다.

정답 61 ④ 62 ④

63

작업동기이론에 관한 설명으로 옳은 것을 모두 고른 것은?

> ㄱ. 기대이론(Expectancy Theory)에서 노력이 수행을 이끌어 낼 것이라는 믿음을 도구성(Instrumentality)이라고 한다.
> ㄴ. 형평이론(Equity Theory)에 의하면 개인이 자신의 투입에 대한 성과의 비율과 다른 사람의 투입에 대한 성과의 비율이 일치하지 않는다고 느낀다면, 이러한 불형평을 줄이기 위해 동기가 발생한다.
> ㄷ. 목표설정이론(Goal-setting Theory)의 기본 전제는 명확하고 구체적이며, 도전적인 목표를 설정하면 수행동기가 증가하여 더 높은 수준의 과업수행을 유발한다는 것이다.
> ㄹ. 작업설계이론(Work Design Theory)은 열심히 노력하도록 만드는 직무의 차원이나 특성에 관한 이론으로, 직무를 적절하게 설계하면 작업 자체가 개인의 동기를 촉진할 수 있다고 주장한다.
> ㅁ. 2요인이론(Two-factor Theory)은 동기가 외부의 보상이나 직무 조건으로부터 발생하는 것이지 직무 자체의 본질에서 발생하는 것이 아니라고 주장한다.

① ㄱ, ㄴ, ㅁ
② ㄱ, ㄷ, ㄹ
③ ㄴ, ㄷ, ㄹ
④ ㄴ, ㄹ, ㅁ
⑤ ㄷ, ㄹ, ㅁ

해설

작업동기이론

- 기대이론 : 기대이론은 동기부여이론 중 가장 보편화된 이론으로 개인은 결과에 대한 기대와 가치 예상에 따라 행동한다는 이론이다. 동기를 부여받는 정도에 따라 기대감, 수단성(도구성), 유의성으로 나뉜다. 기대감이란 내가 한 행동이 성공할 것인지에 대한 가능성의 수준에 따라 동기부여가 발생한다는 것이며 노력이 행동을 이끌어 낼 것이라는 믿음이 작용한다. 수단성이란 성공하면 보상이 이루어질 것이라는 기대에 따라 동기부여가 이루어지는 것이다. 유의성은 보상이 개인적 욕구에 부합할 때 동기부여가 이루어지는 것이다.
- 형평이론 : 직무에 대한 동기부여의 중요 요소는 개인 보상의 형평성이라고 주장하는 이론이다. 다른 사람들이 똑같은 직무에 대해 받는 보상의 비율을 비교하여 보상에 대한 형평성을 평가한다. 만약 보상에 불형평이 발생하면 그것을 고치기 위해 동기가 발생한다.
- 목표설정이론 : 목표가 실제행위나 성과를 결정하는 요인이라는 이론이다. 명확하고 구체적이며 수용 가능한 목표를 설정할 때 동기가 유발된다는 이론이다.
- 작업설계이론 : 열심히 노력하도록 만드는 직무의 차원이나 특성에 관한 동기이론이다. 동기를 촉진시키는 직무특성이 존재하므로 직무 설계 시 개인의 동기를 향상시킬 수 있도록 해야 한다는 것이다.
- 2요인이론 : 개인의 동기는 외재적 보상보다는 업무의 내재적 측면을 통해 이루어진다는 이론이다. 동기요인과 위생요인으로 나누어 만족과 불만족이 결정된다. 동기요인으로는 성취감, 인정, 성장, 책임감, 직무성과 등이 있으며, 위생요인으로는 인간관계, 급여, 작업조건, 회사정책 등이 있다.

64
직업 스트레스 모델에 관한 설명으로 옳지 않은 것은?

① 노력-보상 불균형 모델(Effort-reward Imbalance Model)은 직장에서 제공하는 보상이 종업원의 노력에 비례하지 않을 때 종업원이 많은 스트레스를 느낀다고 주장한다.
② 요구-통제 모델(Demands-control Model)에 따르면 작업장에서 스트레스가 가장 높은 상황은 종업원에 대한 업무 요구가 높고 동시에 종업원 자신이 가지는 업무통제력이 많을 때이다.
③ 직무요구-자원 모델(Job Demands-resources Model)은 업무량 이외에도 다양한 요구가 존재한다는 점을 인식하고, 이러한 다양한 요구가 종업원의 안녕과 동기에 미치는 영향을 연구한다.
④ 자원보존 모델(Conservation of Resources Model)은 자원의 실제적 손실 또는 손실의 위협이 종업원에게 스트레스를 경험하게 한다고 주장한다.
⑤ 사람-환경 적합 모델(Person-environment Fit Model)에 의하면 종업원은 개인과 환경 간의 적합도가 낮은 업무환경을 스트레스원(Stressor)으로 지각한다.

해설

직업 스트레스 모델
- 노력-보상 불균형 모델 : 비용과 이익의 불균형에서 스트레스가 발생된다는 이론으로, 노력에 비해 낮은 보상이 주어질 경우 직원들은 스트레스를 받는다.
- 요구-통제 모델 : 직무요구와 통제라는 환경요인에 초점을 두어 직무와 관련된 스트레스와 동기부여를 예측하는 이론이다.
- 직무요구-자원 모델 : 직무요구와 자원 사이의 관계에 영향을 미치는 직무통제 변수를 자원으로 개념적으로 확장하는 모델이다.
- 자원보존 모델 : 자원이란 대상, 조건, 개인특성으로 이러한 자원의 손실이나 기대 획득 부족이 스트레스의 원인이 된다는 모델이다.
- 사람-환경 적합 모델 : 주관적 인간과 객관적 환경 사이의 적합 여부에 의해 긴장의 수준이 결정된다는 이론이다.

65
산업재해의 인적 요인이라고 볼 수 없는 것은?

① 작업환경
② 불안전행동
③ 인간 오류
④ 사고 경향성
⑤ 직무 스트레스

해설

산업재해 발생 요인
- 환경적 요인 : 작업환경 불량, 안전장치 미비, 낮은 조도, 환기 불량, 시설물, 공사도구 불량, 높은 소음, 높은 작업 밀도 등
- 인적 요인 : 근로자의 방심, 불안전한 행동, 관리감독 불충분, 지시 불명확, 수면 부족, 인원 부족, 직무 스트레스, 휴먼 에러 등

정답 64 ② 65 ①

66

인간의 일반적인 정보처리 순서에서 행동 실행 바로 전 단계에 해당하는 것은?

① 자 극
② 지 각
③ 주 의
④ 감 각
⑤ 결 정

해설

정보처리 순서
1. 감각 : 물리적 자극을 감각기관을 통해 받아들이는 과정이다.
2. 지각 : 감각기관을 거쳐 들어온 신호를 기존 기억과 비교하는 과정이다.
3. 선택 : 여러 가지 물리적 자극 중 필요한 것을 골라내는 과정이다.
4. 조직화 : 선택된 자극이 조직화되는 과정이다.
5. 해석 : 감각현상이 전체 의미 있는 내용으로 체계화되는 과정이다.
6. 의사결정 : 지각된 정보의 행동 여부를 결정하는 과정이다.
7. 실행 : 의사가 결정된 목표 달성을 위해 행동에 옮기는 과정이다.

67

조명의 측정단위에 관한 설명으로 옳은 것을 모두 고른 것은?

> ㄱ. 광도는 광원의 밝기 정도이다.
> ㄴ. 조도는 물체의 표면에 도달하는 빛의 양이다.
> ㄷ. 휘도는 단위 면적당 표면에서 반사 혹은 방출되는 빛의 양이다.
> ㄹ. 반사율은 조도와 광도 간의 비율이다.

① ㄱ, ㄷ
② ㄴ, ㄹ
③ ㄱ, ㄴ, ㄷ
④ ㄱ, ㄷ, ㄹ
⑤ ㄱ, ㄴ, ㄷ, ㄹ

해설

조 명
- 광도 : 빛의 세기, 광원의 밝기의 정도
- 조도 : 광원에 의해 비추어진 면의 밝기의 정도로, 단위는 럭스(lx)를 사용한다.
- 휘도 : 대상 면에서 반사되는 빛의 양 또는 눈부심 정도로, 단위는 면적당 칸델라(cd/m^2) 또는 니트(nit)를 사용한다.
- 반사율 : 반사광 에너지와 입사광 에너지의 비율

68

아래의 그림에서 a에서 b까지의 선분 길이와 c에서 d까지의 선분 길이가 다르게 보이지만 실제로는 같다. 이러한 현상을 나타내는 용어는?

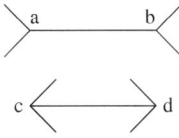

① 포겐도르프(Poggendorf) 착시현상
② 뮐러리어(Müller-Lyer) 착시현상
③ 폰조(Ponzo) 착시현상
④ 죌너(Zöllner) 착시현상
⑤ 티체너(Titchener) 착시현상

해설

포겐도르프 착시	뮐러리어 착시	폰조 착시	죌너 착시	티체너 착시

69

유해인자와 주요 건강 장해의 연결이 옳지 않은 것은?

① 감압환경 : 관절 통증
② 일산화탄소 : 재생불량성 빈혈
③ 망간 : 파킨슨병 유사 증상
④ 납 : 조혈 기능 장해
⑤ 사염화탄소 : 간독성

해설

구 분	건강장해	비 고
일산화탄소	심혈관계	
납	골수, 빈혈, 신경 기능 장해	
망 간	폐손상, 기관지염, 파킨슨병	
잠함(기압)	잠함병, 관절 통증	기압 차이에 의한 작용
적외선	백내장	수정체 굴절로 시야가 흐림
라 돈	폐 암	
수 은	신경장해, 구내염, 신장장애	
사염화탄소	간, 신장 손상, 두통, 현기증	

정답 68 ② 69 ②

70

우리나라에서 발생한 대표적인 직업병 집단 발생 사례들이다. 가장 먼저 발생한 것부터 연도순으로 나열한 것은?

> ㄱ. 경남 소재 에어컨 부속 제조업체의 세척 작업 중 트라이클로로메테인에 의한 간독성 사례
> ㄴ. 전자 부품업체의 2-bromopropane에 의한 생식독성 사례
> ㄷ. 휴대전화 부품 협력업체의 메탄올에 의한 시신경 장해 사례
> ㄹ. 노말-헥세인에 의한 외국인 근로자들의 다발성 말초신경계 장해 사례
> ㅁ. 원진레이온에서 발생한 이황화탄소 중독 사례

① ㄱ → ㄴ → ㄷ → ㄹ → ㅁ
② ㄱ → ㅁ → ㄹ → ㄷ → ㄴ
③ ㄹ → ㄷ → ㄴ → ㄱ → ㅁ
④ ㅁ → ㄴ → ㄹ → ㄷ → ㄱ
⑤ ㅁ → ㄹ → ㄷ → ㄴ → ㄱ

해설

연도별 직업병 발병 사례
- 1991년 원진레이온 이황화탄소 중독 사례 발생
- 1995년 전자부품회사의 2-bromopropane 독성 사례 발생
- 2004년 휴대전화 액정표시장치 제조업체 외국인 근로자 노말-헥세인에 의한 다발성 신경병증 사례 발생
- 2006년 DMF에 의한 간독성으로 중국 동포 사망사건 발생
- 2016년 휴대폰 부품 공장서 메탄올 실명사건 발생
- 2022년 에어컨 부품 제조업체 트라이클로로메테인에 의한 간독성 사례 발생

정답 ④

71

국소배기장치에 관한 설명으로 옳은 것을 모두 고른 것은?

> ㄱ. 공기보다 무거운 증기가 발생하더라도 발생원보다 낮은 위치에 후드를 설치해서는 안 된다.
> ㄴ. 오염물질을 가능한 모두 제거하기 위해 필요환기량을 최대화한다.
> ㄷ. 공정에 지장을 받지 않으면 후드 개구부에 플랜지를 부착하여 오염원 가까이 설치한다.
> ㄹ. 주관과 분지관 합류점의 정압 차이를 크게 한다.

① ㄱ, ㄴ
② ㄱ, ㄷ
③ ㄴ, ㄹ
④ ㄷ, ㄹ
⑤ ㄱ, ㄴ, ㄷ, ㄹ

해설

국소배기장치 설치 기준
- 덕트는 원형관 사용, 굴곡과 접속은 공기 흐름의 저항 최소화
- 주덕트와 지덕트의 접속은 30° 이내
- 여과재, 충진재 교체 등 압력손실 증가의 원인을 개선하여 정압 감소
- 송풍기 회전수를 조절하여 배풍량 증가
- 후드는 가능하면 오염원에 가까운 위치에 설치하고 플랜지 부착
- 공기보다 무거운 증기가 발생하더라도 발생원보다 높은 위치에 설치
- 덕트 길이는 짧게 하고 굴곡부의 수를 적게 하여 압력손실 최소화
- 덕트 합류점에서는 정압이 평형을 유지할 수 있도록 설계
- 실내공기 환경을 양호한 상태로 유지하기 위해서는 도입 외기량을 최소화
- 오염물질 제거를 위해서는 필요환기량을 최소화

72

수동식 시료채취기(Passive Sampler)에 관한 설명으로 옳지 않은 것은?

① 간섭의 원리로 채취한다.
② 장점은 간편성과 편리성이다.
③ 작업장 내 최소한의 기류가 있어야 한다.
④ 시료채취시간, 기류, 온도, 습도 등의 영향을 받는다.
⑤ 매우 낮은 농도를 측정하려면 능동식에 비하여 더 많은 시간이 소요된다.

해설

수동식 시료채취기
- 펌프를 이용하지 않고 작업장의 자연기류를 이용한 확산과 투과 과정을 이용하여 공기 중 오염물질을 채취하는 장치이다.
- 최대 장점은 간편성과 편리성이다. 펌프를 이용한 채취기는 근로자가 작업시간 내내 착용하고 있어야 하지만 수동식 채취기는 개인용 펌프가 없기 때문에 착용이 편리하다.
- 단점으로는 채취시간, 온도, 습도 등의 영향을 많이 받고 낮은 농도의 시료를 채취하려면 시간이 많이 걸린다.

73

화학물질 및 물리적 인자의 노출기준에서 STEL에 관한 설명이다. ( ) 안의 ㄱ, ㄴ, ㄷ을 모두 합한 값은?

> "단시간노출기준(STEL)"이란 (ㄱ)분의 시간가중평균노출값으로서 노출농도가 시간가중평균노출기준(TWA)을 초과하고 단시간노출기준 이하인 경우에는 1회 노출 지속시간이 (ㄴ)분 미만이어야 하고, 이러한 상태가 1일 4회 이하로 발생하여야 하며, 각 노출의 간격은 (ㄷ)분 이상이어야 한다.

① 15
② 30
③ 65
④ 90
⑤ 105

해설

정의(화학물질 및 물리적 인자의 노출기준 제2조)
㉠ 이 고시에서 사용하는 용어의 뜻 다음과 같다.
1. "노출기준"이란 근로자가 유해인자에 노출되는 경우 노출기준 이하 수준에서는 거의 모든 근로자에게 건강상 나쁜 영향을 미치지 아니하는 기준을 말하며, 1일 작업시간 동안의 시간가중평균노출기준(TWA ; Time Weighted Average), 단시간노출기준(STEL ; Short Term Exposure Limit) 또는 최고노출기준(C ; Ceiling)으로 표시한다.
2. "시간가중평균노출기준(TWA)"이란 1일 8시간 작업을 기준으로 하여 유해인자의 측정치에 발생시간을 곱하여 8시간으로 나눈 값을 말하며, 다음 식에 따라 산출한다.

   TWA 환산값 $= \dfrac{C_1 T_1 + C_2 T_2 + \cdots + C_n T_n}{8}$

   여기서, C : 유해인자의 측정치(단위 : ppm, mg/m^3 또는 개/cm^3)
   T : 유해인자의 발생시간(단위 : 시간)
3. "단시간노출기준(STEL)"이란 15분간의 시간가중평균노출값으로서 노출농도가 시간가중평균노출기준(TWA)을 초과하고 단시간노출기준(STEL) 이하인 경우에는 1회 노출 지속시간이 15분 미만이어야 하고, 이러한 상태가 1일 4회 이하로 발생하여야 하며, 각 노출의 간격은 60분 이상이어야 한다.
4. "최고노출기준(C)"이란 근로자가 1일 작업시간 동안 잠시라도 노출되어서는 아니 되는 기준을 말하며, 노출기준 앞에 "C"를 붙여 표시한다.

㉡ 이 고시에서 특별히 규정하지 아니한 용어는 산업안전보건법(이하 "법"이라 한다), 산업안전보건법 시행령(이하 "영"이라 한다), 산업안전보건법 시행규칙(이하 "규칙"이라 한다) 및 산업안전보건기준에 관한 규칙(이하 "안전보건규칙"이라 한다)이 정하는 바에 따른다.

74

라돈에 관한 설명으로 옳지 않은 것은?

① 색, 냄새, 맛이 없는 방사성 기체이다.
② 밀도는 9.73g/L로 공기보다 무겁다.
③ 국제암연구기구(IARC)에서는 사람에게서 발생하는 폐암에 대하여 제한적 증거가 있는 group 2A로 분류하고 있다.
④ 고용노동부에서는 작업장에서의 노출기준으로 600Bq/m^3를 제시하고 있다.
⑤ 미국환경보호청(EPA)에서는 4pCi/L를 규제기준으로 제시하고 있다.

해설

라 돈
- 비활성 기체로 무색, 무취, 무미의 방사성 원소이다. 물에 녹기 쉬운 성질을 지녔고 밀도는 9.73g/L로 공기보다 무겁다.
- 우리나라 실내의 라돈 수치의 허용치는 4pCi/L이나 미국의 규제기준은 20pCi/L이다.
- 라돈에서 나오는 방사선으로 인해 미국암연구기구에서는 1군 발암물질로 분류하여 관리하고 있으며, 우리나라에서도 고용노동부가 라돈의 작업장 노출기준을 600Bq/m^3로 제시하여 관리하고 있다.

75

세균성 질환이 아닌 것은?

① 파상풍(Tetanus)
② 탄저병(Anthrax)
③ 레지오넬라증(Legionnaires' Disease)
④ 결핵(Tuberculosis)
⑤ 광견병(Rabies)

해설

⑤ 광견병 : 광견병 바이러스를 가지고 있는 동물에게 물려서 생기는 질병으로, 급성 뇌척수염의 형태로 나타난다.
① 파상풍 : 혐기성 세균인 파상풍균이 피부외상을 통해 혈관 내로 침입하면서 쇼크를 일으키는 세균성 질환이다.
② 탄저병 : 탄저 또는 비탄저는 간균의 일종인 탄저균(Bacillus Anthracis)이 그 아포나 오염된 토양, 동물로부터 인체의 피부, 소화기, 호흡기를 통하여 침입해 급성 감염을 일으키는 세균성 질환이다.
③ 레지오넬라증 : 물에서 서식하는 레지오넬라균에 의해 발생하는 세균성 질환으로 폐렴의 형태로 나타난다.
④ 결핵 : 병원체인 결핵균에 의해 감염되는 세균성 질환이다.

2023년 과년도 기출문제

산업안전보건법령

01
산업안전보건법령상 산업재해발생건수 등의 공표대상 사업장에 해당하지 않는 것은?

① 산업재해로 인한 사망자가 연간 2명 이상 발생한 사업장
② 사망만인율(死亡萬人率)이 규모별 같은 업종의 평균 사망만인율 이상인 사업장
③ 중대산업사고가 발생한 사업장
④ 사업주가 산업재해 발생 사실을 은폐한 사업장
⑤ 사업주가 산업재해 발생에 관한 보고를 최근 3년 이내 1회 이상 하지 않은 사업장

해설

공표대상 사업장(산업안전보건법 시행령 제10조)
1. 산업재해로 인한 사망자(사망재해자)가 연간 2명 이상 발생한 사업장
2. 사망만인율(死亡萬人率 : 연간 상시근로자 1만명당 발생하는 사망재해자 수의 비율)이 규모별 같은 업종의 평균 사망만인율 이상인 사업장
3. 중대산업사고가 발생한 사업장
4. 산업재해 발생 사실을 은폐한 사업장
5. 산업재해의 발생에 관한 보고를 최근 3년 이내 2회 이상 하지 않은 사업장

정답 1 ⑤

02

산업안전보건법령상 상시근로자 100명인 사업장에 안전보건관리책임자를 두어야 하는 사업을 모두 고른 것은?

| ㄱ. 식료품 제조업, 음료 제조업 | ㄴ. 1차 금속 제조업 |
| ㄷ. 농 업 | ㄹ. 금융 및 보험업 |

① ㄱ, ㄴ   ② ㄴ, ㄷ   ③ ㄷ, ㄹ   ④ ㄱ, ㄴ, ㄹ   ⑤ ㄱ, ㄴ, ㄷ, ㄹ

해설

안전보건관리책임자를 두어야 하는 사업의 종류 및 사업장의 상시근로자 수(산업안전보건법 시행령 별표 2)

사업의 종류	사업장의 상시근로자 수
1. 토사석 광업 2. 식료품 제조업, 음료 제조업 3. 목재 및 나무제품 제조업 : 가구 제외 4. 펄프, 종이 및 종이제품 제조업 5. 코크스, 연탄 및 석유정제품 제조업 6. 화학물질 및 화학제품 제조업 : 의약품 제외 7. 의료용 물질 및 의약품 제조업 8. 고무 및 플라스틱제품 제조업 9. 비금속 광물제품 제조업 10. 1차 금속 제조업 11. 금속가공제품 제조업 : 기계 및 가구 제외 12. 전자부품, 컴퓨터, 영상, 음향 및 통신장비 제조업 13. 의료, 정밀, 광학기기 및 시계 제조업 14. 전기장비 제조업 15. 기타 기계 및 장비 제조업 16. 자동차 및 트레일러 제조업 17. 기타 운송장비 제조업 18. 가구 제조업 19. 기타 제품 제조업 20. 서적, 잡지 및 기타 인쇄물 출판업 21. 해체, 선별 및 원료 재생업 22. 자동차 종합 수리업, 자동차 전문 수리업	상시근로자 50명 이상
23. 농 업 24. 어 업 25. 소프트웨어 개발 및 공급업 26. 컴퓨터 프로그래밍, 시스템 통합 및 관리업 26의2. 영상·오디오물 제공 서비스업 27. 정보서비스업 28. 금융 및 보험업 29. 임대업 : 부동산 제외 30. 전문, 과학 및 기술 서비스업(연구개발업은 제외한다) 31. 사업지원 서비스업 32. 사회복지 서비스업	상시근로자 300명 이상
33. 건설업	공사금액 20억원 이상
34. 1.부터 26.까지, 26의2. 및 27.부터 33.까지의 사업을 제외한 사업	상시근로자 100명 이상

정답 2 ①

03

산업안전보건법령상 사업주가 소속 근로자에게 정기적인 안전보건교육을 실시하여야 하는 사업에 해당하는 것은?(단, 다른 감면조건은 고려하지 않음)

① 소프트웨어 개발 및 공급업
② 금융 및 보험업
③ 사업지원 서비스업
④ 사회복지 서비스업
⑤ 사진처리업

해설

법의 일부를 적용하지 않는 사업 또는 사업장 및 적용 제외 법 규정(산업안전보건법 시행령 별표 1)

대상 사업 또는 사업장	적용 제외 법 규정
㉠ 다음 중 어느 하나에 해당하는 사업 1. 광산안전법 적용 사업(광업 중 광물의 채광·채굴·선광 또는 제련 등의 공정으로 한정하며, 제조공정은 제외한다) 2. 원자력안전법 적용 사업(발전업 중 원자력 발전설비를 이용하여 전기를 생산하는 사업장으로 한정한다) 3. 항공안전법 적용 사업(항공기, 우주선 및 부품 제조업과 창고 및 운송관련 서비스업, 여행사 및 기타 여행보조 서비스업 중 항공 관련 사업은 각각 제외한다) 4. 선박안전법 적용 사업(선박 및 보트 건조업은 제외한다)	제15조부터 제17조까지, 제20조제1호, 제21조(다른 규정에 따라 준용되는 경우는 제외한다), 제24조(다른 규정에 따라 준용되는 경우는 제외한다), 제2장제2절, 제29조(보건에 관한 사항은 제외한다), 제30조(보건에 관한 사항은 제외한다), 제31조, 제38조, 제51조(보건에 관한 사항은 제외한다), 제52조(보건에 관한 사항은 제외한다), 제53조(보건에 관한 사항은 제외한다), 제54조(보건에 관한 사항은 제외한다), 제55조, 제58조부터 제60조까지, 제62조, 제63조, 제64조(제1항제6호는 제외한다), 제65조, 제66조, 제72조, 제75조, 제88조, 제103조부터 제107조까지 및 제160조(제21조제4항 및 제88조제5항과 관련되는 과징금으로 한정한다)
㉡ 다음 중 어느 하나에 해당하는 사업 1. 소프트웨어 개발 및 공급업 2. 컴퓨터 프로그래밍, 시스템 통합 및 관리업 3. 영상·오디오물 제공 서비스업 4. 정보서비스업 5. 금융 및 보험업 6. 기타 전문서비스업 7. 건축기술, 엔지니어링 및 기타 과학기술 서비스업 8. 기타 전문, 과학 및 기술 서비스업(사진 처리업은 제외한다) 9. 사업지원 서비스업 10. 사회복지 서비스업	제29조(제3항에 따른 추가교육은 제외한다) 및 제30조
㉢ 다음 중 어느 하나에 해당하는 사업으로서 상시 근로자 50명 미만을 사용하는 사업장 1. 농 업 2. 어 업 3. 환경 정화 및 복원업 4. 소매업 : 자동차 제외 5. 영화, 비디오물, 방송프로그램 제작 및 배급업 6. 녹음시설 운영업 7. 라디오 방송업 및 텔레비전 방송업 8. 부동산업(부동산 관리업은 제외한다) 9. 임대업 : 부동산 제외 10. 연구개발업 11. 보건업(병원은 제외한다) 12. 예술, 스포츠 및 여가 관련 서비스업 13. 협회 및 단체 14. 기타 개인 서비스업(세탁업은 제외한다)	

정답 3 ⑤

대상 사업 또는 사업장	적용 제외 법 규정
㉣ 다음 중 어느 하나에 해당하는 사업 1. 공공행정(청소, 시설관리, 조리 등 현업업무에 종사하는 사람으로서 고용노동부장관이 정하여 고시하는 사람은 제외한다), 국방 및 사회보장 행정 2. 교육 서비스업 중 초등·중등·고등 교육기관, 특수학교·외국인학교 및 대안학교(청소, 시설관리, 조리 등 현업업무에 종사하는 사람으로서 고용노동부장관이 정하여 고시하는 사람은 제외한다)	제2장제1절·제2절 및 제3장(다른 규정에 따라 준용되는 경우는 제외한다)
㉤ 다음 중 어느 하나에 해당하는 사업 1. 초등·중등·고등 교육기관, 특수학교·외국인학교 및 대안학교 외의 교육서비스업(청소년수련시설 운영업은 제외한다) 2. 국제 및 외국기관 3. 사무직에 종사하는 근로자만을 사용하는 사업장(사업장이 분리된 경우로서 사무직에 종사하는 근로자만을 사용하는 사업장을 포함한다)	제2장제1절·제2절, 제3장 및 제5장제2절(제64조제1항제6호는 제외한다). 다만, 다른 규정에 따라 준용되는 경우는 해당 규정을 적용한다.
㉥ 상시 근로자 5명 미만을 사용하는 사업장	제2장제1절·제2절, 제3장(제29조제3항에 따른 추가교육은 제외한다), 제47조, 제49조, 제50조 및 제159조(다른 규정에 따라 준용되는 경우는 제외한다)

※ 비고 : ㉠부터 ㉥까지의 규정에 따른 사업에 둘 이상 해당하는 사업의 경우에는 각각의 호에 따라 적용이 제외되는 규정은 모두 적용하지 않는다.

04

산업안전보건법령상 안전관리전문기관에 대하여 6개월 이내의 기간을 정하여 업무정지명령을 할 수 있는 사유에 해당하지 않는 것은?

① 지정받은 사항을 위반하여 업무를 수행한 경우
② 거짓이나 그 밖의 부정한 방법으로 지정을 받은 경우
③ 정당한 사유 없이 안전관리 또는 보건관리 업무의 수탁을 거부한 경우
④ 안전관리 또는 보건관리 업무와 관련된 비치서류를 보존하지 않은 경우
⑤ 안전관리 또는 보건관리 업무 수행과 관련한 대가 외에 금품을 받은 경우

해설

안전관리전문기관 등(산업안전보건법 제21조)
고용노동부장관은 안전관리전문기관 또는 보건관리전문기관이 다음 각 호의 어느 하나에 해당할 때에는 그 지정을 취소하거나 6개월 이내의 기간을 정하여 그 업무의 정지를 명할 수 있다. 다만, 1. 또는 2.에 해당할 때에는 그 지정을 취소하여야 한다.
1. 거짓이나 그 밖의 부정한 방법으로 지정을 받은 경우
2. 업무정지 기간 중에 업무를 수행한 경우
3. 제1항에 따른 지정 요건을 충족하지 못한 경우
4. 지정받은 사항을 위반하여 업무를 수행한 경우
5. 그 밖에 대통령령으로 정하는 사유에 해당하는 경우

05

산업안전보건법령상 건설업체의 산업재해발생률 산출 계산식상 사업주의법 위반으로 인한 것이 아니라고 인정되는 재해에 의한 사고사망자로서 '사고사망자 수' 산정에서 제외되는 경우를 모두 고른 것은?

> ㄱ. 방화, 근로자간 또는 타인간의 폭행에 의한 경우
> ㄴ. 태풍 등 천재지변에 의한 불가항력적인 재해의 경우
> ㄷ. 도로교통법에 따라 도로에서 발생한 교통사고로서 해당 공사의 공사용 차량·장비에 의한 사고에 의한 경우
> ㄹ. 야유회 중의 사고 등 건설작업과 직접 관련이 없는 경우

① ㄱ, ㄷ
② ㄴ, ㄹ
③ ㄱ, ㄴ, ㄷ
④ ㄱ, ㄴ, ㄹ
⑤ ㄱ, ㄴ, ㄷ

해설

건설업체 산업재해발생률 및 산업재해 발생 보고의무 위반건수의 산정 기준과 방법(산업안전보건법 시행규칙 별표 1)
사고사망자 중 다음의 어느 하나에 해당하는 경우로서 사업주의 법 위반으로 인한 것이 아니라고 인정되는 재해에 의한 사고사망자는 사고사망자 수 산정에서 제외한다.
• 방화, 근로자간 또는 타인간의 폭행에 의한 경우
• 도로교통법에 따라 도로에서 발생한 교통사고에 의한 경우(해당 공사의 공사용 차량·장비에 의한 사고는 제외한다)
• 태풍·홍수·지진·눈사태 등 천재지변에 의한 불가항력적인 재해의 경우
• 작업과 관련이 없는 제3자의 과실에 의한 경우(해당 목적물 완성을 위한 작업자간의 과실은 제외한다)
• 그 밖에 야유회, 체육행사, 취침·휴식 중의 사고 등 건설작업과 직접 관련이 없는 경우

06

산업안전보건법령상 도급인의 안전조치 및 보건조치에 관한 설명으로 옳은 것은?

① 건설업의 도급인은 작업장의 정기 안전·보건점검을 분기에 1회 이상 실시하여야 한다.
② 토사석 광업의 도급인은 3일에 1회 이상 작업장 순회점검을 실시하여야 한다.
③ 안전 및 보건에 관한 협의체는 도급인 및 그의 수급인 전원으로 구성해야 한다.
④ 안전 및 보건에 관한 협의체는 분기별 1회 이상 정기적으로 회의를 개최하고 그 결과를 기록·보존해야 한다.
⑤ 관계수급인의 공사금액을 포함한 해당 공사의 총 공사금액이 10억원 이상인 건설업은 안전보건총괄책임자 지정 대상사업에 해당한다.

해설

협의체의 구성 및 운영(산업안전보건법 시행규칙 제79조)
㉠ 법 제64조제1항제1호에 따른 안전 및 보건에 관한 협의체는 도급인 및 그의 수급인 전원으로 구성해야 한다.
㉡ 협의체는 다음 각 호의 사항을 협의해야 한다.
  1. 작업의 시작 시간
  2. 작업 또는 작업장 간의 연락방법
  3. 재해발생 위험이 있는 경우 대피방법
  4. 작업장에서의 법 제36조에 따른 위험성평가의 실시에 관한 사항
  5. 사업주와 수급인 또는 수급인 상호 간의 연락 방법 및 작업공정의 조정
㉢ 협의체는 매월 1회 이상 정기적으로 회의를 개최하고 그 결과를 기록·보존해야 한다.

도급사업 시의 안전·보건조치 등(산업안전보건법 시행규칙 제80조)
㉠ 도급인은 법 제64조제1항제2호에 따른 작업장 순회점검을 다음의 구분에 따라 실시해야 한다.
  1. 다음 중 사업 : 2일에 1회 이상
    가. 건설업
    나. 제조업
    다. 토사석 광업
    라. 서적, 잡지 및 기타 인쇄물 출판업
    마. 음악 및 기타 오디오물 출판업
    바. 금속 및 비금속 원료 재생업
  2. 1.의 사업을 제외한 사업 : 1주일에 1회 이상

도급사업의 합동 안전·보건점검(산업안전보건법 시행규칙 제82조)
㉠ 법 제64조제2항에 따라 도급인이 작업장의 안전 및 보건에 관한 점검을 할 때에는 다음의 사람으로 점검반을 구성해야 한다.
  1. 도급인(같은 사업 내에 지역을 달리하는 사업장이 있는 경우에는 그 사업장의 안전보건관리책임자)
  2. 관계수급인(같은 사업 내에 지역을 달리하는 사업장이 있는 경우에는 그 사업장의 안전보건관리책임자)
  3. 도급인 및 관계수급인의 근로자 각 1명(관계수급인의 근로자의 경우에는 해당 공정만 해당한다)
㉡ 법 제64조제2항에 따른 정기 안전·보건점검의 실시 횟수는 다음의 구분에 따른다.
  1. 다음 중 사업 : 2개월에 1회 이상
    가. 건설업
    나. 선박 및 보트 건조업
  2. 1.의 사업을 제외한 사업 : 분기에 1회 이상

안전보건총괄책임자 지정 대상사업(산업안전보건법 시행령 제52조)
법 제62조제1항에 따른 안전보건총괄책임자(이하 "안전보건총괄책임자"라 한다)를 지정해야 하는 사업의 종류 및 사업장의 상시근로자 수는 관계수급인에게 고용된 근로자를 포함한 상시근로자가 100명(선박 및 보트 건조업, 1차 금속 제조업 및 토사석 광업의 경우에는 50명) 이상인 사업이나 관계수급인의 공사금액을 포함한 해당 공사의 총 공사금액이 20억원 이상인 건설업으로 한다.

07

산업안전보건법령상 안전보건관리규정의 세부 내용 중 작업장 안전관리에 관한 사항에 해당하지 않는 것은?

① 안전·보건관리에 관한 계획의 수립 및 시행에 관한 사항
② 기계·기구 및 설비의 방호조치에 관한 사항
③ 보호구의 지급 등에 관한 사항
④ 위험물질의 보관 및 출입 제한에 관한 사항
⑤ 안전표시·안전수칙의 종류 및 게시에 관한 사항

해설

※ ③의 경우 작업장 보건관리 사항에 속하나 기준이 애매하므로 전체 정답으로 인정함

안전보건관리규정의 세부 내용(산업안전보건법 시행규칙 별표 3)
• 작업장 안전관리
  1. 안전·보건관리에 관한 계획의 수립 및 시행에 관한 사항
  2. 기계·기구 및 설비의 방호조치에 관한 사항
  3. 유해·위험기계 등에 대한 자율검사프로그램에 의한 검사 또는 안전검사에 관한 사항
  4. 근로자의 안전수칙 준수에 관한 사항
  5. 위험물질의 보관 및 출입 제한에 관한 사항
  6. 중대재해 및 중대산업사고 발생, 급박한 산업재해 발생의 위험이 있는 경우 작업중지에 관한 사항
  7. 안전표지·안전수칙의 종류 및 게시에 관한 사항과 그 밖에 안전관리에 관한 사항
• 작업장 보건관리
  1. 근로자 건강진단, 작업환경측정의 실시 및 조치절차 등에 관한 사항
  2. 유해물질의 취급에 관한 사항
  3. 보호구의 지급 등에 관한 사항
  4. 질병자의 근로 금지 및 취업 제한 등에 관한 사항
  5. 보건표지·보건수칙의 종류 및 게시에 관한 사항과 그 밖에 보건관리에 관한 사항

08

산업안전보건법 제58조(유해한 작업의 도급금지) 규정의 일부이다. ( )에 들어갈 숫자로 옳은 것은?

> 제58조(유해한 작업의 도급금지) ①~④ 〈생략〉
> ⑤ 고용노동부장관은 제4항에 따른 유효기간이 만료되는 경우에 사업주가 유효기간의 연장을 신청하면 승인의 유효기간이 만료되는 날의 다음날부터 ( )년의 범위에서 고용노동부령으로 정하는 바에 따라 그 기간의 연장을 승인할 수 있다. 〈이하 생략〉

① 1 ② 2 ③ 3 ④ 4 ⑤ 5

해설

유해한 작업의 도급금지(산업안전보건법 제58조)
고용노동부장관은 제4항에 따른 유효기간이 만료되는 경우에 사업주가 유효기간의 연장을 신청하면 승인의 유효기간이 만료되는 날의 다음 날부터 3년의 범위에서 고용노동부령으로 정하는 바에 따라 그 기간의 연장을 승인할 수 있다. 이 경우 사업주는 제3항에 따른 안전 및 보건에 관한 평가를 받아야 한다.

09

산업안전보건법령상 타워크레인 설치·해체업의 등록 등에 관한 설명으로 옳지 않은 것은?

① 타워크레인 설치·해체업을 등록한 자가 등록한 사항 중 업체의 소재지를 변경할 때에는 변경등록을 하여야 한다.
② 타워크레인을 설치하거나 해체하려는 자가 국가기술자격법에 따른 비계기능사의 자격을 가진 사람 3명을 보유하였다면, 타워크레인 설치·해체업을 등록할 수 있다.
③ 송수신기는 타워크레인 설치·해체업의 장비기준에 포함된다.
④ 타워크레인 설치·해체업을 등록하려는 자는 설치·해체업 등록신청서에 관련 서류를 첨부하여 주된 사무소의 소재지를 관할하는 지방고용노동관서의 장에게 제출해야 한다.
⑤ 타워크레인 설치·해체업의 등록이 취소된 자는 등록이 취소된 날부터 2년 이내에는 타워크레인 설치·해체업으로 등록받을 수 없다.

해설

타워크레인 설치·해체업의 인력·시설 및 장비 기준(산업안전보건법 시행령 별표 22)
㉠ 인력기준 : 다음 중 어느 하나에 해당하는 사람 4명 이상을 보유할 것
  1. 국가기술자격법에 따른 타워크레인 설치·해체기능사의 자격을 취득한 사람
  2. 국가기술자격법에 따른 판금제관기능사 또는 비계기능사의 자격을 가진 사람(2025년 12월 31일까지 해당 자격을 취득한 사람으로 한정한다)
  3. 법 제140조제2항에 따라 지정된 타워크레인 설치·해체작업 교육기관에서 지정된 교육을 이수하고 수료시험에 합격한 사람으로서 합격 후 5년이 지나지 않은 사람
  4. 법 제140조제2항에 따라 지정된 타워크레인 설치·해체작업 교육기관에서 보수교육을 이수한 후 5년이 지나지 않은 사람

ⓒ 시설기준 : 사무실
ⓒ 장비기준
1. 렌치류(토크렌치, 함마렌치 및 전동임팩트렌치 등 볼트, 너트, 나사 등을 죄거나 푸는 공구)
2. 드릴링머신(회전축에 드릴을 달아 구멍을 뚫는 기계)
3. 버니어캘리퍼스(자로 재기 힘든 물체의 두께, 지름 따위를 재는 기구)
4. 트랜싯(각도를 측정하는 측량기기로 같은 수준의 기능 및 성능의 측량기기를 갖춘 경우도 인정한다)
5. 체인블록 및 레버블록(체인 또는 레버를 이용하여 중량물을 달아 올리거나 수직·수평·경사로 이동시키는 데 사용하는 기구)
6. 전기테스터기
7. 송수신기

10
산업안전보건법령상 안전검사를 면제할 수 있는 경우에 해당하지 않는 것은?

① 방위사업법 제28조제1항에 따른 품질보증을 받은 경우
② 선박안전법 제8조부터 제12조까지의 규정에 따른 검사를 받은 경우
③ 에너지이용 합리화법 제39조제4항에 따른 검사를 받은 경우
④ 항만법 제26조제1항제3호에 따른 검사를 받은 경우
⑤ 화학물질관리법 제24조제3항 본문에 따른 정기검사를 받은 경우

해설
※ 출제 시 정답은 ①이었으나, 산업안전보건법 시행규칙(24.6.28) 개정으로 문제가 성립되지 않아 정답 없음 처리하였음
안전검사의 면제(산업안전보건법 시행규칙 제125조)
법 제93조제2항에서 "고용노동부령으로 정하는 경우"란 다음 각 호의 어느 하나에 해당하는 경우를 말한다.
1. 건설기계관리법 제13조제1항제1호·제2호 및 제4호에 따른 검사를 받은 경우(안전검사 주기에 해당하는 시기의 검사로 한정한다)
2. 고압가스 안전관리법 제17조제2항에 따른 검사를 받은 경우
3. 광산안전법 제9조에 따른 검사 중 광업시설의 설치·변경공사 완료 후 일정한 기간이 지날 때마다 받는 검사를 받은 경우
4. 선박안전법 제8조부터 제12조까지의 규정에 따른 검사를 받은 경우
5. 에너지이용 합리화법 제39조제4항에 따른 검사를 받은 경우
6. 원자력안전법 제22조제1항에 따른 검사를 받은 경우
7. 위험물안전관리법 제18조에 따른 정기점검 또는 정기검사를 받은 경우
8. 전기안전관리법 제11조에 따른 검사를 받은 경우
9. 항만법 제33조제1항제3호에 따른 검사를 받은 경우
10. 소방시설 설치 및 관리에 관한 법률 제22조제1항에 따른 자체점검을 받은 경우
11. 화학물질관리법 제24조제3항 본문에 따른 정기검사를 받은 경우

11

산업안전보건법령상 유해하거나 위험한 기계·기구에 대한 방호조치에 관한 설명으로 옳지 않은 것은?

① 동력으로 작동하는 금속절단기에 날접촉 예방장치를 설치하여야 사용에 제공할 수 있다.
② 동력으로 작동하는 기계·기구로서 속도조절 부분이 있는 것은 속도조절 부분에 덮개를 부착하거나 방호망을 설치하여야 양도할 수 있다.
③ 사업주는 방호조치가 정상적인 기능을 발휘할 수 있도록 방호조치와 관련되는 장치를 상시적으로 점검하고 정비하여야 한다.
④ 동력으로 작동하는 기계·기구의 방호조치를 해체하려는 경우 사업주의 허가를 받아야 한다.
⑤ 동력으로 작동하는 진공포장기에 구동부 방호 연동장치를 설치하지 않고 대여의 목적으로 진열한 자는 3년 이하의 징역 또는 3천만원 이하의 벌금에 처한다.

해설

벌칙(산업안전보건법 제170조)
다음 중 어느 하나에 해당하는 자는 1년 이하의 징역 또는 1,000만원 이하의 벌금에 처한다.
1. 제41조제3항(제166조의2에서 준용하는 경우를 포함한다)을 위반하여 해고나 그 밖의 불리한 처우를 한 자
2. 제56조제3항(제166조의2에서 준용하는 경우를 포함한다)을 위반하여 중대재해 발생 현장을 훼손하거나 고용노동부장관의 원인조사를 방해한 자
3. 제57조제1항(제166조의2에서 준용하는 경우를 포함한다)을 위반하여 산업재해 발생 사실을 은폐한 자 또는 그 발생 사실을 은폐하도록 교사(敎唆)하거나 공모(共謀)한 자
4. 제65조제1항, 제80조제1항·제2항·제4항, 제85조제2항·제3항, 제92조제1항, 제141조제4항 또는 제162조를 위반한 자
   - 누구든지 동력(動力)으로 작동하는 기계·기구로서 대통령령으로 정하는 것은 고용노동부령으로 정하는 유해·위험 방지를 위한 방호조치를 하지 아니하고는 양도, 대여, 설치 또는 사용에 제공하거나 양도·대여의 목적으로 진열해서는 아니 된다(제80조제1항).
5. 제85조제4항 또는 제92조제2항에 따른 명령을 위반한 자
6. 제101조에 따른 조사, 수거 또는 성능시험을 방해하거나 거부한 자
7. 제153조제1항을 위반하여 다른 사람에게 자기의 성명이나 사무소의 명칭을 사용하여 지도사의 직무를 수행하게 하거나 자격증·등록증을 대여한 사람
8. 제153조제2항을 위반하여 지도사의 성명이나 사무소의 명칭을 사용하여 지도사의 직무를 수행하거나 자격증·등록증을 대여 받거나 이를 알선한 사람

정답 11 ⑤

12

산업안전보건법령상 주요 구조 부분을 변경하는 경우 안전인증을 받아야 하는 기계 및 설비에 해당하지 않는 것은?

① 컨베이어
② 프레스
③ 전단기 및 절곡기
④ 사출성형기
⑤ 롤러기

해설

안전인증대상기계 등(산업안전보건법 시행령 제74조)
법 제84조제1항에서 "대통령령으로 정하는 것"이란 다음 각 호의 어느 하나에 해당하는 것을 말한다.
1. 다음 중 어느 하나에 해당하는 기계 또는 설비
   가. 프레스
   나. 전단기 및 절곡기(折曲機)
   다. 크레인
   라. 리프트
   마. 압력용기
   바. 롤러기
   사. 사출성형기(射出成形機)
   아. 고소(高所) 작업대
   자. 곤돌라

13

산업안전보건법령상 상시근로자 30명인 도매업의 사업주가 일용근로자를 제외한 근로자에게 실시해야 하는 안전보건교육 교육과정별 교육시간 중 채용 시 교육의 교육시간으로 옳은 것은?(단, 다른 감면조건은 고려하지 않음)

① 30분 이상　　② 1시간 이상　　③ 2시간 이상　　④ 3시간 이상　　⑤ 4시간 이상

해설

※ 출제 시 정답은 ⑤였으나, 법령 개정(23.9.27)으로 정답 없음으로 처리하였음

안전보건교육 교육과정별 교육시간(산업안전보건법 시행규칙 별표 4)

근로자 안전보건교육

교육과정	교육대상		교육시간
가. 정기교육	사무직 종사 근로자		매 반기 6시간 이상
	그 밖의 근로자	판매업무에 직접 종사하는 근로자	매 반기 6시간 이상
		판매업무에 직접 종사하는 근로자 외의 근로자	매 반기 12시간 이상
나. 채용 시 교육	일용근로자 및 근로계약기간이 1주일 이하인 기간제근로자		1시간 이상
	근로계약기간이 1주일 초과 1개월 이하인 기간제근로자		4시간 이상
	그 밖의 근로자		8시간 이상
다. 작업내용 변경 시 교육	일용근로자 및 근로계약기간이 1주일 이하인 기간제근로자		1시간 이상
	그 밖의 근로자		2시간 이상
라. 특별교육	일용근로자 및 근로계약기간이 1주일 이하인 기간제근로자 : 특별교육 대상(타워크레인 신호수 제외)에 해당하는 작업에 종사하는 근로자에 한정		2시간 이상
	일용근로자 및 근로계약기간이 1주일 이하인 기간제근로자 : 특별교육 대상 중 타워크레인 신호 작업에 종사하는 근로자에 한정		8시간 이상
	일용근로자 및 근로계약기간이 1주일 이하인 기간제근로자를 제외한 근로자 : 특별교육 대상에 해당하는 작업에 종사하는 근로자에 한정		• 16시간 이상(최초 작업에 종사하기 전 4시간 이상 실시하고 12시간은 3개월 이내에서 분할하여 실시 가능) • 단기간 작업 또는 간헐적 작업인 경우에는 2시간 이상
마. 건설업 기초안전·보건교육	건설 일용근로자		4시간 이상

※ 비고
1. 위 표의 적용을 받는 "일용근로자"란 근로계약을 1일 단위로 체결하고 그날의 근로가 끝나면 근로관계가 종료되어 계속 고용이 보장되지 않는 근로자를 말한다.
2. 일용근로자가 위 표의 나목 또는 라목에 따른 교육을 받은 날 이후 1주일 동안 같은 사업장에서 같은 업무의 일용근로자로 다시 종사하는 경우에는 이미 받은 위 표의 나목 또는 라목에 따른 교육을 면제한다.
3. 다음 어느 하나에 해당하는 경우는 위 표의 가목부터 라목까지의 규정에도 불구하고 해당 교육과정별 교육시간의 2분의 1 이상을 그 교육시간으로 한다.
   • 영 별표 1 제1호에 따른 사업
   • 상시근로자 50명 미만의 도매업, 숙박 및 음식점업
4. 근로자가 다음 각 목의 어느 하나에 해당하는 안전교육을 받은 경우에는 그 시간만큼 위 표의 가목에 따른 해당 반기의 정기교육을 받은 것으로 본다.
   • 원자력안전법 시행령에 따른 방사선작업종사자 정기교육

정답 13 정답 없음

- 항만안전특별법 시행령에 따른 정기안전교육
- 화학물질관리법 시행규칙에 따른 유해화학물질 안전교육

5. 근로자가 항만안전특별법 시행령에 따른 신규안전교육을 받은 때에는 그 시간만큼 위 표의 나목에 따른 채용 시 교육을 받은 것으로 본다.
6. 방사선 업무에 관계되는 작업에 종사하는 근로자가 원자력안전법 시행규칙에 따른 방사선작업종사자 신규교육 중 직장교육을 받은 때에는 그 시간만큼 위 표의 라목에 따른 특별교육 중 별표 5 제1호라목의 33.란에 따른 특별교육을 받은 것으로 본다.

14
산업안전보건법령상 유해성·위험성 조사 제외 화학물질에 해당하는 것을 모두 고른 것은?(단, 고용노동부장관이 공표하거나 고시하는 물질은 고려하지 않음)

> ㄱ. 농약관리법 제2조제1호 및 제3호에 따른 농약 및 원제
> ㄴ. 마약류 관리에 관한 법률 제2조제1호에 따른 마약류
> ㄷ. 사료관리법 제2조제1호에 따른 사료
> ㄹ. 생활주변방사선 안전관리법 제2조제2호에 따른 원료물질

① ㄱ, ㄴ ② ㄷ, ㄹ ③ ㄱ, ㄴ, ㄷ ④ ㄴ, ㄷ, ㄹ ⑤ ㄱ, ㄴ, ㄷ, ㄹ

해설

유해성·위험성 조사 제외 화학물질(산업안전보건법 시행령 제85조)
법 제108조제1항 각 호 외의 부분 본문에서 "대통령령으로 정하는 화학물질"이란 다음 각 호의 어느 하나에 해당하는 화학물질을 말한다.
1. 원소
2. 천연으로 산출된 화학물질
3. 건강기능식품에 관한 법률 제3조제1호에 따른 건강기능식품
4. 군수품관리법 제2조 및 방위사업법 제3조제2호에 따른 군수품(군수품관리법 제3조에 따른 통상품(痛常品)은 제외한다)
5. 농약관리법 제2조제1호 및 제3호에 따른 농약 및 원제
6. 마약류 관리에 관한 법률 제2조제1호에 따른 마약류
7. 비료관리법 제2조제1호에 따른 비료
8. 사료관리법 제2조제1호에 따른 사료
9. 생활화학제품 및 살생물제의 안전관리에 관한 법률 제3조제7호 및 제8호에 따른 살생물물질 및 살생물제품
10. 식품위생법 제2조제1호 및 제2호에 따른 식품 및 식품첨가물
11. 약사법 제2조제4호 및 제7호에 따른 의약품 및 의약외품(醫藥外品)
12. 원자력안전법 제2조제5호에 따른 방사성물질
13. 위생용품 관리법 제2조제1호에 따른 위생용품
14. 의료기기법 제2조제1항에 따른 의료기기
15. 총포·도검·화약류 등의 안전관리에 관한 법률 제2조제3항에 따른 화약류
16. 화장품법 제2조제1호에 따른 화장품과 화장품에 사용하는 원료
17. 법 제108조제3항에 따라 고용노동부장관이 명칭, 유해성·위험성, 근로자의 건강장해 예방을 위한 조치 사항 및 연간 제조량·수입량을 공표한 물질로서 공표된 연간 제조량·수입량 이하로 제조하거나 수입한 물질
18. 고용노동부장관이 환경부장관과 협의하여 고시하는 화학물질 목록에 기록되어 있는 물질

14 ③ 정답

15

산업안전보건법령상 자율안전확인의 신고에 관한 설명으로 옳지 않은 것은?

① 산업표준화법 제15조에 따른 인증을 받은 경우에는 자율안전확인의 신고를 면제할 수 있다.
② 롤러기 급정지장치는 자율안전확인대상기계 등에 해당한다.
③ 자율안전확인의 표시는 국가표준기본법 시행령 제15조의7제1항에 따른 표시기준 및 방법에 따른다.
④ 자율안전확인 표시의 사용 금지 공고내용에 사업장 소재지가 포함되어야 한다.
⑤ 고용노동부장관은 자율안전확인표시의 사용을 금지한 날부터 20일 이내에 그 사실을 관보 등에 공고하여야 한다.

해설

자율안전확인 표시의 사용 금지 공고내용 등(산업안전보건법 시행규칙 제122조)
고용노동부장관은 법 제91조제3항에 따라 자율안전확인표시 사용을 금지한 날부터 30일 이내에 다음의 사항을 관보나 인터넷 등에 공고해야 한다.
1. 자율안전확인대상기계 등의 명칭 및 형식번호
2. 자율안전확인번호
3. 제조자(수입자)
4. 사업장 소재지
5. 사용금지 기간 및 사용금지 사유

16

산업안전보건법령상 안전보건관리책임자 등에 대한 직무교육 중 신규교육이 면제되는 사람에 관한 내용이다. ( )에 들어갈 숫자로 옳은 것은?

> 고등교육법에 따른 이공계 전문대학 또는 이와 같은 수준 이상의 학교에서 학위를 취득하고, 해당 사업의 관리감독자로서의 업무를 (ㄱ)년(4년제 이공계 대학 학위 취득자는 1년) 이상 담당한 후 고용노동부장관이 지정하는 기관이 실시하는 교육(1998년 12월 31일까지의 교육만 해당한다)을 받고 정해진 시험에 합격한 사람. 다만, 관리감독자로 종사한 사업과 같은 업종(한국표준산업분류에 따른 대분류를 기준으로 한다)의 사업장이면서, 건설업의 경우를 제외하고는 상시근로자 (ㄴ)명 미만인 사업장에서만 안전관리자가 될 수 있다.

① ㄱ : 2, ㄴ : 200
② ㄱ : 2, ㄴ : 300
③ ㄱ : 3, ㄴ : 200
④ ㄱ : 3, ㄴ : 300
⑤ ㄱ : 5, ㄴ : 200

해설

직무교육의 면제(산업안전보건법 시행규칙 제30조)
법 제32조제1항 각 호 외의 부분 단서에 따라 다음 각 호의 어느 하나에 해당하는 사람에 대해서는 직무교육 중 신규교육을 면제한다.
1. 법 제19조제1항에 따른 안전보건관리담당자
2. 영 별표 4 제6호에 해당하는 사람
3. 영 별표 4 제7호에 해당하는 사람

ⓒ 영 별표 4 제8호 중 어느 하나에 해당하는 사람, 기업활동 규제완화에 관한 특별조치법 제30조제3항제4호 또는 제5호에 따라 안전관리자로 채용된 것으로 보는 사람, 보건관리자로서 영 별표 6 제2호 또는 제3호에 해당하는 사람이 해당 법령에 따른 교육기관에서 제29조제2항의 교육내용 중 고용노동부장관이 정하는 내용이 포함된 교육을 이수하고 해당 교육기관에서 발행하는 확인서를 제출하는 경우에는 직무교육 중 보수교육을 면제한다.

ⓒ 제29조제1항 각 호의 어느 하나에 해당하는 사람이 고용노동부장관이 정하여 고시하는 안전·보건에 관한 교육을 이수한 경우에는 직무교육 중 보수교육을 면제한다.

안전관리자의 자격(산업안전보건법 시행령 별표 4)

안전관리자는 다음 각 호의 어느 하나에 해당하는 사람으로 한다.

1. 산업안전지도사 자격을 가진 사람
2. 산업안전산업기사 이상의 자격을 취득한 사람
3. 건설안전산업기사 이상의 자격을 취득한 사람
4. 4년제 대학 이상의 학교에서 산업안전 관련 학위를 취득한 사람 또는 이와 같은 수준 이상의 학력을 가진 사람
5. 전문대학 또는 이와 같은 수준 이상의 학교에서 산업안전 관련 학위를 취득한 사람
6. 고등교육법에 따른 이공계 전문대학 또는 이와 같은 수준 이상의 학교에서 학위를 취득하고, 해당 사업의 관리감독자로서의 업무(건설업의 경우는 시공실무경력)를 3년(4년제 이공계 대학 학위 취득자는 1년) 이상 담당한 후 고용노동부장관이 지정하는 기관이 실시하는 교육(1998년 12월 31일까지의 교육만 해당한다)을 받고 정해진 시험에 합격한 사람. 다만, 관리감독자로 종사한 사업과 같은 업종(한국표준산업분류에 따른 대분류를 기준으로 한다)의 사업장이면서, 건설업의 경우를 제외하고는 상시근로자 300명 미만인 사업장에서만 안전관리자가 될 수 있다.
7. 공업계 고등학교 또는 이와 같은 수준 이상의 학교를 졸업하고, 해당 사업의 관리감독자로서의 업무를 5년 이상 담당한 후 고용노동부장관이 지정하는 기관이 실시하는 교육을 받고 정해진 시험에 합격한 사람. 다만, 관리감독자로 종사한 사업과 같은 종류인 업종의 사업장이면서, 건설업의 경우를 제외하고는 별표 3 제27호 또는 제36호의 사업을 하는 사업장(상시근로자 50명 이상 1천명 미만인 경우만 해당한다)에서만 안전관리자가 될 수 있다.
7의2. 공업계 고등학교를 졸업하거나 고등교육법에 따른 학교에서 공학 또는 자연과학 분야 학위를 취득하고, 건설업을 제외한 사업에서 실무경력이 5년 이상인 사람으로서 고용노동부장관이 지정하는 기관이 실시하는 교육을 받고 정해진 시험에 합격한 사람. 다만, 건설업을 제외한 사업의 사업장이면서 상시근로자 300명 미만인 사업장에서만 안전관리자가 될 수 있다.
8. 다음 중 어느 하나에 해당하는 사람. 다만, 해당 법령을 적용받은 사업에서만 선임될 수 있다.
   가. 고압가스 안전관리법 제4조 및 같은 법 시행령 제3조제1항에 따른 허가를 받은 사업자 중 고압가스를 제조·저장 또는 판매하는 사업에서 같은 법 제15조 및 같은 법 시행령 제12조에 따라 선임하는 안전관리책임자
   나. 액화석유가스의 안전관리 및 사업법 제5조 및 같은 법 시행령 제3조에 따른 허가를 받은 사업자 중 액화석유가스 충전사업·액화석유가스 집단공급사업 또는 액화석유가스 판매사업에서 같은 법 제34조 및 같은 법 시행령 제15조에 따라 선임하는 안전관리책임자
   다. 도시가스사업법 제29조 및 같은 법 시행령 제15조에 따라 선임하는 안전관리 책임자
   라. 교통안전법 제53조에 따라 교통안전관리자의 자격을 취득한 후 해당 분야에 채용된 교통안전관리자
   마. 총포·도검·화약류 등의 안전관리에 관한 법률 제2조제3항에 따른 화약류를 제조·판매 또는 저장하는 사업에서 같은 법 제27조 및 같은 법 시행령 제54조·제55조에 따라 선임하는 화약류제조보안책임자 또는 화약류관리보안책임자
   바. 전기안전관리법 제22조에 따라 전기사업자가 선임하는 전기안전관리자
9. 제16조제2항에 따라 전담 안전관리자를 두어야 하는 사업장(건설업은 제외한다)에서 안전 관련 업무를 10년 이상 담당한 사람
10. 건설산업기본법 제8조에 따른 종합공사를 시공하는 업종의 건설현장에서 안전보건관리책임자로 10년 이상 재직한 사람
11. 건설기술 진흥법에 따른 토목·건축 분야 건설기술인 중 등급이 중급 이상인 사람으로서 고용노동부장관이 지정하는 기관이 실시하는 산업안전교육(2025년 12월 31일까지의 교육만 해당한다)을 이수하고 정해진 시험에 합격한 사람
12. 국가기술자격법에 따른 토목산업기사 또는 건축산업기사 이상의 자격을 취득한 후 해당 분야에서의 실무경력이 다음 중 구분에 따른 기간 이상인 사람으로서 고용노동부장관이 지정하는 기관이 실시하는 산업안전교육(2025년 12월 31일까지의 교육만 해당한다)을 이수하고 정해진 시험에 합격한 사람
    가. 토목기사 또는 건축기사 : 3년
    나. 토목산업기사 또는 건축산업기사 : 5년

17

산업안전보건법령상 서류의 보존기간이 3년인 것을 모두 고른 것은?

ㄱ. 산업보건의의 선임에 관한 서류
ㄴ. 산업재해의 발생 원인 등 기록
ㄷ. 산업안전보건위원회의 회의록
ㄹ. 신규화학물질의 유해성·위험성 조사에 관한 서류

① ㄱ, ㄷ
② ㄴ, ㄹ
③ ㄱ, ㄴ, ㄹ
④ ㄴ, ㄷ, ㄹ
⑤ ㄱ, ㄴ, ㄷ

해설

서류의 보존(산업안전보건법 제164조)

㉠ 사업주는 다음 각 호의 서류를 3년(2.의 경우 2년을 말한다) 동안 보존하여야 한다. 다만, 고용노동부령으로 정하는 바에 따라 보존기간을 연장할 수 있다.
 1. 안전보건관리책임자·안전관리자·보건관리자·안전보건관리담당자 및 산업보건의의 선임에 관한 서류
 2. 제24조제3항 및 제75조제4항에 따른 회의록
 3. 안전조치 및 보건조치에 관한 사항으로서 고용노동부령으로 정하는 사항을 적은 서류
 4. 제57조제2항에 따른 산업재해의 발생 원인 등 기록
 5. 제108조제1항 본문 및 제109조제1항에 따른 화학물질의 유해성·위험성 조사에 관한 서류
 6. 제125조에 따른 작업환경측정에 관한 서류
 7. 제129조부터 제131조까지의 규정에 따른 건강진단에 관한 서류

㉡ 안전인증 또는 안전검사의 업무를 위탁받은 안전인증기관 또는 안전검사기관은 안전인증·안전검사에 관한 사항으로서 고용노동부령으로 정하는 서류를 3년 동안 보존하여야 하고, 안전인증을 받은 자는 제84조제5항에 따라 안전인증대상기계 등에 대하여 기록한 서류를 3년 동안 보존하여야 하며, 자율안전확인대상기계 등을 제조하거나 수입하는 자는 자율안전기준에 맞는 것임을 증명하는 서류를 2년 동안 보존하여야 하고, 제98조제1항에 따라 자율안전검사를 받은 자는 자율검사프로그램에 따라 실시한 검사 결과에 대한 서류를 2년 동안 보존하여야 한다.

㉢ 일반석면조사를 한 건축물·설비소유주 등은 그 결과에 관한 서류를 그 건축물이나 설비에 대한 해체·제거작업이 종료될 때까지 보존하여야 하고, 기관석면조사를 한 건축물·설비소유주 등과 석면조사기관은 그 결과에 관한 서류를 3년 동안 보존하여야 한다.

㉣ 작업환경측정기관은 작업환경측정에 관한 사항으로서 고용노동부령으로 정하는 사항을 적은 서류를 3년 동안 보존하여야 한다.

㉤ 지도사는 그 업무에 관한 사항으로서 고용노동부령으로 정하는 사항을 적은 서류를 5년 동안 보존하여야 한다.

㉥ 석면해체·제거업자는 제122조제3항에 따른 석면해체·제거작업에 관한 서류 중 고용노동부령으로 정하는 서류를 30년 동안 보존하여야 한다.

㉦ ㉠부터 ㉥까지의 경우 전산입력자료가 있을 때에는 그 서류를 대신하여 전산입력자료를 보존할 수 있다.

18

산업안전보건법령상 유해인자의 유해성·위험성 분류기준에 관한 설명으로 옳은 것을 모두 고른 것은?

> ㄱ. 소음은 소음성난청을 유발할 수 있는 90dB(A) 이상의 시끄러운 소리이다.
> ㄴ. 물과 상호작용을 하여 인화성 가스를 발생시키는 고체·액체 또는 혼합물은 물반응성 물질에 해당한다.
> ㄷ. 20℃, 표준압력(101.3kPa)에서 공기와 혼합하여 인화되는 범위에 있는 가스는 인화성 가스에 해당한다.
> ㄹ. 이상기압은 게이지 압력이 m^2당 1kg 초과 또는 미만인 기압이다.

① ㄱ, ㄴ
② ㄷ, ㄹ
③ ㄱ, ㄴ, ㄷ
④ ㄴ, ㄷ, ㄹ
⑤ ㄱ, ㄴ, ㄷ, ㄹ

해설

정의(산업안전보건기준에 관한 규칙 제512조)
1. "소음작업"이란 1일 8시간 작업을 기준으로 85dB 이상의 소음이 발생하는 작업을 말한다.
2. "강렬한 소음작업"이란 다음 중 어느 하나에 해당하는 작업을 말한다.
   가. 90dB 이상의 소음이 1일 8시간 이상 발생하는 작업
   나. 95dB 이상의 소음이 1일 4시간 이상 발생하는 작업
   다. 100dB 이상의 소음이 1일 2시간 이상 발생하는 작업
   라. 105dB 이상의 소음이 1일 1시간 이상 발생하는 작업
   마. 110dB 이상의 소음이 1일 30분 이상 발생하는 작업
   바. 115dB 이상의 소음이 1일 15분 이상 발생하는 작업
3. "충격소음작업"이란 소음이 1초 이상의 간격으로 발생하는 작업으로서 다음 중 어느 하나에 해당하는 작업을 말한다.
   가. 120dB을 초과하는 소음이 1일 10,000회 이상 발생하는 작업
   나. 130dB을 초과하는 소음이 1일 1,000회 이상 발생하는 작업
   다. 140dB을 초과하는 소음이 1일 100회 이상 발생하는 작업
4. "진동작업"이란 다음 중 어느 하나에 해당하는 기계·기구를 사용하는 작업을 말한다.
   가. 착암기(鑿巖機)
   나. 동력을 이용한 해머
   다. 체인톱
   라. 엔진 커터(Engine Cutter)
   마. 동력을 이용한 연삭기
   바. 임팩트 렌치(Impact Wrench)
   사. 그 밖에 진동으로 인하여 건강장해를 유발할 수 있는 기계·기구
5. "청력보존 프로그램"이란 소음노출 평가, 소음노출에 대한 공학적 대책, 청력보호구의 지급과 착용, 소음의 유해성 및 예방 관련 교육, 정기적 청력검사, 청력보존 프로그램 수립 및 시행 관련 기록·관리체계, 그 밖에 소음성 난청 예방·관리에 필요한 사항 등이 포함된 소음성 난청을 예방·관리하기 위한 종합적인 계획을 말한다.

19
산업안전보건법령상 근로환경의 개선에 관한 설명으로 옳지 않은 것은?

① 도급인의 사업장에서 관계수급인 또는 관계수급인의 근로자가 작업을 하는 경우에는 도급인은 그 사업장에 소속된 사람 중 산업위생관리산업기사 이상의 자격을 가진 사람으로 하여금 작업환경측정을 하도록 하여야 한다.
② 사업주는 근로자대표가 요구하면 작업환경측정 시 근로자대표를 참석시켜야 한다.
③ 의료법에 따른 의원 또는 한의원은 작업환경측정기관으로 고용노동부장관의 승인을 받을 수 있다.
④ 한국산업안전보건공단은 작업환경측정 결과가 노출기준 미만인데도 직업병 유소견자가 발생한 경우에는 작업환경측정 신뢰성평가를 할 수 있다.
⑤ 사업주는 산업안전보건위원회 또는 근로자대표가 요구하면 작업환경측정 결과에 대한 설명회 등을 개최하여야 한다.

해설
작업환경측정기관의 지정 요건(산업안전보건법 시행령 제95조)
법 제126조제1항에 따라 작업환경측정기관으로 지정받을 수 있는 자는 다음 각 호의 어느 하나에 해당하는 자로서 작업환경측정기관의 유형별로 별표 29에 따른 인력·시설 및 장비를 갖추고 법 제126조제2항에 따라 고용노동부장관이 실시하는 작업환경측정기관의 측정·분석능력 확인에서 적합 판정을 받은 자로 한다.
1. 국가 또는 지방자치단체의 소속기관
2. 의료법에 따른 종합병원 또는 병원
3. 고등교육법 제2조제1호부터 제6호까지의 규정에 따른 대학 또는 그 부속기관
4. 작업환경측정 업무를 하려는 법인
5. 작업환경측정 대상 사업장의 부속기관(해당 부속기관이 소속된 사업장 등 고용노동부령으로 정하는 범위로 한정하여 지정받으려는 경우로 한정한다)

20

산업안전보건법령상 공정안전보고서에 관한 설명으로 옳지 않은 것은?

① 원유 정제처리업의 보유설비가 있는 사업장의 사업주는 공정안전보고서를 작성하여야 한다.
② 사업주가 공정안전보고서를 작성할 때, 산업안전보건위원회가 설치되어 있지 아니한 사업장의 경우에는 근로자 대표의 의견을 들어야 한다.
③ 공정안전보고서에는 비상조치계획이 포함되어야 하고, 그 세부 내용에는 주민홍보계획을 포함해야 한다.
④ 원자력 설비는 공정안전보고서의 제출 대상인 유해하거나 위험한 설비에 해당한다.
⑤ 공정안전보고서 이행상태평가의 방법 등 이행상태평가에 필요한 세부적인 사항은 고용노동부장관이 정한다.

해설

공정안전보고서의 제출 대상(산업안전보건법 시행령 제43조)

㉠ 법 제44조제1항 전단에서 "대통령령으로 정하는 유해하거나 위험한 설비"란 다음 각 호의 어느 하나에 해당하는 사업을 하는 사업장의 경우에는 그 보유설비를 말하고, 그 외의 사업을 하는 사업장의 경우에는 별표 13에 따른 유해·위험물질 중 하나 이상의 물질을 같은 표에 따른 규정량 이상 제조·취급·저장하는 설비 및 그 설비의 운영과 관련된 모든 공정설비를 말한다.
  1. 원유 정제처리업
  2. 기타 석유정제물 재처리업
  3. 석유화학계 기초화학물질 제조업 또는 합성수지 및 기타 플라스틱물질 제조업. 다만, 합성수지 및 기타 플라스틱물질 제조업은 별표 13 제1호 또는 제2호에 해당하는 경우로 한정한다.
  4. 질소 화합물, 질소·인산 및 칼리질 화학비료 제조업 중 질소질 비료 제조
  5. 복합비료 및 기타 화학비료 제조업 중 복합비료 제조(단순혼합 또는 배합에 의한 경우는 제외한다)
  6. 화학 살균·살충제 및 농업용 약제 제조업[농약 원제(原劑) 제조만 해당한다]
  7. 화약 및 불꽃제품 제조업
㉡ ㉠에도 불구하고 다음 각 호의 설비는 유해하거나 위험한 설비로 보지 않는다.
  1. 원자력 설비
  2. 군사시설
  3. 사업주가 해당 사업장 내에서 직접 사용하기 위한 난방용 연료의 저장설비 및 사용설비
  4. 도매·소매시설
  5. 차량 등의 운송설비
  6. 액화석유가스의 안전관리 및 사업법에 따른 액화석유가스의 충전·저장시설
  7. 도시가스사업법에 따른 가스공급시설
  8. 그 밖에 고용노동부장관이 누출·화재·폭발 등의 사고가 있더라도 그에 따른 피해의 정도가 크지 않다고 인정하여 고시하는 설비
㉢ 법 제44조제1항 전단에서 "대통령령으로 정하는 사고"란 다음 각 호의 어느 하나에 해당하는 사고를 말한다.
  1. 근로자가 사망하거나 부상을 입을 수 있는 제1항에 따른 설비(제2항에 따른 설비는 제외한다. 이하 제2호에서 같다)에서의 누출·화재·폭발 사고
  2. 인근 지역의 주민이 인적 피해를 입을 수 있는 제1항에 따른 설비에서의 누출·화재·폭발 사고

21

산업안전보건법령상 유해위험방지계획서 제출 대상인 건설공사에 해당하지 않는 것은?(단, 자체심사 및 확인업체의 사업주가 착공하려는 건설공사는 제외함)

① 연면적 3,000m^2 이상인 냉동·냉장 창고시설의 설비공사
② 최대 지간(支間)길이(다리의 기둥과 기둥의 중심사이의 거리)가 50m 이상인 다리의 건설 등 공사
③ 지상높이가 31m 이상인 건축물의 건설 등 공사
④ 저수용량 2천만ton 이상의 용수 전용 댐의 건설 등 공사
⑤ 깊이 10m 이상인 굴착공사

해설

유해위험방지계획서 제출 대상(산업안전보건법 시행령 제42조)
㉠ 법 제42조제1항제1호에서 "대통령령으로 정하는 사업의 종류 및 규모에 해당하는 사업"이란 다음 중 어느 하나에 해당하는 사업으로서 전기 계약용량이 300kW 이상인 경우를 말한다.
  1. 금속가공제품 제조업 : 기계 및 가구 제외
  2. 비금속 광물제품 제조업
  3. 기타 기계 및 장비 제조업
  4. 자동차 및 트레일러 제조업
  5. 식료품 제조업
  6. 고무제품 및 플라스틱제품 제조업
  7. 목재 및 나무제품 제조업
  8. 기타 제품 제조업
  9. 1차 금속 제조업
  10. 가구 제조업
  11. 화학물질 및 화학제품 제조업
  12. 반도체 제조업
  13. 전자부품 제조업
㉡ 법 제42조제1항제2호에서 "대통령령으로 정하는 기계·기구 및 설비"란 다음 중 어느 하나에 해당하는 기계·기구 및 설비를 말한다. 이 경우 다음에 해당하는 기계·기구 및 설비의 구체적인 범위는 고용노동부장관이 정하여 고시한다.
  1. 금속이나 그 밖의 광물의 용해로
  2. 화학설비
  3. 건조설비
  4. 가스집합 용접장치
  5. 근로자의 건강에 상당한 장해를 일으킬 우려가 있는 물질로서 고용노동부령으로 정하는 물질의 밀폐·환기·배기를 위한 설비
㉢ 법 제42조제1항제3호에서 "대통령령으로 정하는 크기 높이 등에 해당하는 건설공사"란 다음의 어느 하나에 해당하는 공사를 말한다.
  1. 다음의 어느 하나에 해당하는 건축물 또는 시설 등의 건설·개조 또는 해체(이하 "건설 등"이라 한다) 공사
    가. 지상높이가 31m 이상인 건축물 또는 인공구조물
    나. 연면적 30,000m^2 이상인 건축물
    다. 연면적 5,000m^2 이상인 시설로서 다음의 어느 하나에 해당하는 시설
      • 문화 및 집회시설(전시장 및 동물원·식물원은 제외한다)
      • 판매시설, 운수시설(고속철도의 역사 및 집배송시설은 제외한다)
      • 종교시설

정답 21 ①

- 의료시설 중 종합병원
- 숙박시설 중 관광숙박시설
- 지하도상가
- 냉동·냉장 창고시설
2. 연면적 5,000m² 이상인 냉동·냉장 창고시설의 설비공사 및 단열공사
3. 최대 지간(支間)길이(다리의 기둥과 기둥의 중심 사이의 거리)가 50m 이상인 다리의 건설 등 공사
4. 터널의 건설 등 공사
5. 다목적댐, 발전용댐, 저수용량 20,000,000ton 이상의 용수 전용 댐 및 지방상수도 전용 댐의 건설 등 공사
6. 깊이 10m 이상인 굴착공사

22

산업안전보건법령상 건강진단 및 건강관리에 관한 설명으로 옳지 않은 것은?

① 사업주가 선원법에 따른 건강진단을 실시한 경우에는 그 건강진단을 받은 근로자에 대하여 일반건강진단을 실시한 것으로 본다.
② 일반건강진단의 제1차 검사항목에 흉부방사선 촬영은 포함되지 않는다.
③ 사업주는 특수건강진단의 결과를 근로자의 건강 보호 및 유지 외의 목적으로 사용해서는 아니 된다.
④ 일반건강진단, 특수건강진단, 배치 전 건강진단, 수시건강진단, 임시건강진단의 비용은 국민건강보험법에서 정한 기준에 따른다.
⑤ 사업주는 배치 전 건강진단을 실시하는 경우 근로자대표가 요구하면 근로자대표를 참석시켜야 한다.

해설

일반건강진단의 검사항목 및 실시방법 등(산업안전보건법 시행규칙 제198조)
㉠ 일반건강진단의 제1차 검사항목은 다음 각 호와 같다.
  1. 과거병력, 작업경력 및 자각·타각증상(시진·촉진·청진 및 문진)
  2. 혈압·혈당·요당·요단백 및 빈혈검사
  3. 체중·시력 및 청력
  4. 흉부방사선 촬영
  5. AST(SGOT) 및 ALT(SGPT), γ-GTP 및 총콜레스테롤
㉡ ㉠에 따른 제1차 검사항목 중 혈당·γ-GTP 및 총콜레스테롤 검사는 고용노동부장관이 정하는 근로자에 대하여 실시한다.
㉢ ㉠에 따른 검사 결과 질병의 확진이 곤란한 경우에는 제2차 건강진단을 받아야 하며, 제2차 건강진단의 범위, 검사항목, 방법 및 시기 등은 고용노동부장관이 정하여 고시한다.
㉣ 제196조 각 호 및 제200조 각 호에 따른 법령과 그 밖에 다른 법령에 따라 ㉠부터 ㉢까지의 규정에서 정한 검사항목과 같은 항목의 건강진단을 실시한 경우에는 해당 항목에 한정하여 ㉠부터 ㉢에 따른 검사를 생략할 수 있다.
㉤ ㉠부터 ㉣까지의 규정에서 정한 사항 외에 일반건강진단의 검사방법, 실시방법, 그 밖에 필요한 사항은 고용노동부장관이 정한다.

23
산업안전보건법령상 지도사 보수교육에 관한 설명이다. ( )에 들어갈 숫자로 옳은 것은?

> 고용노동부령으로 정하는 보수교육의 시간은 업무교육 및 직업윤리교육의 교육시간을 합산하여 총 (ㄱ)시간 이상으로 한다. 다만, 법 제145조제4항에 따른 지도사 등록의 갱신기간 동안 시행규칙 제230조제1항에 따른 지도실적이 (ㄴ)년 이상인 지도사의 교육시간은 (ㄷ)시간 이상으로 한다.

① ㄱ : 10, ㄴ : 1, ㄷ : 5
② ㄱ : 10, ㄴ : 2, ㄷ : 10
③ ㄱ : 20, ㄴ : 1, ㄷ : 5
④ ㄱ : 20, ㄴ : 2, ㄷ : 10
⑤ ㄱ : 20, ㄴ : 2, ㄷ ㄹ: 15

해설
지도사 보수교육(산업안전보건법 시행규칙 제231조)
㉠ 법 제145조제5항 단서에서 "고용노동부령으로 정하는 보수교육"이란 업무교육과 직업윤리교육을 말한다.
㉡ ㉠에 따른 보수교육의 시간은 업무교육 및 직업윤리교육의 교육시간을 합산하여 총 20시간 이상으로 한다. 다만, 법 제145조제4항에 따른 지도사 등록의 갱신기간 동안 제230조제1항에 따른 지도실적이 2년 이상인 지도사의 교육시간은 10시간 이상으로 한다.
㉢ 공단이 보수교육을 실시하였을 때에는 그 결과를 보수교육이 끝난 날부터 10일 이내에 고용노동부장관에게 보고해야 하며, 다음 각 호의 서류를 5년간 보존해야 한다.
  1. 보수교육 이수자 명단
  2. 이수자의 교육 이수를 확인할 수 있는 서류
㉣ 공단은 보수교육을 받은 지도사에게 별지 제96호서식의 지도사 보수교육 이수증을 발급해야 한다.
㉤ 보수교육의 절차·방법 및 비용 등 보수교육에 필요한 사항은 고용노동부장관의 승인을 거쳐 공단이 정한다.

24

산업안전보건법령상 안전보건진단을 받아 안전보건개선계획을 수립할 대상으로 옳은 것을 모두 고른 것은?

> ㄱ. 유해인자의 노출기준을 초과한 사업장
> ㄴ. 산업재해율이 같은 업종의 규모별 평균 산업재해율보다 높은 사업장
> ㄷ. 사업주가 필요한 안전조치 또는 보건조치를 이행하지 아니하여 중대재해가 발생한 사업장
> ㄹ. 상시근로자 1,000명 이상 사업장으로서 직업성 질병자가 연간 3명 이상 발생한 사업장

① ㄱ, ㄴ
② ㄷ, ㄹ
③ ㄱ, ㄴ, ㄷ
④ ㄴ, ㄷ, ㄹ
⑤ ㄱ, ㄴ, ㄷ, ㄹ

해설

안전보건진단을 받아 안전보건개선계획을 수립할 대상(산업안전보건법 시행령 제49조)

법 제49조제1항 각 호 외의 부분 후단에서 "대통령령으로 정하는 사업장"이란 다음 각 호의 사업장을 말한다.
1. 산업재해율이 같은 업종 평균 산업재해율의 2배 이상인 사업장
2. 법 제49조제1항제2호에 해당하는 사업장

> [법 제49조제1항제2호]
> 사업주가 필요한 안전조치 또는 보건조치를 이행하지 아니하여 중대재해가 발생한 사업장

3. 직업성 질병자가 연간 2명 이상(상시근로자 1,000명 이상 사업장의 경우 3명 이상) 발생한 사업장
4. 그 밖에 작업환경 불량, 화재·폭발 또는 누출 사고 등으로 사업장 주변까지 피해가 확산된 사업장으로서 고용노동부령으로 정하는 사업장

정답 24 ②

25

산업안전보건법령상 산업안전지도사와 산업보건지도사의 직무에 공통적으로 해당되는 것은?

① 유해·위험의 방지대책에 관한 평가·지도
② 근로자 건강진단에 따른 사후관리 지도
③ 작업환경의 평가 및 개선 지도
④ 공정상의 안전에 관한 평가·지도
⑤ 안전보건개선계획서의 작성

해설

지도사의 업무 영역별 업무 범위(산업안전보건법 시행령 별표 31)

1. 법 제145조제1항에 따라 등록한 산업안전지도사(기계안전·전기안전·화공안전 분야)
   가. 유해위험방지계획서, 안전보건개선계획서, 공정안전보고서, 기계·기구·설비의 작업계획서 및 물질안전보건자료 작성 지도
   나. 다음 사항에 대한 설계·시공·배치·보수·유지에 관한 안전성 평가 및 기술 지도
      • 전 기
      • 기계·기구·설비
      • 화학설비 및 공정
   다. 정전기·전자파로 인한 재해의 예방, 자동화설비, 자동제어, 방폭전기설비 및 전력시스템 등에 대한 기술 지도
   라. 인화성 가스, 인화성 액체, 폭발성 물질, 급성독성 물질 및 방폭설비 등에 관한 안전성 평가 및 기술 지도
   마. 크레인 등 기계·기구, 전기작업의 안전성 평가
   바. 그 밖에 기계, 전기, 화공 등에 관한 교육 또는 기술 지도
2. 법 제145조제1항에 따라 등록한 산업안전지도사(건설안전 분야)
   가. 유해위험방지계획서, 안전보건개선계획서, 건축·토목 작업계획서 작성 지도
   나. 가설구조물, 시공 중인 구축물, 해체공사, 건설공사 현장의 붕괴우려 장소 등의 안전성 평가
   다. 가설시설, 가설도로 등의 안전성 평가
   라. 굴착공사의 안전시설, 지반붕괴, 매설물 파손 예방의 기술 지도
   마. 그 밖에 토목, 건축 등에 관한 교육 또는 기술 지도
3. 법 제145조제1항에 따라 등록한 산업보건지도사(산업위생 분야)
   가. 유해위험방지계획서, 안전보건개선계획서, 물질안전보건자료 작성 지도
   나. 작업환경측정 결과에 대한 공학적 개선대책 기술 지도
   다. 작업장 환기시설의 설계 및 시공에 필요한 기술 지도
   라. 보건진단결과에 따른 작업환경 개선에 필요한 직업환경의학적 지도
   마. 석면 해체·제거 작업 기술 지도
   바. 갱내, 터널 또는 밀폐공간의 환기·배기시설의 안전성 평가 및 기술 지도
   사. 그 밖에 산업보건에 관한 교육 또는 기술 지도
4. 법 제145조제1항에 따라 등록한 산업보건지도사(직업환경의학 분야)
   가. 유해위험방지계획서, 안전보건개선계획서 작성 지도
   나. 건강진단 결과에 따른 근로자 건강관리 지도
   다. 직업병 예방을 위한 작업관리, 건강관리에 필요한 지도
   라. 보건진단 결과에 따른 개선에 필요한 기술 지도
   마. 그 밖에 직업환경의학, 건강관리에 관한 교육 또는 기술 지도

정답 25 ⑤

산업안전일반

26
산업안전보건법령상 안전보건교육 교육대상별 교육내용에서 특별교육 대상에 해당하지 않는 작업명은?

① 전압이 75V 이상인 정전 및 활선작업
② 콘크리트 파쇄기를 사용하여 하는 파쇄작업(2m 이상인 구축물의 파쇄작업만 해당한다)
③ 굴착면의 높이가 2m 이상이 되는 지반 굴착(터널 및 수직갱 외의 갱 굴착은 제외한다)작업
④ 선박에 짐을 쌓거나 부리거나 이동시키는 작업
⑤ 게이지 압력을 m^{2}당 1kg 이상으로 사용하는 압력용기의 설치 및 취급 작업

해설

안전보건교육 교육대상별 교육내용(산업안전보건법 시행규칙 별표 5)
특별교육 대상 작업별 교육

작업명	교육내용
32. 게이지 압력을 cm^{2}당 1kg 이상으로 사용하는 압력용기의 설치 및 취급작업	• 안전시설 및 안전기준에 관한 사항 • 압력용기의 위험성에 관한 사항 • 용기 취급 및 설치기준에 관한 사항 • 작업안전 점검 방법 및 요령에 관한 사항 • 그 밖에 안전·보건관리에 필요한 사항

27
교육훈련 기법에서 강의법(Lecture method)의 장점으로 옳지 않은 것은?

① 수강자의 학습참여도가 높고 적극성과 협조성을 부여하는 데 효과적이다.
② 오래된 전통 교수방법이며 안전지식의 전달방법으로 유용하다.
③ 시간과 장소의 제약이 비교적 적다.
④ 수업의 도입이나 초기단계에 적용이 효과적이다.
⑤ 많은 인원을 대상으로 교육할 수 있다.

> **해설**

교육훈련기법
- 강의법
  교육훈련기법 중 가장 오래된 교수법의 하나로 교수자가 학습자에게 말을 통해 내용을 전달하는 기법이다. 교수자와 학습자 모두에게 가장 친근한 교육방법으로 교수자의 능력에 의존하는 경우가 많다. 일방적인 내용전달로 학습의 효과가 떨어지고 수강자의 수업참여도가 낮으며 준비가 안 된 수강자들은 적극적이지 못한 면이 있다.
- 토의법
  토의법은 토의집단을 구성하여 특정 주제와 관련된 자료를 통해 서로 토의하는 방식이다. 지식이나 경험을 자유롭게 교환할 수 있고 수강자들의 수준이 높으면 질 좋은 지식을 습득할 수 있다. 반면 참석자의 수준이 낮으면 효과가 떨어질 수 있으며 대규모 집단에서는 활용하기 어려운 교수법이다. 토의법에는 심포지엄, 세미나, 포럼 등이 있다.
- 판서법
  칠판 등을 활용하여 학습내용을 판서하며 강의하는 기법으로 학습자들의 흥미가 반감되고 고전적인 기법이다.
- 시청각법
  교수자가 시청각 자료를 준비하여 강의하는 기법으로 시각과 청각을 이용하여 내용을 전달하므로 흥미를 유발할 수 있고 능률적으로 지식을 전달할 수 있다.

28
원인결과분석(CCA)기법에 관한 기술지침상 원인결과분석의 평가절차를 순서대로 옳게 나열한 것은?

ㄱ. 안전요소의 확인	ㄴ. 최소컷세트 평가
ㄷ. 사건수의 구성	ㄹ. 평가할 사건의 선정
ㅁ. 결과의 문서화	ㅂ. 결함수의 구성

① ㄱ → ㄹ → ㄷ → ㅂ → ㄴ → ㅁ
② ㄱ → ㄹ → ㅂ → ㄴ → ㄷ → ㅁ
③ ㄷ → ㅂ → ㄴ → ㄹ → ㄱ → ㅁ
④ ㄹ → ㄱ → ㄷ → ㅂ → ㄴ → ㅁ
⑤ ㄹ → ㄱ → ㅂ → ㄴ → ㄷ → ㅁ

> **해설**

원인결과분석(CCA ; Cause Consequence Analysis)
FTA(Fault Tree Analysis, 결함수분석) 및 ETA(Event Tree Analysis, 사건수분석)를 결합한 것으로, 잠재된 사고의 결과 및 근본적인 원인을 찾아내고, 사고결과와 원인 사이의 상호관계를 예측하며, 리스크를 정량적으로 평가하는 리스크 평가기법이다.
평가절차는 6단계로 구분되는데, 평가할 사건의 선정 → 안전요소의 확인 → 사건수의 구성 → 결함수의 구성 → 최소컷세트 평가 → 결과의 문서화의 순이다.

정답 28 ④

29
안전관리 활동을 통해서 얻을 수 있는 긍정적인 효과가 아닌 것은?

① 근로자의 사기 진작
② 생산성 향상
③ 손실비용 증가
④ 신뢰성 유지 및 확보
⑤ 이윤 증대

해설

③ 안전관리를 통해 손실비용 증가가 아닌 손실비용 감소가 발생한다.
안전관리 활동을 통해 얻을 수 있는 긍정적인 효과
- 근로자의 사기 진작
- 생산성 향상
- 손실비용 감소
- 신뢰성 유지 및 확보
- 이윤 증대

30
현장이나 직장에서 직속상사가 부하 직원에게 일상 업무를 통하여 지식, 기능, 문제해결능력 및 태도 등을 교육 훈련하는 방법으로 개별교육에 적합한 것은?

① TWI(Training Within Industry)
② OJT(On the Job Training)
③ ATP(Administration Training Program)
④ MTP(Management Training Program)
⑤ Off JT(Off the Job Training)

해설

일상 업무를 통한 교육방법의 종류
- OJT(On the Job Training)
  회사에서 직속 상사가 부하직원의 교수자가 되어 일상 업무를 교육의 형태로 지도하는 방법이다. 개개인에 따라 일대일의 적절한 지도훈련이 가능하고 직장의 실제 업무를 훈련시키기 때문에 학습자의 업무 투입이 빨라진다.
- Off JT(Off the Job Training)
  회사 외의 장소에서 실시하는 교육으로 일정 장소에 다수의 근로자를 모이게 하여 실시하는 집체 교육이다. 대규모 조직훈련이 가능하며 전문가를 교수자로 초대하여 교육을 하므로 새로운 지식을 경험할 수 있다.
- TWI(Training Within Industry)
  노동력 부족 문제를 해결하고 생산성 향상 등을 목적으로 근로자들에게 작업방법, 작업의 개선방법, 대인관계, 작업안전 등에 대해 훈련을 실시하는 것을 말한다.
- MTP(Management Training Program)
  관리자 교육을 위해 만들어진 교육방식으로 차장, 부장급의 중간관리자를 위주로 문제에 대한 토론을 통해 검토하는 방법이다. 조직의 원칙, 운영, 시간관리, 안전작업 관리기능 등에 대해 12~15명 내외로 교육을 실시한다.
- ATP(Administration Training Program)
  조직의 형태, 구조, 통제, 운영, 정책 수립 등에 대한 내용의 교육을 실시하는 것을 말한다.

31

산업안전보건법상 산업안전보건위원회의 심의·의결 사항으로 옳은 것을 모두 고른 것은?

> ㄱ. 산업재해에 관한 통계의 기록 및 유지에 관한 사항
> ㄴ. 사업장의 산업재해 예방계획의 수립에 관한 사항
> ㄷ. 작업환경측정 등 작업환경의 점검 및 개선에 관한 사항
> ㄹ. 유해하거나 위험한 기계·기구·설비를 도입한 경우 안전 및 보건 관련 조치에 관한 사항

① ㄱ
② ㄴ, ㄹ
③ ㄷ, ㄹ
④ ㄱ, ㄴ, ㄷ
⑤ ㄱ, ㄴ, ㄷ, ㄹ

해설

산업안전보건위원회(산업안전보건법 제24조)
㉠ 사업주는 사업장의 안전 및 보건에 관한 중요 사항을 심의·의결하기 위하여 사업장에 근로자위원과 사용자위원이 같은 수로 구성되는 산업안전보건위원회를 구성·운영하여야 한다.
㉡ 사업주는 다음 각 호의 사항에 대해서는 ㉠에 따른 산업안전보건위원회의 심의·의결을 거쳐야 한다.
1. 제15조제1항제1호부터 제5호까지 및 제7호에 관한 사항
   - 사업장의 산업재해 예방계획의 수립에 관한 사항
   - 제25조 및 제26조에 따른 안전보건관리규정의 작성 및 변경에 관한 사항
   - 제29조에 따른 안전보건교육에 관한 사항
   - 작업환경측정 등 작업환경의 점검 및 개선에 관한 사항
   - 제129조부터 제132조까지에 따른 근로자의 건강진단 등 건강관리에 관한 사항
   - 산업재해에 관한 통계의 기록 및 유지에 관한 사항
2. 제15조제1항제6호에 따른 사항 중 중대재해에 관한 사항
   - 산업재해의 원인 조사 및 재발 방지대책 수립에 관한 사항
3. 유해하거나 위험한 기계·기구·설비를 도입한 경우 안전 및 보건 관련 조치에 관한 사항
4. 그 밖에 해당 사업장 근로자의 안전 및 보건을 유지·증진시키기 위하여 필요한 사항

32
재해의 통계적 원인분석 방법에 해당하지 않는 것은?

① 파레토도
② 특성요인도
③ 소시오메트리도
④ 클로즈분석도
⑤ 관리도

해설

- 소시오메트리도
  소시오메트리도란 인간관계도라고도 하는데 집단구성원 간의 친화와 반발을 조사하여 그 빈도와 강도에 따라 집단 구조를 이해하는 척도로 소집단 내에서 최소한 두 사람 이상의 사이에 맺어지는 인간관계를 측정할 때 많이 사용한다. 집단구성원이 역할수행을 통해 서로 상호작용을 하고 그 결과로 서로 간에 어떤 감정이 형성되며 그렇게 형성된 감정이 그들의 태도와 행동에 영향을 미치게 된다는 것이다.
- 파레토도
  문제의 진원지, 즉 불량이나 결점의 원인을 찾아낼 수 있도록 작성하는 도표로 많은 분류 항목이 있다 할지라도 그중 가장 크게 영향을 미치고 있는 것은 일반적으로 불과 2개 내지는 3개 항목 정도이므로 이처럼 영향력 있는 몇 개 항목들을 선정하여 그것을 집중적으로 개선하면 된다.
- 특성요인도
  특성요인도 또는 원인결과도(Cause-and-Effect Diagram)란 문제 해결에 있어 특성인 결과에 요인인 원인이 어떤 관계가 있으며 그리고 어떻게 영향을 주고 있는가를 알 수 있도록 작성한 시각적 그림이다. 생선뼈 도표(Fishbone Diagram)라고도 한다.
- 클로즈(Close) 분석도
  데이터를 집계하고 표로 표시하여 요인별 결과 내역을 교차한 클로즈 그림을 작성하여 분석하도록 하는 도표이다.
- 관리도
  재해 발생 건수 등의 추이를 파악하여 목표 관리를 실시하는 데 필요한 월별 재해 발생 수를 그래프화하여 관리선을 설정하고 관리할 수 있도록 하는 도표이다.

33
제조물 책임법에 관한 내용으로 옳지 않은 것은?

① "제조업자"란 제조물의 제조·가공 또는 수입을 업(業)으로 하는 자를 말한다.
② 동일한 손해에 대하여 배상할 책임이 있는 자가 2인 이상인 경우에는 연대하여 그 손해를 배상할 책임이 있다.
③ "제조물"이란 제조되거나 가공된 동산(다른 동산이나 부동산의 일부를 구성하는 경우를 포함한다)을 말한다.
④ "설계상의 결함"이란 제조업자가 합리적인 설명·지시·경고 또는 그 밖의 표시를 하였더라면 해당 제조물에 의하여 발생할 수 있는 피해나 위험을 줄이거나 피할 수 있었음에도 이를 하지 아니한 경우를 말한다.
⑤ 제조업자는 제조물의 결함으로 생명·신체 또는 재산에 손해(그 제조물에 대하여만 발생한 손해는 제외한다)를 입은 자에게 그 손해를 배상하여야 한다.

해설

정의(제조물책임법 제2조)

이 법에서 사용하는 용어의 뜻은 다음과 같다.

㉠ "제조물"이란 제조되거나 가공된 동산(다른 동산이나 부동산의 일부를 구성하는 경우를 포함한다)을 말한다.
㉡ "결함"이란 해당 제조물에 다음 중 어느 하나에 해당하는 제조상·설계상 또는 표시상의 결함이 있거나 그 밖에 통상적으로 기대할 수 있는 안전성이 결여되어 있는 것을 말한다.
  1. "제조상의 결함"이란 제조업자가 제조물에 대하여 제조상·가공상의 주의의무를 이행하였는지에 관계없이 제조물이 원래 의도한 설계와 다르게 제조·가공됨으로써 안전하지 못하게 된 경우를 말한다.
  2. "설계상의 결함"이란 제조업자가 합리적인 대체설계(代替設計)를 채용하였더라면 피해나 위험을 줄이거나 피할 수 있었음에도 대체설계를 채용하지 아니하여 해당 제조물이 안전하지 못하게 된 경우를 말한다.
  3. "표시상의 결함"이란 제조업자가 합리적인 설명·지시·경고 또는 그 밖의 표시를 하였더라면 해당 제조물에 의하여 발생할 수 있는 피해나 위험을 줄이거나 피할 수 있었음에도 이를 하지 아니한 경우를 말한다.
㉢ "제조업자"란 다음 중 자를 말한다.
  1. 제조물의 제조·가공 또는 수입을 업(業)으로 하는 자
  2. 제조물에 성명·상호·상표 또는 그 밖에 식별(識別) 가능한 기호 등을 사용하여 자신을 1.의 자로 표시한 자 또는 가목의 자로 오인(誤認)하게 할 수 있는 표시를 한 자

34

제어시스템에서의 안전무결성등급(SIL)에 관한 일부내용이다. (　)에 들어갈 것으로 옳은 것은?

안전무결성등급	목표평균 고장확률
(ㄱ)	10^{-5} 이상 ~ 10^{-4} 미만
(ㄴ)	10^{-2} 이상 ~ 10^{-1} 미만

① ㄱ : 1, ㄴ : 4
② ㄱ : 1, ㄴ : 5
③ ㄱ : 4, ㄴ : 1
④ ㄱ : 5, ㄴ : 1
⑤ ㄱ : 5, ㄴ : 2

해설

제어시스템에서의 안전무결성등급(SIL) 결정에 관한 지침(한국산업안전보건공단 KOSHA GUIDE E-149-2015)

안전무결성(Safety Integrity)이란 안전관련 시스템이 주어진 시간 동안 모든 운전상태에서 요구되는 안전기능을 만족스럽게 수행할 수 있는 확률을 말한다.

요구운전방식[1]	
안전무결성등급	목표평균 고장확률[2]
4	10^{-5} 이상 ~ 10^{-4} 미만
3	10^{-4} 이상 ~ 10^{-3} 미만
2	10^{-3} 이상 ~ 10^{-2} 미만
1	10^{-2} 이상 ~ 10^{-1} 미만

안전무결성등급 : 고장고장확률(Probability of Failure on Demand)(IEC 61511-1 참조)

※ 주

1. 요구운전방식(Demand Mode of Operation)에서 안전시스템을 구축하기 위한 운전의 요구횟수는 1년에 1회 이하이고 성능검사(Proof-test)의 요구횟수는 1년에 2회 이하이어야 한다.
2. 여기에서 고장확률이란 제어시스템 내에 사용된 부품(Parts or Components) 및 관련 프로그램의 고장확률을 포함한다.

35
산업재해발생의 기본 원인 4M에 해당하지 않는 것은?

① Man
② Method
③ Machine
④ Media
⑤ Management

해설

4M기법
- Man(인간) : 근로자의 인간적인 측면으로서의 원인으로 심리적, 생리적인 상태 등이 해당된다.
- Machine(기계) : 산업재해 발생원인 중 기계, 설비 등의 조건에 의해 발생되는 것으로 기계설비의 결함, 고장, 방호장치의 결함, 기계의 정비 불량 등이 해당된다.
- Media(매체) : 작업공간의 불량, 재료의 위험성, 작업자세의 불안 등으로 인해 발생되는 원인이 해당된다.
- Management(관리) : 안전관리조직, 작업지휘자, 연락방법 등의 관리적인 측면의 원인이 해당된다.

36
공정안전성 분석(K-PSR)기법에 관한 기술지침상 "위험형태"에 해당하는 것을 모두 고른 것은?

| ㄱ. 누출 | ㄴ. 화재·폭발 |
| ㄷ. 공정 트러블 | ㄹ. 상해 |

① ㄱ, ㄴ
② ㄱ, ㄷ
③ ㄴ, ㄷ
④ ㄱ, ㄴ, ㄷ
⑤ ㄱ, ㄴ, ㄷ, ㄹ

해설

공정안전성 분석기법에 관한 기술지침(한국산업안전보건공단 KOSHA GUIDE P-111-2021)

공정안전성 분석기법(K-PSR ; KOSHA Process Safety Review)이란 설치·가동 중인 기존 화학공장의 공정안전성(Process Safety)을 재검토하여 사고위험성을 분석(Review)하는 기법이다.

위험형태란 사업장에서 발생한 사고로 인하여 직·간접적으로 인적, 물적, 환경적 피해를 입히는 원인이 될 수 있는 잠재적인 위험의 종류를 말하며 본 지침에서는 누출, 화재·폭발, 공정 트러블 및 상해 등 4가지로 표현된다.

37
인간공학적 동작 경제원칙에 관한 내용으로 옳지 않은 것은?
① 양손은 동시에 시작하고 동시에 끝나지 않도록 한다.
② 양팔의 동작은 동시에 서로 반대방향으로 대칭적으로 움직이도록 한다.
③ 손과 신체동작은 작업을 원만하게 수행할 수 있는 범위 내에서 가장 낮은 동작 등급을 사용하도록 한다.
④ 족답장치를 활용하여 양손이 다른 일을 할 수 있도록 한다.
⑤ 휴식시간을 제외하고는 양손이 동시에 쉬지 않도록 한다.

해설

동작경제의 원칙(최상복, 2004)
동작경제의 원칙은 작업자가 에너지의 낭비 없이 효과적으로 작업할 수 있도록 작업자의 동작을 세밀하게 분석하여 가장 경제적이고 합리적인 표준 동작을 설정하는 것을 말한다. 인체의 사용에 관한 원칙, 작업장의 배열에 관한 원칙, 그리고 공구 및 장비의 설계에 관한 원칙이 있다. 그중 작업자 인체사용에 관한 원칙은 아래와 같다.
- 양손의 동작은 동시에 시작하여 동시에 끝나야 한다.
- 양손은 휴식시간을 제외하고는 동시에 쉬어서는 안 된다.
- 팔의 동작은 서로 반대의 대칭적 방향으로 이루어져야 하며 동시에 행해져야 한다.
- 손과 몸의 동작은 작업을 만족스럽게 할 수 있는 가장 단순한 동작에 한정되어야 한다.
- 작업에 도움이 되도록 가급적 물체의 관성(慣性)을 활용하고, 근육운동으로 작업을 수행하는 경우를 최소한으로 줄여야 한다.
- 갑자기 예각방향으로 변화를 하는 직선동작보다는 유연하고 연속적인 곡선동작을 하는 것이 좋다.
- 제한되거나 통제된 동작보다는 탄도적 동작이 보다 빠르고 쉬우며 정확하다.
- 작업을 원활하고 자연스럽게 수행하는 데는 리듬이 중요하다. 가급적 쉽고 자연스러운 리듬이 가능하도록 작업이 배열되어야 한다.
- 눈의 고정은 가급적 줄이고 함께 가까이 있도록 한다.

38
부품 신뢰도가 A인 동일한 4개의 부품을 병렬로 연결하였을 때 전체 시스템의 신뢰도는 0.9984가 되었다. 이 부품 신뢰도 A는 얼마인가?
① 0.5
② 0.6
③ 0.7
④ 0.8
⑤ 0.9

해설

n개의 부품의 신뢰도가 동일한 경우 병렬형 신뢰도 $Rs = 1 - (1-R)^n$ 이다.
따라서 구하려고 하는 신뢰도 $A(R) = 1 - (1-Rs)^{1/4}$ 이므로 $1 - (1-0.9984) \times 1/4 = 0.80$ 이다.

39

안전성평가 6단계에서 단계별 내용으로 옳지 않은 것은?

① 2단계 : 정성적 평가
② 3단계 : 정량적 평가
③ 4단계 : 안전대책
④ 5단계 : 재해정보에 의한 재평가
⑤ 6단계 : ETA에 의한 재평가

해설

안전성평가
설비나 제품의 제조 사용 등에 있어서 안전성을 사전에 평가하고 적절한 대책을 강구하기 위한 평가행위이다. 총 6단계의 절차로 진행된다.
- 1단계(자료의 수집단계) : 도면확보, 배치계획, 설치장소 등에 대해 검토
- 2단계(정성적 평가단계) : 입지조건, 운전 등에 대해 검토
- 3단계(정량적 평가단계) : 온도, 압력 등 정량화된 수치를 부여함
- 4단계(안전대책 수립단계) : 3E, 4M 등에 의해 대책을 수립해야 함
- 5단계(재평가 단계) : 재해 정보를 재평가
- 6단계(FTA에 의한 평가단계) : 결함수 분석을 통해 안전성에 대해 평가

40

인간-기계시스템 설계과정 6단계를 순서대로 옳게 나열한 것은?

ㄱ. 시스템 정의	ㄴ. 목표 및 성능명세 결정
ㄷ. 기본설계	ㄹ. 인터페이스 설계
ㅁ. 촉진물, 보조물 설계	ㅂ. 시험 및 평가

① ㄱ → ㄴ → ㄷ → ㄹ → ㅁ → ㅂ
② ㄱ → ㄴ → ㄹ → ㄷ → ㅁ → ㅂ
③ ㄱ → ㄷ → ㄴ → ㅁ → ㄹ → ㅂ
④ ㄴ → ㄱ → ㄷ → ㄹ → ㅁ → ㅂ
⑤ ㄴ → ㄷ → ㄱ → ㅁ → ㄹ → ㅂ

해설

인간-기계시스템의 설계과정 6단계

번호	단계	내용
1	목표 및 성능명세 결정	시장조사, 기술조사 등을 통해 목표 규격 등을 설정하는 단계이다.
2	시스템 정의	제품에 포함될 기능을 분석하는 단계이다.
3	기본설계	인간과 기계시스템에서의 작업자의 업무 방법, 조작 절차 등에 대해 설계하는 단계이다.
4	인터페이스 설계	인간과 기계가 만나는 표시장치, 조종장치, 작업공간 등을 설계하는 단계이다.
5	촉진물, 보조물 설계	사용자 매뉴얼, 훈련용 시뮬레이터 등을 설계하는 단계이다.
6	시험 및 평가	제품의 물리적 성능, 인간 성능 등에 대해 평가하는 단계이다.

41

사고 피해예측 기법에 관한 기술지침상 위험 기준의 정립에 관한 내용이다. ( )에 들어갈 것으로 옳은 것은?

> - 화재(복사열) : 화구 등과 같이 짧은 시간동안 발생하는 강렬한 복사열에 의한 위험 또는 증기운화재, 고압분출 화재, 액면 화재 등에 의한 장시간의 복사열에 의하여 근로자 또는 주변 기기에 미치는 영향을 판단할 수 있는 기준은 (ㄱ)kW/m² 의 복사열이 미치는 거리로 한다.
> - 폭발(과압) : 증기운 폭발 등과 같은 폭발 사고시 주변 기기 및 근로자 등에 미치는 영향을 판단할 수 있는 기준은 (ㄴ)kPa의 과압이 도달하는 거리로 한다.

① ㄱ : 1, ㄴ : 0.07
② ㄱ : 1, ㄴ : 6.9
③ ㄱ : 5, ㄴ : 0.07
④ ㄱ : 5, ㄴ : 6.9
⑤ ㄱ : 10, ㄴ : 0.07

해설

사고 피해예측 기법에 관한 기술지침(한국산업안전보건공단 KOSHA GUIDE P-102-2021)
- 화재(복사열)
 화구 등과 같이 짧은 시간 동안 발생하는 강렬한 복사열에 의한 위험 또는 증기운 화재, 고압분출 화재, 액면 화재 등에 의한 장시간의 복사열에 의하여 근로자 또는 주변 기기에 미치는 영향을 판단할 수 있는 기준은 5kW/m²(1,585Btu/hr/ft²)의 복사열이 미치는 거리로 한다.
- 폭발(과압)
 증기운 폭발 등과 같은 폭발 사고 시 주변 기기 및 근로자 등에 미치는 영향을 판단할 수 있는 기준은 0.07kgf/cm²(6.9kPa, 1psi)의 과압이 도달하는 거리로 한다.

42

A부품의 고장확률 밀도함수는 평균고장률이 시간당 10^{-2}인 지수분포를 따르고 있다. 이 부품을 180분 작동시켰을 때의 불신뢰도는?(단, 소수점 셋째 자리에서 반올림하여 소수점 둘째자리까지 구하시오)

① 0.03
② 0.05
③ 0.95
④ 0.97
⑤ 0.99

해설

불신뢰도는 신뢰도와 반대의 개념으로 t시점까지 고장이 발생할 확률을 말한다.
기호는 $F(t)$로 나타낸다. 불신뢰도는 신뢰도를 알면 $F(t) = 1 - R(t)$를 이용하여 구할 수 있다.
신뢰도 $R(t) = e^{(-\lambda t)}$이며 λ는 평균 고장률, t는 분이 아니라 시간이다.
∴ $R(t) = e^{(-0.01 \times 3)} = 0.97$
 $F(t) = 1 - 0.97 = 0.03$

정답 41 ④ 42 ①

43

산업안전보건기준에 관한 규칙상 공기압축기를 가동하기 전에 관리감독자가 하여야 하는 작업시작 전 점검사항으로 옳지 않은 것은?

① 슬라이드 또는 칼날에 의한 위험방지 기구의 기능
② 압력방출장치의 기능
③ 언로드밸브(Unloading Valve)의 기능
④ 회전부의 덮개
⑤ 드레인밸브(Drain Valve)의 조작 및 배수

해설

작업시작 전 점검사항(산업안전보건기준에 관한 규칙 별표 3)

작업의 종류	점검내용
공기압축기를 가동할 때(제2편제1장제7절)	가. 공기저장 압력용기의 외관 상태 나. 드레인밸브(Drain Valve)의 조작 및 배수 다. 압력방출장치의 기능 라. 언로드밸브(Unloading Valve)의 기능 마. 윤활유의 상태 바. 회전부의 덮개 또는 울 사. 그 밖의 연결 부위의 이상 유무

44

재해사례연구의 진행단계에 관한 내용이다. 진행단계를 순서대로 옳게 나열한 것은?

ㄱ. 재해와 관계가 있는 사실 및 재해요인으로 알려진 사실을 객관적으로 확인한다.
ㄴ. 재해의 중심이 된 근본적인 문제점을 결정한 후 재해원인을 결정한다.
ㄷ. 재해 상황을 파악한다.
ㄹ. 파악된 사실로부터 문제점을 파악한다.
ㅁ. 동종재해와 유사재해의 예방대책 및 실시계획을 수립한다.

① ㄱ → ㄷ → ㄴ → ㄹ → ㅁ
② ㄱ → ㄷ → ㄹ → ㄴ → ㅁ
③ ㄴ → ㄷ → ㄱ → ㄹ → ㅁ
④ ㄷ → ㄱ → ㄴ → ㄹ → ㅁ
⑤ ㄷ → ㄱ → ㄹ → ㄴ → ㅁ

해설

재해사례연구법
재해의 사례를 연구하고 분석하여 문제점과 원인을 찾아내고 대책을 수립하기 위한 기법이다.

• 진행단계
　재해 상황 파악 (재해일시, 장소, 피해상황, 기인물 등) → 사실의 확인 → 직접원인과 문제점 파악 → 근본적인 문제점의 결정 → 대책 및 실시계획의 수립

45

암실 내에서 정지된 작은 빛을 응시하고 있으면 그 빛이 움직이는 것처럼 보이는 것을 자동운동이라고 한다. 자동운동이 생기기 쉬운 조건으로 옳은 것은?

① 광점이 클 것
② 광의 강도가 작을 것
③ 시야의 다른 부분이 밝을 것
④ 대상이 복잡할 것
⑤ 광의 눈부심과 조도가 클 것

해설

자동운동
어두운 곳에서 정지된 광점을 응시할 경우 그 광점이 움직이는 것처럼 보이는 현상이다. 야간 비행 중 고정된 불빛이 움직이는 것처럼 보이는 경우도 발생한다. 자동운동이 쉽게 발생되는 조건은 아래와 같다.
- 광점이 작을 것
- 시야의 다른 부분이 어두울 것
- 광의 광도가 작을 것
- 대상이 단순할 것

정답 45 ②

46

통전경로별 위험도가 큰 순서대로 옳게 나열한 것은?

> ㄱ. 오른손 – 가슴 ㄴ. 왼손 – 한발 또는 양발
> ㄷ. 왼손 – 가슴 ㄹ. 왼손 – 오른손

① ㄱ > ㄴ > ㄷ > ㄹ
② ㄴ > ㄷ > ㄱ > ㄹ
③ ㄷ > ㄱ > ㄴ > ㄹ
④ ㄹ > ㄱ > ㄴ > ㄷ
⑤ ㄹ > ㄱ > ㄷ > ㄴ

해설

감 전

감전에 의한 인체의 반응 및 사망의 한계는 통전전류의 크기, 통전시간, 통전경로, 전원의 종류에 따라 그 위험도가 결정되는데 전기신호가 신경과 근육을 자극해 정상기능을 저해하고 호흡정지, 심실세동을 일으키거나 전기에너지가 생체 조직을 파괴시켜 인체가 구조적인 손상을 일으킬 수 있다. 이중 통전경로에 따른 위험도는 아래와 같다.

통전경로	위험도(숫자가 클수록 위험)
오른손 – 등	0.3
왼손 – 오른손	0.4
왼손 – 등	0.7
앉아있는 상태의 한손 또는 양손	0.7
오른손 – 양발 또는 한발	0.8
양손 – 양발	1.0
왼손 – 한발 또는 양발	1.0
오른손 – 가슴	1.3
왼손 – 가슴	1.5

47

반지름 30cm의 조종구를 20° 움직였을 때 표시계기의 지침이 2cm 이동하였다면, 이 계기의 통제표시비는?

① 약 4.12
② 약 5.23
③ 약 7.34
④ 약 8.42
⑤ 약 10.46

해설

통제표시비

통제표시비는 통제비 또는 C(Control)/D(Display)비라고도 하는데 통제기기와 표시장치의 관계를 나타낸 비율을 말한다.
통제표시비 통제기의 변위량(X)/표시기의 변위량(Y)으로 나타낸다.

통제기의 변위량 = $\frac{움직인 각도}{360} \times 2\pi L$ (L은 통제기의 반경)

표시기의 변위량 = 20

$\therefore$ 통제표시비 = $\dfrac{\frac{20}{360} \times 2 \times 3.14 \times 30}{20} = 5.23$

48

시몬즈(Simonds)의 재해손실비 평가방법에 관한 내용이다. ( )에 들어갈 것으로 옳은 것은?

- 총 재해비용 = 산재보험비용 + (ㄱ)비용
- (ㄱ)비용 = 휴업상해건수 × A + (ㄴ)건수 × B + (ㄷ)건수 × C + 무상해사고건수 × D
  (여기서, A, B, C, D는 장해 정도별 비보험비용의 평균치임)

① ㄱ : 비보험, ㄴ : 입원상해, ㄷ : 유족상해
② ㄱ : 간접, ㄴ : 입원상해, ㄷ : 비응급조치
③ ㄱ : 비보험, ㄴ : 통원상해, ㄷ : 응급조치
④ ㄱ : 간접, ㄴ : 통원상해, ㄷ : 중상해
⑤ ㄱ : 비보험, ㄴ : 물적손실, ㄷ : 비응급조치

해설

시몬즈의 재해손실비

시몬즈의 재해손실비는 1년간 발생한 재해 전체의 총계를 개략 계산해서 구하는 것으로 비용 전체를 보험비용과 비보험비용으로 나누어 산출한다.

- 재해비용 산출방식 = 보험비용 + 비보험비용
  = 보험비용 + (A × 휴업상해건수) + (B × 통원상해건수) + (C × 응급조치건수) + (D × 무상해사고건수)

49

매슬로(Maslow)의 동기부여이론(욕구 5단계 이론)에 관한 내용으로 옳지 않은 것은?

① 제1단계 : 생리적 욕구(생명유지의 기본적 욕구)
② 제2단계 : 도전 욕구(새로운 것에 대한 도전 욕구)
③ 제3단계 : 사회적 욕구(소속감과 애정 욕구)
④ 제4단계 : 존경 욕구(인정받으려는 욕구)
⑤ 제5단계 : 자아실현 욕구(잠재적 능력의 실현 욕구)

해설

매슬로의 동기부여이론

매슬로는 인간의 다양하고도 복잡한 욕구가 인간의 행동의 주된 원동력이라고 주장하며 욕구를 5단계로 나누어 설명하였다. 욕구 5단계는 저차원 욕구에서 고차원 욕구로 올라가는데 단계별 욕구의 정의는 아래와 같다.

- 생리적 욕구 : 의식주, 수면 등의 인간의 기본적인 욕구
- 안전의 욕구 : 인간의 정신적, 신체적 위협으로부터 안전한 상태를 유지하려는 욕구
- 사회적 욕구 : 대인관계, 소속감 등의 욕구
- 존경의 욕구 : 권력, 존경, 성취의 욕구
- 자아실현의 욕구 : 삶의 보람, 자기완성 등의 성장에 관한 욕구

50

산업안전보건기준에 관한 규칙에서 정하고 있는 "충격소음작업" 정의의 일부내용이다. ( )에 들어갈 것으로 옳은 것은?

> "충격소음작업"이란 소음이 1초 이상의 간격으로 발생하는 작업으로서 다음 중 어느 하나에 해당하는 작업을 말한다.
> 가. 120dB을 초과하는 소음이 1일 (ㄱ)회 이상 발생하는 작업
> 나. (ㄴ)dB을 초과하는 소음이 1일 1,000회 이상 발생하는 작업

① ㄱ : 1,000, ㄴ : 125
② ㄱ : 3,000, ㄴ : 125
③ ㄱ : 5,000, ㄴ : 125
④ ㄱ : 8,000, ㄴ : 130
⑤ ㄱ : 10,000, ㄴ : 130

해설

정의(산업안전보건기준에 관한 규칙 제512조)
이 장에서 사용하는 용어의 뜻은 다음과 같다.
1. "소음작업"이란 1일 8시간 작업을 기준으로 85dB 이상의 소음이 발생하는 작업을 말한다.
2. "강렬한 소음작업"이란 다음 중 어느 하나에 해당하는 작업을 말한다.
    가. 90dB 이상의 소음이 1일 8시간 이상 발생하는 작업
    나. 95dB 이상의 소음이 1일 4시간 이상 발생하는 작업
    다. 100dB 이상의 소음이 1일 2시간 이상 발생하는 작업
    라. 105dB 이상의 소음이 1일 1시간 이상 발생하는 작업
    마. 110dB 이상의 소음이 1일 30분 이상 발생하는 작업
    바. 115dB 이상의 소음이 1일 15분 이상 발생하는 작업
3. "충격소음작업"이란 소음이 1초 이상의 간격으로 발생하는 작업으로서 다음 중 어느 하나에 해당하는 작업을 말한다.
    가. 120dB을 초과하는 소음이 1일 10,000회 이상 발생하는 작업
    나. 130dB을 초과하는 소음이 1일 1,000회 이상 발생하는 작업
    다. 140dB을 초과하는 소음이 1일 100회 이상 발생하는 작업
4. "진동작업"이란 다음 중 어느 하나에 해당하는 기계·기구를 사용하는 작업을 말한다.
    가. 착암기(鑿巖機)
    나. 동력을 이용한 해머
    다. 체인톱
    라. 엔진 커터(Engine Cutter)
    마. 동력을 이용한 연삭기
    바. 임팩트 렌치(Impact Wrench)
    사. 그 밖에 진동으로 인하여 건강장해를 유발할 수 있는 기계·기구
5. "청력보존 프로그램"이란 소음노출 평가, 소음노출에 대한 공학적 대책, 청력보호구의 지급과 착용, 소음의 유해성 및 예방 관련 교육, 정기적 청력검사, 청력보존 프로그램 수립 및 시행 관련 기록·관리체계, 그 밖에 소음성 난청 예방·관리에 필요한 사항 등이 포함된 소음성 난청을 예방·관리하기 위한 종합적인 계획을 말한다.

| 기업진단 · 지도

51
인사평가의 방법을 상대평가법과 절대평가법으로 구분할 때 상대평가법에 하는 기법을 모두 고른 것은?

> ㄱ. 서열법 ㄴ. 쌍대비교법
> ㄷ. 평정척도법 ㄹ. 강제할당법
> ㅁ. 행위기준척도법

① ㄱ, ㄴ, ㄷ ② ㄱ, ㄴ, ㄹ
③ ㄱ, ㄷ, ㄹ ④ ㄴ, ㄷ, ㅁ
⑤ ㄴ, ㄹ, ㅁ

해설

- 상대평가 : 서열법, 쌍대비교법, 강제할당법 등
  상대평가란 개인의 성과를 다른 사람의 성과와 비교하여 집단 내에서의 성과를 결정하는 평가 방법이다. 장점은 객관적인 평가를 할 수 있고 집단 간의 비교 시 유리한 반면, 단점으로는 집단에 우수한 자가 몰려있거나 없는 경우 평가의 형평성이 결여될 수 있다.
- 절대평가 : 평정척도법, 행위기준척도법 등
  절대평가란 상대평가에 대응하는 평가 방법으로 어떤 절대적인 기준에 비추어 평가하는 방법이다.

정답 51 ②

52

기능별 부문화와 제품별 부문화를 결합한 조직구조는?

① 가상조직(Virtual Organization)
② 하이퍼텍스트조직(Hypertext Organization)
③ 애드호크라시(Adhocracy)
④ 매트릭스조직(Matrix Organization)
⑤ 네트워크조직(Network Organization)

해설

조직구조
- 하이퍼텍스트조직(Hypertext Organization)
  구성원이 소속부서에 얽매이지 않고 자유자재로 재조직되는 유연한 조직체계를 말한다. 고도의 기술과 지식을 가진 사람들이 새로운 지식을 창조할 수 있다는 장점이 있다.
- 매트릭스조직(Matrix Organization)
  매트릭스조직은 다른 모든 구조들과의 결합으로 이루어져 기능적 구조와 프로젝트 구조의 장점을 극대화하고 단점을 줄이기 위해 고안된 절충형 구조이다. 프로젝트 위주로 사업을 하는 기업조직에서 가장 널리 사용되며 이상적인 조직형태로서, 2명 이상의 책임자들로부터 명령을 받는다고 하여 이중지휘 시스템이라고 한다.
- 네트워크조직(Network Organization)
  네트워크조직은 독립된 사업 부서들이 각자의 전문 분야를 추구하면서도 제품을 생산하거나 프로젝트의 수행을 위한 영구적인 관계를 형성하여 상호 협력하는 조직을 말한다.
- 가상조직(Virtual Organization)
  가상조직은 가상공간, 즉 컴퓨터 연결망상에 존재하는 조직을 말한다.
- 애드호크라시(Adhocracy)
  애드호크라시는 전통적 구조와는 달리 융통적인 구조를 지닌 특별임시조직이다. 다양한 전문기술을 가진 여러 분류의 전문가들이 프로젝트를 중심으로 집단을 구성해 문제를 해결하는 조직이다.

53

아담스(J. Adams)의 공정성 이론에서 투입과 산출의 내용 중 투입이 아닌 것은?

① 시 간
② 노 력
③ 임 금
④ 경 험
⑤ 창의성

해설

아담스의 공정성 이론
노력과 직무의 만족도가 업무 상황의 지각된 공정성에 의해 결정된다고 보는 이론이다. 타인과의 비교를 통해 형평성에 맞는 경우 안정을 느끼지만 불공정하다고 느끼는 경우는 투입조정, 성과에 대한 인지적 왜곡, 비교대상 변경, 조직이탈 등의 변화를 추구한다. 공정성 이론은 투입요소와 산출요소로 구분되는데 투입요소는 시간, 노력, 지식, 경력, 경험, 자격, 창의력 등이 있으며 산출요소로는 급료, 승진 등이 있다.

정답 52 ④ 53 ③

54

집단의사결정기법에 관한 설명으로 옳지 않은 것은?

① 델파이법(Delphi Technique)은 의사결정 시간이 짧아 긴박한 문제의 해결에 적합하다.
② 브레인스토밍(Brainstorming)은 다른 참여자의 아이디어에 대해 비판할 수 없다.
③ 프리모텀(Premortem) 기법은 어떤 프로젝트가 실패했다고 미리 가정하고 그 실패의 원인을 찾는 방법이다.
④ 지명반론자법은 악마의 옹호자(Devil's Advocate) 기법이라고도 하며, 집단사고의 위험을 줄이는 방법이다.
⑤ 명목집단법은 참여자들 간에 토론을 하지 못한다.

해설

델파이법

적절한 해답이 없거나 일정한 합의에 도달하지 못한 경우 다수의 전문가를 대상으로 설문조사, 우편조사를 여러 차례 실시하여 피드백한 후 의견을 수렴하여 집단적 합의에 도달하는 방법이다. 익명의 반복적 질문지에 대한 답변 조사를 실시하기 때문에 논쟁을 하지 않고서도 합의에 도달할 수 있다. 여러 차례에 걸쳐 의견을 수렴하는 관계로 시간이 많이 소요되는 단점이 있다.

55

부당노동행위 중 근로자가 어느 노동조합에 가입하지 아니할 것 또는 탈퇴할 것을 고용조건으로 하거나 특정한 노동조합의 조합원이 될 것을 고용조건으로 하는 행위는?

① 불이익대우
② 단체교섭거부
③ 지배・개입 및 경비원조
④ 정당한 단체행동참가에 대한 해고 및 불이익대우
⑤ 황견계약

해설

황견계약(Yellow Dog Contract)

황견계약은 근로자가 어느 노동조합에 가입하지 아니할 것 또는 탈퇴할 것을 고용조건으로 하거나, 특정한 노동조합의 조합원이 될 것을 고용조건으로 하는 행위를 말하며 근로자가 되기 전에 단결권 활동을 제한하기 위한 것으로 비열계약, 반조합계약이라고도 한다.

56

식스 시그마(Six Sigma) 분석도구 중 품질 결함의 원인이 되는 잠재적인 요인들을 체계적으로 표현해주며, Fishbone Diagram으로도 불리는 것은?

① 린 차트
② 파레토 차트
③ 가치흐름도
④ 원인결과 분석도
⑤ 프로세스 관리도

해설

6시그마 분석도구
- 체크시트 : 어떠한 목적을 이루기 위해 필요한 내용을 확인할 때 사용하는 문서이다.
- 히스토그램 : 일정기간 동안 수집 과정을 통해 얻어진 자료를 요약하고 빈도 분포를 막대모양의 그래프로 제시할 목적으로 사용하는 차트이다.
- 특성요인도 : 결과에 영향을 미치는 다양한 원인들을 파악하여 결과에 어떻게 영향을 미치는지 한눈에 나타내는 차트로 원인결과도, Fishbone Diagram이라고도 한다.
- 관리도 : 불량건수, 하자건수 등의 추이를 한눈에 파악하기 쉽고 목표관리를 수행하는 데 필요한 관리선을 상한, 하한선으로 나누어 설정 관리하는 방법이다.
- 파레토 차트 : 발생건수를 분류하여 항목별로 나누고 그 크기 등의 순서대로 나열하여 어떤 항목에 집중해야 하는지 나타내기 편리한 차트이다.
- 가치흐름도 : 제품의 요청에서부터 반입까지 필요한 자재 및 정보의 흐름도를 말한다.

57

수요를 예측하는 데 있어 과거 자료보다는 최근 자료가 더 중요한 역할을 한다는 논리에 근거한 지수평활법을 사용하여 수요를 예측하고자 한다. 다음 자료의 수요예측값(Ft)은?

- 직전 기간의 지수평활 예측값(F_{t-1}) = 1,000
- 평활 상수(α) = 0.05
- 직전 기간의 실제값(A_{t-1}) = 1,200

① 1,005
② 1,010
③ 1,015
④ 1,020
⑤ 1,200

해설

지수평활법의 수요예측값

당기예측치 = 전기예측치 + α(전기실적치 − 전기예측치) = (F_{t-1}) + α((A_{t-1}) − (F_{t-1}))

여기서, α : 평활상수

∴ 수요예측값(F_t) = 1,000 + 0.05(1,200 − 1,000) = 1,010

58
재고량에 관한 의사결정을 할 때 고려해야 하는 재고유지 비용을 모두 고른 것은?

> ㄱ. 보관설비 비용
> ㄴ. 생산준비 비용
> ㄷ. 진부화 비용
> ㄹ. 품절 비용
> ㅁ. 보험 비용

① ㄱ, ㄴ, ㄷ
② ㄱ, ㄴ, ㄹ
③ ㄱ, ㄷ, ㅁ
④ ㄱ, ㄹ, ㅁ
⑤ ㄴ, ㄷ, ㄹ

해설

재고유지 비용
실제로 재고를 관리하는 데 발생되는 모든 비용을 말한다. 재고유지 비용에는 저장비, 보험료, 세금, 감가상각비 등이 포함된다. 품절 비용은 재고가 없어서 발생되는 비용이고 생산준비 비용은 생산을 준비하는 데 드는 비용으로 재고유지 비용과는 거리가 멀다.

59
서비스 수율관리(Yield Management)가 효과적으로 나타나는 경우가 아닌 것은?
① 변동비가 높고 고정비가 낮은 경우
② 재고가 저장성이 없어 시간이 지나면 소멸하는 경우
③ 예약으로 사전에 판매가 가능한 경우
④ 수요의 변동이 시기에 따라 큰 경우
⑤ 고객특성에 따라 수요를 세분화할 수 있는 경우

해설

수율관리
가용 능력이 제한된 서비스에서 수요 공급 관리를 통해 수익을 극대화하는 것으로, 총 Input 대비 Output의 관리를 말한다. 수율관리의 적용 요건은 세분화가 가능한 경우, 수요와 변동이 높은 경우, 재고가 소멸되는 경우, 사전판매가 가능한 경우 등에서 효과를 볼 수 있다.

정답 58 ③ 59 ①

60

오건(D. Organ)이 범주화한 조직시민행동의 유형에서 불평, 불만, 험담 등을 하지 않고, 있지도 않은 문제를 과장해서 이야기하지 않는 행동에 해당하는 것은?

① 시민덕목(Civic Virtue)
② 이타주의(Altruism)
③ 성실성(Conscientiousness)
④ 스포츠맨십(Sportsmanship)
⑤ 예의(Courtesy)

해설

조직시민행동
조직 구성원 스스로가 조직을 위해 행하는 자발적인 행동으로 직무기술서에 명시된 직무 외에 조직을 위해 과업 이상으로 수행하여 조직의 효율성에 기여하는 행동을 말한다. 조직시민행동은 자발적인 행동으로써 추가 업무를 할당받고, 자발적으로 구성원들을 돕고, 조직의 방침을 준수하고, 조직 발전과 관련된 분야의 전문성을 지속적으로 개발하고, 조직을 발전하거나 조직을 방어하고, 직무에 대해 긍정적인 태도를 표현하고, 불편함도 감수하는 등의 행동이 포함된다. 조직시민행동 척도는 스미스(Smith), 오건(Organ)과 니어(Near)가 1983년에 개발하였으며 이 중 오건은 이타주의(Altruism), 성실성(Conscientiousness), 스포츠맨십(Sportsmanship), 예의(Courtesy), 시민 덕목(Civic Virtue) 등 5가지 하위 차원으로 구분했다.

- 이타주의 : 직무상 필수적이지는 않지만, 한 구성원이 조직 내 업무나 문제에 대해 다른 구성원들을 도와주려는 직접적이고 자발적인 조직 내 행동이다.
- 성실성 : 조직에서 요구하는 최저 수준 이상의 역할을 수행하는 것을 말한다.
- 스포츠맨십 : 조직 내에서 어떠한 갈등이나 문제가 발생하더라도 그에 대해 불평이나 비난을 하는 대신, 가능하면 조직 생활의 고충이나 불편함을 스스로 해결하려고 하는 행동이다.
- 예의 : 구성원 스스로가 자신의 의사 결정과 행동으로 인해 다른 구성원들과 직무 관련 문제가 발생할 때를 대비하여, 문제가 일어나기 전에 이미 구성원들 간에 정보 등을 공유하여 문제 자체를 예방하고자 하는 행동이다.
- 시민덕목 : 조직 생활을 하면서 조직 내에서 벌어지는 활동에 책임감을 가지고 적극적으로 참여하며, 조직 내의 활동에 몰입하는 행동을 말한다.

61

직업 스트레스에 관한 설명으로 옳지 않은 것은?

① 비르(T. Beehr)와 프랜즈(T. Franz)는 직업 스트레스를 의학적 접근, 임상·상담적 접근, 공학심리학적 접근, 조직심리학적 접근 등 네 가지 다른 관점에서 설명할 수 있다고 제안하였다.
② 요구-통제 모델(Demands-Control Model)은 업무량 이외에도 다양한 요구가 존재한다는 점을 인식하고, 이러한 다양한 요구가 종업원의 안녕과 동기에 미치는 영향을 연구한다.
③ 자원보존 이론(Conservation of Resources Theory)은 종업원들은 시간에 걸쳐 자원을 축적하려는 동기를 가지고 있으며, 자원의 실제적 손실 또는 손실의 위협이 그들에게 스트레스를 경험하게 한다고 주장한다.
④ 셀리에(H. Selye)의 일반적 적응증후군 모델은 경고(Alarm), 저항(Resistance), 소진(Exhaustion)의 세 가지 단계로 구성된다.
⑤ 직업 스트레스 요인 중 역할 모호성(Role Ambiguity)은 종업원이 자신의 직무 기능과 책임이 무엇인지 불명확하게 느끼는 정도를 말한다.

해설

요구-통제모델
요구-통제모델은 직무에 관한 통제 부족이 스트레스를 미칠 수 있다는 이론으로 자율성, 의사결정권한, 권한위임 등의 수준에 따라 스트레스의 수준이 달라진다는 것이다. 직무요구는 개인에게 부과되는 업무량, 인간관계갈등, 직무 불안정 등을 말하고 통제는 개인 스스로 직무활동을 어느 정도 통제 가능한지에 대한 것을 의미한다. 높은 통제와 낮은 요구의 결합은 낮은 긴장(Low Strain)을 일으키고, 낮은 통제와 높은 요구의 결합은 높은 긴장(High Strain)으로 이어진다는 것이다. 업무량 이외에도 다양한 요구가 존재한다는 점을 인식하고, 이러한 다양한 요구가 종업원의 안녕과 동기에 미치는 영향을 연구하는 것은 요구-자원모델이다.

62

직무만족을 측정하는 대표적인 척도인 직무기술 지표(JDI ; Job Descriptive Index)의 하위 요인이 아닌 것은?

① 업 무
② 동 료
③ 관리 감독
④ 승진 기회
⑤ 작업 조건

해설

직무기술지표
1969년 Smith, Kendall, Hulin 등에 의해 개발된 척도로 직무, 감독, 임금, 동료, 승진 등 5개의 요인에 대한 만족도를 점수로 측정하는 방식이다. 각각의 질문에 대해 15분 이내에 '그렇다, 아니다, 모른다'로 대답하여 결과를 분석하는 방식이다.

63

해크만(J. Hackman)과 올드햄(G. Oldham)의 직무특성 이론은 5개의 핵심직무특성이 중요 심리상태라고 불리는 다음 단계와 직접적으로 연결된다고 주장하는데, '일의 의미감(Meaningfulness) 경험'이라는 심리상태와 관련 있는 직무특성을 모두 고른 것은?

ㄱ. 기술 다양성	ㄴ. 과제 피드백
ㄷ. 과제 정체성	ㄹ. 자율성
ㅁ. 과제 중요성	

① ㄱ, ㄷ
② ㄱ, ㄷ, ㅁ
③ ㄴ, ㄹ, ㅁ
④ ㄷ, ㄹ, ㅁ
⑤ ㄴ, ㄷ, ㄹ, ㅁ

해설

직무특성이론

직무가 가지고 있는 특성이 개인의 내적 심리상태에 영향을 주어 생산성, 직무 성과 등에 영향을 미친다는 이론이다. 리차드 해크만(J. Richard Hechman)과 그렉 올드햄(Greg R. Oldham)에 의해서 1970년대 후반과 1980년대 초반에 개발되었다.

해크만과 올드햄은 핵심적인 5가지의 직무특성이 개인의 심리상태에 영향을 미쳐 직무 성과를 결정짓는 요인으로 작용하며, 그 과정에서 개인의 성장욕구가 중요한 변수로서 작용한다고 보았다.

- 5가지 직무특성
  - 기술 다양성(Skill Variety) : 직무를 수행하기 위해 요구되는 기술이 다양할수록 개인은 직무에 대하여 더 의미와 가치가 있는 것으로 느끼며, 자기 효능감을 경험한다.
  - 과업 정체성(Task Identity) : 전체 과정 중 특정 부분만을 담당할 때보다 전체 과정을 담당할 때 개인은 직무를 더 보람된 것으로 느끼게 된다.
  - 과업 중요도(Task Significance) : 직무가 고객이나 주변 사람들에게 미치는 영향의 정도로, 개인은 자신의 직무가 타인에게 더 많은 영향을 미친다고 느낄수록 과업을 중요한 것으로 생각한다.
  - 자율성(Autonomy) : 개인은 스스로 직무를 계획, 관리, 조절할 수 있을 때 직무에 대해서 더 많은 의미를 부여한다.
  - 피드백(Feedback) : 업무 결과에 대해 구체적이고 명확한 정보를 얻고, 성과 향상을 위해 어떤 행동을 하면 될지 알 수 있을 때 개인은 생산성을 향상시키는 방향으로 직무를 담당할 수 있다.

64

브룸(V. Vroom)의 기대 이론(Expectancy Theory)에서 일정 수준의 행동이나 수행이 결과적으로 어떤 성과를 가져올 것이라는 믿음을 나타내는 것은?

① 기대(Expectancy)
② 방향(Direction)
③ 도구성(Instrumentality)
④ 강도(Intensity)
⑤ 유인가(Valence)

해설

기대이론

기대이론은 구성원 개인의 동기의 강도를 성과에 대한 기대와 유의성에 의해 설명하는 이론이다. 애트킨슨(J.W. Atkinson)의 연구를 바탕으로 브룸(V.H. Vroom)에 의해 완성되었으며, 라이먼 포터(Lyman W. Porter)와 에드워드 롤러(Edward E. Lawler) 등에 의해 발전되었다.
브룸에 의하면 동기(Motivation)는 유인가(Valence)·도구성(Instrumentality)·기대(Expectancy)의 3요소에 의해 영향을 받는다.
- 유인가(Valence) : 특정 보상에 대해 갖는 선호의 강도
- 도구성(Instrumentality) : 어떤 특정한 수준의 성과를 달성하면 바람직한 보상이 주어지리라고 믿는 정도
- 기대(Expectancy) : 어떤 활동이 특정 결과를 가져오리라고 믿는 가능성
- 동기(Motivation)의 강도 : 유의성 × 기대 × 수단
※ 저자의견 : 정답은 도구성이 맞지만 문제에서 '일정 수준의 행동이나 수행이 결과적으로 어떤 성과를 가져올 것이라는 믿음'만 생각한다면 기대도 정답이 될 수 있다.

65

라스뮈센(J. Rasmussen)의 수행수준 이론에 관한 설명으로 옳은 것은?

① 실수(Slip)의 기본적인 분류는 3가지 주제에 대한 것으로 의도형성에 따른 오류, 잘못된 활성화에 의한 오류, 잘못된 촉발에 의한 오류이다.
② 인간의 행동을 숙련(Skill)에 바탕을 둔 행동, 규칙(Rule)에 바탕을 둔 행동, 지식(Knowledge)에 바탕을 둔 행동으로 분류한다.
③ 오류의 종류로 인간공학적 설계오류, 제작오류, 검사오류, 설치 및 보수오류, 조작오류, 취급오류를 제시한다.
④ 오류를 분류하는 방법으로 오류를 일으키는 원인에 의한 분류, 오류의 발생 결과에 의한 분류, 오류가 발생하는 시스템 개발단계에 의한 분류가 있다.
⑤ 사람들의 오류를 분석하고 심리수준에서 구체적으로 설명할 수 있는 모델이며 욕구체계, 기억체계, 의도체계, 행위체계가 존재한다.

해설

수행수준이론

라스뮈센은 인간의 행동을 3가지 수준(숙련기반행동, 규칙기반행동, 지식기반행동)으로 분류하였다.
- 숙련기반행동 : 외부에서 들어오는 자극을 감각 후 즉시 실행되는 것으로 보행, 단순 조립 등과 같이 무의식 수준에서 행해지는 행동이다.
- 규칙기반행동 : 외부 자극을 지각하는 과정을 규칙을 적용해 실행되는 행동이다. 현장에서 위험 작업 시 보호구를 착용하는 것 등이 해당된다.
- 지식기반행동 : 규칙을 적용해도 해결책이 없는 경우 고도의 정신 활동인 지적 과정을 거쳐 하는 행동이다.

66
착시를 크기 착시와 방향 착시로 구분하는 경우, 동일한 물리적인 길이와 크기를 가지는 선이나 형태를 다르게 지각하는 크기 착시에 해당하지 않는 것은?

① 뮐러리어(Müller-Lyer) 착시
② 폰조(Ponzo) 착시
③ 에빙하우스(Ebbinghaus) 착시
④ 포겐도르프(Poggendorf) 착시
⑤ 델뵈프(Delboeuf) 착시

해설

뮐러리어 착시	폰조 착시	에빙하우스 착시 (티체너 착시)	포겐도르프 착시	델뵈프 착시

67
집단(팀)에 관한 다음 설명에 해당하는 모델은?

- 집단이 발전함에 따라 다양한 단계를 거친다는 가정을 한다.
- 집단발달의 단계로 5단계(형성, 폭풍, 규범화, 성과, 해산)를 제시하였다.
- 시간의 경과에 따라 팀은 여러 단계를 왔다 갔다 반복하면서 발달한다.

① 캠피온(Campion)의 모델
② 맥그래스(McGrath)의 모델
③ 그래드스테인(Gladstein)의 모델
④ 해크만(Hackman)의 모델
⑤ 터크만(Tuckman)의 모델

해설

터크만의 모델
팀 발달 단계가 Forming, Storming, Norming, Performing, Adjourning의 5단계로 이루어진다는 이론이다.
- 형성(Forming) : 팀이 처음 구성되는 단계로 팀의 목표나 문제에 대해 구성원들의 이해가 부족한 단계이다.
- 격동(Storming) : 팀의 내부적인 갈등이 높은 시기로 목표에 따라 팀원들이 혼란스럽고 저항하는 시기이다.
- 규범화(Norming) : 팀을 위한 규칙, 가치, 행동요령 등이 만들어지는 단계로 서로에게 맞추는 시기이다.
- 성과(Performing) : 팀이 하나가 되어 갈등 없이 목표를 함께 성취하는 단계이다.
- 해산(Adjourning) : 목표를 이루고 해체되는 단계이다.

정답 66 ④ 67 ⑤

68
산업재해이론 중 아담스(E. Adams)의 사고연쇄 이론에 관한 설명으로 옳은 것은?

① 관리구조의 결함, 전술적 오류, 관리기술 오류가 연속적으로 발생하게 되며 사고와 재해로 이어진다.
② 불안전상태와 불안전행동을 어떻게 조절하고 관리할 것인가에 관심을 가지고 위험해결을 위한 노력을 기울인다.
③ 긴장 수준이 지나치게 높은 작업자가 사고를 일으키기 쉽고 작업수행의 질도 떨어진다.
④ 작업자의 주의력이 저하하거나 약화될 때 작업의 질은 떨어지고 오류가 발생해서 사고나 재해가 유발되기 쉽다.
⑤ 사고나 재해는 사고를 낸 당사자나 사고발생 당시의 불안전행동, 그리고 불안전행동을 유발하는 조건과 감독의 불안전 등이 동시에 나타날 때 발생한다.

해설
사고연쇄이론
아담스에 의해 완성된 이론으로 사고는 관리구조결여, 작전적 에러, 전술적 에러, 사고, 재해가 연쇄반응을 일으켜 발생한다는 것이다.
- 관리구조 결여 : 회사의 목적, 조직 운영 등과 관련된 사항
- 작전적 에러 : 감독자, 관리자의 책임소재, 적극적 개입 등과 관련
- 전술적 에러 : 작업자의 행동실수와 작업조건 결함과 관련
- 사고 : 아차사고
- 재해 : 인적, 물적 피해 발생

69
다음은 산업위생을 연구한 학자이다. 누구에 관한 설명인가?

- 독일 의사
- "광물에 대하여(De Re Metallica)" 저술
- 먼지에 의한 규폐증 기록

① Alice Hamilton
② Percival Pott
③ Thomas Percival
④ Georgius Agricola
⑤ Pliny the Elder

해설
아그리콜라(Georgius Agricola)
아그리콜라는 독일 태생으로 1494년 탄생하여 1555년 사망하였다. 본명은 Georg Bauer이며 직업은 광물학자, 야금학자로서 광물의 형태적 분류를 처음으로 행했다. 광산학의 기초를 닦았으며 『저서 광물에 대하여(De Re Metallica)』에 탐광, 채광, 광석의 운반, 광부의 조직, 급료, 건강관리, 특히 먼지에 의한 규폐증 등에 대해 정확하게 관찰, 기록하였다.

70

화학물질 및 물리적 인자의 노출기준에 관한 설명으로 옳지 않은 것은?

① "최고노출기준(C)"이란 근로자가 1일 작업시간 동안 잠시라도 노출되어서는 아니 되는 기준이다.
② 노출기준을 이용할 경우에는 근로시간, 작업의 강도, 온열조건, 이상기압도 고려하여야 한다.
③ "Skin" 표시물질은 피부자극성을 뜻하는 것은 아니며, 점막과 눈 그리고 경피로 흡수되어 전신 영향을 일으킬 수 있는 물질이다.
④ 발암성 정보물질의 표기는 화학물질의 분류·표시 및 물질안전보건자료에 관한 기준에 따라 1A, 1B, 2로 표기한다.
⑤ "단시간노출기준(STEL)"이란 15분간의 시간가중평균노출값으로서 노출농도가 시간가중평균노출기준(TWA)을 초과하고 단시간노출기준(STEL) 이하인 경우에는 1회 노출 지속시간이 15분 미만이어야 하고, 이러한 상태가 1일 3회 이하로 발생하여야 하며, 각 노출의 간격은 45분 이상이어야 한다.

해설

정의(화학물질 및 물리적 인자의 노출기준 제2조)
㉠ 이 고시에서 사용하는 용어의 뜻은 다음과 같다.
1. "노출기준"이란 근로자가 유해인자에 노출되는 경우 노출기준 이하 수준에서는 거의 모든 근로자에게 건강상 나쁜 영향을 미치지 아니하는 기준을 말하며, 1일 작업시간 동안의 시간가중평균노출기준(TWA ; Time Weighted Average), 단시간노출기준(STEL ; Short Term Exposure Limit) 또는 최고노출기준(C ; Ceiling)으로 표시한다.
2. "시간가중평균노출기준(TWA)"이란 1일 8시간 작업을 기준으로 하여 유해인자의 측정치에 발생시간을 곱하여 8시간으로 나눈 값을 말하며, 다음 식에 따라 산출한다.

   TWA 환산값 $= \dfrac{C_1 T_1 + C_2 T_2 + \cdots + C_n T_n}{8}$

   여기서, C : 유해인자의 측정치(단위 : ppm, mg/m^3 또는 개/cm^3)
   T : 유해인자의 발생시간(단위 : 시간)
3. "단시간노출기준(STEL)"이란 15분간의 시간가중평균노출값으로서 노출농도가 시간가중평균노출기준(TWA)을 초과하고 단시간노출기준(STEL) 이하인 경우에는 1회 노출 지속시간이 15분 미만이어야 하고, 이러한 상태가 1일 4회 이하로 발생하여야 하며, 각 노출의 간격은 60분 이상이어야 한다.
4. "최고노출기준(C)"이란 근로자가 1일 작업시간 동안 잠시라도 노출되어서는 아니 되는 기준을 말하며, 노출기준 앞에 "C"를 붙여 표시한다.

㉡ 이 고시에서 특별히 규정하지 아니한 용어는 산업안전보건법(이하 "법"이라 한다), 산업안전보건법 시행령(이하 "영"이라 한다), 산업안전보건법 시행규칙(이하 "규칙"이라 한다) 및 산업안전보건기준에 관한 규칙(이하 "안전보건규칙"이라 한다)이 정하는 바에 따른다.

71

근로자건강진단 실무지침에서 화학물질에 대한 생물학적 노출지표의 노출 기준값으로 옳지 않은 것은?

① 노말-헥세인 : [소변 중 2,5-헥산디온, 5mg/L]
② 메틸클로로폼 : [소변 중 삼염화초산, 10mg/L]
③ 크실렌 : [소변 중 메틸마뇨산, 1.5g/g crea]
④ 톨루엔 : [소변 중 o-크레졸, 1mg/g crea]
⑤ 인듐 : [혈청 중 인듐, 1.2㎍/L]

해설

유기화합물 생물학적 노출지표의 노출 기준값 및 검사방법(한국산업안전보건공단, 「근로자 건강진단 실무지침」 제1권 IV장 생물학적 노출지표검사 표 1)
톨루엔의 노출지표와 노출 기준값은 소변 중 o-크레졸 0.8mg/g crea이다.

72

후드 개구부 면에서 제어속도(Capture Velocity)를 측정해야 하는 후드 형태에 해당하는 것은?

① 외부식 후드
② 포위식 후드
③ 리시버(Receiver)식 후드
④ 슬롯(Slot) 후드
⑤ 캐노피(Canopy) 후드

해설

후드의 형태
- 포위식 후드 : 발생원을 완전히 포위하는 형태의 후드로 후드 개구부 면에서 측정한 속도가 제어속도가 된다. 가장 효과적으로 필요 환기량을 최소화할 수 있다.
- 외부식 후드 : 후드의 흡입력이 외부까지 미치도록 설계한 후드로 포집형 후드라고 한다. 외부식 후드 결정 시 근로자 작업영역 보호 및 노출가능성의 최소 유지가 요구된다.
- 리시버식 후드 : 작업 중에 생기는 오염물질이 관성력이나 열부력에 의한 열상승력을 가지고 자체적으로 발생될 때, 발생되는 방향 쪽에 후드의 입구를 설치함으로써 보다 적은 풍량으로 오염물질을 포집할 수 있도록 설계한 후드이다.
- 슬롯 후드 : 외부식 후드의 한 종류이다.
- 캐노피 후드 : 유해물질의 발생 및 확산이 우려되는 작업 공간에서, 국소배기를 실시하는 경우 유해 오염원의 발생부 상부 또는 작업대 상부를 덮는 형태로 설치하는 후드이다.

73

카드뮴 및 그 화합물에 대한 특수건강진단 시 제1차 검사항목에 해당하는 것은?(단, 근로자는 해당 작업에 처음 배치되는 것은 아니다)

① 소변 중 카드뮴
② 베타 2 마이크로글로불린
③ 혈중 카드뮴
④ 객담세포검사
⑤ 단백뇨정량

해설

특수건강진단·배치전건강진단·수시건강진단의 검사항목(산업안전보건법 시행규칙 별표 24)
금속류

번호	유해인자	제1차 검사항목	제2차 검사항목
17	카드뮴 [7440-43-9] 및 그 화합물 (Cadmium and its compounds)	(1) 직업력 및 노출력 조사 (2) 주요 표적기관과 관련된 병력조사 (3) 임상검사 및 진찰 ① 비뇨기계 : 요검사 10종, 혈압 측정, 전립선 증상 문진 ② 호흡기계 : 청진, 흉부방사선(후전면), 폐활량검사 (4) 생물학적 노출지표 검사 : 혈중 카드뮴	(1) 임상검사 및 진찰 ① 비뇨기계 : 단백뇨정량, 혈청 크레아티닌, 요소질소, 전립선특이항원(남), 베타 2 마이크로글로불린 ② 호흡기계 : 흉부방사선(측면), 흉부 전산화 단층촬영, 객담세포검사 (2) 생물학적 노출지표 검사 : 소변 중 카드뮴

정답 73 ③

74

근로자 건강진단 실시기준에서 유해요인과 인체에 미치는 영향으로 옳지 않은 것은?

① 니켈 – 폐암, 비강암, 눈의 자극증상
② 오산화바나듐 – 천식, 폐부종, 피부습진
③ 베릴륨 – 기침, 호흡곤란, 폐의 육아종 형성
④ 카드뮴 – 만성 폐쇄성 호흡기 질환 및 폐기종
⑤ 망간 – 접촉성 피부염, 비중격 점막의 괴사

해설

유해요인	인체에 미치는 영향
수은	식용부진, 두통, 불안, 호흡곤란, 폐렴, 메스꺼움, 설사 등
카드뮴	신장장해, 만성 폐쇄성 호흡기 질환, 폐기종, 골격계 장해, 심혈관 장해 등
망간	수면방해, 행동이상, 신경증상, 발음 부정확 등
오산화바나듐	눈물이 나옴, 비염, 인두염, 기관지염, 천식, 폐부종, 피부습진 등
니켈	폐암, 비강암, 눈의 자극증상, 발한, 메스꺼움, 어지러움, 경련, 정신착란 등
베릴륨	기관지염, 접촉성 피부염, 기침, 호흡곤란, 폐의 육아종 형성 등
비소	접촉성 피부염, 비중격 점막의 괴사, 다발성 신경염 등
석면	석면폐증, 기관지염, 호흡곤란, 폐암, 중피종 등

75

작업환경측정 대상 유해인자에는 해당하지만 특수건강진단 대상 유해인자는 아닌 것은?

① 다이에틸아민
② 다이에틸에터
③ 무수프탈산
④ 브롬화메틸
⑤ 피리딘

해설

작업환경측정 대상 유해인자(산업안전보건법 시행규칙 별표 21)와 특수건강진단 대상 유해인자(산업안전보건법 시행규칙 별표 22)를 비교해 보면 다이에틸아민(Diethylamine)은 작업환경측정 대상 유해인자에는 해당하지만 특수건강진단 대상 유해인자에는 해당하지 않는다.

2024년 과년도 기출문제

산업안전보건법령

01
산업안전보건법령상 산업안전보건위원회에 관한 내용으로 옳지 않은 것은?

① 사업주는 사업장의 안전 및 보건에 관한 중요 사항을 심의·의결하기 위하여 사업장에 근로자위원과 사용자위원이 같은 수로 구성되는 산업안전보건위원회를 구성·운영하여야 한다.
② 사업주는 공정안전보고서를 작성할 때 산업안전보건위원회가 설치되어 있지 아니한 사업장의 경우에는 근로자대표의 의견을 들어야 한다.
③ 산업안전보건위원회의 회의는 근로자위원 및 사용자위원 각 과반수의 출석으로 개의(開議)하고 출석위원 과반수의 찬성으로 의결한다.
④ 사업주는 산업안전보건위원회 또는 근로자대표가 요구하면 작업환경측정 결과에 대한 설명회 등을 개최하여야 한다.
⑤ 사업주는 산업안전보건위원회가 요구할 때에는 개별 근로자의 건강진단 결과를 본인의 동의가 없어도 공개할 수 있다.

해설
① 산업안전보건법 제24조
② 산업안전보건법 제44조
③ 산업안전보건법 시행령 제37조
④ 산업안전보건법 제125조

건강진단에 관한 사업주의 의무(산업안전보건법 제132조)
사업주는 산업안전보건위원회 또는 근로자대표가 요구할 때에는 직접 또는 건강진단을 한 건강진단기관에 건강진단 결과에 대하여 설명하도록 하여야 한다. 다만, 개별 근로자의 건강진단 결과는 본인의 동의 없이 공개해서는 아니 된다.

정답 1 ⑤

02

산업안전보건법령상 산업재해 발생에 관한 설명으로 옳지 않은 것은?

① 고용노동부장관은 산업재해로 인한 사망자가 연간 2명 이상 발생한 사업장의 경우 산업재해를 예방하기 위하여 산업재해발생건수 등을 공표하여야 한다.
② 중대재해가 발생한 사실을 알게 된 사업주가 사업장 소재지를 관할하는 지방 고용노동관서의 장에게 보고하는 방법에는 전화·팩스가 포함된다.
③ 사업주는 산업재해조사표에 근로자대표의 확인을 받아야 하지만, 근로자대표가 없는 경우에는 재해자 본인의 확인을 받아 산업재해조사표를 제출할 수 있다.
④ 고용노동부장관은 중대재해가 발생하였을 때에는 그 원인 규명 또는 산업재해 예방대책 수립을 위하여 그 발생 원인을 조사할 수 있다.
⑤ 사업주는 산업재해로 사망자가 발생한 경우에는 지체 없이 산업재해조사표를 작성하여 한국산업안전보건공단에 제출해야 한다.

해설

① 산업안전보건법 제10조
② 산업안전보건법 시행규칙 제67조
③ 산업안전보건법 시행규칙 제73조
④ 산업안전보건법 제56조

산업재해 발생 보고 등(산업안전보건법 시행규칙 제73조)
사업주는 산업재해로 사망자가 발생하거나 3일 이상의 휴업이 필요한 부상을 입거나 질병에 걸린 사람이 발생한 경우에는 해당 산업재해가 발생한 날부터 1개월 이내에 산업재해조사표를 작성하여 관할 지방고용노동관서의 장에게 제출(전자문서로 제출하는 것을 포함한다)해야 한다.

03

산업안전보건법령상 상시근로자 수가 200명인 경우에 안전보건관리규정을 작성해야 하는 사업의 종류에 해당하는 것은?

① 농 업
② 정보서비스업
③ 부동산 임대업
④ 금융 및 보험업
⑤ 사업지원 서비스업

해설

안전보건관리규정을 작성해야 할 사업의 종류 및 상시근로자 수(산업안전보건법 시행규칙 별표 2)

사업의 종류	상시근로자 수
1. 농 업 2. 어 업 3. 소프트웨어 개발 및 공급업 4. 컴퓨터 프로그래밍, 시스템 통합 및 관리업 4의2. 영상·오디오물 제공 서비스업 5. 정보서비스업 6. 금융 및 보험업 7. 임대업 : 부동산 제외 8. 전문, 과학 및 기술 서비스업(연구개발업은 제외한다) 9. 사업지원 서비스업 10. 사회복지 서비스업	300명 이상
11. 1.부터 4.까지, 4의2 및 5.부터 10.까지의 사업을 제외한 사업	100명 이상

정답 3 ③

04

산업안전보건법령상 근로자의 안전 및 보건에 유해하거나 위험한 작업으로서 사업주가 이를 도급하여 자신의 사업장에서 수급인의 근로자가 그 작업을 하도록 해서는 아니 되는 작업을 모두 고른 것은?(단, 제시된 내용 외의 다른 상황은 고려하지 않음)

> ㄱ. 도금작업
> ㄴ. 수은을 제련, 주입, 가공 및 가열하는 작업
> ㄷ. 카드뮴을 제련, 주입, 가공 및 가열하는 작업
> ㄹ. 망간을 제련, 주입, 가공 및 가열하는 작업

① ㄱ
② ㄹ
③ ㄱ, ㄴ, ㄷ
④ ㄴ, ㄷ, ㄹ
⑤ ㄱ, ㄴ, ㄷ, ㄹ

해설

유해한 작업의 도급금지(산업안전보건법 제58조)
사업주는 근로자의 안전 및 보건에 유해하거나 위험한 작업으로서 다음의 어느 하나에 해당하는 작업을 도급하여 자신의 사업장에서 수급인의 근로자가 그 작업을 하도록 해서는 아니 된다.
1. 도금작업
2. 수은, 납 또는 카드뮴을 제련, 주입, 가공 및 가열하는 작업
3. 허가대상물질을 제조하거나 사용하는 작업

4 ③

05

산업안전보건법령상 안전보건표지에 관한 설명으로 옳은 것은?

① 지시표지의 색채는 바탕은 파란색, 관련 그림은 흰색으로 한다.
② 방사성물질 경고의 경고표지는 바탕은 무색, 기본모형은 빨간색으로 한다.
③ 안전보건표지의 성질상 설치하거나 부착하는 것이 곤란한 경우에도 해당 물체에 직접 도색할 수 없다.
④ 외국인근로자의 고용 등에 관한 법률 제2조에 따른 외국인근로자를 사용하는 사업주는 안전보건표지를 고용노동부장관이 정하는 바에 따라 해당 외국인 근로자의 모국어와 영어로 작성하여야 한다.
⑤ 안전보건표지의 표시를 명확히 하기 위하여 필요한 경우에는 그 안전보건표지의 주위에 표시사항을 글자로 덧붙여 적을 수 있으며, 이 경우 그 글자는 검정색 바탕에 노란색 한글고딕체로 표기해야 한다.

해설

③ 산업안전보건법 시행규칙 제39조
④ 산업안전보건법 제37조
⑤ 산업안전보건법 시행규칙 제38조

안전보건표지의 종류별 용도, 설치, 부착장소, 형태 및 색채(산업안전보건법 시행규칙 별표 7)

분류	종류	색채
경고표지	1. 인화성물질 경고 2. 산화성물질 경고 3. 폭발성물질 경고 4. 급성독성물질 경고 5. 부식성물질 경고 6. 방사성물질 경고 7. 고압전기 경고 8. 매달린 물체 경고 9. 낙하물체 경고 10. 고온 경고 11. 저온 경고 12. 몸균형 상실 경고 13. 레이저광선 경고 14. 발암성·변이원성·생식독성·전신독성·호흡기과민성 물질 경고 15. 위험장소 경고	바탕은 노란색, 기본모형, 관련 부호 및 그림은 검은색 다만, 인화성물질 경고, 산화성물질 경고, 폭발성물질 경고, 급성독성물질 경고, 부식성물질 경고 및 발암성·변이원성·생식독성·전신독성·호흡기과민성 물질 경고의 경우 바탕은 무색, 기본모형은 빨간색(검은색도 가능)
지시표지	1. 보안경 착용 2. 방독마스크 착용 3. 방진마스크 착용 4. 보안면 착용 5. 안전모 착용 6. 귀마개 착용 7. 안전화 착용 8. 안전장갑 착용 9. 안전복착용	바탕은 파란색, 관련 그림은 흰색

정답 5 ①

06

산업안전보건법령상 안전보건관리책임자에 관한 설명으로 옳지 않은 것은?

① 안전보건관리책임자는 안전관리자와 보건관리자를 지휘·감독한다.
② 사업주가 안전보건관리책임자에게 총괄하여 관리하도록 하여야 하는 사항에는 해당 사업장의 산업안전보건법 제36조(위험성평가의 실시)에 따른 위험성평가의 실시에 관한 사항도 포함된다.
③ 상시근로자 수가 100명인 1차 금속 제조업의 사업장에는 안전보건관리책임자를 두어야 한다.
④ 건설업의 경우 공사금액이 10억원인 사업장에는 안전보건관리책임자를 두어야 한다.
⑤ 사업주는 안전보건관리책임자의 선임에 관한 서류를 3년 동안 보존하여야 한다.

해설

① 산업안전보건법 제15조
② 산업안전보건법 시행령 제53조
⑤ 산업안전보건법 제164조

안전보건관리책임자를 두어야 하는 사업의 종류 및 사업장의 상시근로자 수(산업안전보건법 시행령 별표 2)

사업의 종류	사업장의 상시근로자 수
1. 토사석 광업 2. 식료품 제조업, 음료 제조업 3. 목재 및 나무제품 제조업 : 가구 제외 4. 펄프, 종이 및 종이제품 제조업 5. 코크스, 연탄 및 석유정제품 제조업 6. 화학물질 및 화학제품 제조업 : 의약품 제외 7. 의료용 물질 및 의약품 제조업 8. 고무 및 플라스틱제품 제조업 9. 비금속 광물제품 제조업 10. 1차 금속 제조업 11. 금속가공제품 제조업 : 기계 및 가구 제외 12. 전자부품, 컴퓨터, 영상, 음향 및 통신장비 제조업 13. 의료, 정밀, 광학기기 및 시계 제조업 14. 전기장비 제조업 15. 기타 기계 및 장비 제조업 16. 자동차 및 트레일러 제조업 17. 기타 운송장비 제조업 18. 가구 제조업 19. 기타 제품 제조업 20. 서적, 잡지 및 기타 인쇄물 출판업 21. 해체, 선별 및 원료 재생업 22. 자동차 종합 수리업, 자동차 전문 수리업	상시근로자 50명 이상

사업의 종류	사업장의 상시근로자 수
23. 농 업 24. 어 업 25. 소프트웨어 개발 및 공급업 26. 컴퓨터 프로그래밍, 시스템 통합 및 관리업 26의2. 영상·오디오물 제공 서비스업 27. 정보서비스업 28. 금융 및 보험업 29. 임대업 : 부동산 제외 30. 전문, 과학 및 기술 서비스업(연구개발업은 제외한다) 31. 사업지원 서비스업 32. 사회복지 서비스업	상시근로자 300명 이상
33. 건설업	공사금액 20억원 이상
34. 1.부터 26.까지, 26의2. 및 27.부터 33.까지의 사업을 제외한 사업	상시근로자 100명 이상

07
산업안전보건법령상 안전관리자 및 보건관리자 등에 관한 설명으로 옳지 않은 것은?

① 지방고용노동관서의 장은 보건관리자가 질병으로 1개월 이상 직무를 수행할 수 없게 된 경우에는 사업주에게 보건관리자를 정수 이상으로 증원하게 할 것을 명할 수 있다.
② 건설업을 제외한 사업으로서 상시근로자 300명 미만을 사용하는 사업장의 사업주는 안전관리전문기관에 안전관리자의 업무를 위탁할 수 있다.
③ 전기장비 제조업 중 상시근로자 300명 이상을 사용하는 사업장의 사업주는 보건관리자에게 보건관리자의 업무만을 전담하도록 하여야 한다.
④ 식료품 제조업 중 상시근로자 300명 이상을 사용하는 사업장의 사업주는 안전관리자에게 안전관리자의 업무만을 전담하도록 하여야 한다.
⑤ 안전관리자와 보건관리자가 수행하는 업무에는 산업안전보건위원회 또는 안전 및 보건에 관한 노사협의체에서 심의·의결한 업무도 포함된다.

해설
② · ④ 산업안전보건법 제17조
③ 산업안전보건법 제18조
⑤ 산업안전보건법 시행령 제18조, 제22조
안전관리자 등의 증원·교체임명 명령(산업안전보건법 시행규칙 제12조)
지방고용노동관서의 장은 다음의 어느 하나에 해당하는 사유가 발생한 경우에는 사업주에게 안전관리자·보건관리자 또는 안전보건관리담당자 (이하 "관리자"라 한다)를 정수 이상으로 증원하게 하거나 교체하여 임명할 것을 명할 수 있다.
1. 해당 사업장의 연간재해율이 같은 업종의 평균재해율의 2배 이상인 경우
2. 중대재해가 연간 2건 이상 발생한 경우. 다만, 해당 사업장의 전년도 사망만인율이 같은 업종의 평균 사망만인율 이하인 경우는 제외한다.
3. 관리자가 질병이나 그 밖의 사유로 3개월 이상 직무를 수행할 수 없게 된 경우
4. 화학적 인자로 인한 직업성 질병자가 연간 3명 이상 발생한 경우

정답 7 ①

08

산업안전보건법령상 관계수급인 근로자가 도급인의 사업장에서 작업을 하는 경우 도급인이 이행해야 하는 사항에 해당하는 것을 모두 고른 것은?

> ㄱ. 작업장 순회점검
> ㄴ. 관계수급인이 산업안전보건법 제29조(근로자에 대한 안전보건교육) 제1항에 따라 근로자에게 정기적으로 하는 안전보건교육을 위한 장소 및 자료의 제공 등 지원
> ㄷ. 도급인과 수급인을 구성원으로 하는 안전 및 보건에 관한 협의체의 구성 및 운영
> ㄹ. 작업 장소에서 발파작업을 하는 경우에 대비한 경보체계 운영과 대피방법 등 훈련

① ㄱ
② ㄴ, ㄹ
③ ㄷ, ㄹ
④ ㄱ, ㄴ, ㄷ
⑤ ㄱ, ㄴ, ㄷ, ㄹ

해설

도급에 따른 산업재해 예방조치(산업안전보건법 제64조)
도급인은 관계수급인 근로자가 도급인의 사업장에서 작업을 하는 경우 다음의 사항을 이행하여야 한다.
1. 도급인과 수급인을 구성원으로 하는 안전 및 보건에 관한 협의체의 구성 및 운영
2. 작업장 순회점검
3. 관계수급인이 근로자에게 하는 제29조제1항부터 제3항까지의 규정에 따른 안전보건교육을 위한 장소 및 자료의 제공 등 지원
4. 관계수급인이 근로자에게 하는 제29조제3항에 따른 안전보건교육의 실시 확인
5. 다음의 어느 하나의 경우에 대비한 경보체계 운영과 대피방법 등 훈련
  가. 작업 장소에서 발파작업을 하는 경우
  나. 작업 장소에서 화재·폭발, 토사·구축물 등의 붕괴 또는 지진 등이 발생한 경우
6. 위생시설 등 고용노동부령으로 정하는 시설의 설치 등을 위하여 필요한 장소의 제공 또는 도급인이 설치한 위생시설 이용의 협조
7. 같은 장소에서 이루어지는 도급인과 관계수급인 등의 작업에 있어서 관계수급인 등의 작업시기·내용, 안전조치 및 보건조치 등의 확인
8. 7.에 따른 확인 결과 관계수급인 등의 작업 혼재로 인하여 화재·폭발 등 대통령령으로 정하는 위험이 발생할 우려가 있는 경우 관계수급인 등의 작업시기·내용 등의 조정

09

산업안전보건법령상 주요 구조 부분을 변경하는 경우 안전인증을 받아야 하는 기계 및 설비에 해당하지 않는 것은?(단, 안전인증을 면제받는 경우는 고려하지 않음)

① 원심기
② 프레스
③ 롤러기
④ 압력용기
⑤ 고소작업대

해설

안전인증대상기계 등(산업안전보건법 시행규칙 제107조)

1. 설치·이전하는 경우 안전인증을 받아야 하는 기계
   - 가. 크레인
   - 나. 리프트
   - 다. 곤돌라
2. 주요 구조 부분을 변경하는 경우 안전인증을 받아야 하는 기계 및 설비
   - 가. 프레스
   - 나. 전단기 및 절곡기
   - 다. 크레인
   - 라. 리프트
   - 마. 압력용기
   - 바. 롤러기
   - 사. 사출성형기
   - 아. 고소작업대
   - 자. 곤돌라

10

산업안전보건법령상 용어의 정의로 옳은 것은?

① "작업환경측정"이란 작업환경 실태를 파악하기 위하여 해당 근로자 또는 작업장에 대하여 사업주가 유해인자에 대한 측정계획을 수립한 후 시료(試料)를 채취하고 분석·평가하는 것을 말한다.
② "중대재해"란 근로자가 사망하거나 부상을 입을 수 있는 설비에서의 누출·화재·폭발 사고를 말한다.
③ "건설공사발주자"란 건설공사를 도급하는 자로서 건설공사의 시공을 주도하여 총괄·관리하는 자를 말한다.
④ "산업재해"란 근로자가 업무에 관계되는 건설물·설비·원재료·가스·증기·분진 등에 의하거나 작업 또는 그 밖의 업무로 인하여 사망 또는 3일 이상의 휴업이 필요한 질병에 걸리는 것을 말한다.
⑤ "위험성평가"란 산업재해를 예방하기 위하여 잠재적 위험성을 발견하고 그 개선대책을 수립할 목적으로 조사·평가하는 것을 말한다.

해설

정의(산업안전보건법 제2조)

㉠ "산업재해"란 노무를 제공하는 사람이 업무에 관계되는 건설물·설비·원재료·가스·증기·분진 등에 의하거나 작업 또는 그 밖의 업무로 인하여 사망 또는 부상하거나 질병에 걸리는 것을 말한다.
㉡ "중대재해"란 산업재해 중 사망 등 재해 정도가 심하거나 다수의 재해자가 발생한 경우로서 고용노동부령으로 정하는 재해를 말한다.
㉢ "건설공사발주자"란 건설공사를 도급하는 자로서 건설공사의 시공을 주도하여 총괄·관리하지 아니하는 자를 말한다. 다만, 도급받은 건설공사를 다시 도급하는 자는 제외한다.

정의(사업장 위험성평가에 관한 지침 제3조)

"위험성평가"란 사업주가 스스로 유해·위험요인을 파악하고 해당 유해·위험요인의 위험성 수준을 결정하여, 위험성을 낮추기 위한 적절한 조치를 마련하고 실행하는 과정을 말한다.

정답 10 ①

11

산업안전보건법령상 유해하거나 위험한 기계·기구에 대한 방호조치 등에 관한 설명으로 옳은 것을 모두 고른 것은?

> ㄱ. 진공포장기·래핑기를 제외한 포장기계에는 구동부 방호 연동장치를 설치해야 한다.
> ㄴ. 회전기계에 물체 등이 말려 들어갈 부분이 있는 기계는 물림점을 묻힘형으로 하여야 한다.
> ㄷ. 예초기 및 금속절단기에는 날 접촉 예방장치를 설치해야 하고, 원심기에는 회전체 접촉 예방장치를 설치해야 한다.
> ㄹ. 근로자가 방호조치를 해체하려는 경우에는 사업주의 허가를 받아야 한다.

① ㄱ
② ㄱ, ㄴ
③ ㄴ, ㄷ
④ ㄷ, ㄹ
⑤ ㄱ, ㄷ, ㄹ

해설

방호조치(산업안전보건법 시행규칙 제98조)
㉠ 법 제80조제1항에 따라 영 제70조 및 영 별표 20의 기계·기구에 설치해야 할 방호장치는 다음과 같다.
 1. 영 별표 20 제1호에 따른 예초기 : 날 접촉 예방장치
 2. 영 별표 20 제2호에 따른 원심기 : 회전체 접촉 예방장치
 3. 영 별표 20 제3호에 따른 공기압축기 : 압력방출장치
 4. 영 별표 20 제4호에 따른 금속절단기 : 날 접촉 예방장치
 5. 영 별표 20 제5호에 따른 지게차 : 헤드 가드, 백레스트(Backrest), 전조등, 후미등, 안전벨트
 6. 영 별표 20 제6호에 따른 포장기계 : 구동부 방호 연동장치
㉡ 법 제80조제2항에서 "고용노동부령으로 정하는 방호조치"란 다음의 방호조치를 말한다.
 1. 작동 부분의 돌기부분은 묻힘형으로 하거나 덮개를 부착할 것
 2. 동력전달 부분 및 속도조절 부분에는 덮개를 부착하거나 방호망을 설치할 것
 3. 회전기계의 물림점(롤러나 톱니바퀴 등 반대방향의 두 회전체에 물려 들어가는 위험점)에는 덮개 또는 울을 설치할 것

방호조치 해체 등에 필요한 조치(산업안전보건법 시행규칙 제99조)
법 제80조제4항에서 "고용노동부령으로 정하는 경우"란 다음의 경우를 말하며, 그에 필요한 안전조치 및 보건조치는 다음에 따른다.
1. 방호조치를 해체하려는 경우 : 사업주의 허가를 받아 해체할 것
2. 방호조치 해체 사유가 소멸된 경우 : 방호조치를 지체 없이 원상으로 회복시킬 것
3. 방호조치의 기능이 상실된 것을 발견한 경우 : 지체 없이 사업주에게 신고할 것

방호장치(위험기계·기구 방호조치 기준 제21조)
진공포장기 및 래핑기의 개방 시 기계의 작동이 정지되는 구조의 구동부 방호 연동장치를 설치하여야 한다.

12

산업안전보건법 시행규칙의 일부이다. ( )에 들어갈 숫자로 옳은 것은?

■ 산업안전보건법 시행규칙 [별표 4]
안전보건교육 교육과정별 교육시간(제26조제1항 등 관련)
1. 근로자 안전보건교육(제26조제1항, 제28조제1항 관련)

교육과정	교육대상	교육시간
마. 건설업 기초안전·보건교육	건설 일용근로자	( )시간 이상

① 1
② 2
③ 4
④ 6
⑤ 8

해설

안전보건교육 교육과정별 교육시간(산업안전보건법 시행규칙 별표 4)
근로자 안전보건교육

교육과정	교육대상		교육시간
가. 정기교육	사무직 종사 근로자		매 반기 6시간 이상
	그 밖의 근로자	판매업무에 직접 종사하는 근로자	매 반기 6시간 이상
		판매업무에 직접 종사하는 근로자 외의 근로자	매 반기 12시간 이상
나. 채용 시 교육	일용근로자 및 근로계약기간이 1주일 이하인 기간제근로자		1시간 이상
	근로계약기간이 1주일 초과 1개월 이하인 기간제근로자		4시간 이상
	그 밖의 근로자		8시간 이상
다. 작업내용 변경 시 교육	일용근로자 및 근로계약기간이 1주일 이하인 기간제근로자		1시간 이상
	그 밖의 근로자		2시간 이상
라. 특별교육	일용근로자 및 근로계약기간이 1주일 이하인 기간제근로자 : 특별교육 대상(타워크레인 신호수 제외)에 해당하는 작업에 종사하는 근로자에 한정		2시간 이상
	일용근로자 및 근로계약기간이 1주일 이하인 기간제근로자 : 특별교육 대상 중 타워크레인 신호 작업에 종사하는 근로자에 한정		8시간 이상
	일용근로자 및 근로계약기간이 1주일 이하인 기간제근로자를 제외한 근로자 : 특별교육 대상에 해당하는 작업에 종사하는 근로자에 한정		• 16시간 이상(최초 작업에 종사하기 전 4시간 이상 실시하고 12시간은 3개월 이내에서 분할하여 실시 가능) • 단기간 작업 또는 간헐적 작업인 경우에는 2시간 이상
마. 건설업 기초안전·보건교육	건설 일용근로자		4시간 이상

13

산업안전보건법령상 보건관리자에 대한 직무교육에 관한 내용이다. ( )에 들어갈 내용을 순서대로 옳게 나열한 것은? (단, 직무교육을 면제받는 경우는 고려하지 않음)

> 사업주가 보건관리자에게 안전보건교육기관에서 직무와 관련한 안전보건 교육을 이수하도록 하여야 하는 경우, 의사인 보건관리자는 해당 직위에 선임된 후 (ㄱ) 이내에 직무를 수행하는 데 필요한 신규교육을 받아야 하며, 신규교육을 이수한 후 매 (ㄴ)이 되는 날을 기준으로 전후 (ㄷ) 사이에 고용노동부장관이 실시하는 안전보건에 관한 보수교육을 받아야 한다.

① ㄱ : 3개월, ㄴ : 1년, ㄷ : 3개월
② ㄱ : 3개월, ㄴ : 1년, ㄷ : 6개월
③ ㄱ : 3개월, ㄴ : 2년, ㄷ : 6개월
④ ㄱ : 1년, ㄴ : 1년, ㄷ : 3개월
⑤ ㄱ : 1년, ㄴ : 2년, ㄷ : 6개월

해설

안전보건관리책임자 등에 대한 직무교육(산업안전보건법 시행규칙 제29조)
다음의 어느 하나에 해당하는 사람은 해당 직위에 선임(위촉의 경우를 포함한다. 이하 같다)되거나 채용된 후 3개월(보건관리자가 의사인 경우는 1년을 말한다) 이내에 직무를 수행하는 데 필요한 신규교육을 받아야 하며, 신규교육을 이수한 후 매 2년이 되는 날을 기준으로 전후 6개월 사이에 고용노동부장관이 실시하는 안전보건에 관한 보수교육을 받아야 한다.

1. 안전보건관리책임자
2. 안전관리자(기업활동 규제완화에 관한 특별조치법에 따라 안전관리자로 채용된 것으로 보는 사람을 포함한다)
3. 보건관리자
4. 안전보건관리담당자
5. 안전관리전문기관 또는 보건관리전문기관에서 안전관리자 또는 보건관리자의 위탁 업무를 수행하는 사람
6. 건설재해예방전문지도기관에서 지도업무를 수행하는 사람
7. 안전검사기관에서 검사업무를 수행하는 사람
8. 자율안전검사기관에서 검사업무를 수행하는 사람
9. 석면조사기관에서 석면조사 업무를 수행하는 사람

14
산업안전보건법령상 기계 등을 대여받은 자가 그 설치·해체 작업이 이루어지는 동안 작업과정 전반(全般)을 영상으로 기록하여 대여기간 동안 보관하여야 하는 기계 등에 해당하는 것은?

① 파워 셔블
② 타워크레인
③ 고소작업대
④ 버킷굴착기
⑤ 콘크리트 펌프

해설

기계 등을 대여받는 자의 조치(산업안전보건법 시행규칙 제101조)
타워크레인을 대여받은 자는 다음의 조치를 해야 한다.
1. 타워크레인을 사용하는 작업 중에 타워크레인 장비 간 또는 타워크레인과 인접 구조물 간 충돌위험이 있으면 충돌방지장치를 설치하는 등 충돌방지를 위하여 필요한 조치를 할 것
2. 타워크레인 설치·해체 작업이 이루어지는 동안 작업과정 전반(全般)을 영상으로 기록하여 대여기간 동안 보관할 것

15
산업안전보건법령상 안전검사대상기계 등에 대해 안전검사를 면제할 수 있는 경우가 아닌 것은?

① 고압가스 안전관리법 제17조제2항에 따른 검사를 받은 경우
② 원자력안전법 제22조제1항에 따른 검사를 받은 경우
③ 에너지이용 합리화법 제39조제4항에 따른 검사를 받은 경우
④ 전기용품 및 생활용품 안전관리법 제8조에 따른 안전검사를 받은 경우
⑤ 위험물안전관리법 제18조에 따른 정기점검 또는 정기검사를 받은 경우

해설

안전검사의 면제(산업안전보건법 시행규칙 제125조)
1. 건설기계관리법 제13조제1항제1호·제2호 및 제4호에 따른 검사를 받은 경우(안전검사 주기에 해당하는 시기의 검사로 한정한다)
2. 고압가스 안전관리법 제17조제2항에 따른 검사를 받은 경우
3. 광산안전법 제9조에 따른 검사 중 광업시설의 설치·변경공사 완료 후 일정한 기간이 지날 때마다 받는 검사를 받은 경우
4. 선박안전법 제8조부터 제12조까지의 규정에 따른 검사를 받은 경우
5. 에너지이용 합리화법 제39조제4항에 따른 검사를 받은 경우
6. 원자력안전법 제22조제1항에 따른 검사를 받은 경우
7. 위험물안전관리법 제18조에 따른 정기점검 또는 정기검사를 받은 경우
8. 전기안전관리법 제11조에 따른 검사를 받은 경우
9. 항만법 제33조제1항제3호에 따른 검사를 받은 경우
10. 소방시설 설치 및 관리에 관한 법률 제22조제1항에 따른 자체점검을 받은 경우
11. 화학물질관리법 제24조제3항 본문에 따른 정기검사를 받은 경우

정답 14 ② 15 ④

16

산업안전보건법령상 일반건강진단을 실시한 것으로 보는 건강진단에 해당하지 않는 것은?

① 선원법에 따른 건강진단
② 학교보건법에 따른 건강검사
③ 항공안전법에 따른 신체검사
④ 국민건강보험법에 따른 건강검진
⑤ 교육공무원법에 따른 신체검사

해설

일반건강진단 실시의 인정(산업안전보건법 시행규칙 제196조)

1. 국민건강보험법에 따른 건강검진
2. 선원법에 따른 건강진단
3. 진폐의 예방과 진폐근로자의 보호 등에 관한 법률에 따른 정기 건강진단
4. 학교보건법에 따른 건강검사
5. 항공안전법에 따른 신체검사
6. 그 밖에 제198조제1항에서 정한 법 제129조제1항에 따른 일반건강진단의 검사항목을 모두 포함하여 실시한 건강진단

17
산업안전보건법령상 자율안전확인대상기계 등에 해당하는 것을 모두 고른 것은?

> ㄱ. 용접용 보안면
> ㄴ. 고정형 목재가공용 모떼기 기계
> ㄷ. 롤러기 급정지장치
> ㄹ. 추락 및 감전 위험방지용 안전모
> ㅁ. 휴대형 연마기
> ㅂ. 차광(遮光) 및 비산물(飛散物) 위험방지용 보안경

① ㄱ, ㅁ
② ㄴ, ㄷ
③ ㄱ, ㄹ, ㅁ, ㅂ
④ ㄴ, ㄷ, ㄹ, ㅂ
⑤ ㄱ, ㄴ, ㄷ, ㄹ, ㅁ, ㅂ

해설

자율안전확인대상기계 등(산업안전보건법 시행령 제77조)
1. 다음 어느 하나에 해당하는 기계 또는 설비
   가. 연삭기 또는 연마기. 이 경우 휴대형은 제외한다.
   나. 산업용 로봇
   다. 혼합기
   라. 파쇄기 또는 분쇄기
   마. 식품가공용 기계(파쇄·절단·혼합·제면기만 해당한다)
   바. 컨베이어
   사. 자동차정비용 리프트
   아. 공작기계(선반, 드릴기, 평삭·형삭기, 밀링만 해당한다)
   자. 고정형 목재가공용 기계(둥근톱, 대패, 루타기, 띠톱, 모떼기 기계만 해당한다)
   차. 인쇄기
2. 다음 어느 하나에 해당하는 방호장치
   가. 아세틸렌 용접장치용 또는 가스집합 용접장치용 안전기
   나. 교류 아크용접기용 자동전격방지기
   다. 롤러기 급정지장치
   라. 연삭기 덮개
   마. 목재 가공용 둥근톱 반발 예방장치와 날 접촉 예방장치
   바. 동력식 수동대패용 칼날 접촉 방지장치
   사. 추락·낙하 및 붕괴 등의 위험 방지 및 보호에 필요한 가설기자재(추락·낙하 및 붕괴 등의 위험 방지 및 보호에 필요한 가설기자재 제외)로서 고용노동부장관이 정하여 고시하는 것
3. 다음의 어느 하나에 해당하는 보호구
   가. 안전모(추락 및 감전 위험방지용 안전모는 제외한다)
   나. 보안경(차광(遮光) 및 비산물(飛散物) 위험방지용 보안경은 제외한다)
   다. 보안면(용접용 보안면은 제외한다)

정답 17 ②

18
산업안전보건법령상 유해인자의 유해성·위험성 분류기준 중 물리적 인자의 분류기준으로 옳지 않은 것은?

① 소음 : 소음성난청을 유발할 수 있는 85dB(A) 이상의 시끄러운 소리
② 진동 : 착암기, 손망치 등의 공구를 사용함으로써 발생되는 백랍병·레이노 현상·말초순환장애 등의 국소 진동 및 차량 등을 이용함으로써 발생되는 관절통·디스크·소화장애 등의 전신 진동
③ 방사선 : 직접·간접으로 공기 또는 세포를 전리하는 능력을 가진 알파선·베타선·감마선·엑스선·중성자선 등의 전자선
④ 에어로졸 : 재충전이 가능한 금속·유리 또는 플라스틱 용기에 압축가스·액화 가스 또는 용해가스를 충전하고 내용물을 가스에 현탁시킨 고체나 액상입자로, 액상 또는 가스상에서 폼·페이스트·분말상으로 배출되는 분사장치를 갖춘 것
⑤ 이상기온 : 고열·한랭·다습으로 인하여 열사병·동상·피부질환 등을 일으킬 수 있는 기온

해설

유해인자의 유해성·위험성 분류기준(산업안전보건법 시행규칙 별표 18)
1. 화학물질의 분류기준
   가. 에어로졸 : 재충전이 불가능한 금속·유리 또는 플라스틱 용기에 압축가스·액화가스 또는 용해가스를 충전하고 내용물을 가스에 현탁시킨 고체나 액상입자로, 액상 또는 가스상에서 폼·페이스트·분말상으로 배출되는 분사장치를 갖춘 것
2. 물리적 인자의 분류기준
   가. 소음 : 소음성난청을 유발할 수 있는 85dB(A) 이상의 시끄러운 소리
   나. 진동 : 착암기, 손망치 등의 공구를 사용함으로써 발생되는 백랍병·레이노 현상·말초순환장애 등의 국소 진동 및 차량 등을 이용함으로써 발생되는 관절통·디스크·소화장애 등의 전신 진동
   다. 방사선 : 직접·간접으로 공기 또는 세포를 전리하는 능력을 가진 알파선·베타선·감마선·엑스선·중성자선 등의 전자선
   라. 이상기압 : 게이지 압력이 cm^2당 1kg 초과 또는 미만인 기압
   마. 이상기온 : 고열·한랭·다습으로 인하여 열사병·동상·피부질환 등을 일으킬 수 있는 기온

19

산업안전보건법령상 제조 등이 금지되는 유해물질로서 대체물질이 개발되지 아니하여 고용노동부장관의 허가를 받아서 제조·사용할 수 있는 '허가 대상 유해물질'에 해당하는 것은?(단, 제시된 내용 외의 다른 상황은 고려하지 않음)

① β-나프틸아민[91-59-8]과 그 염(β-Naphthylamine and its Salts)
② 4-나이트로다이페닐[92-93-3]과 그 염(4-Nitrodiphenyl and its Salts)
③ 염화비닐(Vinyl Chloride ; 75-01-4)
④ 폴리클로리네이티드 터페닐(Polychlorinated Terphenyls ; 61788-33-8 등)
⑤ 황린(黃燐)[12185-10-3] 성냥(Yellow Phosphorus Match)

해설

허가 대상 유해물질(산업안전보건법 시행령 제88조)
법 제118조제1항 전단에서 "대체물질이 개발되지 아니한 물질 등 대통령령으로 정하는 물질"이란 다음의 물질을 말한다.
1. α-나프틸아민[134-32-7] 및 그 염(α-Naphthylamine and its Salts)
2. 다이아니시딘[119-90-4] 및 그 염(Dianisidine and its Salts)
3. 다이클로로벤지딘[91-94-1] 및 그 염(Dichlorobenzidine and its Salts)
4. 베릴륨(Beryllium ; 7440-41-7)
5. 벤조트라이클로라이드(Benzotrichloride ; 98-07-7)
6. 비소[7440-38-2] 및 그 무기화합물(Arsenic and its Inorganic Compounds)
7. 염화비닐(Vinyl Chloride ; 75-01-4)
8. 콜타르피치[65996-93-2] 휘발물(Coal Tar Pitch Volatiles)
9. 크롬광 가공(열을 가하여 소성 처리하는 경우만 해당한다)(Chromite Ore Processing)
10. 크롬산 아연(Zinc Chromates ; 13530-65-9 등)
11. o-톨리딘[119-93-7] 및 그 염(o-Tolidine and its Salts)
12. 황화니켈류(Nickel Sulfides ; 12035-72-2, 16812-54-7)
13. 1.부터 4.까지 또는 6.부터 12.까지의 어느 하나에 해당하는 물질을 포함한 혼합물(포함된 중량의 비율이 1% 이하인 것은 제외한다)
14. 5.의 물질을 포함한 혼합물(포함된 중량의 비율이 0.5% 이하인 것은 제외한다)
15. 그 밖에 보건상 해로운 물질로서 산업재해보상보험및예방심의위원회의 심의를 거쳐 고용노동부장관이 정하는 유해물질

20
산업안전보건법령상 작업환경측정기관으로 지정받을 수 있는 자에 해당하지 않는 것은?

① 지방자치단체의 소속기관
② 의료법에 따른 종합병원
③ 고등교육법 제2조제1호에 따른 대학
④ 작업환경측정 업무를 하려는 법인
⑤ 산업안전보건법에 따라 자격증을 취득한 산업보건지도사

해설

작업환경측정기관의 지정 요건(산업안전보건법 시행령 제95조)
1. 국가 또는 지방자치단체의 소속기관
2. 의료법에 따른 종합병원 또는 병원
3. 고등교육법 제2조제1호부터 제6호까지의 규정에 따른 대학 또는 그 부속기관
4. 작업환경측정 업무를 하려는 법인
5. 작업환경측정 대상 사업장의 부속기관(해당 부속기관이 소속된 사업장 등 고용노동부령으로 정하는 범위로 한정하여 지정받으려는 경우로 한정한다)

21
산업안전보건법령상 휴게실 설치·관리기준 준수대상 사업장에 관한 규정의 일부이다. ( )에 들어갈 숫자를 옳게 나열한 것은?

> 시행령 제96조의2(휴게시설 설치·관리기준 준수 대상 사업장의 사업주)
> 법 제128조의2제2항에서 "사업의 종류 및 사업장의 상시근로자 수 등 대통령령으로 정하는 기준에 해당하는 사업장"이란 다음 각 호의 어느 하나에 해당하는 사업장을 말한다.
> 1. 상시근로자(관계수급인의 근로자를 포함한다. 이하 제2호에서 같다) (ㄱ)명 이상을 사용하는 사업장(건설업의 경우에는 관계수급인의 공사금액을 포함한 해당 공사의 총공사금액이 (ㄴ)억원 이상인 사업장으로 한정한다)
> 2. 생 략

① ㄱ : 10, ㄴ : 20
② ㄱ : 10, ㄴ : 120
③ ㄱ : 20, ㄴ : 10
④ ㄱ : 20, ㄴ : 20
⑤ ㄱ : 20, ㄴ : 120

해설

휴게시설 설치·관리기준 준수 대상 사업장의 사업주(산업안전보건법 시행령 제96조의2)
법 제128조의2제2항에서 "사업의 종류 및 사업장의 상시근로자 수 등 대통령령으로 정하는 기준에 해당하는 사업장"이란 다음 각 호의 어느 하나에 해당하는 사업장을 말한다.
1. 상시근로자(관계수급인의 근로자를 포함한다. 이하 제2호에서 같다) 20명 이상을 사용하는 사업장(건설업의 경우에는 관계수급인의 공사금액을 포함한 해당 공사의 총공사금액이 20억원 이상인 사업장으로 한정한다)

22

산업안전보건법령상 1일 6시간을 초과하여 근무할 수 없는 작업은?

① 갱(坑) 내에서 하는 작업
② 잠함(潛函) 또는 잠수 작업 등 높은 기압에서 하는 작업
③ 현저히 덥고 뜨거운 장소에서 하는 작업
④ 강렬한 소음이 발생하는 장소에서 하는 작업
⑤ 라듐방사선이나 엑스선, 그 밖의 유해 방사선을 취급하는 작업

해설

유해·위험작업에 대한 근로시간 제한 등(산업안전보건법 제139조)
㉠ 사업주는 유해하거나 위험한 작업으로서 높은 기압에서 하는 작업 등 대통령령으로 정하는 작업에 종사하는 근로자에게는 1일 6시간, 1주 34시간을 초과하여 근로하게 해서는 아니 된다.
㉡ 사업주는 대통령령으로 정하는 유해하거나 위험한 작업에 종사하는 근로자에게 필요한 안전조치 및 보건조치 외에 작업과 휴식의 적정한 배분 및 근로시간과 관련된 근로조건의 개선을 통하여 근로자의 건강 보호를 위한 조치를 하여야 한다.

유해·위험작업에 대한 근로시간 제한 등(산업안전보건법 시행령 제99조)
㉠ 법 제139조 ㉠에서 "높은 기압에서 하는 작업 등 대통령령으로 정하는 작업"이란 잠함 또는 잠수 작업 등 높은 기압에서 하는 작업을 말한다.
㉡ ㉠에 따른 작업에서 잠함·잠수 작업시간, 가압·감압방법 등 해당 근로자의 안전과 보건을 유지하기 위하여 필요한 사항은 고용노동부령으로 정한다.
㉢ 법 제139조 ㉡에서 "대통령령으로 정하는 유해하거나 위험한 작업"이란 다음의 어느 하나에 해당하는 작업을 말한다.
  1. 갱(坑) 내에서 하는 작업
  2. 다량의 고열물체를 취급하는 작업과 현저히 덥고 뜨거운 장소에서 하는 작업
  3. 다량의 저온물체를 취급하는 작업과 현저히 춥고 차가운 장소에서 하는 작업
  4. 라듐방사선이나 엑스선, 그 밖의 유해 방사선을 취급하는 작업
  5. 유리·흙·돌·광물의 먼지가 심하게 날리는 장소에서 하는 작업
  6. 강렬한 소음이 발생하는 장소에서 하는 작업
  7. 착암기(바위에 구멍을 뚫는 기계) 등에 의하여 신체에 강렬한 진동을 주는 작업
  8. 인력(人力)으로 중량물을 취급하는 작업
  9. 납·수은·크롬·망간·카드뮴 등의 중금속 또는 이황화탄소·유기용제, 그 밖에 고용노동부령으로 정하는 특정 화학물질의 먼지·증기 또는 가스가 많이 발생하는 장소에서 하는 작업

23

산업안전보건법령상 1년 이하의 징역 또는 1천만원 이하의 벌금에 처해질 수 있는 자는?

① 물질안전보건자료대상물질을 양도하면서 양도받는 자에게 물질안전보건자료를 제공하지 아니한 자
② 자격대여행위의 금지를 위반하여 다른 사람에게 지도사자격증을 대여한 사람
③ 중대재해 발생 사실을 보고하지 아니하거나 거짓으로 보고한 사업주
④ 정당한 사유 없이 역학조사를 거부·방해하거나 기피한 근로자
⑤ 물질안전보건자료의 일부 비공개 승인 신청 시 영업비밀과 관련되어 보호사유를 거짓으로 작성하여 신청한 자

해설

①, ③, ④, ⑤ 산업안전보건법 제175조
벌칙(산업안전보건법 제170조)
다음의 어느 하나에 해당하는 자는 1년 이하의 징역 또는 1천만원 이하의 벌금에 처한다.
1. 제41조제3항(제166조의2에서 준용하는 경우를 포함한다)을 위반하여 해고나 그 밖의 불리한 처우를 한 자
2. 제56조제3항(제166조의2에서 준용하는 경우를 포함한다)을 위반하여 중대재해 발생 현장을 훼손하거나 고용노동부장관의 원인조사를 방해한 자
3. 제57조제1항(제166조의2에서 준용하는 경우를 포함한다)을 위반하여 산업재해 발생 사실을 은폐한 자 또는 그 발생 사실을 은폐하도록 교사(敎唆)하거나 공모(共謀)한 자
4. 제65조제1항, 제80조제1항·제2항·제4항, 제85조제2항·제3항, 제92조제1항, 제141조제4항 또는 제162조를 위반한 자
5. 제85조제4항 또는 제92조제2항에 따른 명령을 위반한 자
6. 제101조에 따른 조사, 수거 또는 성능시험을 방해하거나 거부한 자
7. 제153조제1항을 위반하여 다른 사람에게 자기의 성명이나 사무소의 명칭을 사용하여 지도사의 직무를 수행하게 하거나 자격증·등록증을 대여한 사람
8. 제153조제2항을 위반하여 지도사의 성명이나 사무소의 명칭을 사용하여 지도사의 직무를 수행하거나 자격증·등록증을 대여받거나 이를 알선한 사람

24

산업안전보건법령상 근로감독관 등에 관한 설명으로 옳지 않은 것은?

① 근로감독관은 기계·설비 등에 대한 검사에 필요한 한도에서 무상으로 제품·원재료 또는 기구를 수거할 수 있다.
② 근로감독관은 산업안전보건법에 따른 명령의 시행을 위하여 근로자에게 출석을 명할 수 있다.
③ 근로자는 사업장의 산업안전보건법 위반 사실을 근로감독관에게 신고할 수 있다.
④ 한국산업안전보건공단 소속 직원이 지도업무 등을 하였을 때에는 그 결과를 근로감독관 및 사업주에게 즉시 보고하여야 한다.
⑤ 의료법에 따른 한의사는 5일의 입원치료가 필요한 부상이 환자의 업무와 관련성이 있다고 판단할 경우 치료과정에서 알게 된 정보를 고용노동부장관에게 신고할 수 있다.

해설

①・② 산업안전보건법 제155조
③・⑤ 산업안전보건법 제157조
공단 소속 직원의 검사 및 지도 등(산업안전보건법 제156조)
㉠ 고용노동부장관은 제165조제2항에 따라 공단이 위탁받은 업무를 수행하기 위하여 필요하다고 인정할 때에는 공단 소속 직원에게 사업장에 출입하여 산업재해 예방에 필요한 검사 및 지도 등을 하게 하거나, 역학조사를 위하여 필요한 경우 관계자에게 질문하거나 필요한 서류의 제출을 요구하게 할 수 있다.
㉡ ㉠에 따라 공단 소속 직원이 검사 또는 지도업무 등을 하였을 때에는 그 결과를 고용노동부장관에게 보고하여야 한다.
㉢ 공단 소속 직원이 ㉠에 따라 사업장에 출입하는 경우에는 제155조제4항을 준용한다. 이 경우 "근로감독관"은 "공단 소속 직원"으로 본다.

25
산업안전보건법령상 지도사의 위반행위에 대해서 지도사 등록을 필수적으로 취소하여야 하는 경우를 모두 고른 것은?

> ㄱ. 부정한 방법으로 갱신등록을 한 경우
> ㄴ. 업무정지 기간 중에 업무를 수행한 경우
> ㄷ. 업무 관련 서류를 거짓으로 작성한 경우
> ㄹ. 직무의 수행과정에서 고의로 인하여 중대재해가 발생한 경우
> ㅁ. 보증보험에 가입하지 아니하거나 그 밖에 필요한 조치를 하지 아니한 경우

① ㄱ, ㅁ
② ㄷ, ㄹ
③ ㄱ, ㄴ, ㄷ
④ ㄴ, ㄹ, ㅁ
⑤ ㄱ, ㄴ, ㄷ, ㄹ, ㅁ

해설

등록의 취소 등(산업안전보건법 제154조)
고용노동부장관은 지도사가 다음의 어느 하나에 해당하는 경우에는 그 등록을 취소하거나 2년 이내의 기간을 정하여 그 업무의 정지를 명할 수 있다. 다만, 1.부터 3.까지의 규정에 해당할 때에는 그 등록을 취소하여야 한다.
1. 거짓이나 그 밖의 부정한 방법으로 등록 또는 갱신등록을 한 경우
2. 업무정지 기간 중에 업무를 수행한 경우
3. 업무 관련 서류를 거짓으로 작성한 경우
4. 직무의 수행과정에서 고의 또는 과실로 인하여 중대재해가 발생한 경우
5. 규정 중 어느 하나에 해당하게 된 경우
6. 보증보험에 가입하지 아니하거나 그 밖에 필요한 조치를 하지 아니한 경우
7. 품위유지와 성실의무 등을 위반하거나 기명・날인 또는 서명을 하지 아니한 경우
8. 금지행위, 자격대여, 비밀유지를 위반한 경우

정답 25 ③

I 산업안전일반

26
안전보건교육규정에서 정의하는 교육에 관한 내용으로 옳지 않은 것은?

① "비대면 실시간교육"이란 정보통신매체를 활용하여 강사와 교육생이 쌍방향으로 실시간 소통하면서 이루어지는 교육을 말한다.
② "인터넷 원격교육"이란 정보통신매체를 활용하여 교육이 실시되고 훈련생관리 등이 웹상으로 이루어지는 교육을 말한다.
③ "현장교육"이란 사업장의 생산시설 또는 근무장소에서 실시하는 교육을 말한다.
④ "안전보건관리담당자 양성교육"이란 안전보건총괄책임자 자격을 부여하기 위한 양성교육을 말한다.
⑤ "전문화교육"이란 직무교육기관이 근로자 등 및 직무교육대상자의 전문성을 높이기 위해 업종 또는 관련 분야별로 개발·운영하는 교육을 말한다.

해설

정의(안전보건교육규정 제2조)
1. "안전보건관리담당자 양성교육"이란 법 제19조 및 영 제24조제2항제3호에 따른 교육으로서 안전보건관리담당자 자격을 부여하기 위한 안전보건교육을 말한다.
2. "전문화교육"이란 직무교육기관이 근로자 등 및 직무교육대상자의 전문성을 높이기 위해 업종 또는 관련 분야별로 개발·운영하는 교육을 말한다.
3. "현장교육"이란 사업장의 생산시설 또는 근무장소에서 실시하는 교육을 말한다(작업 전 안전점검회의(TBM), 위험예지훈련 등 작업 전·후 실시하는 단시간 안전보건 교육을 포함한다).
4. "인터넷 원격교육"이란 정보통신매체를 활용하여 교육이 실시되고 훈련생관리 등이 웹상으로 이루어지는 교육을 말한다.
5. "비대면 실시간교육"이란 정보통신매체를 활용하여 강사와 교육생이 쌍방향으로 실시간 소통하면서 이루어지는 교육을 말한다.

27
산업안전보건법령상 안전보건개선계획서에 관한 내용으로 옳지 않은 것은?

① 안전보건개선계획서에는 시설, 안전보건관리체제, 안전보건교육, 산업재해 예방 및 작업환경의 개선을 위하여 필요한 사항이 포함되어야 한다.
② 사업주는 안전보건개선계획서 수립·시행 명령을 받은 날부터 60일 이내에 관할 지방고용노동관서의 장에게 해당 계획서를 제출해야 한다.
③ 지방고용노동관서의 장이 안전보건개선계획서를 접수한 경우에는 접수일부터 30일 이내에 심사하여 사업주에게 그 결과를 알려야 한다.
④ 지방고용노동관서의 장은 안전보건개선계획서의 적정 여부 확인을 공단 또는 지도사에게 요청할 수 있다.
⑤ 고용노동부장관은 산업재해 예방을 위하여 종합적인 개선조치를 할 필요가 있다고 인정되는 사업장의 사업주에게 고용노동부령으로 정하는 바에 따라 그 사업장, 시설, 그 밖의 사항에 관한 안전 및 보건에 관한 개선계획을 수립하여 시행할 것을 명할 수 있다.

해설

② 산업안전보건법 시행규칙 제61조
⑤ 산업안전보건법 제49조
안전보건개선계획서의 검토 등(산업안전보건법 시행규칙 제62조)
㉠ 지방고용노동관서의 장이 안전보건개선계획서를 접수한 경우에는 접수일부터 15일 이내에 심사하여 사업주에게 그 결과를 알려야 한다.
㉡ 지방고용노동관서의 장은 안전보건개선계획서에 시설, 안전보건관리체제, 안전보건교육, 산업재해 예방 및 작업환경의 개선을 위하여 필요한 사항이 적정하게 포함되어 있는지 검토해야 한다. 이 경우 지방고용노동관서의 장은 안전보건개선계획서의 적정 여부 확인을 공단 또는 지도사에게 요청할 수 있다.

28
버드(F. Bird)의 재해 구성비율에 해당하는 것은?

① 1 : 20 : 200
② 1 : 29 : 300
③ 1 : 10 : 29 : 300
④ 1 : 10 : 30 : 600
⑤ 1 : 10 : 40 : 600

해설

재해 구성비율 - 버드의 신도미노 이론
1(중상) : 10(경상) : 30(무상해, 유손실) : 600(무상해, 무손실)

29

산업안전보건법령상 안전보건관리담당자의 업무가 아닌 것은?

① 산업재해에 관한 통계의 유지·관리·분석을 위한 보좌 및 지도·조언
② 위험성평가에 관한 보좌 및 지도·조언
③ 작업환경측정 및 개선에 관한 보좌 및 지도·조언
④ 안전보건교육 실시에 관한 보좌 및 지도·조언
⑤ 산업 안전·보건과 관련된 안전장치 및 보호구 구입 시 적격품 선정에 관한 보좌 및 지도·조언

해설

안전보건관리담당자의 업무(산업안전보건법 시행령 제25조)
1. 안전보건교육 실시에 관한 보좌 및 지도·조언
2. 위험성평가에 관한 보좌 및 지도·조언
3. 작업환경측정 및 개선에 관한 보좌 및 지도·조언
4. 각종 건강진단에 관한 보좌 및 지도·조언
5. 산업재해 발생의 원인 조사, 산업재해 통계의 기록 및 유지를 위한 보좌 및 지도·조언
6. 산업 안전·보건과 관련된 안전장치 및 보호구 구입 시 적격품 선정에 관한 보좌 및 지도·조언

30

안전보건교육 방법에서 하버드학파의 5단계 교수법을 순서대로 옳게 나열한 것은?

ㄱ. 준비시킨다(Preparation).
ㄴ. 총괄시킨다(Generalization).
ㄷ. 교시한다(Presentation).
ㄹ. 연합한다(Association).
ㅁ. 응용시킨다(Application).

① ㄱ → ㄴ → ㄷ → ㄹ → ㅁ
② ㄱ → ㄴ → ㄹ → ㄷ → ㅁ
③ ㄱ → ㄷ → ㄹ → ㄴ → ㅁ
④ ㄱ → ㄷ → ㄹ → ㅁ → ㄴ
⑤ ㄱ → ㄹ → ㄷ → ㅁ → ㄴ

해설

하버드학파

하버드대학의 경영대학원을 중심으로 형성된 학파로 호손 실험을 주도한 메이요(E. Mayo), 뢰슬리스버거(F. J. Roethlisberger)와 화이트헤드(T. Whitehead) 등에 의하여 발족되었다. 이 학파는 호손 연구 성과를 바탕으로 인간관계론을 완성하고 5단계 교수법(준비 → 교시 → 연합 → 총괄 → 응용)을 제시한 업적이 있다.

31
다음에서 설명하고 있는 안전관리의 생산성 측면 효과로 옳지 않은 것은?

> 안전관리란 생산성의 향상과 손실(Loss)의 최소화를 위하여 행하는 것으로 비능률적 요소인 사고가 발생하지 않는 상태를 유지하기 위한 활동이다.

① 근로자의 사기 진작
② 사회적 신뢰성 유지 및 확보
③ 이윤 증대
④ 비용 절감
⑤ 생산시설의 고급화 및 다양화

해설

안전관리
- 안전관리란 생산성의 향상과 손실의 최소화를 위하여 행하는 것으로 비능률적인 요소인 안전사고가 발생하지 않은 상태를 유지하기 위한 활동이다. 또한 재해로부터 인간의 생명과 재산을 보호하기 위한 계획적이고 체계적인 활동을 말한다.
- 목적 : 근로자의 사기 진작, 인명(근로자, 관리자 등) 존중, 생산성 향상, 사회복지 증진(신뢰성 유지 및 확보), 경제성 향상, 인적·물적 손실예방, 이윤 증대

32
안전교육의 지도원칙으로 옳지 않은 것은?

① 피교육자 중심 교육
② 동기부여
③ 어려운 부분에서 쉬운 부분으로 진행
④ 오관(감각기관) 활용
⑤ 기능적 이해

해설

안전교육지도의 8원칙
- 쉬운 것에서부터 어려운 것으로 한다.
- 피교육자를 중심으로 교육한다.
- 동기부여가 되는 학습을 실시한다.
- 오감을 활용한다.
- 기능적 이해를 돕는다.
- 학습자를 고려하여 한 번에 한 가지 내용에 대해 교육한다.
- 교육이 지루하지 않도록 인상적인 내용을 통해 학습을 강화한다.
- 반복학습을 통해 학습자의 기억에 남을 수 있도록 교육을 실시한다.

정답 31 ⑤ 32 ③

33

안전보건교육규정에서 정하고 있는 '직무교육의 방법'의 일부 내용이다. ( )에 들어갈 것으로 옳은 것은?

> 교육형태 : 다음 각 목에 따른 교육형태 중 어느 하나 또는 혼합한 방식으로 할 것. 다만, 총 교육시간의 (ㄱ)분의 (ㄴ) 이상을 가목이나 나목 또는 (ㄷ)목의 형태로 할 것
> 가. 집체교육
> 나. 현장교육
> 다. 인터넷 원격교육
> 라. 비대면 실시간교육

① ㄱ : 2, ㄴ : 1, ㄷ : 다
② ㄱ : 2, ㄴ : 1, ㄷ : 라
③ ㄱ : 3, ㄴ : 1, ㄷ : 다
④ ㄱ : 3, ㄴ : 2, ㄷ : 다
⑤ ㄱ : 3, ㄴ : 2, ㄷ : 라

해설

직무교육의 방법(안전보건교육규정 제15조)
직무교육기관이 직무교육과정을 개설·운영할 때에는 다음의 사항을 준수하여야 한다.
1. 교육내용 : 교육내용의 범위에서 직무교육대상자가 직무를 수행하는 데 필요한 실무적인 사항, 사례, 새로운 기술 등에 초점을 맞춰 직무교육기관이 정할 것
2. 교육시간 : 교육시간 이상으로 할 것
3. 교육형태 : 다음 각 목에 따른 교육형태 중 어느 하나 또는 혼합한 방식으로 할 것. 다만, 총 교육시간의 3분의 2 이상을 가목이나 나목 또는 라목의 형태로 할 것
    가. 집체교육
    나. 현장교육
    다. 인터넷 원격교육
    라. 비대면 실시간교육
4. 교재 : 직무교육대상자별 교육내용에 적합한 교재를 사용할 것
5. 강사 : 기준을 만족하는 사람(소속 강사가 아닌 사람을 포함)으로 할 것. 다만, 강사가 직접 출연할 수 없는 동영상이나 만화 등을 활용한 인터넷 원격교육을 할 때에는 본문에 따른 강사가 교육내용을 감수하는 등 교육과정 제작에 참여하도록 할 것

34
제조물 책임법상 결함에 해당되는 것을 모두 고른 것은?

> ㄱ. 제조상 결함
> ㄴ. 배송상 결함
> ㄷ. 설계상 결함
> ㄹ. 표시상 결함

① ㄱ, ㄴ
② ㄷ, ㄹ
③ ㄱ, ㄷ, ㄹ
④ ㄴ, ㄷ, ㄹ
⑤ ㄱ, ㄴ, ㄷ, ㄹ

해설

정의(제조물 책임법 제2조)
"결함"이란 해당 제조물에 다음의 어느 하나에 해당하는 제조상·설계상 또는 표시상의 결함이 있거나 그 밖에 통상적으로 기대할 수 있는 안전성이 결여되어 있는 것을 말한다.
1. "제조상의 결함"이란 제조업자가 제조물에 대하여 제조상·가공상의 주의의무를 이행하였는지에 관계없이 제조물이 원래 의도한 설계와 다르게 제조·가공됨으로써 안전하지 못하게 된 경우를 말한다.
2. "설계상의 결함"이란 제조업자가 합리적인 대체설계를 채용하였더라면 피해나 위험을 줄이거나 피할 수 있었음에도 대체설계를 채용하지 아니하여 해당 제조물이 안전하지 못하게 된 경우를 말한다.
3. "표시상의 결함"이란 제조업자가 합리적인 설명·지시·경고 또는 그 밖의 표시를 하였더라면 해당 제조물에 의하여 발생할 수 있는 피해나 위험을 줄이거나 피할 수 있었음에도 이를 하지 아니한 경우를 말한다.

정답 34 ③

35

재해조사의 1단계(사실 확인)에 포함되는 활동을 모두 고른 것은?

> ㄱ. 재해 발생 작업의 지휘·감독 상황 조사
> ㄴ. 재해 발생의 직접 원인(불안전 상태와 불안전 행동) 판단
> ㄷ. 재해 발생 기계·설비의 위험방호설비 확인

① ㄱ
② ㄴ
③ ㄱ, ㄷ
④ ㄴ, ㄷ
⑤ ㄱ, ㄴ, ㄷ

해설

재해조사 4단계
- 제1단계(사실 확인) : 재해가 발생하기까지의 경과 확인, 인적·물적·관리적 측면에 대한 사실 수집
- 제2단계(재해요인 파악) : 물적·인적·관리적 측면의 요인 파악, 파악된 사실에서 재해의 직접적인 원인 확정
- 제3단계(재해요인 결정) : 2단계에서 확정된 원인을 통해 재해요인 상관관계 및 중요도 분석 결정
- 제4단계(대책 수립) : 구체적이고 실시 가능한 대책 수립, 동종재해의 예방대책 수립

36

재해 통계에 관한 내용으로 옳은 것은?

① 강도율 계산 시 사망 재해의 경우 10,000일의 근로손실일수를 산정한다.
② 도수율(빈도율)은 연 근로시간 100,000시간당 재해 발생 건수를 의미한다.
③ 재해율(천인율)은 연평균 근로자 1,000명당 재해 발생 건수를 의미한다.
④ 종합재해지수(FSI)는 도수율과 강도율을 곱한 값이다.
⑤ 안전성 비교(Safety T Score)는 현재의 안전성을 과거와 비교한 것으로서 −2 이하인 경우 과거에 비해 안전성이 개선된 것을 의미한다.

해설

- 강도율 = $\dfrac{\text{총요양근로손실일수}}{\text{연근로시간수}} \times 1{,}000$

- 도수율(빈도율) = $\dfrac{\text{재해건수}}{\text{연근로시간수}} \times 1{,}000{,}000$

- 재해율 = $\dfrac{\text{재해자수}}{\text{산재보험적용근로자수}} \times 100$

- 종합재해지수 : 빈도강도지수라고도 하며 안전성적을 나타내는 지수로 빈도율과 강도율을 곱해서 나타낸 지수
  종합재해지수(FSI) = $\sqrt{\text{도수율} \times \text{강도율}}$

37

재해 발생 시 조치사항으로 옳지 않은 것은?

① 재해 피해자 구출과 응급조치를 가장 먼저 실시한다.
② 재해 조사를 위하여 현장을 보존하고 촬영 등의 기록을 실시한다.
③ 재해 조사 담당 인력에 안전관리자를 포함시킨다.
④ 재해 조사는 2차 재해 발생 우려가 없는지 확인 후 가능하면 신속히 실시한다.
⑤ 빠른 복구를 위해 재해 조사는 재해 발생 현장으로 대상 범위를 한정하여 실시한다.

해설

재해 발생 시 조치사항
- 재해자 발생 시 재해 발생 기계를 정지하고 재해자를 구출하여야 한다.
- 재해자에 대한 응급조치와 긴급 후송을 하여야 한다.
- 사고원인 조사가 끝날 때까지 현장을 보존하고 사진이나 동영상을 촬영하는 등 가능히 신속히 보고한다.
- 산업재해 발생일로부터 1개월 이내에 관할 지방고용노동관서에 산업재해조사표를 제출하여야 한다(산업안전보건법 시행규칙 제73조).
- 산업재해가 발생한 경우 재해 발생 일시, 장소, 원인, 과정 등을 기록하여 3년간 보존해야 한다(산업안전보건법 제57조).
- 재해 조사는 신속히 하고 안전관리자를 포함시켜야 한다.
- 2차 재해방지를 위한 안전조치를 한다.

38

인간-기계 시스템에 관한 설명으로 옳은 것은?

① 인간-기계 인터페이스는 인간-기계 시스템을 구성하는 요소이다.
② 인간-기계 시스템에서 표시장치는 인간의 반응을 표시하는 장치를 의미한다.
③ 작업자가 전동 공구를 사용하여 제품을 조립하는 과정은 인간-기계 시스템에 해당하지 않는다.
④ 인간의 주관적 반응은 인간-기계 시스템의 평가기준 중 시스템 기준(System-descriptive Criteria)에 해당한다.
⑤ 인간-기계 시스템을 평가할 때 심박수는 인간 성능에 관한 척도(Performance Measure)에 해당한다.

해설

인간-기계 시스템(Human-machine System)
- 사용자인 인간과 기계의 기능들이 연동되는 시스템이다. 컴퓨터를 다루는 학생, 전동 공구를 이용하여 작업하는 작업자 모두 인간-기계 시스템의 인터페이스다.
- 기계의 표시장치를 통해 출력된 자료는 인간의 감각으로 입력되어 동작을 출력하도록 하며 다시 조작장치를 통해 기계로 입력되는 시스템이다.
- 인간-기계 시스템은 수동, 반자동, 자동시스템으로 나누며 인간의 자극, 감각기관, 기업, 심리 등을 통해 기능하고 기계의 경우 통신행위, 물리적기구, 기계적 감지기능을 통해 기능한다.
- 평가의 척도는 시스템의 경우 생산량과 수익률 등을 기준으로 하며 인간의 경우 빈도, 강도, 지연성, 지속성 등을 척도로 한다.

39

산업안전보건기준에 관한 규칙상 소음 및 진동에 의한 건강장해의 예방에 관한 내용으로 옳지 않은 것은?

① 1일 8시간 작업을 기준으로 90dB의 소음이 발생한 작업은 소음작업에 해당한다.
② 105dB의 소음이 1일 30분 발생하는 작업은 강렬한 소음작업에 해당한다.
③ 임팩트 렌치(Impact Wrench)를 사용하는 작업은 진동작업에 속한다.
④ 1초 간격으로 125dB의 소음이 1일 1만회 발생하는 작업은 충격소음작업에 해당한다.
⑤ 청력보존 프로그램 시행 대상 사업장에서는 소음의 유해성과 예방에 관한 교육과 정기적 청력검사를 실시해야 한다.

해설

정의(산업안전보건기준에 관한 규칙 제512조)
1. "소음작업"이란 1일 8시간 작업을 기준으로 85dB 이상의 소음이 발생하는 작업을 말한다.
2. "강렬한 소음작업"이란 다음의 어느 하나에 해당하는 작업을 말한다.
    가. 90dB 이상의 소음이 1일 8시간 이상 발생하는 작업
    나. 95dB 이상의 소음이 1일 4시간 이상 발생하는 작업
    다. 100dB 이상의 소음이 1일 2시간 이상 발생하는 작업
    라. 105dB 이상의 소음이 1일 1시간 이상 발생하는 작업
    마. 110dB 이상의 소음이 1일 30분 이상 발생하는 작업
    바. 115dB 이상의 소음이 1일 15분 이상 발생하는 작업
3. "충격소음작업"이란 소음이 1초 이상의 간격으로 발생하는 작업으로서 다음의 어느 하나에 해당하는 작업을 말한다.
    가. 120dB을 초과하는 소음이 1일 1만회 이상 발생하는 작업
    나. 130dB을 초과하는 소음이 1일 1천회 이상 발생하는 작업
    다. 140dB을 초과하는 소음이 1일 1백회 이상 발생하는 작업
4. "진동작업"이란 다음의 어느 하나에 해당하는 기계·기구를 사용하는 작업을 말한다.
    가. 착암기
    나. 동력을 이용한 해머
    다. 체인톱
    라. 엔진 커터(Engine Cutter)
    마. 동력을 이용한 연삭기
    바. 임팩트 렌치(Impact Wrench)
    사. 그 밖에 진동으로 인하여 건강장해를 유발할 수 있는 기계·기구
5. "청력보존 프로그램"이란 다음의 사항이 포함된 소음성 난청을 예방·관리하기 위한 종합적인 계획을 말한다.
    가. 소음노출 평가
    나. 소음노출에 대한 공학적 대책
    다. 청력보호구의 지급과 착용
    라. 소음의 유해성 및 예방 관련 교육
    마. 정기적 청력검사
    바. 청력보존 프로그램 수립 및 시행 관련 기록·관리체계
    사. 그 밖에 소음성 난청 예방·관리에 필요한 사항

40

인간의 시각 기능에 관한 설명으로 옳지 않은 것은?

① 명순응은 암순응에 비해 시간이 짧게 걸린다.
② 암순응 과정에서 원추세포와 간상세포의 순으로 순응 단계가 진행된다.
③ 눈에서 물체까지의 거리가 멀어질수록 수정체의 두께를 두껍게 하여 초점을 맞춘다.
④ 최소가분시력(Minimum Separable Acuity)은 일정 거리에서 구분할 수 있는 표적의 최소 크기에 따라 정해진다.
⑤ 가장 민감한 빛의 파장은 간상세포가 원추세포에 비해 짧다.

해설

시각기능
- 최소가분시력(Minimal Separable Acuity) : 눈이 식별할 수 있는 표적의 최소공간

$$최소가분시력 = \frac{1}{시각}$$

$$시각 = \frac{57.3 \times 60 \times D}{L}$$

여기서, 1radian = 57.3°
  1° = 60′
  D : 물체의 크기
  L : 눈과 물체 사이의 거리

- 망막의 구조
  - 원추세포 : 색을 구분하고 다른 감광세포들과 반응한다.
  - 간상세포 : 물체의 유무, 명암을 구분하며 가시광선이 분해되어 반응한다.
- 기 타
  - 암순응(Dark Adaptation) : 밝은 곳에서 어두운 곳으로 이동할 때의 순응을 말한다.
  - 명순응(Light Adaptation) : 밝은 곳에서의 순응을 말하며, 어두운 곳에 있는 동안 빛에 민감하게 된 시각 계통을 강한 광선이 압도하여 일시적으로 안 보이게 되는 것을 말한다.

정답 40 ③

41

제품설계에 인체측정치를 적용하는 절차를 순서대로 옳게 나열한 것은?

> ㄱ. 설계에 필요한 인체치수 선택
> ㄴ. 적절한 인체측정 자료 선택
> ㄷ. 필요한 여유치 결정
> ㄹ. 인체측정 자료 응용 원리 결정

① ㄱ → ㄴ → ㄹ → ㄷ
② ㄱ → ㄹ → ㄴ → ㄷ
③ ㄴ → ㄱ → ㄷ → ㄹ
④ ㄴ → ㄷ → ㄱ → ㄹ
⑤ ㄹ → ㄴ → ㄱ → ㄷ

해설

인체측정치를 이용한 제품설계
- 신체의 다양한 치수 및 부피, 질량 등을 통해 얻은 자료를 정적치수, 동적치수, 물리적 힘에 대한 자료 등으로 분류하여 제품설계에 응용하는 것을 말한다.
- 인체측정치를 이용한 제품설계는 조절식, 극단치, 평균치로 나뉘며 적용절차는 설계에 필요한 인체치수 결정 → 제품을 사용할 집단의 정의 → 적용할 인체자료 응용 원리를 결정 → 적절한 인체측정 자료의 선택 → 적절한 여유치 결정 → 설계할 치수의 결정 → 모형을 제작하여 모의 실험의 단계를 거친다.

42

산업안전보건기준에 관한 규칙상 근골격계부담작업으로 인한 건강장해 예방과 관련된 내용으로 옳지 않은 것은?

① 근골격계질환 예방과 관련하여 노사 간 이견(異見)이 없는 근로자 수 80명인 사업장에서 연간 업무상 질병으로 인정받은 근골격계질환자가 5명 발생한 경우에 근골격계질환 예방관리 프로그램을 수립 및 시행해야 한다.
② 근로자가 근골격계부담작업을 하는 경우에 해당 작업에 대해 3년마다 유해요인조사를 실시하여야 한다.
③ 근골격계부담작업에 해당하는 새로운 작업·설비를 도입한 경우에는 지체 없이 유해요인조사를 실시해야 한다.
④ 5kg 이상의 중량물을 들어올리는 작업을 하는 경우에는 취급하는 물품의 중량과 무게중심에 대해 작업장 주변에 안내표시하여야 한다.
⑤ 근골격계부담작업 유해요인조사를 실시할 때 작업과 관련된 근골격계질환 징후와 증상 유무를 조사해야 한다.

해설

※ 출제 시 정답은 ①이었으나, 산업안전보건기준에 관한 규칙(24.6.28) 개정으로 ③의 내용이 변경되어 정답 없음 처리하였음
②·③·⑤ 산업안전보건기준에 관한 규칙 제657조
④ 산업안전보건기준에 관한 규칙 제665조

유해요인 조사(산업안전보건기준에 관한 규칙 제657조)
㉠ 사업주는 근로자가 근골격계부담작업을 하는 경우에 3년마다 다음의 사항에 대한 유해요인조사를 하여야 한다. 다만, 신설되는 사업장의 경우에는 신설일부터 1년 이내에 최초의 유해요인 조사를 하여야 한다.
 1. 설비·작업공정·작업량·작업속도 등 작업장 상황
 2. 작업시간·작업자세·작업방법 등 작업조건
 3. 작업과 관련된 근골격계질환 징후와 증상 유무 등
㉡ 사업주는 다음의 어느 하나에 해당하는 사유가 발생하였을 경우에 ㉠에도 불구하고 1개월 이내에 조사대상 및 조사방법 등을 검토하여 유해요인 조사를 해야 한다. 다만, 1.에 해당하는 경우로서 해당 근골격계질환에 대하여 최근 1년 이내에 유해요인 조사를 하고 그 결과를 반영하여 제659조에 따른 작업환경 개선에 필요한 조치를 한 경우는 제외한다.
 1. 법에 따른 임시건강진단 등에서 근골격계질환자가 발생하였거나 근로자가 근골격계질환으로 산업재해보상보험법 시행령 별표 3 제2호가목·마목 및 제12호라목에 따라 업무상 질병으로 인정받은 경우(근골격계부담작업이 아닌 작업에서 근골격계질환자가 발생하였거나 근골격계부담작업이 아닌 작업에서 발생한 근골격계질환에 대해 업무상 질병으로 인정 받은 경우를 포함한다)
 2. 근골격계부담작업에 해당하는 새로운 작업·설비를 도입한 경우
 3. 근골격계부담작업에 해당하는 업무의 양과 작업공정 등 작업환경을 변경한 경우
㉢ 사업주는 유해요인 조사에 근로자 대표 또는 해당 작업 근로자를 참여시켜야 한다.

근골격계질환 예방관리 프로그램 시행(산업안전보건기준에 관한 규칙 제662조)
사업주는 다음의 어느 하나에 해당하는 경우에 근골격계질환 예방관리 프로그램을 수립하여 시행하여야 한다.
1. 근골격계질환으로 업무상 질병으로 인정받은 근로자가 연간 10명 이상 발생한 사업장 또는 5명 이상 발생한 사업장으로서 발생 비율이 그 사업장 근로자 수의 10% 이상인 경우
2. 근골격계질환 예방과 관련하여 노사 간 이견이 지속되는 사업장으로서 고용노동부장관이 필요하다고 인정하여 근골격계질환 예방관리 프로그램을 수립하여 시행할 것을 명령한 경우

43

근골격계질환 예방을 위한 유해요인 평가방법에 관한 설명으로 옳은 것은?

① REBA는 손으로 물체를 잡을 때 손잡이 조건을 평가에 반영한다.
② NLE의 LI는 값이 클수록 안전한 작업이다.
③ REBA는 보행 동작을 평가에 반영한다.
④ NLE는 중량물의 수평 운반거리를 평가에 반영한다.
⑤ OWAS는 팔꿈치 각도를 평가에 반영한다.

해설

근골격계부담작업 유해요인 평가방법
- REBA(Rapid Entire Body Assessment) : 동작의 반복성, 정적작업, 연속작업, 자세 및 힘 등을 평가에 반영한다.
- OWAS(Ovako Working-posture Analysis System) : 중량물의 무게, 작업자세를 평가에 반영한다.
- RULA(Rapid Upper Limb Assessment) : 주로 상지 영역(위팔, 아래팔, 손목, 손목 비틀림)과 무게를 평가에 반영한다.
- NLE(NIOSH Lifting Equation) : 중량물의 수직 이동거리를 평가에 반영한다.

  ※ 들기지수 : LI(Lifting Index) = $\dfrac{\text{작업물무게(LC)}}{\text{권장무게 한계(RWL)}}$ (LI는 작을수록 유리)

44

정상 청력을 가진 성인이 느끼는 소리의 크기를 비교할 때, 1,000Hz 순음에서 80dB의 소리는 60dB의 소리에 비해 얼마나 더 크게 들리는가?

① 약 1.3배   ② 약 2배   ③ 약 2.6배   ④ 약 4배   ⑤ 약 8배

해설

음량(Loudness)의 기준
- sone : 주관적인 음량의 상대척도로 1sone = 40phon(dB)이다.
- phon : 1,000Hz의 순음을 기준으로 동일한 음량으로 들리는 크기를 나타낸다.
- $\text{sone} = 2^{\frac{\text{phon값} - 40}{10}}$
  - 80dB인 경우
    $\text{sone} = 2^{\frac{80-40}{10}} = 16$
  - 60dB인 경우
    $\text{sone} = 2^{\frac{60-40}{10}} = 4$

  ∴ $\dfrac{16}{4} = 4$

45
산업안전보건법령상 유해위험방지계획서 제출 대상인 공사를 모두 고른 것은?

> ㄱ. 지상높이 25m 건축물 건설
> ㄴ. 연면적 2만m² 건축물 해체
> ㄷ. 연면적 6천m² 판매시설 건설
> ㄹ. 깊이 12m 굴착공사

① ㄴ
② ㄱ, ㄹ
③ ㄴ, ㄷ
④ ㄷ, ㄹ
⑤ ㄱ, ㄷ, ㄹ

해설

유해위험방지계획서 제출 대상(산업안전보건법 시행령 제42조)
1. 다음의 어느 하나에 해당하는 건축물 또는 시설 등의 건설·개조 또는 해체공사
    가. 지상높이가 31m 이상인 건축물 또는 인공구조물
    나. 연면적 3만m² 이상인 건축물
    다. 연면적 5천m² 이상인 시설로서 다음의 어느 하나에 해당하는 시설
        1) 문화 및 집회시설(전시장 및 동물원·식물원은 제외한다)
        2) 판매시설, 운수시설(고속철도의 역사 및 집배송시설은 제외한다)
        3) 종교시설
        4) 의료시설 중 종합병원
        5) 숙박시설 중 관광숙박시설
        6) 지하도상가
        7) 냉동·냉장 창고시설
2. 연면적 5천m² 이상인 냉동·냉장 창고시설의 설비공사 및 단열공사
3. 최대 지간길이가 50m 이상인 다리의 건설 등 공사
4. 터널의 건설 등 공사
5. 다목적댐, 발전용댐, 저수용량 2천만ton 이상의 용수 전용 댐 및 지방상수도 전용 댐의 건설 등 공사
6. 깊이 10m 이상인 굴착공사

46

서로 독립인 기본사상 a, b, c로 구성된 아래의 결함수(Fault Tree)에서 정상사상 T에 관한 최소절단집합(Minimal Cut Set)을 모두 구하면?

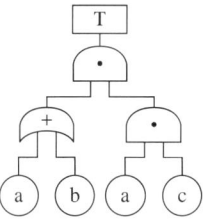

① {a, b}
② {a, c}
③ {b, c}
④ {a, b, c}
⑤ {a, c}, {a, b, c}

해설

- 결함수 기호

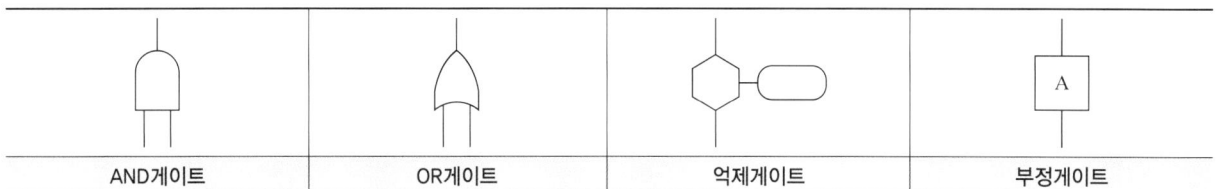

| AND게이트 | OR게이트 | 억제게이트 | 부정게이트 |

정상사상 T는 (·)게이트, a와 b는 (+)게이트, a와 c는 (·)게이트이므로,
T = {(a + b) · (ac)} = {(a · ac) + (b · ac)}
  = {a, c}, {a, b, c}
  = {a, c}

※ Bool 대수의 정리

A + 0 = A	A · 0 = 0
A + 1 = 1	A · 1 = 1
A + A = A	A · A = A
A + A⁻ = 1	A · A⁻ = 0

47

신뢰도가 A인 동일한 부품 3개를 그림과 같이 직렬 및 병렬로 연결하였을 때 전체시스템의 신뢰도는 0.8309이다. 이 부품의 신뢰도 A는 얼마인가?

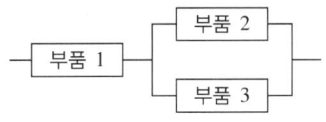

① 0.70
② 0.75
③ 0.80
④ 0.85
⑤ 0.90

해설

부품 1과 부품 2, 3은 직렬연결, 부품 2, 3은 병렬연결이므로,
$0.8309 = A \times \{1 - (1-A)(1-A)\}$
$\qquad = A \times \{1 - (1-A)^2\}$
$\qquad = A - A(1-A)^2$
$A = 0.85$

48

정성적, 귀납적인 시스템안전 분석기법으로 시스템에 영향을 미치는 모든 요소의 고장을 형태별로 분석하여 그 영향을 검토하는 기법은?

① ETA
② FMEA
③ THERP
④ FTA
⑤ PHA

해설

① ETA(Event Tree Analysis) : 사건수분석법으로 정량적, 귀납적 평가를 통해 사건의 안전도를 분석하는 기법이다.
③ THERP(Technique of Human Error Rate) : 인간의 에러율 예측기법으로 정량적 평가를 통해 인간의 과오를 분석하는 기법이다.
④ FTA(Fault Tree Analysis) : 기계, 설비 등의 고장이나 재해 발생 요인을 논리적 도표에 의하여 분석하는 정량적, 연역적 기법이다.
⑤ PHA(Preliminary Hazard Analysis) : 예비 위험 분석으로 정성적 평가를 통해 시스템안전 프로그램의 최초 단계에서 실시하는 분석법이다.

49

A 부품의 고장확률 밀도함수는 지수분포를 따르며, 평균수명은 10^4시간이다. 이 부품을 10^3시간 작동시켰을 때의 신뢰도는 얼마인가?(단, 소수점 셋째 자리에서 반올림하여 소수점 둘째 자리까지 구한다)

① 0.05
② 0.10
③ 0.15
④ 0.85
⑤ 0.90

해설

고장확률 밀도함수가 지수분포를 따르므로,
신뢰도 함수 $R(t) = e^{-\lambda t}$
여기서, λ : 고장률
       t : 사용시간

$\lambda = \dfrac{1}{평균수명}$
$= \dfrac{1}{10^4}$
$= 0.0001$

$R(t) = e^{-\lambda t}$
$= e^{-(0.0001 \times 10^3)}$
$≒ 0.90$

50

사업장 위험성평가에 관한 지침에 따라 위험성평가 실시규정을 작성할 때 반드시 포함되어야 할 사항이 아닌 것은?

① 평가의 목적 및 방법
② 결과의 기록·보존
③ 위험성평가 인정신청서 작성방법
④ 근로자에 대한 참여·공유방법 및 유의사항
⑤ 평가담당자 및 책임자의 역할

해설

사전준비(사업장 위험성평가에 관한 지침 제9조)
사업주는 위험성평가를 효과적으로 실시하기 위하여 최초 위험성평가 시 다음의 사항이 포함된 위험성평가 실시규정을 작성하고, 지속적으로 관리하여야 한다.
1. 평가의 목적 및 방법
2. 평가담당자 및 책임자의 역할
3. 평가시기 및 절차
4. 근로자에 대한 참여·공유방법 및 유의사항
5. 결과의 기록·보존

| 기업진단 · 지도

51
테일러(F. Taylor)의 과학적 관리법(Scientific Management)에 관한 설명으로 옳은 것을 모두 고른 것은?

ㄱ. 고임금 고노무비	ㄴ. 개방체계
ㄷ. 차별성과급 제도	ㄹ. 시간연구
ㅁ. 작업장의 사회적 조건	ㅂ. 과업의 표준

① ㄱ
② ㄴ, ㅁ
③ ㄱ, ㄷ, ㅂ
④ ㄴ, ㄹ, ㅁ
⑤ ㄷ, ㄹ, ㅂ

해설

테일러의 과학적 관리법
테일러(Taylor)에 의해 확립된 이론으로 작업과정의 능률을 향상하기 위해 시간, 동작 등을 연구하여 작업의 표준량을 정하고 작업량에 따라 임금을 지불하는 합리적 관리 방법이다. 경영자의 과학적 과업설정을 통해 고임금 저노무비를 이루는 것이 목표이다. 과학적 관리를 위해 시간을 연구하고 작업조건과 작업방법을 표준화하였다. 수단으로는 차별성과급 제도, 지도표 제도, 직장 제도 등을 활용하였다.

52
조직에서 생산적 행동(Productive Behavior)과 반생산적 행동(CWB ; Counterproductive Work Behavior)에 관한 설명으로 옳지 않은 것은?

① 조직시민행동(Organizational Citizenship Behavior ; OCB)은 생산적 행동에 속한다.
② OCB는 친사회적 행동이며 역할 외 행동이라고도 한다.
③ 일탈행동(Deviance)은 CWB에 속하지만 조직에 해로운 행동은 아니다.
④ 조직시민행동은 OCB-I(Individual)와 OCB-O(Organizational)로 분류되기도 한다.
⑤ CWB는 개인적 범주와 조직적 범주로 분류할 수 있다.

해설

㉠ 생산적 행동 : 조직의 목표를 달성하기 위해 조직 구성원이 보유한 핵심역량 혹은 객관적인 숙련수준을 통해 각자의 직무를 수행하는 친사회적 행동이다.
- 조직시민행동(OCB) : 이타적, 양심적, 신사적, 배려 등의 행동을 통해 조직이나 조직 구성원을 돕는 행동이다.
  - OCB-I(Individual) : 개인에 대한 시민행동
  - OCB-O(Organizaion) : 조직에 대한 시민행동
㉡ 반생산적 업무행동(CWB) : 조직이 안정적으로 운영되고 생산성을 유지하는 데 방해가 되는 조직 구성원들의 일탈행동이나 규범을 어기는 행동이다. 지각, 결근, 이직, 공격행동, 사보타주(Sabotage), 폭력, 성희롱 등이 해당된다.
  - 개인적 범주 : 성실성, 특성분노, 자기통제력, 자기애적 성향 등
  - 조직적 범주 : 규범, 스트레스에 대한 정서적 반응, 외적 통제소재, 불공정성 등
  ※ Spector의 Five-Factor 모델 : 생산일탈, 사보타주, 절도, 철회, 타인학대
  ※ Gruys & Sackett의 11-Factor 모델 : 결근, 직장무례, 학대적지도, 사회적 폄하

53
직무평가에 관한 설명으로 옳은 것을 모두 고른 것은?

ㄱ. 직무평가 대상은 직무 자체임
ㄴ. 다른 직무들과의 상대적 가치를 평가
ㄷ. 직무수행자를 평가
ㄹ. 종업원의 기업목표달성 공헌도 평가
ㅁ. 직무의 중요성, 난이도, 위험도의 반영

① ㄱ, ㄷ
② ㄱ, ㄴ, ㄹ
③ ㄱ, ㄴ, ㅁ
④ ㄷ, ㄹ, ㅁ
⑤ ㄴ, ㄷ, ㄹ, ㅁ

해설

직무평가
- 직무평가란 조직 구성원 각각의 직무의 상대적 가치를 평가하여 전체 직무 가치를 종합적으로 체계화하는 것이다. 구성원이 아닌 구성원의 직무 자체를 평가하는 것이다. 직무평가를 하는 이유는 공정한 인사관리를 통해 직무체계를 공정하고 합리적으로 운영하기 위한 것이며 임금관리, 승진, 배치, 훈련 등을 효과적으로 진행하기 위함이다.
- 직무평가 방법
  - 서열법 : 평가자가 직무의 난이도 등을 평가하여 직위별 서열을 매겨 나열하는 방법이다.
  - 분류법 : 평가하고자 하는 직무를 종합적으로 판단한 후 등급결정기준에 따라 적당한 등급으로 편입하는 방법이다.
  - 점수법 : 직무의 상대적 가치를 점수로 표시하는 방법이다.
  - 요소비교법 : 직무의 상대적 가치를 임금액으로 평가하는 방법이다.

53 ③ 정답

54
노동쟁의조정에 관한 설명으로 옳지 않은 것은?

① 노동쟁의조정은 노동위원회가 담당한다.
② 노동쟁의조정은 조정, 중재, 긴급조정 등이 있다.
③ 노동쟁의조정 방법에 있어서 임의조정제도는 허용되지 않는다.
④ 확정된 중재내용은 단체협약과 동일한 효력을 갖는다.
⑤ 노동쟁의조정 중 조정은 노동위원회에서 조정안을 작성하여 관계당사자들에게 제시하는 방법이다.

해설
③ 우리나라의 경우 임의조정제도가 기본이다.

노동쟁의 : 노동조합과 사용자 또는 사용자단체 간에 임금·근로시간·복지·해고 기타 대우 등 근로조건의 결정에 관한 주장의 불일치로 인하여 발생한 분쟁상태를 말한다.

- 쟁의조정의 원리
  - 자주적 해결의 원칙
  - 신속한 처리의 원칙
  - 공정성의 원칙
  - 공익성의 원칙
- 노동쟁의조정 방법
  - 조정 : 노동위원회 내 조정위원회가 해당 의견을 듣고 노동쟁의를 직접 해결하도록 제안, 추천하는 것으로 양쪽 모두가 수락하기 전 조정안은 구속력이 없으나 양쪽 당사자가 수락한 조정 내용은 협약과 동일 효력을 갖는다.
  - 중재 : 관계 당사자가 단체협약에 의거 중재를 신청했을 때 노동위원회 내 중재위원회가 결정하게 되며 이 같은 중재재정은 재심 결정이 확정되면 당사자는 이에 따라야 한다. 임의중재, 강제중재가 있다.
  - 긴급조정 : 긴급조정은 고용노동부장관의 결정에 의한 강제로 개시되는 조정이다. 긴급조정의 결정이 공포되면 관계 당사자는 즉시 쟁의행위를 중지하여야 한다.
    ※ 긴급조정의 실질적 요건 : 고용노동부 장관은 쟁의행위가 공익사업에 관한 것과 성질이 다른 것으로 국민경제를 위태롭게 할 위험이 있을 때 미리 중앙노동위원회 위원장 의견으로 긴급조정을 결정한다.

55

조직설계에 영향을 미치는 기술유형을 학자들이 제시한 것이다. (   )에 들어갈 내용으로 옳은 것은?

- 우드워드(J. Woodward) : 소량단위 생산기술, (ㄱ), 연속공정생산기술
- 페로우(C. Perrow) : 일상적 기술, 비일상적 기술, (ㄴ), 공학적 기술
- 톰슨(J. Thompson) : (ㄷ), 연속형 기술, 집약형 기술

① ㄱ : 대량생산기술, ㄴ : 장인 기술, ㄷ : 중개형 기술
② ㄱ : 대량생산기술, ㄴ : 중개형 기술, ㄷ : 장인기술
③ ㄱ : 중개형 기술, ㄴ : 장인 기술, ㄷ : 대량생산기술
④ ㄱ : 장인기술, ㄴ : 중개형 기술, ㄷ : 대량생산기술
⑤ ㄱ : 장인기술, ㄴ : 대량생산기술, ㄷ : 중개형 기술

해설

조직설계 기술 : 조직이 탄생하여 성장하고 해체되기까지 조직에 영향을 미치는 환경을 분석하고 관리체계를 유지하는 기법이다.
- 우드워드 이론 : 조직의 구성원들이 목표를 달성하고 과업을 체계적으로 이루기 위해서는 생산기술의 발전이 중요하다는 이론이다. 생산기술적 관점으로는 소량단위 생산기술, 대량생산기술, 연속공정생산기술 중 어느 하나가 되도록 범주화하였다.
- 페로우 이론 : 조직은 전체의 수준보다는 단위부서 수준의 기술이 중요하다는 이론이다. 과업의 다양성과 과업의 분석 가능성을 통해 조직구조와 조직목표가 달라진다고 보았으며 이 두 가지 차원에 따라 기술을 네 가지 형태, 즉 일상적 기술, 비일상적 기술, 장인 기술, 공학적 기술로 분류하였다.
- 톰슨이론 : 조직구조는 조직구성원 개인이나 부서 간의 과업의 상호 의존성에 달려 있다는 이론이다. 기술의 상호 의존성은 차원에 따라 연속형, 중개형, 집약형 기술로 구분하였다.

56

수요예측 방법 중 주관적(정성적) 접근방법에 해당하지 않는 것은?

① 델파이법
② 이동평균법
③ 시장조사법
④ 자료유추법
⑤ 판매원 의견종합법

해설

수요예측법
- 정성적 기법 : 전문가의 경험이나 직관, 판단에 의하여 수요를 예측하는 방법이다. 델파이법, 시장조사법, 전문가의견법, 자료유추법, 판매원 의견종합법 등이 있다.
- 정량적 기법 : 수요에 대한 데이터가 많은 경우 모델을 만들어 수요를 예측하는 방법이다. 정량적 기법에는 시계열 분석(이동평균법, 지수평활법, 최소자승법)과 인과형 예측법(회귀모델, 개량경제모델)이 있다.

57
총괄생산계획 기법 중 휴리스틱 계획기법에 해당하지 않는 것은?

① 선형계획법
② 매개변수에 의한 생산계획
③ 생산전환 탐색법
④ 서치 디시즌 룰(Search Decision Rule)
⑤ 경영계수이론

해설

총괄생산계획 : 제품의 재고량, 생산 능력, 고용 인원 등을 고려하여, 전체적인 생산량과 품목, 일정을 계획하는 일이다.
- 휴리스틱기법 : 미래에 대한 정보 부족으로 경험에 의한 해결방안을 모색하는 방법이다. 경영계수법, 탐색결정규칙, 생산전환 탐색법, 매개변수에 의한 생산계획, 서치 디시즌 룰 등이 있다.
- 도시법 : 도표를 이용하여 대안을 개발하고 총비용이 최소가 되는 대안을 선택하는 기법이다.
- 수리적 최적화 기법 : 계획 수립 시 일정한 형태의 수학적 모형을 만들어 최저 비용 발생 계획을 찾아내는 기법으로 선형계획법, 동적계획법, 목표계획법, 선형결정모형 등이 있다.

58
다음은 신 QC 7가지 도구 중 무엇에 관한 설명인가?

> 문제를 해결하는 활동에 필요한 실시사항을 시계열적인 순서에 따라 네트워크로 나타낸 화살표 그림을 이용하여 최적의 일정계획을 위한 진척도를 관리하는 방법

① 친화도
② 계통도
③ PDPC법(Process Decision Program Chart)
④ 애로우 다이어그램
⑤ 매트릭스 다이어그램

해설

신 QC 7가지 도구 : 제조업 QC 7가지 도구(파레토도·체크시트·특성요인도·히스토그램·그래프·산점도·관리도)는 품질이나 공정관리 위주로 활용되어 전체 부문에 적용하기가 불충분하였다. 이런 이유로 1977년 일본 과학기술 연맹 QC기법개발부회는 '신 QC 7가지 도구'를 발표하였으며 제품의 품질 설계에서 생산 시스템까지 전체 과정을 조직의 전원이 유기적으로 관리하기 위한 정보 수집 도구이다.
- 애로우 다이어그램법(Arrow Diagram) : 화살표 그림을 이용하여 네트워크로 나타내고 최적의 일정계획을 작성하는 방법이다.
- 친화도법 : 복잡한 상태의 문제들 사이의 관계를 명확히 하는 방법이다.
- 연관도법 : 문제에 영향을 미치는 원인들의 인과관계를 밝히는 방법이다.
- 매트릭스도법 : 많은 요인의 대응 관계를 그래프로 정리하고 해결을 위한 관계의 상대성을 밝히는 방법이다.
- 매트릭스 데이터 해석법 : 매트릭스도에 나타난 요인 간의 관계를 수량화하는 방법으로 주성분 분석법이라고 한다.
- 계통도법 : 문제 해결 및 목적 달성을 위한 최적의 수단을 도출하는 방법이다.
- PDPC법(Process Decision Program Chart) : 문제 개발 단계에서 상황의 전개를 예측할 수 있도록 하고, 바람직한 결과에 이르는 가장 좋은 과정을 선정하는 것이다.

59
도요타 생산방식의 주축을 이루는 JIT(Just In Time) 시스템의 장점에 해당되지 않는 것은?

① 한정된 수의 공급자와 친밀한 유대관계를 구축한다.
② 미래의 수요예측에 근거한 기본일정계획을 달성하기 위해 종속품목의 양과 시기를 결정한다.
③ JIT 생산으로 원자재, 재공품, 제품의 재고수준을 줄인다.
④ 유연한 설비배치와 다기능공으로 작업자 수를 줄인다.
⑤ 생산성의 낭비제거로 원가를 낮추고 생산성을 향상시킨다.

해설

적시생산방식(JIT ; Just In Time)
- 필요한 시기에 필요한 부품만 확보한다는 것으로 중간재고를 최소한으로 줄이는 관리체계이다.
- 장 점
  - 자재반입과 동시에 시공하므로 공기단축을 할 수 있다.
  - 현장 재고수준을 줄여 무재고를 실현할 수 있다.
  - 현장에 재고가 없으므로 깨끗한 상태를 유지할 수 있다.
  - 원가절감이 가능하고 품질 및 생산성을 향상할 수 있다.
  - 노동력이 부족한 경우에 대비할 수 있다.

60
유용성이 높은 인사 선발 도구에 관한 설명으로 옳지 않은 것은?

① 예측변인(Predictor)의 타당도가 커질수록 전체 집단의 평균적인 준거수행(Criterion)에 비해 합격한 집단의 평균적인 준거수행은 높아진다.
② 선발률(Selection Ratio)이 낮을수록 예측변인의 가치는 커진다.
③ 기초율(Base Rate)이 높을수록 사용한 선발 도구의 유용성 수준은 높아진다.
④ 선발률과 기초율의 상관은 0이다.
⑤ 예측변인의 점수와 준거수행으로 이루어진 산점도(Scatter Plot)가 1사분면은 높고 3사분면은 낮은 타원형을 이룬다.

해설

인사 선발 도구
- 기초율이 100%이면 새로운 선발 도구는 의미가 없다.
- 기초율이 동일하다면 선발률이 감소할수록 선발 효과성은 증가한다.
- 예측변인의 타당도는 합격한 지원자의 미래 직무성과를 예측하는 것으로 평균 준거수행보다 높다.
- 선발률은 최종합격인원을 총 지원자수로 나눈 값으로 최댓값은 1이며 선발률이 낮을수록 예측변인의 가치는 커진다.
- 사분면 산점도는 가로가 점수이고 세로가 준거수행이므로 둘 다 높은 1사분면과 둘 다 낮은 3사분면이 타원형을 이루는 것이 좋다.
- 기초율은 성공적 직무수행자수를 총 지원자수로 나눈 값으로 50%일 때 가장 많은 변별력 가진다.

61

집단 또는 팀(Team)에 관한 설명으로 옳지 않은 것은?

① 교차기능팀(Cross Functional Team)은 조직 내의 다양한 부서에 근무하는 사람들로 이루어진 팀이다.
② '남만큼만 하기 효과(Sucker Effect)'는 사회적 태만(Social Loafing)의 한 현상이다.
③ 제니스(Janis)의 모형에서 집단사고(Groupthink)의 선행요인 중 하나는 구성원들 간 낮은 응집성과 친밀성이다.
④ 다른 사람의 존재가 개인의 성과에 부정적 영향을 미치는 것을 사회적 억제(Social Inhibition)라고 한다.
⑤ 높은 집단 응집성은 그 집단에 긍정적 효과와 부정적 효과를 준다.

해설

집단사고
집단 구성원들 간에 강한 응집력을 보이는 집단에서, 의사 결정 시에 만장일치에 도달하려는 분위기가 다른 대안들을 현실적으로 평가하려는 경향을 억압할 때 나타나는 구성원들의 왜곡되고 비합리적인 사고방식이다.

62

내적(Intrinsic) 동기와 외적(Extrinsic) 동기의 특징과 관계를 체계적으로 다루는 동기이론으로 옳은 것은?

① 앨더퍼(Alderfer)의 ERG이론
② 아담스(Adams)의 형평이론(Equity Theory)
③ 로크(Locke)의 목표설정이론(Goal-setting Theory)
④ 맥클랜드(McClelland)의 성취동기이론(Need for Achievement Theory)
⑤ 라이언(Ryan)과 데시(Deci)의 자기결정이론(Self-determination Theory)

해설

⑤ 우리의 행동이 외부의 보상이나 처벌에 의해 결정되는 것이 아니라 우리 자신의 내재적인 동기와 가치에 의해 영향을 받는다는 라이언과 데시의 이론으로 핵심요소는 자율성, 유능성, 관계성이다.
① 인간의 욕구를 생존욕구, 관계욕구, 성장욕구의 3단계로 구분하고 현실적인 관점에서 이론을 정립하였고, 매슬로(Maslow)의 욕구 5단계 이론을 3단계로 줄였다. 좌절-퇴행의 개념도 함께 포함해서 인간욕구를 설명한다.
② 개인의 직무수행에 공정하고 형평성 있는 보상에 대해 기대하며 그 기대의 부합 여부에 따라 동기부여된다는 이론이다.
③ 인간이 합리적으로 행동한다는 기본가정에 기초하여 개인이 의식적으로 얻으려고 설정한 목표가 동기와 행동에 영향을 미친다는 이론이다.

63

산업심리학의 연구방법에 관한 설명으로 옳은 것은?

① 내적 타당도는 실험에서 종속변인의 변화가 독립변인과 가외변인(Extraneous Variable)의 영향에 따른 것이라고 신뢰하는 정도이다.
② 검사-재검사 신뢰도를 구할 때는 역균형화(Counterbalancing)를 실시한다.
③ 쿠더 리처드슨 공식 20(Kuder-Richardson Formula 20)은 검사 문항들 간의 내적 일관성 정도를 알려준다.
④ 내용 타당도와 안면 타당도는 동일한 타당도이다.
⑤ 실험실 실험(Laboratory Experiment)보다 준실험(Quasi Experiment)에서 통제를 더 많이 한다.

해설

③ 쿠더 리처드슨 공식 20 : K-20 공식이라고도 하며 한 검사 내에서 문항에 대한 반응이 얼마나 일관성 또는 합치성이 있느냐를 알려주는 공식
① 내적 타당도 : 실험 결과의 변수가 다른 변수의 원인인지 아닌지를 확신하는 정도
② 검사-재검사 신뢰도 : 다른 두 시기에 같은 검사를 같은 개인에게 실시한 경우 발생되는 차이는 진정한 오차라고 할 수 없다는 신뢰도
④ • 내용 타당도 : 문항이 측정하고자 하는 영역을 대표하는지에 대한 전문가들의 동의 정도
 • 안면 타당도 : 검사가 측정하려는 것이 무엇인지를 피험자의 입장에서 검토하는 타당도
⑤ 준실험 : 실험집단과 비교집단을 확보하기 어려운 경우에 행하는 실험으로 가능한 한 자연스러운 평소 상태에서 실시

64

라스무센(Rasmussen)의 인간행동 분류에 관한 설명으로 옳은 것을 모두 고른 것은?

> ㄱ. 숙련기반행동(Skill-based Behavior)은 사람이 충분히 습득하여 자동적으로 하는 행동을 말한다.
> ㄴ. 지식기반행동(Knowledge-based Behavior)은 입력된 정보를 그때마다 의식적이고 체계적으로 처리해서 나타난 행동을 말한다.
> ㄷ. 규칙기반행동(Rule-based Behavior)은 친숙하지 않은 상황에서 기억 속의 규칙에 기반한 무의식적 행동을 말한다.
> ㄹ. 수행기반행동(Commission-based Behavior)은 다수의 시행착오를 통해 학습한 행동을 말한다.

① ㄱ, ㄴ   ② ㄴ, ㄹ   ③ ㄷ, ㄹ   ④ ㄱ, ㄴ, ㄷ   ⑤ ㄱ, ㄷ, ㄹ

해설

라스무센의 인간행동 분류
라스무센은 인간의 행동을 숙련, 지식, 규칙의 3개의 수준으로 분류하였다.
• 숙련기반행동(Skill-based Behavior)은 행동이 숙련되어 마치 몸이 명령을 내리는 것처럼 무의식적, 자동적으로 행동함으로 에러가 발생한다는 것이다.
• 지식기반행동(Knowledge-based Behavior)은 모르는 내용에 대한 문제를 해결할 때 부적절한 추론이나 의사결정에 의해 에러가 발생한다는 것이다.
• 규칙기반행동(Rule-based Behavior)은 익숙한 상황에 저장된 규칙을 적용하는 행동으로 상황을 잘못 인식한 경우 에러가 발생한다는 것이다.

65
스웨인(Swain)이 분류한 휴먼에러 유형에 해당하는 것을 모두 고른 것은?

ㄱ. 조작에러(Performance Error)
ㄴ. 시간에러(Time Error)
ㄷ. 위반에러(Violation Error)

① ㄱ ② ㄴ ③ ㄱ, ㄷ ④ ㄴ, ㄷ ⑤ ㄱ, ㄴ, ㄷ

해설

스웨인 휴먼에러 : 작업을 완료하기 위해 필요한 행동과 불필요한 행동을 하는 과정에서 에러가 발생한다고 주장하였다.
- 생략오류 : 업무 수행에 필요한 절차를 누락하거나 생략하여 발생되는 오류
- 시간오류 : 업무를 정해진 시간보다 너무 빠르게 혹은 늦게 수행했을 때 발생하는 오류
- 순서오류 : 업무의 순서를 잘못 이해했을 때 발생하는 오류
- 실행오류 : 작위오류, 수행해야 할 업무를 부정확하게 수행하기 때문에 생겨나는 오류
- 부가오류 : 과잉행동오류, 불필요한 절차를 수행하는 경우에 생기는 오류

66
인간의 뇌파에 관한 설명으로 옳지 않은 것은?

① 델타(δ)파는 무의식, 실신 상태에서 주로 나타나는 뇌파이다.
② 세타(θ)파는 피로나 졸림 등의 상태에서 주로 나타나는 뇌파이다.
③ 알파(α)파는 편안한 휴식 상태에서 주로 나타나는 뇌파이다.
④ 베타(β)파는 적극적으로 활동할 때 주로 나타나는 뇌파이다.
⑤ 오메가(Ω)파는 과도한 집중과 긴장 상태에서 주로 나타나는 뇌파이다.

해설

인간 뇌파의 종류(위키백과)
- 델타파 : 0~4Hz 구간의 뇌파. 가장 낮은 주파수이기 때문에 사람의 움직임 등에 의해 신호가 오염되는 경우가 잦다. 수면 시 발생하기 때문에 수면파라고도 한다. 의식이 사라질 때 델타파의 진폭이 높아지는 현상이 주로 관찰된다.
- 세타파 : 4~8Hz 구간의 뇌파. 잠에 빠져들 때 나타나기 때문에 졸음파 또는 서파수면파라고도 한다.
- 알파파 : 8~13Hz 구간의 뇌파. 주로 심신이 안정되어 있고 정신활동이 적을 때 나타난다. 즉, 주의를 집중하거나 고등인지활동을 할 때 알파파가 감소한다.
- 베타파 : 13~30Hz 구간의 뇌파. 일상적인 각성 상태에서 두드러지게 나타난다. 운동 영역에서는 베타파의 ERD(Event-related Desynchronization)이 나타난다.
- 감마파 : 30Hz 이상의 뇌파. 감마파부터는 교류전류로부터 발생한 60Hz의 정수배 신호의 노이즈가 섞여 들어간다. 고주파로 갈수록 개별 활동전위를 반영하는 것으로 여겨지며, 뇌전증 발작과 연관이 있는 것으로 여겨진다.

67

면적에 관련한 착시현상으로 옳은 것은?

① 뮐러리어(Müller-Lyer) 착시
② 폰조(Ponzo) 착시
③ 포겐도르프(Poggendorf) 착시
④ 에빙하우스(Ebbinghaus) 착시
⑤ 죌너(Zöllner) 착시

해설

면적에 관련한 착시는 에빙하우스 착시이며 다른 착시들은 모두 선에 관한 착시이다.

에빙하우스 착시 (티체너 착시)	뮐러리어 착시	폰조 착시	포겐도르프 착시	죌너 착시

68

신체와 환경의 열교환 종류에 관한 설명으로 옳지 않은 것은?

① 대류(Convection)는 피부와 공기의 온도 차이로 생긴 기류를 통해서 열을 교환하는 것이다.
② 반사(Reflection)는 피부에서 열이 혼합되면서 열전달이 발생하는 것이다.
③ 증발(Evaporation)은 땀이 피부의 열로 가열되어 수증기로 변하면서 열교환이 발생하는 것이다.
④ 복사(Radiation)는 전자파에 의해 물체들 사이에서 일어나는 열전달 방법이다.
⑤ 전도(Conduction)는 신체가 고체나 유체와 직접 접촉할 때 열이 전달되는 방법이다.

해설

신체와 환경의 열교환 종류에는 대류, 증발, 복사, 전도가 있으며, 반사는 존재하지 않는다.

69

산업안전보건기준에 관한 규칙에서 정하고 있는 특별관리물질이 아닌 것은?

① 다이메틸폼아마이드(68-12-2), 벤젠(71-43-2), 폼알데하이드(50-00-0)
② 납(7439-92-1) 및 그 무기화합물, 1-브로모프로페인(106-94-5), 아크릴로나이트릴(107-13-1)
③ 아크릴아마이드(79-06-1), 폼아마이드(75-12-7), 사염화탄소(56-23-5)
④ 트라이클로로에틸렌(79-01-6), 2-브로모프로페인(75-26-3), 1,3-부타다이엔(106-99-0)
⑤ 나이트로글리세린(55-63-0), 트라이에틸아민(121-44-8), 이황화탄소(75-15-0)

해설

관리대상 유해물질의 종류(산업안전보건기준에 관한 규칙 별표 12)
1. 유기화합물(123종)
   2) 나이트로글리세린(Nitroglycerin ; 55-63-0)
   13) 다이메틸폼아마이드(Dimethylformamide ; 68-12-2)(특별관리물질)
   46) 벤젠(Benzene ; 71-43-2)(특별관리물질)
   48) 1,3-부타다이엔(1,3-Butadiene ; 106-99-0)(특별관리물질)
   54) 1-브로모프로페인(1-Bromopropane ; 106-94-5)(특별관리물질)
   55) 2-브로모프로페인(2-Bromopropane ; 75-26-3)(특별관리물질)
   59) 사염화탄소(Carbon tetrachloride ; 56-23-5)(특별관리물질)
   71) 아크릴로나이트릴(Acrylonitrile ; 107-13-1)(특별관리물질)
   72) 아크릴아마이드(Acrylamide ; 79-06-1)(특별관리물질)
   96) 이황화탄소(Carbon disulfide ; 75-15-0)
   106) 트라이에틸아민(Triethylamine ; 121-44-8)
   109) 트라이클로로에틸렌(Trichloroethylene ; 79-01-6)(특별관리물질)
   114) 폼아마이드(Formamide ; 75-12-7)(특별관리물질)
   115) 폼알데하이드(Formaldehyde ; 50-00-0)(특별관리물질)
2. 금속류(25종)
   2) 납[7439-92-1] 및 그 무기화합물(Lead and its inorganic compounds)(특별관리물질)
3. 산·알칼리류(18종)
   6) 사붕소산 나트륨(무수물, 오수화물)(Sodium tetraborate ; 1330-43-4, 12179-04-3)(특별관리물질)
4. 가스상태 물질류(15종)
   3) 산화에틸렌(Ethylene oxide ; 75-21-8)(특별관리물질)

70
화학물질 및 물리적 인자의 노출기준에서 노출기준 사용상의 유의사항으로 옳지 않은 것은?

① 각 유해인자의 노출기준은 해당 유해인자가 단독으로 존재하는 경우의 노출기준이다.
② 노출기준은 1일 8시간 작업을 기준으로 하여 제정된 것이다.
③ 노출기준은 직업병진단에 사용하거나 노출기준 이하의 작업환경이라는 이유만으로 직업성질병의 이환을 부정하는 근거 또는 반증자료로 사용하여서는 아니 된다.
④ 노출기준은 대기오염의 평가 또는 관리상의 지표로 사용하여서는 아니 된다.
⑤ 상승작용을 하는 화학물질이 2종 이상 혼재하는 경우에는 유해인자별로 각각 독립적인 노출기준을 사용하여야 한다.

해설

노출기준 사용상의 유의사항(화학물질 및 물리적 인자의 노출기준 제3조)
㉠ 각 유해인자의 노출기준은 해당 유해인자가 단독으로 존재하는 경우의 노출기준을 말하며, 2종 또는 그 이상의 유해인자가 혼재하는 경우에는 각 유해인자의 상가작용으로 유해성이 증가할 수 있으므로 제6조에 따라 산출하는 노출기준을 사용하여야 한다.
㉡ 노출기준은 1일 8시간 작업을 기준으로 하여 제정된 것이므로 이를 이용할 경우에는 근로시간, 작업의 강도, 온열조건, 이상기압 등이 노출기준 적용에 영향을 미칠 수 있으므로 이와 같은 제반요인을 특별히 고려하여야 한다.
㉢ 유해인자에 대한 감수성은 개인에 따라 차이가 있고, 노출기준 이하의 작업환경에서도 직업성 질병에 이환되는 경우가 있으므로 노출기준은 직업병진단에 사용하거나 노출기준 이하의 작업환경이라는 이유만으로 직업성질병의 이환을 부정하는 근거 또는 반증자료로 사용하여서는 아니 된다.
㉣ 노출기준은 대기오염의 평가 또는 관리상의 지표로 사용하여서는 아니 된다.

71
작업환경측정 및 정도관리 등에 관한 고시에서 정하는 용어의 정의로 옳지 않은 것은?

① "정확도"란 일정한 물질에 대해 반복측정·분석을 했을 때 나타나는 자료 분석치의 변동크기가 얼마나 작은가 하는 수치상의 표현을 말한다.
② "직접채취방법"이란 시료공기를 흡수, 흡착 등의 과정을 거치지 아니하고 직접 채취대 또는 진공채취병 등의 채취용기에 물질을 채취하는 방법을 말한다.
③ "호흡성분진"이란 호흡기를 통하여 폐포에 축적될 수 있는 크기의 분진을 말한다.
④ "흡입성분진"이란 호흡기의 어느 부위에 침착하더라도 독성을 일으키는 분진을 말한다.
⑤ "고체채취방법"이란 시료공기를 고체의 입자층을 통해 흡입, 흡착하여 해당 고체입자에 측정하려는 물질을 채취하는 방법을 말한다.

해설

정의(작업환경측정 및 정도관리 등에 관한 고시 제2조)
"정확도"란 분석치가 참값에 얼마나 접근하였는가 하는 수치상의 표현을 말한다.

72

작업환경측정 및 정도관리 등에 관한 고시에서 정하는 시료채취에 관한 설명으로 옳은 것은?

① 8명이 있는 단위작업 장소에서는 평균 노출근로자 2명 이상에 대하여 동시에 개인 시료채취 방법으로 측정한다.
② 개인 시료채취 시 동일 작업근로자수가 20명을 초과하는 경우에는 매 5명당 1명 이상 추가하여 측정하여야 한다.
③ 개인 시료채취 시 동일 작업근로자수가 50명을 초과하는 경우에는 최대 시료채취 근로자수를 10명으로 조정할 수 있다.
④ 지역 시료채취 방법으로 측정을 하는 경우 단위작업 장소 내에서 1개 이상의 지점에 대하여 동시에 측정하여야 한다.
⑤ 지역 시료채취 시 단위작업 장소의 넓이가 50평방미터 이상인 경우에는 매 30평방미터마다 1개 지점 이상을 추가로 측정하여야 한다.

해설

시료채취 근로자수(작업환경측정 및 정도관리 등에 관한 고시 제19조)
㉠ 단위작업 장소에서 최고 노출근로자 2명 이상에 대하여 동시에 개인 시료채취 방법으로 측정하되, 단위작업 장소에 근로자가 1명인 경우에는 그러하지 아니하며, 동일 작업근로자수가 10명을 초과하는 경우에는 매 5명당 1명 이상 추가하여 측정하여야 한다. 다만, 동일 작업근로자수가 100명을 초과하는 경우에는 최대 시료채취 근로자수를 20명으로 조정할 수 있다.
㉡ 지역 시료채취 방법으로 측정을 하는 경우 단위작업 장소 내에서 2개 이상의 지점에 대하여 동시에 측정하여야 한다. 다만, 단위작업 장소의 넓이가 50평방미터 이상인 경우에는 매 30평방미터마다 1개 지점 이상을 추가로 측정하여야 한다.

73

다음 설명에 해당하는 중금속은?

- 중독의 임상증상은 급성 복부 산통의 위장계통 장해, 손 처짐을 동반하는 팔과 손의 마비가 특징인 신경근육계통의 장해, 주로 급성 뇌병증이 심한 중추신경계통의 장해로 구분할 수 있다.
- 적혈구의 친화성이 높아 뼈조직에 결합된다.
- 중독으로 인한 빈혈증은 heme의 생합성 과정에 장해가 생겨 혈색소량이 감소하고 적혈구의 생존기간이 단축된다.

① 크롬
② 수은
③ 납
④ 비소
⑤ 망간

해설

납중독(질병관리청 국가건강정보포털)

초기에 식욕부진, 변비, 복부 팽만감 등의 위장 증상이 나타나며, 더 진행되면 급성 복부 산통이 나타난다. 또한 권태감과 전반적인 쇠약증상, 불면증, 근육통 및 관절통, 두통 등의 증상이 동반될 수 있다. 신경근육계통의 장해는 주로 구부리는 근육의 쇠약이나 마비가 나타나는데, 손 처짐을 동반하는 팔과 손의 마비가 특징적이다.

중추신경계통에서는 주로 급성 뇌병증으로 알려진 심한 뇌중독 증상이 나타난다. 중추신경계 증상은 비교적 드물게 나타나지만, 유기 납에 노출된 경우에는 특징적인 증상일 수 있다. 뇌중독 증상이 나타날 때에는 심한 흥분과 정신착란, 혼수, 때로 심하면 치명적인 경우도 있다. 최근에는 납 노출 사업장에 대한 관리가 강화되어서 납 노출 근로자들의 납과 연관된 중추신경계통 장해는 거의 볼 수 없지만, 납이 함유된 불량 환약이나 먹거리 등을 먹어서 생기는 급성 납중독 시 발생할 수 있다.

헴(Heme)의 생합성에 관여하는 효소들을 납이 억제하기 때문에 혈색소량이 감소하고 혈액 중에 납 농도가 높아지면 포타슘(Potassium, K)과 수분의 손실을 가져와서 삼투압이 증가함으로 적혈구가 위축되어 적혈구의 생존기간이 단축되고 파괴가 촉진된다.

74
폼알데하이드에 관한 설명으로 옳은 것을 모두 고른 것은?

> ㄱ. 자극성 냄새가 나는 무색기체이다.
> ㄴ. 호흡기를 통해 빠르게 흡수되고 피부접촉에 의한 노출은 극히 적다.
> ㄷ. 대사경로는 폼알데하이드 → 폼산 → 이산화탄소이다.
> ㄹ. 생물학적 모니터링을 위한 생체지표가 많이 존재하며 발암성은 없다.

① ㄱ, ㄹ
② ㄴ, ㄷ
③ ㄱ, ㄴ, ㄷ
④ ㄱ, ㄷ, ㄹ
⑤ ㄱ, ㄴ, ㄷ, ㄹ

해설

폼알데하이드(화학물질종합정보시스템)
- 상태 : 기체 또는 액체
- 색상 : 거의 무색, 투명
- 냄새 : 자극적인, 숨 막히는 냄새
- 일반 증상
  - 흡입을 통해 인체에 흡수되며 피부 혹은 안구 접촉을 통해서도 흡수됨
  - 안구, 코, 목 호흡계 자극
  - 눈물 분비(눈물 방출), 기침, 쌕쌕거림

75
산업안전보건법령상 근로자 건강진단의 종류가 아닌 것은?

① 특수건강진단
② 배치전건강진단
③ 건강관리카드 소지자 건강진단
④ 종합건강진단
⑤ 임시건강진단

해설

산업안전보건법 시행규칙 제2절 건강진단 및 건강관리 제195조~제215조에 따르면 근로자 건강진단의 종류는 일반건강진단, 특수건강진단, 배치전건강진단, 임시건강진단, 건강관리카드 소지자 건강진단 등이 있음을 알 수 있다.

2025년 최근 기출문제

산업안전보건법령

01
산업안전보건법령상 용어에 관한 설명으로 옳지 않은 것은?

① 국가유산수리 등에 관한 법률에 따른 국가유산 수리공사는 "건설공사"에 해당한다.
② 근로자의 과반수로 조직된 노동조합이 없는 경우 근로자의 과반수를 대표하는 자가 "근로자대표"이다.
③ "관계수급인"이란 도급이 여러 단계에 걸쳐 체결된 경우에 각 단계별로 도급받은 사업주 전부를 말한다.
④ 도급받은 건설공사를 다시 도급하는 자는 "건설공사발주자"가 아니다.
⑤ 건설공사발주자는 "도급인"에 해당한다.

해설

정의(산업안전보건법 제2조)
㉠ "근로자대표"란 근로자의 과반수로 조직된 노동조합이 있는 경우에는 그 노동조합을, 근로자의 과반수로 조직된 노동조합이 없는 경우에는 근로자의 과반수를 대표하는 자를 말한다.
㉡ "도급인"이란 물건의 제조·건설·수리 또는 서비스의 제공, 그 밖의 업무를 도급하는 사업주를 말한다. 다만, 건설공사발주자는 제외한다.
㉢ "관계수급인"이란 도급이 여러 단계에 걸쳐 체결된 경우에 각 단계별로 도급받은 사업주 전부를 말한다.
㉣ "건설공사발주자"란 건설공사를 도급하는 자로서 건설공사의 시공을 주도하여 총괄·관리하지 아니하는 자를 말한다. 다만, 도급받은 건설공사를 다시 도급하는 자는 제외한다.
㉤ "건설공사"란 다음 각 목의 어느 하나에 해당하는 공사를 말한다.
　1. 건설산업기본법 제2조제4호에 따른 건설공사
　2. 전기공사업법 제2조제1호에 따른 전기공사
　3. 정보통신공사업법 제2조제2호에 따른 정보통신공사
　4. 소방시설공사업법에 따른 소방시설공사
　5. 국가유산수리 등에 관한 법률에 따른 국가유산 수리공사

정답 1 ⑤

02

산업안전보건법령상 산업재해 중 중대재해에 해당하는 것을 모두 고른 것은?

> ㄱ. 사망자가 1명 이상 발생한 재해
> ㄴ. 직업성 질병자가 동시에 5명 이상 발생한 재해
> ㄷ. 3개월 이상의 요양이 필요한 부상자가 동시에 2명 이상 발생한 재해

① ㄱ
② ㄴ
③ ㄱ, ㄷ
④ ㄴ, ㄷ
⑤ ㄱ, ㄴ, ㄷ

해설
중대재해의 범위(산업안전보건법 시행규칙 제3조)
1. 사망자가 1명 이상 발생한 재해
2. 3개월 이상의 요양이 필요한 부상자가 동시에 2명 이상 발생한 재해
3. 부상자 또는 직업성 질병자가 동시에 10명 이상 발생한 재해

03

산업안전보건법령상 산업재해 발생건수 등의 공표대상 사업장이 아닌 것은?

① 사망재해자가 연간 1명 발생한 사업장
② 산업안전보건법 제44조제1항 전단에 따른 중대산업사고가 발생한 사업장
③ 산업안전보건법 제57조제1항을 위반하여 산업재해 발생 사실을 은폐한 사업장
④ 사망만인율(死亡萬人率)이 규모별 같은 업종의 평균 사망만인율 이상인 사업장
⑤ 산업안전보건법 제57조제3항에 따른 산업재해의 발생에 관한 보고를 최근 3년 이내 2회 하지 않은 사업장

해설
공표대상 사업장(산업안전보건법 시행령 제10조)
1. 산업재해로 인한 사망자가 연간 2명 이상 발생한 사업장
2. 사망만인율(연간 상시근로자 1만명당 발생하는 사망재해자 수의 비율)이 규모별 같은 업종의 평균 사망만인율 이상인 사업장
3. 법 제44조제1항 전단에 따른 중대산업사고가 발생한 사업장
4. 법 제57조제1항을 위반하여 산업재해 발생 사실을 은폐한 사업장
5. 법 제57조제3항에 따른 산업재해의 발생에 관한 보고를 최근 3년 이내 2회 이상 하지 않은 사업장

정답 2 ③ 3 ①

04

산업안전보건법령상 안전보건관리책임자에 관한 설명으로 옳은 것은?

① 안전보건교육에 관한 사항 중 안전에 관한 기술적인 사항에 관하여 안전관리자가 지도·조언하는 경우 안전보건관리책임자는 이에 상응하는 적절한 조치를 하여야 한다.
② 안전장치 및 보호구 구입 시 적격품 여부 확인에 관한 사항은 안전보건관리책임자의 업무가 아니다.
③ 안전보건관리책임자가 있는 경우 건설기술 진흥법에 따른 안전관리책임자 및 안전관리담당자를 각각 둔 것으로 본다.
④ 안전관리자와 보건관리자는 안전보건관리책임자의 지휘·감독을 받지 아니한다.
⑤ 안전 및 보건에 관하여 사업주를 보좌하고 관리감독자에게 지도·조언하는 업무를 수행하는 것은 안전보건관리책임자의 업무에 해당한다.

해설

안전보건관리책임자(산업안전보건법 제15조)
㉠ 사업주는 사업장을 실질적으로 총괄하여 관리하는 사람에게 해당 사업장의 다음 각 호의 업무를 총괄하여 관리하도록 하여야 한다.
  1. 사업장의 산업재해 예방계획의 수립에 관한 사항
  2. 제25조 및 제26조에 따른 안전보건관리규정의 작성 및 변경에 관한 사항
  3. 제29조에 따른 안전보건교육에 관한 사항
  4. 작업환경측정 등 작업환경의 점검 및 개선에 관한 사항
  5. 제129조부터 제132조까지에 따른 근로자의 건강진단 등 건강관리에 관한 사항
  6. 산업재해의 원인 조사 및 재발 방지대책 수립에 관한 사항
  7. 산업재해에 관한 통계의 기록 및 유지에 관한 사항
  8. 안전장치 및 보호구 구입 시 적격품 여부 확인에 관한 사항
  9. 그 밖에 근로자의 유해·위험 방지조치에 관한 사항으로서 고용노동부령으로 정하는 사항
㉡ 안전보건관리책임자는 제17조에 따른 안전관리자와 제18조에 따른 보건관리자를 지휘·감독한다.
㉢ 안전보건관리책임자를 두어야 하는 사업의 종류와 사업장의 상시근로자 수, 그 밖에 필요한 사항은 대통령령으로 정한다.

안전관리자 등의 지도·조언(산업안전보건법 제20조)
사업주, 안전보건관리책임자 및 관리감독자는 다음 각 호의 어느 하나에 해당하는 자가 제15조제1항 각 호의 사항 중 안전 또는 보건에 관한 기술적인 사항에 관하여 지도·조언하는 경우에는 이에 상응하는 적절한 조치를 하여야 한다.
1. 안전관리자
2. 보건관리자
3. 안전보건관리담당자
4. 안전관리전문기관 또는 보건관리전문기관(해당 업무를 위탁받은 경우에 한정한다)

05

산업안전보건법령상 산업안전보건위원회에 관한 설명으로 옳은 것은?

① 명예산업안전감독관이 위촉되어 있는 사업장의 경우 근로자대표가 지명하는 1명 이상의 명예산업안전감독관을 포함하여 사용자위원을 구성할 수 있다.
② 해당 사업장에 선임되어 있지 않은 산업보건의도 사용자위원이 될 수 있다.
③ 상시근로자 50명을 사용하는 사업장에서는 '해당 사업의 대표자가 지명하는 9명 이내의 해당 사업장 부서의 장'을 제외하고 사용자위원을 구성할 수 있다.
④ 산업안전보건위원회는 취업규칙에 구속받지 않고 심의·의결할 수 있다.
⑤ 산업재해에 관한 통계의 기록 및 유지에 관한 사항은 산업안전보건위원회의 심의·의결사항이 아니다.

해설

산업안전보건위원회의 구성(산업안전보건법 시행령 제35조)
㉠ 산업안전보건위원회의 근로자위원은 다음 각 호의 사람으로 구성한다.
  1. 근로자대표
  2. 명예산업안전감독관이 위촉되어 있는 사업장의 경우 근로자대표가 지명하는 1명 이상의 명예산업안전감독관
  3. 근로자대표가 지명하는 9명 이내의 해당 사업장의 근로자
㉡ 산업안전보건위원회의 사용자위원은 다음 각 호의 사람으로 구성한다. 다만, 상시근로자 50명 이상 100명 미만을 사용하는 사업장에서는 제5호에 해당하는 사람을 제외하고 구성할 수 있다.
  1. 해당 사업의 대표자(같은 사업으로서 다른 지역에 사업장이 있는 경우에는 그 사업장의 안전보건관리책임자를 말한다)
  2. 안전관리자 1명
  3. 보건관리자 1명
  4. 산업보건의(해당 사업장에 선임되어 있는 경우로 한정한다)
  5. 해당 사업의 대표자가 지명하는 9명 이내의 해당 사업장 부서의 장

정답 5 ③

06

산업안전보건법령상 관계수급인 근로자가 도급인의 사업장에서 작업을 하는 경우 도급인이 이행하여야 할 사항이 아닌 것은?

① 작업장 순회점검
② 보호구 착용의 지시 등 관계수급인 근로자의 작업행동에 관한 직접적인 조치
③ 작업 장소에서 지진 등이 발생한 경우에 대비한 경보체계 운영과 대피방법 등 훈련
④ 관계수급인이 근로자에게 하는 산업안전보건법 제29조제3항에 따른 안전보건교육의 실시 확인
⑤ 같은 장소에서 이루어지는 도급인과 관계수급인 등의 작업에 있어서 관계수급인 등의 작업시기·내용, 안전조치 및 보건조치 등의 확인

해설

도급에 따른 산업재해 예방조치(산업안전보건법 제64조)
도급인은 관계수급인 근로자가 도급인의 사업장에서 작업을 하는 경우 다음 각 호의 사항을 이행하여야 한다.
1. 도급인과 수급인을 구성원으로 하는 안전 및 보건에 관한 협의체의 구성 및 운영
2. 작업장 순회점검
3. 관계수급인이 근로자에게 하는 제29조제1항부터 제3항까지의 규정에 따른 안전보건교육을 위한 장소 및 자료의 제공 등 지원
4. 관계수급인이 근로자에게 하는 제29조제3항에 따른 안전보건교육의 실시 확인
5. 다음 각 목의 어느 하나의 경우에 대비한 경보체계 운영과 대피방법 등 훈련
   - 작업 장소에서 발파작업을 하는 경우
   - 작업 장소에서 화재·폭발, 토사·구축물 등의 붕괴 또는 지진 등이 발생한 경우
6. 위생시설 등 고용노동부령으로 정하는 시설의 설치 등을 위하여 필요한 장소의 제공 또는 도급인이 설치한 위생시설 이용의 협조
7. 같은 장소에서 이루어지는 도급인과 관계수급인 등의 작업에 있어서 관계수급인 등의 작업시기·내용, 안전조치 및 보건조치 등의 확인
8. 7.에 따른 확인 결과 관계수급인 등의 작업 혼재로 인하여 화재·폭발 등 대통령령으로 정하는 위험이 발생할 우려가 있는 경우 관계수급인 등의 작업시기·내용 등의 조정

07

산업안전보건법령상 도급인과 수급인을 구성원으로 하는 안전 및 보건에 관한 협의체에 관한 설명으로 옳은 것은?

① 도급인 및 그의 수급인 대표로 구성해야 한다.
② 수급인 상호 간의 작업공정의 조정은 협의사항이다.
③ 사업주와 수급인 간의 연락 방법은 협의사항이 아니다.
④ 작업의 시작 시간은 협의사항이 아니다.
⑤ 분기별 1회 이상 정기적으로 회의를 개최하고 그 결과를 기록·보존해야 한다.

해설

협의체의 구성 및 운영(산업안전보건법 시행규칙 제79조)
㉠ 법 제64조제1항제1호에 따른 안전 및 보건에 관한 협의체는 도급인 및 그의 수급인 전원으로 구성해야 한다.
㉡ 협의체는 다음 각 호의 사항을 협의해야 한다.
  1. 작업의 시작 시간
  2. 작업 또는 작업장 간의 연락방법
  3. 재해발생 위험이 있는 경우 대피방법
  4. 작업장에서의 법 제36조에 따른 위험성평가의 실시에 관한 사항
  5. 사업주와 수급인 또는 수급인 상호 간의 연락 방법 및 작업공정의 조정
㉢ 협의체는 매월 1회 이상 정기적으로 회의를 개최하고 그 결과를 기록·보존해야 한다.

08

산업안전보건법령상 안전관리 전문기관 또는 보건관리 전문기관의 지정을 취소하여야 하는 경우는?

① 지정받은 사항을 위반하여 업무를 수행한 경우
② 안전관리 또는 보건관리 업무와 관련된 비치서류를 보존하지 않은 경우
③ 정당한 사유 없이 안전관리 또는 보건관리 업무의 수탁을 거부한 경우
④ 업무정지 기간 중에 업무를 수행한 경우
⑤ 안전관리 또는 보건관리 업무 수행과 관련한 대가 외에 금품을 받은 경우

해설

안전관리전문기관 등(산업안전보건법 제21조)
고용노동부장관은 안전관리전문기관 또는 보건관리전문기관이 다음 각 호의 어느 하나에 해당할 때에는 그 지정을 취소하거나 6개월 이내의 기간을 정하여 그 업무의 정지를 명할 수 있다. 다만, 1. 또는 2.에 해당할 때에는 그 지정을 취소하여야 한다.
1. 거짓이나 그 밖의 부정한 방법으로 지정을 받은 경우
2. 업무정지 기간 중에 업무를 수행한 경우
3. 지정 요건을 충족하지 못한 경우
4. 지정받은 사항을 위반하여 업무를 수행한 경우
5. 그 밖에 대통령령으로 정하는 사유에 해당하는 경우

09

산업안전보건법령상 안전보건교육에 관한 설명으로 옳지 않은 것은?

① 사업주는 소속 근로자에게 고용노동부령으로 정하는 바에 따라 정기적으로 안전보건교육을 하여야 한다.
② 건설 일용근로자에 대한 건설업 기초안전보건교육의 교육시간은 4시간 이상이다.
③ 사업주가 건설업 기초안전보건교육을 이수한 건설 일용근로자를 채용하는 경우에는 해당 작업에 필요한 안전보건교육을 하지 않아도 된다.
④ 사업주가 근로자에 대한 안전보건교육을 자체적으로 실시하는 경우에 해당 사업장의 산업보건의는 교육을 할 수 있는 사람에 해당되지 않는다.
⑤ 관리감독자에 대한 안전보건교육 중 정기교육의 교육시간은 연간 16시간 이상이다.

해설

① 산업안전보건법 제29조
②, ⑤ 산업안전보건법 시행규칙 별표 4
③ 산업안전보건법 제31조
교육시간 및 교육내용 등(산업안전보건법 시행규칙 제26조)
사업주가 안전보건교육을 자체적으로 실시하는 경우에 교육을 할 수 있는 사람은 다음 각 호의 어느 하나에 해당하는 사람으로 한다.
1. 안전보건관리책임자
2. 관리감독자
3. 안전관리자
4. 보건관리자
5. 안전보건관리담당자
6. 산업보건의

10

산업안전보건법령상 안전보건교육기관에 관한 설명으로 옳은 것은?

① 보건관리자가 고용노동부장관이 정하여 고시하는 안전·보건에 관한 교육을 이수한 경우에는 직무교육 중 신규교육을 면제한다.
② 안전보건교육기관이 해당 업무를 폐지한 경우 지체 없이 근로자안전보건교육기관 등록증 또는 직무교육기관 등록증을 지방고용노동청장에게 반납해야 한다.
③ 고용노동부장관은 안전보건교육기관이 등록한 사항을 위반하여 업무를 수행한 경우에는 그 등록을 취소하여야 한다.
④ 지방고용노동관서의 장은 건설업 기초안전·보건교육기관 등록 취소 등을 한 경우에는 그 사실을 한국산업인력공단에 통보해야 한다.
⑤ 안전보건교육기관 등록이 취소된 자는 등록이 취소된 날부터 3년 이내에는 해당 안전보건교육기관으로 등록할 수 없다.

해설

안전보건교육기관 등록신청 등(산업안전보건법 시행규칙 제31조)
안전보건교육기관이 해당 업무를 폐지하거나 등록이 취소된 경우 지체 없이 등록증을 지방고용노동청장에게 반납해야 한다.

11
산업안전보건법령상 유해·위험 방지를 위한 방호조치가 필요한 기계·기구가 아닌 것은?

① 절곡기(折曲機)
② 공기압축기
③ 지게차
④ 금속절단기
⑤ 원심기

해설

유해·위험 방지를 위한 방호조치가 필요한 기계·기구(산업안전보건법 시행령 별표 20)
1. 예초기
2. 원심기
3. 공기압축기
4. 금속절단기
5. 지게차
6. 포장기계(진공포장기, 래핑기로 한정한다)

12
산업안전보건법령상 '대여자 등이 안전조치 등을 해야 하는 기계·기구·설비 및 건축물 등'에 해당하는 것을 모두 고른 것은?(단, 고용노동부장관이 정하여 고시하는 기계·기구·설비 및 건축물 등은 고려하지 않음)

| ㄱ. 압력용기 | ㄴ. 어스드릴 |
| ㄷ. 사출성형기(射出成形機) | ㄹ. 파워 셔블 |

① ㄱ, ㄷ
② ㄱ, ㄹ
③ ㄴ, ㄹ
④ ㄱ, ㄴ, ㄷ
⑤ ㄴ, ㄷ, ㄹ

해설

대여자 등이 안전조치 등을 해야 하는 기계·기구·설비 및 건축물 등(산업안전보건법 시행령 별표 21)
사무실 및 공장용 건축물, 이동식 크레인, 타워크레인, 불도저, 모터 그레이더, 로더, 스크레이퍼, 스크레이퍼 도저, 파워 셔블, 드래그라인, 클램셸, 버킷굴착기, 트렌치, 항타기, 항발기, 어스드릴, 천공기, 어스오거, 페이퍼 드레인 머신, 리프트, 지게차, 롤러기, 콘크리트 펌프, 고소작업대, 그 밖에 산업재해보상보험 및 예방심의위원회 심의를 거쳐 고용노동부장관이 정하여 고시하는 기계, 기구, 설비 및 건축물 등

정답 11 ① 12 ③

13
산업안전보건법령상 유해성·위험성 조사 제외 화학물질이 아닌 것은?(단, 고용노동부장관이 공표하거나 고시하는 물질은 고려하지 않음)

① 천연으로 산출된 화학물질
② 마약류 관리에 관한 법률 제2조제1호에 따른 마약류
③ 군수품관리법 제3조에 따른 통상품
④ 총포·도검·화약류 등의 안전관리에 관한 법률 제2조제3항에 따른 화약류
⑤ 약사법 제2조제4호 및 제7호에 따른 의약품 및 의약외품(醫藥外品)

해설
유해성·위험성 조사 제외 화학물질(산업안전보건법 시행령 제85조)
1. 원소
2. 천연으로 산출된 화학물질
3. 건강기능식품에 관한 법률 제3조제1호에 따른 건강기능식품
4. 군수품관리법 제2조 및 방위사업법 제3조제2호에 따른 군수품[군수품관리법 제3조에 따른 통상품(痛常品)은 제외한다]
5. 농약관리법 제2조제1호 및 제3호에 따른 농약 및 원제
6. 마약류 관리에 관한 법률 제2조제1호에 따른 마약류
7. 비료관리법 제2조제1호에 따른 비료
8. 사료관리법 제2조제1호에 따른 사료
9. 생활화학제품 및 살생물제의 안전관리에 관한 법률 제3조제7호 및 제8호에 따른 살생물물질 및 살생물제품
10. 식품위생법 제2조제1호 및 제2호에 따른 식품 및 식품첨가물
11. 약사법 제2조제4호 및 제7호에 따른 의약품 및 의약외품(醫藥外品)
12. 원자력안전법 제2조제5호에 따른 방사성물질
13. 위생용품 관리법 제2조제1호에 따른 위생용품
14. 의료기기법 제2조제1항에 따른 의료기기
15. 총포·도검·화약류 등의 안전관리에 관한 법률 제2조제3항에 따른 화약류
16. 화장품법 제2조제1호에 따른 화장품과 화장품에 사용하는 원료
17. 법 제108조제3항에 따라 고용노동부장관이 명칭, 유해성·위험성, 근로자의 건강장해 예방을 위한 조치 사항 및 연간 제조량·수입량을 공표한 물질로서 공표된 연간 제조량·수입량 이하로 제조하거나 수입한 물질
18. 고용노동부장관이 환경부장관과 협의하여 고시하는 화학물질 목록에 기록되어 있는 물질

14
산업안전보건법령상 유해인자의 유해성·위험성 분류기준 중 물리적 위험성 분류기준에 관한 설명으로 옳지 않은 것은?

① 자연발화성 고체는 적은 양으로도 공기와 접촉하여 5분 안에 발화할 수 있는 고체이다.
② 20℃, 200kPa 이상의 압력 하에서 용기에 충전되어 있는 가스는 고압가스에 해당한다.
③ 20℃, 표준압력(101.3kPa)에서 공기와 혼합하여 인화되는 범위에 있는 가스는 인화성 가스에 해당한다.
④ 유기과산화물은 2가의 -O-O- 구조를 가지고 5개의 수소 원자가 유기라디칼에 의하여 치환된 과산화수소의 유도체를 포함한 고체 유기물질이다.
⑤ 인화성 액체는 표준압력(101.3kPa)에서 인화점이 93℃ 이하인 액체이다.

해설
유해인자의 유해성·위험성 분류기준(산업안전보건법 시행규칙 별표 18)
유기과산화물 : 2가의 -O-O-구조를 가지고 1개 또는 2개의 수소 원자가 유기라디칼에 의하여 치환된 과산화수소의 유도체를 포함한 액체 또는 고체 유기물질

15
산업안전보건법령상 자율안전확인에 관한 설명으로 옳지 않은 것은?

① 자율안전확인의 표시를 하는 경우 인체에 상해를 입힐 우려가 있는 재질이나 표면이 거친 재질을 사용해서는 안 된다.
② 농업기계화촉진법 제9조에 따른 검정을 받은 경우에도 자율안전확인의 신고를 하여야 한다.
③ 한국산업안전보건공단은 자율안전확인대상기계 등에 대한 자율안전확인의 신고를 받은 날부터 15일 이내에 자율안전확인 신고증명서를 신고인에게 발급해야 한다.
④ 연구·개발을 목적으로 자율안전확인대상기계 등을 제조·수입하는 경우에는 자율안전확인의 신고를 면제할 수 있다.
⑤ 자동차정비용 리프트와 컨베이어는 자율안전확인대상기계 등에 해당한다.

해설
신고의 면제(산업안전보건법 시행규칙 제119조)
1. 농업기계화촉진법 제9조에 따른 검정을 받은 경우
2. 산업표준화법 제15조에 따른 인증을 받은 경우
3. 전기용품 및 생활용품 안전관리법 제5조 및 제8조에 따른 안전인증 및 안전검사를 받은 경우
4. 국제전기기술위원회의 국제방폭전기기계·기구 상호인정제도에 따라 인증을 받은 경우

16
산업안전보건법령상 안전인증에 관한 설명으로 옳지 않은 것은?

① 프레스 및 전단기 방호장치는 안전인증대상기계 등에 해당한다.
② 안전인증을 받은 유해·위험기계 등을 제조·수입·양도·대여하는 자는 안전인증 표시를 임의로 변경하거나 제거해서는 아니 된다.
③ 안전인증이 취소된 자는 안전인증이 취소된 날부터 1년 이내에는 취소된 유해·위험기계 등에 대하여 안전인증을 신청할 수 없다.
④ 곤돌라는 설치·이전하는 경우뿐만 아니라 주요 구조 부분을 변경하는 경우에도 안전인증을 받지 않아도 된다.
⑤ 제품심사의 경우 처리기간 내에 심사를 끝낼 수 없는 부득이한 사유가 있을 때에는 안전인증기관은 15일의 범위에서 심사기간을 연장할 수 있다.

해설

① 산업안전보건법 시행규칙 제107조
② 산업안전보건법 제85조
③ 산업안전보건법 제86조
⑤ 산업안전보건법 시행규칙 제110조

안전인증대상기계 등(산업안전보건법 시행규칙 제107조)
1. 설치·이전하는 경우 안전인증을 받아야 하는 기계
   가. 크레인
   나. 리프트
   다. 곤돌라
2. 주요 구조 부분을 변경하는 경우 안전인증을 받아야 하는 기계 및 설비
   가. 프레스
   나. 전단기 및 절곡기(折曲機)
   다. 크레인
   라. 리프트
   마. 압력용기
   바. 롤러기
   사. 사출성형기(射出成形機)
   아. 고소(高所)작업대
   자. 곤돌라

17
산업안전보건법령상 안전검사대상기계 등에 대한 안전검사를 면제할 수 있는 경우를 모두 고른 것은?

> ㄱ. 광산안전법에 따른 검사 중 광업시설의 설치·변경공사 완료 후 일정한 기간이 지날 때마다 받는 검사를 받은 경우
> ㄴ. 소방시설 설치 및 관리에 관한 법률에 따른 자체점검을 받은 경우
> ㄷ. 화학물질관리법에 따른 정기검사를 받은 경우
> ㄹ. 위험물안전관리법에 따른 정기점검 또는 정기검사를 받은 경우

① ㄱ, ㄴ
② ㄷ, ㄹ
③ ㄱ, ㄴ, ㄷ
④ ㄴ, ㄷ, ㄹ
⑤ ㄱ, ㄴ, ㄷ, ㄹ

해설

안전검사의 면제(산업안전보건법 시행규칙 제125조)
1. 건설기계관리법 제13조제1항제1호·제2호 및 제4호에 따른 검사를 받은 경우(안전검사 주기에 해당하는 시기의 검사로 한정한다)
2. 고압가스 안전관리법 제17조제2항에 따른 검사를 받은 경우
3. 광산안전법 제9조에 따른 검사 중 광업시설의 설치·변경공사 완료 후 일정한 기간이 지날 때마다 받는 검사를 받은 경우
4. 선박안전법 제8조부터 제12조까지의 규정에 따른 검사를 받은 경우
5. 에너지이용 합리화법 제39조제4항에 따른 검사를 받은 경우
6. 원자력안전법 제22조제1항에 따른 검사를 받은 경우
7. 위험물안전관리법 제18조에 따른 정기점검 또는 정기검사를 받은 경우
8. 전기안전관리법 제11조에 따른 검사를 받은 경우
9. 항만법 제33조제1항제3호에 따른 검사를 받은 경우
10. 소방시설 설치 및 관리에 관한 법률 제22조제1항에 따른 자체점검을 받은 경우
11. 화학물질관리법 제24조제3항 본문에 따른 정기검사를 받은 경우

정답 17 ⑤

18

산업안전보건법령상 작업환경측정 및 작업환경측정기관에 관한 설명으로 옳은 것은?

① 사업주는 작업환경측정 중 시료의 분석만을 작업환경측정기관에 위탁할 수는 없다.
② 사업주는 근로자대표가 요구하더라도 작업환경측정의 예비조사에 그를 참석시키지 아니할 수 있다.
③ 사업주는 작업환경측정 결과에 대한 신뢰성을 평가한 후 그 결과를 관할 지방 고용노동관서의 장에게 보고하여야 한다.
④ 의료법에 따른 병원이 종합병원이 아닌 경우 작업환경측정기관으로 지정받을 수 없다.
⑤ 작업환경측정기관에 대한 평가는 서면조사 및 방문조사의 방법으로 실시한다.

해설

안전관리·보건관리전문기관의 평가 기준 등(산업안전보건법 시행규칙 제17조)
㉠ 안전관리전문기관 또는 보건관리전문기관에 대한 평가는 서면조사 및 방문조사의 방법으로 실시한다.
㉡ 공단은 안전관리전문기관 또는 보건관리전문기관에 대한 평가를 실시한 경우 그 평가 결과를 해당 안전관리전문기관 또는 보건관리전문기관에 서면으로 통보해야 한다.

19

산업안전보건법령상 상시근로자 수 300명 이상의 사업 중 안전보건관리규정을 작성해야 하는 사업이 아닌 것은?

① 부동산임대업
② 정보서비스업
③ 금융 및 보험업
④ 사업지원 서비스업
⑤ 사회복지 서비스업

해설

안전보건관리규정을 작성해야 할 사업의 종류 및 상시근로자 수(산업안전보건법 시행규칙 별표 2)

사업의 종류	상시근로자 수
1. 농 업 2. 어 업 3. 소프트웨어 개발 및 공급업 4. 컴퓨터 프로그래밍, 시스템 통합 및 관리업 4의2. 영상·오디오물 제공 서비스업 5. 정보서비스업 6. 금융 및 보험업 7. 임대업 : 부동산 제외 8. 전문, 과학 및 기술 서비스업(연구개발업은 제외한다) 9. 사업지원 서비스업 10. 사회복지 서비스업	300명 이상
11. 1.부터 4.까지, 4의2. 및 5.부터 10.까지의 사업을 제외한 사업	100명 이상

정답 18 ⑤ 19 ①

20

특수건강진단의 시기 및 주기에 관한 산업안전보건법 시행규칙 [별표 23]의 일부이다. ( )에 들어갈 숫자로 옳은 것은?(단, 특수건강진단 주기의 예외 규정은 고려하지 않음)

대상 유해인자	시기(배치 후 첫 번째 특수건강진단)	주 기
벤젠	(ㄱ)개월 이내	6개월
석면, 면 분진	12개월 이내	(ㄴ)개월

① ㄱ : 1, ㄴ : 12
② ㄱ : 2, ㄴ : 12
③ ㄱ : 2, ㄴ : 24
④ ㄱ : 3, ㄴ : 12
⑤ ㄱ : 3, ㄴ : 24

해설

특수건강진단의 시기 및 주기(산업안전보건법 시행규칙 별표 23)

구 분	대상 유해인자	시기 (배치 후 첫 번째 특수건강진단)	주 기
1	N,N-다이메틸아세트아마이드, 다이메틸폼아마이드	1개월 이내	6개월
2	벤젠	2개월 이내	6개월
3	1,1,2,2-테트라클로로에테인, 사염화탄소, 아크릴로나이트릴, 염화비닐	3개월 이내	6개월
4	석면, 면 분진	12개월 이내	12개월
5	광물성 분진, 목재 분진, 소음 및 충격소음	12개월 이내	24개월
6	1부터 5까지의 대상 유해인자를 제외한 별표 22의 모든 대상 유해인자	6개월 이내	12개월

정답 20 ②

21
산업안전보건법령상 작업환경측정 또는 건강진단의 실시 결과만으로 직업성 질환에 걸렸는지를 판단하기 곤란한 근로자의 질병에 대하여 한국산업안전보건공단에 역학조사를 요청할 수 있는 자로 규정되어 있지 않은 자는?

① 사업주
② 근로자대표
③ 건강진단기관의 의사
④ 역학조사평가위원회 위원장
⑤ 보건관리자(보건관리전문기관 포함)

해설

역학조사의 대상 및 절차 등(산업안전보건법 시행규칙 제222조)
㉠ 공단은 법 제141조제1항에 따라 다음 각 호의 어느 하나에 해당하는 경우에는 역학조사를 할 수 있다.
1. 법 제125조에 따른 작업환경측정 또는 법 제129조부터 제131조에 따른 건강진단의 실시 결과만으로 직업성 질환에 걸렸는지를 판단하기 곤란한 근로자의 질병에 대하여 사업주·근로자대표·보건관리자(보건관리전문기관을 포함한다) 또는 건강진단기관의 의사가 역학조사를 요청하는 경우

22
산업안전보건법령상 산업안전지도사(이하 "지도사"라 함)에 관한 설명으로 옳지 않은 것은?

① 산업안전에 관한 사항으로서 안전보건개선계획서의 작성은 지도사의 직무에 해당한다.
② 직무 수행을 위하여 지도사 등록을 한 자는 5년마다 등록을 갱신하여야 한다.
③ 지도사는 직무 수행과 관련하여 보증보험금으로 손해배상을 한 경우에는 그날부터 15일 이내에 다시 보증보험에 가입해야 한다.
④ 금고 이상의 실형을 선고받고 그 집행이 끝난 날부터 2년이 지나지 아니한 사람은 지도사 등록을 할 수 없다.
⑤ 지도사가 직무의 조직적·전문적 수행을 위하여 설립하는 법인에 관하여는 상법 중 합명회사에 관한 규정을 적용한다.

해설

① 산업안전보건법 시행령 제101조
②, ④, ⑤ 산업안전보건법 제145조
손해배상을 위한 보증보험 가입 등(산업안전보건법 시행령 제108조)
㉠ 법 제145조제1항에 따라 등록한 지도사는 보험금액이 2천만원 이상인 보증보험에 가입해야 한다.
㉡ 지도사는 ㉠의 보증보험금으로 손해배상을 한 경우에는 그날부터 10일 이내에 다시 보증보험에 가입해야 한다.
㉢ 손해배상을 위한 보증보험 가입 및 지급에 관한 사항은 고용노동부령으로 정한다.

23

산업안전보건법령상 질병자의 근로 금지·제한 및 유해·위험작업에 대한 근로시간 제한에 관한 설명으로 옳은 것을 모두 고른 것은?

> ㄱ. 사업주는 마비성 치매에 걸린 사람에 대해서 의료법에 따른 의사의 진단에 따라 근로를 금지해야 한다.
> ㄴ. 사업주는 의료법에 따른 의사의 진단에 따라 정신신경증의 질병이 있는 근로자를 고기압 업무에 종사하도록 해서는 안 된다.
> ㄷ. 사업주는 유해하거나 위험한 작업으로서 잠함(潛函) 또는 잠수 작업 등 높은 기압에서 하는 작업에 종사하는 근로자에게는 1일 6시간, 1주 30시간을 초과하여 근로하게 해서는 아니 된다.

① ㄱ
② ㄷ
③ ㄱ, ㄴ
④ ㄴ, ㄷ
⑤ ㄱ, ㄴ, ㄷ

해설

유해·위험작업에 대한 근로시간 제한 등(산업안전보건법 제139조)
㉠ 사업주는 유해하거나 위험한 작업으로서 높은 기압에서 하는 작업 등 대통령령으로 정하는 작업에 종사하는 근로자에게는 1일 6시간, 1주 34시간을 초과하여 근로하게 해서는 아니 된다.
㉡ 사업주는 대통령령으로 정하는 유해하거나 위험한 작업에 종사하는 근로자에게 필요한 안전조치 및 보건조치 외에 작업과 휴식의 적정한 배분 및 근로시간과 관련된 근로조건의 개선을 통하여 근로자의 건강 보호를 위한 조치를 하여야 한다.

24

산업안전보건법령상 공정안전보고서에 포함해야 할 비상조치계획의 세부 내용으로 규정된 것은?

① 주민홍보계획
② 변경요소 관리계획
③ 도급업체 안전관리계획
④ 각종 건물·설비의 배치도
⑤ 자체감사 및 사고조사계획

해설

공정안전보고서의 세부 내용 등(산업안전보건법 시행규칙 제50조)
비상조치계획
- 비상조치를 위한 장비·인력 보유현황
- 사고발생 시 각 부서·관련 기관과의 비상연락체계
- 사고발생 시 비상조치를 위한 조직의 임무 및 수행 절차
- 비상조치계획에 따른 교육계획
- 주민홍보계획

25

산업안전보건법령상 위반행위에 대한 과태료 금액이 다른 하나는?(단, 가중 및 감경규정은 고려하지 않음)

① 산업안전보건법 제137조제3항을 위반하여 건강관리카드를 타인에게 양도하거나 대여한 경우
② 산업안전보건법 제17조제1항을 위반하여 안전관리자를 선임하지 않은 경우
③ 산업안전보건법 제68조제1항을 위반하여 안전보건조정자를 두지 않은 경우
④ 산업안전보건법 제109조제1항에 따른 유해성·위험성 조사 결과 또는 유해성·위험성 평가에 필요한 자료를 제출하지 않은 경우
⑤ 산업안전보건법 제10조제3항 후단을 위반하여 관계수급인에 관한 자료를 거짓으로 제출한 경우

해설

과태료(산업안전보건법 제175조)
㉠ 다음 각 호의 어느 하나에 해당하는 자에게는 1천만원 이하의 과태료를 부과한다.
   1. 제10조제3항 후단을 위반하여 관계수급인에 관한 자료를 제출하지 아니하거나 거짓으로 제출한 자
※ ①~④번의 경우는 과태료 500만원이다.

정답 25 ⑤

I 산업안전일반

26
다음에서 설명하고 있는 안전교육 방법은?

- 스스로 자신의 성장과 향상 의욕을 고취하고 주도적으로 학습하는 방법
- 장점 : 자율적으로 필요한 시간에 개인의 관심, 흥미, 능력, 환경 등에 적합하게 수행할 수 있고 학습참여와 내용 선택에서도 높은 자율성이 부여됨

① 시범법
② 토의법
③ 실연법
④ 반복법
⑤ 프로그램 학습법

해설

교수법의 종류
- 토의법 : 하나의 주제에 대해 토의를 통해 해답을 찾는 방법
- 질문법 : 교수자와 학습자 간의 질문과 대답을 통해 학습하는 방법
- 시범법 : 군대에서 조교를 이용하는 것처럼 시범을 통해 학습하는 방법
- 반복법 : 교육 내용을 반복함으로써 학습 내용을 정확하게 전달하는 방법
- 실연법 : 교수자가 직접 내용에 대해 실연
- 프로그램 학습법 : 기계장치의 프로그램을 통해 학습하는 방법

27
"학습자가 지니고 있는 각자의 요구와 능력 등에 알맞은 학습활동의 기회를 마련해 주어야 한다"는 학습지도원리에 해당하는 것은?

① 직관의 원리
② 개별화의 원리
③ 자발성의 원리
④ 목적의 원리
⑤ 통합의 원리

해설

학습지도원리(5원리)
- 자발성의 원리 : 학습자가 자발적으로 학습에 참여하는 원리
- 개별화의 원리 : 학습자마다 지니고 있는 각자의 요구, 능력 등에 맞게 학습하는 원리
- 사회화의 원리 : 공동 학습을 통해서 사회적 협력을 학습하는 원리
- 통합의 원리 : 동시 학습하는 원리
- 직관의 원리 : 구체적인 사물을 직접 제시하여 학습하는 원리

28

제조물 책임법상 손해배상책임을 지는 자가 사실을 입증한 경우에 손해배상 책임을 면(免)하는 사유에 해당하지 않는 것을 모두 고른 것은?

> ㄱ. 제조업자가 해당 제조물을 공급하지 아니하였다는 사실
> ㄴ. 제조업자가 해당 제조물을 공급한 당시의 과학·기술 수준으로 결함의 존재를 발견할 수 있었다는 사실
> ㄷ. 제조물의 결함이 제조업자가 해당 제조물을 공급한 당시의 법령에서 정하는 기준을 준수함으로써 발생하였다는 사실
> ㄹ. 원재료나 부품의 경우에는 그 원재료나 부품을 사용한 제조물 제조업자의 설계 또는 제작에 관한 지시로 인하여 결함이 발생하였다는 사실

① ㄱ
② ㄴ
③ ㄱ, ㄴ
④ ㄴ, ㄷ
⑤ ㄱ, ㄴ, ㄷ, ㄹ

해설

면책사유(제조물 책임법 제4조)
제3조에 따라 손해배상책임을 지는 자가 다음 각 호의 어느 하나에 해당하는 사실을 입증한 경우에는 이 법에 따른 손해배상책임을 면(免)한다.
1. 제조업자가 해당 제조물을 공급하지 아니하였다는 사실
2. 제조업자가 해당 제조물을 공급한 당시의 과학·기술 수준으로는 결함의 존재를 발견할 수 없었다는 사실
3. 제조물의 결함이 제조업자가 해당 제조물을 공급한 당시의 법령에서 정하는 기준을 준수함으로써 발생하였다는 사실
4. 원재료나 부품의 경우에는 그 원재료나 부품을 사용한 제조물 제조업자의 설계 또는 제작에 관한 지시로 인하여 결함이 발생하였다는 사실

정답 ②

29

적응기제에 관한 내용이다. ( )에 들어갈 것으로 옳은 것은?

- (ㄱ) : 어떤 행동이 억압되었을 때 그 행동이 사회적으로 용납할 수 있는 이유를 설명함으로써 자아를 보호하는 행동
- (ㄴ) : 현실적으로 도저히 만족할 수 없는 욕구나 소원을 상상의 세계에서 얻으려고 하는 행동
- (ㄷ) : 억압당한 욕구가 사회적, 문화적으로 가치 있는 목적으로 향하여 노력함으로써 욕구를 충족시키는 것

① ㄱ : 동일시, ㄴ : 고립, ㄷ : 보상
② ㄱ : 동일시, ㄴ : 백일몽, ㄷ : 승화
③ ㄱ : 합리화, ㄴ : 고립, ㄷ : 승화
④ ㄱ : 합리화, ㄴ : 백일몽, ㄷ : 승화
⑤ ㄱ : 합리화, ㄴ : 백일몽, ㄷ : 보상

해설

적응기제의 종류 및 특징
- 보상 : 자신의 열등감이나 긴장을 해소시키기 위하여 장점 같은 것으로 결함을 보충하려는 행동
- 합리화 : 자기의 실패나 약점에 대해 그럴듯한 이유를 들어 남의 비난을 받지 않으려는 행위
- 동일시 : 자신을 타인이나 어떤 집단과 동일한 것으로 판단함으로써 자신의 욕구를 만족시키는 행위
- 승화 : 억압당한 욕구를 스스로 가치 있는 방향으로 발전하도록 하는 행위
- 고립 : 자신이 없을 때 현실을 피함으로써 곤란한 상황과의 접촉을 벗어나 자기 내부로 숨는 행위
- 백일몽 : 현실적으로 불가능한 희망을 공상적으로 이루려는 행위

30

산업안전보건법령상 다음과 같은 기계 등을 보유하여 작업하는 사업장의 사업주가 특별교육을 실시하여야 하는 대상 작업에 해당하는 것을 모두 고른 것은?

- ㄱ. 정격하중 2.8ton 천장주행크레인 1대, 정격하중 0.5ton 호이스트 5대를 보유하여 사용한 작업
- ㄴ. 3ton 지게차 1대를 보유하여 사용한 작업
- ㄷ. 고정식인 둥근톱기계, 띠톱기계, 대패기계 및 모떼기기계를 각 1대씩 보유하여 사용한 작업

① ㄱ
② ㄴ
③ ㄱ, ㄷ
④ ㄴ, ㄷ
⑤ ㄱ, ㄴ, ㄷ

정답 29 ④ 30 ①

해설

안전보건교육 교육대상별 교육내용(산업안전보건법 시행규칙 별표 5)

특별교육 대상 작업별 교육

- 목재가공용 기계[둥근톱기계, 띠톱기계, 대패기계, 모떼기기계 및 라우터기(목재를 자르거나 홈을 파는 기계)만 해당하며, 휴대용은 제외한다]를 5대 이상 보유한 사업장에서 해당 기계로 하는 작업
- 운반용 등 하역기계를 5대 이상 보유한 사업장에서의 해당 기계로 하는 작업
- 1ton 이상의 크레인을 사용하는 작업 또는 1ton 미만의 크레인 또는 호이스트를 5대 이상 보유한 사업장에서 해당 기계로 하는 작업

31
재해발생원인에 관한 휴의 이론 중 다음에서 설명하고 있는 요인에 해당하는 것은?

> 무리한 행동, 안전작업에 대한 소홀, 신체적 특성을 고려하지 못한 작업 배치, 자동화 기기와 일반 기계와의 속도 차이, 단순 작업이 계속될 경우의 권태감·무력감, 작업자의 신체 기능의 변화, 정보처리능력의 변화 등으로 스트레스가 증가하여 재해가 발생할 수 있다.

① 심리적 요인
② 기계적 요인
③ 인위적 요인
④ 기술적 요인
⑤ 환경적 요인

해설

휴(Huh)의 이론

산업체의 추세가 소품종 다량에서 다품종 소량으로 옮겨가면서 어느 한 요인에 의해서도 재해가 발생할 수 있고 복합되어서도 발생할 수 있다는 이론

- 심리적 요인 : 근로자의 배회, 공정성 미흡 등 작업자의 심리 요인
- 기계적 요인 : 기계의 고장, 제동장치, 비상정지 고장, 표시기 미흡 등 기계의 시스템 요인
- 인위적 요인 : 지시명령의 위반, 무리한 행동, 보호구 미착용, 불균형, 안전작업 소홀, 스트레스 등 작업자의 생체기능 변화
- 기술적 요인 : 기계설계의 오류, 안전장치 미부착 수리의 난이 등 기계중심의 요인
- 환경적 요인 : 온습도, 조명, 환기, 소음, 분지 등 직무환경요인

32

T.B.M(Tool Box Meeting)의 실시 순서 5단계를 옳게 나열한 것은?

ㄱ. 작업지시
ㄴ. 도입
ㄷ. 점검 및 정비
ㄹ. 확인
ㅁ. 위험예측

① ㄱ-ㄴ-ㄷ-ㄹ-ㅁ
② ㄱ-ㄴ-ㄹ-ㄷ-ㅁ
③ ㄴ-ㄱ-ㄷ-ㅁ-ㄹ
④ ㄴ-ㄷ-ㄱ-ㅁ-ㄹ
⑤ ㄴ-ㄹ-ㄷ-ㄱ-ㅁ

해설

T.B.M(Tool Box Meeting)
- 작업 현장 근처에서 작업 전에 관리감독자를 중심으로 작업자들이 모여 작업의 내용과 안전 작업 절차 등에 대해 서로 확인 및 의논하는 활동
- 실시 순서는 도입 – 점검 및 정비 – 작업지시 – 위험예측 – 확인의 단계로 진행

33

산업안전보건법령상 산업안전보건위원회의 심의·의결을 거쳐야 하는 사항이 아닌 것은?(그 밖에 근로자의 유해·위험 방지조치에 관한 사항으로서 고용노동부령으로 정하는 사항은 제외함)

① 사업장의 산업재해 예방계획의 수립에 관한 사항
② 안전보건관리규정의 작성 및 변경에 관한 사항
③ 안전장치 및 보호구 구입 시 적격품 여부 확인에 관한 사항
④ 작업환경측정 등 작업환경의 점검 및 개선에 관한 사항
⑤ 안전보건교육에 관한 사항

해설

산업안전보건위원회(산업안전보건법 제24조)
1. 사업장의 산업재해 예방계획의 수립에 관한 사항
2. 안전보건관리규정의 작성 및 변경에 관한 사항
3. 안전보건교육에 관한 사항
4. 작업환경측정 등 작업환경의 점검 및 개선에 관한 사항
5. 근로자의 건강진단 등 건강관리에 관한 사항
6. 중대재해의 원인 조사 및 재발 방지대책 수립에 관한 사항
7. 산업재해에 관한 통계의 기록 및 유지에 관한 사항
8. 유해하거나 위험한 기계·기구·설비를 도입한 경우 안전 및 보건 관련 조치에 관한 사항
9. 그 밖에 해당 사업장 근로자의 안전 및 보건을 유지·증진시키기 위하여 필요한 사항

34

위험성 평가기법에 관한 설명으로 옳지 않은 것은?

① FMEA는 각 요소의 고장유형과 그 고장이 미치는 영향을 분석하는 방법으로 귀납적 분석기법이다.
② PHA는 시스템 내의 위험요소가 어떤 위험 상태에 있는가를 평가하는 기법이다.
③ MORT는 FTA와 동일한 논리방법을 사용하여 관리, 설계, 생산 및 보전 등의 넓은 범위에 걸친 안전성 확보를 위하여 활용하는 기법이다.
④ HEA는 운전원, 보수반원, 기술자 등의 불안전행동으로 발생할 수 있는 피해에 대해서 그 원인을 파악·추적하여 문제점을 개선하기 위한 평가기법이다.
⑤ HAZOP은 잠재된 사고의 결과 및 근본적인 원인을 찾아내고 사고결과와 원인 사이의 상호관계를 예측하며 리스크를 평가하는 기법이다.

해설

HAZOP(Hazard and Operability Studies)
HAZOP은 공정에 존재하는 위험 요소들과 비록 위험하지 않아도 공정의 효율을 낮게 할 수 있는 운전상의 문제점을 알아내는 위험성 평가기법이다.

35

산업안전보건법령에서 정하고 있는 안전보건관리책임자를 두어야 하는 사업의 종류 및 사업장의 상시근로자 수의 연결로 옳지 않은 것은?

① 의료용 물질 및 의약품 제조업 – 50명 이상
② 금융 및 보험업 – 300명 이상
③ 해체, 선별 및 원료 재생업 – 50명 이상
④ 소프트웨어 개발 및 공급업 – 50명 이상
⑤ 정보서비스업 – 300명 이상

해설

안전보건관리책임자를 두어야 하는 사업의 종류 및 사업장의 상시근로자 수(산업안전보건법 시행령 별표 2)

사업의 종류	사업장의 상시근로자 수
1. 토사석 광업 2. 식료품 제조업, 음료 제조업 3. 목재 및 나무제품 제조업 : 가구 제외 4. 펄프, 종이 및 종이제품 제조업 5. 코크스, 연탄 및 석유정제품 제조업 6. 화학물질 및 화학제품 제조업 : 의약품 제외 7. 의료용 물질 및 의약품 제조업 8. 고무 및 플라스틱제품 제조업 9. 비금속 광물제품 제조업 10. 1차 금속 제조업 11. 금속가공제품 제조업 : 기계 및 가구 제외 12. 전자부품, 컴퓨터, 영상, 음향 및 통신장비 제조업 13. 의료, 정밀, 광학기기 및 시계 제조업 14. 전기장비 제조업 15. 기타 기계 및 장비 제조업 16. 자동차 및 트레일러 제조업 17. 기타 운송장비 제조업 18. 가구 제조업 19. 기타 제품 제조업 20. 서적, 잡지 및 기타 인쇄물 출판업 21. 해체, 선별 및 원료 재생업 22. 자동차 종합 수리업, 자동차 전문 수리업	상시근로자 50명 이상
23. 농 업 24. 어 업 25. 소프트웨어 개발 및 공급업 26. 컴퓨터 프로그래밍, 시스템 통합 및 관리업 26의2. 영상·오디오물 제공 서비스업 27. 정보서비스업 28. 금융 및 보험업 29. 임대업 : 부동산 제외 30. 전문, 과학 및 기술 서비스업(연구개발업은 제외한다) 31. 사업지원 서비스업 32. 사회복지 서비스업	상시근로자 300명 이상
33. 건설업	공사금액 20억원 이상
34. 1.부터 26.까지, 26의2. 및 27.부터 33.까지의 사업을 제외한 사업	상시근로자 100명 이상

36

서로 독립인 기본사상 $X_1 \sim X_5$로 구성된 다음의 결함수(Fault Tree)에서 정상사상 T에 관한 최소절단집합(Minimal Cut Set)을 모두 구한 것은?

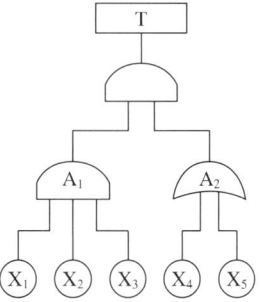

① $(X_1, X_2, X_3), (X_1, X_4, X_5)$
② $(X_1, X_2, X_3, X_4), (X_1, X_2, X_3, X_5)$
③ $(X_1, X_2, X_4), (X_1, X_3, X_5), (X_2, X_3, X_5)$
④ $(X_1, X_2, X_4), (X_1, X_2, X_5), (X_1, X_4, X_5)$
⑤ $(X_1, X_4, X_5), (X_2, X_4, X_5), (X_3, X_4, X_5)$

해설

Cut Set(컷셋)이란 고장을 일으키는 기본사상의 집합을 의미하며 Path Set(패스셋)은 고장을 발생시키지 않은 집합을 의미한다. 미니멀컷셋(Minimal Cut Set)은 발생할 수 있는 컷세트 중에서 가장 작은 세트이다.
정상사상 T는 AND 게이트이므로 $A_1 \times A_2$이고, A_1 작업은 AND 게이트이므로 (X_1, X_2, X_3), A_2 작업은 OR 게이트이므로 $(X_4), (X_5)$로 나타낼 수 있다. 최소절단집합은 정상사상을 발생할 수 있는 가장 작은 세트이므로 T의 미니멀컷셋은 $(X_1, X_2, X_3, X_4), (X_1, X_2, X_3, X_5)$이다.

37

신뢰성 척도에 관한 함수 중 옳은 것을 모두 고른 것은?(단, $F(t)$: 고장분포함수, $f(t)$: 고장밀도함수, $R(t)$: 신뢰도함수, $h(t)$: 고장률함수, t : 시간이다)

ㄱ. $F(t) = 1 - R(t)$

ㄴ. $f(t) = \dfrac{d}{dt} F(t)$

ㄷ. $h(t) = \dfrac{f(t)}{1 - F(t)}$

ㄹ. $h(t) = \dfrac{df(t)/dt}{1 - F(t)}$

① ㄱ, ㄹ
② ㄱ, ㄴ, ㄷ
③ ㄱ, ㄷ, ㄹ
④ ㄴ, ㄷ, ㄹ
⑤ ㄱ, ㄴ, ㄷ, ㄹ

해설
- 고장률함수 $h(t) = f(t)/R(t) = \lambda$ = 고장건수 / 가동시간
- 고장밀도함수 $f(t) = dF(t)/dt = \lambda(t) \times R(t)$ or $h(t) \times R(t)$
- 신뢰도함수 $R(t) = e - \lambda t = 1 - F(t)$
- 고장분포함수 $F(t)$ = 불신뢰도 = 누적고장률함수 = $1 - R(t)$

38

HAZOP 기법에서 적용되는 가이드 워드(Guide Word)의 의미가 옳지 않은 것은?

① part of : 성질상의 증가
② other than : 완전한 대체
③ more/less : 양의 증가 혹은 감소
④ no/not : 설계 의도의 완전한 부정
⑤ reverse : 설계 의도의 논리적인 역

해설
HAZOP 기법의 가이드 워드
- part of : 성질상의 감소, 일부 변경
- other than : 완전한 대체
- more 또는 less : 양의 증가 및 감소
- no 또는 not : 완전한 부정
- reverse : 설계 의도의 논리적인 역
- as well as : 성질상의 증가

39

FMEA에 따라 평가한 결과 위험우선순위점수(Risk Priority Number)가 가장 높은 고장유형은?(단, S는 Severity, O는 Occurrence, D는 Detection Rating이다)

① S : 5, O : 6, D : 3
② S : 6, O : 5, D : 4
③ S : 7, O : 4, D : 3
④ S : 8, O : 3, D : 2
⑤ S : 9, O : 3, D : 4

해설

고장형태영향분석(FEMA)
제품이나 시스템에서 발생 가능한 고장을 예측하고 고장의 위험을 평가하여 개선이 필요한 영역을 찾는 기법

위험우선순위점수
심각도(Severity), 발생도(Occurrence), 검출도(Detection Rating)를 1~10점으로 점수화하여 각각의 점수를 곱한 값으로 위험등급을 평가하는 방법으로 점수가 높을수록 위험도가 높다.

40

다음은 각 부품의 신뢰도가 a, b인 시스템의 신뢰성 블록도(Block Diagram)이다. 이 시스템의 신뢰도로 옳은 것은?

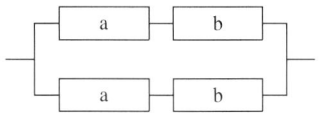

① $1-(ab)^2$
② $\{1-(1-a)(1-b)\}^2$
③ $(1-ab)^2$
④ $1-(1-a)(1-b)$
⑤ $1-(1-ab)^2$

해설

a와 b의 직렬 2개가 병렬로 연결되어 있으므로
ab와 ab의 병렬을 계산하면
$\{1-(1-ab)(1-ab)\} = 1-(1-ab)^2$

41

사업장 위험성평가에 관한 지침에서 사업주가 위험성평가를 실시할 때 해당 작업에 종사하는 근로자를 참여시켜야 하는 경우로 옳은 것을 모두 고른 것은?

> ㄱ. 위험성 감소대책을 수립하여 실행하는 경우
> ㄴ. 위험성 감소대책 실행 여부를 확인하는 경우
> ㄷ. 해당 사업장의 유해·위험요인을 파악하는 경우
> ㄹ. 유해·위험요인의 위험성이 허용 가능한 수준인지 여부를 결정하는 경우

① ㄱ, ㄹ
② ㄱ, ㄴ, ㄷ
③ ㄱ, ㄴ, ㄹ
④ ㄴ, ㄷ, ㄹ
⑤ ㄱ, ㄴ, ㄷ, ㄹ

해설

근로자 참여(사업장 위험성평가에 관한 지침 제6조)
1. 유해·위험요인의 위험성 수준을 판단하는 기준을 마련하고, 유해·위험요인별로 허용 가능한 위험성 수준을 정하거나 변경하는 경우
2. 해당 사업장의 유해·위험요인을 파악하는 경우
3. 유해·위험요인의 위험성이 허용 가능한 수준인지 여부를 결정하는 경우
4. 위험성 감소대책을 수립하여 실행하는 경우
5. 위험성 감소대책 실행 여부를 확인하는 경우

42

다음 논리식을 가장 간단하게 표현한 것은?

$$\overline{A}\,\overline{B}\,\overline{C} + \overline{A}B\overline{C} + A\overline{B}\,\overline{C} + A\overline{B}C + AB\overline{C} + ABC$$

① $A + \overline{C}$
② $AB + \overline{C}$
③ $A\overline{B} + C$
④ $\overline{B}C + \overline{C}$
⑤ $A + \overline{B}$

해설

$\overline{A}\,\overline{B}\,\overline{C} + \overline{A}B\overline{C} + A\overline{B}\,\overline{C} + A\overline{B}C + AB\overline{C} + ABC$
$= \overline{A}\,\overline{C}(\overline{B} + B) + A\overline{B}(\overline{C} + C) + AB(\overline{C} + C)$
$= \overline{A}\,\overline{C} + A\overline{B} + AB$
$= \overline{A}\,\overline{C} + A(\overline{B} + B)$
$= \overline{A}\,\overline{C} + A$
$= (\overline{A} + A)(\overline{C} + A)$
$= A + \overline{C}$

43

인간공학을 기업에 적용함에 따름에 따른 기대효과로 옳은 것은?

① 생산성 감소
② 직무만족도 저하
③ 노사 간 신뢰 구축
④ 산재손실비용의 증가
⑤ 이직률 증가

해설

인간공학 기대효과
- 생산성의 향상 및 제품의 품질 향상
- 작업자의 직무만족도의 향상
- 노사 간의 신뢰 구축으로 인한 화합
- 국제 경쟁력 강화
- 작업자의 건강 증진으로 인한 산재 손실비용 감소
- 이직률 및 작업손실 시간의 감소
- 기업 이미지와 상품 선호도의 향상

44

산업안전보건법령상 "고용노동부령으로 정하는 안전인증대상기계 등"에 해당하는 기계 및 설비 중 설치·이전하는 경우와 주요 구조 부분을 변경하는 경우에는 안전인증을 받아야 한다. 두 가지 모두의 경우에 안전인증을 받아야 하는 기계 및 설비로 옳은 것은?

① 프레스
② 압력용기
③ 리프트
④ 롤러기
⑤ 고소작업대

해설

안전인증대상기계 등(산업안전보건법 시행규칙 제107조)
1. 설치·이전하는 경우 안전인증을 받아야 하는 기계
   가. 크레인
   나. 리프트
   다. 곤돌라
2. 주요 구조 부분을 변경하는 경우 안전인증을 받아야 하는 기계 및 설비
   가. 프레스
   나. 전단기 및 절곡기(折曲機)
   다. 크레인
   라. 리프트
   마. 압력용기
   바. 롤러기
   사. 사출성형기(射出成形機)
   아. 고소(高所)작업대
   자. 곤돌라

45
재해조사 시 유의사항으로 옳은 것을 모두 고른 것은?

> ㄱ. 책임추궁보다 재발 방지를 우선하는 태도를 가지고 조사한다.
> ㄴ. 재해조사자는 항상 주관적인 입장에서 공정하게 조사하여야 한다.
> ㄷ. 목격자의 추측적인 말은 참고로 한다.
> ㄹ. 재해조사는 발생 후 가능한 빨리 현장이 변형되지 않은 상태에서 실시한다.

① ㄱ, ㄴ
② ㄴ, ㄷ
③ ㄷ, ㄹ
④ ㄱ, ㄴ, ㄷ
⑤ ㄱ, ㄷ, ㄹ

해설
재해조사 시 유의사항
- 조사는 신속히 실시하고 2차 재해 방지에 주력한다.
- 조사는 객관적인 입장에서 조사하고 2명 이상이 한 조가 되어 실시한다.
- 사실 이외의 말은 참고로 활용한다.
- 책임추궁보다는 재발 방지를 우선으로 한다.

46
재해사례연구의 순서에서 제3단계에 해당하는 것은?
① 근본적 문제점의 결정
② 재해 상황의 파악
③ 사실의 확인
④ 문제점의 발견
⑤ 대책 수립

해설
재해사례연구의 진행단계
- 제1단계 : 재해 상황 파악(재해 발생 위치, 피해정도, 시간 등 파악)
- 제2단계 : 사실의 확인(재해 발생 시 발견된 사실 파악)
- 제3단계 : 문제점 파악(재해가 발생하게 된 원인 및 문제점 나열)
- 제4단계 : 근본 문제점 선정(재해 발생의 직접적 원인 결정)
- 제5단계 : 대책 수립(근본 원인에 대한 대책 수립)

47

연평균 근로자 400명이 작업하는 A 제조공장에서 연간 5건의 재해가 발생하였다. 이로 인해 사망 1명, 신체장애등급 11급 3명, 나머지 1명은 휴업일수 50일을 초래하였다. 강도율은 약 얼마인가?(단, 1일 8시간, 연간 285일 작업하며, 결근율은 7%이다)

① 9.70
② 9.93
③ 10.02
④ 10.30
⑤ 10.62

해설
- 장애등급일수 11급 400일, 사망 7,500일
- 총근로손실일수 = 신체장애등급 11급 400일 × 3명 + 사망 7,500일 × 1명 + 휴업일수 50일 × 1명 = 8,750
- 연간근로시간수 = 400명 × 285일 × 8시간 × 출근율(0.93) = 848,160

따라서, 강도율 = (총근로손실일수 / 연근로시간수) × 1,000
= (8,750 / 848,160) × 1,000
= 10.3

48

인간공학적 의자설계 시 일반원칙에 관한 내용으로 옳지 않은 것은?

① 척추의 요부전만을 유지한다.
② 디스크가 받는 압력을 감소시킨다.
③ 정적 자세고정을 증가시킨다.
④ 등근육의 정적 부하를 감소시킨다.
⑤ 조정이 용이해야 한다.

해설
인간공학적 의자설계 시 원칙
- 앉았을 때 체중이 주로 좌골결절에 실려야 한다.
- 의자 좌판의 높이는 오금 높이보다 높지 않아야 한다.
- 디스크의 압력 및 자세고정을 줄여야 한다.
- 요추전만곡선을 유지하여야 한다.
- 등근육의 정적 부하를 줄여야 한다.
- 쉽게 조절할 수 있도록 해야 한다.

49

근골격계부담작업의 범위 및 유해요인조사 방법에 관한 고시에서 정하고 있는 근골격계부담작업에 해당하지 않는 것은?(단, 단기작업 또는 간헐적인 작업은 제외한다)

① 하루에 5시간 이상 집중적으로 자료입력 등을 위해 키보드 또는 마우스를 조작하는 작업
② 하루에 3시간 이상 목, 어깨, 팔꿈치, 손목 또는 손을 사용하여 같은 동작을 반복하는 작업
③ 하루에 2시간 이상 쪼그리고 앉거나 무릎을 굽힌 자세에서 이루어지는 작업
④ 하루에 12회 이상 25kg 이상의 물체를 드는 작업
⑤ 하루에 총 1시간 이상, 분당 2회 이상 2.5kg 이상의 물체를 드는 작업

해설

근골격계부담작업(근골격계부담작업의 범위 및 유해요인조사 방법에 관한 고시 제3조)
1. 하루에 4시간 이상 집중적으로 자료입력 등을 위해 키보드 또는 마우스를 조작하는 작업
2. 하루에 총 2시간 이상 목, 어깨, 팔꿈치, 손목 또는 손을 사용하여 같은 동작을 반복하는 작업
3. 하루에 총 2시간 이상 머리 위에 손이 있거나, 팔꿈치가 어깨 위에 있거나, 팔꿈치를 몸통으로부터 들거나, 팔꿈치를 몸통 뒤쪽에 위치하도록 하는 상태에서 이루어지는 작업
4. 지지되지 않은 상태이거나 임의로 자세를 바꿀 수 없는 조건에서, 하루에 총 2시간 이상 목이나 허리를 구부리거나 트는 상태에서 이루어지는 작업
5. 하루에 총 2시간 이상 쪼그리고 앉거나 무릎을 굽힌 자세에서 이루어지는 작업
6. 하루에 총 2시간 이상 지지되지 않은 상태에서 1kg 이상의 물건을 한 손의 손가락으로 집어 옮기거나, 2kg 이상에 상응하는 힘을 가하여 한 손의 손가락으로 물건을 쥐는 작업
7. 하루에 총 2시간 이상 지지되지 않은 상태에서 4.5kg 이상의 물건을 한 손으로 들거나 동일한 힘으로 쥐는 작업
8. 하루에 10회 이상 25kg 이상의 물체를 드는 작업
9. 하루에 25회 이상 10kg 이상의 물체를 무릎 아래에서 들거나, 어깨 위에서 들거나, 팔을 뻗은 상태에서 드는 작업
10. 하루에 총 2시간 이상, 분당 2회 이상 4.5kg 이상의 물체를 드는 작업
11. 하루에 총 2시간 이상 시간당 10회 이상 손 또는 무릎을 사용하여 반복적으로 충격을 가하는 작업

50

청각적 표시장치의 일반원리에 해당하지 않는 것은?

① 근사성
② 검약성
③ 분리성
④ 변동성
⑤ 양립성

해설

청각적 표시장치의 일반원리
- 근사성 : 복잡한 정보를 나타내고자 할 때 2단계의 신호를 고려하는 것
- 검약성 : 조작자에 대한 입력신호는 꼭 필요한 정보만을 제공하는 것
- 분리성 : 두 가지 이상의 채널을 듣고 있다면 각 채널의 주파수가 분리되어 있어야 한다는 의미
- 양립성 : 자극의 전달방식과 응답의 반응방식 간의 일치 정도

| 기업진단 · 지도

51

해크만과 올드햄(J. Hackman & G. Oldham)이 제시한 직무특성모형에서 작업성과에 대한 경험적 책임(Experienced Responsibility)에 영향을 미치는 핵심직무차원은?

① 자율성
② 피드백
③ 과업정체성
④ 과업의 결합
⑤ 종업원의 성장욕구

해설

해크만과 올드햄(J. Hackman & G. Oldham)이 제시한 직무특성모형
직무에 대해 어떠한 특성을 가지고 있다면 그 특성으로 인해 구성원들은 직무에 대해 만족하고 성과를 낼 수 있다는 모형으로 일에 대한 가치, 책임감, 책임의 결과를 중요하게 생각하였다. 기술에 대한 다양성, 업무에 대한 정체성, 직무의 중요성을 인지하고 자율성이 부여되어야 하며 자율성에 대한 경험적 책임도 인지되어야 하고 직무에 대한 피드백을 받을 수 있는 특성이 있어야 한다고 주장하였다.

52

인력의 수요와 공급을 예측하는 기법들 중에서 수요예측기법을 모두 고른 것은?

| ㄱ. 회귀분석 | ㄴ. 기능목록분석 |
| ㄷ. 대체도분석 | ㄹ. 델파이법 |

① ㄱ, ㄴ
② ㄱ, ㄷ
③ ㄱ, ㄹ
④ ㄴ, ㄷ
⑤ ㄴ, ㄹ

해설

• 수요예측기법
 - 추세분석법 : 과거의 변화추세를 통해 미래의 변화 정도를 예측
 - 델파이법 : 다수의 전문가들이 의견을 종합해서 미래의 상황을 예측
 - 회귀분석법 : 수요 결정에 영향을 미치는 다양한 요인들의 영향력을 계산하여 미래 수요를 예측하는 방법
• 공급예측기법
 - 기능목록분석법 : 현재 상태를 면밀히 파악하여 조건을 명시해 두고 이를 집계하여 내부 변화를 예측하는 방법
 - 마코브분석법 : 내부의 안정적인 조건하에 미래 각 기간에 걸쳐 변동을 예측하는 방법
 - 대체도분석법 : 조직 내 특정 직무가 공석이 될 경우 대체 할 수 있는 인력을 파악할 수 있도록 도표화하여 분석하는 방법

53

단체교섭의 유형 중 특정 기업 또는 사업장 단위로 조직된 노동조합이 해당 기업의 사용자 대표와 교섭하는 것은?

① 통일교섭
② 공동교섭
③ 집단교섭
④ 대각선 교섭
⑤ 기업별 교섭

해설

단체교섭의 종류
- 기업별 교섭 : 특정 기업이나 사업장 단위로 조직된 노동조합이 해당 기업의 사용자 대표와 교섭하는 것
- 통일교섭 : 전국적 또는 지역적으로 지배하고 있는 산업별 또는 직업별 노동조합과 이에 대응하는 전국적 또는 지역적인 사용자 단체 간에 행해지는 단체교섭
- 공동교섭 : 상부 단체인 산업별 또는 직업별 노동조합이 하부단체인 기업별 노조 또는 기업 단위의 지부와 공동으로 당해 기업의 사용자 대표와 교섭하는 방식
- 집단교섭 : 여러 개의 단위 노동조합이 집단을 구성하여 이에 대응하는 여러 개 기업의 사용자 대표와 집단적으로 교섭하는 방식
- 대각선 교섭 : 산업별 노동조합 또는 교섭권을 위임받은 상급단체와 개별 기업의 사용자 간에 이루어지는 단체교섭

54

민츠버그(H. Mintzberg)가 제시한 조직의 5가지 구성 부문(Parts)으로 옳지 않은 것은?

① 핵심운영 부문(Operating Core)
② 매트릭스 부문(Matrix)
③ 전략 부문(Strategic Apex)
④ 기술전문가 부문(Technostructure)
⑤ 지원스탭 부문(Support Staff)

해설

민츠버그(H. Mintzberg)의 조직이론
조직은 5가지 기본 부분으로 구성되어 있으면 각 부분의 힘과 영향력에 따라 조직이 변화하며 형태가 달라진다는 이론으로 전략 부문, 기술전문가 부문, 지원스탭 부문, 중심라인 부문, 핵심운영 부문으로 나누어 매우 긴밀하게 연결되어 운영되며 조직의 발전과 전환에 중요 역할을 한다고 주장하였다.

55
피들러(F. Fiedler)의 상황적합이론에 관한 설명으로 옳지 않은 것은?

① 상황요인 3가지는 리더 – 부하관계, 과업구조, 리더의 직위권력이다.
② LPC(Least Preferred Coworker) 척도는 함께 일하기가 가장 싫었던 동료를 평가하는 것이다.
③ 리더에게 호의적인 상황에서는 과업지향적 리더십이 효과적이다.
④ LPC 점수가 낮으면 관계지향적 리더로 여겨진다.
⑤ 상황에 따라 효과적인 리더십 스타일이 다를 수 있음을 보여준다.

해설

피들러의 상황적합이론
리더 및 부하의 행동적 특성, 과업과 집단구조, 조직체 요소를 중심으로 리더십 상황을 유형화하고 리더십 과정에서 이들 요소의 역할과 리더의 효과를 분석하려는 이론으로 LPC 척도를 가지고 리더의 태도를 측정함으로써 리더의 유효성을 예측하고자 하였다. LPC 점수가 높은 사람 즉, 싫어하는 동료를 그 사람과의 관계나 정을 고려하여 좋게 평가한 관계지향적 리더와 LPC 점수가 낮은 사람, 자기가 싫어하는 동료를 비호의적으로 평가한 사람으로 대인관계보다 과업성과에 비중을 두는 과업지향적 리더로 분류한다.

56
수요예측기법에 관한 설명으로 옳지 않은 것은?

① 시계열분석법은 수요의 과거 패턴이 미래에도 그대로 지속된다는 가정에 근거를 두는 정량적 기법이다.
② 시계열분석법의 4가지 변동요소는 추세(Trend), 주기(Cycle), 계절성(Seasonality), 불규칙성(Randomness)이다.
③ 자료유추법은 유사제품의 수요를 참고하여 예측하는 정량적 기법이다.
④ 인과형 예측법은 수요에 영향을 미치는 원인변수를 분석하여 예측값을 추정하는 정량적 기법이다.
⑤ 델파이법은 전문가의 식견과 경험을 기초로 하는 정성적 기법이다.

해설

수요예측기법
- 시계열분석(Time Series Analysis) : 과거의 수요를 분석하여 시간에 따른 패턴을 파악하고 이의 연장선상에서 미래를 예측하는 방법으로 추세, 주기, 계절성, 불규칙성 등의 변동 요소가 있다.
- 인과 분석(Causal Analysis) : 수요의 인과관계를 파악하여 미래의 수요를 예측하는 기법이다.
- 델파이법(Delphi Method) : 여러 전문가의 의견을 수차례에 걸쳐 취합하고 종합하여 수요를 예측하는 방법이다.
- 자료유추법 : 여러 가지 자료를 분석하여 미래의 수요를 예측하는 정성적 기법이다.

57

자재소요계획(Material Requirement Planning)의 입력 자료를 모두 고른 것은?

> ㄱ. 자재명세서(Bill Of Material)
> ㄴ. 계획발주량(Planned Order Release)
> ㄷ. 주생산일정계획(Master Production Scheduling)
> ㄹ. 재고기록철(Inventory Record File)
> ㅁ. 예외보고서(Exception Report)

① ㄱ, ㄴ, ㅁ
② ㄱ, ㄷ, ㄹ
③ ㄱ, ㄹ, ㅁ
④ ㄴ, ㄷ, ㄹ
⑤ ㄴ, ㄷ, ㅁ

해설

자재소요계획(Material Requirement Planning)
자재를 효율적으로 사용하기 위해 개발된 방식으로 완제품을 만들기 위해 어떤 자재가 얼마나, 언제까지 필요한지를 계획하는 것이다. 이때 필요한 것은 자재명세서(Bill Of Material), 주생산일정계획(Master Production Scheduling), 재고기록철(Inventory Record File)이다.

58

6시그마에 관한 설명으로 옳지 않은 것은?

① 품질수준을 높이기 위해 공정의 산포보다 평균에 더 초점을 맞춘다.
② 6시그마의 시그마는 데이터의 산포를 나타내는 표준편차를 의미한다.
③ 통계기법을 사용하여 품질 혁신을 달성하기 위한 전사적 품질경영 활동이다.
④ 추진 로드맵은 정의(Define), 측정(Measure), 분석(Analyze), 개선(Improve), 통제(Control)의 5단계로 구성된다.
⑤ 제조업 중심으로 개발된 기법이나 서비스업에도 적용 가능하다.

해설

6시그마
기업에서 전략적으로 완벽에 가까운 제품이나 서비스를 개발하고 제공하려는 목적으로 정립된 품질경영 기법으로서, 기업 또는 조직 내의 다양한 문제를 구체적으로 정의하고 현재 수준을 계량화하고 평가한 다음 개선하고 이를 유지 관리하는 경영 기법으로 주요한 방법론은 DMAIC이다. DMAIC는 정의(Define), 측정(Measure), 분석(Analyze), 개선(Improve), 통제(Control)이며 평균(정확성)과 산포(안전성) 중 산포에 더 초점을 맞춘다.

59

공급사슬관리에 관한 설명으로 옳은 것은?

① 채찍효과(Bullwhip Effect)는 수요 변동이 공급사슬의 상류(공급자)에서 하류(최종소비자)로 이동하면서 증폭되는 현상이다.
② 크로스도킹(Cross-Docking)은 물류창고에 입고되는 상품을 장기간 보관하여 소매점에 배송하는 물류시스템이다.
③ 공급자 재고관리(Vendor Managed Inventory)는 공급자의 재고 보충책임을 구매자에게 이전하는 전략이다.
④ CPFR(Collaborative Planning, Forecasting, and Replenishment)은 공급자와 구매자가 제품의 수요예측과 판매 및 재고 보충계획까지 함께 수립하는 방법이다.
⑤ 지연 차별화(Delayed Differentiation)는 제품의 세부사양을 결정짓는 부품을 먼저 생산한 다음 공통부품을 생산하는 전략이다.

해설

① 채찍효과(Bullwhip Effect)는 제품에 대한 공급사슬관리에서 참여 주체를 거쳐 갈수록 계속적으로 왜곡되는 현상으로 수요 변동이 공급사슬의 하류(최종소비자)에서 상류(공급자)로 이동하면서 증폭된다.
② 크로스도킹(Cross-Docking)은 판매자가 수송된 상품을 입고시키지 않고 물류센터에서 파레트 단위나 상자 단위로 바꾸어 소매업자에게 바로 배송하는 것을 말한다.
③ 공급자 재고관리(Vendor Managed Inventory)는 공급업체의 직원이 구매업체나 생산업체에 상주하면서 그곳의 재고를 관리하는 것이다.
⑤ 지연 차별화(Delayed Differentiation)는 제품의 완성시점을 지연시킴으로써 다양한 시장변화와 고객의 니즈에 유연하게 대응하도록 하는 전략이다.

60

직업 스트레스 과정을 여러 개의 요소(Facet)로 나눌 수 있다고 제안한 비어와 뉴먼(T. Beehr & J. Newman) 모델의 구성요소가 아닌 것은?

① 개인 요소(Personal Facet)
② 시간 요소(Time Facet)
③ 환경 요소(Environment Facet)
④ 과정 요소(Process Facet)
⑤ 경제 요소(Economy Facet)

해설

비어와 뉴먼(T. Beehr & J. Newman)의 스트레스 모델 구성요소
• 개인 요소 : 개인의 나이, 성격, 성별 등
• 시간 요소 : 스트레스 환경이 시간이 지남에 따라 결과로 이어지는 과정
• 환경 요소 : 업무 환경에서 마주치는 업무의 복잡도, 책임감 등
• 과정 요소 : 개인 요소와 환경 요소 간의 상호작용으로 업무 환경을 평가

61

직무분석에서 사용하는 직위분석 설문지(Position Analysis Questionnaire)의 주요 차원이 아닌 것은?

① 신체 과정(Body Processes)
② 정보 입력(Information Input)
③ 타인과의 관계(Relationship With Other Persons)
④ 작업 결과(Work Output)
⑤ 직무 맥락(Job Context)

해설

직위분석 설문지법
인간 속성을 기술하는 약 195개 내외의 진술문으로 구성된 설문지로서 정보 입력, 정신적 과정, 작업 결과, 타인과의 관계, 직무 맥락, 기타 직무요건 등의 범주로 구분하여 직무의 내용을 파악하는 직무분석 방법이다.

62

동기에 관한 이론적 접근 중에서 앨더퍼(C. Alderfer)의 ERG 이론이 해당되는 것은?

① 행동적 이론(Behavioral Theory)
② 인지과정 이론(Cognitive Process Theory)
③ 욕구기반 이론(Need-Based Theory)
④ 자기 결정 이론(Self-Determination Theory)
⑤ 직무기반 이론(Job-Based Theory)

해설

앨더퍼(C. Alderfer)의 ERG 이론
인간의 욕구에 대해 매슬로의 욕구단계이론을 발전시켜 주장한 이론으로 인간의 욕구를 중요도 순으로 계층화하였다. 매슬로의 욕구단계이론과 동일하게 정의하지만, 그 단계를 5개에서 3개로 줄여 제시하였다는 점과 직접 조직 현장에 들어가 연구를 실행했다는 점에서 차이를 보인다.
- 존재욕구 : 기본적인 욕구로 음식, 공기, 물, 임금 등 작업조건과 같은 것에 대한 욕구
- 관계욕구 : 의미있는 사회적, 개인적 인간관계 형성에 의해 충족될 수 있는 욕구
- 성장욕구 : 개인의 생산적이고 창의적인 공헌에 의해 충족될 수 있는 욕구

정답 61 ① 62 ③

63

다음의 설문 문항들이 측정하고자 하는 것은?

- 이 조직은 나에게 개인적 의미를 많이 부여해 준다.
- 가까운 미래에 이 조직을 그만두게 된다면 이는 나에게 비용이 너무 많이 드는 일이다.
- 내가 지금 이 조직을 그만둔다면 죄책감을 느끼게 될 것이다.

① 직무 만족(Job Satisfaction)
② 조직 몰입(Organizational Commitment)
③ 조직 정의(Organizational Justice)
④ 조직 동일시(Organizational Identification)
⑤ 조직지지 지각(Perceived Organizational Support)

해설

조직 몰입
개인이 조직에 대해 가지는 심리적인 애착으로 조직 구성원이 조직과 자신을 동일시하며 그 조직에 헌신하고자 하는 정도
- 직업 몰입 유형
  - 정서적 몰입 : 조직 구성원이 그가 속한 조직에 노력과 충성을 기꺼이 바치려는 의욕
  - 유지적 몰입 : 종업원이 조직을 떠나면 현실적으로 자신에게 득보다 실이 많기 때문에 계속해서 조직에 남고자 하는 태도
  - 규범적 몰입 : 조직 구성원이 조직의 목표, 가치 및 사명을 내면화함으로써 개인적으로 느끼는 심리적 상태
- 조직 몰입에 영향을 미치는 요인 : 개인적인 특성, 직무 특성(직무 다양성, 직무 중요성, 역할 모호성, 역할 갈등 등), 조직 특성(집권도, 통제, 복잡성 등) 등
- 조직 몰입의 효과 : 생산성과 직무 만족, 성과의 향상, 이직과 결근율 감소

정답 63 ②

64
다음 그림이 제시하는 집단효과성 모델은?

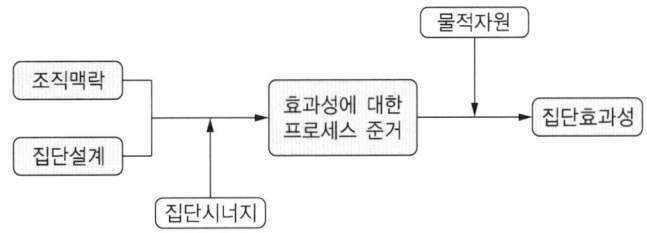

① 캠피온(Campion) 모델
② 그래드스테인(Gladstein) 모델
③ 터크만(Tuckman) 모델
④ 맥그래스(McGrath) 모델
⑤ 해크만(Hackman) 모델

해설

⑤ 해크만(Hackman) 모델 : 팀이 효과적으로 작업을 수행하기 위해서는 조직의 맥락, 집단설계 등의 조건(명확한 목표, 팀 구성원의 기술, 자율성, 지원시스템과 보상의 적절성)이 있어야 시너지 효과를 발생할 수 있다는 이론이다.
① 캠피온(Campion) 모델 : 팀 구성, 자원 및 지원, 팀 과정 등 여러 요소가 팀 성과에 영향을 미친다는 모델이다.
② 그래드스테인(Gladstein) 모델 : 팀 성과에 영향을 미치는 요인을 내부 요인(팀 구성원, 과업설계 등)와 외부 요인(리더십, 환경 등)으로 구분하여 설명하는 모델이다.
③ 터크만(Tuckman) 모델 : 집단의 발달단계를 형성기, 격동기(폭풍기), 규범기, 성과수행기, 해체기의 순서를 설명하는 모델이다.
④ 맥그래스(McGrath) 모델 : 팀의 과업 수행 과정에서 팀이 해야 할 활동을 분석하고, 생성, 선택, 협동, 실행의 단계가 상호 작용한다는 모델이다.

65

제니스(I. Janis)가 제시한 집단사고(Goupthink)가 발생할 가능성이 높은 상황을 모두 고른 것은?

> ㄱ. 집단이 외부로부터 고립되어 있을 때
> ㄴ. 리더가 민주적일 때
> ㄷ. 집단의 응집력이 낮을 때
> ㄹ. 외부로부터 위협이 있을 때

① ㄱ, ㄴ
② ㄱ, ㄹ
③ ㄷ, ㄹ
④ ㄱ, ㄴ, ㄷ
⑤ ㄴ, ㄷ, ㄹ

해설

집단사고(Groupthink)
- 집단구성원들 간의 동조압력과 전문가들의 과다한 자신감 등으로 인해 비합리적인 의사결정을 내리게 되는 현상
- 발생원인
  - 높은 집단응집력
  - 구조적 결함
  - 촉진적 상황 요건이 존재하는 경우
  - 외부로부터의 위협
  - 집단의 고립
  - 공정한 지도자의 부재
  - 실패에 의한 낮은 자긍심

66

위험감수성(Danger Sensitivity)에 영향을 미치는 주된 요인으로 옳지 않은 것은?

① 체험적 경험
② 인지적 정보
③ 지각적 경험
④ 교육적 정보
⑤ 정서적 경험

해설

위험감수성
위험감수성은 위험에 대한 민감도를 나타내는 것이다. 위험감수성에 영향을 미치는 주된 요인은 체험 및 관찰적 경험과 정보, 인지적 경험과 정보, 지각적 경험과 정보, 정서적 경험과 정보이다.

67

특정 상황과 부분적으로 결합되는 친근한 정보에 사로잡히면서 발생하는 인간 오류는?

① 포획 오류(Capture Error)
② 양식 오류(Mode Error)
③ 연합 오류(Associative Error)
④ 완료 후 오류(Post-Completion Error)
⑤ 연상활성화 오류(Association Activation Error)

해설

노만의 스키마 오류 이론
- 포획 오류 : 익숙한 행동패턴이나 습관적인 행동이 유사한 상황에서 자동적으로 실행되면서 발생하는 오류
- 양식 오류 : 현재의 시스템 상태를 잘못 이해해서 잘못된 조작을 하는 오류
- 연합 오류 : 특정한 정보가 기존의 연관된 기억과 혼합되어 잘못된 판단을 하게 되는 오류
- 완료 후 오류 : 어떤 작업이 끝난 후 후속 단계를 빠트리는 오류
- 연상활성화 오류 : 특정 개념이 활성화되면서 관련 없는 정보까지 잘못 연관되어 발생하는 오류

68

노만(D. Norman)의 스키마 이론에서 실수(Slip)의 기본적 분류에 해당하는 것을 모두 고른 것은?

ㄱ. 의도 형성에 따른 오류	ㄴ. 잘못된 활성화에 의한 오류
ㄷ. 제어방식에 기인한 오류	ㄹ. 잘못된 촉발에 의한 오류

① ㄱ, ㄷ
② ㄴ, ㄹ
③ ㄱ, ㄴ, ㄷ
④ ㄱ, ㄴ, ㄹ
⑤ ㄴ, ㄷ, ㄹ

해설

노만의 스키마 이론
스키마 지향성 이론을 발달시킨 것으로 실책, 실수, 착오 등의 오류를 분석하여 이론화하였다. 스키마 이론의 오류 종류는 의도 형성 오류, 잘못된 활성화 오류, 잘못된 촉발 오류로 구분된다.

정답 67 ①, ③, ⑤ 68 ②, ④

69

현재 국내 작업환경측정 대상이면서 물리적 유해인자로 옳은 것은?

① 분 진
② 고 열
③ 진 동
④ 전리방사선
⑤ 미스트(Mist)

해설

작업환경측정 대상 유해인자(산업안전보건법 시행규칙 별표 21)

물리적 인자(2종)
- 8시간 시간가중평균 80dB 이상의 소음
- 안전보건규칙 제558조에 따른 고열

70

산업안전보건기준에 관한 규칙상 관리대상 유해물질에 관한 물질상태, 후드 형식, 제어풍속이 옳게 연결된 것은?

① 가스 – 외부식 측방흡인형 – 0.4m/s 이상
② 가스 – 외부식 상방흡인형 – 0.8m/s 이상
③ 입자 – 포위식 포위형 – 0.6m/s 이상
④ 입자 – 외부식 상방흡인형 – 1.2m/s 이상
⑤ 가스 – 외부식 하방흡인형 – 0.4m/s 이상

해설

관리대상 유해물질 관련 국소배기장치 후드의 제어풍속(산업안전보건기준에 관한 규칙 별표 13)

물질의 상태	후드 형식	제어풍속(m/s)
가스 상태	포위식 포위형	0.4
	외부식 측방흡인형	0.5
	외부식 하방흡인형	0.5
	외부식 상방흡인형	1.0
입자 상태	포위식 포위형	0.7
	외부식 측방흡인형	1.0
	외부식 하방흡인형	1.0
	외부식 상방흡인형	1.2

71

고용노동부 고시에 따른 화학물질의 노출기준(TWA)으로 옳지 않은 것은?

① 납 및 그 무기화합물 : $0.05mg/m^3$
② 니켈(불용성 무기화합물) : $0.2mg/m^3$
③ 망간 및 무기 화합물 : $1mg/m^3$
④ 인듐 및 그 화합물 : $0.5mg/m^3$
⑤ 주석(유기화합물) : $0.1mg/m^3$

> **해설**
>
> 화학물질의 노출기준(화학물질 및 물리적 인자의 노출기준 별표 1)

일련번호	유해물질의 명칭		화학식	노출기준				비고 (CAS번호 등)
	국문표기	영문표기		TWA		STEL		
				ppm	mg/m³	ppm	mg/m³	
488	인듐 및 그 화합물	Indium & compounds, as In(Indium & compounds as Fume) (Respirable fraction)	In	–	0.01	–	–	[7440-74-6] 호흡성

72

암모니아를 작업환경측정·분석 기술지침에 따라 측정을 실시할 때 분석기기와 검출기로 옳은 것은?

① GC – 불꽃이온화검출기
② GC – 전자포획검출기
③ HPLC – 자외선검출기
④ HPLC – 전기화학검출기
⑤ IC – 전도도검출기

> **해설**
>
> 암모니아(Ammonia)에 대한 작업환경측정·분석 기술지침(KOSHA GUIDE A-176-2019)
> • 분자식 : NH_3
> • 널리 사용되는 화학물질로 비료, 질산, 폭발물, 합성섬유의 제조 등에 사용되며 작업환경 중의 대상 물질을 매체에 채취하여 탈착 용액으로 탈착한 후 일정량을 이온크로마토그래프(Ion Chromatograph)에 주입하여 정량한다. 분석기술은 이온크로마토그래피법, 전도도검출기를 사용하고 시료채취매체는 프리필터(MCE여과지), 실리카겔관이 사용된다.

정답 71 ④ 72 ⑤

73
화학물질 및 물리적 인자의 노출기준에서 정보 물질의 표기 내용에 해당하는 물질은?

- 시험동물에서 발암성 증거가 충분히 있거나, 시험동물과 사람 모두에서 제한된 발암성 증거가 있는 물질
- 생식세포 변이원성(1B)에 해당하는 물질

① 2-부톡시에탄올
② 다이메틸폼아마이드
③ 불화수소
④ 1,2-에폭시프로페인
⑤ 벤조트라이클로라이드

해설

화학물질의 노출기준(화학물질 및 물리적 인자의 노출기준 별표 1)
1,2-에폭시프로페인
- 분자식 : C_3H_6O
- 무색 액체로 인화성과 휘발성이 매우 강하며 폴리우레탄 및 폴리에스터 섬유의 원료나 알릴 알콜 및 세제 등과 같은 화학제품의 원료 물질로 사용된다. 눈과 피부에 대한 자극이 있으며 비강암과 같은 건강장해를 일으킬 수 있다. 동물에 대한 발암성이 확인된 물질군, 생식세포 변이원성에 포함되어 있다.

74
국소배기장치에서 후드 개구면 속도를 균일하게 분포시키는 방법으로 옳지 않은 것은?

① 피토관(Pitot Tube) 사용
② 경사접합부(Taper)와 플레넘(Plenum) 사용
③ 차폐막(Baffle) 사용
④ 슬롯(Slot) 사용
⑤ 분리날개(Splitter Vanes) 설치

해설

후드 개구면 속도 균일하게 하는 방법
- 테이퍼관 설치
- 차폐막 사용
- 슬롯 사용
- 분리날개 설치
- 분배판, 안내판, 분리판 설치

75

화학물질 및 물리적 인자의 노출기준에서 용어 정의 및 노출기준에 관한 설명으로 옳지 않은 것은?

① "노출기준"이란 근로자가 유해인자에 노출되는 경우 노출기준 이하 수준에서는 거의 모든 근로자에게 건강상 나쁜 영향을 미치지 아니하는 기준을 말한다.
② "최고노출기준(C)"이란 근로자가 1일 작업 시간 동안 잠시라도 노출되어서는 아니 되는 기준을 말한다.
③ 가스 및 증기의 노출기준 표시단위는 ppm이다.
④ 노출기준은 1일 작업 시간 동안의 시간가중평균노출기준(TWA), 단시간노출기준(STEL), 최고노출기준(C)으로 표시한다.
⑤ 내화성 세라믹 섬유의 노출기준 표시단위는 mg/m^3이다.

해설

정의(화학물질 및 물리적 인자의 노출기준 제2조)
1. "노출기준"이란 근로자가 유해인자에 노출되는 경우 노출기준 이하 수준에서는 거의 모든 근로자에게 건강상 나쁜 영향을 미치지 아니하는 기준을 말하며, 1일 작업 시간 동안의 시간가중평균노출기준(TWA ; Time Weighted Average), 단시간노출기준(STEL ; Short Term Exposure Limit) 또는 최고노출기준(C ; Ceiling)으로 표시한다.
2. "단시간노출기준(STEL)"이란 15분간의 시간가중평균노출값으로서 노출농도가 시간가중평균노출기준(TWA)을 초과하고 단시간노출기준(STEL) 이하인 경우에는 1회 노출 지속시간이 15분 미만이어야 하고, 이러한 상태가 1일 4회 이하로 발생하여야 하며, 각 노출의 간격은 60분 이상이어야 한다.
3. "최고노출기준(C)"이란 근로자가 1일 작업 시간 동안 잠시라도 노출되어서는 아니 되는 기준을 말하며, 노출기준 앞에 "C"를 붙여 표시한다.

표시단위(화학물질 및 물리적 인자의 노출기준 제11조)
1. 가스 및 증기의 노출기준 표시단위는 피피엠(ppm)을 사용한다.
2. 분진 및 미스트 등 에어로졸(Aerosol)의 노출기준 표시단위는 세제곱미터당 밀리그램(mg/m^3)을 사용한다. 다만, 석면 및 내화성 세라믹 섬유의 노출기준 표시단위는 세제곱센티미터당 개수(개/cm^3)를 사용한다.

참 / 고 / 문 / 헌

- 류성진(2013). 커뮤니케이션 통계 방법. 커뮤니케이션북스.
- 최상복(2004). 산업안전대사전. 도서출판 골드.

참 / 고 / 사 / 이 / 트

- 국가법령정보센터(www.law.go.kr)

기출이 답이다 산업안전지도사 1차

개정4판1쇄 발행	2025년 07월 10일(인쇄 2025년 05월 15일)
초 판 발 행	2022년 03월 10일(인쇄 2022년 01월 28일)
발 행 인	박영일
책 임 편 집	이해욱
편 저	이문호
편 집 진 행	윤진영 · 오현석
표지디자인	권은경 · 길전홍선
편집디자인	정경일 · 심혜림
발 행 처	(주)시대고시기획
출 판 등 록	제10-1521호
주 소	서울시 마포구 큰우물로 75 [도화동 538 성지 B/D] 9F
전 화	1600-3600
팩 스	02-701-8823
홈 페 이 지	www.sdedu.co.kr

I S B N	979-11-383-9354-6(13500)
정 가	40,000원

※ 저자와의 협의에 의해 인지를 생략합니다.
※ 이 책은 저작권법에 의해 보호를 받는 저작물이므로 동영상 제작 및 무단전재와 복제를 금합니다.
※ 잘못된 책은 구입하신 서점에서 바꾸어 드립니다.

윙크

Win Qualification의 약자로서
자격증 도전에 승리하다의
의미를 갖는 시대에듀
자격서 브랜드입니다.

시대에듀

Win-Q 시리즈

단기 합격을 위한 완전 학습서

기술자격증 도전에 승리하다!

자격증 취득에 승리할 수 있도록
Win-Q시리즈가 완벽하게 준비하였습니다.

빨간키
핵심요약집으로
시험 전 최종점검

핵심이론
시험에 나오는 핵심만
쉽게 설명

빈출문제
꼭 알아야 할 내용을
다시 한번 풀이

기출문제
시험에 자주 나오는
문제유형 확인

NAVER 카페 대자격시대 - 기술자격 학습카페 cafe.naver.com/sidaestudy / 응시료 지원이벤트

시대에듀가 만든
기술직 공무원 합격 대비서

테크 바이블 시리즈!
TECH BIBLE SERIES

기술직 공무원 기계일반
별판 | 26,000원

기술직 공무원 기계설계
별판 | 26,000원

기술직 공무원 물리
별판 | 24,000원

기술직 공무원 화학
별판 | 21,000원

기술직 공무원 재배학개론+식용작물
별판 | 35,000원

기술직 공무원 환경공학개론
별판 | 21,000원

www.sdedu.co.kr

한눈에 이해할 수 있도록 체계적으로 정리한 핵심이론

철저한 시험유형 파악으로 만든 필수확인문제

국가직·지방직 등 최신 기출문제와 상세 해설

기술직 공무원 건축계획
별판 | 30,000원

기술직 공무원 전기이론
별판 | 23,000원

기술직 공무원 전기기기
별판 | 23,000원

기술직 공무원 생물
별판 | 20,000원

기술직 공무원 임업경영
별판 | 20,000원

기술직 공무원 조림
별판 | 20,000원

※도서의 이미지와 가격은 변경될 수 있습니다.